研究生创新教育系列丛书

数量遗传学

Quantitative Genetics

王建康 著

科学出版社
北 京

内 容 简 介

本书系统介绍群体遗传与数量遗传的基本理论及其在动植物育种中的应用。全书分群体遗传、数量遗传、育种应用和基因定位四部分。第1~5章为第一部分，是群体遗传学基本理论，主要介绍群体遗传结构与交配系统之间的关系、群体遗传结构的定向改变、有限大小的随机交配群体、有效群体大小、系谱分析及遗传多样性的分子理论等。第6~10章为第二部分，是数量遗传学基本理论，主要介绍数量性状的遗传学和统计学基础、双亲杂交后代的遗传分析、随机交配群体的遗传分析、基因型和环境互作、遗传交配设计及其分析方法等。第11~12章为第三部分，分别介绍数量遗传学理论在随机交配群体选择和纯系品种选育中的应用。最后一章为全书的第四部分，简要介绍数量性状基因定位的群体类型、简单区间和完备区间两种定位方法，以及一个集成遗传分析软件。为便于教学和自学，每章之后附有一定数量的练习题，书后附有参考文献及中英文名词对照和索引。

本书可作为农学和生物学专业本科高年级或研究生数量遗传课程的教材，也可供广大遗传学和育种学研究者参考。

图书在版编目（CIP）数据

数量遗传学/王建康著. —北京：科学出版社, 2017.3

(研究生创新教育系列丛书)

ISBN 978-7-03-051434-9

Ⅰ. ①数… Ⅱ. ①王… Ⅲ. ①数量遗传学-研究生-教材 Ⅳ. ①Q348

中国版本图书馆 CIP 数据核字 (2016) 第 322537 号

责任编辑：王海光　郝晨扬／责任校对：刘亚琦
责任印制：赵　博／封面设计：刘新新

科学出版社 出版
北京东黄城根北街16号
邮政编码：100717
http://www.sciencep.com

三河市骏杰印刷有限公司印刷
科学出版社发行　各地新华书店经销
*
2017年3月第 一 版　开本：787×1092 1/16
2024年9月第三次印刷　印张：25
字数：560 000

定价：128.00 元

(如有印装质量问题，我社负责调换)

序

中国农业科学院作物科学研究所王建康研究员从硕士、博士求学时代起便从事数量遗传的研究与创新，工作后曾在墨西哥国际玉米小麦改良中心 (CIMMYT) 参加合作研究，积累了数量遗传与品种改良结合发展的研究经验，回国后长期从事数量遗传学的研究和教学工作，卓有建树。近来根据研究生教学工作的需要，撰写了《数量遗传学》研究生教科书。邀为作序，欣然命笔。

1865 年孟德尔的 "植物杂交试验" 揭示了遗传因子及其显性、分离与独立分配规律，早期的遗传研究侧重在属性性状，后来控制生物性状更重要的、与动植物生产关系更密切的数量性状遗传研究，引起了人们的重视。因而，数量遗传学作为遗传学的一个分支，其形成与发展是包含在遗传学的形成与发展过程之中的。由于这类性状的特殊性，在数量遗传学的研究中必须应用数学和统计学工具，并且要从群体水平上着眼，这也是该分支学科的特色。

数量遗传学发展历史大致可以分为 4 个阶段。

第一阶段是从 19 世纪达尔文研究连续变异的进化、孟德尔规律的发现到 20 世纪初叶，这是数量遗传学的先期累积阶段。这期间 Galton 创造了回归和相关研究的方法，用以研究人类身高的遗传，发现了子代回归于亲代的遗传规律。之后 Pearson 用数学方法研究生物遗传和进化问题，并创建了*Biometrika*杂志。以 Bateson 为首的孟德尔学派和以 Pearson 为首的统计遗传学派在数量性状遗传问题上曾发生过一场激烈的争论。争论的焦点在于前者认为不连续变异是进化的重要因素，连续变异不能遗传；而后者则认为连续变异是进化的重要原因，孟德尔规律不适用于连续变异。1903 年 Johannsen 的纯系学说将变异区分为可遗传的变异与不可遗传的变异，建立了基因型和表现型的概念，这为理解连续变异亦是遗传性状提供了依据。1909 年 Nilsson-Ehle 根据小麦粒色的遗传提出了数量性状的多因子假设。这样就将数量性状的遗传纳入了孟德尔规律的轨道，从而使两个学派的争论得到统一。

第二阶段从 20 世纪初叶到 20 世纪 40 年代，这是数量遗传学的奠基时期。Fisher、Haldane 和 Wright 为数量遗传学的形成奠定了主要基础。Fisher 最早提出了数量性状遗传的加性–显性遗传模型 $g = a + d$，将基因效应及遗传方差分解为相应分量，并用以研究亲属间的相关和自然选择的遗传理论。Haldane 用数学方法说明数量性状在自然和人工选择下的遗传改变。Wright 概括了群体的交配制度，并提出了近交系数的概念，将不同交配制度的群体通过近交系数相沟通，并用其通径系数研究交配制度的遗传效果。Lush 提出了遗传力，包括广义遗传力和狭义遗传力的概念，用于研究选择效率和遗传进度。Malécot 提出了亲本系数的概念，用来自双亲的一对等位基因属于后裔同样的概率来度量双亲间的亲缘程度及该个体的近交程度，从而给出了亲属间协方差的通式。在杂种优势利用中，Sprague 和 Tatum 提出了亲本配合力的概念。这一阶段的研究思想十分活跃，为数量遗传学的建立奠定了基础。

第三阶段从 20 世纪 40 年代末到 80 年代中期，是数量遗传学的建立和发展时期。这期间，Mather 出版了*Biometrical Genetics*，Li 出版了*Population Genetics*，Malécot 出版了《遗传的数学》，Kempthorne 出版了*An Introduction to Genetic Statistics*，Falconer 出版了*Introduction to Quantitative Genetics*。这些著作的出版标志着数量遗传学已形成了相对完整的体系。但是也存在着较大的差异。以 Mather 和 Jinks 为代表的 Birmingham (伯明翰) 学派着重研究纯系亲本间杂种后代的遗传变异，从世代平均数的分析来检测遗传模型和基因效应。以 Kempthorne、Comstock 和 Falconer 等为代表的 Iowa-North Carolina-Edingburgh (北美) 学派则着重研究随机交配群体的遗传变异，从遗传方差的分析来检测遗传模型及各种基因效应的相对重要性，并不考虑基因效应值的估计。这一学派与动植物的育种结合紧密，在玉米杂种优势研究和利用上卓有贡献。两学派间的争论一度相当激烈，北美学派认为伯明翰学派只研究了亲本近交系数等于 1 的特殊情况，缺乏广泛的代表性。分歧和争论促进了各自的发展。这期间两学派分别发展了一套遗传交配设计检测遗传模型的方法，各自参考了对方的思路。Cockerham 在研究亲属间的协方差时考虑到了亲本近交程度的影响，将近交亲本杂种群体与随机交配群体亲属间协方差的表达式用近交系数相联结，归成一体。1987 年在北卡罗来纳州立大学召开了第二届国际数量遗传学大会，不同学派的学者共同交流了数量遗传研究的进展，其中遗传与环境互作的研究是两方面共同重视的问题，以往存在的分歧和争论在这次大会上趋于一致。这时期的数量遗传学研究均以数量性状微效多基因假设为基础，因而并不注重对遗传体系中个别基因的检测。由于数量遗传学的建立和发展，20 世纪六七十年代起，西方高等学校陆续开设了数量遗传学的研究生课程。

第四阶段，数量遗传学的发展从 20 世纪 80 年代起进入了一个新阶段，即数量性状基因座 (QTL) 及数量性状遗传体系检测的阶段。实际上 70 年代起就有数量遗传学者注意到了数量性状遗传体系中主基因与微效多基因共同存在。盖钧镒等建立了分离分析试验统计方法，验证了数量性状的主基因–多基因混合遗传模型。80 年代后期分子技术的发展推动了利用分子标记检测 QTL。进入 21 世纪后，全基因组测序技术为数量性状全基因组 QTL 定位奠定了基础。大量分离群体 QTL 定位和自然群体全基因组 QTL 定位结果，修改了数量性状微效多基因假设，进一步发展了数量性状泛主基因–多基因遗传假设。即数量性状可以由效应大小不等的多数基因控制，大者表现为可个别检测的主基因，小者表现为难以在实验条件下个别检测的微效多基因，主基因与多基因的区分是相对的，依实验条件和实验精确性而转移，在一种环境下表现为主基因，在另一种条件下可表现为微效基因，在精确实验条件下表现为主基因，在误差干扰下不表现出主基因特点而归为微效多基因。因而主基因与多基因共同控制是数量性状遗传的基本模型或普遍模型，而纯主基因或纯多基因的遗传模型只是其特例。数量性状由大量 QTL 控制，QTL 互作、不同性状共享 QTL、QTL 环境间波动等的发现，以及基因注释、结构功能体系的发现，进一步形成了数量性状基因网络体系的假设。

数量性状受多数基因控制，每个基因可能存在多个等位变异，通过个别个体是很难发现它们的，必须在群体的变异中去发现它们。因而要研究群体内基因的动向，即群体遗传学。群体遗传学是和数量遗传学相伴而发展的。国际上，对这一学科领域，有人曾将数量遗传学涵盖群体遗传学，也有人曾将群体遗传学涵盖数量遗传学，说明两者早期就相关，目前随着学科的发展和细分，各有所侧重。

分子技术应用于数量性状的遗传研究极大地发展了数量遗传学。同时利用一个遗传群体的分子标记和表型数据，就可以从 QTL 定位开始，继而搜索全基因组 QTL，并追踪、克隆控制数量性状的基因。这里 QTL 原本的意义是数量性状基因座位，利用分子标记检测时往往检测到一个区间，区间的范围大时，不一定只含一个基因，所以实际研究中确定了 QTL 的位置，还要进一步从中确定相应的基因。

追踪数量性状的基因体系，这是数量遗传研究的主线。数量遗传的另一方面是研究性状的表达。人们对于农作物进行遗传改良的目的是得到高产优质的表现型。数量性状既然由多数基因控制，每个基因的表达都受环境的影响，多数基因受环境的累计影响必然相对增大，这和由少数基因控制的质量性状不同。因而数量性状遗传研究的另一方面内容就是基因型表达的反应规范和基因型与环境的交互作用。

植物育种需要改良的对象少数是质量性状，大多数是数量性状；物种进化中最重要的性状也是数量性状。因而数量遗传对于物种改良和进化研究的重要性是不言而喻的。人们认识事物从简单到复杂，所以质量性状遗传研究在前，数量性状遗传研究在后。

王建康研究员的书稿包含了群体遗传和数量遗传的基本知识及其在育种中应用的主要方面，在此基础上介绍了近期发展的基因/QTL 定位方法及其应用。按照教材的要求，内容由浅入深，由推理到与实际研究相结合，与对这门学科的认知发展过程相适应。这是一部优秀的数量遗传学教材。

2016 年 11 月 4 日于南京

前 言

数量遗传学是遗传学的重要分支，是进化研究和动植物育种的重要理论基础，也是大多数高校和科研院所遗传育种专业研究生教育的学位课程。数量遗传学的研究当然离不开遗传学的基本理论，但同时还要用到较多微积分、线性代数和概率统计等高等数学的知识，有时甚至要用到矩阵论、随机过程和数值计算等现代数学的知识。在应用方面，数量遗传学离不开计算机这个重要工具。鉴于此，数量遗传学本身很重要，而且不是一门简单易学的课程。在过去十多年教学工作中，作者对此深有体会。一本优秀的教材对一门学科所起的作用不言而喻。作者正是以这样的初衷撰写本书，期望用比较通俗易懂的文字，全面系统地介绍群体与数量遗传学的基本理论及其在动植物育种中的应用。在写作过程中，尽量结合实例和育种实践来讲述重要的理论、方法和公式。同时，作者还始终抱着既让初学者读得懂、学得会， 又让有一定基础的科研人员读后也能感觉到有新收获的希望撰写本书。通过本书的学习，读者可以顺利阅读群体遗传学和数量遗传学的各种经典和现代中英文文献，这是作者撰写本书的另一个目的。但限于作者的知识面和能力，本书也许未能完全实现这些目标。若果真如此，还望读者谅解和指正。

为适应不同专业、不同层次研究生和科研人员的知识背景，本书第 1 章的第 1 节首先介绍了遗传学的一些基本概念和经典孟德尔遗传学定律，希望遗传学基础比较薄弱的人，也能通过本书学习并掌握数量遗传学。与概率统计有关的基础知识，则分散在不同的章节里。这样安排的初衷是想在讲解理论和方法最需要的地方，再来介绍概率统计的相关背景知识。基于这种考虑，离散型随机变量的基础知识，在第 3 章介绍小群体的随机漂变时给出；连续型随机变量、抽样分布、参数估计和回归分析等方面的知识，在第 6 章介绍数量性状的遗传统计学基础时给出；单环境表型数据方差分析的知识，在第 7 章介绍双亲杂交后代的遗传分析时给出；多环境表型数据方差分析的知识，则在第 9 章介绍基因型和环境互作时给出。为便于教学和学习，每章都编写了一定数量的练习题，以考察学生对基本知识点的掌握情况。除第 10 章和第 13 章的少数练习需要使用一些专业软件外，其他所有计算方面的练习题都可利用微软 Excel 电子表格来完成。作者还将在适当的时候，在 http://www.isbreeding.net 网站上公布所有练习题的答案。

2004 年年底，作者从墨西哥国际玉米小麦改良中心 (CIMMYT) 回国，在中国农业科学院作物科学研究所的支持下，成立了数量遗传课题组。课题组的定位是围绕作物遗传和育种研究中存在的重大方法学问题，利用经典和现代遗传学、分子和系统生物学、现代数学和统计学，以及计算机等学科的理论和方法，开展数量遗传学、群体遗传学、生物信息学及其育种应用等相关领域的基础和应用基础研究。具体从事遗传分析方法、遗传育种软件工具研发、应用数量遗传和育种新方法等方面的研究。同时，课题组还承担了中国农业科学院研究生院研究生学位课程《植物数量遗传》和留学生学位课程《试验设计与统计分析 (英文)》的教学工作。课题组至今已走过十多个年头，如果把 2014 年出版的《基因定位与育种设计》看作课题组科研工作的产出，那么本书则可看作十多年教学工作结出的一个果实。

数量遗传课题组的各方面工作，得到国家自然科学基金、国家重点基础研究发展计划 (973 计划)、国家高技术研究发展计划 (863 计划)、科技部对欧盟科技合作专项、国际 GCP 挑战计划、国际 HarvestPlus 挑战计划、欧盟第七框架计划、CIMMYT 等研究项目或研究机构的资助。本书的出版得到国家自然科学基金、973 计划、科技部对欧盟科技合作专项等研究项目的经费支持，谨致谢忱!

王建康

2016 年 4 月 23 日于北京

章　目

目　录

第 1 章　群体结构与交配系统

群体遗传学主要研究遗传群体中基因和基因型频率的大小、不同交配世代中基因和基因型频率的变化规律、引起基因和基因型频率变化的条件和原因，以及由此变化而产生的结果等 (Falconer and Mackay, 1996; Hartl and Clark, 2007)。特定座位上所包含等位基因的数目、各种等位基因在群体中的频率、群体中所包含基因型的数目、各种基因型在群体中的频率等是定义遗传群体结构的主要参数。群体遗传学不仅研究群体的遗传组成，还要研究群体在上下代之间的遗传及变化规律，这便是本书前 5 章的主要内容。第 1 章中，§1.1 介绍经典遗传学的基本理论，§1.2 介绍群体结构的定义及双亲群体中的基因型期望分离比及其适合性检验，§1.3 和 §1.4 介绍各种交配系统对群体结构的影响，§1.5 介绍连锁对随机交配群体结构的影响。第 2 章主要介绍突变、迁移、选择等因素对群体结构的定向影响。第 3 章主要介绍抽样对群体结构的随机影响。第 4 章介绍亲缘关系和近交，以及其在常见育种群体中的度量方法。第 5 章简单介绍遗传多样性的分子基础和分子理论。

§1.1　遗传学基本理论

§1.1.1　基因座位、等位基因和基因型

基因一词泛指在生物繁殖过程中，能够由亲代传递给子代的实体遗传物质，这些遗传物质和环境一起决定着生物的各种表型性状。人类有 2 万 ~2.5 万个基因，基因影响发色、眼色、肤色、身高、体重等性状，以及各种行为性状，这些性状同时又或多或少地受到环境的

影响。从生化和分子的角度来看，基因是携带遗传信息的一段 DNA 序列。DNA 分子是由 A、T、G、C 4 种碱基，按照 A 与 T 配对、G 与 C 配对原则，形成具有方向性的双螺旋结构。DNA 序列经常被看作控制性状的基本遗传单位。DNA 分子有大有小。例如，大肠杆菌的 DNA 分子大约为 4.7Mbp (million base pair)，果蝇最长的一条染色体大约包含 65Mbp DNA，人类最长的一条染色体大约包含 230Mbp DNA。

从细胞的角度来看，不同物种组织细胞的细胞核中，包含数目相对固定的一组染色体，基因按照一定的顺序线性排列在这些染色体上，每条染色体上排列的基因数以千计。基因在染色体上所处的物理位置称为基因座位，或简称座位 (locus)。在大多数高等生物的组织细胞中，染色体是成对出现的，即每条染色体存在两份拷贝。这两份拷贝互为同源性 (homologous，即绝大部分位置上有相同的 DNA 序列，携带着相同的基因，也称为同源染色体)，一份由母本产生的雌配子提供，另一份由父本产生的雄配子提供 (图 1.1)，这样的物种又称为二倍体 (diploid)，常用 $2n=x$ 表示二倍体物种的 x 条染色单体，如人类用 $2n=46$ 表示，玉米用 $2n=20$ 表示。

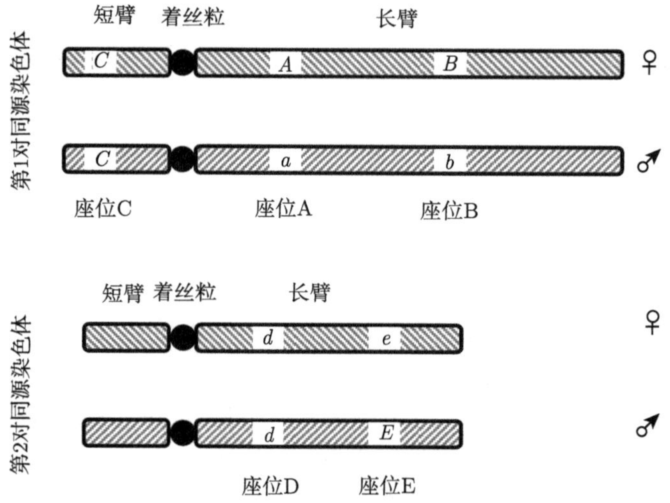

图 1.1　一个二倍体生物个体组织细胞中的两对常染色体

成对同源染色单体，来自繁殖过程中的雌雄两种配子，用不同方向的斜线阴影表示。在细胞分裂的中期和后期，DNA 分子经过缠绕和收缩形成染色体，染色体一般由短臂、着丝粒和长臂组成

在每个座位上，单个二倍体物种的个体携带有两个基因，这两个基因可以具有完全相同的 DNA 序列，如图 1.1 中的座位 C 和座位 D。座位 C 上两个等位基因具有相同的物理结构和生化特性，用 C 表示；座位 D 上两个等位基因也具有相同的物理结构和生化特性，用 d 表示。同一个座位上的两个基因也可以在少数碱基对上存在差异，如图 1.1 中的座位 A、座位 B 和座位 E。座位 A 上两个不同的等位基因分别用 A 和 a 表示；座位 B 上两个不同的等位基因分别用 B 和 b 表示；座位 E 上两个不同的等位基因分别用 E 和 e 表示。在座位 C 或 D 上，基因的表达将产生出同样的蛋白质，因此将产生类似的生物表型。在座位 A、B 或 E 上，两个等位基因的表达可能仍然产生出同样的蛋白质，这时基因的 DNA 序列差异不会产生很大的表型差异；但两个等位基因也有可能产生功能差异较大的蛋白质，这时基因的

DNA 序列差异就会产生表型上的差异。

同一个座位上的基因称为等位基因 (allele)。一个个体可能携带两个完全相同的等位基因，这时称个体在这个座位上是纯合的 (homozygous)，或称为纯合基因型 (homozygote)，简称纯合型或纯合子；也可能携带两个不同的等位基因，这时称个体在这个基因座位上是杂合的 (heterozygous)，或称为杂合基因型 (heterozygote)，简称杂合型或杂合子。图 1.1 中，个体在座位 C 和 D 上分别具有纯合基因型 CC 和 dd，在座位 A、B 和 E 上分别具有杂合基因型 Aa、Bb 和 Ee。尽管每个座位上，一个二倍体个体携带两个等位基因，但从群体的角度来看，一个座位上的等位基因可以只有一个，即无多态性座位；也可以有两个，还有可能多于两个。如果等位基因数目多于两个，则这样的等位基因又称为复等位基因 (multiple allele)，如人类的 ABO 血型就是由三个等位基因控制的 (详见练习 1.10 和练习 1.11)。对于复等位基因，显然无法使用大小写字母来区分，常使用数字下标表示，如 A_1、A_2、A_3 等。

遗传学研究生物个体的遗传构成、基因和性状之间的相互关系，以及基因和性状在世代间的传递规律。个体的遗传构成称为基因型 (genotype)，基因型泛指个体在决定特定性状的所有座位上的等位基因。图 1.1 中，假定座位 A 上的两个等位基因决定植物花色，则可能的基因型有 AA、Aa 和 aa 三种；假定座位 B 和 E 上的两个等位基因共同决定另外一个性状，则可能的基因型有 $BBEE$、$BBEe$、$BBee$、$BbEE$ 等 9 种。如果一个性状受一个座位上的三个复等位基因 A_1、A_2、A_3 控制，则可能的基因型有 A_1A_1、A_1A_2、A_1A_3、A_2A_2、A_2A_3 和 A_3A_3 共 6 种。

§1.1.2 基因 (基因型) 到性状 (表型)

与基因型相对应，一个个体表现出来的外在的体征称为表现型 (phenotype)，简称表型。例如，人类的发色、眼色、肤色、身高、体重等，作物的产量、品质、抗病性、适应性等，都可以看作特定基因型在特定环境下产生出来的表型。基因遵循中心法则 (central dogma)，经过转录和翻译等一系列分子和生化过程，合成生长发育所需的蛋白质，通过基因的表达决定生物的表型。以孟德尔杂交试验中的豌豆籽粒形状为例，控制圆鼓和皱缩两种表型的两个等位基因分别用 W 和 w 表示，对于它们在 DNA 序列上的差异、控制籽粒形状的生化和代谢途径已经研究清楚。野生型基因 W 通过编码淀粉分支酶 I 在籽粒中合成支链淀粉，支链淀粉的存在使得籽粒在脱水成熟的过程中能够均匀收缩，从而形成表皮圆鼓的籽粒。当基因 W 通过转座子插入突变为突变型 w 后，阻止了细胞中淀粉分支酶 I 和支链淀粉的合成，籽粒在脱水过程中呈现不规则收缩，从而形成表皮皱缩的籽粒。当基因处于杂合状态 Ww 时，虽然只能编码出一半数量的淀粉分支酶 I，却能够合成足够量的支链淀粉，使得籽粒在脱水过程中均匀收缩，也表现出圆鼓的籽粒。

对于圆鼓和皱缩两种表型来说，杂合型 Ww 与纯合型 WW 有相同的表型，因此称 W 是显性等位基因 (dominant allele)，简称显性基因 (dominant gene)。杂合型 Ww 中，等位基因 W 的存在抑制了纯合型 ww 表型的出现，因此称 w 是隐性等位基因 (recessive allele)，简称隐性基因 (recessive gene)。值得一提的是，基因显隐性的确定需要基因型和表现型两方面的信息，离开性状谈基因的显隐性是没有意义的。同时，对于同样的两个等位基因，当考察的性状发生改变后，基因的显隐性也可能发生改变。例如，在利用分子标记技术检测基因 W 和 w 时，杂合型 Ww 会同时显示出纯合型 WW 和 ww 的带型。如果把分子标记检测中出现的带型也看作一种性状，则等位基因 W 和 w 又表现为共显性 (codominance)。对于单基因控制的性状，也可类似于基因的显隐性来定义表型的显隐性。对于圆鼓和皱缩两种籽粒形状的表型来说，杂合型 Ww 为圆鼓籽粒，皱缩表型被隐藏起来了。因此，圆鼓相对于皱缩表现为显性，或圆鼓是一种显性表型 (dominant phenotype)；皱缩相对于圆鼓表现为隐性，或皱缩是一种隐性表型 (recessive phenotype)。

表型是基因型和环境共同作用的结果，遗传学上只有在少数单基因控制的质量性状 (qualitative trait)，如上文中的豌豆粒形，能够从基因型推测个体的表型，或者从表型推测出个体的基因型。大部分情况下，个体的基因型和表型之间不存在明确的一一对应关系。两个相同的基因型，由于环境的差异也可以表现出不完全相同的表型；同样的表型，也可能来自于不同的基因型。因此，在遗传研究中，很多时候只有个体的基因型和表型数据是不够的，还需要知道这些个体的亲代或者这些个体杂交繁殖后产生的子代的基因型和表型。另外，一个性状还可能受多个座位上基因的影响。反过来，一个基因也有可能同时影响多个性状，这一现象称为基因的多效性 (pleiotropy)。正是由于基因和性状之间缺乏明确的一一对应关系，因此遗传学研究中往往要区分个体的基因型和表现型。

§1.1.3　分离定律

一个生物个体从受精卵开始，DNA 就通过复制和有丝分裂 (mitosis)，保证发育过程中新生细胞的细胞核中有着与受精卵细胞一模一样的遗传物质。遗传学更关注的是遗传物质在亲子之间的传递规律，即在生物的有性繁殖阶段，个体如何产生配子，雌雄配子如何结合产生下一代个体。孟德尔通过 1856~1863 年的豌豆杂交试验，在 1866 年发表的一篇研究论文中提出了分离定律 (principle of segregation) 和自由组合定律 (principle of independent assortment)。分离定律和自由组合定律，以及 1900 年之后以摩尔根为代表的遗传学家提出的连锁和交换定律，正好揭示了生物个体产生配子、雌雄配子结合产生下一代个体的基本遗传学规律，构成了经典遗传学的基本理论。

在分子遗传学出现之前，遗传学家主要通过形态性状的观察开展遗传研究。孟德尔选择了豌豆 7 个易于分类的形态性状开展杂交试验 (表 1.1)。在此基础上，提出了遗传学分离定律，又称为孟德尔第一定律 (Mendel's first law)，以解释一个座位上基因在亲代和子代之间的传递规律。对于每个性状，孟德尔选择表型截然不同的两个亲本进行人工杂交，产生杂交种子，观察杂种 F_1 代及其自交 F_2 后代性状的分离规律。这里还想强调一下性状和表型的异同。性状是遗传物质之外、生物个体在生化或形态等方面的一些具体体现，表型是性状的具体取值。例如，表 1.1 中，籽粒形状是一个性状，它有圆鼓和皱缩两种表型。性状与表型之间的关系类似于基因座位与等位基因之间的关系，性状相当于基因座位，是一个较为抽象的概念，表型相当于等位基因，是一些较为具体的取值。

表 1.1 中的 7 个性状表现出十分相似的规律，杂种 F_1 代表现出显性表型，杂种 F_2 代中，显性和隐性两种表型接近 3:1 的分离比。豌豆是严格的自花授粉作物，自然条件下的个体基因型都是纯合型。以籽粒形状为例，圆鼓亲本的基因型为 WW，皱缩亲本的基因型为 ww，它们各自的自交后代，在籽粒形状上具有与亲代完全相同的表型，这样的基因型形成的自交家系也称为纯系 (pure line 或 fixed line)。杂种 F_1 的基因型为 Ww，表型为圆鼓。F_1 杂种产生自交后代时，首先要产生雌雄两种配子。分离定律指出，基因型 Ww 在产生雌配

子或雄配子时，两个等位基因 W 和 w 通过减数分裂 (meiosis) 发生分离，分别进入两种配子体中。因此，无论是雌配子还是雄配子中，都有一半配子携带基因 W，一半配子携带基因 w。基因型 Ww 产生雌雄配子的过程用公式 1.1 表示，箭头左端为 F_1 杂种的基因型，右端为 F_1 杂种产生出的雌配子或雄配子的类型和频率。

$$Ww \to \left(\frac{1}{2}W + \frac{1}{2}w\right) \tag{1.1}$$

表 1.1 孟德尔豌豆单交杂交试验结果

性状	杂交亲本	F_1 杂种表现	F_2 性状分离观测值	F_2 性状观测分离比
籽粒形状	圆鼓 × 皱缩	圆鼓	5474 圆鼓，1850 皱缩	圆鼓:皱缩 =2.96:1
种皮颜色	黄色 × 绿色	黄色	6022 黄色，2001 绿色	黄色:绿色 =3.01:1
花色	粉红 × 白色	粉红	705 粉红，224 白色	粉红:白色 =3.15:1
荚的形状	饱满 × 收缩	饱满	882 饱满，299 收缩	饱满:收缩 =2.95:1
未成熟荚颜色	绿色 × 黄色	绿色	428 绿色，152 黄色	绿色:黄色 =2.82:1
结荚习性	无限 × 有限	无限	651 无限，207 有限	无限:有限 =3.14:1
主茎高度	长型 × 短型	长型	787 长型，277 短型	长型:短型 =2.84:1

分离定律进一步指出，基因型 Ww 产生的雌雄两种配子通过随机结合产生 F_2 世代的基因型。基因型 WW 只能由雌配子 W 与雄配子 W 结合才能产生，这两种配子相结合的概率是 $\frac{1}{2} \times \frac{1}{2} = \frac{1}{4}$；因此，基因型 WW 在 F_2 世代中占 $\frac{1}{4}$。基因型 Ww 可能由雌配子 W 与雄配子 w 结合产生，结合概率是 $\frac{1}{2} \times \frac{1}{2} = \frac{1}{4}$；还可能由雌配子 w 与雄配子 W 结合产生，结合概率也是 $\frac{1}{2} \times \frac{1}{2} = \frac{1}{4}$；因此，基因型 Ww 在 F_2 世代中占 $\frac{1}{4} + \frac{1}{4} = \frac{1}{2}$。基因型 ww 只能由雌配子 w 与雄配子 w 结合才能产生，结合概率是 $\frac{1}{2} \times \frac{1}{2} = \frac{1}{4}$；因此，基因型 ww 在 F_2 世代中占 $\frac{1}{4}$。基因型 WW 和基因型 Ww 具有相同的圆鼓表型，在 F_2 世代中占 $\frac{1}{4} + \frac{1}{2} = \frac{3}{4}$；基因型 ww 具有皱缩表型，在 F_2 世代中占 $\frac{1}{4}$。因此，圆鼓和皱缩在 F_2 世代中具有 3:1 的表型分离比。雌雄配子随机结合产生 F_2 世代的过程用公式 1.2 表示，公式左端表示雌配子和雄配子随机结合，第一个等号右端为 F_2 世代中基因型的类型和频率，第二个等号右端为 F_2 世代中两种表型的基因型构成和频率。其中，W_* 中的 $*$ 代表这个位置上既可以是 W 又可以是 w，它们具有相同的圆鼓表型。

$$\left(\frac{1}{2}W + \frac{1}{2}w\right) \times \left(\frac{1}{2}W + \frac{1}{2}w\right) = \frac{1}{4}WW + \frac{1}{2}Ww + \frac{1}{4}ww = \frac{3}{4}W_* + \frac{1}{4}ww \tag{1.2}$$

§1.1.4 自由组合定律

分离定律解释了一个座位上，个体如何产生配子、雌雄配子如何结合产生下一代个体的遗传学规律。自由组合定律，又称为孟德尔第二定律 (Mendel's second law)，解释了两个或多个独立遗传座位上，基因在亲子两代之间的传递规律。表 1.2 给出籽粒形状 (圆粒对皱粒) 和种皮颜色 (黄皮对绿皮) 两个性状上的杂交试验结果。控制圆粒和皱粒两种表型的等位基因仍用 W 和 w 表示。控制黄皮和绿皮两种表型的等位基因用 G 和 g 表示，其中，黄皮等

位基因 G 为显性。一个亲本在两个性状上均具有显性表型，其基因型为 $WWGG$；另一个亲本在两个性状上均具有隐性表型，其基因型为 $wwgg$；杂种 F_1 的基因型为 $WwGg$，在两个性状上均具有显性表型。F_2 世代中，4 种表型接近 9:3:3:1 的分离比，单个性状在两种表型上的分离比仍接近 3:1。

表 1.2 籽粒形状 (圆粒对皱粒) 和种皮颜色 (黄皮对绿皮) 两个性状的杂交试验

	亲本 1	亲本 2	F_1 杂种	F_2 世代 (W_* 代表基因型 WW 和 Ww，G_* 代表基因型 GG 和 Gg)			
基因型	$WWGG$	$wwgg$	$WwGg$	W_*G_*	W_*gg	wwG_*	$wwgg$
表型	圆粒黄皮	皱粒绿皮	圆粒黄皮	圆粒黄皮	圆粒绿皮	皱粒黄皮	皱粒绿皮
观测值	全部	全部	全部	315	108	101	32
观测分离比	1	1	1	圆黄:圆绿:皱黄:皱绿 =9.84:3.38:3.16:1 圆粒:皱粒 =(315+108):(101+32)=3.18:1 黄皮:绿皮 =(315+101):(108+32)=2.97:1			

当 F_1 产生配子时，两个座位上的等位基因都要发生分离，形成 WG、Wg、wG 和 wg 共 4 种配子，也称为单倍体 (haploid)。根据分离定律，粒形座位上的两种等位基因 W、w 被分离到配子中的概率各占 $\frac{1}{2}$，种皮座位上的两种等位基因 G、g 被分离到配子中的概率也各占 $\frac{1}{2}$。自由组合定律指出，粒形座位上的一个等位基因和种皮座位上的一个等位基因，通过随机结合产生雌雄配子。例如，配子 WG 是基因 W 和 G 随机结合产生的，基因 W 出现的概率是 $\frac{1}{2}$，基因 G 出现的概率也是 $\frac{1}{2}$，因此，配子 WG 出现的概率是 $\frac{1}{2}\times\frac{1}{2}=\frac{1}{4}$。同样可以得出，其他三种配子出现的概率也都是 $\frac{1}{4}$。基因型 $WwGg$ 产生雌雄配子的过程用公式 1.3 表示，箭头左端为 F_1 杂种的基因型，箭头右端表示两个座位上的等位基因随机结合，等号右端为 F_1 杂种产生出的雌配子或雄配子的类型和频率。

$$WwGg \to \left(\frac{1}{2}W+\frac{1}{2}w\right)\times\left(\frac{1}{2}G+\frac{1}{2}g\right)=\left(\frac{1}{4}WG+\frac{1}{4}Wg+\frac{1}{4}wG+\frac{1}{4}wg\right) \tag{1.3}$$

自由组合定律进一步指出，基因型 $WwGg$ 产生的 4 种雌配子和 4 种雄配子通过随机结合产生 F_2 世代的基因型。雌雄配子随机结合产生 F_2 世代的过程用公式 1.4 表示，公式左端表示 4 种雌配子和 4 种雄配子的随机结合，第一个等号右端表示粒形座位上的三种基因型和种皮座位上的三种基因型的随机结合，第二个等号右端表示粒形座位上两种表型和种皮座位上两种表型的随机结合，第三个等号右端表示 F_2 世代中 4 种表型的基因型构成和频率。其中，W_* 中的 $*$ 代表这个位置上既可以是 W 又可以是 w，G_* 中的 $*$ 代表这个位置上既可以是 G 又可以是 g。

$$\begin{aligned}
&\left(\frac{1}{4}WG+\frac{1}{4}Wg+\frac{1}{4}wG+\frac{1}{4}wg\right)\times\left(\frac{1}{4}WG+\frac{1}{4}Wg+\frac{1}{4}wG+\frac{1}{4}wg\right)\\
&=\left(\frac{1}{4}WW+\frac{1}{2}Ww+\frac{1}{4}ww\right)\times\left(\frac{1}{4}GG+\frac{1}{2}Gg+\frac{1}{4}gg\right)\\
&=\left(\frac{3}{4}W_*+\frac{1}{4}ww\right)\times\left(\frac{3}{4}G_*+\frac{1}{4}gg\right)
\end{aligned}$$

$$= \left(\frac{9}{16}W_*G_* + \frac{3}{16}W_*gg + \frac{3}{16}wwG_* + \frac{1}{16}wwgg\right) \tag{1.4}$$

对于任意 k 个独立遗传座位，杂种 F_1 的基因型用 $AaBbCc\cdots$ 表示，假定大写字母代表的等位基因为显性。F_1 产生配子时，每个座位上的两个等位基因都要分离。产生的配子中，每个座位上要么是大写字母，要么是小写字母，发生的概率各占 $\frac{1}{2}$。不同座位上的等位基因自由结合。因此，可能的配子型有 2^k 种，每种配子型的频率为 $\frac{1}{2^k}$。基因型 $AaBbCc\cdots$ 产生雌雄配子的过程用公式 1.5 表示，箭头左端为 F_1 杂种的基因型，中间项表示多个座位上的等位基因随机结合，等号右端为 F_1 杂种产生雌配子或雄配子的类型和频率。

$$\begin{aligned} AaBbCc\cdots &\to \left(\frac{1}{2}A + \frac{1}{2}a\right) \times \left(\frac{1}{2}B + \frac{1}{2}b\right) \times \left(\frac{1}{2}C + \frac{1}{2}c\right) \times \cdots \\ &= \left(\frac{1}{2^k}ABC\cdots + \cdots + \frac{1}{2^k}abc\cdots\right) \end{aligned} \tag{1.5}$$

基因型 $AaBbCc\cdots$ 产生的 2^k 种雌配子和 2^k 种雄配子，通过随机结合产生 F_2 世代的基因型。公式 1.6 中，等号左端表示 2^k 种雌配子和 2^k 种雄配子的随机结合，第一个等号右端表示每个座位上的三种基因型随机结合，第二个等号右端表示每个座位上两种表型的随机结合，展开后就得到 F_2 世代中 2^k 种表型的基因型构成和频率。其中，A_* 中的 $*$ 代表这个位置上既可以是 A 又可以是 a，B_* 中的 $*$ 代表这个位置上既可以是 B 又可以是 b，依次类推。

$$\begin{aligned} &\left(\frac{1}{2^k}ABC\cdots + \cdots + \frac{1}{2^k}abc\cdots\right) \times \left(\frac{1}{2^k}ABC\cdots + \cdots + \frac{1}{2^k}abc\cdots\right) \\ &= \left(\frac{1}{4}AA + \frac{1}{2}Aa + \frac{1}{4}aa\right) \times \left(\frac{1}{4}BB + \frac{1}{2}Bb + \frac{1}{4}bb\right) \times \left(\frac{1}{4}CC + \frac{1}{2}Cc + \frac{1}{4}cc\right) \times \cdots \\ &= \left(\frac{3}{4}A_* + \frac{1}{4}aa\right) \times \left(\frac{3}{4}B_* + \frac{1}{4}bb\right) \times \left(\frac{3}{4}C_* + \frac{1}{4}cc\right) \times \cdots \end{aligned} \tag{1.6}$$

公式 1.1 和公式 1.2 形象地反映了分离定律所描述的基因在亲子两代之间的传递规律，公式 1.3~公式 1.6 形象地反映了自由组合定律所描述的基因在亲子两代之间的传递规律。虽然我们利用 F_1 杂种通过自交产生 F_2 后代的过程来描述孟德尔第一定律和第二定律，但这两个定律不仅适宜于杂合型的自交过程，而且是所有二倍体物种有性繁殖过程的普适性遗传学规律。在孟德尔的遗传试验中，还利用与隐性亲本的测交 (testcross)、自交 $F_{2:3}$ 家系的后裔测验 (progeny test) 及反交 (reciprocal cross) 等方法，进一步验证他提出的分离定律和自由组合定律。这些方法，即使到了今天，仍是创建遗传群体、开展遗传研究的主流方法。

§1.1.5 连锁和交换定律

自由组合定律描述了不同染色体，或者同一染色体但在相距较远的座位上，基因在亲子两代之间的传递规律。在表 1.2 的杂交试验中，粒形基因和种皮基因位于不同的染色体上，杂合型 $WwGg$ 产生 4 种频率均等的配子，其中的两种与两个亲本产生的配子完全相同，称为亲本型 (parental type) 或非重组型 (non-recombination type)，另外两种是亲本中没有的类型，称为重组型 (recombination type)。在独立遗传的情况下，两种重组型配子和两种亲本型配子各占一半。对于位于同一条染色体上的两对基因 A、a 和 B、b 来说，单个座位上的等位基因仍然服从分离定律，杂合型 $AaBb$ 仍然产生 AB、Ab、aB 和 ab 共 4 种配子型。但是，这两个座位上的等位基因不再服从自由组合定律。如果亲本基因型分别为 $AABB$ 和 $aabb$，在杂种 F_1 产生的配子中，亲本型 AB 和 ab 的比例将超过 50%，重组型 Ab 和 aB 的比例将低于 50%。用 r 表示 F_1 产生配子中重组型的频率，$1-r$ 表示亲本型的频率。那么，两种亲本型 AB 和 ab 各占 $\frac{1}{2}(1-r)$，均高于 25%；两种重组型 Ab 和 aB 各占 $\frac{1}{2}r$，均低于 25%。

两个座位上都是杂合的基因型 $AaBb$，有时也称双杂型 (double heterozygosity)。双杂型有两种结合方式。一是 A 和 B 位于同一条染色体上、a 和 b 位于另外一条同源染色体上，这种结合方式用符号 AB/ab 表示；二是 A 和 b 位于同一条染色体上、a 和 B 位于另外一条同源染色体上，这种结合方式用 Ab/aB 表示。如果把 AB/ab 称为相引连锁 (linkage in coupling)，则将 Ab/aB 称为互斥连锁 (linkage in repulsion)。连锁和交换定律说明，不论什么样的连锁相 (linkage phase)，重组配子的频率仍然是 r，非重组配子的频率仍然是 $1-r$；所不同的只是重组型和亲本型的划分。相引型 AB/ab 产生的配子中，Ab 和 aB 是重组型，各占 $\frac{1}{2}r$；AB 和 ab 是亲本型，各占 $\frac{1}{2}(1-r)$。互斥型 Ab/aB 产生的配子中，AB 和 ab 是重组型，各占 $\frac{1}{2}r$；Ab 和 aB 是亲本型，各占 $\frac{1}{2}(1-r)$。显而易见，两种连锁相产生的配子有着不同的频率。因此，在很多遗传研究中，需要把双杂型 $AaBb$ 区分为 AB/ab 和 Ab/aB 两种连锁相进行讨论。

减数分裂 (meiosis) 包含两次连续的细胞核分裂过程，是分离、自由组合、连锁和交换等众多遗传学理论的细胞生物学基础。图 1.2 给出一对同源染色体上，双杂合基因型 AB/ab 产生配子过程的示意图，两种方向斜线的长方形表示受精时分别由雌雄两种配子贡献的染色体。在第一次分裂的前期 I，复制后的两条姐妹染色单体被同一个着丝粒连接在一起，同源染色体的姐妹染色单体进行配对并发生交换 (图 1.2 上)。在中期 I 和后期 I，同源染色体形成的二价体排列在赤道上，随后在着丝粒的牵引下向相对的两极方向移动，从而发生同源染色体的分离 (图 1.2 中)。第一次分裂完成后不久，细胞核随即发生第二次分裂 (也称为等数分裂)，两条同源染色体在着丝粒的位置上断开，最终产生出 4 个单倍体配子 (图 1.2 下)。

同源染色体的非姐妹染色单体交换往往是随机发生的，染色体越长，发生交换的概率也越大；一对同源染色体上，也可同时发生多次交换 (图 1.2 上)。对于两个连锁座位之间的一段染色体来说，如图 1.2 的座位 A 和 B，发生交换的概率可以利用重组型配子 Ab 和 aB 所占比例进行计算，重组配子的比例称为重组率 (recombination frequency)。重组率越小，说明两个座位上的等位基因结合在一起、传递到下一代的倾向越强。重组率 r 在 0~0.5 之间取值。当重组率较小时，AB/ab 产生的配子中，基因 A 更多时候与基因 B 结合在一起，基因 a 更多时候与基因 b 结合在一起。当重组率等于 0 时，A 与 B 总是结合在一起，a 与 b 总是结合在一起，这样的连锁称为完全连锁 (complete linkage)。当重组率等于 0.5 时，配子的频率等于基因频率的乘积，表现为自由组合。因此，重组率直观地反映了两个座位之间的遗传距离或者连锁关系。通过重组率的估计，可以了解基因在染色体上的排列顺序，即构建遗传连锁图谱、定位控制性状的基因。

基因型 AB/ab 产生雌雄配子的过程用公式 1.7 表示，箭头左端为 F_1 杂种的基因型，右端为 F_1 杂种产生的雌配子或雄配子的类型和频率，r 为重组率。

$$AB/ab \to \left[\frac{1}{2}(1-r)AB + \left(\frac{1}{2}r\right)Ab + \left(\frac{1}{2}r\right)aB + \frac{1}{2}(1-r)ab\right] \tag{1.7}$$

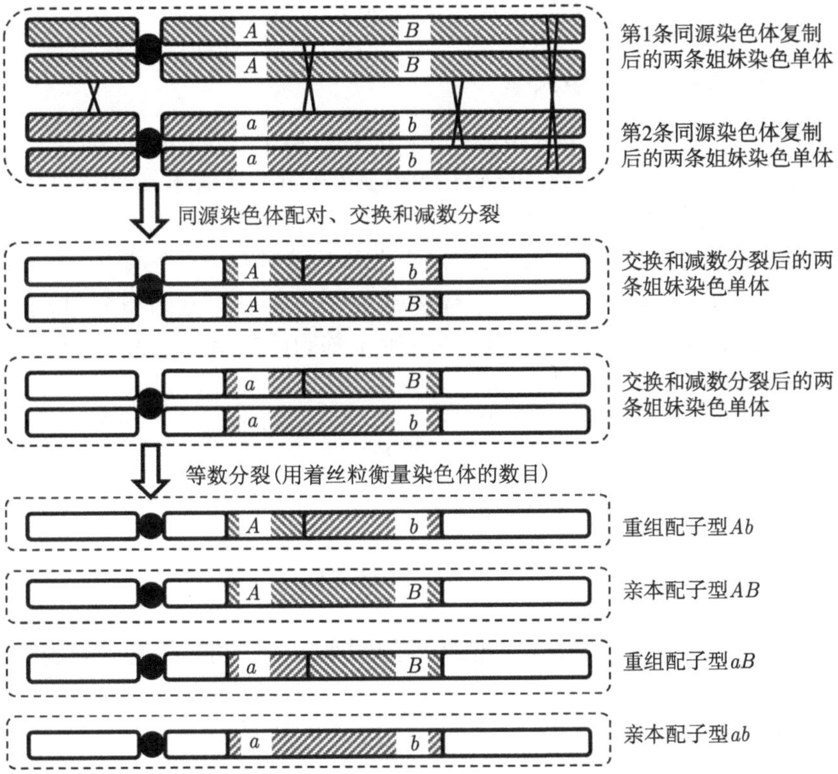

图 1.2 一对同源染色体上，双杂合基因型 AB/ab 产生配子过程的示意图

图上，两种方向斜线的长方形分别表示雌雄两个亲本贡献的染色体；复制后的两条姐妹染色单体被同一个着丝粒连接在一起；同源染色体配对，并且在非姐妹染色单体之间发生交换，交换位置用交叉线表示。图中，两条同源染色体在配对和交换后发生分离，细胞完成第一次分裂（即减数分裂），空白区间表示交换发生后的染色体。图下，两条同源染色体在着丝粒位置上断开，细胞完成第二次分裂（即等数分裂），最终形成 4 个单倍体配子

基因型 AB/ab 产生的 4 种雌配子和 4 种雄配子，随机结合产生 F_2 世代的基因型。雌雄配子随机结合的过程用公式 1.8 表示。根据公式 1.8，就可以计算 9 种基因型中任意一种的存在频率。例如，基因型 $AABb$ 可由雌配子 AB 与雄配子 Ab 结合而产生，频率为 $\frac{1}{2}(1-r)\times\left(\frac{1}{2}r\right) = \frac{1}{4}r(1-r)$；也可由雌配子 Ab 与雄配子 AB 结合而产生，频率为 $\left(\frac{1}{2}r\right)\times\frac{1}{2}(1-r) = \frac{1}{4}r(1-r)$；因此，基因型 $AABb$ 在 F_2 群体中的频率为 $\frac{1}{2}r(1-r)$。基因型 $AABB$ 只能由雌配子 AB 与雄配子 AB 结合而产生，频率为 $\frac{1}{2}(1-r)\times\frac{1}{2}(1-r) = \frac{1}{4}(1-r)^2$；

因此，基因型 $AABB$ 在 F_2 群体中的频率为 $\frac{1}{4}(1-r)^2$。

$$\left[\frac{1}{2}(1-r)AB+\left(\frac{1}{2}r\right)Ab+\left(\frac{1}{2}r\right)aB+\frac{1}{2}(1-r)ab\right]$$
$$\times\left[\frac{1}{2}(1-r)AB+\left(\frac{1}{2}r\right)Ab+\left(\frac{1}{2}r\right)aB+\frac{1}{2}(1-r)ab\right] \tag{1.8}$$

§1.2　群体的遗传结构

§1.2.1　群体的基因频率和基因型频率

群体的遗传组成可以从两方面来考虑，一方面是群体中等位基因的频率，另一方面是群体中各种基因型的频率。假设某一座位只有一对等位基因，用 A 和 a 表示，该群体由 n 个具有二倍体遗传特性的个体组成。群体中可能的基因型有 AA、Aa 和 aa 三种，这三种基因型的个体数分别用 n_{AA}、n_{Aa} 和 n_{aa} 表示。n 个个体共携带有 $2n$ 个基因，基因型为 AA 的个体携带 2 个 A 基因，基因型为 aa 的个体携带 2 个 a 基因，基因型为 Aa 的个体携带 1 个 A 基因和 1 个 a 基因。因此，A 基因的频率和 a 基因的频率分别为

$$p_A=\frac{2n_{AA}+n_{Aa}}{2n}=\frac{n_{AA}+\frac{1}{2}n_{Aa}}{n}\ \text{和}\ p_a=\frac{n_{Aa}+2n_{aa}}{2n}=\frac{\frac{1}{2}n_{Aa}+n_{aa}}{n} \tag{1.9}$$

三种基因型 AA、Aa 和 aa 的观测频率分别为

$$p_{AA}=\frac{n_{AA}}{n},\quad p_{Aa}=\frac{n_{Aa}}{n}\ \text{和}\ p_{aa}=\frac{n_{aa}}{n} \tag{1.10}$$

根据公式 1.9 和公式 1.10，不难看出，等位基因的频率还可以用三种基因型的频率表示为

$$p_A=p_{AA}+\frac{1}{2}p_{Aa}\ \text{和} p_a=p_{aa}+\frac{1}{2}p_{Aa} \tag{1.11}$$

§1.2.2　群体的杂合度和多样性

对于单个座位来说，杂合基因型的频率又称为群体的杂合度。对于只包含两个等位基因的座位，杂合度等于公式 1.10 中 Aa 的频率。对于具有复等位基因 A_1、A_2、$A_3\cdots$ 的座位 l，杂合度等于所有可能的杂合基因型频率之和。用 A_uA_v 表示座位 l 上的基因型，n_{uv} 表示个体数，群体大小仍用 n 表示，座位 l 上的基因型频率和基因频率如公式 1.12 和公式 1.13 所示计算。

$$p_{luv}=\frac{n_{uv}}{n},\quad u\ \text{和}\ v\ (u\leqslant v)\ \text{表示两个等位基因} \tag{1.12}$$

$$p_{lu}=\frac{1}{2}\sum_{v<u}p_{lvu}+p_{luu}+\frac{1}{2}\sum_{v>u}p_{luv},\quad u\ \text{表示任意等位基因} \tag{1.13}$$

那么在座位 l 上，群体的杂合度 (heterozygosity) 定义为

$$H_l=\sum_{u<v}p_{luv} \tag{1.14}$$

对于 m 个座位来说，平均杂合度 (average heterozygosity) 定义为

$$H = \frac{1}{m} \sum_{l=1,\cdots,m} H_l \tag{1.15}$$

杂合度是从杂合基因型频率计算而来。在近交群体中，杂合基因型的频率很低，常用基因多样性 (gene diversity) 度量群体的异质性，基因多样性由等位基因频率计算而来。假定座位 l 上等位基因的频率如公式 1.13 所示，基因多样性定义为

$$D_l = 1 - \sum_u p_{lu}^2 \tag{1.16}$$

对于 m 个座位来说，平均基因多样性定义为

$$D = \frac{1}{m} \sum_{l=1,\cdots,m} D_l = 1 - \frac{1}{m} \sum_{l=1,\cdots,m} \sum_u p_{lu}^2 \tag{1.17}$$

从公式 1.14 可以看出，群体杂合度由杂合基因型的频率计算而来，杂合基因型频率越大，群体杂合度就越高。从公式 1.16 可以看出，基因多样性由等位基因的频率计算而来，等位基因越多、频率越一致，多样性程度就越高。一般群体中，不能从等位基因的频率推测出基因型的频率。但是，在随机交配的大群体中，基因型频率可以由等位基因频率计算出来，也只有在这种情况下，群体的杂合度才等于群体的基因多样性。

§1.2.3 双亲群体中基因型的期望分离比及其适合性检验

如果一个群体有清楚的来源，则基因和基因型都有一个期望频率。如果不存在奇异分离，根据公式 1.9 和公式 1.10 计算出的频率应该与期望频率之间不存在显著性差异。一个群体的基因型频率是否符合一个已知的期望分离比，可以采用 χ^2 统计量进行适合性检验。适合性检验中 χ^2 统计量的计算如公式 1.18 所示，其中，O 和 E 分别是每种基因型的观测样本量和期望样本量。

$$\chi^2 = \sum \frac{(O-E)^2}{E} \tag{1.18}$$

公式 1.18 中，期望样本量等于对应基因型的期望频率乘以总样本量，χ^2 统计量的自由度等于基因型的个数减去 1。当观测样本量较小时，频率较低的基因型，其期望样本量 E 就会很小，利用公式 1.18 容易高估检验统计量。当基因型的种类较多时，可以放弃期望样本量 E 低于 5 或 1 的基因型；当基因型的种类较少时，可以采用公式 1.19 的连续性矫正方法计算 χ^2 统计量。

$$\chi^2 = \sum \frac{(|O-E|-0.5)^2}{E} \tag{1.19}$$

表 1.3 给出两个玉米自交系‘综 3’和‘87-1’衍生的 294 个重组近交家系 (RIL) 组成的群体中 (Guo et al., 2013)，11 个共显性分子标记的 1:1 分离比适合性检验 (根据公式 1.18 计算)。每个座位上，自交系‘综 3’的基因型用 AA 表示，自交系‘87-1’的基因型用 aa 表示。以标记 umc1033 为例，5 个 RIL 的标记型缺失，n_{AA}=126，n_{Aa}=0，n_{aa}=163，$n = n_{AA} + n_{Aa} + n_{aa}$=289。等位基因 A 存在于亲本自交系‘综 3’中，等位基因 a 存在于亲本自交系‘87-1’中，两个等位基因的观测频率分别为 0.436 和 0.564。RIL 群体在此标记座位上

不存在杂合基因型，基因型的频率等于等位基因的频率。无奇异分离时，两种标记型的 RIL 家系数应服从 1:1 的期望分离比。检验统计量的显著性概率 P=0.0295 (表 1.3)，因此两种标记型的观测值与 1:1 的分离比存在显著差异，但未达到 0.01 的极显著水平。从表 1.3 可以看出，标记 bnlg127 与分离比 1:1 存在极显著差异，'综 3' 基因频率为 0.4034，显著低于期望频率 0.5，存在极显著的奇异分离。标记 umc1733 与分离比 1:1 也存在极显著差异，'综 3' 基因频率为 0.5939，显著高于期望频率 0.5，存在极显著的奇异分离。其他 8 个标记服从 1:1 的期望分离比，等位基因的频率接近于期望频率 0.5。

表 1.3　玉米自交系 '综 3' 和自交系 '87-1' 杂交衍生的 294 个 RIL 家系组成的群体中，第 9 染色体上部分标记的 1:1 分离比适合性检验

标记编号	标记名称	'综 3' 基因型	'87-1' 基因型	缺失	'综 3' 等位基因频率	χ^2 统计量	P 值
1	umc1033	126	163	5	0.4360	4.7370	0.0295
2	phi027	141	151	2	0.4829	0.3425	0.5584
3	bnlg127	117	173	4	0.4034	10.8138	0.0010
4	bnlg1209	132	159	3	0.4536	2.5052	0.1135
5	umc2119	132	156	6	0.4583	2.0000	0.1573
6	umc1771	134	155	5	0.4637	1.5260	0.2167
7	umc1494	132	151	11	0.4664	1.2756	0.2587
8	umc1417	129	150	15	0.4624	1.5806	0.2087
9	umc1310	129	144	21	0.4725	0.8242	0.3640
10	bnlg1525	147	141	6	0.5104	0.1250	0.7237
11	umc1733	174	119	1	0.5939	10.3242	0.0013

表 1.4 给出 '综 3' 和 '87-1' 衍生的 F_2 群体中 (Guo et al., 2013)，11 个共显性分子标记的 1:2:1 分离比适合性检验 (根据公式 1.18 计算)，群体大小为 441。与前面类似，自交系 '综 3' 的基因型用 AA 表示，自交系 '87-1' 的基因型用 aa 表示。以标记 umc1033 为例，n_{AA}=83，n_{Aa}=208，n_{aa}=135，$n = n_{AA} + n_{Aa} + n_{aa}$=426。$F_2$ 群体中，15 个个体在标记座位 umc1033 上的标记型为缺失。等位基因 A 和 a 的频率分别为 0.439 和 0.561。无奇异分离时，三种标记型应服从 1:2:1 的期望分离比。适合性检验统计量的显著性概率 P=0.0016 (表 1.4)，因此三种标记型的观测值与 1:2:1 的分离比存在极显著差异。从表 1.4 可以看出，存

表 1.4　玉米自交系 '综 3' 和自交系 '87-1' 杂交衍生的 F_2 群体中，第 9 染色体上部分标记的 1:2:1 分离比适合性检验

标记编号	标记名称	'综 3' 基因型	杂合基因型	'87-1' 基因型	缺失	'综 3' 等位基因频率	χ^2 统计量	P 值
1	umc1033	83	208	135	15	0.4390	12.9296	0.0016
2	phi027	107	207	121	6	0.4839	1.9149	0.3839
3	bnlg127	75	197	157	12	0.4044	34.2028	0.0000
4	bnlg1209	86	219	127	9	0.4525	7.8657	0.0196
5	umc2119	91	204	129	17	0.4552	7.4151	0.0245
6	umc1771	97	198	131	15	0.4601	7.5399	0.0231
7	umc1494	89	201	118	33	0.4645	4.2108	0.1218
8	umc1417	90	190	117	44	0.4660	4.4005	0.1108
9	umc1310	84	196	100	61	0.4789	1.7263	0.4218
10	bnlg1525	112	209	103	17	0.5106	0.4670	0.7918
11	umc1733	155	209	74	3	0.5925	30.8722	0.0000

在极显著差异的还有标记 bnlg127 和标记 umc1733，存在显著差异的为标记 bnlg1209、umc2119 和 umc1771。在这些标记座位上，'综 3' 基因的频率明显偏离期望频率 0.5。在其他 5 个不存在显著奇异分离的标记座位上，等位基因的频率接近期望频率 0.5。

§1.3 自交和回交对群体结构的影响

§1.3.1 交配系统及其分类

动物以随机交配 (random mating) 为主，通过有性生殖 (sexual reproduction) 的方式繁殖后代；植物可通过无性生殖 (asexual reproduction) 和有性生殖两种交配系统 (mating system) 繁殖后代。无性生殖不存在雌雄配子的融合过程，无性生殖植物通过营养生长或无融合 (apomixis) 的方式进行繁殖，如香蕉、木薯、马铃薯、甘薯和甘蔗。有性生殖又可分为自花授粉 (self-pollination) 和异花授粉 (cross-pollination) 两种类型。自然条件下，有些植物以自花授粉为主繁殖后代，如水稻、小麦和大豆；有些植物以异花授粉为主繁殖后代，如玉米、高粱和黑麦；有些则同时采用自花和异花两种方式繁殖后代，如棉花和蚕豆。借助人工手段，可以对无性生殖物种的不同无性系进行杂交甚至自交，对自花授粉物种的不同个体进行杂交，对异花授粉物种的不同个体进行自交。

物种的交配制度决定了物种的群体结构。对植物来说，也在很大程度上决定着农业生产的品种类型，以及改良该植物的适宜育种方法。无性生殖植物的品种是克隆家系，来自同一个亲本的克隆家系与它们的亲本有着一模一样但高度杂合的基因型。在任何育种群体的任何时期，任何表现优良的个体都能通过无性繁殖的方式成为一个新的无性系品种。自花授粉和异花授粉的区别，主要体现在近交 (inbreeding) 群体和异交 (outbreeding) 群体的遗传结构上。异交群体中，个体在很多座位上携带不同的等位基因，异交或自交会产生具有广泛分离的杂合后代。异花授粉物种的自交后代一般会出现近交衰退 (inbreeding depression) 现象 (详见第 12 章)。但是，异交群体中产生出来的两个纯合自交系之间的杂交，又能够恢复异交群体的杂合度。有时，两个自交系的杂交后代会有更优异的表现，这一现象称为杂种优势 (hybrid vigor 或 heterosis)，是杂种品种选育的理论基础。长期自交的群体中，个体的基因型基本上是纯合的，自交后代的基因型与亲代基本一致，不存在近交衰退现象。一个纯合基因型个体的自交后代，又称为一个纯系 (pure line)。两个纯系间的杂交将产生出基因型高度杂合的杂种 F_1，对杂种 F_1 的连续自交可以产生众多不同于亲本基因型的纯系。例如，两个纯系亲本在 10 个座位上存在差异，它们的重组近交家系后代群体中则存在 2^{10}=1024 种不同的基因型，其中只有两种与亲本基因型相同，1022 种都是亲本中没有的重组型。有些后代纯系会比它们的亲本有更优良的表现，这一现象称为超亲分离 (transgressive segregation)，是纯系品种选育的理论基础。

自交和异交是两种极端类型的交配系统，异交又称随机交配。以自交系统为主的植物也可能存在一定比例的异交，以异交系统为主的植物也可能存在一定比例的自交。自交和异交的比例因物种而异，同时又受授粉时期、温度、湿度、风力等环境条件，以及传媒昆虫种群数量的影响。动物以异交为主，但有时也存在一定程度的近交。Wright (1921) 将动物的交配系统分为随机交配、遗传同型交配、遗传非同型交配、表型同型交配和表型非同型交配 5

类。在第 3 章和第 4 章中我们将看到，利用近交系数 (inbreeding coefficient) 这一概念，可以把介于自交和随机交配之间的众多交配系统统一起来。

§1.3.2　自交对群体结构的影响

自交或近交是有性生殖植物的一个重要交配系统，重要的农作物如水稻和小麦等都属于自交繁殖，它们在自然条件下的遗传交配属于自交交配系统。玉米是异花授粉作物，自然条件下的遗传交配属于随机交配系统，但是在人工控制的条件下也能自交。就一对等位基因 A 和 a 来说，基因型 Aa 自交将产生 AA、Aa 和 aa 三种基因型。根据遗传学分离定律，它们在群体中所占的比例将分别为 $\frac{1}{4}$、$\frac{1}{2}$ 和 $\frac{1}{4}$。因此，其后代的自交交配类型也只有三种，即 $AA\times AA$、$Aa\times Aa$ 和 $aa\times aa$。当纯合二倍体 AA 和 aa 自交时，子代的基因型与亲代完全一样，也同样是纯合体。当杂合体 Aa 自交时，其子代又分离出三种基因型，即 $\frac{1}{4}AA$、$\frac{1}{2}Aa$ 和 $\frac{1}{4}aa$。进一步自交时，纯合体 AA 和 aa 不再发生分离，杂合体 Aa 继续 $\frac{1}{4}AA$、$\frac{1}{2}Aa$ 和 $\frac{1}{4}aa$ 的分离。

图 1.3 给出一个座位上、两个等位基因自 F_1 代的自交分离示意图。可以看出，杂合体每自交一代则减少一半，按照 $\frac{1}{2}, \frac{1}{4}, \frac{1}{8}, \cdots$ 的基因型频率变化。假定杂合体在一个原始群体中的频率为 H_0，通过一代自交后杂合体的频率 $H_1 = \frac{1}{2}H_0$，再通过一代自交杂合体的频率应为 $H_2 = \frac{1}{2}H_1 = \frac{1}{4}H_0$。依次类推，群体中的杂合体越来越少，经过 n 代自交以后，杂合体的频率为 $H_n = \left(\frac{1}{2}\right)^n H_0$。即使原始群体中杂合体频率为 1，即全部为杂合体 (如双亲杂交 F_1 代)，如通过 7 代自交，杂合体的频率为 $\left(\frac{1}{2}\right)^7 < 1\%$，而纯合体在 99% 以上。

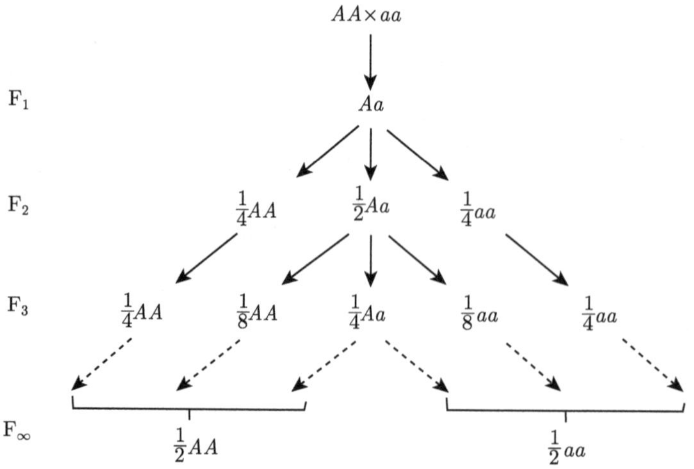

图 1.3　一对等位基因自 F_1 代开始的自交分离图

两个纯合亲本的基因型是 AA 和 aa，杂种 F_1 的基因型为 Aa。F_1 自交一代产生的 F_2 群体中，三种基因型 AA、Aa、aa 具有 1:2:1 的分离比。在之后的重复自交过程中，基因型 AA 的自交后代全部为 AA，aa 的自交后代全部为 aa，Aa 的自交后代如杂种 F_1 产生 1:2:1 的分离重复自交过程中，基因和基因型的频率如表 1.5 所示。从中可以看出，随着自交世代的增加，杂合体级数减少，最终趋于零。这就说明了，为何自花授粉作物中，一个自然存在的原始品种一般都具有纯合的基因型。从表 1.5 最后两列的等位基因频率可见，重复自交过程，如不考虑其他改变群体结构的因素，基因频率在每一世代都是一样的，世代的变化只改变基因型的频率，而不改变基因的频率。

表 1.5 杂合子 Aa 自交后，各世代的基因和基因型频率

自交代数	世代名称	基因型频率			基因频率	
		AA	Aa	aa	A	a
0	F_1 杂种	0	1	0	$\frac{1}{2}$	$\frac{1}{2}$
1	F_2	$\frac{1}{4}$	$\frac{1}{2}$	$\frac{1}{4}$	$\frac{1}{2}$	$\frac{1}{2}$
2	F_3	$\frac{3}{8}$	$\frac{1}{4}$	$\frac{3}{8}$	$\frac{1}{2}$	$\frac{1}{2}$
3	F_4	$\frac{7}{16}$	$\frac{1}{8}$	$\frac{7}{16}$	$\frac{1}{2}$	$\frac{1}{2}$
n	F_{n+1}	$\frac{2^n-1}{2^{n+1}}$	$\frac{1}{2^n}$	$\frac{2^n-1}{2^{n+1}}$	$\frac{1}{2}$	$\frac{1}{2}$
$n+1$	F_{n+2}	$\frac{2^{n+1}-1}{2^{n+2}}$	$\frac{1}{2^{n+1}}$	$\frac{2^{n+1}-1}{2^{n+2}}$	$\frac{1}{2}$	$\frac{1}{2}$

从图 1.3 和表 1.5 都能看出，对于一个座位上的两个等位基因来说，F_6 世代中纯合基因型的频率会达到 95% 以上，F_8 世代中纯合基因型的频率会达到 99% 以上。F_{n+2} 世代中杂合基因型的频率记为 $H_n=\left(\frac{1}{2}\right)^{n+1}$，纯合基因型的频率记为 $1-H_n$。在第 3 章和第 4 章将会看到，纯合基因型的频率正好等于群体的近交系数 F。对于 l 个独立遗传的基因座位，纯合基因型的频率可以用公式 1.20 表示。

$$f_{\text{纯合基因型}}=(1-H_n)^l=\left(1-\frac{1}{2^{n+1}}\right)^l \tag{1.20}$$

表 1.6 给出不同个数独立遗传基因座位在重复自交过程中，由公式 1.20 得到的纯合基因型频率。这里的纯合，指的是在所有座位上的基因型都是纯合的。可以看出，即使两个纯

表 1.6 重复自交过程中，一对和多对独立遗传基因座位纯合基因型的百分数

世代	独立遗传基因座位个数							
	1	2	3	4	5	10	20	30
F_2	50.00	25.00	12.50	6.25	3.13	0.10	0.00	0.00
F_3	75.00	56.25	42.19	31.64	23.73	5.63	0.32	0.02
F_4	87.50	76.56	66.99	58.62	51.29	26.31	6.92	1.82
F_5	93.75	87.89	82.40	77.25	72.42	52.45	27.51	14.43
F_6	96.88	93.85	90.91	88.07	85.32	72.80	52.99	38.58
F_7	98.44	96.90	95.39	93.89	92.43	85.43	72.98	62.35
F_8	99.22	98.44	97.67	96.91	96.15	92.46	85.48	79.03
F_9	99.61	99.22	98.83	98.45	98.06	96.16	92.47	88.92
F_{10}	99.80	99.61	99.42	99.22	99.03	98.06	96.17	94.30

系亲本之间存在很多的分离座位，如 l=20，它们的 F_{10} 世代群体中，纯合基因型的频率也会达到 95%以上。值得一提的是，连锁的存在，还会加快基因型的纯合速度。

表 1.5 和表 1.6 给出的是从两个纯系亲本杂种 F_1 代开始，重复自交过程中基因型频率的变化。对每个座位来说，最终群体中的两种纯合基因型频率均为 0.5，这一频率正好等于杂种 F_1 群体中等位基因的频率。对于等位基因 A 和 a 的频率分别为 p 和 q ($p+q$=1) 的起始群体，不论基因型的频率如何，最终的重复自交群体也有类似的结果，即杂合基因型的频率为 0，纯合基因型 AA 和 aa 的频率分别为 p 和 q。这一点其实也可以从基因频率与基因型频率的关系式 1.11 看出来。因此，在不存在杂合基因型的群体中，等位基因与基因型有相同的频率。

§1.3.3　回交对群体结构的影响

回交是指两个亲本 P_1 和 P_2 的杂交 F_1 个体，与其中的某一亲本再进行杂交。回交是植物育种的一种常用方法，尤其适用于转育由少数基因控制的一些简单性状。如果 F_1 和 P_1 回交，这时亲本 P_1 称为轮回亲本，另一亲本 P_2 称为非轮回亲本或供体亲本。回交群体一般用符号 BC_{ij} 表示，i=1 或 2 表示轮回亲本，j=1, 2, $\cdots$ 表示回交代数。也可用 P_iBC_j 更明确地表示不同轮回亲本的不同回交世代。在不至于混淆的情况下，也可用 BC_j 表示不同的回交世代。如回交若干次后还需要自交，这时的回交世代可用 BC_jF_1 表示，回交之后的重复自交世代用 BC_jF_2, BC_jF_3, $\cdots$ 表示。一次或少数几次回交有时又称为有限回交 (limited backcross) 或简单回交 (simple backcross)，多次回交有时又称高代回交 (advanced backcross) 或多代回交。

以一对等位基因为例，与轮回亲本 AA 的回交演变过程如图 1.4 左半部分所示，与轮回亲本 aa 的回交演变过程如图 1.4 右半部分所示。可以看出，每回交一代，杂合体频率减少一半，这一点与重复自交完全一样。但是，自交群体中有两种纯合体 AA 和 aa，而在回交世

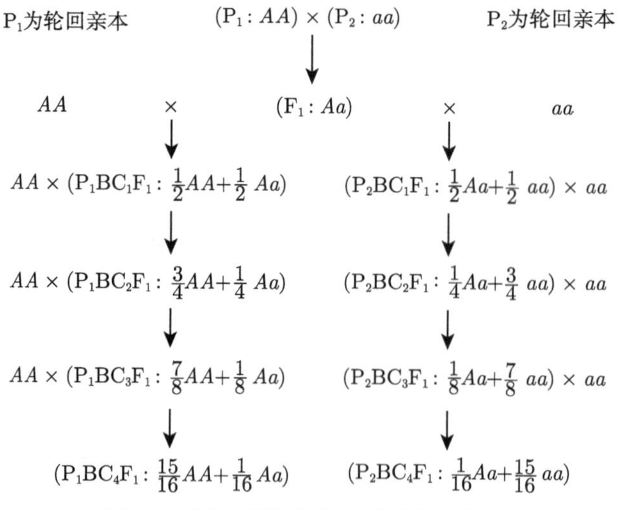

图 1.4　回交系统中基因型频率的变化

两个纯合亲本的基因型分别是 AA 和 aa，杂种 F_1 的基因型为 Aa。回交一代群体中，轮回亲本和杂种两种基因型各占一半。在之后的重复回交过程中，轮回亲本基因型保持不变，Aa 的回交后代如杂种 F_1 产生 1:1 的分离

代中只有一种纯合体。与亲本 AA 的回交群体中只有纯合体 AA，不会出现纯合体 aa；与亲本 aa 的回交群体中只有纯合体 aa，不会出现纯合体 AA。因此，在回交系统中，回交后代恢复成轮回亲本的纯合速度要比在自交系统中快。

与亲本 AA 的连续回交过程中，各种基因和基因型的频率如表 1.7 所示。可以看出，随着回交世代的增加，杂合体级数减少，最终趋于零。在回交过程中，基因频率也在发生变化。表现为供体等位基因的频率呈指数下降，最终群体固定在轮回亲本的等位基因上。

表 1.7 杂合子 Aa 回交后各世代基因和基因型频率的变化 (AA 是轮回亲本)

回交代数	群体代号	基因型频率			基因频率	
		AA	Aa	aa	A	a
0	F_1	0	1	0	$\frac{1}{2}$	$\frac{1}{2}$
1	BC_1F_1	$\frac{1}{2}$	$\frac{1}{2}$	0	$\frac{3}{4}$	$\frac{1}{4}$
2	BC_2F_1	$\frac{3}{4}$	$\frac{1}{4}$	0	$\frac{7}{8}$	$\frac{1}{8}$
3	BC_3F_1	$\frac{7}{8}$	$\frac{1}{8}$	0	$\frac{15}{16}$	$\frac{1}{16}$
n	BC_nF_1	$1-\frac{1}{2^n}$	$\frac{1}{2^n}$	0	$1-\frac{1}{2^{n+1}}$	$\frac{1}{2^{n+1}}$

无选择的回交对育种没有多大意义，因为最终的群体与轮回亲本一模一样。回交育种中，一般需要对少数基因控制的供体性状进行选择，选择后的个体再与轮回亲本回交。通过这种方法，可以将供体亲本中的少数有利基因导入轮回亲本中，同时保持轮回亲本大多数性状的优良性。表 1.7 给出的是与供体优良基因没有连锁关系的座位上，基因和基因型频率的变化趋势。实际回交育种中，对供体基因的选择，也势必选择了与供体基因紧密连锁的一些不利基因。那么如何既要导入供体中的理想基因而又要排除不良基因呢？

设两个自交系的杂种 F_1 代为连锁型 Ab/aB。由于 A 与 b 之间的连锁，在选择优良基因 A 时不可避免地选择了 b。同源染色体在通过减数分裂产生配子时，会发生染色体片段的交换，所以当回交的次数增多时，获得重组型配子 AB 的机会也随之增加了。当然重组机会取决于 A 和 B 两个座位之间的重组率 r。如果只对等位基因 A 进行选择而不对其他座位实施选择，那么排除不良基因的概率可用公式 $1-(1-r)^{n+1}$ 来表示 (n 为回交次数)。如果重组率为 0.5 (即独立遗传)，回交 5 次排除不良基因 b 的概率为 $1-\left(\frac{1}{2}\right)^6=0.9844$。$A$ 与 b 连锁越紧密，即 r 值越小，则排除基因 b 越困难，其理论概率列于表 1.8。自交所在的最后一列，排除不良连锁的概率等于重组率。可以看出，在重组率较低时，回交方法排除不良基因

表 1.8 无选择情况下，排除不良等位基因 b 连锁于优良等位基因 A 的概率

重组率	一次回交	二次回交	三次回交	4 次回交	5 次回交	自交
0.5	0.75	0.875	0.9375	0.9688	0.9844	0.5
0.2	0.36	0.488	0.5904	0.6723	0.7379	0.2
0.1	0.19	0.271	0.3439	0.4095	0.4686	0.1
0.02	0.0396	0.0588	0.0776	0.0961	0.1142	0.02
0.01	0.0199	0.0297	0.0394	0.0490	0.0585	0.01

b 的概率虽然比自交方法要高，但总的来说还是较低的。这里是假设对基因 b 不加以选择。实践工作中，可以借助分子标记对基因 A 和基因 b 同时加以选择，这样获得重组个体的机会必然大大增加。

§1.4　随机交配与随机交配群体

§1.4.1　随机交配的定义

上一节介绍了自交和回交对群体结构的影响，这两种交配系统最终形成的群体中全部是纯合基因型。随机交配又称泛交 (panmixia)，指的是在特定地域范围内，一个个体有同等机会与群体中的任何一个其他个体交配。从概率的角度来讲，两种基因型的个体随机交配产生下一代的概率等于这两种基因型频率的乘积。假定一个群体中，三种基因型 AA、Aa、aa 的频率分别为 D、H、R。在不考虑性别差异时，基因型 AA 与 AA 随机结合的概率为 D^2，基因型 AA 与 Aa 随机结合的概率为 $2DH$，基因型 AA 与 aa 随机结合的概率为 $2DR$ 等。随机交配有时也可能发生在两个群体之间，一个群体作为父本，另一个群体作为母本。表 1.9 给出群体 1 和群体 2 之间随机交配时，基因型结合的概率与基因型频率的关系。其中，$AA\times Aa$ 与 $Aa\times AA$、$AA\times aa$ 与 $aa\times AA$、$Aa\times aa$ 与 $aa\times Aa$ 产生的后代有完全相同的群体结构。因此在遗传研究中，通常把表 1.9 中的 9 种结合方式合并成 6 种，这 6 种类型和它们的概率列于表 1.9 最后两行。当群体 1 和群体 2 有相同的结构时，表 1.9 表示一个群体内的随机交配。根据表 1.9 中各种结合方式的概率，就能计算随机交配后代群体中各种基因型的频率。

表 1.9　群体间随机交配时，不同基因型结合的概率

群体 1 的基因型和频率	群体 2 的基因型和频率					
	AA: D_2		Aa: H_2		aa: R_2	
AA: D_1	$AA\times AA$: D_1D_2		$AA\times Aa$: D_1H_2		$AA\times aa$: D_1R_2	
Aa: H_1	$Aa\times AA$: H_1D_2		$Aa\times Aa$: H_1H_2		$Aa\times aa$: H_1R_2	
aa: R_1	$aa\times AA$: R_1D_2		$aa\times Aa$: R_1H_2		$aa\times aa$: R_1R_2	
结合类型	$AA\times AA$	$AA\times Aa$	$AA\times aa$	$Aa\times Aa$	$Aa\times aa$	$aa\times aa$
概率	D_1D_2	$D_1H_2+H_1D_2$	$D_1R_2+R_1D_2$	H_1H_2	$H_1R_2+R_1H_2$	R_1R_2

§1.4.2　Hardy-Weinberg 平衡定律

用 D、H、R 表示一个群体中对应于基因型 AA、Aa、aa 的频率，p 和 q $(p+q=1)$ 分别表示等位基因 A 和 a 的频率。在一个平衡群体中，三种基因型 AA、Aa 和 aa 的频率与等位基因频率有公式 1.21 的关系，即从基因频率就可以知道基因型频率。公式 1.21 给出从等位基因频率计算平衡群体中基因型频率的方法。另外，如果一个群体中基因型的频率由公式 1.21 给出，从基因频率的计算公式 1.11 容易看出，两个等位基因的频率分别为 p 和 q。因此，在一个平衡群体中，知道等位基因频率，也就知道了基因型的频率。

$$D=p^2,\quad H=2pq,\quad R=q^2 \tag{1.21}$$

一个平衡群体在发生随机交配时，不同基因型间交配频率及其后代的基因型频率见表 1.10。以 $AA\times Aa$ 为例，结合概率为 $2\times p^2\times 2pq=4p^3q$。这种结合类型产生的后代群体中，三种基因型的频率分别为 0.5、0.5、0。因此，这种结合类型的三种后代基因型在整个随机交配群体中的频率分别为 $2p^3q$、$2p^3q$、0。将每种结合类型产生的 AA 基因型频率相加，就得到 AA 基因型在随机交配后代中的频率。请读者自行验证，三种基因型的随机交配后代频率仍然分别为 p^2、$2pq$、q^2。这样，在所有的后续随机交配世代中，如果没有干扰因素，三种基因型的频率总是 p^2、$2pq$、q^2，也就是说基因频率和基因型频率将永远保持不变，群体的遗传结构处于一种平衡状态。这个现象是由 Hardy 和 Weinberg 在 1908 年同时发现的，称为 Hardy-Weinberg 平衡定律，满足 Hardy-Weinberg 平衡定律的群体，称为 Hardy-Weinberg 平衡群体，简称 HWE 群体或 HW 平衡群体。

表 1.10 平衡群体的随机交配类型及其后代的基因型频率

交配类型	结合频率	后代基因型		
		AA	Aa	aa
$AA\times AA$	p^4	p^4	0	0
$AA\times Aa$	$4p^3q$	$2p^3q$	$2p^3q$	0
$AA\times aa$	$2p^2q^2$	0	$2p^2q^2$	0
$Aa\times Aa$	$4p^2q^2$	p^2q^2	$2p^2q^2$	p^2q^2
$Aa\times aa$	$4pq^3$	0	$2pq^3$	$2pq^3$
$aa\times aa$	q^4	0	0	q^4
合计	1	p^2	$2pq$	q^2

表 1.10 给出的是平衡群体随机交配的情形。对于一个不处于平衡状态中的群体来说，随机交配将使群体产生什么变化呢？考虑任意一个群体，仍用 D、H、R 表示三种基因型 AA、Aa、aa 的频率，但基因型频率和基因频率不一定满足公式 1.21 的这种关系。根据基因频率的计算公式 1.11，两个等位基因 A 和 a 的频率 p 和 q 由公式 1.22 给出。

$$p = D + \frac{1}{2}H, \quad q = \frac{1}{2}H + R \tag{1.22}$$

参照表 1.10 的方法，计算随机交配后代中三种基因型的频率 (表 1.11)。可以发现，随机交配一代后，三种基因型频率即处于 HW 平衡状态，即公式 1.23，其中的 p 和 q 由公式 1.22 给出。这样就证明了大样本随机交配群体的另一个重要性质，即不论群体的起始基因型频率如何，只要经过一代随机交配，群体就能达到 HW 平衡。

$$D_{\mathrm{RM}} = \left(D + \frac{1}{2}H\right)^2 = p^2, \quad H_{\mathrm{RM}} = 2\left(D + \frac{1}{2}H\right)\left(\frac{1}{2}H + R\right) = 2pq,$$

$$R_{\mathrm{RM}} = \left(\frac{1}{2}H + R\right)^2 = q^2 \tag{1.23}$$

一些经典的数量遗传分析方法，往往需要假定遗传群体满足 HW 平衡。对于非 HW 平衡群体，一次随机交配就能满足这一假定。因此，HW 平衡并非一个很强、难以实现的假定。例如，一个群体中三种基因型 AA、Aa、aa 的频率分别为 0.18、0.04、0.78，两种等位基因 A 和 a 的频率分别为

$$p = \frac{2\times 0.18 + 0.04}{2} = 0.2, \quad q = 1 - p = 0.8$$

表 1.11　任意基因型频率群体的随机交配类型及其后代基因型频率

交配类型	频率	后代基因型		
		AA	Aa	aa
$AA\times AA$	D^2	D^2	0	0
$AA\times Aa$	$2DH$	DH	DH	0
$AA\times aa$	$2DR$	0	$2DR$	0
$Aa\times Aa$	H^2	$\frac{1}{4}H^2$	$\frac{1}{2}H^2$	$\frac{1}{4}H^2$
$Aa\times aa$	$2HR$	0	HR	HR
$aa\times aa$	R^2	0	0	R^2
合计	1	$\left(D+\frac{1}{2}H\right)^2$	$2\left(D+\frac{1}{2}H\right)\left(\frac{1}{2}H+R\right)$	$\left(\frac{1}{2}H+R\right)^2$

HW 平衡时，三种基因型的频率分别为 0.04、0.32、0.64。因此，这个群体并不是 HW 平衡群体。但是，只要经过一代随机交配，三种基因型就能达到 HW 平衡的频率，即 p^2=0.04、$2pq$=0.32、q^2=0.64。在以后的随机交配世代中，只要群体足够大，不存在选择、突变、迁移等因素，群体的基因频率和基因型频率将保持不变。

从 HW 平衡定律的证明过程还可以看到，随机交配后代基因型的频率等价于配子随机结合的频率，即基因型频率可以从配子频率的二次项展开进行计算。公式 1.24 左边表示频率同为 p 和 q 雌雄两种配子的随机结合，公式右边表示随机交配后代的基因型频率。基因型的随机交配等价于配子的随机结合，这是随机交配群体的一个特殊性质，这一性质对多个连锁座位以及群体间随机交配的情况下也是成立的。由于配子型个数少于基因型个数，利用这一性质有时可以更简便地研究随机交配群体的遗传特性。

$$(pA+qa)^2=p^2AA+2pqAa+q^2aa \tag{1.24}$$

§1.4.3　Hardy-Weinberg 平衡定律的应用

同时考虑平衡群体的基因频率和基因型频率，可以做出图 1.5 的三条抛物线，从中可以看出 HW 平衡群体的三点性质：① 在一个 HW 平衡群体中，杂合子的频率不会超过 0.5，也不可能大于两种纯合子的频率之和。② 当一个等位基因的频率是另一个的 2 倍以上时，杂合体频率介于两种纯合体之间。③ 当一个等位基因具有很小的频率时，该基因大多存在于杂合体中。由于篇幅所限，这里不再给出这些性质的证明，感兴趣的读者可以根据微积分的知识自己证明。

HW 平衡定律有以下两个方面的作用。一是测定平衡群体的基因和基因型频率。任一平衡群体的三种基因型频率，在图 1.5 上形成一条垂直于 X 轴的直线，交点将 X 轴分为两部分，从原点到交点的距离为一个等位基因的频率，从交点到 1 的距离为另一个等位基因的频率。例如，群体中三种基因型的频率分别为 0.49、0.42、0.09，这三点构成一条直线，此直线交于 X 轴的 0.3 处，那么 a 的频率就等于 0.3，A 的频率等于 0.7。另外，只要知道一种基因型的频率，从此点向 X 轴作一垂线，垂线与 X 轴的交点为等位基因 a 的频率，垂线与另外两条抛物线交点为另外两种基因型的频率，此时不需要同时知道三种基因型的频率。

二是计算隐性基因控制的性状上，正常表型中杂合体 (或携带者) 的频率。例如，某种疾病为一个隐性基因所控制，频率为 q，纯合隐性表现出症状，杂合体并不表现出症状。但有时需要了解致病基因携带者在正常人群中所占的比例，这便是杂合体所占的频率，或携带者频率 (frequency of carriers)。根据 HW 平衡定律，杂合体在平衡群体中的频率为 $2pq=2q(1-q)$，表现正常但携带有致病基因，属于携带者。显性纯合体的频率为 $(1-q)^2$，表现正常，并且没有携带致病基因。这样，携带者在正常人群中所占的比例 H' 就能通过公式 1.25 计算。

$$H' = \frac{2q(1-q)}{2q(1-q)+(1-q)^2} = \frac{2q}{1+q} \tag{1.25}$$

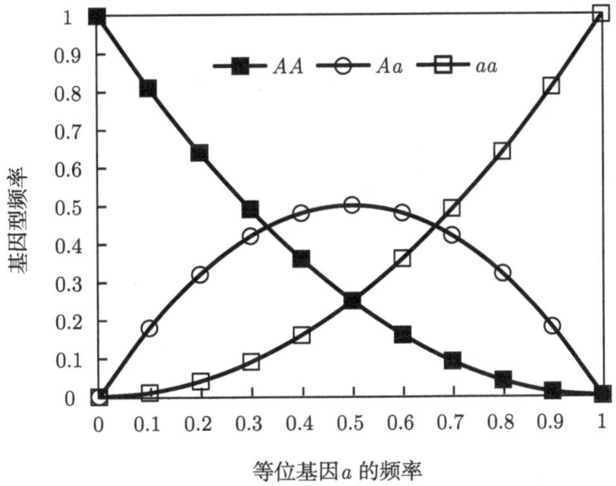

图 1.5 HW 平衡群体中基因型频率和等位基因频率的关系

X 轴为等位基因 a 的频率，Y 轴表示基因型频率。对于给定的等位基因 a 的频率，三种基因型频率位于一条平行于 Y 轴的直线上。因此，知道了基因 a 频率及三种基因型频率这 4 个数值中的任意一个，也就知道了另外三个

从公式 1.25 可以看到，当 q 较小时，这一值近似等于 $2q$。例如，一个隐性疾病基因 a 的频率 q=0.01，那么 HWE 群体中患病人数只有万分之一。但是，正常人群中携带这一致病基因的比例高达 1/50。因此，对于稀有隐性致病基因来说，正常人群中携带者的频率远高于患病者的频率。

§1.4.4 Hardy-Weinberg 平衡的检验

HW 平衡定律告诉我们，一个随机交配群体在没有外部因素的影响时，很容易达到平衡状态。因此，一个随机交配群体是否处于 HW 平衡，反过来又可以告诉我们是否存在改变群体结构的外部因素，如迁移、突变、选择等。正由于此，HW 平衡定律在群体和数量遗传学中具有非常重要的地位。当已知三种基因型的观测个数时，就可估计群体的基因频率和 HW 平衡时的期望基因型频率。这样可以采用 χ^2 统计量 (类似公式 1.18)，检验期望观测值和实际观测值间是否有显著差异。一般来说，χ^2 统计量的自由度比分组数少 1。但是，如果需要利用观测值估计基因频率，自由度还应该减去独立基因频率的个数。

利用表 1.12 三种血型基因型的观测数据，求得基因 M 的频率为 $p = 0.5696$，基因 N 的频率为 $q = 0.4304$。因此在 HW 平衡下，基因型 MM、MN、NN 的期望频率分别为 (p^2、$2pq$、q^2)=(0.3245、0.4903、0.1852)，从而得到各种基因型的预期值 (见表 1.12 第四行)。根据 χ^2 统计量的计算公式 1.18，得到 $\chi^2 = 1.96$。计算 χ^2 时的分组数为 3，估计基因频率时用掉一个自由度，最终只剩下一个自由度。$\chi^2 = 1.96$、自由度为 1 的显著性概率为 P=0.16，未达到 0.05 的显著性水平。因此，可以认为表 1.12 中的群体处于 HW 平衡状态。

表 1.12　样本容量为 747 的冰岛人群 MN 血型的实际值和预测值

基因型	MM	MN	NN	总数
观测值	233	385	129	747
HW 平衡频率	0.3245	0.4903	0.1852	1
预期值	242.37	366.26	138.37	747

注：用表中给出的 HW 平衡频率乘以样本量 747 时，如 0.3245 乘以 747，细心的读者会发现得到的结果是 242.4015，保留到百分位后与表中给出的预期值 242.37 不完全相同。这一差异是计算过程中对基因型平衡频率的截尾造成的，并非计算上的差错。如把表中的 HW 平衡频率保留到小数点后 6 位，这时基因型 MM 的平衡频率为 0.324458，乘以 747 后的数值为 242.3701，保留到百分位后就与表中给出的预期值 242.37 完全相同。本书其他地方可能也存在类似现象，不再逐一说明，请读者阅读时注意

根据 HW 平衡定律，一个无限大的随机交配群体，在不存在突变和选择等改变群体结构的因素时，群体结构将世世代代保持不变。自交和回交能够改变群体结构 (图 1.3，图 1.4)，随机交配群体的自交后代与之前的群体不再有相同的结构。在玉米遗传育种研究中，自交一代一般用 S_1 表示，自交二代用 S_2 表示等。为方便起见，一个随机交配群体用 S_0 表示，一般不区分随机交配的次数。在一个 F_2 群体中，如果不存在奇异分离，三种基因型的频率应该分别为 0.25、0.5、0.25，这些频率正好等于 HW 平衡时的基因型频率。这也是 F_2 通常被看作一个随机交配群体的原因，也可用 S_0 表示。从另外一方面来讲，由于杂种 F_1 只有一种基因型，杂种 F_1 的自交与杂种 F_1 的随机交配自然是等价的。但是，F_2 自交产生的 F_3 群体中，三种基因型的频率分别为 0.375、0.25、0.375，这些频率已经偏离了 HW 平衡的频率。因此，F_2 以后的自交世代，就不能再被看作随机交配群体了。

§1.4.5　复等位基因

在双亲遗传群体中，每个座位上至多存在两个等位基因。而在随机交配体中，可能存在多于两个等位基因的座位，HW 平衡定律同样适合于复等位基因的座位。假定一个座位包含等位基因 A_1、A_2、A_3 等，各种基因型和等位基因频率由公式 1.12 和公式 1.13 给出，等位基因频率用 p_1、p_2、p_3 等表示。随机交配群体中，基因型频率与基因频率用公式 1.26 表示。

$$(p_1A_1 + p_2A_2 + p_3A_3 + \cdots)^2 = p_1^2A_1A_1 + 2p_1p_2A_1A_2 + 2p_1p_3A_1A_3 + \cdots \tag{1.26}$$

从公式 1.26 还可以看出，对于任意两个等位基因来说，三种基因型的频率仍然可以利用公式 1.24 来计算，只不过两个等位基因频率之和不一定等于 1。例如，等位基因 A_1 和 A_2

的各种基因型的频率仍然可以用下面的公式计算。

$$(p_1A_1 + p_2A_2)^2 = p_1^2A_1A_1 + 2p_1p_2A_1A_2 + p_2^2A_2A_2$$

例如，一个座位上存在三个等位基因 A_1、A_2、A_3，某人群中 1000 个个体的基因型调查数据见表 1.13。从 6 种基因型的观测频率，得到三个等位基因的频率分别为 0.3515、0.6095、0.0390，进而得到 HW 平衡时的期望频率 (表 1.13 第四行) 和期望样本量 (表 1.13 第五行)。HW 平衡检验的 $\chi^2 = 16.93$，自由度为 $6 - 1 - 2 = 3$，显著性概率 P=0.0007，达到 0.01 的极显著性水平，说明这个随机交配群体在调查的座位上并不满足 HW 平衡。从表 1.13 还可以看出，基因型 A_1A_1 的观测频率远低于期望频率，基因型 A_1A_2 的观测频率远高于期望频率。我们将在第 2 章介绍随机交配群体偏离 HW 平衡的一些原因。

表 1.13 样本为 1000 的随机交配群体中一个座位上 6 种基因型的调查数据

基因型	A_1A_1	A_1A_2	A_2A_2	A_1A_3	A_2A_3	A_3A_3
观测样本量	96	483	343	28	50	0
观测频率	0.096	0.483	0.3430	0.028	0.05	0
HW 平衡期望频率	0.1236	0.4285	0.3715	0.0274	0.0475	0.0015
期望样本量	123.55	428.48	371.49	27.42	47.54	1.52

§1.5 连锁对群体结构的影响

§1.5.1 杂种 F_1 产生配子的连锁不平衡

当座位 A (等位基因用 A 和 a 表示) 和 B (等位基因用 B 和 b 表示) 位于同一条染色体或连锁群上时，遗传学上认为它们是连锁的。连锁程度用座位间的重组率 r 衡量，重组率定义为一次减数分裂过程中重组型配子的比例。若有两个纯合亲本 P_1 和 P_2，它们的基因型分别为 $AABB$ 和 $aabb$，杂种 F_1 的基因型为 AB/ab，"/" 用来分隔两条同源染色体。把双杂合基因型 AB/ab 的连锁称为相引连锁，双杂合基因型 Ab/aB 中的连锁称为互斥连锁。这两种连锁形式在 F_2 群体中同时出现，但出现的频率有差异。双杂合型 AB/ab 和 Ab/aB 表面上有着相同的基因型，但是由于连锁相的不同，它们产生的下一代配子有着不同的频率。根据 §1.1.5 的连锁和交换定律可以知道，当 r 较小时，AB/ab 产生的配子中，AB 和 ab 型占较大比例；Ab/aB 产生的配子中，Ab 和 aB 型占较大比例。因此，理论研究中常把二者区分开，利用实际数据估计重组率时，再把这两种基因型合并。双亲群体中，两个连锁座位上各种基因型频率与重组率的关系，以及重组率的估计方法详见《基因定位与育种设计》一书。

考虑两个或两个以上的座位时，二倍体个体中两条同源染色体上等位基因的构成有时又称为单倍型 (haplotype)。例如，一个个体的基因型为 AB/Ab，则来自雌雄亲本的两个单倍型分别为 AB 和 Ab。但是一般情况下，两个单倍型哪个来自雌亲、哪个来自雄亲是无法区分的。严格意义上讲，如果 AB 和 Ab 来自一个二倍体个体产生的配子，才能称其为配子型；如果 AB 和 Ab 来自一个二倍体个体的两条同源染色体，则应该称为单倍型。为简便起见，在不至于混淆的情况下，均采用配子型这一称呼。

所谓平衡，从概率角度来讲，反映的是两类事件的独立性，即同时发生的概率等于各自发生概率的乘积。在 F_1 群体中，4 个等位基因 A、a、B、b 的频率均为 0.5 (表 1.14 第一行)。暂且把等位基因看作不同的概率事件，配子型 AB 表示事件 A 和 B 同时发生，配子型 Ab 表示事件 A 和 b 同时发生，配子型 aB 表示事件 a 和 B 同时发生，配子型 ab 表示事件 a 和 b 同时发生，事件 A、a、B、b 发生的概率等于 4 种等位基因在群体中的频率。

表 1.14　F_1 产生 4 种配子的频率和连锁不平衡度

等位基因和频率	A, 0.5	a, 0.5	B, 0.5	b, 0.5
配子型	AB	Ab	aB	ab
平衡配子频率	0.25	0.25	0.25	0.25
理论配子频率	$\frac{1}{2}(1-r)$	$\frac{1}{2}r$	$\frac{1}{2}r$	$\frac{1}{2}(1-r)$
连锁不平衡度 (D)	$\frac{1}{4}(1-2r)$	$-\frac{1}{4}(1-2r)$	$-\frac{1}{4}(1-2r)$	$\frac{1}{4}(1-2r)$
利用平衡频率和不平衡度表示配子频率	$\frac{1}{4}+D$	$\frac{1}{4}-D$	$\frac{1}{4}-D$	$\frac{1}{4}+D$

座位 A 与 B 之间无连锁，相当于事件 A、a 与事件 B、b 之间是独立的，这时两个座位上不同等位基因结合在一起的概率等于这两个等位基因频率的乘积 (表 1.14 第三行)，不妨称这个频率为平衡频率。根据遗传学的连锁和交换定律，F_1 个体会产生 4 种配子，两种为亲本型，频率各占 $\frac{1}{2}(1-r)$；两种为重组型，频率各占$\frac{1}{2}r$ (表 1.14 第四行)。所谓两个座位间的平衡，指的是配子基因型的频率等于等位基因频率的乘积。

从表 1.14 可以看出，对于 F_1 产生的配子来说，只有在 r=0.5 (即座位 A 和 B 独立遗传) 时，4 种配子基因型的频率才等于等位基因频率的乘积，从而处于平衡状态。如果座位 A 和 B 之间存在连锁，4 种配子基因型的频率就不等于平衡时的频率。紧密连锁对应于一个较小的重组率 r，配子的频率与平衡时频率的差异就越大，称这种差异为连锁不平衡度 (linkage disequilibrium)，用 D 表示，公式 1.27 给出各种配子的不平衡度计算方法。其中，p_A, p_a, p_B, p_b 为等位基因的频率，对应于表 1.14 第一行；p_{AB}、p_{Ab}、p_{aB}、p_{ab} 为配子型频率，对应于表 1.14 第四行。

$$D_{AB} = p_{AB} - p_A p_B,\quad D_{Ab} = p_{Ab} - p_A p_b,$$

$$D_{aB} = p_{aB} - p_a p_B,\quad D_{ab} = p_{ab} - p_a p_b \tag{1.27}$$

利用公式 1.27 计算表 1.14 中第四行理论频率和第三行平衡频率之间的差异，这种差异表明了 4 种配子偏离平衡的程度，即各种配子的不平衡度，列于表 1.14 第五行。显然，连锁的程度决定了连锁不平衡度的大小，连锁愈紧密，连锁不平衡度愈高。不难验证，两种亲本型频率的乘积与两种重组型频率的乘积之差为 $\frac{1}{4}(1-2r)$，如按公式 1.28 定义一个不平衡度 D，则公式 1.27 给出的 4 种配子连锁不平衡度分别为 $D_{AB}=D$，$D_{Ab}=-D$，$D_{aB}=-D$，$D_{ab}=D$。这样，配子频率又可以利用平衡频率和不平衡度 D 表示出来 (表 1.14 的最后一行)。

$$D = p_{AB}p_{ab} - p_{Ab}p_{aB} = \frac{1}{4}(1-2r) \tag{1.28}$$

§1.5.2 随机交配群体中的连锁不平衡

HW 平衡群体中，基因型的频率可以从基因频率推出。用 p_A 和 p_a 分别表示一个座位上两个等位基因 A 和 a 的频率，则三种基因型 AA、Aa、aa 的频率对应于二项式 $(p_A+p_a)^2$ 的展开项。对于另外一个座位，用 p_B 和 p_b 表示两个等位基因 B 和 b 的频率，三种基因型 BB、Bb、bb 的频率对应于二项式 $(p_B+p_b)^2$ 的展开项。两个座位同时考虑时则有 9 种可能的基因型，如果这两个座位之间处于平衡状态，那么基因型 $AABB$ 的频率等于基因型 AA 频率和 BB 频率的乘积，基因型 $AABb$ 的频率等于基因型 AA 频率和 Bb 频率的乘积等。这时 9 种基因型的频率对应于表达式 1.29 的 9 个展开项，也就是说，两个座位上的基因型频率可以用两个座位上的等位基因频率表示出来。

$$(p_A^2AA+2p_Ap_aAa+p_a^2aa)\times(p_B^2BB+2p_Bp_bBb+p_b^2bb) \tag{1.29}$$

HW 平衡群体是理想化的群体，数量遗传的许多理论都假定参考群体处于 HW 平衡。尽管有争议，但一般认为轮回选择群体是 HW 平衡群体。然而，轮回选择在植物育种中的应用还很有限，大多数育种计划还是从两个自交系的杂交后代中选育新的自交系。自交系的选育过程中，包含大量的导致偏离 HW 平衡的因素，如有限群体大小、分类交配、选择和产生自交系过程中的近交等。这些因素中，有的会影响到所有的基因座位，如近交和有限群体大小，有的也许只影响有限的基因座位，如对某一性状的选择，一般不会影响到其他无关性状的基因座位。这里我们讨论连锁对 HW 平衡的影响，其他改变平衡的因素在第 2 章和第 3 章介绍。

随机交配群体中，基因型间的随机交配与配子间的随机交配是等价的 (见 §1.4.2)，这一性质对两个连锁座位也是成立的。也就是说，配子间的不平衡决定着基因型间的不平衡；反过来说，如果配子间是平衡的，配子的随机结合产生的基因型也将是平衡的。因此，为简便起见，随机交配群体中一般通过配子间不平衡来研究两个座位之间的不平衡。对于一般的随机交配群体，用 u、s、t、v 表示群体中 4 种配子型的频率 (表 1.15)。根据 4 种配子的频率可以得到 4 种等位基因的频率及配子的平衡频率，列于表 1.15 的第三和第四行。类似于表 1.14 计算配子频率与平衡频率之间的差异。以配子 AB 为例，根据公式 1.27 对连锁不平衡度的定义，可以得到下面的结果。

$$\begin{aligned}D_{AB}=&p_{AB}-p_Ap_B=u-(u+s)(u+t)\\=&u-u^2-us-ut-st=u(1-u-s-t)-st=uv-st\\D_{Ab}=&-(uv-st),\quad D_{aB}=-(uv-st),\quad D_{ab}=uv-st\end{aligned} \tag{1.30}$$

从公式 1.30 来看，4 种配子的不平衡度可正可负，但它们有相同的绝对值。群体遗传中，将这个共同的绝对值称为座位 A 与 B 之间的连锁不平衡度，即公式 1.31。

$$D=|uv-st| \tag{1.31}$$

前面说过，F_1 自交产生的 F_2 可以看作一个特殊的随机交配群体，在 F_1 产生的配子中，AB 和 ab 是亲本型，Ab 和 aB 是重组型，根据公式 1.31，不平衡度等于两种亲本型配子频率的乘积与两种重组型配子频率的乘积之间的差异。对于一般的随机交配群体来说，不一定起源于两个纯合亲本，难以按照亲本型和重组型对 4 种配子进行分类，一般按照连锁相分成相引和互斥两类。如果把配子 AB 和 ab 中的连锁相称为相引连锁，那么就把配子 Ab 和 aB 的连锁相称为互斥连锁。为统一起见，我们也可以把 F_1 产生的亲本型视为相引连锁、重组型视为互斥连锁。这样，公式 1.27、公式 1.28、公式 1.30、公式 1.31 定义的不平衡度，都可以看作相引和互斥两种连锁相下两种配子频率乘积的差异。因此，公式 1.31 定义的不平衡度，有时也称为配子相不平衡度 (gametic phase disequilibrium)。另外需要说明的是，公式 1.31 中的 uv 正好等于随机交配群体中双杂基因型 AB/ab 的频率，st 正好等于双杂基因型 Ab/aB 的频率，D=0 正好说明两种双杂类型有相同的频率。因此，座位间的不平衡度也可以用两种双杂类型频率之差来度量。

表 1.15　随机交配群体中配子频率和连锁不平衡度

配子基因型	AB	Ab	aB	ab
观测频率	$p_{AB}=u$	$p_{Ab}=s$	$p_{aB}=t$	$p_{ab}=v$
等位基因及其频率	A, $p_A=u+s$	a, $p_a=t+v$	B, $p_B=u+t$	b, $p_b=s+v$
平衡频率	p_Ap_B	p_Ap_b	p_ap_B	p_ap_b
连锁不平衡度	$uv-st$	$-(uv-st)$	$-(uv-st)$	$uv-st$
利用平衡频率和不平衡度表示配子型的频率 ($uv-st>0$)	p_Ap_B+D	p_Ap_b-D	p_ap_B-D	p_ap_b+D
利用平衡频率和不平衡度表示配子型的频率 ($uv-st<0$)	p_Ap_B-D	p_Ap_b+D	p_ap_B+D	p_ap_b-D

当 $uv-st>0$ 时，4 种配子的连锁不平衡度分别为 $D_{AB}=D$，$D_{Ab}=-D$，$D_{aB}=-D$，$D_{ab}=D$。当 $uv-st<0$ 时，4 种配子的连锁不平衡度分别为 $D_{AB}=-D$，$D_{Ab}=D$，$D_{aB}=D$，$D_{ab}=-D$。这样，配子型频率也可以利用平衡频率和连锁不平衡度表示，列于表 1.15 最后两行。当 $uv-st>0$ 时，由于配子 Ab 和 aB 的频率不能为负值，不平衡度 D 的最大值由公式 1.32 给出。当 $uv-st<0$ 时，由于配子 AB 和 ab 的频率不能为负值，不平衡度 D 的最大值由公式 1.33 给出。

$$D_{\max}=\min\{p_Ap_b,\ p_ap_B\} \tag{1.32}$$

$$D_{\max}=\min\{p_Ap_B,\ p_ap_b\} \tag{1.33}$$

从公式 1.32 和公式 1.33 可以看出，最大的不平衡度依赖于等位基因的频率, 以及 $uv-st$ 的正负号。群体遗传研究中，有时也利用与最大不平衡度的相对值表示不平衡的大小，即公式 1.34。显然，相对不平衡度的取值为 0~1，这个度量方法使得不同座位间、不同群体间的不平衡度更具有可比性。另一种不平衡度的度量方法是将不平衡度平方后除以 4 种等位基因频率的乘积，即公式 1.35。

$$D'=\frac{D}{D_{\max}} \tag{1.34}$$

$$r^2=\frac{D^2}{p_Ap_ap_Bp_b} \tag{1.35}$$

从练习 1.17 可以知道，公式 1.35 定义不平衡度的平方根正好等于两个座位间的相关系数，公式 1.35 定义的不平衡度乘以总样本量正好等于不平衡检验的 χ^2 统计量。因此，不平

衡度参数 r^2 在自然群体的遗传分析中有更广泛的应用。但是，值得注意的是，公式 1.32～公式 1.35 定义的这些参数，各自从不同侧面反映座位间的不平衡程度，难以相互取代。公式 1.34 和公式 1.35 的目的是消除基因频率对不平衡度的影响，不平衡度和基因频率都是从配子观测频率计算出来的，公式 1.34 和公式 1.35 的度量方法有时也难以完全排除等位基因频率的影响。此外，这些参数都不能用来判断不平衡度的显著性，不平衡度的显著程度仍然要借助于统计假设检验，详见 §1.5.3。更多不平衡度量方法的比较研究参见 Devlin 和 Risch (1995)。

§1.5.3 两个座位间不平衡的显著性检验

表 1.16 给出果蝇同一染色体上两个座位 4 种配子型观测数据，总样本量为 47，每个座位上的两个等位基因均用 + 和 − 表示 (Falconer and Mackay, 1996)。两个座位位于果蝇同一条染色体，物理图谱上相距 17.8kb。观测频率等于观测值除以总样本量 47，见表 1.16 第四列。等位基因 A+ 的频率 p_{A+} 等于 ++ 和 +− 两种配子频率之和，即 p_{A+}=0.1702。等位基因 A− 的频率 p_{A-} 等于 −+ 和 −− 两种配子频率之和，即 p_{A-}=0.8298。等位基因 B+ 的频率 p_{B+} 等于 ++ 和 −+ 两种配子频率之和，即 p_{B+}=0.3617。等位基因 B− 的频率 p_{B-} 等于 +− 和 −− 两种配子频率之和，即 p_{B-}=0.6383。配子的平衡频率等于配子包含两个等位基因频率的乘积，见表 1.16 第五列。平衡频率乘以总样本量为期望样本量，见表 1.16 第六列。根据观测样本量和期望样本量计算的 χ^2 统计量为 0.7987，自由度为 $4-1-2=1$ (之所以还要减去 2，是因为估计了两个基因频率)，对应的显著性概率为 0.3715。因此，两个座位间的不平衡没有达到 0.05 的显著性水平，可以认为这两个座位之间不存在显著的不平衡。

表 1.16 随机交配群体中配子频率和连锁不平衡度的检验

座位 A	座位 B	观测样本量	观测频率	平衡频率	期望样本量	$(O-E)^2/E$
+	+	4	0.0851	$p_{A+}\times p_{B+}$=0.0616	2.89	0.4230
+	−	4	0.0851	$p_{A+}\times p_{B-}$=0.1086	5.11	0.2397
−	+	13	0.2766	$p_{A-}\times p_{B+}$=0.3001	14.11	0.0868
−	−	26	0.5532	$p_{A-}\times p_{B-}$=0.5297	24.89	0.0492

上面的例子表明，座位间的不平衡可以从配子观测数据得以检验。在很多群体中，可能无法对配子的基因型进行观测，看到的往往是合子的基因型。这时可利用统计上的列联表独立性 χ^2 统计量，来检验两个座位间是否存在不平衡，χ^2 的自由度为 $(r-1)(c-1)$，其中 r 为列联表的行数，c 为列联表的列数。其实，表 1.16 的检验和 2×2 列联表独立性检验过程是完全一样的。表 1.17 为一个随机交配群体中两个座位 A 和 B 上 9 种基因型的观测数据，总样本量为 2341。把表 1.17 看作一个 3×3 列联表，行和 575、1183、583 分别代表座位 A 上三种基因型的观测值，由此计算的行边际频率为基因型 AA、Aa、aa 的观测频率。列和 582、1165、594 分别代表座位 B 上三种基因型的观测值，由此计算的列边际频率为基因型 BB、Bb、bb 的观测频率。根据边际频率就能计算行列独立时的期望频率，如基因型 $AABB$ 的期望频率为 AA 和 BB 观测频率 0.2456 和 0.2486 的乘积，即 0.0611。期望频率乘以总样本量就得到期望观测值，如基因型 $AABB$ 的期望观测值等于 0.0611 乘以 2341，即 142.95。最后计算出的 χ^2 统计量为 2139.06，自由度为 4，显著性概率远低于 0.001，说明座位 A 与

B 之间存在极显著的不平衡。如能排除其他影响群体结构的因素，就可以断定这两个座位在遗传上是紧密连锁的。

表 1.17　随机交配群体中两个座位 A 和 B 上 9 种基因型的观测数据

座位 A	座位 B			行和	行边际频率
	BB	Bb	bb		
AA	190	382	3	575	0.2456
Aa	387	774	22	1183	0.5053
aa	5	9	569	583	0.2490
列和	582	1165	594	2341	
列边际频率	0.2486	0.4977	0.2537		

§1.5.4　多代随机交配与连锁不平衡

仍用 u、s、t、v 表示一个随机交配群体中 4 种配子型的频率 (表 1.15)，$D_0 = uv - st = u - p_A p_B > 0$ 表示连锁不平衡度。它们随机结合产生的二倍体群体中，各种基因型的频率见表 1.18 第二列，后四列给出每种基因型产生后代配子型的频率。配子 AB 所在的列与第二列基因型频率的积和，等于随机交配一代群体中配子 AB 的频率。可以看出，随机交配一代后，配子型 AB 和 ab 的频率将有所降低，配子型 Ab 和 aB 的频率将有所增加，意味着偏离平衡的程度有所降低。根据不平衡的定义，就得到随机交配后代配子型 AB 连锁不平衡度的计算公式 1.36。

$$\begin{aligned} D_1 =& [u - (uv - st)r] - p_A p_B = (u - p_A p_B) - (uv - st)r \\ =& D_0 - D_0 r = D_0(1 - r) \end{aligned} \tag{1.36}$$

表 1.18　随机交配后代群体中的连锁不平衡度

亲代基因型	频率	后代配子			
		AB	Ab	aB	ab
$AABB$	u^2	1	0	0	0
$AABb$	$2us$	0.5	0.5	0	0
$AAbb$	s^2	0	1	0	0
$AaBB$	$2ut$	0.5	0	0.5	0
AB/ab	$2uv$	$\frac{1}{2}(1-r)$	$\frac{1}{2}r$	$\frac{1}{2}r$	$\frac{1}{2}(1-r)$
Ab/aB	$2st$	$\frac{1}{2}r$	$\frac{1}{2}(1-r)$	$\frac{1}{2}(1-r)$	$\frac{1}{2}r$
$Aabb$	$2sv$	0	0.5	0	0.5
$aaBB$	t^2	0	0	1	0
$aaBb$	$2tv$	0	0	0.5	0.5
$aabb$	v^2	0	0	0	1
合计	1	$u-(uv-st)r$	$s+(uv-st)r$	$t+(uv-st)r$	$v-(uv-st)r$
连锁不平衡度		$D_0(1-r)$	$-D_0(1-r)$	$-D_0(1-r)$	$D_0(1-r)$

公式 1.36 还有一种简便的推导方法。仍以配子型 AB 为例，AB/xy 和 Ay/xB 表示群体中的两类基因型，其中，x 既可能是 A 也可能是 a，y 既可能是 B 也可能是 b。这两种类

型的频率分别为 u 和 p_Ap_B，AB/xy 不发生交换及 Ay/xB 发生交换，都能产生下一代配子 AB。因此，下一代配子 AB 的频率为 $u(1-r)+p_Ap_Br$，这个频率与平衡频率之差也正好等于公式 1.36 中的 D_1。如 D_t 表示 t 代随机交配后群体的连锁不平衡度，r 为两个位点间的重组率。根据公式 1.36，递推得到随机交配 t 代连锁不平衡度 D_t 的计算公式 1.37。

$$D_t = D_0(1-r)^t \tag{1.37}$$

除非完全连锁，$(1-r)$ 总是小于 1。因此从公式 1.37 可以看出，随机交配会不断降低连锁不平衡度。其结果是，多代随机交配后，群体中可能看不到连锁座位间的不平衡。对于一个标记和一个控制性状的 QTL 来说，由于标记和 QTL 之间达到平衡状态，标记型的频率和 QTL 基因型的频率是独立的。因此，不同标记型构成的群体中，QTL 基因型有着相同的频率分布，不同标记型的均值不再表现出任何差异。这时，也就无法将 QTL 定位到与之连锁的分子标记上。

如以 F_1 为初始群体，图 1.6A 给出随机交配一定代数后的连锁不平衡度。很明显，对于较松散的连锁 (如 $r \geqslant 0.2$)，经过几代的随机交配就能达到遗传平衡，紧密连锁则难以打破 (如 $r=0.01$)。图 1.6B 给出从任意一个群体开始，随机交配一定世代后与起始群体的相对连锁不平衡度。与图 1.6A 类似，重组率越小，不平衡度下降得越慢；重组率越大，不平衡度下降得越快。当重组率为 0.5 即无连锁时，一次随机交配使得不平衡度下降一半。对于纯合亲本的 F_1 来说，配子不平衡完全由连锁决定 (公式 1.28)，没有连锁也就没有配子不平衡。对于任意群体来说，下一节 (§1.5.5) 可以看到连锁并不是产生不平衡的唯一原因，两个没有连锁的座位之间也可能存在不平衡。从图 1.6B 还可以看到，连锁不平衡通过一代随机交配是不能完全被消除的。因此，Hardy-Weinberg 平衡定律保证的是一次随机交配单个座位上基因型频率与基因频率达到平衡，并不能保证两个座位上的基因型频率达到平衡状态。单个座位上的 HW 平衡与两个座位的连锁平衡之间没有必然联系。

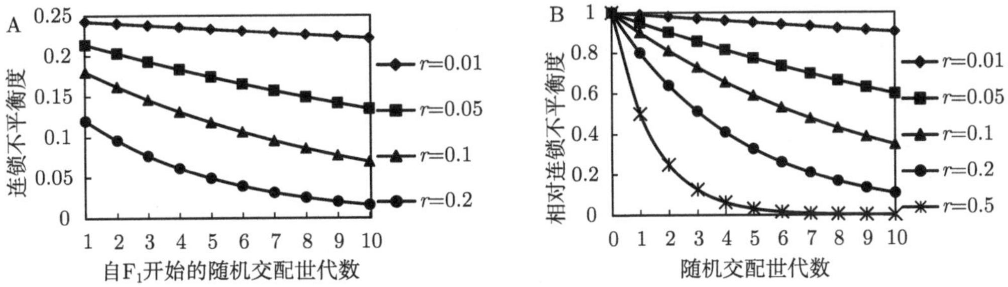

图 1.6　不同重组率下，连锁不平衡度 (A) 和相对连锁不平衡度 (B) 随随机交配世代数的变化

连锁在育种中的作用具有两面性。如果两个优良基因连锁在一起，当然希望连锁越紧密越好，两个基因能一起传递给下一代，这种连锁最好不要打破。如果一个优良基因和一个不利基因连锁在一起，则希望能够尽快打破这种连锁。连锁不平衡常存在于两个连锁的基因座位间。第 12 章介绍的轮回选择育种方法，则是希望通过随机交配不断打破有利基因和不利基因间的连锁，以获得新的、更优异的重组基因型。第 13 章介绍的 QTL 作图，则是利用连锁不平衡去发现与数量性状基因连锁的分子标记。但值得强调的是，连锁并不一定意味着一定存在不平衡，有的群体由于长期的随机交配，连锁座位间也可能是平衡的。如表 1.16 的果

蝇数据，物理距离只有 17.8kb 的两个座位，在长期随机交配群体中却看不到它们之间的不平衡。此外，连锁也并不一定是导致不平衡的唯一原因。

§1.5.5　群体结构与连锁不平衡

如一个群体的基因型全部为 $AABB$，另一个群体的基因型全部为 $aabb$。这两个群体内部的不平衡度 $D=0$。以基因型 $AABB$ 构成的群体为例，4 种配子 AB、Ab、aB、ab 的频率分别为 1、0、0、0，根据不平衡度的计算公式 1.31，容易得到 D=0。如果把一个座位视为标记，另一个视为控制性状的基因。在 D=0 的群体中，不同标记型在该性状上有着相同的基因型构成 (公式 1.29) 和平均数。因此，单一基因型构成的群体无法进行基因定位。如果从这两个群体中选取相同数量的个体形成一个混合群体，然后进行随机交配。显然，混合群体随机交配一代的配子型只有两种可能，即 AB 和 ab。由于两种基因型是等量混合，两种配子的频率各占 0.5。根据公式 1.31 得到的不平衡度 D=0.25，达到最大的不平衡度。显然，这种不平衡与座位 A 和 B 间是否存在遗传上的连锁没有必然联系。不管座位 A 和 B 之间是否存在遗传上的连锁，也不管连锁时的重组率有多大，两种基因型 $AABB$ 和 $aabb$ 的等量混合群体中，随机交配一代的不平衡度总等于 0.25。

从图 1.6B 已经看到，遗传上的连锁，影响的只是随机交配过程中不平衡度下降的速度。如 r=0.5，每经过一代随机交配，不平衡度将下降一半，不会马上达到 0。对于很小的重组率，经过足够多代的随机交配后，不平衡度 D 也会趋近于 0。这时，两个连锁座位间的不平衡也将不复存在。因此，对于任意随机交配群体或不同结构的混合群体，连锁与不平衡之间并非总是等价的。遗传上连锁的两个座位之间，并非一定能够看到不平衡；平衡的两个座位并非一定存在于不同的染色体上。

上面是一个极端的例子，等位基因 A 和 B 在一个群体中的频率均为 1，另一个群体中的频率均为 0，混合群体中的不平衡在随机交配一代中达到最大值。表 1.19 中，等位基因 A 和 B 在群体 I 中的频率分别为 0.4 和 0.2，在群体 II 中的频率分别为 0.2 和 0.6。假定两个群体均处于平衡状态。在 1:1 的混合群体中，等位基因 A 和 B 的频率分别为 0.3 和 0.4，4 种配子的频率分别为 0.1、0.2、0.3、0.4，而它们的平衡频率分别为 0.12、0.18、0.28、0.42。因此，每种配子的频率都不等于平衡频率，不平衡度 D=0.02。最大的不平衡度 $D_{\max} = \min\{0.3\times0.4,\ 0.7\times0.6\} = 0.12$，相对不平衡度为 $D' = \dfrac{0.02}{0.12} = \dfrac{1}{6}$。

表 1.19　遗传结构不同的群体混合产生的不平衡

群体	座位 A		座位 B		配子型			
	A	a	B	b	AB	Ab	aB	ab
群体 I	0.4	0.6	0.2	0.8	0.08	0.32	0.12	0.48
群体 II	0.2	0.8	0.6	0.4	0.12	0.08	0.48	0.32
1:1 混合群体	0.3	0.7	0.4	0.6	0.1	0.2	0.3	0.4
混合群体平衡状态	0.3	0.7	0.4	0.6	0.12	0.18	0.28	0.42

§1.5.6　多代随机交配后的累积重组率

随机交配过程中，交换和重组的不断发生，使得座位间的不平衡程度逐渐下降。对于连锁非常紧密、一次随机交配难以看到重组的座位来说，有可能通过多代随机交配检测出重组的存在，这样就不至于把紧密连锁的座位当作一个座位。下面以 F_1 群体为例，说明随机交配与累计重组率之间的关系。F_1 群体中 4 种等位基因频率均为 0.5，4 种配子的平衡频率均为 0.25。随机交配 t 代群体中，4 种配子 AB、Ab、aB、ab 的频率分别用 $\frac{1}{4}+D_t$、$\frac{1}{4}-D_t$、$\frac{1}{4}-D_t$、$\frac{1}{4}+D_t$ 表示 (表 1.14)。其中，D_t 为随机交配 t 代后的不平衡度，与重组率的关系由公式 1.38 给出。

$$D_t = D_0(1-r)^t = \frac{1}{4}(1-2r)(1-r)^t \tag{1.38}$$

假定亲本的基因型分别为 $AABB$ 和 $aabb$，配子 AB 和 ab 总属于亲本型，配子 Ab 和 aB 总属于重组型。这样可以定义一个累积重组率 R，4 种配子的频率用 R 分别表示为 $\frac{1}{2}(1-R)$、$\frac{1}{2}R$、$\frac{1}{2}R$、$\frac{1}{2}(1-R)$。结合不平衡度表示的配子频率，容易看出累积重组率与一次交换重组率之间有如公式 1.39 给出的关系。

$$R = \frac{1}{2} - 2D_t = \frac{1}{2} - \frac{1}{2}(1-2r)(1-r)^t \tag{1.39}$$

遗传上有时习惯使用图距 (单位为 cM) 表示连锁基因间的距离，作图函数可以实现重组率与图距之间的相互转化 (王建康等，2014)。对于不同的图距 (表 1.20)，首先利用 Haldane 作图函数把图距转换为一次减数分裂过程中的重组率。然后，根据公式 1.39 计算累积重组率。最后，再利用 Haldane 作图函数将累积重组率转换为累积图距。表 1.20 给出 0.1cM、0.2cM、1cM、2cM、5cM、10cM 6 种图距下，2~10 代随机交配群体中的累积图距。可以看出，随机交配一次，图距被近似放大 50%。为便于对比，表 1.20 最后一行给出多代重复自交的重组近交家系群体中的累积图距，这一群体中的累积重组率 R 与一次减数分裂重组率 r 之间的关系为 $R=\frac{2r}{1+2r}$。可以看出，连续自交产生的重组近交家系群体中，图距被近似放大一倍。例如，国际上得到广泛研究的 IBM 群体，是以玉米自交系 B73 作母本、Mo17 作父本杂交，自 F_2 代开始随机交配 4 个世代后再连续自交产生的重组近交家系 (Lee et al., 2002)。随机交配 4 代相当于把图谱放大 2.5 倍，多代自交则把图谱放大 2 倍。因此，利用 IBM 群体构建图谱的长度大约是一次交换重组率图谱的 5 倍。

表 1.20 随机交配多代的累积遗传图距

随机交配代数	F_2 群体 (等价于随机交配一代) 的遗传图距/cM					
	0.1	0.2	1	2	5	10
2	0.15	0.30	1.50	2.99	7.44	14.75
3	0.20	0.40	2.00	3.98	9.88	19.50
4	0.25	0.50	2.49	4.97	12.31	24.25
5	0.30	0.60	2.99	5.96	14.75	29.00
6	0.35	0.70	3.49	6.95	17.19	33.75
7	0.40	0.80	3.99	7.94	19.63	38.50
8	0.45	0.90	4.48	8.93	22.06	43.25
9	0.50	1.00	4.98	9.92	24.50	48.00
10	0.55	1.10	5.48	10.91	26.94	52.75
多代重复自交	0.20	0.40	1.98	3.92	9.55	18.33

练习题

1.1 已知两个纯合亲本的基因型为 AA 和 aa，计算 F_1、F_2、F_3、BC_2F_1 (AA 是轮回亲本) 及 BC_2F_2 等 5 个后代群体中的杂合度和基因多样性。

1.2 以一个座位上的三个等位基因为例，证明随机交配大群体中，群体杂合度等于基因多样性。

1.3 不考虑任何家系结构，证明纯系双亲遗传研究中，F_3 群体在一个座位上三种基因型的理论分离比是 3:2:3，$P_1BC_2F_2$ 群体在一个座位上三种基因型的理论分离比是 13:2:1。

1.4 对表 1.1 中各种性状的两种表现型做分离比为 3:1 的适合性检验。

1.5 一个纯合亲本的籽粒形状为圆形、籽粒颜色为黄色，另一个纯合亲本的籽粒形状为皱形、籽粒颜色为绿色，它们的杂交 F_1 代全部为圆形、黄色，F_2 的表型观测数为：圆形和黄色 315、圆形和绿色 108、皱形和黄色 101、皱形和绿色 32。

(1) 对籽粒形状和籽粒颜色两个性状的表型分别做 3:1 分离比检验。

(2) 对两个性状的 4 种表型做 9:3:3:1 分离比检验。

1.6 在孟德尔的豌豆杂交试验中，控制黄色籽粒的基因用 Y 表示，其等位基因用 y 表示，Y 对 y 为显性，纯合基因型 yy 的籽粒为绿色。现有两个纯系，分别用 P_1 和 P_2 表示。P_1 的基因型为 YY，籽粒颜色为黄色。P_2 的基因型为 yy，籽粒颜色为绿色。

(1) 给出 P_1 和 P_2 杂交产生 F_1 杂种的基因型和籽粒颜色。

(2) 给出杂种 F_1 与 P_1 的回交群体中各种基因型和表型的频率；给出杂种 F_1 与 P_2 的回交群体中各种基因型和表型的频率。由此说明，为何遗传学研究中测交试验一般选择与隐性亲本做回交。

(3) 给出杂种 F_1 的自交群体 (即 F_2) 中，各种基因型和表型的频率。

(4) 利用条件概率公式，计算 F_2 群体中黄色籽粒个体基因型为 YY 的频率。

1.7 在孟德尔的豌豆杂交试验中，控制黄色籽粒的基因用 Y 表示，其等位基因用 y 表示，Y 对 y 为显性，纯合基因型 yy 的籽粒为绿色。控制圆形籽粒的基因用 R 表示，其等位基因用 r 表示，R 对 r 为显性，纯合基因型 rr 的籽粒为皱缩形。已知这两对基因位于不同染色体上。现有两个纯系，分别用 P_1 和 P_2 表示。P_1 的基因型为 $YYRR$，为黄色和圆形籽粒。P_2 的基因型为 $yyrr$，为绿色和皱缩形籽粒。

(1) 列出 F_2 群体中各种基因型的频率，以及各种基因型对应的表型。

(2) F_2 群体中的表型有哪些？利用概率加法定律，计算各种表型的频率。

1.8 两个人群中的 MN 血型调查数据如下表。

血型	MM	MN	NN	总人数
群体 I	475	89	5	569
群体 II	233	385	129	747

(1) 计算两个群体中的基因和基因型频率。

(2) 检验这两个群体是否是 HWE 群体。

(3) 如将这两个群体合并形成一个混合群体，计算混合群体中的基因和基因型频率，并对混合群体做 HWE 的检验。

(4) 利用 (2) 和 (3) 得到的检验结果，说明遗传研究中应该注意的问题。

1.9 一个座位上有三个等位基因 A、B 和 C，在调查的 178 人中，各种基因型的观测人数如下表。

基因型	AA	AB	BB	AC	BC	CC
观测人数	17	86	61	5	9	0

(1) 计算该人群中三个等位基因 A、B 和 C 的频率。

(2) 为什么调查的群体中没有基因型 CC?

(3) 检验该群体是否处于 HWE。

1.10 控制人类 ABO 血型的座位上存在三个等位基因 I^{A}、I^{B} 和 I^{O}，基因型 $I^{\mathrm{A}}I^{\mathrm{A}}$ 和 $I^{\mathrm{A}}I^{\mathrm{O}}$ 的血型为 A 型，基因型 $I^{\mathrm{B}}I^{\mathrm{B}}$ 和 $I^{\mathrm{B}}I^{\mathrm{O}}$ 的血型为 B 型，基因型 $I^{\mathrm{A}}I^{\mathrm{B}}$ 的血型为 AB 型，基因型 $I^{\mathrm{O}}I^{\mathrm{O}}$ 的血型为 O 型。某随机交配人群中三个决定血型的等位基因 I^{A}、I^{B} 和 I^{O} 的频率分别为 0.7、0.2 和 0.1。

(1) 计算该人群中 6 种不同基因型的频率。

(2) 计算该人群中 A、B、AB 和 O 4 种血型的频率。

1.11 对一个人群 4 种血型的调查数据如下表。

血型	A	B	AB	O
人数	2162	738	228	2876

(1) 在 Hardy-Weinberg 平衡的假定下，利用 EM 迭代算法计算三种等位基因的频率。提示：从练习 1.10 可以看出，如果知道了 6 种基因型的观测值或频率，就可计算三个等位基因的频率。基因型 $I^{\mathrm{A}}I^{\mathrm{B}}$ 和 $I^{\mathrm{O}}I^{\mathrm{O}}$ 的观测值分别等于 AB 血型和 O 血型的观测值。基因型 $I^{\mathrm{A}}I^{\mathrm{A}}$ 和 $I^{\mathrm{A}}I^{\mathrm{O}}$ 的观测值需要从 A 血型的观测值分解出来。基因型 $I^{\mathrm{B}}I^{\mathrm{B}}$ 和 $I^{\mathrm{B}}I^{\mathrm{O}}$ 的观测值需要从 B 血型的观测值分解出来。设定等位基因 I^{A}、I^{B} 和 I^{O} 的一组初始频率 p_0、q_0、r_0，在 HWE 下计算 6 种基因型的期望频率。以 A 血型为例，两种基因型 $I^{\mathrm{A}}I^{\mathrm{A}}$ 和 $I^{\mathrm{A}}I^{\mathrm{O}}$ 在整个群体中的频率分别为 p_0^2 和 $2p_0r_0$，由此可以计算基因型 $I^{\mathrm{A}}I^{\mathrm{A}}$ 和 $I^{\mathrm{A}}I^{\mathrm{O}}$ 在血型 A 中的比例，根据这个比例把 A 血型样本观测值 2162 分解成两种基因型 $I^{\mathrm{A}}I^{\mathrm{A}}$ 和 $I^{\mathrm{A}}I^{\mathrm{O}}$ 的观测值。对 B 血型观测值 738 作类似的分解。然后，重新估计三个等位基因的频率。重复上述过程，直到等位基因频率收敛为止。

(2) 利用 (1) 得到的等位基因频率估计值，检验该群体是否处于 Hardy-Weinberg 平衡状态。

1.12 利用列联表的独立性检验，说明练习 1.5 中控制籽粒形状和籽粒颜色这两个座位间不存在连锁关系。

1.13 现有两个单基因控制性状，一个性状为抗病性，有抗病和感病两种表型，一个性状为分子标记条带，有 A、H、B 三种表型。一个群体中两个性状的 6 种表型观测数据如下表。利用列联表的独立性检验，说明控制这两个性状的基因座位间是否存在连锁不平衡。

抗病性	抗病			感病		
分子标记	A	H	B	A	H	B
观测个体数	572	1161	14	3	22	569

1.14　已知某疾病基因座位上存在 2 个等位基因 A 和 a，等位基因 a 表现为隐性遗传，在随机交配群体 I 和随机交配群体 II 中的频率分别为 0.2 和 0.4，不考虑其他影响群体结构的因素。

(1) 计算群体 I 和群体 II 中发病个体所占的比例。

(2) 计算群体 I 和群体 II 中正常个体携带致病基因的比例。

(3) 如果将群体 I 和群体 II 按 1:1 比例混合，混合群体是否处于 HW 平衡？为什么？

1.15　已知两个座位之间无连锁，每个座位上有两个等位基因，分别用 A、a 和 B、b 表示。现将基因型为 $AABB$ 和 $aabb$ 的个体等量混合，混合群体称为世代 0。计算混合群体的随机交配一代和二代群体中，两个座位间的不平衡度。由此说明，对于不存在连锁的两个基因座位，如果初始群体存在不平衡，这种不平衡随机交配数代后仍然存在。

1.16　已知两个座位间的重组率 r=0.1，每个座位上有两个等位基因，分别用 A、a 和 B、b 表示。现将基因型为 $AABB$ 和 $aabb$ 的个体等量混合，混合群体称为世代 0。计算混合群体的随机交配 1 代、10 代和 100 代群体中，两个座位间的不平衡度。由此说明，对于存在连锁的两个基因座位，长期的随机交配后，群体中将观测不到连锁不平衡。

1.17　座位 A 和 B 上有 4 个单倍型 AB、Ab、aB、ab，在一个随机交配群体中的频率分别为 u、s、t、v $(u+s+t+v=1)$。4 个等位基因的频率分别为 $p_A=u+s$、$p_a=t+v$、$p_B=u+t$、$p_b=s+v$。如下表，对座位 A 定义一个变量 X，对等位基因 A 取 1，对等位基因 a 取 -1；对座位 B 定义一个变量 Y，对等位基因 B 取 1，对等位基因 b 取 -1。

单倍型	观测频率 (p)	座位 A (X)	座位 B (Y)	平衡频率
AB	u	1	1	p_Ap_B
Ab	s	1	-1	p_Ap_b
aB	t	-1	1	p_ap_B
ab	v	-1	-1	p_ap_b

(1) 证明变量 X 的期望和方差分别为 $E(X)=p_A-p_a$ 和 $V(X)=4p_Ap_a$。

(2) 证明变量 Y 的期望和方差分别为 $E(Y)=p_B-p_b$ 和 $V(Y)=4p_Bp_b$。

(3) 证明变量 X 与 Y 的协方差为 $\mathrm{Cov}(X,Y)=4D$，其中 $D=uv-st$。

(4) 利用相关系数的计算公式 $r=\dfrac{\mathrm{Cov}(X,Y)}{\sqrt{V(X)V(Y)}}$，证明变量 X 与 Y 相关系数的平方等于公式 1.35 定义的连锁不平衡度。

(5) 如样本总量为 n，n 乘以观测频率为观测样本量，n 乘以平衡频率为期望样本量。证明：两个座位处于平衡状态的适合性检验 χ^2 统计量为 $\chi^2=nr^2$，其中 r^2 为公式 1.35 定义的连锁不平衡度，其平方根等于 (4) 中变量 X 与 Y 的相关系数。

第 2 章　群体遗传结构的定向改变

上一章讨论了大群体的情况下，各种交配系统中基因和基因型频率的变化规律。对于随机交配大群体来说，如果没有外来因素干扰，基因频率和基因型频率将代代相同。但是，一个物种在繁衍过程中，总是要受到多种外界或内部因素的影响，致使群体的遗传组成在世代传递过程中发生变化，有时导致基因频率的变化，有时导致基因型频率的变化，有时还可能同时影响基因频率和基因型频率。这些影响因素可以分成两大类型，一类称为系统过程 (systematic process)，如突变、迁移和选择。系统过程对遗传组成的影响，在数量和方向上是可以预期的。另一类称为分散过程 (dispersive process)，分散过程与群体大小 (容量) 有关。例如，群体再分为亚群体 (subpopulation) 和亚群体隔离、有限群体中的随机交配、抽样效应和随机漂移等。对这类过程，群体结构变化的方向是不可预测的，但其变化幅度是可以预测的。本章主要介绍系统过程对群体结构的影响，仍然假定大群体，即不考虑随机抽样的影响。随机交配大群体中，根据 Hardy-Weinberg 平衡定律，可以从基因频率得到基因型频率。因此，这一章主要考察系统过程对基因频率的影响。

§2.1　突变和迁移对基因频率的影响

§2.1.1　突变

突变 (mutation) 是新基因和遗传多样性的最终来源，也是进化和育种的最原始材料。突变一般是指基因核苷酸序列的变化。例如，一个基因 A 在某碱基位置上发生了由 A 到 C 的变化，DNA 序列的改变有可能导致最终生化合成产物蛋白质结构的改变。因此，突变后的基因效应也会发生变化，从而产生出新的表型，结果就产生了一个新的等位基因 a。颠换 (inversion) 和移位 (translocation) 等染色体重组也能引起遗传变异。为了与染色体畸变相区别，我们将这种基因内部结构的变化称为基因突变。

动植物育种中，突变也可能给人工选择带来更多机会。例如，绿色革命中发挥重要作用的小麦矮秆基因是一个自然突变，目前的矮秆和半矮秆小麦品种就是利用了这一突变。

一般来说，自然条件下基因的突变频率总是比较低，单个基因在一个世代中的突变频率为 $10^{-6} \sim 10^{-5}$。尽管如此，由于一个群体往往包含很多个体，每个个体都携带大量有可能发生突变的基因，低突变频率也能产生很多新的突变等位基因。另外，高温、低温、射线或化学诱变剂处理等外界因素，也会大大提高基因的突变频率。突变育种就是利用物理和化学的方法对育种材料 (如种子) 进行处理，以产生较多的突变体，从而为选择提供更多的遗传变异。

根据发生频率的高低，可把突变分为频发突变 (recurrent mutation) 和非频发突变 (non-recurrent mutation) 两种类型。例如，在某一座位只发生一次 A 到 a 的突变，即基因型为 AA 的群体中，有一个个体的基因型突变为 Aa。此个体以后会遇到能否有机会成活、能否有机会产生配子等问题。即使有机会，突变基因在突变个体中也只有一半的机会进入下一世代；在其后的世代中它又遇到同样的命运。这样，经过若干世代之后，突变基因一般就会不复存在。因此，单个突变基因的丢失是永远的、经常性的。所以，遗传上一般考虑的是频发突变，即突变频率足以引起群体中基因频率的改变，在一个大群体中，突变基因不会因为随机抽样而丢失。

常态情况下的频发突变又可分为非逆突变 (irreversible mutation) 和可逆突变 (reversible mutation)。以一个座位上的两个等位基因 A 和 a 为例，在每个世代中，等位基因 A 以一定的频率突变为等位基因 a，但等位基因 a 不会突变为等位基因 A，称这种突变是不可逆的。如果在等位基因 A 突变为等位基因 a 的同时，等位基因 a 也以一定的频率突变为等位基因 A，称这种突变是可逆的。

§2.1.2　非逆突变

在随机交配大群体中，非逆突变对一个世代的基因频率不会发生太大影响。例如，一个起始群体中所有个体的基因型均为 AA，群体大小 N 是一个较大的数，每个世代发生一次从野生型 A 到突变型 a 的突变事件，记为 $A \to a$。那么，突变型 a 的频率随世代的变化为 $1/(2N)$、$2/(2N)$、$3/(2N)$ 等。如 N=10^6，突变型 a 的频率在两个世代间变化是非常缓慢的。需要经过很多世代后，才能清楚地看到突变的效果。

若 $A \to a$ 的突变频率为 u，起始群体中等位基因 A 的频率为 p_0。突变和随机交配发生 t 个世代后，等位基因 A 的频率为 p_t。公式 2.1 给出相邻世代间基因 A 的频率与突变频率 u 的关系。利用上下代之间的递推关系，公式 2.2 给出 t 个世代后的频率与起始频率的关系。

$$p_t = p_{t-1}(1-u) \tag{2.1}$$

$$p_t = p_0(1-u)^t \tag{2.2}$$

在已知突变率的情况下，公式 2.2 可以用来估计基因频率从 p_0 到 p_t 的时间。例如，u=10^{-4}，基因频率减半的时间为 $t_{0.5} = \ln 0.5/\ln(1-u) = 6931$。另外，在已知基因频率从 p_0 到 p_t 的时间 t 后，公式 2.2 又可以用来估计突变频率。例如，等位基因 A 相对于 a 为显性，在一个随机交配群体中的频率为 1，经过 30 个世代后发现隐性纯合基因型 aa 的频率为 0.05。如不考虑其他改变群体结构的因素，等位基因 a 的频率可以用隐性纯合基因型频率的平方根 $\sqrt{0.05} = 0.2236$ 来估计，30 个世代后等位基因 A 的频率为 $p_{30} = 1 - 0.2236 = 0.7764$。因此，突变率的估计值为 $u = 1 - \left(\frac{p_{30}}{p_0}\right)^{\frac{1}{30}} = 0.0084$。

§2.1.3　可逆突变

非逆突变 $A \to a$ 会缓慢降低群体中等位基因 A 的频率 p，提高等位基因 a 的频率。很多时候，两个等位基因 A 和 a 可以相互突变。如果把 $A \to a$ 称为正向突变 (forward mutation)，则把 $a \to A$ 称为反向突变 (reverse mutation)。正向突变倾向于降低等位基因 A 的频率 p，反向突变又倾向于提高等位基因 A 的频率 p，最终的基因频率 p 会达到一个平衡点。在这个平衡点上，反向突变产生的基因数正好弥补了正向突变损失的基因数。

在一个可逆突变座位上，起始群体中等位基因 A 的频率为 p_0，a 的频率为 q_0。假定每个世代基因从 A 突变为 a 的频率为 u，从 a 突变为 A 的频率为 v (图 2.1)。对世代 t 来说，等位基因 A 的频率由两部分组成，一是上个世代中未发生突变的等位基因 A，其比例为上个世代中基因 A 的频率 p_{t-1} 乘以未发生突变的概率 $1-u$；另一部分是上个世代从等位基因 a 突变而来的 A，这部分的比例为上个世代中基因 a 的频率 q_{t-1} 乘以突变概率 v。这样，就得到上下代之间等位基因 A 的频率与突变频率的公式 2.3，以及上下代之间基因 A 和 a 频率的增量公式 2.4 和公式 2.5。

$$p_t = p_{t-1}(1-u) + (1-p_{t-1})v \tag{2.3}$$

$$\Delta p_t = p_t - p_{t-1} = vq_{t-1} - up_{t-1} \tag{2.4}$$

$$\Delta q_t = q_t - q_{t-1} = up_{t-1} - vq_{t-1} = -\Delta p_t \tag{2.5}$$

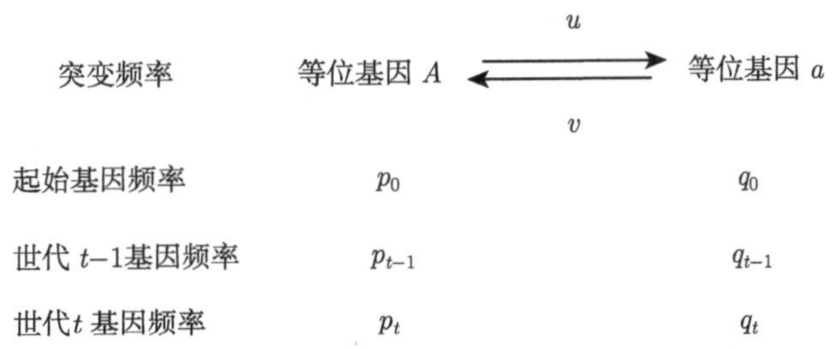

图 2.1　两个等位基因 A 和 a 之间的可逆突变示意图

基因 A 到 a 的突变频率为 u，基因 a 到 A 的突变频率为 v，两个等位基因的起始频率分别用 p_0 和 q_0 表示，突变和随机交配发生 t 个世代后的频率用 p_t 和 q_t 表示

从公式 2.4 和公式 2.5 可知，当某一等位基因的获得大于损失时，其频率必然会增加。然而，当频率增加后，因突变引起的损失也随着增加。所以，等位基因频率增加到一定程度后又会减少，直至最后达到平衡为止。为得到世代 t 基因频率与起始群体基因频率的关系，在公式 2.3 左右两边同减去 $\frac{v}{u+v}$，于是得到公式 2.3 的另外一种等价形式，即递推公式 2.6。由此递推公式，可以得到世代 t 基因频率与起始群体基因频率的公式 2.7。

$$p_t - \frac{v}{u+v} = \left(p_{t-1} - \frac{v}{u+v}\right)(1-u-v) \tag{2.6}$$

$$p_t-\frac{v}{u+v}=\left(p_0-\frac{v}{u+v}\right)(1-u-v)^t \tag{2.7}$$

在公式 2.7 中，由于 $1-u-v$ 总小于 1，当世代 t 足够大时，公式右边将趋于 0，等位基因 A 的频率趋于 $\dfrac{v}{u+v}$，达到公式 2.8 定义的平衡状态。当然，平衡频率也可以在公式 2.4 和公式 2.5 中，令 $\Delta p=\Delta q=0$ 得到。当 $p=\dfrac{v}{u+v}$、$q=\dfrac{u}{u+v}$ 时，如果只受突变影响而没有其他因素的干扰，群体就达到了平衡状态，基因频率和基因型频率在随机交配的作用下保持不变。

$$\tilde{p}=\frac{v}{u+v},\quad \tilde{q}=\frac{u}{u+v} \tag{2.8}$$

对公式 2.7 两边求对数，还可以计算基因频率到达给定值的时间，即公式 2.9，其中 $\tilde{p}=\dfrac{v}{u+v}$ 为平衡频率。当突变频率较低时，公式 2.9 中间一项的分母 $\ln(1-u-v)$ 近似等于 $-(u+v)$。因此，世代数也可用公式 2.9 的最后一项来近似。例如，u=0.000 03，v=0.000 02，平衡频率 $\tilde{p}=0.40$。根据公式 2.9 可以得到等位基因 A 的频率从 0.90 下降到 0.80 大约需要 4463 个世代。

$$t=\frac{\ln(p_t-\tilde{p})-\ln(p_0-\tilde{p})}{\ln(1-u-v)}\approx\frac{\ln(p_0-\tilde{p})-\ln(p_t-\tilde{p})}{u+v} \tag{2.9}$$

为进一步了解突变作用下基因频率的变化速度和趋势，图 2.2 给出一个可逆突变座位上，大样本随机交配群体中基因频率随时间的变化。三条曲线分别代表三种基因 A 的起始频率，可以从时间 0 对应的 Y 值看出来，即 1、0.5 和 0。基因 A 到 a 的正向突变频率 u=10^{-3}，基因 a 到 A 的反向突变频率 v=10^{-4}。从中可以看到，基因频率改变的速度非常缓慢。对于突变频率更低的座位来说，频率变化的速度将更慢。另外，不论起始频率如何，最终的平衡频率是一样的，也就是说基因的平衡频率与起始频率无关。

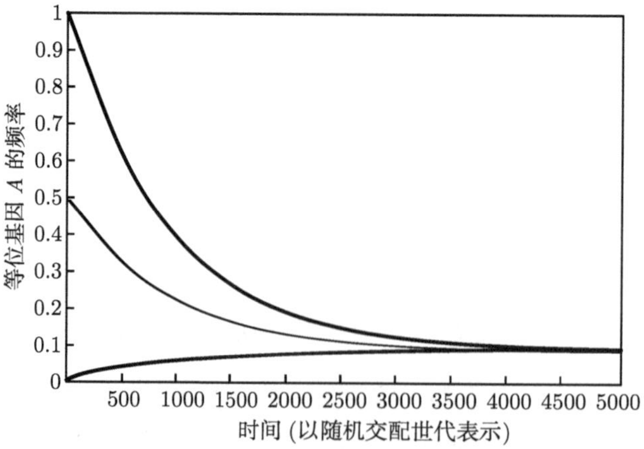

图 2.2 随机交配群体中可逆突变座位上等位基因频率随时间变化曲线

三条曲线分别代表基因 A 频率为 1.0、0.5 和 0 的三个起始群体，基因 A 到 a 的突变频率为 10^{-3}，基因 a 到 A 的突变频率为 10^{-4}，平衡频率为 0.0909

在图 2.2 中，平衡时等位基因 A 的频率为$\tilde{p}=\dfrac{0.0001}{0.001+0.0001}\approx 0.0909$。一般来说，基因的突变频率要比图 2.2 中小得多。短期内，突变对基因频率的影响不会很大 (一些微生物除外)。但是，如果从进化的角度或从时间的角度来看，它又是非常重要的。可逆突变往往是不对称的，即基因从野生型 A 到突变型 a 的突变频率一般要比从突变型 a 回复到野生型 A 的频率高得多，前者往往为后者的 10 倍左右，即 u=10v。如果只有突变而没有其他改变基因频率的因素，最终的群体中突变型 a 的频率要远高于野生型 A。果真如此，突变型将成为群体中的常见等位基因 (common allele)，而野生型则成为稀有等位基因 (rare allele)。但是，这种现象在很多自然群体中并没有出现，也就意味着可逆突变并不是改变基因频率的唯一因素，可能还有选择的影响。

§2.1.4 迁移

迁移 (migration) 指的是个体在不同群体 (也称为亚群体) 间的移动。迁移的最终结果是基因在亚群体间的流动，它可以是单向的，也可以是双向的，也可以是两个亚群体间的迁移，也可以是多个亚群体间的相互迁移。人们一般用岛屿模型 (island model of migration) 描述迁移过程。图 2.3 表示从大陆群体向岛屿群体的单向迁移模型。图中的实心圆代表等位基因A，空心圆代表等位基因 a。迁移发生前，等位基因 A 在岛屿和大陆中的频率分别为 p_0 和 p_m。假定每个世代从大陆迁移的个体占岛屿群体的比例为 m，大陆群体的遗传结构恒定不变。

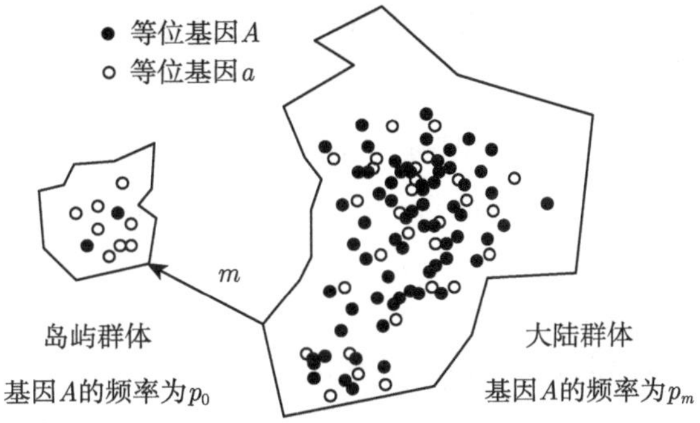

图 2.3 从大陆向岛屿的单向迁移模型示意图

实心圆代表等位基因 A，空心圆代表等位基因 a。迁移开始前，等位基因 A 在岛屿和大陆上的频率分别为 p_0 和 p_m。每个世代从大陆迁移的个体占岛屿群体的比例为 m

迁移发生后，岛屿群体中基因 A 由两部分组成。一是来自大陆群体的基因，其频率为 $p_m \times m$。另一部分是来自迁移发生前岛屿群体的基因，其频率为 $p_0(1-m)$。因此，迁移发生一代以后，基因 A 的频率 p_1 可以用公式 2.10 表示。基因频率的增量设为 Δp，可以用公式 2.11 表示出来。

$$p_1 = p_m \times m + p_0(1-m) = m(p_m - p_0) + p_0 \tag{2.10}$$

$$\Delta p = p_1 - p_0 = m(p_m - p_0) \tag{2.11}$$

公式 2.11 表示的频率增量是两部分的乘积，即大陆群体的迁入比率 m，以及两个群体中基因 A 的频率之差。很明显，如果大陆群体 A 的频率 p_m 大于岛屿群体 A 的频率 p_0，迁移发生后，岛屿群体中基因 A 的频率比先前增加，反之则减少。计算迁移前后的频率与大陆群体频率的差异，可以得到公式 2.12。从公式 2.12 递推，得到迁移 t 个世代后的基因频率，用公式 2.13 表示。从公式 2.13 可以明显看到单向迁移的长期结果，即岛屿群体中等位基因 A 的频率最终等于大陆群体中等位基因 A 的频率。

$$p_1 - p_m = (1-m)(p_0 - p_m) \tag{2.12}$$

$$p_t = p_m + (1-m)^t(p_0 - p_m) \tag{2.13}$$

如果考虑的不是一个大陆群体，而是 k 个，每个大陆群体中基因 A 的频率也不尽相同。如果发生 k 个大陆群体都向一个岛屿群体的迁移，那么公式 2.10 应修改为公式 2.14。其中，p_0 仍然是岛屿群体中基因 A 的频率，p_{m_i} $(i=1,2,\cdots,k)$ 为外来大陆群体中的基因频率，m_i $(i=1,2,\cdots,k)$ 为大陆群体向岛屿群体的迁移比例。迁移造成基因频率的改变量由公式 2.15 给出。

$$p_1 = \sum_{i=1}^{k} m_i p_{m_i} + p_0\left(1 - \sum_{i=1}^{k} m_i\right) = \sum_{i=1}^{k} m_i(p_{m_i} - p_0) + p_0 \tag{2.14}$$

$$\Delta p = \sum_{i=1}^{k} m_i(p_{m_i} - p_0) \tag{2.15}$$

如定义 $m = \sum_{i=1}^{k} m_i$ (即总迁移频率)，$\overline{p} = \sum_{i=1}^{k} \frac{m_i}{m} p_{m_i}$ (即大陆群体频率的加权平均)，公式 2.14 的中间项还可以写成公式 2.16 的形式，从而可以得到类似公式 2.12 和公式 2.13 的递推公式。从递推公式可以看到，长期迁移使得岛屿群体的基因频率最终等于大陆群体基因频率按迁移比例的加权平均。

$$p_1 = m\overline{p} + (1-m)p_0, \quad p_1 - \overline{p} = (1-m)(p_0 - \overline{p}) \tag{2.16}$$

以上只是讨论单向迁移，即一个或多个群体都向另一个群体的迁移。如果迁移是相互的，仍可以沿用公式 2.16 的推导方法，只是分析起来要更复杂些。但有一点是非常清楚的，随着相互迁移的发生，群体间基因频率的差异会变得越来越小。经过若干代相互迁移之后，所有参与迁入和迁出的亚群体将具有相同的基因频率，即各群体基因频率按迁移比例得到的加权平均数。

此外，对照公式 2.7 和公式 2.13 可以发现，如果把迁移方程中外来群体频率 p_m 视为突变方程中的平衡频率 $\tilde{p}$，迁移比例 m 视为两个方向的突变频率之和 $u+v$，则两个公式是等价的。如果公式 2.13 中的 p_m=0，即外来群体中等位基因 a 的频率为 1，公式 2.13 给出的基因频率的变化与非逆突变公式 2.2 完全一样。因此，迁移和突变这两种看似截然不同的因素，它们影响遗传结构的数学表达式是完全相同的，群体遗传研究中有时不区分二者的差异。这一点直观上也是可以理解的，即群体中新增加的基因 A 是迁移而来，还是由基因 a 突变而成，它们对基因频率的影响没有本质区别。但是，由于迁移的频率往往远高于突变的频率，二者对基因频率影响的程度存在明显的差异。如果也用图 2.2 表示迁移过程中基因频率的变化，则基因频率趋于平衡频率的速度要比突变快得多。

§2.2 选择对基因频率的影响

§2.2.1 适合度和选择系数

选择是改变群体基因频率的一个最重要、最直接、最有效的手段。选择有自然选择和人工选择之分。自然条件下，每个物种都能产生很大的后代种群，某些基因型个体比起另一些基因型个体具有更高的成活率和生殖率。因此，这些基因型在群体中就会占据优势，并逐渐取代其他基因型而形成新的群体或新的种。如果优势基因型和其他基因型都能生存下来，不同基因型就分布在它们最适宜的地域，形成亚群体或地理亚种。这种在自然界条件下，由于群体内不同基因型个体成活率和生殖率间的差异而造成的选择称为自然选择。同样，在人工条件下，如在作物杂交育种过程中，从杂种分离群体中选择具有优良性状的单株作为育种材料，淘汰那些不符合育种目标的个体，这实质上是人为选择对人类有利的基因型，淘汰对人类不利的基因型。这种人为的选择，实际上决定着群体内不同基因型个体的繁殖比例。不论是自然选择，还是人工选择，选择起作用的对象是有着不同基因型的个体，或者说是对具有优良表型的个体水平的选择。自然和人工选择中，优良的标准可以有很大差异。自然选择中，优良往往与进化上的适应性有关。人工选择中，优良往往与是否满足人类某些方面的需求有关。但是，不管选择的标准是什么，选择最终改变的都是群体的基因频率。

这一节我们讨论选择是如何改变基因频率的。首先介绍适合度 (fitness) 和选择系数 (coefficient of selection) 这两个概念。假定两种基因型 AA 和 aa 的个体各有 100 个，AA 个体的繁殖成活率为 1，aa 个体的繁殖成活率只有 0.9。这时可以说 aa 的适合度为 AA 的 0.9 倍。所以，适合度 (用 W 表示) 是指某基因型繁殖后代的相对能力，取值为 0~1。这里的相对能力是与最大繁殖能力的基因型相比较而言的。对于上面的 AA 和 aa 两种基因型来说，适合度分别为 W_{AA}=1 和 W_{aa}=0.9。如令 $s = W_{AA} - W_{aa} = 1 - 0.9 = 0.1$，则称 s 为 aa 基因型被淘汰而不能繁殖后代的个体在群体中所占的比例，是选择强度的一个指标，称为选择系数。该例子中的 s=0.1，说明基因型 aa 有 $\frac{1}{10}$的个体由于被淘汰而不能繁殖后代，它们携带的基因也因此无法被传递给下一代。如考虑三种基因型，假定 100 个 AA 个体有 40 个能够存活下来进入随机交配，100 个 Aa 个体有 50 个进入随机交配，100 个 aa 个体有 30 个进入随机交配。显然，基因型 Aa 有最大的适合度。与 Aa 相比较，AA 的适合度为 0.8，aa 的适合度为 0.6。因此，AA 的选择系数为 0.2，Aa 的选择系数为 0，aa 的选择系数为 0.4。

在人类遗传学研究中，有些疾病只对婴幼儿有影响，而对成年人的影响很小。这时，可以从婴儿和成人的基因型调查数据，来估计不同基因型的适合度和选择系数。以一个座位上的两个等位基因 A 和 S 为例，三种基因型在婴儿和成人中的观测样本量如表 2.1 所示，由此就可以计算三种基因型在婴儿和成人群体中的频率。从表 2.1 可以看出，纯合基因型的频率在成人中都有所下降，杂合基因型的频率则升高。假定繁殖能力在成人中无差异，这时成人和婴儿基因型频率的比值可以作为适合度的一种度量方法。杂合型 AS 的适合度为 1.2278，纯合型 AA 和 SS 的适合度均低于 1。以 AS 的适合度为标准 1，得到 AA 和 SS 的相对适合度分别为 0.7565 和 0.1986。因此，它们的选择系数分别为 0.2435 和 0.8014。

根据三种基因型间的相对适合度，还可以划分等位基因间的显隐性关系 (表 2.2)。如表 2.2 第二行中，aa 的选择系数为 s，Aa 的选择系数恰好是 aa 的一半。基因型 AA 具有最高适合度，aa 的适合度最低，杂合型 Aa 的适合度正好介于两个纯合基因型之间。这时，就说这两个等位基因之间不存在显性，或称这两个基因为加性基因。在这种情况下，选择对基因型 Aa 和 aa 来说都是不利的，选择降低了这两种基因型的频率，进而降低了等位基因 a 的频率。经过多个世代的选择和随机交配后，群体中基因 A 的频率为 1，a 的频率为 0，等位基因 A 在群体中被固定下来，等位基因 a 丢失。

表 2.1　一个人类群体中三种基因型在婴儿和成人中的调查数据

基因型	AA	AS	SS
婴儿群体	189	89	9
成人群体	400	249	5
婴儿群体基因型频率	0.6586	0.3101	0.0314
成人群体基因型频率	0.6116	0.3807	0.0076
适合度 (成人和婴儿基因型频率的比值)	0.9288	1.2278	0.2438
相对适合度	0.7565	1	0.1986
选择系数	0.2435	0	0.8014

表 2.2　不同显隐性关系下，三种基因型的适合度和选择的最终结果

适合度的类型	适合度			选择一代后等位基因 a 频率	选择的最终结果
	AA	Aa	aa		
加性 (或无显性)，选择对基因型 Aa 和 aa 不利	1	$1-\frac{1}{2}s$	$1-s$	$\dfrac{q-\frac{1}{2}sq-\frac{1}{2}sq^2}{1-sq}$	p=1，q=0
部分显性，选择对基因型 Aa 和 aa 不利	1	$1-hs$	$1-s$	$\dfrac{q-hspq-sq^2}{1-2hspq-sq^2}$	p=1，q=0
完全显性，选择对基因型 aa 不利	1	1	$1-s$	$\dfrac{q-sq^2}{1-sq^2}$	p=1，q=0
完全显性，选择对基因型 AA 和 Aa 不利	$1-s$	$1-s$	1	$\dfrac{q-sq+sq^2}{1-s(1-q^2)}$	p=0，q=1
超显性，选择对纯合基因型 AA 和 aa 不利	$1-s_1$	1	$1-s_2$	$\dfrac{q-s_2q^2}{1-s_1p^2-s_2q^2}$	$p=\dfrac{s_2}{s_1+s_2}$，$q=\dfrac{s_1}{s_1+s_2}$

注：表中 s、s_1、s_2、h 的取值为 0～1，但不等于 0 或 1，p 和 q 分别为等位基因 A 和 a 的频率

表 2.2 第四行中，基因型 AA 和 Aa 有相同的适合度，选择只对纯合型 aa 不利，这时就说等位基因 A 相对于 a 表现为显性，有时也称 A 是显性基因，a 是隐性基因。经过多个世代的选择和随机交配后，显性基因 A 在群体中被固定下来，隐性基因 a 被淘汰。表 2.2 第五行表示的也是完全显性的情况，只不过选择对纯合型 AA 不利，经过多个世代的选择和随机交配后，显性基因 A 在群体中被淘汰。表 2.2 最后一行中，杂合型 Aa 有最高的适合度，选择对纯合型 AA 和 aa 不利，这时就说两个等位基因 A 和 a 之间存在超显性。在这种情况下，基因频率最终会达到一种平衡状态。下面详细讨论完全显性和超显性的情况下，选择对基因频率的影响。其他情况，感兴趣的读者可以自行推导。

§2.2.2　不利隐性基因的部分选择

不利隐性基因的部分选择，指的是在随机交配群体中淘汰一部分纯合隐性个体。设有一原始群体，基因 A 和 a 的频率分别为 p_0 和 q_0。隐性个体 aa 的适合度小于 1，选择系数为 s，则选择前后各基因型频率关系如表 2.3 所示。

表 2.3 最后一行给出选择后的基因型频率，从中可以得到选择一代后基因 a 的频率 q_1 与起始频率 q_0 及选择系数的关系，即公式 2.17。一般情形下，任意两个连续世代 t 和 t+1 中，基因频率与选择系数的关系见公式 2.18。

$$q_1=\frac{(1-s)q_0^2+p_0q_0}{1-sq_0^2}=\frac{q_0(1-sq_0)}{1-sq_0^2} \tag{2.17}$$

$$q_{t+1} = \frac{q_t(1-sq_t)}{1-sq_t^2} \tag{2.18}$$

表 2.3 不利隐性基因的部分选择

基因型	AA	Aa	aa	总和
选择前基因型频率	p_0^2	$2p_0q_0$	q_0^2	1
适合度	1	1	$1-s$	
选择后剩余基因型	p_0^2	$2p_0q_0$	$(1-s)q_0^2$	$1-sq_0^2$
选择后基因型频率	$\dfrac{p_0^2}{1-sq_0^2}$	$\dfrac{2p_0q_0}{1-sq_0^2}$	$\dfrac{(1-s)q_0^2}{1-sq_0^2}$	1

公式 2.17 左右两边减去起始频率 q_0，就得到原始群体经一代选择后基因 a 频率的变化，见公式 2.19。从公式 2.19 可以看出，基因型 aa 的部分被淘汰降低了等位基因 a 的频率，提高了等位基因 A 的频率。任意两个连续世代 t 和 $t+1$ 中，基因频率的变化量见公式 2.20。从公式 2.19 可知，当 q_0 较小时，Δq 可近似看作正比于 q_0^2，因此其取值也很小。这时，企图通过选择淘汰稀少的隐性基因几乎是不可能的。此外，纯系内的选择是无效的，因为这时 q=0 或 q=1，所以 $\Delta q = 0$。

$$\Delta q = q_1 - q_0 = \frac{q_0(1-sq_0)}{1-sq_0^2} - q_0 = -\frac{sp_0q_0^2}{1-sq_0^2} = -\Delta p \tag{2.19}$$

$$\Delta p = -\Delta q = \frac{s(1-q_t)q_t^2}{1-sq_t^2} \tag{2.20}$$

在慢速淘汰条件下 (s=0.1 或更小)，公式 2.20 可以近似表示为公式 2.21，公式 2.22 为其微分方程表示形式 (时间 t 以世代为单位)。

$$\Delta q = -sq^2(1-q) \tag{2.21}$$

$$\frac{\mathrm{d}q}{\mathrm{d}t} = -sq^2(1-q), \quad \frac{\mathrm{d}q}{q^2(1-q)} = -s\mathrm{d}t \tag{2.22}$$

假定经过 n 个世代后，等位基因 a 的频率由 q_0 变化为 q_n。对公式 2.22 两边按照下面的过程求积分，最后得到公式 2.23。

$$\int_{q_0}^{q_n} \frac{\mathrm{d}q}{q^2(1-q)} = -s\int_0^n \mathrm{d}t = -sn$$

$$\int \frac{\mathrm{d}q}{q^2(1-q)} = \int \left(\frac{1}{q} + \frac{1}{q^2} + \frac{1}{1-q}\right)\mathrm{d}q = \ln q - \frac{1}{q} - \ln(1-q) = -\frac{1}{q} - \ln\frac{1-q}{q}$$

$$sn = \left[\frac{1}{q} + \ln\frac{1-q}{q}\right]\Bigg|_{q_0}^{q_n} = \frac{q_0 - q_n}{q_0q_n} + \ln\frac{q_0(1-q_n)}{q_n(1-q_0)} \tag{2.23}$$

公式 2.23 可以用来计算基因频率从 q_0 变化到 q_n 的时间。例如，s=0.001，求群体中纯合隐性个体的比率由 50%减少到 1%所需的世代数 n。这里 $q_0 = \sqrt{0.50} = 0.7071$，$q_n = \sqrt{0.01} = 0.10$，根据公式 2.23 得到，

$$0.001 \times n = \frac{0.7071 - 0.10}{0.7071 \times 0.10} + \ln\frac{0.7071 \times (1-0.10)}{0.10 \times (1-0.7071)} = 11.664$$

所以，对于上面的例子，n=11 664。这里要注意的是，隐性个体由 50%减少到 1%需要 11 664 个世代，还要求环境条件保持一致，不存在其他改变群体结构的因素。事实上，在这样长的时间内，环境不可能不变，s 也不可能不变。原来不利于生存的有害性状，又可能变为利于生存的有利性状。所以，实际的自然选择速度比理论预测还要慢。这也说明，在一个大的随机交配群体中，对隐性有害基因 (如人类的白化基因、色盲基因和血友病基因等)，要从群体中全部淘汰是极其困难的。

§2.2.3　不利隐性基因的完全选择

不利隐性基因的完全选择，是在随机交配群体中对隐性纯合个体的完全淘汰。此时，由于隐性纯合体的适合度等于 0，选择系数 s=1。根据公式 2.17，就得到隐性基因 a 选择一代的频率计算公式 2.24。其中，q_0 为选择前群体中基因 a 的频率。

$$q_1 = \frac{q_0(1-q_0)}{1-q_0^2} = \frac{q_0}{1+q_0} \tag{2.24}$$

依公式 2.24 类推，选择二代的频率为$q_2 = \dfrac{q_1}{1+q_1} = \dfrac{q_0}{1+2q_0}$，选择三代的频率为 $q_3 = \dfrac{q_0}{1+3q_0}$。由此可归纳出选择 n 代后隐性基因 a 的频率，即公式 2.25。根据公式 2.25，可以计算基因频率达到给定值的时间，即公式 2.26。

$$q_n = \frac{q_0}{1+nq_0} \tag{2.25}$$

$$n = \frac{q_0-q_n}{q_0q_n} = \frac{1}{q_n} - \frac{1}{q_0} \tag{2.26}$$

例如，已知一个油菜随机交配群体中，感病植株 (rr) 占 9%，在苗期死亡。抗病植株 (RR 和 Rr) 占 91%，可正常开花授粉。试问随机交配三代后，感病幼苗在群体中还占多大比例。设 p_0 和 q_0 分别为起始群体中基因 R 和 r 的频率，$q_0 = \sqrt{0.09} = 0.3$，$p_0 = 1 - q_0$=0.7。代入公式 2.25 得到 $q_3 = \dfrac{q_0}{1+3q_0} = \dfrac{0.3}{1+3\times 0.3} = 0.1579$。因此，三代随机交配和选择后，基因型 rr 的频率为 0.1579^2=0.0249，即感病幼苗约占群体的 2.5%。如需要知道经过多少世代，感病基因的频率低于 1%，则将起始频率 0.3 和最终频率 0.01 代入公式 2.26，可以得到 n=96.67。因此，需要经历大约 100 个世代，感病基因的频率才能低于 1%。稀有有害基因频率下降缓慢的原因是，有害基因主要存在于表型正常的杂合子中，选择只能淘汰那些频率极低的纯合基因型，对杂合型中包含的有害等位基因不起任何作用。

§2.2.4　有利于杂合子的选择

在随机交配群体中，若杂合子的适合度大于两种同型合子的适合度 (即杂合子更适于生存)，这时的选择将有利于杂合子。用 s_1 和 s_2 分别表示纯合型 AA 和 aa 的选择系数，选择结果如表 2.4 所示。选择后基因 a 的频率由公式 2.27 给出，频率的变化量由公式 2.28 给出。

$$q_1 = \frac{(1-s_2)q_0^2 + p_0q_0}{1-s_1p_0^2 - s_2q_0^2} = \frac{q_0(1-s_2q_0)}{1-s_1p_0^2-s_2q_0^2} \tag{2.27}$$

$$\Delta q = q_1 - q_0 = \frac{p_0q_0(s_1p_0 - s_2q_0)}{1-s_1p_0^2-s_2q_0^2} \tag{2.28}$$

表 2.4 有利于杂合子的选择

基因型	AA	Aa	aa	总和
适合度	$1-s_1$	1	$1-s_2$	
选择前频率	p_0^2	$2p_0q_0$	q_0^2	1
选择后剩余基因型	$p_0^2(1-s_1)$	$2p_0q_0$	$q_0^2(1-s_2)$	$1-s_1p_0^2-s_2q_0^2$
选择后基因型频率	$\dfrac{p_0^2(1-s_1)}{1-s_1p_0^2-s_2q_0^2}$	$\dfrac{2p_0q_0}{1-s_1p_0^2-s_2q_0^2}$	$\dfrac{q_0^2(1-s_2)}{1-s_1p_0^2-s_2q_0^2}$	1

由公式 2.28 可知，q 值是增大还是减小取决于 s_1p_0 是大于还是小于 s_2q_0。二者相等时，$\Delta q=0$，则基因频率不因世代而改变，处于平衡状态。平衡时，基因 A 和 a 的频率分别用 $\tilde{p}$ 和 $\tilde{q}$ 表示。公式 2.29 给出平衡频率与选择系数的关系。可以看出，平衡时的基因频率完全由两种同型合子的选择系数决定，与原始群体的基因频率无关。因为 s_1 和 s_2 是常数，所以这个平衡是稳定的。

$$\tilde{p}=\frac{s_2}{s_1+s_2},\quad \tilde{q}=\frac{s_1}{s_1+s_2} \tag{2.29}$$

下面给出一个人类遗传研究中发现的选择有利于杂型合子的经典例子 (Hartl and Clark, 2007)。在非洲有些地区的镰状细胞贫血基因 Hb^{S} 的频率很高。根据调查，基因型 $Hb^{\mathrm{S}}Hb^{\mathrm{S}}$、$Hb^{\mathrm{A}}Hb^{\mathrm{S}}$ 和 $Hb^{\mathrm{A}}Hb^{\mathrm{A}}$ 的频率分别为 0.012、0.388 和 0.600，基因 Hb^{S} 的频率高达 0.206。而纯合体 $Hb^{\mathrm{S}}Hb^{\mathrm{S}}$ 的生存繁殖率都很低，据估计其适合度仅为杂合体的 0.25，即 $Hb^{\mathrm{S}}Hb^{\mathrm{S}}$ 的选择系数是 $s=1-W=0.75$。如果杂型合子 $Hb^{\mathrm{A}}Hb^{\mathrm{S}}$ 的适合度不高于同型合子 $Hb^{\mathrm{A}}Hb^{\mathrm{A}}$，就难以解释镰状细胞贫血患者 $Hb^{\mathrm{S}}Hb^{\mathrm{S}}$ 的选择系数大和 Hb^{S} 基因频率高这种现象。自然条件下的突变率很低，在选择和突变间也不可能维持这样高的 Hb^{S} 基因频率值，利用选择和突变的联合效应模型也不能解释这种现象 (详见 §2.3)。假定群体在有利于杂型合子的选择中达到平衡，根据公式 2.29 有

$$s_1=\frac{s_2\tilde{q}}{\tilde{p}}=\frac{0.75\times 0.206}{0.794}=0.195$$

也就是说，杂型合子 $Hb^{\mathrm{A}}Hb^{\mathrm{S}}$ 的适合度为 1 时，同型合子 $Hb^{\mathrm{A}}Hb^{\mathrm{A}}$ 的适合度是 $1-s_1=0.805$。$Hb^{\mathrm{A}}Hb^{\mathrm{S}}$ 的适合度高于两种纯合基因型的适合度。为什么 $Hb^{\mathrm{A}}Hb^{\mathrm{S}}$ 的适合度会高于 $Hb^{\mathrm{A}}Hb^{\mathrm{A}}$ 呢？研究发现，杂合型 $Hb^{\mathrm{A}}Hb^{\mathrm{S}}$ 的红细胞内含有两种血红蛋白，一种是抵抗疟疾感染的血红蛋白，另一种是阻止溶血的正常血红蛋白，而纯合基因型 $Hb^{\mathrm{A}}Hb^{\mathrm{A}}$ 没有抵抗疟疾感染的血红蛋白。在疟疾盛行的地区，自然 $Hb^{\mathrm{A}}Hb^{\mathrm{S}}$ 比 $Hb^{\mathrm{A}}Hb^{\mathrm{A}}$ 更适于生存。调查还发现，在疟疾被控制后，Hb^{S} 基因频率也随着迅速下降。这里的超显性，其实是由基因的多效性 (pleotropic effect 或 pleiotropy) 引起的。纯合基因型 $Hb^{\mathrm{S}}Hb^{\mathrm{S}}$ 因贫血而降低了适合度，纯合基因型 $Hb^{\mathrm{A}}Hb^{\mathrm{A}}$ 因抵抗疟疾感染能力差降低了适合度，杂合基因型 $Hb^{\mathrm{A}}Hb^{\mathrm{S}}$ 不会患严重的贫血症且抵抗疟疾感染能力又强，因此具有最高的适合度。

§2.2.5 选择的有效性

选择系数一般要远高于自然条件下基因的突变频率。因此，选择对基因频率的影响程度也远高于突变。为说明选择的有效性，图 2.4 给出隐性基因选择和超显性选择两种情况下，基因频率随时间的变化。比较图 2.4 和图 2.2 的 X 轴刻度也能看出，选择的影响在少数几个

世代后就能显现出来，而突变的影响要经过数百甚至数千个世代后才能显现。图 2.4A 为不利于隐性纯合基因型 aa 的选择，从 Y 轴可以看出两个起始频率分别为 0.95 和 0.1，实线和虚线分别代表选择系数 0.2 和 0.1。当起始基因频率较高时，选择对频率的下降作用更加明显。当基因频率下降到一定程度后，变化的速度明显放缓。但是，对于两种起始频率和两种选择系数，等位基因 a 频率下降的趋势没有变化，最终将趋近于 0。图 2.4B 为不利于纯合基因型 AA 和 aa 的选择，即超显性，实线表示 AA 和 aa 选择系数均为 0.2，虚线表示 AA 和 aa 选择系数分别为 0.2 和 0.1。可以看出，对于同样的选择系数，不管起始频率如何，基因 a 经过几十个世代后就趋于平衡状态。当 AA 和 aa 选择系数均为 0.2 时，趋于平衡频率 0.5；当 AA 和 aa 选择系数分别为 0.2 和 0.1 时，趋于平衡频率 $\frac{1}{3}$。

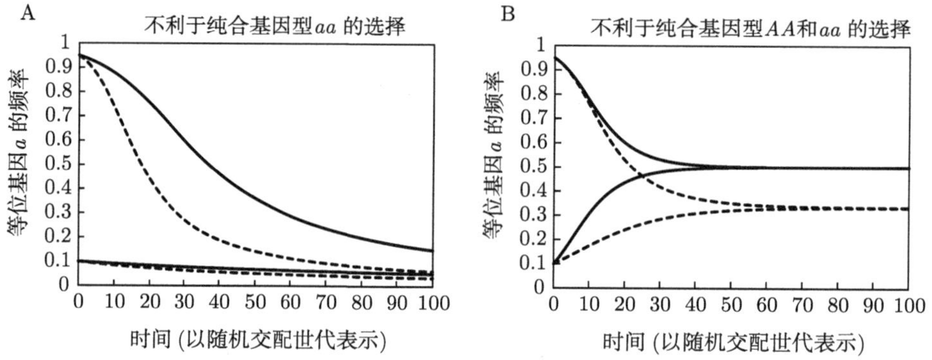

图 2.4　选择对基因频率的影响

A. 两种起始频率 0.95 和 0.1 下不利于基因型 aa 的选择，即等位基因 a 表现为隐性，实线和虚线分别代表选择系数 0.2 和 0.1。B. 两种起始频率 0.95 和 0.1 下不利于纯合基因型 AA 和 aa 的选择，即超显性，实线表示 AA 和 aa 选择系数均为 0.2，虚线表示 AA 和 aa 选择系数分别为 0.2 和 0.1

§2.3　突变和选择的联合效应

§2.3.1　突变和选择的平衡基因频率

前面分别考虑了突变和选择两种因素单独存在时对群体基因频率的影响。在考虑突变对基因频率的影响时，实际上假定了突变基因是中性的这一前提条件，即突变基因对携带它们的个体的生存和繁殖既无利又无害。在考虑选择对基因频率的影响时，实际上假定了无突变发生。但是，在自然界中，这两种影响有时会同时存在。同时考虑选择和突变对群体基因频率的影响，则更接近实际情况。显然，如果突变和选择对基因频率影响的方向相同，那么基因频率的变化相比突变或选择单独存在时的变化要更快些。但是，如果方向相反，那么它们的效应就会相互抵消，最后形成一个稳定的平衡状态。

这里只讨论一种最简单的平衡群体。假定选择作用于隐性纯合个体，选择系数为 s，并假定 s 很小，为慢速淘汰。突变发生的方向是由 A 至 a，每一世代的突变率为 u (为方便起见，假定反向突变的频率很低，与正向突变相比可忽略不计)。选择的作用是减少基因 a 的频率，即减少 q 值；而突变的作用则是增加 q 值。在随机交配群体中，根据公式 2.21，得到

每一世代 q 变化量的公式 2.30。

$$\Delta q = u(1-q) - sq^2(1-q) \tag{2.30}$$

公式 2.30 右边第一项是突变对 q 的增加量，第二项是选择对 q 的减小量，两种效应最终会彼此抵消而使群体达到平衡状态。令 $\Delta q=0$，解方程得到的平衡频率见公式 2.31。如存在部分显性，即 AA、Aa、aa 的适合度分别为 1、$1-hs$、$1-s$，h 在 0 和 1 之间但不等于 0 或 1，这里不加证明地给出平衡频率的近似表达式 2.32。从两个平衡方程可以看出，对杂合基因型有选择和无选择的巨大差异。仅对 aa 的完全选择 s=1 时，公式 2.31 给出的平衡频率等于突变频率的平方根。如对 Aa 和 aa 同时选择，对于任何接近但不等于 1 的 hs，公式 2.32 给出的平衡频率近似等于突变频率，远低于公式 2.31 给出的平衡频率。因此，部分显性效应的存在，能够极大地降低有害突变基因的存在频率。

$$\tilde{q} = \sqrt{\frac{u}{s}} \tag{2.31}$$

$$\tilde{q} \approx \frac{u}{hs} \tag{2.32}$$

公式 2.31 和公式 2.32 给出的平衡都是稳定的，能很好地解释如下事实。对隐性有害基因来说，通常总有一定的比例存留在自然群体中而不能全部消失。这样的群体中，通过频发突变才把隐性基因保存下来，突变频率 u 通常都很小。例如，一个随机交配群体中由 A 到 a 的突变率 u=1.8×10^{-5}，对隐性基因的纯合个体 aa 的选择系数 s=0.02。根据公式 2.31 得到的平衡频率 $\tilde{q}=0.03$。因此，该群体中纯合子 aa 的频率是 $\tilde{q}^2=0.0009$，杂合子 Aa 的频率是 $2(1-\tilde{q})\tilde{q}=0.0582$，约为隐性纯合子的 65 倍。所以，大部分隐性有害基因存在于杂型合子中。当 $\tilde{q}$ 值很小时，选择没有什么效果。甚至当 $\tilde{q}$ 小到隐性个体的频率可以忽略不计时，隐性基因仍可能存留在群体中 (即隐藏在杂型合子内)。所以，在发生隐性突变的条件下，自然群体中实际上不可能把隐性基因完全选择掉。

§2.3.2 基因突变频率的估计

在已知基因频率和选择系数时，利用公式 2.31 还可以计算基因的突变频率。人类遗传学研究中，各种基因的突变频率大多是根据这个公式估计出来的。例如，人类全色盲属常染色体隐性遗传。据调查，约 8 万人中有一个全色盲患者。因此，可以认为 $q^2=\frac{1}{80\,000}$ (也可由此开平方估计基因频率)。调查还发现，全色盲的平均子女数约为正常人的一半。因此，可以认为 s=0.5。根据公式 2.31，就得到公式 2.33 给出的突变频率。

$$u = sq^2 = 6.25\times10^{-6} \tag{2.33}$$

公式 2.33 是选择对隐性纯合个体不利，但非致死的情况。当隐性纯合个体 aa 致死时，即 s=1，则 aa 基因型的频率正好等于突变率 u，即公式 2.34。

$$u = sq^2 = q^2, \quad \tilde{q}=\sqrt{u} \tag{2.34}$$

当选择对显性同型合子不利时，则通过隐性基因 a 到显性基因 A 的反向突变率 v 可建立起稳定的平衡。这个情况与公式 2.31 是相同的，只不过把公式 2.31 中的 q 用 p 代替，而

u 用 v 代替，即 $\tilde{p}=\sqrt{\frac{v}{s}}$。人类亨廷顿病是由一个显性突变引起的严重的遗传性疾病，突变基因杂合型的适合度是正常基因型的 0.81 倍。突变基因纯合型的适合度很低，可认为是 0，即 s=1。因此在公式 2.32 中，可认为 hs=0.19。调查发现一个人群中突变基因的频率为十万分之一，因此可以得到突变频率 u 近似为 $u=qhs=10^{-5}\times0.19=1.9\times10^{-6}$。

§2.4　基因的多态性和选择的连锁效应

§2.4.1　自然群体中基因的多态性

前面说过，正向突变的频率远高于反向突变。野生型到有害突变一般属于正向突变。如果没有选择的存在，平衡频率公式 2.8 告诉我们，群体中的大部分基因最终都是有害的突变基因。然而，在自然群体中，有害突变基因相对于野生型有较低的适合度。在平衡公式 2.31 中，有害基因纯合子的选择系数一般远远高于突变频率。因此，在突变和选择的共同作用下，平衡群体中有害突变的基因频率并不会很高。如 $u=10^{-6}$、s=0.5 时，突变基因的平衡频率仅为 0.0014。考虑显性效应时，平衡频率将更低 (公式 2.32)。因此，突变和选择的共同作用，很好地解释了自然群体中有害突变比较稀有这一常见现象。

当一个座位上，多于一个的等位基因频率高到突变和选择平衡理论不能解释的时候，如突变基因的频率超过 0.01，称这个座位具有多态性 (polymorphism)。几乎所有的遗传群体，都能在 DNA 序列到性状表型的不同水平上观测到多态性。有时，基因引起的可观测形态变异比较少。但是，利用分子标记技术仍可以检测到 DNA 水平上的广泛变异。例如，动植物的指纹图谱鉴定，就是利用 DNA 水平的多态性来区分不同基因型的个体。

对于大多数自然群体，只要样本足够大，很多座位上都会发现多于一个的等位性变异。样本量越大，发现的等位基因也就越多。但是，有的频率会比较高，有的频率可能非常低。为研究方便，人们常把这些等位基因按照频率的高低分为稀有和常见两类。稀有基因 (rare allele) 和常见基因 (common allele) 的划分带有主观性。人们一般倾向于把频率低于 0.5%的基因称为稀有基因，高于这个频率时则称为常见基因。根据 Hardy-Weinberg 平衡定律，稀有基因主要存在于杂合子中。例如，一个基因的频率为 0.5%，该基因的杂合子在群体中的存在比例近似等于 1%。因此，可以认为稀有基因在 100 个个体中至多有一个携带者。

群体遗传中，人们常用最高的等位基因频率来判断一个座位是否多态，常用的划分标准是 0.95。也就是说，等位基因的最高频率不超过 0.95 的座位，则认为是多态性座位。从 §1.4 节我们知道，当两个等位基因频率相等时，杂合子的频率最高；基因频率差异越大，杂合子的频率越低。这个结果对于复等位基因也是成立的。因此，对两个等位基因的座位来说，0.95 的划分标准相当于杂合子频率不低于 10%，即 2×0.95×0.05 约等于 10%。例如，最高频率超过 0.95，说明群体中只有一个等位基因的频率很高，大部分个体都是这个等位基因的纯合体，称这样的座位是单态的 (monomorphism)。

公式 1.14 定义的杂合度，即群体中杂合基因型的频率之和，经常用来衡量一个多态性座位的变异程度。杂合度可以利用基因型的观测数据进行估计，也可以在已知基因频率的情况下，利用 Hardy-Weinberg 平衡定律进行估计。当然，对于非 Hardy-Weinberg 平衡群体来说，两种估计是有差异的。多个座位同时考虑时，可以从公式 1.15 估计平均杂合度。自然群体中，产生多态性的原因有很多，除了 §2.2.4 节有利于杂合子的选择外，还有依赖于基因型频率的选择、一因多效性、上位互作、环境效应、中性突变、奇异分离、配子选择、性选择等。这里不作详细介绍，有兴趣的读者参看 Falconer 和 Mackay (1996) 42~45 页和 Hartl 和 Clark (2007) 第 5 章的相关内容。

§2.4.2 选择的连锁效应

对于遗传上存在连锁的座位来说，选择在改变一个座位上基因频率的同时，也可能改变其他连锁座位上的基因频率。假定座位 B 上的等位基因 B 和 b 为中性基因，座位 A 上的三种基因型 AA、Aa 和 aa 有不同的选择系数，选择的结果是提高了等位基因 A 的频率。在一个群体中，假定 4 种配子 AB、Ab、aB、ab 的频率分别为 0.25、0.25、0.25、0.25，4 种等位基因的频率均为 0.5，两个座位处于平衡状态，即连锁不平衡度 D=0。如果选择使得所有的 A 都保留下来，而 a 只有 60%保留下来，那么选择后 4 种配子的频率分别为 0.25、0.25、0.15、0.15，标准化后的频率分别为 0.3125、0.3125、0.1875、0.1875。重新计算基因频率发现，A 和 a 的频率分别变为 0.625 和 0.375。但是，B 和 b 的频率并未发生任何改变，仍然为 0.5。因此，对一个座位的选择，不会影响另一个平衡座位上的基因频率。

如对于另外两个座位来说，配子 AB、Ab、aB、ab 的频率分别为 0.4、0.1、0.1、0.4，4 种等位基因的频率均为 0.5，但两个座位处于不平衡状态 (这里的 D=0.15)，并假定这种不平衡是由连锁引起的。与前面类似，选择使得所有的 A 都保留下来，而 a 只有 60%保留下来。选择后 4 种配子的频率分别为 0.4、0.1、0.06、0.24，标准化后的频率分别为 0.5、0.125、0.075、0.3。与前面一样，A 和 a 的频率分别变为 0.625 和 0.375。不一样的是，B 和 b 的频率也发生了改变，分别变为 0.575 和 0.425。因此，尽管基因 B 和 b 是中性的，选择在提高等位基因 A 频率的同时，也提高了连锁座位上等位基因 B 的频率。这种现象称为搭车效应 (hitchhiking effect)。在随机交配群体中，座位间的不平衡程度随着随机交配世代的增加而逐渐消失，或者说如果有足够长的时间，遗传上连锁座位间的不平衡将消失，搭车效应也随之停止。在小群体中，随机漂移也将影响座位间的不平衡。在连锁非常紧密的情况下，可能发生搭车效应，此时只要被选择的基因固定下来，搭车效应随即停止。一般来说，连锁越松散，搭车效应停止越早。反之，连锁越紧密，搭车效应停止越迟。选择强度越大，对搭车基因的影响也越大。

当一个有利突变发生后，这个突变基因的适合度越高，选择将其固定下来的速度就越快。当这个突变基因被快速固定之后，与此座位紧密连锁的染色体区域由于搭车效应也被固定下来，大片紧密连锁的染色体区域也因此失去多态性。由于搭车效应而引起多态性下降的现象，遗传上称为选择清除 (selective sweep)。被清除区域的大小依赖于重组率，低重组率的染色体区域，失去多态性的区域就会很长。此外，如果座位 A 的有利基因和另一个座位 B 的不利基因紧密连锁，在选择座位 A 有利基因的同时，也选择了座位 B 的不利基因，这种现象称为连锁累赘 (linkage drag)。例如，在绿色革命中发挥重要作用的小麦矮秆基因，一开始被发现于农艺性状表现很差的遗传材料中。最初的几轮回交转育，在导入矮秆基因的同时，也导入了矮秆基因附近的大片染色体片段。因此，最初获得的矮秆育种材料农艺性状也很差。但是，随着回交、自交和选择的继续，矮秆基因与紧密连锁的不利基因间有更多重组的机会。在不断重组的过程中，矮秆基因所在的原始染色体片段不断变小，最终打破了矮秆基因与不利农艺性状基因间的连锁，选育出既矮秆、同时农艺性状又优良的小麦新品种。

§2.4.3 遗传平衡及其分类

截至目前，我们已经多次用到平衡这一概念。遗传平衡主要指的是群体结构的平衡，也就是说群体基因频率和基因型频率保持不变的状态。平衡一般分为稳定和不稳定两种类型。对于稳定平衡 (stable equilibrium) 来说，当基因频率接近于平衡频率时，群体随世代逐渐趋近于平衡状态。在平衡群体中，当基因频率发生微小波动后，仍然能够回到平衡状态。稳定平衡可以是全局稳定 (globally stable)，也可能是局部稳定 (locally stable)。全局稳定的平衡与基因的起始频率无关，不管基因的起始频率如何变化，平衡群体的基因频率都保持不变。局部稳定的平衡与基因的起始频率有关，不同的起始频率对应于不同的平衡频率。以非逆突变为例 (公式 2.1)，当群体的基因频率 $p>0$ 时，后代群体的基因频率将逐渐下降，最终趋近于 0。当群体的基因频率 p=0 时，所有后代群体的基因频率也都是 0。因此，频率 p=0 是一个平衡状态。同时，平衡频率与起始频率没有任何关系，因此 p=0 还是一个全局平衡。从图 2.2 可以看出，公式 2.8 定义的频率也是一个全局平衡。

对于不稳定平衡 (unstable equilibrium) 来说，平衡群体的基因频率发生微小波动时，后代群体就不能回到平衡状态。对于 §2.2.2 节和 §2.2.3 节中不利隐性基因的选择来说，如果群体中全部都是不利等位基因，即基因型 aa 的频率为 1，这时选择将不起任何作用，后代群体中也将全部是纯合基因型 aa。因此，q=1 是一个平衡状态。但是，如果 q 偏离了 1，由于选择的作用，后代群体中的频率 q 将不断下降，最终趋近于 0。因此，q=1 是一个不稳定平衡；频率 q=0 只是一个局部稳定的平衡，而不是一个全局稳定的平衡。对于 §2.2.4 节中有利于杂合子的选择来说，共有三个平衡点。其中，频率 q=0 和 q=1 是不稳定平衡，而公式 2.29 定义的频率是一个局部稳定的平衡。与此类似，可以知道 §2.3.1 节突变和选择达到的平衡是全局稳定的。

下面以不利于杂合子的选择为例，说明局部平衡点依赖于起始基因频率的情况。假定起始群体中等位基因 A 和 a 的频率分别为 p 和 q，Aa 的适合度为 0，AA 和 aa 的适合度为 1。选择发生后，等位基因 A 的频率为 $p'=\dfrac{p^2}{p^2+q^2}$，频率增量为 $\Delta p=p'-p=\dfrac{pq(2p-1)}{p^2+q^2}$。这样，如果起始频率 p 大于 0.5，等位基因 A 在后代群体中将不断增加，最终趋近于 1；如果起始频率 p 小于 0.5，等位基因 A 在后代群体中将不断减少，最终趋近于 0；如果起始频率 p 等于 0.5，等位基因 A 在后代群体中一直为 0.5。因此，对应于起始频率小于、等于和大于 0.5，分别存在三个平衡点 p=0、p=0.5 和 p=1，其中 p=0.5 是不稳定平衡，另外两个是局部稳定平衡。

第 1 章中，Hardy-Weinberg 平衡定律描述的随机交配大群体，是一种更为特殊的遗传平衡。在这个平衡中，后代群体的基因频率与起始群体始终保持相同，即 $\Delta p=\Delta q=0$。每个起始频率代表一个平衡点，有无穷多个平衡点。这样的平衡有时也称为半稳定平衡 (semi-stable equilibrium)。对于自交交配系统来说，最后达到的也是一种半稳定平衡。假定起始群体中基因型 AA、Aa、aa 的频率分别为 D、H、R，等位基因 A 和 a 的频率分别为$p=D+\dfrac{1}{2}H$ 和 $q=R+\dfrac{1}{2}H$。自交多代后，基因型 AA 的频率为$D+\dfrac{1}{4}H+\dfrac{1}{8}H+\dfrac{1}{16}H+\cdots=D+\dfrac{1}{2}H=p$，

基因型 aa 的频率为$R+\frac{1}{4}H+\frac{1}{8}H+\frac{1}{16}H+\cdots=R+\frac{1}{2}H=q$，基因型 Aa 的频率为 0。因此，重复自交无穷多代后，纯合基因型的频率等于起始群体的等位基因频率，并保持不变。这种平衡并未改变基因频率，因此也可以看作半稳定平衡。

练习题

2.1 一个座位上，等位基因 A 突变到 a 的频率是万分之一，反向突变的频率是十万分之一，三种基因型有相同的适合度。计算平衡群体中三种基因型的频率。

2.2 一个果蝇突变群体在突变座位上基因型 aa 的频率为 1，野生群体中不存在等位基因 a。假定每个世代从野生群体到突变群体的迁移比例为 0.01。经过 5 个世代的迁移之后计算：

(1) 突变群体中等位基因 a 的频率。

(2) 突变群体中纯合突变型 aa 所占比例的百分数。

2.3 一个隐性单基因控制的疾病使得个体没有生育能力，该疾病在某人群中的发病率为 1/2000。不考虑其他因素，计算基因频率下降一半需要经过的随机交配世代数。

2.4 利用表 2.1 中的数据，分别检验婴儿群体和成人群体是否处于 HW 平衡，说明两个群体中检验结果存在差异的主要原因。

2.5 利用表 2.1 中的数据，不考虑其他改变群体结构的因素，计算选择达到平衡状态时等位基因 A 和 S 的频率；根据基因频率计算平衡时三种基因型的频率，并与表 2.1 婴儿群体基因型频率进行对比。

2.6 利用表 2.2 中的加性模型，推导选择过程中，等位基因 a 频率在上下代之间的关系。

2.7 假定一个起始群体中等位基因 a 的频率为 0.95，基因型 AA、Aa 和 aa 的适合度分别为 1、0.9 和 0.8。利用练习 2.6 的结果，计算 10 代随机交配过程中，等位基因 a 在每个世代中的频率，绘制基因频率随世代的变化曲线，并与图 2.4A 进行对比。

2.8 利用表 2.2 中的完全显性但选择对基因 AA 和 Aa 不利的模型，推导选择过程中等位基因 a 频率在上下代之间的关系。

2.9 已知一个群体中两个座位上 4 种配子型 AB、Ab、aB、ab 的频率分别为 0.1、0.4、0.1、0.4，雌雄配子频率无差异。

(1) 计算两个座位的不平衡度 D。

(2) 计算等位基因 A、a、B、b 的频率。

(3) 计算雌雄配子随机结合产生的 9 种合子的频率。

(4) 假定座位 B 与适合度无关，座位 A 与适合度有关，基因型 AA 和 Aa 的适合度为 1，aa 的适合度为 0。计算选择发生之后 9 种合子的频率。

(5) 根据 (4) 得到的基因型频率，计算选择后等位基因 A、a、B、b 的频率，并比较选择前后等位基因频率的差异。

2.10 已知一个群体中两个座位上 4 种配子型 AB、Ab、aB、ab 的频率分别为 0.15、0.35、0.05、0.45，雌雄配子频率无差异。

(1) 计算两个座位的不平衡度 D。

(2) 计算等位基因 A、a、B、b 的频率。

(3) 计算雌雄配子随机结合产生的 9 种合子的频率。

(4) 假定座位 B 与适合度无关，座位 A 与适合度有关，基因型 AA 和 Aa 的适合度为 1，aa 的适合度为 0。计算选择发生之后 9 种合子的频率。

(5) 根据 (4) 得到的基因型频率，计算选择后等位基因 A、a、B、b 的频率，并比较选择前后等位基因频率的差异。

2.11　某随机交配物种中，三种基因型的亲代及这些亲本随机交配产生子代的观测数据如下表。

基因型	AA	Aa	aa
亲代观测值	50	100	50
后代观测值	200	1000	500

(1) 计算三种基因型的适合度和选择系数。

(2) 假定起始群体中等位基因 A 的频率为 0.5，不考虑其他改变群体结构的因素，计算选择和随机交配发生一代后等位基因 A 的频率。

2.12　一个自然群体中，座位 A 观测到两个等位变异，用 A_1 和 A_2 表示。座位 B 观测到三个，用 B_1、B_2、B_3 表示。座位 C 观测到两个，用 C_1 和 C_2 表示。三个座位上 12 种单倍型的频率如下表。

单倍型编号	座位 A	座位 B	座位 C	频率
1	A_1	B_1	C_1	0.0960
2	A_1	B_1	C_2	0.0040
3	A_1	B_2	C_1	0.0768
4	A_1	B_2	C_2	0.0032
5	A_1	B_3	C_1	0.0192
6	A_1	B_3	C_2	0.0008
7	A_2	B_1	C_1	0.3840
8	A_2	B_1	C_2	0.0160
9	A_2	B_2	C_1	0.3072
10	A_2	B_2	C_2	0.0128
11	A_2	B_3	C_1	0.0768
12	A_2	B_3	C_2	0.0032

(1) 计算三个座位上每个等位基因的频率。

(2) 计算每个座位的杂合度和三个座位的平均杂合度。

(3) 哪些是稀有等位变异，哪些是常见等位变异？

(4) 哪些是多态性座位，哪些是单态性座位？

2.13　假定基因型 AA、Aa、aa 的适合度分别为 1、0 和 0.5。随机交配起始群体中，等位基因的频率分别用 p 和 q 表示，不考虑其他改变群体结构的因素。

(1) 推导选择一代后等位基因 A 的频率和变化量。

(2) 群体最终达到的平衡点有哪些？并对这些平衡点的进行分类。

第 3 章　有限大小的随机交配群体

在随机交配大群体的假定下，上一章介绍了突变、迁移和选择等系统过程对群体遗传构成的定向改变，这些改变在数量和方向上都是可以预期的。根据 HW 平衡定律，如不存在上一章介绍的那些定向改变因素，随机交配大群体中，基因和基因型频率则世世代代保持恒定。但是，如果从随机交配大群体 (称其为基础群体) 中抽取一个较小的样本，即使不存在突变、迁移和选择等因素，繁衍得到的新群体与基础群体的基因频率也可能存在差异。也就是说，随机抽样也会引起群体结构的改变，但改变的方向往往是不可预测的，改变的幅度是可以预测的，这一过程称为分散过程 (disperse process)。分散过程造成基因频率随机波动的现象，称为随机漂移 (random drift)。随机漂移是不可逆的，它同样决定着后代群体的遗传结构。因此，随机漂移有时也称为遗传漂移 (genetic drift)。小群体对基因频率的影响，可以看作一个抽样过程，即样本平均数与基础群体平均数的差异方向不可预测，但差异幅度可以根据样本大小进行预测。这一章我们首先介绍遗传漂移研究中用到的一些离散型分布，然后系统介绍有限随机抽样对群体结构的影响。

§3.1　离散型随机变量及其遗传应用

自然界有常量和变量之分。常量又称常数 (constant number)，是一个固定不变的数值，如圆周率 $\pi = 3.14159\cdots$，自然对数的底 e=2.71828$\cdots$。根据是否可控，变量又分为固定变量 (在不易混淆的情况下简称为变量) 和随机变量。例如，作物生产中的播期、播量和施肥量等，它们虽然是可变的，但人们能够根据需要控制它们的取值，因此是固定变量 (fixed variable)。一个作物品种在一定播期、播量和施肥量等栽培方式下的产量也是可变的，它的取值事先是不能控制的，因此是随机变量 (random variable)。遗传研究中有很多随机变量，如一个群体的基因和基因型频率、两个座位间交换次数和重组率、各种数量性状的表型观测值等。用 X 表示随机变量，X 取不同数值表示不同的概率事件。虽然对于 X 取何值是事先不知道的，但是随机变量一般都服从一定的分布，不同取值都有一定的概率。根据取值情况，又可以把随机变量分为离散和连续两类。如果取值是有限个或可数个 (可以按一定顺序一一列举出来)，则称为离散型随机变量 (discrete random variable)。如果取值为无穷不可数个，则称为连续型随机变量 (continuous random variable)。这一节先介绍几个离散分布及其在遗传研究中的一些应用，第 5 章介绍的几何分布也属于离散分布，第 6 章将介绍常见连续分布及其在数量性状遗传研究中的应用。

§3.1.1 离散型随机变量

设离散型随机变量 X 的可能取值是 $1, 2, \cdots, k, \cdots$。为了完整地描述随机变量 X，只知道它的可能取值是远远不够的，更重要的是要知道各种可能取值的概率 (公式 3.1)。公式 3.1 给出的概率也称为随机变量 X 的概率分布，它清楚而完整地表示了 X 各种可能取值概率的大小。离散型随机变量 X 有两个基本性质 (公式 3.2)，一个说明任何概率都具有非负性，另一个说明随机变量 X 遍历所有可能的取值时，得到的是一个概率为 1 的必然事件。

$$P(X = x_k) = p_k \ (k = 1, 2, \cdots) \tag{3.1}$$

$$p_k \geqslant 0 \ (k = 1, 2, \cdots); \quad \sum_{k=1}^{\infty} p_k = 1 \tag{3.2}$$

随机变量的概率分布完整地描述了随机变量的取值规律，而且往往只依赖于少数的几个参数，这些参数称为随机变量的数字特征。确定了随机变量的数字特征，也就确定了随机变量的分布。均值和方差是两个最重要的数字特征，对应于离散分布的严格定义分别由公式 3.3 和公式 3.4 给出。公式 3.3 给出的均值，是随机变量各种取值按概率的加权平均，用来衡量随机变量的平均取值。公式 3.4 给出的方差，是随机变量各种取值与均值的离差平方和按概率的加权平均，用来衡量随机变量取值的集中程度。

$$E(X) = \sum_{k=1}^{\infty} p_k k \tag{3.3}$$

$$V(X) = \sum_{k=1}^{\infty} p_k [k - E(X)]^2 = \sum_{k=1}^{\infty} p_k k^2 - [E(X)]^2 \tag{3.4}$$

下面分别介绍这一章用到的，同时也是最常见的两个离散型概率分布，即二项分布 (含多项分布) 和泊松分布，同时给出它们在遗传研究中的若干应用。

§3.1.2 二项分布和多项分布

如果随机变量 X 的概率分布如公式 3.5 给出，则称 X 服从二项分布 (binomial distribution)，用符号 $B(n, p)$ 表示。二项分布当然也满足离散概率分布的两个基本性质 (公式 3.2)。满足的第二个性质由公式 3.6 给出，可以看出二项分布的取值概率正好对应于二项式 $(q+p)^n$ 的各个展开项。

$$P(X = k) = C_n^k p^k q^{n-k} = \frac{n!}{k!(n-k)!} p^k q^{n-k},$$

$$\text{其中 } k = 0, 1, \cdots, n; \ 0 < p < 1; \ q = 1 - p \tag{3.5}$$

$$\sum_{k=0}^{n} p_k = \sum_{k=0}^{n} C_n^k p^k q^{n-k} = (q + p)^n = 1 \tag{3.6}$$

公式 3.5 中的$C_n^k = \dfrac{n!}{k!(n-k)!}$ 称为组合数，表示从 n 个数字中随机抽取 k 个的可能方式。概率论把一次试验中事件 A 发生概率为 p $(0 < p < 1)$、不发生概率为 q $(q = 1 - p)$ 的分布，称为两点分布或 Bernoulli 分布 (Bernoulli distribution)。那么，n 次独立的 Bernoulli 分布试验中，事件 A 发生的次数 k 就服从公式 3.5 定义的二项分布。

遗传学研究中，很多地方都要用到二项分布。例如，有一对控制花色的等位基因 A 和 a，A 对 a 表现为显性。亲本 AA 表现为红花、aa 表现为白花，它们的 F_1 代全部表现为红花。如果将杂种 F_1 与白花亲本 aa 回交，回交群体中红花和白花的期望频率均为 0.5。但是，在大小为 n 的回交群体中，红花表型不可能正好占一半，而是一个随机变量。这个随机变量就服从二项分布 $B(n, p = 0.5)$。F_2 群体也将产生两种表现型，红花和白花的期望频率分别为 0.75 和 0.25。在大小为 n 的 F_2 群体中，红花个体数就服从二项分布 $B(n, p = 0.75)$。当 n=10 时，图 3.1 给出回交和 F_2 群体中，红花个体数 k 的概率分布。可以看出，在回交群体中，k=5 的概率大约为 0.25，k=4 和 6 的概率大约为 0.21。如果产生 100 个大小为 10 的回交群体，大约有 25 个群体观察到 5 个红花个体，21 个群体观察到 4 个红花个体或 6 个红花个体，低于 3 个或者大于 7 个红花个体的群体大约有 9 个。在 F_2 群体中，k=8 有最高的概率，大约为 0.28；k=7 的概率大约为 0.25；k 为 0~4 的概率均低于 0.02。

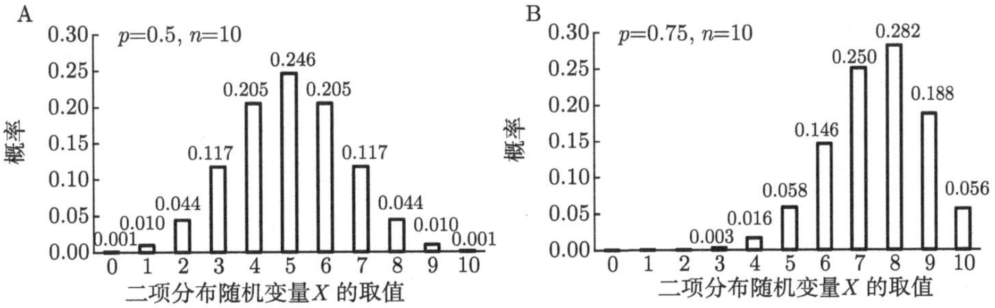

图 3.1 回交 (A) 和 F_2 (B) 群体中，红花表型个体数的概率分布

两个群体的群体大小均为 10

公式 3.7 给出了二项分布的均值和方差。包括后面的泊松分布，本书均略去分布均值和方差具体表达式的证明过程。感兴趣的读者，可根据均值的定义 (公式 3.3) 和方差的定义 (公式 3.4) 自行证明，或参阅概率统计方面的教材。对于图 3.1 中的回交群体，红花个体数的均值为 5，方差为 2.5。对于 F_2 群体，红花个体数的均值为 7.5，方差为 1.875。因此，红花个体数这一随机变量在 F_2 群体中有较高的均值，但方差低于回交群体。说明红花个体数的取值在 F_2 群体中比较集中，而在回交群体中比较分散。

$$E(X) = np, V(X) = npq, \text{ 其中} q = 1 - p \tag{3.7}$$

上面已经看到，当已知一个二项分布时，可以根据公式 3.7 计算随机变量的均值和方差。很多时候，二项分布的参数 p 是未知的，需要通过抽样进行估计。如果在大小为 n 的样本中，观察到随机变量的取值为 k。由公式 3.7 就能得到未知参数 p 的一个估计值，即公式 3.8。值得说明的是，公式 3.8 给出的估计值 $\hat{p}$ 和概率公式 3.5 中的 p 是有本质区别的。传统频率派统计学 (frequentist statistics) 认为，公式 3.5 中的 p 是一个未知的但可以通过样本观测值进行估计的参数，其真实值可能永远不知道。公式 3.8 给出的 $\hat{p}$ 是未知参数 p 的一个估计值，不同样本观测值会得到不同的估计值 $\hat{p}$。统计学上的大数定律 (law of large number) 表明，只要样本量足够大，公式 3.8 给出的估计值 $\hat{p}$ 就能充分地接近真实值 p。不难看出，对于公式 3.8 给出的估计值 $\hat{p}$，有 $E(\hat{p}) = p$。这时，统计学上称公式 3.8 给出的 $\hat{p}$ 是未知参数 p 的无偏估计 (unbiased estimation)。公式 3.9 给出了估计值 $\hat{p}$ 的方差。在真实值 p 未知的情况下，可以把公式 3.8 的估计值带入公式 3.9 来计算估计值 $\hat{p}$ 的方差。

$$\hat{p} = \frac{k}{n} \tag{3.8}$$

$$V(\hat{p}) = V\left(\frac{k}{n}\right) = \frac{1}{n^2}V(k) = \frac{pq}{n} \tag{3.9}$$

例如，在上面 10 个个体的回交群体中，现在观察到 3 个红花表型。这时，红花表型频率的估计值为 $\hat{p} = 0.3$，估计值的方差 $V(\hat{p}) = 0.021$，标准差 (即方差的平方根) 为 0.145。又如，在 10 个个体的 F_2 群体中，现在观察到 6 个红花表型。这时，红花表型频率的估计值为 $\hat{p} = 0.6$，估计值的方差 $V(\hat{p}) = 0.024$，标准差 (即方差的平方根) 为 0.155。

多项分布 (multinomial distribution) 是二项分布的推广。在一次试验中，有多于两种的取值，如 m 个。各种可能取值的概率用 $p_1, p_2, \cdots, p_m$ 表示，用 $X_1, X_2, \cdots, X_m$ 表示不同取值的随机变量。一次试验中，$X_i = 1$ $(i = 1, 2, \cdots, m)$ 的概率为 p_i，$X_1, X_2, \cdots, X_m$ 满足和为 1 的限制条件。在 n 次独立试验中，$X_1, X_2, \cdots, X_m$ (满足和为 n 的限制条件) 这些随机变量就服从一个 m 项分布，用符号 $B(n, p_1, \cdots, p_m)$ 表示，它的分布概率由公式 3.10 给出。单个随机变量的均值和方差与二项分布类似，由公式 3.11 给出。

$$P(X_1 = k_1, \cdots, X_m = k_m | k_1 + \cdots + k_m = n) = \frac{n!}{k_1! \cdots k_m!} p_1^{k_1} \cdots p_m^{k_m} \tag{3.10}$$

$$E(X_i) = np_i, \quad V(X_i) = np_i(1 - p_i), \quad i = 1, 2, \cdots, m \tag{3.11}$$

从分布概率 (公式 3.10) 可以看出多项分布的三个重要性质。首先，概率公式 3.5 定义的二项分布 $B(n, p)$ 可以看作 m=2 的多项分布 $B(n, p_1 = p, p_2 = 1 - p)$。因此，二项分布是多项分布的一种特殊情况。其次，多项分布的任何一个随机变量 X_i 可以看作二项分布 $B(n, p_i)$。最后，多项分布的任何两个随机变量 X_i 和 X_j 之和，可以看作二项分布 $B(n, p_i + p_j)$。利用这些性质，就可以得到随机变量 X_i 和 X_j 之间的协方差 (公式 3.12) 和相关系数 (公式 3.13) 等重要统计量，读者可通过章后练习自行证明。

$$\text{Cov}(X_i, X_j) = -np_ip_j \tag{3.12}$$

$$\text{Corr}(X_i, X_j) = -\frac{p_ip_j}{\sqrt{p_i(1 - p_i)p_j(1 - p_j)}} \tag{3.13}$$

§3.1.3 精确检验

双亲群体的孟德尔分离比检验，以及随机交配群体的 HW 平衡检验过程中，当样本量较小时，χ^2 检验的效果可能不是很好。一种办法是对 χ^2 统计量进行矫正，如公式 1.19。还有一种办法是在固定样本量的情况下，直接计算各种可能取值的概率。然后，把各种可能取值的概率按照从小到大排序，从中计算累计概率并进行统计推断。这种方法称为精确检验 (exact test)，由 Fisher (1935) 首先提出。因此，也称为 Fisher 精确检验 (Weir, 1996)。

以上面提到的 10 个 F_2 单株观察到 6 个红花、4 个白花的数据为例，现在需要检验两种表型是否服从 3:1 的期望孟德尔分离比。对图 3.1B 中的 11 个概率值，从小到大排序得到表 3.1，最后一列给出累积概率。从累积概率就可以进行统计推断。如果出现 4 个红花和 6 个白花，把表 3.1 给出的累计概率 0.0197 视为显著性概率。由于它低于 0.05 的显著性标准，这时就说观测群体的两种表型不符合 3:1 分离比。这一推断犯第一类错误的概率将低于 0.0197。如果出现 6 个红花和 4 个白花，其显著性概率为 0.2804，高于 0.05 的显著性标准，这时就说观测群体的两种表型符合 3:1 分离比，观察频率与期望频率之间的差异可能完全是由抽样误差引起的。

表 3.1 在 3:1 期望分离比下，10 个观测个体中所有红花和白花可能取值的分布概率

红花个体	白花个体	概率	累积概率
0	10	0.0000	0.0000
1	9	0.0000	0.0000
2	8	0.0004	0.0004
3	7	0.0031	0.0035
4	6	0.0162	0.0197
10	0	0.0563	0.0760
5	5	0.0584	0.1344
6	4	0.1460	0.2804
9	1	0.1877	0.4682
7	3	0.2503	0.7184
8	2	0.2816	1.0000

当样本量较小时，随机交配群体的 HW 平衡也可利用精确检验，只不过要比双亲群体已知基因频率的孟德尔分离比检验复杂些，需要首先从基因型观测值估计基因频率，精确检验时需要同时考虑基因型样本量和等位基因样本量两个限制条件。例如，基因型的总样本量为 N，则配子的总样本量为 $2N$。考虑一个座位上的两个等位基因 A 和 a，三种基因型 AA、Aa、aa 的观测值分别用 N_{11}、N_{12}、N_{22} 表示，$N_{11}+N_{12}+N_{22}=N$。因此，等位基因 A 和 a 的个数分别为 n_1=$2N_{11}+N_{12}$ 和 n_2=$2N_{22}+N_{12}$。显然，n_1+n_2=$2N$。假定等位基因 A 和 a 的频率分别为 p 和 q，那么随机变量 n_1 和 n_2 服从 n=$2N$、概率分别为等位基因频率 p 和 q 的多项分布 $B(2N, p_1=p, p_2=q)$，分布概率由公式 3.14 给出。如果群体处于 HW 平衡，三种基因型 AA、Aa、aa 服从多项分布 $B(N, p_1=p^2, p_2=2pq, p_3=q^2)$，分布概率由公式 3.15 给出。由公式 3.14 和公式 3.15 可以计算，在给定等位基因个数 n_1 和 n_2 的限制

条件下，基因型个数 X_{11}、X_{12} 和 X_{22} 的条件分布，即公式 3.16。公式 3.16 计算出的条件概率，即公式 3.14 与公式 3.15 左右两端相除并利用 $n_1 = 2X_{11} + X_{12}$ 和 $n_2 = 2X_{22} + X_{12}$ 两个约束条件，就是基因型样本总量等于 N 和等位基因样本量等于 $2N$ 两个限制条件下，各种可能基因型个数的概率。

$$P(n_1, n_2) = \frac{(2N)!}{n_1!n_2!}(p)^{n_1}(q)^{n_2} \tag{3.14}$$

$$P(X_{11}, X_{12}, X_{22}) = \frac{N!}{X_{11}!X_{12}!X_{22}!}(p^2)^{X_{11}}(2pq)^{X_{12}}(q^2)^{X_{22}} \tag{3.15}$$

$$P(X_{11}, X_{12}, X_{22}|n_1, n_2) = \frac{n_1!n_2!N!}{X_{11}!X_{12}!X_{22}!(2N)!} \times 2^{X_{12}} \tag{3.16}$$

在实际数据中，可以利用下面的方法确定三种基因型 AA、Aa、aa 个数的可能取值。首先，利用观测值 N_{11}、N_{12}、N_{22} 计算等位基因的个数 $n_1 = 2N_{11} + N_{12}$ 和 $n_2 = 2N_{22} + N_{12}$，并固定 n_1 和 n_2 (相当于得到基因频率的估计值)。三种基因型的取值既要满足和为 N 这一限制条件，又要满足等位基因 A 的个数为 n_1 这一限制条件。因此，如果知道了杂合型 Aa 的个数 X_{12}，就能从等位基因个数计算公式 $n_1=2X_{11} + X_{12}$ 和 $n_2=2X_{22} + X_{12}$ 分别求得基因型 AA 和 aa 的个数，即 $X_{11} = \frac{1}{2}(n_1 - X_{12})$ 和 $X_{22} = \frac{1}{2}(n_2 - X_{12})$。同时，由于 X_{11} 和 X_{22} 不能为负数，杂合型的个数要满足条件 $X_{12} \leqslant \min(n_1, n_2)$。又由于 $n_1 + n_2=2N$，因此 n_1 和 n_2 要么同是奇数，要么同是偶数。因此，如果 n_1 和 n_2 是奇数，X_{12} 的可能取值就是 0 与 $\min(n_1, n_2)$ 之间的所有奇数；如果 n_1 和 n_2 是偶数，X_{12} 的可能取值就是 0 与 $\min(n_1, n_2)$ 之间的所有偶数。

例如，一个群体的三种基因型 AA、Aa、aa 观测值分别为 5、4、13，现要检验这个群体是否符合 HW 平衡。从观测值得到等位基因 A 和 a 的个数分别为 n_1=14 和 n_2=30，均为偶数。因此，X_{12} 的可能取值是 0 与 14 之间的所有偶数。表 3.2 左半边按照杂合子个数，从小到大给出了各种可能取值的概率，右半边按照概率从小到大排序，最后一列为累积概率。可以看出，观测值 5、4、13 所在位置的累积概率为 0.009，达到极显著水平，因此认为抽样群体不满足 HW 平衡。从表 3.2 还可以看到，在样本总量为 22、等位基因 A 个数为 14 时，基因型观测值 7、0、15 和 6、2、14 也都表明抽样群体不符合 HW 平衡。

表 3.2　基因型 AA、Aa、aa 观测值分别为 5、4、13 的 HW 平衡精确检验

AA	Aa	aa	概率	AA	Aa	aa	概率	累积概率
7	0	15	0.0000	7	0	15	0.0000	0.0000
6	2	14	0.0003	6	2	14	0.0003	0.0003
5	4	13	0.0087	5	4	13	0.0087	0.0090
4	6	12	0.0756	0	14	8	0.0456	0.0546
3	8	11	0.2592	4	6	12	0.0756	0.1302
2	10	10	0.3802	1	12	9	0.2304	0.3606
1	12	9	0.2304	3	8	11	0.2592	0.6198
0	14	8	0.0456	2	10	10	0.3802	1.0000

§3.1.4　泊松分布

实际生活和科研中，人们经常关心一个事件在一个时间段内的发生次数。例如，一个商店每小时到访的顾客数，一台电话每小时打进来的次数，一定面积田间地块中的害虫个数，一种稀有疾病在一类人群中每年的发病人数等。这些随机变量都服从或近似服从泊松分布。概率论中，如果一个随机变量 X 服从公式 3.17 给出的概率分布，则称该随机变量服从泊松分布 (Poisson distribution)。公式 3.17 中，λ 称为泊松分布的分布参数。泊松分布的均值和方差均等于参数 λ (公式 3.18)。

$$P(X=k)=\frac{\lambda^k}{k!}\mathrm{e}^{-\lambda}\ (k=0,1,2,\cdots;\lambda>0) \tag{3.17}$$

$$E(X)=V(X)=\lambda \tag{3.18}$$

图 3.2 给出 λ=1 和 λ=2 时，泊松分布的概率分布柱形图。当 λ=1 时，k=0 和 1 的概率均为 0.368，然后快速下降，$k>5$ 的概率已非常接近于 0。当 λ=2 时，k=1 和 2 的概率最高，均为 0.271，$k>7$ 的概率已非常接近于 0。因此，尽管泊松分布随机变量的取值是从 0 到无穷大，但是当 k 超过一定范围后，概率都变得几乎为 0。

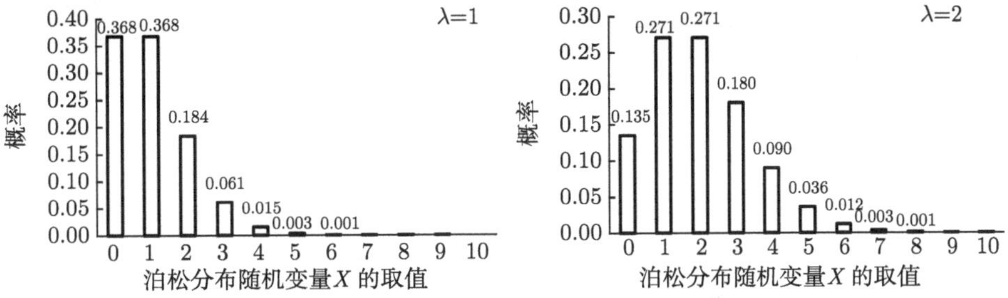

图 3.2　参数 λ=1 和 λ=2 时泊松分布的概率

对比概率公式 3.5 和公式 3.17 会发现，当样本量 n 比较大时，二项分布概率的计算还是挺麻烦的。而泊松分布的概率公式中只有一个参数，计算起来要容易得多。例如，某疾病的发病率只有 p=0.001，在一个 2000 人组成的人群中，患者个数服从 n=2000，p=0.001 的二项分布。从二项分布概率公式 3.5 计算人群中 1 名患者或 2 名患者的概率不太容易。在这种情况下，λ=0.001×2000=2 的泊松分布就可以很好地被用来近似这个二项分布。一般地讲，如果一个二项分布中，np 是一个固定的数，当 n 充分大时，二项分布 $B(n,p)$ 的 $X=k$ 取值概率近似等于参数 $\lambda=np$ 的泊松分布概率。这一结论在大多数统计学教材中都有，这里只是用图 3.3 说明一下，样本量其实不需要很大，两个分布给出的概率值就十分接近了。从图中可以看出，当样本量超过 30 时，二项分布给出的不同取值概率就十分接近泊松分布的概率。当样本量超过 100 时，二项分布给出的概率几乎等于泊松分布的概率。

上一章介绍突变时提到，一个偶尔发生的突变在群体中总面临着丢失的命运。这里通过丢失概率的计算，进一步说明二项分布和泊松分布在遗传研究中的应用。假定一个随机交配群体，在上下代之间保持恒定的群体大小 N，等位基因的个数为 $2N$。 如果某个基因突变成为一个新的等位基因，在刚发生突变的群体中，它的频率为 $p=\dfrac{1}{2N}$，其他基因的频率为

$q = 1 - \frac{1}{2N}$。随机交配产生下一代，相当于从突变基因频率为 p、其他基因频率为 q 的无穷大配子群体中随机抽取出 $2N$ 个样本。突变基因在 $2N$ 个样本中被抽中的次数可能是 0，也可能是 1，还可能大于 1。因此，突变基因被抽中的次数是一个随机变量，服从 $p = \frac{1}{2N}$、n=$2N$ 的二项分布，抽中次数 k 的概率对应于二项式 $\left[\frac{1}{2N} + \left(1 - \frac{1}{2N}\right)\right]^{2N}$ 的各个展开项。这个二项分布在 k=0 时的概率，就是突变基因的丢失概率 θ，即 $\theta = p^0 q^{2N} = \left(1 - \frac{1}{2N}\right)^{2N}$。因此，当 N=30 时，$\theta = 0.3648$；当 N=100 时，$\theta = 0.3670$；当 N=1000 时，$\theta = 0.3678$。根据微积分的知识我们知道，$\lim\limits_{N\to\infty}\left(1 - \frac{1}{2N}\right)^{2N} = \mathrm{e}^{-1}$。因此，丢失概率随着 N 的增加而逐渐增大，最终趋于 $\mathrm{e}^{-1} = 0.3679$。

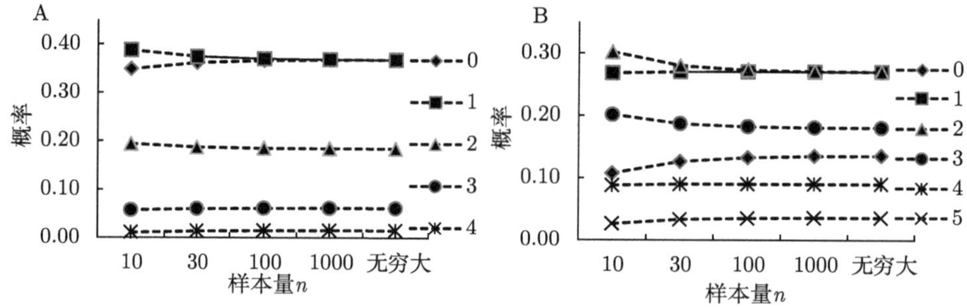

图 3.3　二项分布与泊松分布取值概率的比较

X 轴表示 5 种样本量，Y 轴为概率。A. np=1，5 条带图标的虚线分别表示随机变量在 0 和 4 之间时，二项分布的概率。样本量无穷大时，Y 轴对应于 λ=1 的泊松分布概率。B. np=2，6 条带图标的虚线代表随机变量在 0 和 5 之间时，二项分布的概率。样本量无穷大时，Y 轴对应于 λ=2 的泊松分布概率

另外，由于 $np = 1$ 是一个常数，当 N 很大时，这个二项分布可看作 λ=np=1 的泊松分布。因此，丢失概率也可以利用泊松分布的概率公式 3.19 近似计算出来。可以看出，泊松分布计算出的丢失概率与 N=100 二项分布的概率 0.3670 已经十分接近。上面计算的 θ 只是一个随机交配世代中的丢失概率。在群体大小恒定不变的条件下，公式 3.20 给出上下代基因丢失概率的关系。不难看出，随着世代的延续，特定突变基因的丢失是必然的。

$$\theta \approx \left.\frac{\lambda^k}{k!}\mathrm{e}^{-\lambda}\right|_{\lambda=1,k=0} = \mathrm{e}^{-1} = 0.3679 \tag{3.19}$$

$$\theta_{t+1} = \mathrm{e}^{\theta_t - 1} \tag{3.20}$$

公式 3.20 的证明见 Kempthorne (1969) 一书第 58~62 页。这里只给出一个直观上的解释。随机交配一代后，突变基因仍然存在的概率是 $1-\theta$。因此，它在群体中的频率可以认为是$p = \frac{1-\theta}{2N}$。在随后的随机交配中，突变基因的个数可以看作 $\lambda = np = 1 - \theta$ 的泊松分布，并由此得到下一代的丢失概率，即公式 3.20。

§3.2 近交和近交系数

§3.2.1 小群体中基因的随机漂移

几乎所有的生物物种，都能产生远远超过生存所需要的雌雄配子。但是，只有有限个雌雄配子能够结合在一起形成下一代合子。如下一代的群体大小为 N，则共需要 N 个雌配子和 N 个雄配子。它们可以看作无限大雌雄配子群体的 $2N$ 个样本。一个等位基因在这 $2N$ 个样本中存在的次数，是一个服从二项分布 $B(n,p)$ 的随机变量，$B(n,p)$ 中的 n 就是配子的个数 $2N$，p 就是这个等位基因在亲本群体中的存在频率。因此，一次抽样构成的群体中，等位基因的频率会偏离无限大配子群体的频率。抽样频率既可能高于原来的频率，也可能低于原来的频率，偏离的方向事先是无法预测的。这种由于随机抽样引起的基因频率波动，称为随机漂移 (random drift)，随机漂移最终导致群体被固定在某一个等位基因上。但是，不同的抽样群体可能被固定在不同的等位基因上。

随机漂移在群体遗传学和进化研究中占有十分重要的地位。为进一步说明这一现象，图 3.4 给出大小为三的随机交配群体中，基因丢失和固定过程的示意图。世代 0 由随机交配大群体 (称为基础群体) 中抽取的三个个体组成，在随后的随机交配过程中，群体大小始终保持为三。实心圆和实心方框均表示等位基因 A，空心圆表示等位基因 a。群体经过 6 个世代的随机交配后被固定在实心圆表示的等位基因 A 上。为更清楚地看出基因的丢失和固定，世代 0 中三个个体携带的 6 个等位基因分别用 $A_1 \sim A_6$ 表示。按照从左到右的顺序，三个个体分别用 1、2、3 称呼；为避免混淆，个体编号前加上世代的编号。以世代 1 为例，个体 11 是 01 和 02 的杂交后代。个体 01 的两个基因 A_1 和 A_2 传递给 11 的概率各占 0.5。同样，个体 02 的两个基因 A_3 和 A_4 传递给 11 的概率也各占 0.5。图 3.4 只是给出个体 11 的 4 种可能基因型中的一种，即 A_2A_3。个体 12 也是 01 和 02 的后代，它的基因型是 A_2A_4。个体 13 是 02 和 03 的后代，它的基因型是 A_4A_6。因此在世代 1 中，基因 A_2 出现 2 次、A_3 出现 1 次、A_4 出现 2 次、A_6 出现 1 次。基因 A_1 和 A_5 在图 3.4 中没有被传递到世代 1，因此就丢失了。这种丢失纯粹是由随机抽样引起的，而不是上一章介绍的突变或选择。

在以后的随机交配世代中，世代 2 中没有出现新的基因丢失，基因 A_3 和 A_6 在世代 3 中丢失，基因 A_2 在世代 4 中丢失。从世代 5 开始，这个座位上就只有基因 A_4，三个个体的基因型均为 A_4A_4。因此，群体中只包含一种纯合基因型，并且所有的基因都来自世代 0 的同一个基因 A_4，这样的群体又称为纯系 (pure line)。纯系群体在没有迁移、突变等因素存在的情况下，群体结构也不会再发生任何改变。在所考察的座位上，纯系群体中只存在一种等位基因。因此，纯系群体中不存在基因多态性。

亲本基因在后代中的传递具有随机性，如果能够重复图 3.4 这一过程，则最终的群体也可能被固定在 A_4 之外的其他基因上。因此，在多个这样的纯系群体中，有的具有基因型 AA，有的具有基因型 aa。在 §3.3 节中我们还会看到，纯系 AA 和纯系 aa 的比例正好等于世代 0 中等位基因 A 和 a 的频率。如考虑多个座位，如 l 个，每个座位上有 2 个等位基因，所有可能的纯合基因型有 2^l 种，如 2^{10}=1024，2^{20}=1 048 576。因此，不同小群体随机交配多代，由随机漂移形成的纯系就会具有互不相同的纯合基因型。

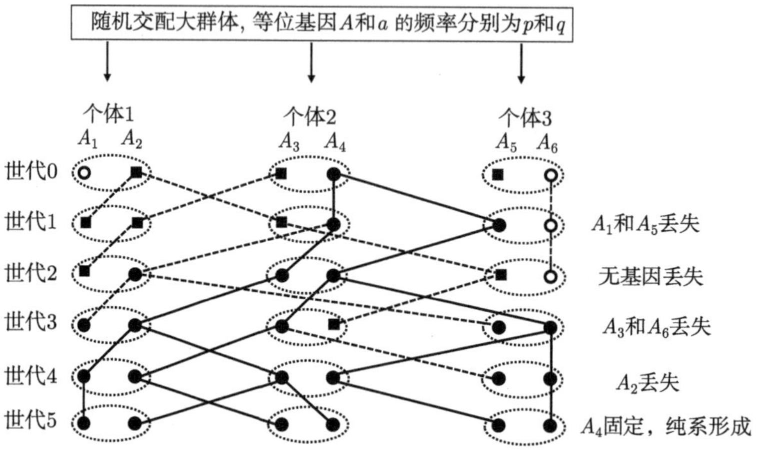

图 3.4　大小为三的随机交配群体中，基因丢失和固定的示意图

世代 0 为随机交配大群体中随机抽取的三个个体，它们携带的 6 个等位基因用 $A_1 \sim A_6$ 表示。随后的随机交配过程中，群体大小始终保持为三。实心圆和实心方框表示等位基因 A，空心圆表示等位基因 a。群体经过 5 个世代的随机交配后被固定在实心圆表示的等位基因 A 上。图中线条表示等位基因在上下代之间的传递，世代 5 之前丢失基因的传递用虚线表示，世代 5 固定下来的基因传递用实线表示

§3.2.2　祖先关联和近交

在一个如图 3.4 所示的遗传群体中，我们可以清楚地知道亲代和子代的系谱关系，这时就可以研究个体之间的亲缘关系。如果两个个体具有共同的祖先，或者说至少具有一个共同的祖先，则称这两个个体是祖先关联 (related by ancestry)。从进化意义上讲，遗传群体中的任何两个个体最终都能追踪到一个或多个共同祖先。因此，群体遗传学的祖先关联是一个相对概念。如果两个个体向前追踪若干个世代，仍然没有找到共同的祖先，一般就认为这两个个体之间不存在祖先关联。无限大的随机交配群体中，可以认为任何两个个体都不存在祖先关联。图 3.4 中，个体 01、02 和 03 来自一个无限大的随机交配群体，无法追踪到它们的亲本来源。因此，可以认为这三个个体之间不存在祖先关联。之后的世代有明确的系谱关系，个体 11 和 12 的亲本都是 01 和 02，它们有两个共同亲本，因此是祖先关联的。个体 13 的亲本是 02 和 03，个体 11 和 13 之间存在一个共同亲本 02，它们也是祖先关联的。但是，个体 11 和个体 03 之间找不到共同亲本，因此它们之间不存在祖先关联。

有祖先关联的两个个体之间的交配称为近交 (inbreeding)。后面可以看到，近交会导致近交系数 (coefficient of inbreeding) 的增加，近交系数的增加意味着两个等位基因具有相同来源的概率的增加。如果共同的亲本十分遥远，由共同亲本造成的近交效应可以忽略。因此，近交的研究往往是相对于一个特定时期的亲本群体而言，这个群体有时也称为基础群体 (base population) 或参照群体 (reference population)。基础群体中，个体间假定是没有祖先关联的，因此也不存在近交。图 3.4 中，随机交配大群体是基础群体，个体 01、02 和 03 之间不存在祖先关联，它们之间的交配都不是近交，也不会引起世代 1 近交系数的增加。个体 11、12 和 13 就不一样了，它们之间存在祖先关联，它们之间的交配势必引起世代 2 近交系数的增加。在之后的世代中，三个个体也都存在祖先关联，近交系数不断增加，在世代 4 达

到最高值 1，即纯系群体的近交系数为 1。在 §3.3 节中，我们会更清楚地看到，小群体随机交配的最终结果与自交完全相同，只不过纯合的速度或近交系数的增加要慢一些。

§3.2.3 状态相同基因和后裔同样基因

为了度量祖先关联和近交的程度，需要区分一个座位上两个等位基因的来源。例如，有两个基因 A_1 和 A_2，如果它们具有相同的物理结构 (即有相同的 DNA 序列、相同的功能等) 和表型效应，则这两个基因称为状态相同 (alike in state)。例如，A_1 的一个拷贝与 A_1 的其他拷贝一定是状态相同的。两个状态相同的基因，可能来自基础群体中同一个个体中的同一个基因，也可能来自不同个体中的不同等位基因。如果两个基因是共同亲本中同一个基因的拷贝，则称它们是后裔同样的 (identical by descent)。后裔同样的两个基因 X 与 Y 用符号 $X \equiv Y$ 表示。

仍以图 3.4 为例，图中的实心方框和实心圆均表示同一种等位基因 A，它们具有相同的 DNA 序列或生化功能，空心圆表示另外一种基因 a。世代 0 中，个体 01 携带的 A_1 和 A_2 是两种不同的等位基因，个体 03 携带的 A_5 和 A_6 也是两种不同的等位基因。因此这两个个体中的两个基因都不是状态相同基因。个体 02 携带的基因 A_3 和 A_4 是同一种等位基因 A，但是不能追踪到它们的明确来源，或者说不知道它们之间的亲缘关系。因此，这两个基因只是状态相同，而不是后裔同样。同样道理，A_2、A_3、A_4 和 A_5 都是状态相同，但不是后裔同样基因；A_1 和 A_6 也都是状态相同，但不是后裔同样基因。

世代 1 中，每个个体携带的两个基因仍然不是后裔同样的。但从图 3.4 中实线表示的世代 0 到 1 的传递关系可以看到，基因 A_4 在世代 1 中存在两份拷贝，一份在个体 12 中，一份在个体 13 中。因此，个体 12 的一个基因与个体 13 的一个基因都是 A_4 传递下来的，它们都来自亲本个体 02 携带的同一个基因 A_4，二者不仅状态相同，还是后裔同样的。从世代 3 开始，三个个体的基因型都是纯合型 AA。但是，个体 32 的基因型和其他两个个体的基因型是有本质差异的。从图 3.4 的系谱中可以看到，个体 32 的两个 A 一个是 A_2 传递而来，另一个是 A_4 传递而来。因此，个体 32 携带的两个基因不是由祖先世代 0 同一个基因传递下来的，它们仅仅是状态相同，而不是后裔同样。个体 31、33，以及之后的所有个体，它们携带的两个基因是同一个祖先 (即个体 02) 中的同一个基因 (即 A_4) 传递下来的，这些基因全部都是后裔同样的。

§3.2.4 共祖先系数和近交系数

从图 3.4 已经看到，随机交配小群体中，个体之间必然会存在一定程度的祖先关联。但是，不同个体间的关联程度存在差异。如图 3.4 中的个体 11 和 12，它们有两个共同亲本，而个体 11 和 13 之间只有一个共同亲本。可以想象，个体 11 和 12 的关联程度要高于个体 11 和 13 的关联程度。群体遗传学中常用共祖先系数 (coefficient of coancestry) 来度量两个个体的祖先关联程度，共祖先系数有时也称为亲缘系数或亲本系数 (coefficient of parentage)。在一个基因座位上，从个体 X 中随机抽取一个等位基因与从个体 Y 中随机抽取的一个等位基因是后裔同样的概率，定义为个体 X 和 Y 的共祖先系数，用符号 f_{XY} 表示。前面说过，祖先关联个体间的交配为近交。因此，祖先关联的程度越高，近交的程度也越大。群体遗传学中常用近交系数 (coefficient of inbreeding) 来度量近交的程度。一个基因座位上，个体 Z 携带的两个等位基因是后裔同样的概率，定义为个体 Z 的近交系数，用符号 F_Z 表示。

从上面的定义来看，共祖先系数针对两个个体而言，而近交系数则针对某一个个体。Z 的近交系数 $F_Z=0$ 意味着无近交。如果两个亲本 X 和 Y 很多后代的近交系数都是 0，这时可能意味着 X 和 Y 之间不存在祖先关联，即亲本的共祖先系数 f_{XY} 也是 0。近交系数 $F_Z=1$ 意味着完全近交。如果 X 和 Y 很多后代的近交系数都是 1，这时可能意味着它们的共祖先关联系数也是 1。显然，共祖先系数和近交系数是密切相关的两个群体遗传学参数。这里用图 3.5 的系谱，进一步说明共祖先系数和近交系数之间的关系。

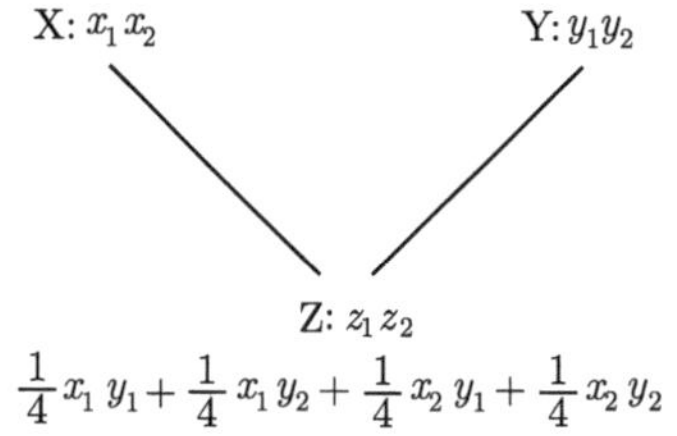

图 3.5　亲本 X 和 Y 与它们后代 Z 的系谱和基因型构成

在系谱图 3.5 中，假定个体 X 的两个等位基因为 x_1 和 x_2，个体 Y 的两个等位基因为 y_1 和 y_2。公式 3.21 是由定义给出的 X 和 Y 之间的共祖先系数 f_{XY} 的表达式，公式 3.22 是由定义给出的后代 Z 的近交系数 F_Z 的表达式。

$$f_{XY}=P\{x\equiv y\}\text{，其中，}x\text{ 表示 }x_1\text{ 或 }x_2\text{，}y\text{ 表示 }y_1\text{ 或 }y_2 \tag{3.21}$$

$$F_Z=P\{z_1\equiv z_2\}\text{，假定 }z_1\text{ 来自亲本 X，}z_2\text{ 来自亲本 Y} \tag{3.22}$$

如果把亲本 X 的一个随机基因 x 和亲本 Y 的一个随机基因 y 后裔同样看作概率事件 $\{x\equiv y\}$、把后代 Z 的两个基因 z_1 和 z_2 后裔同样看作概率事件 $\{z_1\equiv z_2\}$，则二者是由完全相同的 4 个互不相容事件组成，即公式 3.23。根据孟德尔遗传规律，公式 3.23 右边 4 个互不相容基因组合事件的存在概率均为 $\frac{1}{4}$。由此得到共祖先系数和近交系数之间的关系式 3.24。从公式 3.24 的中间项还可以看到，后代的近交系数其实就是后代群体中 4 种可能基因型的近交系数的均值。也就是说，后代的平均近交系数等于亲本的共祖先系数。如果 4 种后代基因型的近交系数不完全相等，这时就不能用一种后代基因型的近交系数作为双亲的共祖先系数。同理，如果用共祖先系数作为后代的近交系数，这个近交系数其实是后代群体的平均近交系数，单个后代个体的近交系数之间可以存在差异。

$$\begin{aligned}\{x\equiv y\}=&\{x=x_1,y=y_1,x_1\equiv y_1\}\cup\{x=x_1,y=y_2,x_1\equiv y_2\}\\&\cup\{x=x_2,y=y_1,x_2\equiv y_1\}\cup\{x=x_2,y=y_2,x_2\equiv y_2\}\end{aligned} \tag{3.23}$$

$$F_Z=\frac{1}{4}[P\{x_1\equiv y_1\}+P\{x_1\equiv y_2\}+P\{x_2\equiv y_1\}+P\{x_2\equiv y_2\}]=f_{XY} \tag{3.24}$$

仍以图 3.4 为例，个体 01、02、03 来自一个随机交配大群体，它们之间的共祖先系数均为 0。因此，它们之间的交配不存在近交，世代 1 三个个体的近交系数也均为 0。对世代 5 来说，个体 51、52、53 携带的两个基因是由祖先中的同一个基因 A_4 传递而来，因此都是后裔同样基因，这三个个体的近交系数均为 1。从图中还可以看出，个体 41 和 42 杂交产生的所有后代个体的近交系数都是 1。因此，还可以断定个体 41 和 42 的共祖先系数也是 1。个体 31 的近交系数等于 1，但是，它的两个亲本 21 和 22 携带的基因不完全是后裔同样的，它们的共祖先系数并不等于 1。究其原因是，亲本个体 21 和 22 的杂交后代会产生多种基因型，不同基因型的近交系数也不完全一样，个体 31 只是其中之一。这时，一个后代个体的近交系数就代表不了亲本的共祖先系数。

§3.3 理想有限大小群体的遗传构成

§3.3.1 理想的有限大小随机交配群体

上一节说过，近交意味着亲缘关系较近或相同的个体间的交配，或者说是具有共同祖先的个体间的交配。在两性物种的遗传群体中，每个个体都有两个亲本、4 个祖先、8 个曾祖先。追溯到第 t 个世代以前，应有 2^t 个亲本。当然，在 t 较小、群体又相当大时，还可以满足非近交的要求。在小群体中，因为个体数是有限的，用不着追溯多久，就会发现任何两个个体的一个或多个共同祖先。所以，小群体内的个体必定存在某种程度的亲缘关系。很明显，个体间的共祖先程度或者个体间亲缘关系的密切程度与群体大小有关。群体愈小，尽管交配是随机的，个体间的关系愈密切。

我们首先讨论理想有限大小群体中的近交。理想群体可以是随机交配大群体由于自然条件、地理或生活环境的变化，而变为许多个亚群体，也可以是人为创造的育种或实验群体。原来的随机交配大群体称为基础群体或起始群体，而亚群体称为家系或品系。图 3.6 给出随机交配大群体分化为 n 个大小为 N 的亚群体，最后形成纯合家系的过程。对世代 0 来说，每个亚群体由基础群体中随机抽取的 N 个个体组成。这 N 个个体通过随机交配产生世代 1 的 N 个个体，并重复下去。这样的亚群体称为理想有限群体，或简称为理想群体 (idealized population)。

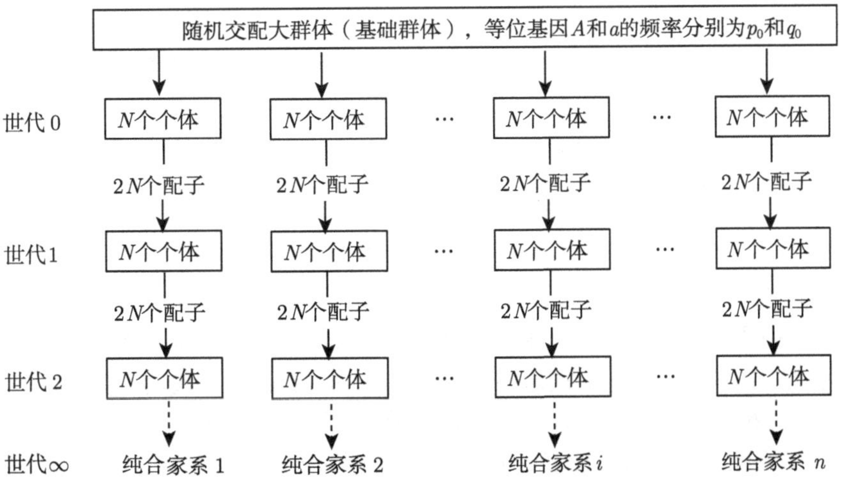

图 3.6 一个随机交配大群体分化为 n 个大小为 N 的亚群体或家系过程示意图

随机交配大群体为基础群体。对世代 0 来说，每个亚群体由基础群体中随机抽取的 N 个个体组成。这 N 个个体通过随机交配产生世代 1 的 N 个个体，并重复下去

从图 3.6 可以看出，理想群体满足以下条件：① 交配只在亚群体内部发生，亚群体之间没有相互迁移；② 上下代区分明显，没有世代重叠；③ 各个亚群体中，每个世代具有相同数量的个体数；④ 每个亚群体内的交配是随机的，不存在性别差异 (即允许自交)；⑤ 个体有相同的适合度，即不受选择的影响；⑥ 不考虑基因突变。在样本容量较小时，各个亚群体的连续抽样过程将导致基因的固定和丢失。

图 3.6 的有些亚群体中，所有个体的基因型可能都是 aa，也就是说 a 被固定，而其他等位基因丢失。有些亚群体中，所有个体的基因型可能都是 AA，也就是说 A 被固定，而其他等位基因丢失。除非存在迁移或突变等因素，随机漂移引起的固定或丢失，在亚群体中是不可逆的。图 3.7 给出两种样本大小和两种起始频率下，20 个亚群体中等位基因 a 的随机漂移过程。左侧的两个图中，基础群体等位基因 a 的频率为 0.5，亚群体大小分别为 10 和 100。右侧的两个图中，基础群体等位基因 a 的频率为 0.2，亚群体大小分别为 10 和 100。

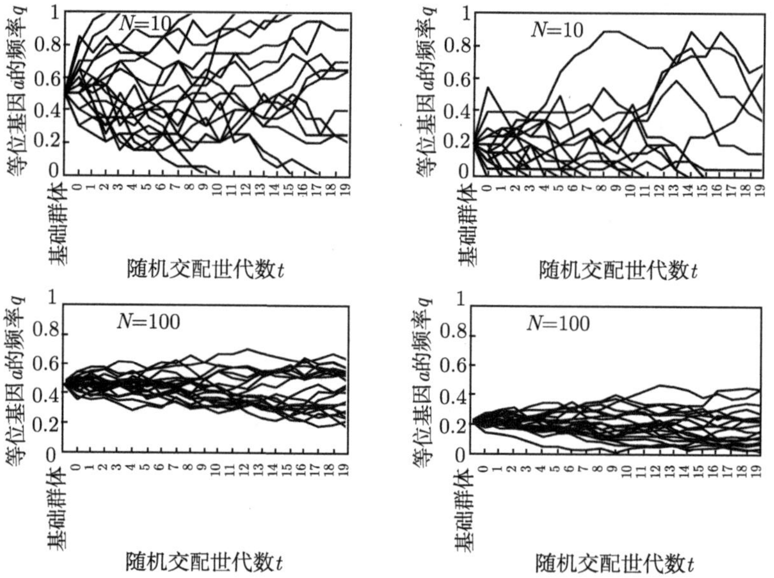

图 3.7　有限大小群体的随机漂移

左侧的两个图中，基础群体中等位基因 a 的频率为 0.5，抽样群体大小分别为 10 和 100。右侧的两个图中，基础群体中等位基因 a 的频率为 0.2，抽样群体大小分别为 10 和 100

从图 3.7 中可以看出，当亚群体大小为 10、起始频率为 0.5 时，经过 17 代的随机交配，20 个亚群体有 6 个被固定在基因 a 上 (即 a 的频率为 1)，基因 A 在这 6 个亚群体中都丢失了；有 4 个被固定在基因 A 上 (即 a 的频率为 0)，基因 a 在这 4 个亚群体中都丢失了。当亚群体大小为 10、等位基因 a 的起始频率为 0.2 时，经过 15 代后，有 12 个亚群体丢失了基因 a (即 a 的频率为 0)，这些群体都被固定在基因 A 上。很明显，一个等位基因的固定与丢失与它的起始频率有关。随后我们将看到，固定在某一等位基因的概率等于该基因的起始频率。从图 3.7 上下两对的对比来看，提高亚群体的大小，可以减小基因的随机波动，从而防止基因的过早固定或丢失。但是，随着世代的增加，不同亚群体基因频率之间的差异不断增大的趋势并没有改变。

§3.3.2 随机漂移的 Wright-Fisher 模型

利用随机漂移的马尔可夫模型，可以从理论上说明，图 3.7 观察到的基因频率波动，以及基因的固定和丢失并不是偶然的，而是一种必然现象。下面简要描述随机漂移过程的马尔可夫模型。对于图 3.6 所描述的理想群体来说，第 0 世代中，单个亚群体的 N 个个体是无限大随机交配群体的一个随机样本。它们携带的等位基因有 $2N$ 个，相当于等位基因 A、a 频率分别为 p_0、q_0 的无限大配子群体中随机抽取的 $2N$ 个样本。这 $2N$ 个样本中，等位基因 A 的个数是一个随机变量，用 X_0 表示 (k 表示它的不同取值)。显然，随机变量 X_0 服从二项分布 $B(n=2N, p=p_0)$。根据二项分布的概率公式 3.5，不难得到随机变量 X_0 不同取值的概率公式 3.25。当然，对于单个亚群体来说，抽样发生后的基因个数 k 只可能有一种取值。因此，在得到了世代 0 的所有亚群体后，公式 3.25 给出的概率其实又可以看作这些亚群体携带不同个数等位基因的频率。

$$P(X_0=k)=\frac{(2N)!}{k!(2N-k)!}p_0^k q_0^{2N-k}\text{，其中 } k=0,1,\cdots,2N \tag{3.25}$$

产生第 t 个世代 N 个个体的过程，相当于从第 $t-1$ 个世代 N 个个体产生的无穷大配子群体中随机抽取 $2N$ 个配子。以任意一个亚群体为例，世代 $t-1$ 时等位基因 A 的个数用 $X_{t-1}=k$ 表示。那么，无穷大配子群体中基因 A 的频率为 $p_{t-1}=\dfrac{k}{2N}$。显然，这个频率与基础群体的频率 p_0 是有差异的。由此群体随机抽取的 $2N$ 个配子中，等位基因 A 的个数 $X_t=j$ 当然也是一个随机变量，服从二项分布 $B\left(n=2N, p=\dfrac{k}{2N}\right)$。公式 3.26 给出在 $X_{t-1}=k$ 的条件下，随机变量 X_t 不同取值的概率。

$$\begin{aligned}&T_{jk}=P(X_t=j|X_{t-1}=k)=\frac{(2N)!}{j!(2N-j)!}\left(\frac{k}{2N}\right)^j\left(1-\frac{k}{2N}\right)^{2N-j},\\&\text{其中，}j=0,1,\cdots,2N\text{；}k=0,1,\cdots,2N\end{aligned} \tag{3.26}$$

这样，对于图 3.6 中任意亚群体的任意世代，只要知道了 N 个个体携带等位基因 A 的个数 k，就能根据公式 3.26 计算下一个世代 N 个个体携带不同个数等位基因的概率。如果把不同 k 值下的条件概率作为列向量，则得到一个矩阵，用 $\boldsymbol{T}$ 表示。这个矩阵定义了等位基因 A 的个数在 $t-1$ 和 t 两个相邻世代的变化规律，称为转移矩阵 (transition matrix)。与世代 0 一样，当抽样发生后，任何世代单个亚群体携带的基因个数只有一种可能。如同时考虑所有的亚群体，就能得到携带不同基因个数 k 的亚群体频率。世代 $t-1$ 的这些频率用列向量 $\boldsymbol{P}_{t-1}$ 表示，世代 t 的这些频率用列向量 $\boldsymbol{P}_t$ 表示。如果知道世代 $t-1$ 的频率向量 $\boldsymbol{P}_{t-1}$，就能从递推公式 3.27 计算世代 t 的频率向量 $\boldsymbol{P}_t$。从公式 3.27 还可以看出，世代 t 的频率只依赖于世代 $t-1$ 的频率，与世代 $t-1$ 之前的频率没有关系。具有这一性质的随机过程，概率论中称为马尔可夫链 (Markov chain)。利用马尔可夫链描述随机漂移过程，是由 Fisher 和 Wright 分别在 1930 年和 1931 年首先提出的，因此也称为 Wright-Fisher 模型。对于图 3.6 的理想群体，世代 0 频率向量 $\boldsymbol{P}_0$ 的元素取值由公式 3.25 给出。这样就能由公式 3.28 计算以后所有世代的频率向量。

$$\boldsymbol{P}_t=\boldsymbol{T}\boldsymbol{P}_{t-1} \tag{3.27}$$

$$\boldsymbol{P}_t = \boldsymbol{T}^t \boldsymbol{P}_0 \tag{3.28}$$

通过公式 3.25∼ 公式 3.28 这一系列推导过程，看似无规可循的随机漂移，就能转化为具有很多优异特性的马尔可夫链进行系统研究，如计算基因固定和丢失的时间、基因频率和基因型频率的方差等。有兴趣的读者可参阅 Hartl 和 Clark (2007) 一书的第 3 章，本书不作更深入的介绍，用到的一些结论均直接给出，略去推导过程。下面以图 3.4 的群体大小 N=3 为例，直观上说明随机漂移马尔可夫链的一些性质。

假定基础群体中，等位基因 A 的频率为 0.8，等位基因 a 的频率为 0.2。公式 3.29 左边给出理想群体条件下，群体大小为三的随机漂移转移矩阵。矩阵的列为基因个数 k=0∼6 时，下一代群体中基因个数 j 从 0∼6 的取值概率，即二项分布$B\left(n=6, p=\dfrac{1}{6}k\right)$ $(k=0,1,\cdots,6)$ 的取值概率。第 1 和第 7 列分别对应于 $k=0$ 和 $k=6$，转移概率中有一个为 1，其他均为 0。也就是说，如果 k=0 的概率值为 1，下一个世代只可能有 j=0 这一种取值，其概率为 1；如 k=6 的概率值为 1，下一个世代只可能有 j=6 这一种取值，其概率为 1。这样的状态，在随机过程中称为吸收态 (absorbing state)，进入吸收态后就不能再转移到其他状态了。在随机漂移过程中，这两个状态分别对应于等位基因 A 的丢失和固定。因此，在没有迁移或突变等因素存在的情况下，一个基因发生固定或丢失之后，将一直保持在固定或丢失的状态。

$$\boldsymbol{T} = \begin{bmatrix} 1 & 0.3349 & 0.0878 & 0.0156 & 0.0014 & 0.0000 & 0 \\ 0 & 0.4019 & 0.2634 & 0.0938 & 0.0165 & 0.0006 & 0 \\ 0 & 0.2009 & 0.3292 & 0.2344 & 0.0823 & 0.0080 & 0 \\ 0 & 0.0536 & 0.2195 & 0.3125 & 0.2195 & 0.0536 & 0 \\ 0 & 0.0080 & 0.0823 & 0.2344 & 0.3292 & 0.2009 & 0 \\ 0 & 0.0006 & 0.0165 & 0.0938 & 0.2634 & 0.4019 & 0 \\ 0 & 0.0000 & 0.0014 & 0.0156 & 0.0878 & 0.3349 & 1 \end{bmatrix}, \quad \boldsymbol{P}_1 = \begin{bmatrix} 0.0001 \\ 0.0015 \\ 0.0154 \\ 0.0819 \\ 0.2458 \\ 0.3932 \\ 0.2621 \end{bmatrix} \tag{3.29}$$

公式 3.29 右边的向量给出世代 0 的亚群体中，基因个数 k 从 0∼6 的取值概率，这些概率分别对应于二项分布 $B(n=6, p=0.8)$ 的取值概率。因此，可以利用公式 3.27 或公式 3.28 计算所有世代的亚群体中，基因个数 k 从 0∼6 的取值概率。图 3.8 给出随机漂移发生 20 个世代后，每个世代的亚群体中等位基因 A 个数的概率分布。基础群体中，等位基因 A 的频率为 0.8，等位基因 a 的频率为 0.2。从图 3.8 中明显看出，基因个数 k 为 1∼3 的概率，在开始的几个世代有所增加，但随后不断下降，最终趋近于 0。基因个数 k 为 4 和 5 的概率，随世代不断下降，最终都趋近于 0。只有基因个数 k=0 和基因个数 k=6 的概率随世代不断增加，最终分别趋近于 0.2 和 0.8，这两个渐近概率正好等于基础群体中等位基因 a 和 A 的频率。进入 k=0 这个状态的亚群体，基因 A 发生了丢失。进入 k=6 这个状态的亚群体，基因 A 发生了固定。因此，基因 A 在一个亚群体中被固定的概率等于它在基础群体中的频率。如考虑很多亚群体，基因 A 的固定概率也可以看作基因型全部是 AA 的亚群体的比例。在图 3.8 中，可以认为经过多个世代的随机漂移后，80%亚群体的基因型是 AA，20%亚群体的基因型是 aa。

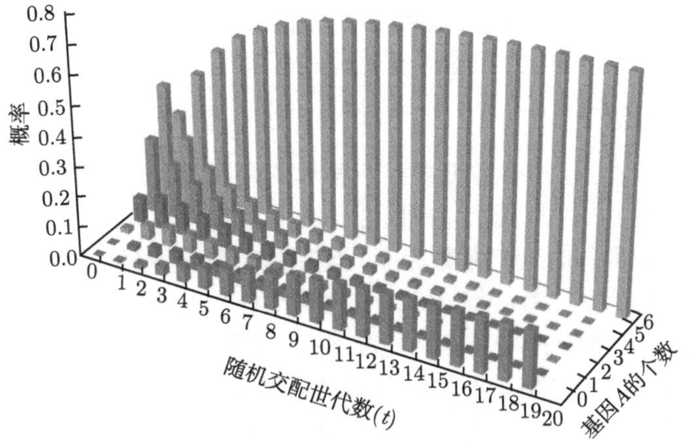

图 3.8 大小为三的理想群体在 20 个世代中的随机漂移过程

基础群体中，等位基因 A 的频率为 0.8，等位基因 a 的频率为 0.2。X 轴为随机交配世代数表示的时间，Y 轴为等位基因 A 的个数，Z 轴为概率

马尔可夫链还有一条重要性质，就是经过长时间的状态转移后，不论起始状态如何，都会进入一个相对平稳的状态。对应于公式 3.27 来说，相当于 $\boldsymbol{P}_t \approx \boldsymbol{P}_{t-1}$。在随机漂移过程中，这个平稳状态就是 k=0 的概率接近于 q_0，k=$2N$ 的概率接近于 p_0，k 在各种非吸收态上的概率近似相等。这一点其实在图 3.8 中也可以看到。当 N=3 时，经过 20 个世代的随机漂移，k=0 的概率为 0.1912，k=6 的概率为 0.7912，k 取 1、2、3、4、5 的概率为 0.0032~0.0038。除两个吸收态外，其他状态具有近似相等的取值概率。同时，上下代间的概率向量也近似相等。

在知道了每个世代中基因个数 k 从 0~6 的取值概率后，还可以计算基因频率的均值和方差。图 3.9 给出大小为三的理想群体中，基因频率的均值和方差的变化。从图 3.9A 可以看出，在大量亚群体存在的情况下，基因频率的均值保持不变，始终等于基础群体的基因频率。但是，基因频率的方差随世代不断增加，最终趋近于一个固定值。这个固定值，就是 80%亚群体基因型是 AA、20%亚群体基因型是 aa 时的方差，即 0.16。

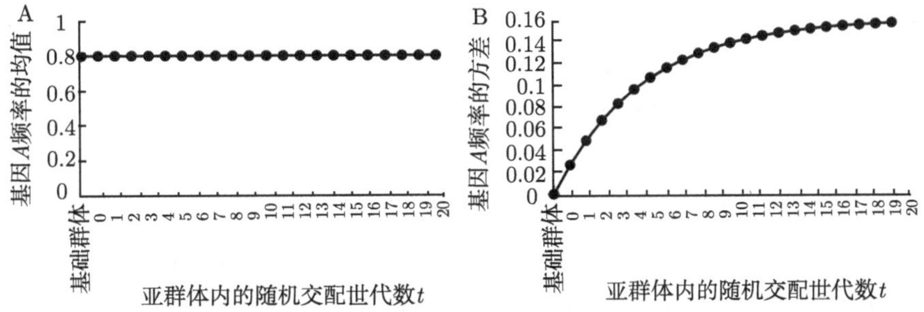

图 3.9 大小为三的理想群体随机漂移过程中基因频率的均值 (A) 和方差 (B) 的变化

从图 3.8 和图 3.9 中可以看到，分散过程 (dispersive process) 引起的亚群体结构在以下 4 个方面的变化：① 单个亚群体中，基因频率在世代间的变化是完全随机的，没有任何恢复到基础群体基因频率的倾向；② 长期的随机漂移，导致不同亚群体之间的分化，不同的亚群体有着不同的基因频率和基因型频率；③ 随机漂移导致亚群体内的一致性，单个亚群体内

的个体之间，具有越来越强的祖先关联和近交，最终趋于一致；④ 如果同时考虑所有亚群体，则纯合基因型的频率不断增加，杂合基因型的频率不断下降。

§3.3.3　理想群体中的近交

从图 3.4 我们已经看到，遗传漂变导致小群体的两个基因后裔同样的概率不断增加，长期下去，群体就被固定在一个基因上，并且这个座位上的所有基因都能追踪到某个祖先个体的同一个基因。这时，群体的近交系数为 1。现在我们就考察理想群体在遗传漂变过程中，近交系数是如何变化的。假定对世代 $t-1$ 的个体从 $1 \sim N$ 进行编号，个体 1 携带的两个基因记为 A_1、A_2，个体 2 携带的两个基因记为 A_3、A_4 等 (图 3.10)，近交系数用 F_{t-1} 表示。根据近交系数的定义，从这 $2N$ 个基因中任意选取两个不同的基因 A_i 和 A_j $(i \neq j)$，近交系数 F_{t-1} 等于 A_i 和 A_j $(i \neq j)$ 后裔同样的概率，即公式 3.30。

$$F_{t-1} = \Pr\{A_i \equiv A_j;\ i \neq j\} \tag{3.30}$$

根据遗传学的分离定律，世代 $t-1$ 的 N 个个体随机交配产生 t 代的 N 个个体这一过程，可以分解成两个阶段 (图 3.10)。一是个体经过减数分裂产生大量配子的阶段，二是雌雄配子随机结合产生合子的阶段。在理想群体的条件下，每个个体产生等量的具有相同生命力的配子。因此，N 个个体携带的 $2N$ 个基因在配子群体中各占 $\dfrac{1}{2N}$。产生世代 t 的 N 个个体当然只需要 $2N$ 个配子。因此，产生世代 t 的 N 个个体相当于从无限大配子群体中随机抽取出 $2N$ 个，这 $2N$ 个配子用 X_1、Y_1、X_2、Y_2 等表示 (图 3.10)。根据定义，世代 t 任意个体 k 的近交系数等于它携带的两个基因 X_k 和 Y_k 后裔同样的概率，即 $\Pr\{X_k \equiv Y_k\}$。这个概率也正好是世代 t 的近交系数 F_t，即 $F_t = \Pr\{X_k \equiv Y_k\}$。事件 $\{X_k \equiv Y_k\}$ 可以分解为互不相容的两部分。第一部分是 X_k 和 Y_k 正好都来自世代 $t-1$ 的同一个基因，这时的 X_k 和 Y_k 肯定是后裔同样基因。这个事件相当于先从配子群体中随机抽取出一个，如抽到基因 A_1；然后再抽取一个，第二次正好又抽到了基因 A_1。显然，这个事件发生的概率是 $\dfrac{1}{2N}$。另一部分是 X_k 和 Y_k 来自两个不同的基因如 A_i 和 A_j $(i \neq j)$，它发生的概率等于 $1-\dfrac{1}{2N}$。这时，只要 A_i 和 A_j 不是后裔同样，X_k 和 Y_k 也就不会是后裔同样；但是，如果 A_i 和 A_j 是后裔同样的，X_k 和 Y_k 也一定是后裔同样的。这时，X_k 和 Y_k 后裔同样的概率等于 A_i 和 A_j 后裔同样的概率，也因此等于世代 $t-1$ 的近交系数 F_{t-1} (公式 3.31)。

综上所述，公式 3.31 给出相邻两个世代间近交系数的关系。公式 3.31 右边的第一项可以看作新增加的近交，常用 $\Delta F = \dfrac{1}{2N}$表示；第二项可以看作前一个世代保留下来的近交。用 1 减去公式 3.31 左右两端，可以得到递推公式 3.32 公式，左端还可以看作世代 t 两个基因不是后裔同样的概率；公式右端第一项是世代 t 两个基因来自世代 $t-1$ 两个不同基因的概率，第二项是世代 $t-1$ 两个基因不是后裔同样的概率。从递推公式 3.32，不难得出世代 t 的近交系数与世代 0 的关系式 3.33。世代 0 是无限大随机交配群体的一个样本，其近交系数为 F_0=0，因此得到世代 t 近交系数的表达式 3.34。显然，$F_1 = \Delta F = \dfrac{1}{2N}$。

$$F_t = \frac{1}{2N} + \left(1 - \frac{1}{2N}\right) F_{t-1} \tag{3.31}$$

$$1 - F_t = (1 - \Delta F)(1 - F_{t-1}) \tag{3.32}$$

$$F_t = 1 - (1 - \Delta F)^t (1 - F_0) \tag{3.33}$$

$$F_t = 1 - (1 - \Delta F)^t \tag{3.34}$$

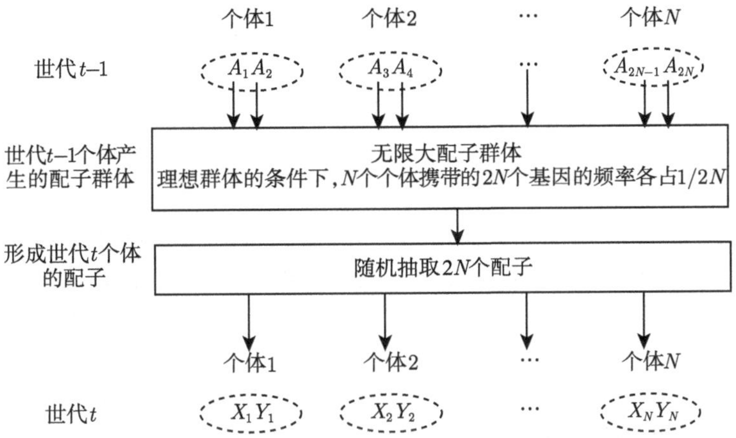

图 3.10　有限大小群体随机交配产生下一代过程的示意图

从公式 3.34 容易看出，对于有限的群体大小 N，只要 t 足够大，群体的近交系数就会接近于 1。这时，图 3.6 中每个家系与一个纯系有着相同的遗传结构，即群体中所有个体的基因型都是纯合一致的，所有基因都是后裔同样的。但是，不同家系有着不同的基因型。当座位数和等位基因数较大时，几乎不可能存在基因型完全相同的两个家系。这些亚群体再经过长期的进化过程和生殖隔离，不同的家系就可能会形成截然不同的新物种。因此，随机漂移是群体遗传学和物种形成的重要研究对象。这里有必要再强调一下，随机漂移，以及重复自交产生纯系的基因型，与 HW 平衡大群体中的纯合基因型有着本质区别，纯系的两个等位基因不仅状态相同，而且后裔同样。随机交配大群体中，纯合基因型的两个等位基因仅仅状态相同，但不是后裔同样。亲缘关系是由后裔同样基因决定的，而不是由状态相同基因决定的。基因型是否纯合与近交系数之间没有必然联系，后裔同样基因的纯合型才是近交系数的决定因素。

表 3.3 给出不同样本容量的理想群体，在不同代数随机交配后近交系数的变化。可以看出，即使容量为 30 的小群体，经过 50 代随机交配后，其近交系数也会从就 0 上升到 0.5684。而容量为 10 的小群体，则会从 0 上升到 0.9231。即在小群体中，经过若干世代，大部分配子完全相同。这与图 3.7 和图 3.8 描述的情形完全一样，其结果为基因的固定或丢失。另外，随机漂移导致亚群体内个体间的差异在缩小，纯合个体不断增加、杂合体不断减少。值得注意的是，表 3.3 中群体大小 1 对应的近交系数，其实就是重复自交过程中的近交系数。

表 3.3　小样本理想群体中近交系数的变化

群体大小	随机交配次数 (世代数等于随机交配次数加上 1)								
	0	1	2	3	5	10	20	50	100
1	0	0.5	0.75	0.875	0.9688	0.9990	1.0000	1.0000	1.0000
10	0	0.05	0.0975	0.1426	0.2262	0.4013	0.6415	0.9231	0.9941
20	0	0.025	0.0494	0.0731	0.1189	0.2237	0.3973	0.7180	0.9205
30	0	0.0167	0.0331	0.0492	0.0806	0.1547	0.2855	0.5684	0.8138

从公式 3.32 还可以得到利用上下代近交系数计算 ΔF 的公式 3.35，其中，分子代表相邻两个世代近交系数的增加量，分母是上个世代近交系数与纯系近交系数 1 之间的差距。因此，ΔF 度量了相对于纯系的近交系数增长速率 (rate of inbreeding)。下一章我们将会看到，公式 3.35 在研究非理想群体分散过程时的作用。

$$\Delta F = \frac{F_t - F_{t-1}}{1 - F_{t-1}} \tag{3.35}$$

§3.3.4　理想群体中基因频率的波动

假定在随机交配大群体 (基础群体) 中，等位基因 A 和 a 的频率分别为 p_0 和 q_0。从图 3.7~ 图 3.9 都可以看出，基因频率的波动从世代 0 就开始了。从图 3.10 可以看出，世代 0 的基因频率完全决定了产生世代 1 个体所需无穷大配子群体的基因频率。如果新的世代从减数分裂产生配子开始计算，不妨用 p_1 和 q_1 表示世代 0 的基因频率。考虑容量为 N 的亚群体，如果有很多亚群体，则各个亚群体基因频率的均值应该等于基础群体的基因频率 (图 3.9A)。但是，由于随机抽样的影响，不同亚群体有着不同的基因频率。每个亚群体中，等位基因 A 的个数服从二项分布 $B(n = 2N, p = p_0)$。根据二项分布的估计频率的方差计算公式 3.9，可以得到世代 0 基因频率 p_1，以及相对于基础群体的变化量 $\Delta p_1 = p_1 - p_0$ 的方差公式，即公式 3.36。这里请注意，等位基因 A 在基础群体中的频率 p_0 是常量。利用 Wright-Fisher 随机漂移模型的性质，还可以证明公式 3.36 对于所有世代都是成立的，即公式 3.37。因此，随机交配世代数足够多时，近交系数趋于 1，基因频率的方差趋于 p_0q_0，也就是说只与起始频率有关。

$$\sigma^2_{p_1} = \sigma^2_{\Delta p_1} = \frac{p_0q_0}{2N} = p_0q_0F_1 \tag{3.36}$$

$$\sigma^2_{p_t} = \sigma^2_{\Delta p_t} = p_0q_0F_t \tag{3.37}$$

作为一个例子，表 3.4 给出图 3.8 世代 0~4 随机漂移的亚群体中，等位基因 A 个数的概率分布。表中基因 A 的频率等于基因 A 的个数除以总基因个数 $2N$=6。基础群体中 A 的

表 3.4　容量 N=3 的理想群体中等位基因个数的概率分布及基因频率均值和方差的计算

基因 A 的个数	基因 A 的频率	世代					
		0	1	2	3	4	5
0	0.0000	0.0001	0.0036	0.0152	0.0330	0.0532	
1	0.1667	0.0015	0.0166	0.0322	0.0401	0.0417	
2	0.3333	0.0154	0.0480	0.0602	0.0610	0.0567	
3	0.5000	0.0819	0.1041	0.0959	0.0824	0.0694	
4	0.6667	0.2458	0.1804	0.1342	0.1022	0.0796	
5	0.8333	0.3932	0.2307	0.1508	0.1059	0.0782	
6	1.0000	0.2621	0.4167	0.5115	0.5754	0.6212	
基因频率的均值		0.8	0.8	0.8	0.8	0.8	
基因频率的方差		0.0267	0.0489	0.0674	0.0828	0.0957	
近交系数 F			0.1667	0.3056	0.4213	0.5177	0.5981
公式 3.37 计算的基因频率方差		0.0267	0.0489	0.0674	0.0828	0.0957	

频率为 p_0=0.8。利用第二列的基因频率和各个世代的概率分布，就能计算出表中基因频率均值和基因频率方差这两行数值。表中的近交系数由公式 3.33 计算而来，这样还可以利用公式 3.37 计算基因频率的方差。显然，利用近交系数和起始频率计算的方差完全等于从分布概率计算的方差。需要注意的是，公式 3.36 用到的近交系数其实是下一个世代的近交系数。为避免混淆，表 3.4 没有给出世代 0 的近交系数，除世代 1~4 外，还给出了世代 5 的近交系数。

§3.3.5 理想群体中基因型频率的波动

对于图 3.6 的理想群体来说，亚群体的基因频率均值一直等于基础群体的基因频率。漂移会引起亚群体之间的分化、基因的固定或丢失。这时，即使单个亚群体内的交配是随机的，也就是说基因型频率等于 HW 平衡频率，大部分个体也都是纯合基因型。因此平均来看，亚群体间的纯合基因型频率不断增加、杂合基因型频率不断降低。但漂移并不影响基因频率的均值，所以同时考虑多个亚群体时，纯合基因型频率高于基础群体、杂合基因型频率低于基础群体是必然的。

为简便起见，用 p 和 q 分别表示某世代中等位基因 A 和 a 的频率，它们在不同亚群体中具有不同的取值，因此是随机变量；F 表示该世代的平均近交系数。当多个亚群体同时考虑时，基因频率的均值等于基础群体的基因频率 (图 3.9A)，即 $E(p) = p_0$，$E(q) = q_0$。由于基因频率满足 $p + q$=1 的限制条件，q 的方差等于 p 的方差，由公式 3.37 给出，即 $V(p) = V(q) = p_0q_0F$。根据这些结果，就能得到亚群体之间各种基因型频率的均值。在随机交配的条件下，即使亚群体的样本容量有限，三种基因型 AA、Aa、aa 的频率仍可以认为具有 HW 平衡频率 p^2、$2pq$、q^2。对基因型 AA 来说，亚群体之间基因型频率的均值其实就是 p^2 的均值，即 $E(p^2)$。根据方差的计算公式 $V(p) = E(p^2) - [E(p)]^2$，可以得到 $E(p^2) = V(p) + [E(p)]^2$，因此得到基因型 AA 频率的均值公式 3.38。类似求得基因型 aa 频率的均值公式 3.39。对于基因型 Aa 来说，亚群体之间基因型频率的均值其实就是 $2pq$ 的均值，即 $2E(pq)$。将 q 用 $1 - p$ 代替，并利用公式 3.37 的结果，就能得到基因型 Aa 频率的均值公式 3.40。

$$\text{基因型 } AA\text{：} E(p^2) = p_0^2 + p_0q_0F \tag{3.38}$$

$$\text{基因型 } aa\text{：} E(q^2) = q_0^2 + p_0q_0F \tag{3.39}$$

$$\text{基因型 } Aa\text{：} E(2pq) = 2p_0q_0(1 - F) \tag{3.40}$$

其实，公式 3.40 也可利用协方差公式获得。首先计算 p 和 q 之间的协方差，即 $\mathrm{Cov}(p, q) = \mathrm{Cov}(p, 1 - p) = -V(p) = -p_0q_0F$。又由于 $E(p)E(q) = p_0q_0$，根据协方差公式 $\mathrm{Cov}(p, q) = E(pq) - E(p)E(q)$ 计算 $E(pq)$，得到杂合基因型 Aa 的平均频率 $E(2pq)$ 与公式 3.40 完全一样。

从公式 3.38~ 公式 3.40 可以看到，近交引起纯合型频率的增加、杂合型频率的减少。第 1 章介绍的自交是近交的极端情况，纯合型频率增加、杂合型频率减少的速度更快。因此，杂合型频率相对于 HW 平衡频率的变化，可以看作度量近交程度的另外一种方法。用 H_T 表示给定基因频率在 HW 平衡时的杂合型频率或杂合度，用 H_S 表示近交发生后的杂合型频率或杂合度，公式 3.41 给出利用杂合型频率变化的近交系数计算方法。为与公式 3.34 的近交系数相区分，公式 3.41 中的近交系数常用 F_{ST} 表示，有时又称分化系数。由于杂合型的频率是很多亚群体中杂合型频率的均值，很明显，公式 3.41 给出的近交系数其实是很多亚群体中近交系数的平均数，并不说明亚群体间的近交系数一定要相等。平均杂合基因型频率与平均近交系数的关系服从公式 3.40，纯合基因型频率的均值可以用公式 3.38 和公式 3.39 来计算。

$$F_{ST} = \frac{H_T - H_S}{H_T} = 1 - \frac{H_S}{H_T} \tag{3.41}$$

例如，基础群体中等位基因 A 和 a 的频率均为 0.5，亚群体的容量 N=8。在理想群体的条件下，根据公式 3.34 得到 5 个世代随机交配后的近交系数 F=0.276。这时，利用公式 3.36，得到亚群体之间等位基因频率的方差为 0.069；利用公式 3.38~ 公式 3.40，得到三种基因型 AA、Aa、aa 的频率均值分别为 0.319、0.362、0.319。而基础群体的三种基因型频率分别为 0.25、0.5、0.25。因此，5 个世代后，杂合度下降了 27.6%，正好等于近交系数 F。又如，在一个无限大随机交配群体中，等位基因 A 和 a 的频率分别为 0.6 和 0.4，从中随机抽取 30 个个体。计算在这样的有限群体中，随机交配 10 代后各种基因型的期望频率。根据表 3.3 可知，随机交配 10 代的近交系数 F=0.155。根据公式 3.40 可以得到杂合基因型 Aa 的期望频率为 0.406，根据公式 3.38 和公式 3.39 可以得到纯合基因型 AA 和 aa 的期望频率分别为 0.397 和 0.197。杂合基因型相对于基础群体降低了 15.5%，纯合基因型分别增加了 10.3%和 23.2%。

§3.4　自然群体的分化

近交系数衡量的是亲本与后代之间亲缘关系的远近。从上一节近交系数的计算公式 3.34 可以看出，理想群体经历的时间越长，近交系数就越高，亚群体内个体间的亲缘关系愈加密切。从基因频率的方差公式 3.36 可以看出，近交系数越高，亚群体之间基因频率的差异也就越大。这样，经过的时间越长，亚群体之间的分化就越明显。从基因型频率的计算公式 3.38~ 公式 3.40 可以看出，近交系数越高，杂合基因型的频率就越低。因此，随机漂移的时间越长，亚群体内部的杂合度，以及亚群体之间的平均杂合度下降也越多。由于生存环境和地理距离等方面的限制，自然界中大多数物种的种群都能被划分成很多较小的亚群体，个体之间的交配繁殖往往只局限在亚群体内部。因此，尽管是一种理想状态，图 3.6 描述的群体分化过程在生物界仍具有广泛的代表性。这一节的大部分方法都可以用于自然条件下的群体分化研究。

§3.4.1　群体的阶梯结构

群体划分势必造成亚群体之间的遗传分化 (genetic differentiation)，也就是基因频率在亚群体之间的差异。不同环境下，各种基因型的适合度不尽相同，因此选择又会进一步引起亚群体在基因频率上的差异。但是，即使不存在选择或其他改变基因频率因素的情况下，仅随机漂移就能不断增加基因频率在亚群体之间的方差，造成基因频率在亚群体之间的广泛差异。这种划分还可以继续下去，将亚群体进一步划分为更小的、更封闭的次级亚群体。因此，自然界中的物种种群大多表现出一种阶梯式结构 (hierarchical structure)。正是由于随机抽样引起的亚群体结构差异，我们可以研究亚群体的分化程度和亲缘关系。§3.3 介绍的近交系数，同时也提供了群体分化程度的度量方法。下面以一个小岛上的随机交配植物群体为例，说明不同阶梯亚群体之间的遗传差异 (图 3.11)。

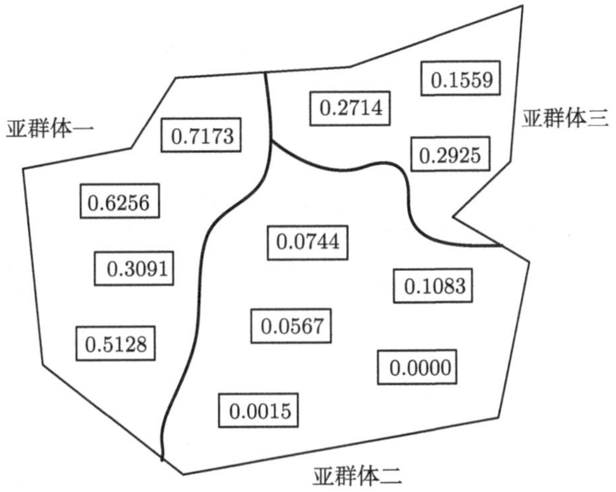

图 3.11 一个随机交配植物群体在一个小岛上的地理分布图

群体被粗线表示的道路分割成三个亚群体。利用分层抽样方法，在三个亚群体中分别调查 4 块、5 块和 3 块等面积地块上，特定座位上一个等位基因的频率。图中数字为每个调查地块上的基因频率。假定每个地块上调查数千个植株，不考虑基因频率的抽样误差

假定图 3.11 表示的随机交配植物群体，被粗线表示的道路分割为三个大的亚群，某座位上的两个等位基因分别用 A 和 a 表示，它们的频率分别用 p 和 q 表示。现在利用分层抽样的方法，在三个亚群中，分别调查 4 块、5 块和 3 块等面积地块上群体的基因频率。图中的数字为每个调查地块上等位基因 A 的频率。这时可以认为该种群存在二级阶梯结构，整个种群由三个一级亚群体构成，即图 3.11 中由道路分割成的三个区域。这三个一级亚群体又分别由 4 个、5 个、3 个次级亚群体构成。每个次级亚群体中调查数千个植株，因此可以不考虑基因频率的抽样误差，即认为图 3.11 中的频率是次级亚群体的真实基因频率。在随机交配的条件下，每个次级亚群体满足 HW 平衡定律。从次级亚群体的基因频率大致可以看出，等位基因 A 在位于左边的亚群体一中具有较高频率，在位于中部的亚群二中具有较低频率，位于右边的亚群体三中的频率介于前两个亚群体之间。同时，同一个一级亚群体内部，不同的次级亚群体也有不同的基因频率，即基因频率在一级亚群体内部也存在差异。

§3.4.2 分化程度的度量

为方便起见，将图 3.11 中次级亚群体的基因频率列在表 3.5 中。在基因频率的后面，还给出了二级亚群体的杂合度，即杂合基因型 Aa 的频率 $2pq$。根据表 3.5 中 12 个二级亚群体的基因频率和杂合度，可以计算另外三个杂合度。它们的遗传学意义和计算方法如下。

首先计算这 12 个二级亚群体在 HW 平衡假定下的平均杂合度，用 H_2 表示。由于采用的是分层抽样方法，每个次级亚群体在整个种群中有相同的权重。根据表中基因频率后面的 12 个杂合度，计算它们的简单平均数，得到的平均杂合度为 0.2762 (表 3.5)。

如果没有任何阶梯结构，等位基因 A 频率为 0.2605 时，整个种群的杂合度 H_0 应该等于 0.3852。如果只是存在一级而不存在二级结构，三个一级亚群体的平均杂合度 H_1 应该等于 0.2949。这里请注意，表 3.5 中三个一级亚群体的平均杂合度等于平均基因频率在 HW 平衡时的杂合度，这其实就是不存在二级结构假定下的杂合度。如果既存在一级又存在二级结构，平均杂合度 H_2 等于 0.2762。

表 3.5　一个分层随机交配植物种群中的基因频率和杂合度

亚群体一		亚群体二		亚群体三	
基因频率	杂合度	基因频率	杂合度	基因频率	杂合度
0.7173	0.4056	0.0744	0.1377	0.2714	0.3955
0.6256	0.4684	0.0567	0.1070	0.1559	0.2632
0.3091	0.4271	0.1083	0.1931	0.2925	0.4139
0.5128	0.4997	0.0015	0.0030		
		0.0000	0.0000		
二级亚群体的平均杂合度 (H_2)					
0.2762					
平均基因频率	平均杂合度	平均基因频率	平均杂合度	平均基因频率	平均杂合度
0.5412	0.4966	0.0482	0.0917	0.2399	0.3647
一级亚群体的平均杂合度 (H_1)					
0.2949					
整个种群的平均基因频率			整个种群的平均杂合度 (H_0)		
0.2605			0.3852		

利用公式 3.41 计算下面的三个近交系数，一是次级亚群体相对于一级亚群体的平均杂合度下降引起的近交，用 $F_{2,1}$ 表示 (公式 3.42)；二是一级亚群体相对于整个种群的平均杂合度下降引起的近交，用 $F_{1,0}$ 表示 (公式 3.43)；三是次级亚群体相对于整个种群的平均杂合度下降引起的近交，用 $F_{2,0}$ 表示 (公式 3.44)。近交系数代表亲缘关系的程度，亲缘关系远近反映了群体分化的程度。因此，公式 3.42 给出的近交系数 $F_{2,1}$ 代表了二级结构相对于一级结构的分化程度，公式 3.43 给出的近交系数 $F_{1,0}$ 代表了一级结构在整个种群中的分化程度，公式 3.44 给出的近交系数 $F_{2,0}$ 代表了两个等级阶梯结构的总计分化程度。从计算公式 3.42~ 公式 3.44 给出的数值不难看出，一级亚群体的分化程度要远高于二级亚群体的分化程度。从公式 3.42~ 公式 3.44 第二个等号后的三项内容容易看出，这三个近交系数还满足公式 3.45。

$$F_{2,1}=\frac{H_1-H_2}{H_1}=1-\frac{H_2}{H_1}=0.0636 \tag{3.42}$$

$$F_{1,0}=\frac{H_0-H_1}{H_0}=1-\frac{H_1}{H_0}=0.2344 \tag{3.43}$$

$$F_{2,0}=\frac{H_0-H_2}{H_0}=1-\frac{H_2}{H_0}=0.3852 \tag{3.44}$$

$$1 - F_{2,0} = (1 - F_{2,1})(1 - F_{1,0}) \tag{3.45}$$

其实，公式 3.45 对于任意多层阶梯结构都是成立的，即公式 3.46。习惯上，把整个种群在无结构条件下的平均杂合度用 H_T 表示 (即公式 3.42~公式 3.44 中的 H_0)，最后一个阶梯结构的平均杂合度用 H_S 表示 (即公式 3.43 和公式 3.44 中的 H_2)，最后一个阶梯结构相对于整个无结构种群的近交系数用 F_{ST} 表示 (即公式 3.44 和公式 3.45 中的 $F_{2,0}$)。当存在 n 层阶梯结构时，F_{ST} 相当于公式 3.46 中的 $F_{n,0}$。

$$1 - F_{ST} = 1 - F_{n,0} = (1 - F_{n,n-1})(1 - F_{n-1,n-2}) \cdots (1 - F_{2,1})(1 - F_{1,0}) \tag{3.46}$$

公式 3.42~公式 3.44、公式 3.46 等定义分化系数 F_{ST} 的取值为 0~1，这种定义方法也能被推广到复等位基因的座位。分化系数 F_{ST} 是一个十分重要的群体遗传学指标，广泛用于亚群体的遗传分化和进化研究。Wright (1978) 曾建议根据 F_{ST} 的大小来划分遗传分化的程度，0~0.05 对应于很低程度的遗传分化，0.05~0.15 对应于中等程度的遗传分化，0.15~0.25 对应于高度的遗传分化，超过 0.25 则对应于极高程度的遗传分化。例如，人类遗传学的研究表明，不同族群之间的分化系数 F_{ST} 在 0.07 左右，属于中等程度的遗传分化。果蝇不同群体之间的分化系数 F_{ST} 在 0.10 左右，也属于中等程度的遗传分化。

§3.4.3 隔离拆除效应

HW 平衡定律告诉我们，不论什么样的群体，只需要一代随机交配就能达到平衡状态。因此，如果把存在遗传分化的很多亚群体混合在一起形成混合群体，并进行随机交配，则混合亚群体中降低的杂合度，能够通过一代随机交配得以完全恢复。举一个极端的例子说明这一现象。如有两个亚群体，一个被固定在等位基因 A 上，另一个被固定在等位基因 a 上。两个亚群体的等量混合群体中，等位基因 A 和 a 的频率均为 0.5，混合群体的杂合度为 0。但是，只需经过一代随机交配，后代群体就能恢复到 0.5 的杂合度。同时，两种纯合基因型的频率从 1 下降到 0.5。由于亚群体间生殖隔离的消除而引起纯合基因型频率下降的现象，有时也称为隔离拆除效应 (isolate breaking)。

很明显，群体分化过程中伴随的近交系数不断增加、基因频率方差不断扩大、杂合度不断降低、纯合基因型频率不断升高等现象是一个渐变的过程。但是，隔离拆除效应是立竿见影的，一次随机交配就能完全显现出来。从公式 3.36、公式 3.38 和公式 3.39 可以看到，纯合基因型相对于 HW 平衡的频率增加量正好等于基因频率的方差。因此，基因频率的方差有时也可以由隔离拆除前后纯合基因型的改变量进行估计。如果隔离拆除前后两种纯合基因型的频率都是已知的，两种纯合基因型频率的总改变量就等于基因频率方差的两倍。同时，随着纯合基因型频率的下降，亚群体中由纯合基因型引起的各种不利表型的频率也随之下降。

练习题

3.1 一个随机交配大群体中，某座位上等位基因 A 的频率为 0.8。从中随机抽取 5 个个体，这 5 个个体包含等位基因 A 的个数 X 是一随机变量。

(1) X 的可能取值有哪些？给出所有可能取值的概率。

(2) 绘制随机变量 X 概率分布的柱形图。

(3) 分别计算 X 在 6~9，以及 X 少于 6 的概率。

(4) 用 Y 表示除基因 A 以外其他等位基因的个数。根据 (1) 给出的概率，分别计算 X 和 Y 的均值、方差，以及它们之间的协方差和相关系数，并用公式 3.11、公式 3.12、公式 3.13 进行验证。

3.2　从一个随机交配大群体中随机调查 10 个个体，对它们的基因型进行鉴定后共发现了 13 个等位基因 A。试估计随机交配大群体的等位基因 A 频率及估计值的标准差。

3.3　一个随机交配大群体中，等位基因 A 和 a 的频率分别为 0.9 和 0.1，现从中随机抽取 5 个个体。那么，基因型 AA、Aa 和 aa 的个体数 X_1、X_2 和 X_3 将服从多项分布 $B(n=5, p_1=0.81, p_2=0.18, p_3=0.01)$。

(1) 计算基因型 AA、Aa 和 aa 的个体数 X_1、X_2 和 X_3 所有可能取值的概率。

(2) 利用 (1) 计算出的概率，分别计算 AA、Aa 和 aa 的个体数为 0 的概率。

(3) 利用 (1) 计算出的概率，分别计算 AA、Aa 和 aa 的个体数为 2 的概率。

3.4　以多项分布公式 3.10 中的两个随机变量 X_1 和 X_2 为例，根据文中给出的多项分布性质，我们知道：$E(X_1)=np_1$；$E(X_2)=np_2$；$V(X_1)=np_1(1-p_1)$；$V(X_2)=np_2(1-p_2)$；$E(X_1+X_2)=n(p_1+p_2)$；$V(X_1+X_2)=n(p_1+p_2)(1-p_1-p_2)$。另外，对于任意两个随机变量 X 和 Y，$V(X+Y)=V(X)+V(Y)+2\text{Cov}(X,Y)$。利用上述结果证明下面的两个结论。

(1) 随机变量 X_1 和 X_2 的协方差为 $\text{Cov}(X_1,X_2)=-np_1p_2$。

(2) 随机变量 X_1 和 X_2 的相关系数为 $\text{Corr}(X_1,X_2)=-\dfrac{p_1p_2}{\sqrt{p_1(1-p_1)p_2(1-p_2)}}$。

3.5　观察一个 F_2 群体中 12 个单株的花色，红花和白花各发现有 6 株。

(1) 估计群体中红花表型的频率，以及估计值的标准差。

(2) 利用 χ^2 统计量检验判断该群体中红花和白花是否服从 3:1 的分离比。

(3) 利用矫正 χ^2 统计量检验判断该群体中红花和白花是否服从 3:1 的分离比。

(4) 利用精确检验判断该群体中红花和白花是否服从 3:1 的分离比。

(5) 样本量较小时，应该采用哪种检验方法？

3.6　对一个随机交配群体中的 20 个个体进行基因型鉴定，三种基因型 AA、Aa、aa 分别占 7 个、11 个、2 个。

(1) 估计等位基因 A 的频率，以及估计值的标准差。

(2) 利用 χ^2 统计量检验判断该群体是否符合 HW 平衡。

(3) 利用矫正 χ^2 统计量检验判断该群体是否符合 HW 平衡。

(4) 利用精确检验判断该群体是否符合 HW 平衡。

(5) 样本量较小时，应该采用哪种检验方法？

3.7　根据公式 3.20，计算随机交配大群体中一个突变基因 1~10 代的丢失概率，并绘制丢失概率随世代的变化曲线。

3.8　调查结果表明，人类双胞胎的出生比例大约为 1:89。某医院每年接收大约 300 个孕妇。利用泊松分布计算生产双胞胎的孕妇多于 6 个的概率。

3.9　下图是大小为三的理想随机交配群体中，基因在三个世代中的传递示意图。世代

0 为随机交配大群体中抽取的三个个体，它们携带的 6 个基因用 $A_1 \sim A_6$ 表示。实心圆表示等位基因 A，空心圆表示等位基因 a。不考虑其他座位。

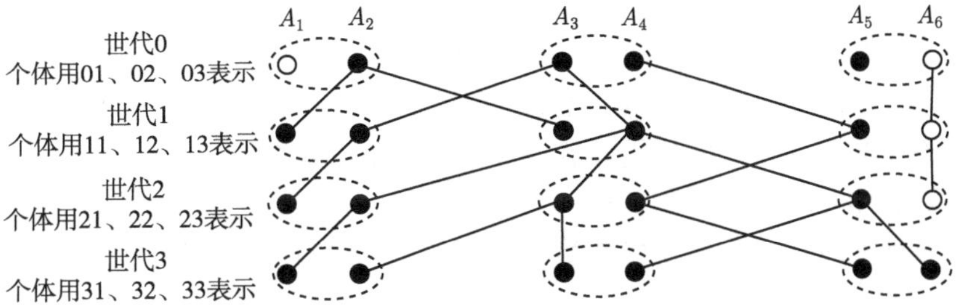

(1) 计算个体 01、02、03 的近交系数。

(2) 判断个体 11、12、13 携带的两个基因是否后裔同样。

(3) 计算个体 11、12、13 两两之间的共祖先系数。

(4) 判断个体 21、22、23 携带的两个基因是否后裔同样。

(5) 计算个体 31、32、33 的近交系数。

3.10 对于图 3.6 的理想群体，假定 N=2，基础群体中等位基因 A、a 频率分别为 0.7、0.3。

(1) 给出随机遗传漂变 Wright-Fisher 模型的转移矩阵。

(2) 给出世代 0 基因 A 个数的概率向量。

(3) 根据转移矩阵和世代 0 概率向量，计算随机漂移 10 个世代后基因 A 个数的概率向量。

(4) 如有 1000 个亚群体，随机漂移 10 个世代后，大概有多少个亚群体被固定在基因 A 上？多少个丢失了基因 A？多少个基因 A 和 a 同时存在？

(5) 随机漂移 10 个世代后，计算亚群体中基因 A 频率的均值和方差。

3.11 对于图 3.6 的理想群体，假定基础群体中等位基因 A、a 的频率分别为 p、q。不论亚群体的大小如何，经过足够多代随机漂移后，亚群体被固定在等位基因 A、a 的频率也分别是 p、q。证明在固定的亚群体中，等位基因 A 频率的方差等于 p 和 q 的乘积。

3.12 对于图 3.6 的理想群体，假定基础群体中等位基因 A、a 频率分别为 0.7、0.3，亚群体大小为 30。

(1) 计算基础群体的基因型频率。

(2) 计算 20 代随机交配后亚群体的近交系数。

(3) 如果 20 代随机交配后合并亚群体形成一个混合群体，计算混合群体的基因频率和基因型频率。

(4) 在 (3) 的基础上，计算混合群体中杂合型频率相对于基础群体下降的百分数。

(5) 在 (3) 的基础上，计算亚群体中基因 A 频率的方差。

3.13 在多个随机漂移群体的混合群体中，观察到一个座位上三种基因型 AA、Aa、aa 的个体数分别为 42、76、448。估计混合群体的近交系数。

3.14　一个随机交配生物种群被地理环境分割成两个亚群体，这两个亚群体分别占种群的 25%和 75%。调查数据表明，某座位上等位基因 A 在两个亚群体中的频率分别为 0.1 和 0.5。

(1) 计算等位基因 A 在该种群中的平均频率。

(2) 分别计算这两个亚群体的杂合度。

(3) 计算该种群在不存在群体结构这一假定下的平均杂合度。

(4) 计算亚群体间的分化系数 F_{ST}。

(5) 从基因频率的方差计算分化系数 F_{ST}。

第 4 章　有效群体大小和系谱分析

上一章讨论分散过程引起的遗传漂变时，均假定有限群体是一个理想群体。尽管群体内部仍然是随机交配，长期漂变的有限群体也会与重复自交一样，近交系数会逐渐趋近于 1，最终形成纯系，有时也称近交系或自交系。纯系群体只包含一种纯合基因型，每个座位上的两个等位基因都是由祖先中的同一个基因传递而来。理想群体需要满足一系列条件，对于大多数动植物育种群体来说，这些条件不一定都能够得到满足。这一章首先介绍非理想条件下群体的有效大小，通过有效群体大小这一概念，可以把一个非理想群体看作理想群体进行研究。对于系谱关系明确或者按照特殊规则进行交配的群体，则详细讨论个体间共祖先系数和后代近交系数的计算方法。最后简要介绍群体遗传学在植物遗传资源搜集和再生繁殖中的应用。

§4.1　非理想群体的有效大小

§4.1.1　有效群体大小的定义

大多数动植物育种群体都不是理想群体，为了能够像理想群体那样，用基因频率的方差或是近交系数去研究这些群体的分散过程，特提出有效群体大小 (effective population size) 这一概念。有效群体大小常用 N_e 表示。有了这一概念，一个有效大小为 N_e 的非理想群体，就可视为包含 N_e 个个体的理想群体。因此，在知道了群体的有效大小后，非理想群体中分散过程造成的基因和基因型频率波动，以及近交系数的变化就与大小为 N_e 的理想群体完全相同。例如，从一个育种群体的产生过程，有时容易计算每个世代的近交系数 (见 §4.3 节)，这时就能根据公式 3.35 计算近交系数的增长速率 ΔF，然后从 $\Delta F=\dfrac{1}{2N}$ 计算这个育种群体的有效大小，即公式 4.1。另外，如果知道 t 个世代后亚群体之间基因频率的方差，就能根据公式 3.37 计算世代 t 的近交系数，根据公式 3.34 计算近交系数增长速率 ΔF，即公式 4.2。然后由公式 4.1 计算有效群体大小。

$$N_e = \frac{1}{2\Delta F} \tag{4.1}$$

$$F_t = \frac{\sigma_{p_t}^2}{p_0 q_0}, \quad \Delta F = 1 - (1 - F_t)^{\frac{1}{t}} \tag{4.2}$$

利用近交系数估计出的有效群体大小，即公式 4.1，又称为近交有效群体大小 (inbreeding effective population size)。利用基因频率方差估计出的有效群体大小，即公式 4.2，又称为方差有效群体大小 (variance effective population size)。有时，对一些特殊的育种群体 (详见 §4.1.2)，有效群体大小 N_e 还能够由实际群体大小计算出来。在计算出一个群体的有效大小后，近交系数和基因频率方差与大小为 N_e 的理想群体相同，即公式 4.3。

$$\Delta F = \frac{1}{2N_e}, \quad \sigma_{\Delta q}^2 = \frac{q_0(1 - q_0)}{2N_e} \tag{4.3}$$

例如，从一个随机交配大群体中，采用类似的亚群体抽样方法，经过 8 个世代的遗传漂移后共产生了 10 个亚群体。随机交配过程中，亚群体之间没有基因交流。在最终的亚群体中调查一个座位上的基因型，得到的基因频率如表 4.1 所示，平均基因频率为 0.7062，可以视为基础群体的基因频率。亚群体间基因频率的方差估计值为 0.0312，根据公式 3.37 可以得到亚群体的平均近交系数为 F=0.1503。如果把这些亚群体均视为理想群体，根据公式 4.2 得到 $\Delta F = 1 - (1 - F)^{\frac{1}{t}} = 1 - (1 - 0.1503)^{\frac{1}{8}} = 0.0201$。于是，根据公式 4.1 就得到有效群体大小 N_e=24.82。也就是说，这些亚群体尽管不一定完全满足理想群体的所有条件，但它们的分散过程与大小为 24.82 的理想群体是一样的，可以视为 $N = 24.82$ 的理想群体进行研究。

表 4.1　一个随机交配大群体经过 8 个世代遗传漂移衍生的 10 个亚群体的基因频率

亚群体	等位基因频率	杂合度
1	0.463	0.4973
2	0.565	0.4916
3	0.882	0.2082
4	0.721	0.4023
5	0.735	0.3896
6	0.839	0.2702
7	0.843	0.2647
8	0.910	0.1638
9	0.746	0.3790
10	0.358	0.4597
均值	0.7062	0.3526
方差	0.0312	
基础群体的杂合度		0.4150
近交系数 F	0.1503	0.1503
有效群体大小 N_e	24.82	24.82

公式 3.41 表明，近交系数还可以从亚群体平均杂合度相对于基础群体杂合度的下降程度进行估计。例如，用 p 和 q 表示亚群体的等位基因频率，由于亚群体内是随机交配，亚群体的杂合度等于 $2pq$。表 4.1 第三列的 10 个亚群体杂合度的平均数就是亚群平均杂合度，即 0.3526。表 4.1 中，把 10 个亚群体的平均频率 0.7062 视为基础群体的基因频率，于是得到基础群体的杂合度为 $2\times0.7062\times(1-0.7062)=0.4150$。这时就能利用公式 3.41 计算近交系数和有效群体大小，得到的结果与公式 3.37 得到的近交系数完全一致。

§4.1.2 常见非理想情况下的有效群体大小

下面均不加详细证明，给出常见非理想情况下的有效群体大小。这些公式的证明及更多的非理想群体，读者可参看 Crow 和 Kimura (1970) 一书第 7 章的相关内容。

1. 避免近亲交配的有效群体大小

对于雌雄异体的物种来说，自交当然是不可能的。人类婚姻中还禁止近亲交配，在一些动物的实验群体中，也常常人为地避免同胞交配。在实际大小为 N 的一个育种群体中，当排除自交时，有效群体大约比实际群体大 0.5，即公式 4.4。当全同胞交配也被排除在外时，有效群体大约比实际群体大 2，即公式 4.5。可以看出，除非 N 很小，排除近亲交配对群体近交系数的影响不会太大。

$$N_e \approx N + \frac{1}{2}, \quad \Delta F \approx \frac{1}{2N+1} \tag{4.4}$$

$$N_e \approx N + 2, \quad \Delta F \approx \frac{1}{2N+4} \tag{4.5}$$

2. 雌雄个体数不等的有效群体大小

在家养和实验动物群体中，雌雄个体数往往不相同，但雌雄个体对后代的贡献是均等的(这里只考虑常染色体而不考虑性染色体)。因此，个体数较少的性别会产生较大的遗传漂变效应。假定雄亲和雌亲的个体数分别为 N_m 和 N_f，则有效群体大小 N_e 近似等于 $2N_m$ 和 $2N_f$ 的调和平均数，即公式 4.6。近交系数由公式 4.7 给出，从中可以看出，近交系数主要取决于雌雄个体数中较小的一个。极端的例子是有无穷多个雌性个体但只有一个雄性个体 (如动物中，一个雄性个体与大量雌性个体交配产生的后代群体)，或者有无穷多个雄性个体但只有一个雌性个体 (如异花授粉植物中，一个植株上产生的大量种子)，这时的有效群体大小 N_e 大约只等于 4。

$$\frac{1}{N_e} \approx \frac{1}{4N_m} + \frac{1}{4N_f}, \quad N_e \approx \frac{4N_mN_f}{N_m+N_f} \tag{4.6}$$

$$\Delta F \approx \frac{1}{8N_m} + \frac{1}{8N_f} \tag{4.7}$$

3. 世代间个体数不等的有效群体大小

假定世代 t 的群体大小为 N_t $(t=0,1,2,\cdots)$。根据公式 3.31 和公式 3.32，可以得到相邻世代近交系数的公式 4.8。从递推公式 4.8 可以得到世代 t 的近交系数与世代 0 的关系式 4.9，因此得到有效群体大小与各个世代群体大小的关系式 4.10。

$$1 - F_t = \left(1 - \frac{1}{2N_{t-1}}\right)(1 - F_{t-1}) \tag{4.8}$$

$$1 - F_t = \left(1 - \frac{1}{2N_{t-1}}\right) \cdots \left(1 - \frac{1}{2N_1}\right)\left(1 - \frac{1}{2N_0}\right)(1 - F_0) \tag{4.9}$$

$$\left(1 - \frac{1}{2N_e}\right)^t = \left(1 - \frac{1}{2N_{t-1}}\right) \cdots \left(1 - \frac{1}{2N_1}\right)\left(1 - \frac{1}{2N_0}\right) \tag{4.10}$$

数学上可以证明，公式 4.10 中的 N_e 可以用各个世代群体大小的调和平均数来近似，即公式 4.11。调和平均数受最小一个数值的影响最大。因此，具有最小个体数的世代对有效群体大小 N_e 起决定作用。这种现象就是后面将要提及的瓶颈效应和建立者效应。

$$\frac{1}{N_e} \approx \frac{1}{t}\left(\frac{1}{N_0} + \frac{1}{N_1} + \cdots + \frac{1}{N_{t-1}}\right) \tag{4.11}$$

4. 家系大小非随机分布的有效群体大小

家系大小非随机分布的群体，是偏离理想群体的最常见形式。家系大小定义为每个个体为下一个世代贡献的个体数。对于理想群体，我们假定每个个体为下一代平均贡献一个后代，以保持群体大小代代相同。但是，由于随机交配，有些亲本可能贡献多于 1 个的后代，有的亲本可能没有后代。没有后代的个体，它们携带的基因也就不能传递给后续的世代。每个亲本个体贡献的后代数是一个随机变量，服从二项分布 $B\left(n = N, p = \dfrac{1}{N}\right)$。因此，作为随机变量，每个亲本贡献后代个体数的均值等于 1，方差等于 $npq = 1 - \dfrac{1}{N}$。当亚群体容量较大时，这个随机变量近似服从 λ=1 的泊松分布，其均值等于 1，方差也等于 1。

对实际育种群体来说，由于亲本在繁殖能力上的差异，以及它们后代个体在生存能力上的差异，亲本个体很少有同等机会为下一代贡献基因或后代。这种在适合度上的差异会造成家系大小之间方差的增加，其结果是后代群体中的大部分个体来自少数几个亲本，从而造成有效群体大小的下降。另外，特殊的交配设计还能降低家系大小的变异，从而增加有效群体大小。考虑一个具有固定大小 N、雌雄个体数相等的群体 (如遗传资源保护中的大多数植物群体)。每个个体平均产生一个后代，即平均为后代贡献两个配子。由于是随机交配，每个亲本个体贡献的配子数 k 是一个随机变量，近似服从 λ=2 的泊松分布，它的均值 $\bar{k} = 2$，方差 $V_k = \bar{k} = 2$。由于繁殖力和生存力的不同，亲本个体不具有同等机会贡献下一代时，亲本贡献配子数 k 的方差就会大于配子数的均值。公式 4.12 给出考虑配子数方差 V_k 时，有效群体大小的近似表达式。

$$N_e \approx \frac{4N}{V_k + 2} \tag{4.12}$$

从公式 4.12 可以看出，对于理想群体来说，$V_k = 2$，$N_e = N$。公式 4.12 一般用于雌雄同体的交配，如大多数植物物种。因此，雌雄亲本贡献的配子数具有相同的方差。对于雌雄异体的交配，如大多数的动物物种，雌雄亲本贡献的配子数还可能有不同的方差。这时，可以利用公式 4.13 近似计算有效群体大小，其中，V_{km} 和 V_{kf} 分别是雌雄亲本贡献配子数的方差。

$$N_e \approx \frac{8N}{V_{km} + V_{kf} + 4} \tag{4.13}$$

从公式 4.12 和公式 4.13 不难看出，如果亲本贡献的后代个体数不存在任何变异，即公式中的方差项为 0，有效群体大小还可以是实际群体大小的两倍。有效群体大小的增加，能够有效降低随机漂移对群体结构的影响，也减少基因的丢失概率。这一章最后一节介绍群体遗传学在遗传资源搜集和再生繁殖过程中的应用时，我们会更清楚地看到这一点。

§4.1.3 建立者效应和瓶颈效应

从公式 4.11 可以看出，个体数最少的世代对有效群体大小的影响最大。当一个群体是由少数几个个体繁衍而来时，即繁衍过程中的某个阶段只有少数几个个体，这时的有效群体就会很小。例如，某海岛上的人群，是由另一海岛或大陆上的少数几个人首先聚居，后来的群体是由这几个个体交配繁殖而来，那么，这几个祖先个体中的基因频率就决定了海岛群体的基因频率。由于随机漂移，海岛群体的遗传特性可能与原始群体存在较大差异。这种差异是由少数几个建立者造成的，因此也称为建立者效应 (founder effect)。另一情况下，少数个体在自然或人工的影响下 (如自然灾害) 存活下来，之后这些个体繁衍成一个新群体。当然新群体的基因频率就可能和原来的群体大不相同，而且基因的多样性也不丰富，交配产生新重组类型的可能性也不大，这种效应称为瓶颈效应 (bottle-neck effect)。建立者效应和瓶颈效应，归根结底是由小样本的抽样误差引起的。它们不仅降低后代群体的有效大小，提高了后代群体的近交系数，并且在很大程度上决定了后代群体在很多方面的遗传特性，包括等位基因个数的减少、基因频率的奇异分离，以及连锁不平衡度的增加等。

建立者效应和瓶颈效应只有细微的差异。例如，最初从一陆地群体向一无人海岛迁入 30 人，经过几百年的繁衍，海岛上的人口增加到现今的 10 000 人。但是，这些人的祖先都是当初迁入的那 30 人，他们是陆地群体的一个有限样本，有着与陆地群体不同的基因频率。目前的海岛群体与陆地群体之间可能存在很大的遗传差异，这就是建立者效应。又如，一个海岛上的人口一段时间内一直稳定在 10 000 人左右。后来由于一场突发灾难，如火山或地震等，人口迅速下降到 30 人。经过一段时间的恢复后，人口又发展到灾难前的水平。现在的人数与灾难前差不多，但是目前人群的遗传多样性要远低于灾难前，这就是瓶颈效应。

在美国宾夕法尼亚州兰克斯特有个 Amich 群体，人口约为 13 000 人，人群中六指侏儒病的发病率很高。六指侏儒病由一个隐性基因控制，40 个有此病的家庭中，有 82 名子女患有此病。考虑到近交，隐性基因的频率为 0.066，发病率为 0.005。在系谱研究中发现，高发病率是由建立者效应引起的。由于群体建立者的数目有限，所有 40 个家庭的 82 名患者都可以追踪到其祖先 Samel King 和他的妻子。美洲鹤由于猎捕，在 1920 年发现只有 20 只，而在 1977 年发现有 71 只。而北象海豹于 19 世纪在太平洋的一个岛上只有 20 只，人们采取了一些保护措施，使得种群扩大了，到 1970 年发现岛上有 30 000 只以上。但是，这些后代仅仅是由 20 只祖先衍生而来，它们之间的遗传多样性都不会很高。

在动植物的育种中，如果一个育种项目不及时引入新的种质资源、也不与其他育种项目进行材料交换的话，经过少数几个育种周期的高强度选择后，所有的后代个体都可能追踪到几个周期前的少数几个亲本，这些后代个体之间存在密切的亲缘关系，可供利用的基因多已在这些后代个体中得到利用。若将这些后代个体作为亲本继续开展杂交和选择的话，育种群体中就会存在严重的近交，就会出现瓶颈效应。这样的育种群体中，遗传变异的程度很低，往往难以继续取得遗传进展。因此，在一个相对封闭的育种群体中，几个周期的选择后，群体就会达到选择极限 (selection limit) 或选择高原 (selection plateau)。对于之后的选择，群体不再表现出明显的响应。如果能够源源不断地引入一定量的外来材料做亲本，就可以保持甚至扩大育种群体的有效大小，瓶颈效应也会随之消失，也就不会出现选择高原的现象。

§4.2　系谱群体中的共祖先系数和近交系数

截至目前，我们一直利用群体大小或有效群体大小，通过计算近交系数来研究群体中基因和基因型频率的波动。近交系数等于任意个体是后裔同样纯合基因型的概率，这样定义的近交系数其实是一个群体中所有个体近交系数的平均。在实际的动植物育种群体中，个体之间存在复杂的系谱关系，这时难以估计群体的有效大小，试图通过有效群体大小研究近交系数就十分困难。但是，如果知道个体之间的系谱信息，个体间的共祖先系数及每个个体的近交系数也是可以计算的。

§4.2.1　系谱群体

个体的近交系数，等于任意座位上两个等位基因后裔同样的概率。要计算这个概率，只需要在系谱中追踪它的共同祖先即可。图 4.1 是一个半同胞交配的系谱，假定个体 A、B、C 之间无祖先关联，个体 Z 的两个亲本 X 和 Y 具有共同祖先 A。共同祖先 A 的基因型用 a_1a_2 表示，它的近交系数定义为 $F_{\mathrm{A}} = \Pr\{a_1 \equiv a_2\}$。由于个体 A 和 B 之间不存在祖先关联，它们之间的交配不是近交，个体 X 的近交系数 F_{X}=0。同样，由于个体 A 和 C 之间也不存在祖先关联，它们之间的交配也不是近交，个体 Y 的近交系数 F_{Y}=0。但是，X 和 Y 之间具有共同亲本 A，它们之间存在祖先关联，它们之间的交配属于近交，后代个体 Z 的近交系数就不再是 0。从上面的分析还可以看出，亲本的近交系数与后代的近交系数没有必然联系，亲代个体之间是否具有共同祖先才是后代个体近交系数的决定因素。同时，即使在随机交配大群体中，祖先关联总是存在的，如两个个体的全同胞后代肯定是祖先关联的。祖先关联的个体只有发生交配时，才会在后代群体中产生近交。如果一个群体中，没有发生祖先关联个体间的交配，后代群体中当然也就不会出现近交。

$$\mathrm{A}:\ a_1a_2 \to \frac{1}{2}a_1 + \frac{1}{2}a_2$$

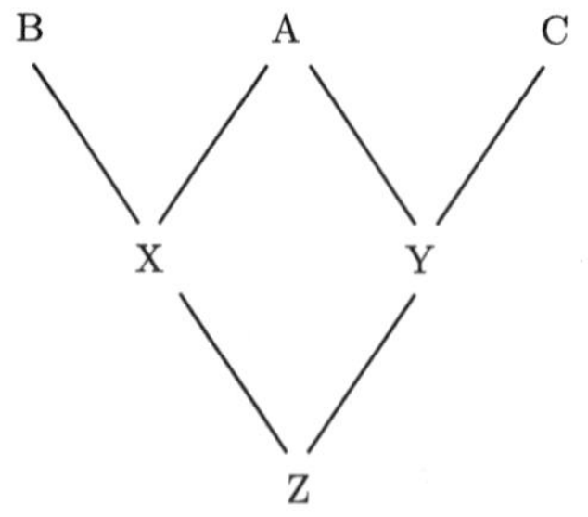

$$\frac{1}{16}a_1a_1 + \frac{1}{8}a_1a_2 + \frac{1}{16}a_2a_2 + \cdots$$

图 4.1　半同胞个体 X 与 Y 交配的系谱图

假定个体 A、B、C 之间无祖先关联，个体 Z 的两个亲本 X 和 Y 具有共同祖先 A。个体 A 的基因型用 a_1a_2 表示，近交系数为 $F_{\mathrm{A}} = \Pr\{a_1 \equiv a_2\}$

在 A、B、C 之间无祖先关联的假定下，它们的后代个体 X 和 Y 的近交系数均为 0，同时 X 和 Y 具有共同祖先 A。下面从个体 Z 的基因型构成来计算它的近交系数。个体 A 的两个基因 a_1 和 a_2 在后代 X 和 Y 中的传递是随机的。在后代个体 Z 中，这两个等位基因的三种结合方式 a_1a_1、a_1a_2、a_2a_2 都有可能出现，即 Z 携带的两个等位基因均来自祖先个体 A。当然，也会出现一个等位基因来自祖先个体 A、另外一个来自祖先个体 B 或 C 的情形，但这样的基因型对近交系数没有贡献。因此，只考虑基因型 a_1a_1、a_1a_2、a_2a_2 在后代个体 Z 中的出现概率。如出现基因型 a_1a_1 或 a_2a_2，这时 Z 携带的两个基因一定后裔同样。如出现基因型 a_1a_2，这时 Z 携带两个基因后裔同样的概率等于个体 A 的近交系数 F_{A}。要想在后代个体 Z 中出现基因型 a_1a_1，等位基因 a_1 需要从 A 传递到 X，然后再从 X 传递到 Z，同时还需要从 A 传递到 Y，然后再从 Y 传递到 Z，每次传递过程的概率都只有 $\frac{1}{2}$。因此，基因型 a_1a_1 在后代个体 Z 中发生的概率为 $\left(\frac{1}{2}\right)^4=\frac{1}{16}$ (图 4.1)。与此类似，基因型 a_2a_2 发生的概率也是 $\left(\frac{1}{2}\right)^4=\frac{1}{16}$(图 4.1)。

对于基因型 a_1a_2，存在两种途径。一是等位基因 a_1 从 A 传递到 X，然后再从 X 传递到 Z，同时等位基因 a_2 从 A 传递到 Y，然后再从 Y 传递到 Z，这个概率等于 $\left(\frac{1}{2}\right)^4=\frac{1}{16}$；二是等位基因 a_2 从 A 传递到 X，然后再从 X 传递到 Z，同时等位基因 a_1 从 A 传递到 Y，然后再从 Y 传递到 Z，这个概率也等于 $\left(\frac{1}{2}\right)^4=\frac{1}{16}$。因此，基因型 a_1a_2 在后代个体 Z 中发生的概率为 $\frac{1}{16}+\frac{1}{16}=\frac{1}{8}$ (图 4.1)。这样，个体 Z 中两个等位基因后裔同样的三种互不相容情形，以及它们发生的概率分别为：① Z 的基因型是 a_1a_1，发生概率为 $\frac{1}{16}$；② Z 的基因型是 a_2a_2，发生概率为 $\frac{1}{16}$；③ Z 的基因型是 a_1a_2，同时 $a_1\equiv a_2$，发生概率为 $\frac{1}{8}F_{\mathrm{A}}$。因此，个体 Z 的近交系数为三者之和，即公式 4.14。其中，第二个等号后面的数字 3 表示后裔同样基因传递到 Z 的路径上的亲本个数，即图 4.1 中的 X、A、Y。传递路径用 ZX<u>A</u>YZ 表示，下划线表示路径上的共同亲本。

$$F_{\mathrm{Z}}=\frac{1}{16}+\frac{1}{16}+\frac{1}{8}F_{\mathrm{A}}=\left(\frac{1}{2}\right)^3\times(1+F_{\mathrm{A}}) \tag{4.14}$$

对于具有多个共同亲本的情形，只需要把每个共同亲本产生的近交系数累加在一起即可，即公式 4.15，其中，n 表示后裔同样基因传递到 Z 的路径上的亲本个数。

$$F_{\mathrm{Z}}=\sum\left(\frac{1}{2}\right)^n\times(1+F_{\mathrm{A}}) \tag{4.15}$$

§4.2.2 共祖先系数和近交系数的关系

前面介绍了通过追踪后代个体的共同祖先，计算个体近交系数的方法。当系谱关系比较复杂时，这种方法显得很繁琐。上一章的公式 3.24 表明，两个亲本个体的共祖先系数等于它们后代个体的平均近交系数。因此，另外一种方法就是由亲本的共祖先系数来计算后代个体的近交系数。在系谱图 4.2 中，个体 X 的亲本为 A 和 B，Y 的亲本为 C 和 D，Z 的亲本为

X 和 Y。个体 X 的两个等位基因为 x_1 和 x_2，个体 Y 的两个等位基因为 y_1 和 y_2，个体 Z 的两个等位基因为 z_1 和 z_2。假定后代的等位基因都能追踪到亲本来源，即个体 Z 的等位基因 z_1 来自亲本 X，等位基因 z_2 来自亲本 Y；个体 X 的等位基因 x_1 来自亲本 A，等位基因 x_2 来自亲本 B；个体 Y 的等位基因 y_1 来自亲本 C，等位基因 y_2 来自亲本 D。

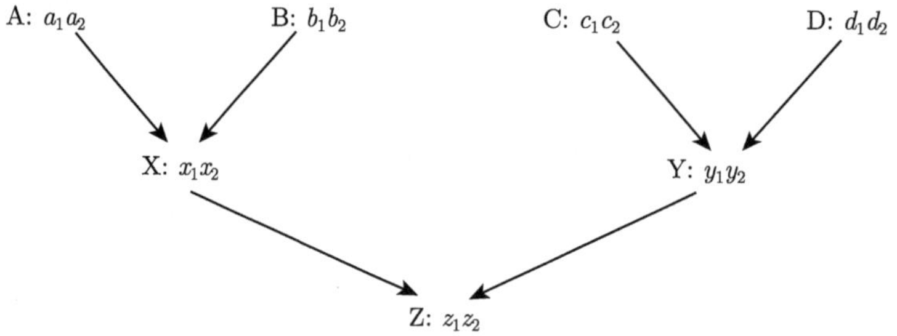

图 4.2 一个假定系谱图中，个体之间的亲缘关系及其基因型

个体 X 的亲本为 A 和 B，Y 的亲本为 C 和 D，Z 的亲本为 X 和 Y。后代的等位基因都能追踪到亲本来源，即个体 Z 的等位基因 z_1 来自亲本 X，z_2 来自亲本 Y；个体 X 的等位基因 x_1 来自亲本 A，x_2 来自亲本 B；个体 Y 的等位基因 y_1 来自亲本 C，y_2 来自亲本 D

用 x 表示等位基因 x_1 和 x_2 中的任意一个，y 表示等位基因 y_1 和 y_2 中的任意一个。对于二倍体物种来说，有关系式 4.16。因此，个体 X 与 Y 的共祖先系数 $f_{\mathrm{XY}} = \Pr\{x \equiv y\}$ 还可以利用公式 4.17 进行计算。同时，公式 4.17 右边的概率又正好等于 z_1 和 z_2 后裔同样的概率 (公式 3.24)，也就是 X 和 Y 交配产生后代 Z 的平均近交系数，即公式 4.18。公式 4.17 是共祖先系数 f_{XY} 的一般数学表述，与公式 4.18 一起，构成了计算系谱群体中个体间共祖先系数，以及个体近交系数的理论基础。

$$\Pr\{x = x_1\} = \Pr\{x = x_2\} = \Pr\{y = y_1\} = \Pr\{y = y_2\} = \frac{1}{2} \tag{4.16}$$

$$f_{\mathrm{XY}} = \frac{1}{4}[\Pr\{x_1 \equiv y_1\} + \Pr\{x_1 \equiv y_2\} + \Pr\{x_2 \equiv y_1\} + \Pr\{x_2 \equiv y_2\}] \tag{4.17}$$

$$F_{\mathrm{Z}} = \Pr\{z_1 \equiv z_2\} = f_{\mathrm{XY}} = \Pr\{x \equiv y\} \tag{4.18}$$

从亲本来计算后代的共祖先系数有两种方法，一是由两个个体的 4 个亲本进行计算。仍以系谱图 4.2 为例，个体 X 的亲本是 A 和 B，个体 Y 的亲本是 C 和 D。前面假定个体 X 的等位基因 x_1 来自亲本 A，x_2 来自亲本 B；个体 Y 的等位基因 y_1 来自亲本 C，y_2 来自亲本 D。公式 4.17 中，$P\{x_1 \equiv y_1\}$ 其实就是个体 A 和 C 的共祖先系数，$P\{x_1 \equiv y_2\}$ 就是个体 A 和 D 的共祖先系数，$P\{x_2 \equiv y_1\}$ 就是个体 B 和 C 的共祖先系数，$P\{x_2 \equiv y_2\}$ 就是个体 B 和 D 的共祖先系数。因此，Z 的近交系数等于 X 和 Y 之间的共祖先系数，X 和 Y 之间的共祖先系数又可以用它们 4 个亲本 A、B、C、D 的共祖先系数进行估计，即公式 4.19。公式 4.19 表明，两个个体之间的共祖先系数等于两对亲本之间的平均共祖先系数。

$$F_{\mathrm{Z}} = f_{\mathrm{XY}} = \frac{1}{4}(f_{\mathrm{AC}} + f_{\mathrm{AD}} + f_{\mathrm{BC}} + f_{\mathrm{BD}}) \tag{4.19}$$

另一种方法是由一个个体与另外一个个体的两个亲本进行计算。在公式 4.17 中，由于 y_1 是来自亲本 C 的任意一个等位基因，$P\{x_1 \equiv y_1\}$ 和 $P\{x_2 \equiv y_1\}$ 其实就是个体 X 和 C

的共祖先系数。同理，$P\{x_1 \equiv y_2\}$ 和 $P\{x_2 \equiv y_2\}$ 其实就是个体 X 和 D 的共祖先系数。因此，X 和 Y 之间的共祖先系数可以用 X 与 Y 的两个亲本 C、D 的共祖先系数进行估计，即公式 4.20。当然，也可以用 Y 与 X 的 2 个亲本 A、B 的共祖先系数进行估计，即公式 4.21。

$$f_{\mathrm{XY}} = \frac{1}{2}(f_{\mathrm{XC}} + f_{\mathrm{XD}}) \tag{4.20}$$

$$f_{\mathrm{XY}} = \frac{1}{2}(f_{\mathrm{AY}} + f_{\mathrm{BY}}) \tag{4.21}$$

公式 4.20 和公式 4.21 表明，两个个体之间的共祖先系数为一个个体与另外一个个体的两个亲本之间共祖先系数的平均。值得一提的是，公式 4.20 要满足一个重要条件，即 X 不能是 Y 的后代。如果把 X 换为 Z，由于 Z 是 Y 的后代，公式 4.20 不再成立，即$f_{\mathrm{ZY}} \neq \frac{1}{2}(f_{\mathrm{ZC}}+f_{\mathrm{ZD}})$。事实上，如果 Z 是 Y 的后代，那么 Y 一定不是 Z 的后代。这时，可以利用公式 4.21 计算 Y 和 Z 的共祖先系数，即 $f_{\mathrm{ZY}} = \frac{1}{2}(f_{\mathrm{XY}} + f_{\mathrm{YY}}) = \frac{1}{2}\left[f_{\mathrm{XY}} + \frac{1}{2}(1 + F_{\mathrm{Y}})\right]$。同理，公式 4.21 中，Y 不能是 X 的后代。如果把 Y 换为 Z，公式 4.21 不再成立，即 $f_{\mathrm{XZ}} \neq \frac{1}{2}(f_{\mathrm{AZ}}+f_{\mathrm{BZ}})$。这时，可以利用公式 4.20 计算 X 和 Z 的共祖先系数，即 $f_{\mathrm{XZ}} = \frac{1}{2}(f_{\mathrm{XX}} + f_{\mathrm{XY}}) = \frac{1}{2}\left[\frac{1}{2}(1 + F_{\mathrm{X}}) + f_{\mathrm{XY}}\right]$。

§4.2.3 常见系谱的共祖先系数和近交系数

1. 个体和它自身的共祖先系数

将公式 4.17 中的个体 Y 换成个体 X，就能如公式 4.22 计算个体 X 和它自身的共祖先系数，记为 f_{XX}。由公式 4.22 容易知道，如果个体 X 是非自交系 (如随机交配大群体中的一个个体)，这时 $F_{\mathrm{X}} = 0$，个体 X 和它自身的共祖先系数$f_{\mathrm{XX}} = \frac{1}{2}$。如果个体 X 是自交系，这时 $F_{\mathrm{X}} = 1$，个体 X 和它自身的共祖先系数 $f_{\mathrm{XX}} = 1$。显然，个体 X 和它自身的共祖先系数不会低于 0.5。公式 4.22 给出的共祖先系数，当然也就是 X 自交后代的近交系数。因此，自交一代群体中近交系数也不会低于 0.5。反过来，如果知道了共祖先系数 f_{XX} 之后，也就可以根据公式 4.23 计算近交系数 F_{X}。

$$\begin{aligned} f_{\mathrm{XX}} =& \frac{1}{4}[P\{x_1 \equiv x_1\} + P\{x_1 \equiv x_2\} + P\{x_2 \equiv x_1\} + P\{x_2 \equiv x_2\}] \\ =& \frac{1}{4}(1 + F_{\mathrm{X}} + F_{\mathrm{X}} + 1) = \frac{1}{2}(1 + F_{\mathrm{X}}) \geqslant \frac{1}{2} \end{aligned} \tag{4.22}$$

$$F_{\mathrm{X}} = 2f_{\mathrm{XX}} - 1 \tag{4.23}$$

2. 亲本和后代间的共祖先系数

如要计算系谱图 4.2 中个体 X 和它后代 Z 的共祖先系数。由于 Z 的亲本是 X 和 Y，X 和 Z 的共祖先系数可以用 X 与 X，以及 X 与 Y 的共祖先系数进行计算，即公式 4.24。同理，个体 Y 和它后代 Z 的共祖先系数，可以用 Y 与 X，以及 Y 与 Y 的共祖先系数进行计算，即公式 4.25。

$$f_{\mathrm{XZ}} = \frac{1}{2}(f_{\mathrm{XX}} + f_{\mathrm{XY}}) = \frac{1}{2}\left[\frac{1}{2}(1 + F_{\mathrm{X}}) + f_{\mathrm{XY}}\right] \geqslant \frac{1}{4} \tag{4.24}$$

$$f_{YZ}=\frac{1}{2}(f_{YX}+f_{YY})=\frac{1}{2}\left[\frac{1}{2}(1+F_Y)+f_{XY}\right]\geqslant\frac{1}{4} \tag{4.25}$$

由公式 4.24 和公式 4.25 容易看出，个体 X 和后代 Z、个体 Y 和后代 Z 的共祖先系数都不会低于 0.25。如果 X 和 Y 均是非自交系，即 $F_X=F_Y=0$，X 与 Y 之间无祖先关联，即 $f_{XY}=0$，这时 X 和后代 Z，以及 Y 和后代 Z 的共祖先系数都是 0.25。如果 X 和 Y 都是自交系，即 $F_X=F_Y=1$，这时 X 和后代 Z，以及 Y 和后代 Z 的共祖先系数都是 $f_{XZ}=f_{YZ}=\frac{1}{2}(1+f_{XY})$。如果 X 和 Y 都是自交系，X 与 Y 之间无祖先关联，即 $F_X=F_Y=1$、$f_{XY}=0$，这时 X 和后代 Z，以及 Y 和后代 Z 的共祖先系数都是 0.5。

3. 全同胞间的共祖先系数

如果 X 和 Y 是全同胞，假定它们的双亲均为 A 和 B。在公式 4.19 中，用 A 代替 C、B 代替 D，就得到全同胞间的共祖先系数 f_{XY} 计算公式 4.26。

$$\begin{aligned}f_{XY}=&\frac{1}{4}(f_{AA}+f_{AB}+f_{BA}+f_{BB})\\=&\frac{1}{4}\left[\frac{1}{2}(1+F_A)+2f_{AB}+\frac{1}{2}(1+F_B)\right]\geqslant\frac{1}{4}\end{aligned} \tag{4.26}$$

与亲本和后代的关系一样，由公式 4.26 容易看出，全同胞个体 X 与 Y 之间的共祖先系数也不会低于 0.25。如果亲本 A 和 B 是非自交系，它们之间无祖先关联，即 $F_A=F_B=0$、$f_{AB}=0$，则全同胞个体之间的共祖先系数为 0.25。如果亲本 A 和 B 是自交系，即 $F_A=F_B=1$，则全同胞个体之间的共祖先系数为 $f_{XY}=\frac{1}{2}(1+f_{AB})$。如果 A 和 B 是自交系，它们之间无祖先关联，即 $F_A=F_B=1$、$f_{AB}=0$，则全同胞个体之间的共祖先系数为 $f_{XY}=\frac{1}{2}$。

4. 半同胞间的共祖先系数

如果 X 和 Y 是半同胞，假定 X 的双亲为 A 和 B、Y 的双亲为 A 和 D。在公式 4.19 中，用 A 代替 C，就得到半同胞间的共祖先系数 f_{XY} 的计算公式 4.27。

$$\begin{aligned}f_{XY}=&\frac{1}{4}(f_{AA}+f_{AD}+f_{BA}+f_{BD})\\=&\frac{1}{4}\left[\frac{1}{2}(1+F_A)+f_{AD}+f_{BA}+f_{BD}\right]\geqslant\frac{1}{8}\end{aligned} \tag{4.27}$$

容易看出，半同胞个体 X 与 Y 之间的共祖先系数不会低于 0.125。如果亲本之间无祖先关联，即 $f_{AD}=f_{BA}=f_{BD}=0$，半同胞之间的共祖先系数$f_{XY}=\frac{1}{8}(1+F_A)$。同时，如果 A 是非自交系，则半同胞共祖先系数 $f_{XY}=\frac{1}{8}$；如果 A 是自交系，则半同胞共祖先系数 $f_{XY}=\frac{1}{4}$。

§4.2.4　系谱群体共祖先系数的列表计算

共祖先系数是群体和数量遗传学中研究个体间亲缘关系远近的重要参数，在育种值预测中有重要作用。共祖先系数和近交系数有着紧密的关系，近交系数定义为两个等位基因是后裔同样的概率，后代的平均近交系数等于两个亲本的共祖先系数。用 f_{XY} 表示两个个体间的共祖先系数，F_{X} 表示个体 X 的近交系数。利用前面给出的共祖先系数在亲子代之间的各种关系，可以计算任意系谱群体中两两个体间的共祖先系数，从而得到一个共祖先系数矩阵，这个矩阵又称为加性关系矩阵 (additive relationship matrix)，遗传学上用 $\boldsymbol{A}$ 表示。个体 X 和 Y 的共祖先系数与 Y 和 X 的共祖先系数是一回事。因此，加性关系矩阵是一个对称矩阵。加性关系矩阵的计算过程大致包含以下三个步骤。

1. 确定一个基础群体

假定一个系谱群体包含 n 个个体，把所有个体按照在系谱中的亲子关系排序，并用 1，2，$\cdots$，n 对个体进行编号。亲代必须排在子代的前面，排在最前面的 p 个无祖先关联的个体组成一个基础群体。基础群体中的个体，无法再追踪到它们的亲本信息，个体之间有无亲缘关系也不清楚。一般就认为它们之间不存在任何祖先关联。

2. 计算基础群体的共祖先系数

共祖先系数的计算从基础群体开始。基础群体中的个体都是非近交的，其近交系数为 0；两两个体之间没有任何亲缘关系，共祖先系数也为 0。个体与其自身的共祖先系数利用公式 4.22 计算。在基础群体中，就能利用下面的公式得到两两个体之间的共祖先系数。

$$f_{ij}=f_{ji}=\begin{cases}0, & 1\leqslant i<j\leqslant p\\ \dfrac{1}{2}(1+F_i)=\dfrac{1}{2}(1+0)=\dfrac{1}{2}, & 1\leqslant i=j\leqslant p\end{cases}$$

3. 按顺序依次计算其余个体与它前面的个体及与其自身的共祖先系数

基础群体之外的个体，按照在系谱中的先后顺序，依次计算个体 i $(i>p)$ 和个体 1，2，$\cdots$，i 间的共祖先系数。设个体 i 的亲本编号为 g 和 h。由于个体按先后次序排列，因此一定有 $g<i$ 和 $h<i$。这样，就能根据公式 4.24 计算个体 i 与它前面的个体 1，2，$\cdots$，$i-1$ 之间的共祖先系数。个体 i 和它自身的共祖先系数利用公式 4.22 计算。于是，就能利用下面的公式得到个体 i 和个体 1，2，$\cdots$，i 之间的共祖先系数。

$$f_{ij}=f_{ji}=\begin{cases}\dfrac{1}{2}f_{gj}+\dfrac{1}{2}f_{hj}, & p<j<i\\ \dfrac{1}{2}(1+F_i)=\dfrac{1}{2}(1+f_{gh}), & p<j=i\end{cases}$$

重复步骤 3 直到系谱中的最后一个个体为止，于是就得到共祖先系数矩阵的所有元素。在计算过程中，如果某一个亲本未知，则认为这个亲本的近交系数为 0，与其他不是它的后代个体之间的共祖先系数也为 0。

下面以图 4.3 的系谱为例，说明加性关系矩阵的计算。图 4.3 的系谱共包含 8 个个体，个体 1、2、3 的亲本信息未知，这三个个体构成一个基础群体。个体 4 的亲本是 1 和 2，个体 5 的亲本是 2 和 3，它们之间有一个共同亲本，即个体 2。个体 6 的亲本是 4 和 5，个体 7 的亲本是 3 和 5，个体 8 的亲本是 6 和 7。显然，个体 6 和 7 之间也存在祖先关联，它们的后代个体 8 也因此存在近交。由于共祖先系数是对称的，下面只给出 $i\leqslant j$ 的共祖先系数

f_{ij}。基础群体中，个体之间的共祖先系数为 0，每个个体的近交系数也是 0。以下是基础群体中三个个体之间共祖先系数的计算过程。

$$f_{11}=\frac{1}{2}(1+F_1)=\frac{1}{2},\ f_{12}=0, f_{13}=0,$$
$$f_{22}=\frac{1}{2}(1+F_2)=\frac{1}{2},\ f_{23}=0,\ f_{33}=\frac{1}{2}(1+F_3)=\frac{1}{2}$$

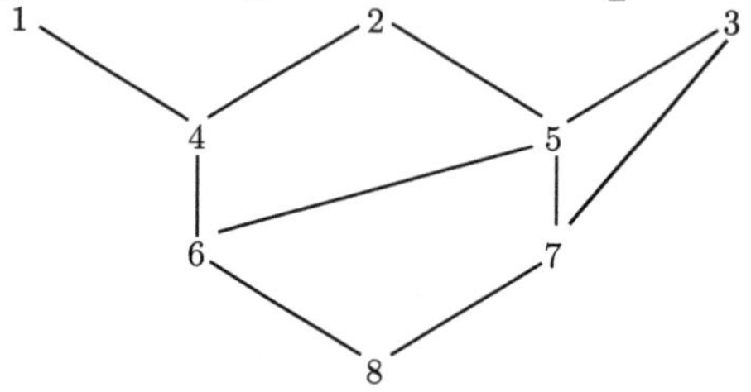

图 4.3 一个包含有 8 个个体的系谱

个体 1、2、3 的亲本信息未知，认为它们之间不存在祖先关联。个体 4 的亲本是 1 和 2，个体 5 的亲本是 2 和 3，它们之间有一个共同亲本，即个体 2。个体 6 的亲本是 4 和 5，个体 7 的亲本是 3 和 5，个体 8 的亲本是 6 和 7

个体 4 的亲本为个体 1 和 2，下面是个体 4 与 1、2、3、4 的共祖先系数计算过程。

$$f_{14}=\frac{1}{2}f_{11}+\frac{1}{2}f_{12}=\frac{1}{2}\times\frac{1}{2}+\frac{1}{2}\times 0=\frac{1}{4},\quad f_{24}=\frac{1}{2}f_{21}+\frac{1}{2}f_{22}=\frac{1}{2}\times 0+\frac{1}{2}\times\frac{1}{2}=\frac{1}{4},$$
$$f_{34}=\frac{1}{2}f_{31}+\frac{1}{2}f_{32}=\frac{1}{2}\times 0+\frac{1}{2}\times 0=0,\quad f_{44}=\frac{1}{2}(1+F_4)=\frac{1}{2}(1+f_{12})=\frac{1}{2}$$

个体 5 的亲本为个体 2 和 3，下面是个体 5 与 1、2、3、4、5 的共祖先系数计算过程。

$$f_{15}=\frac{1}{2}f_{12}+\frac{1}{2}f_{13}=\frac{1}{2}\times 0+\frac{1}{2}\times 0=0,\quad f_{25}=\frac{1}{2}f_{22}+\frac{1}{2}f_{23}=\frac{1}{2}\times\frac{1}{2}+\frac{1}{2}\times 0=\frac{1}{4},$$
$$f_{35}=\frac{1}{2}f_{32}+\frac{1}{2}f_{33}=\frac{1}{2}\times 0+\frac{1}{2}\times\frac{1}{2}=\frac{1}{4},\quad f_{45}=\frac{1}{2}f_{42}+\frac{1}{2}f_{43}=\frac{1}{2}\times\frac{1}{4}+\frac{1}{2}\times 0=\frac{1}{8},$$
$$f_{55}=\frac{1}{2}(1+F_5)=\frac{1}{2}(1+f_{23})=\frac{1}{2}$$

个体 6 的亲本为个体 4 和 5，下面是个体 6 与 1、2、3、4、5、6 的共祖先系数计算过程。

$$f_{16}=\frac{1}{2}f_{14}+\frac{1}{2}f_{15}=\frac{1}{2}\times\frac{1}{4}+\frac{1}{2}\times 0=\frac{1}{8},\quad f_{26}=\frac{1}{2}f_{24}+\frac{1}{2}f_{25}=\frac{1}{2}\times\frac{1}{4}+\frac{1}{2}\times\frac{1}{4}=\frac{1}{4},$$
$$f_{36}=\frac{1}{2}f_{34}+\frac{1}{2}f_{35}=\frac{1}{2}\times 0+\frac{1}{2}\times\frac{1}{4}=\frac{1}{8},\quad f_{46}=\frac{1}{2}f_{44}+\frac{1}{2}f_{45}=\frac{1}{2}\times\frac{1}{2}+\frac{1}{2}\times\frac{1}{8}=\frac{5}{16},$$
$$f_{56}=\frac{1}{2}f_{54}+\frac{1}{2}f_{55}=\frac{1}{2}\times\frac{1}{8}+\frac{1}{2}\times\frac{1}{2}=\frac{5}{16},\quad f_{66}=\frac{1}{2}(1+F_6)=\frac{1}{2}(1+f_{45})=\frac{1}{2}(1+\frac{1}{8})=\frac{9}{16}$$

个体 7 的亲本为个体 3 和 5，个体 8 的亲本为个体 6 和 7。下面只给出剩余共祖先系数的大小，相信读者能够自行验证。

$$f_{17}=0,\quad f_{27}=\frac{1}{8},\quad f_{37}=\frac{3}{8},\quad f_{47}=\frac{1}{16},\quad f_{57}=\frac{3}{8},\quad f_{67}=\frac{7}{32},\quad f_{77}=\frac{5}{8},$$
$$f_{18}=\frac{1}{16},\quad f_{28}=\frac{3}{16},\quad f_{38}=\frac{1}{4},\quad f_{48}=\frac{3}{16},\quad f_{58}=\frac{11}{32},\quad f_{68}=\frac{25}{64},\quad f_{78}=\frac{27}{64},\quad f_{88}=\frac{39}{64}$$

根据上面的规则，就可以编制计算机程序，从庞大的系谱中计算共祖先系数矩阵。共祖先系数矩阵是传统数量遗传学中，利用系谱数据估计育种值的基础。根据已经计算出的个体与其自身共祖先系数，再利用公式 4.23，即可得到系谱图 4.3 中每个个体的近交系数，具体数值如下。

$$F_1 = F_2 = F_3 = F_4 = F_5 = 0, \quad F_6 = \frac{1}{8}, \quad F_7 = \frac{1}{4}, \quad F_8 = \frac{7}{32}$$

可以看出，个体 7 的近交程度最高，它代表一个个体与它的后代个体再一次交配产生的后代，即亲子交配后代。个体 6 的亲本个体 4 和 5 具有一个共同祖先，即个体 2。因此，个体 6 是半同胞交配的后代。同时，图 4.3 中后代个体 8 的近交系数低于它的亲本个体 7，再次说明亲代的近交系数与后代的近交系数没有必然联系。个体 1 的后代只有 4、6、8，与它们的共祖先系数依次为 $\frac{1}{4}$、$\frac{1}{8}$、$\frac{1}{16}$，与其他非后代个体的共祖先系数均为 0。该系谱中，任何两个作为亲本的个体，它们的共同祖先都不包括个体 1。因此在这个系谱群体中，个体 1 对近交是没有贡献的。

最后，再以个体 8 为例，说明利用公式 4.15 计算近交系数的方法。图 4.3 中，个体 2、3、5 的近交系数均为 0，而且都对个体 8 的近交系数有贡献。它们通过三条路径将同一个基因传递到个体 8，一是 $864\underline{2}578$(下划线表示亲本)，除个体 8 外，这个路径上包含 5 个个体；二是 $86\underline{5}\underline{3}78$ 865<u>3</u>78，除个体 8 外，这个路径上包含 4 个个体；三是 $86\underline{5}78$，除个体 8 外，这个路径上包含 3 个个体。因此，个体 8 的近交系数为 $F_8 = \left(\frac{1}{2}\right)^5 + \left(\frac{1}{2}\right)^4 + \left(\frac{1}{2}\right)^3 = \frac{7}{32}$，与前面利用递推公式得到的结果相同。

§4.3 规则近交交配系统的近交系数

第 1 章介绍了大群体在自交、回交和随机交配三种交配系统下的结构特征。在随机交配大群体中，具有亲缘关系的个体相互交配产生后代的概率非常低。因此可以认为，随机交配大群体中不存在近交。自交和回交系统中，交配发生在具有亲缘关系的个体之间。因此，自交和回交群体中都存在近交。从 §4.2 节看到，系谱群体中，同一个世代的不同个体之间可能有不同的共祖先系数，后代个体也可能具有互不相同的近交系数。规则近交交配系统 (简称规则近交系统)(regular system of inbreeding) 是指在所有世代中重复同一种交配方式，每个世代中，不同个体具有相同的近交系数。规则近交系统是动植物遗传和育种研究中，通过具有亲缘关系个体之间连续不断的交配，快速产生近交家系的常用方法。重复自交和重复回交都属于规则近交系统。此外还有亲子交配、全同胞交配和半同胞交配等，是动物遗传育种中经常采用的规则近交系统。

§4.3.1 自交系统的近交系数

将随机交配大群体作为基础群体，视为自交世代 0，用 S_0 表示。之后的自交群体用 S 带一数字下标，以表示自交代数。图 4.4 给出 $t-1$ 代及其自交后代的基因型构成。世代 $t-1$ 中，个体携带的两个等位基因用 a_1 和 a_2 表示。它的自交后代群体中，三种基因型 a_1a_1、a_1a_2、a_2a_2 按照 1:2:1 的比例分离。基因型 a_1a_1 和 a_2a_2 的近交系数为 1，基因型 a_1a_2 的近交系数等于世代 $t-1$ 的近交系数。因此得到两个相邻自交世代近交系数的关系式 4.28。

$$F_t = \frac{1}{2} + \frac{1}{2}F_{t-1}, \quad 1 - F_t = \frac{1}{2}(1 - F_{t-1}) \tag{4.28}$$

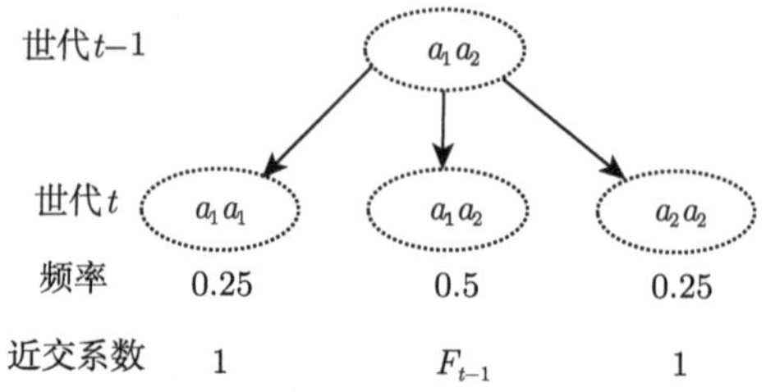

图 4.4　自交后代的基因型构成和近交系数

世代 $t-1$ 的两个等位基因用 a_1 和 a_2 表示，自交后代群体中，三种基因型 a_1a_1、a_1a_2、a_2a_2 按照 1:2:1 的比例分离。基因型 a_1a_1 和 a_2a_2 的近交系数为 1，基因型 a_1a_2 的近交系数等于世代 $t-1$ 的近交系数

公式 4.22 中，如把其中的 F_{X} 视为自交世代 $t-1$ 的近交系数，共祖先系数 f_{XX} 代表的就是世代 t 的近交系数，同样可以得到关系式 4.28。考虑到 $F_0=0$，进而得到自交 t 代群体的近交系数表达式 4.29。对比发现，公式 3.33 在 $\Delta F=\dfrac{1}{2}$ 时，与公式 4.29 是完全相同的。根据公式 4.1，可以得到 N_e=1。也就是说，自交系统的近交与大小为 1 的理想群体是等价的。这里的有效群体大小是根据近交系数得到的，因此 N_e=1 代表的是近交有效群体大小。

$$F_t=1-\left(\frac{1}{2}\right)^t(1-F_0)=1-\left(\frac{1}{2}\right)^t \tag{4.29}$$

对于任意两个亲本 X 与 Y 杂交产生的后代群体，X 与 Y 之间的共祖先系数 f_{XY} 等于基础群体的近交系数 F_0，自交后代的近交系数由公式 4.30 给出 (即把公式 4.29 中的 F_0 用双亲共祖先系数 f_{XY} 代替)。可见，亲本间的祖先关联会进一步提高自交过程中的近交系数。如果双亲 X 与 Y 之间无祖先关联，从杂种后代群体开始的重复自交过程中，近交系数的变化与任意随机交配群体中的重复自交是一样的。

$$F_t=1-\left(\frac{1}{2}\right)^t(1-f_{\mathrm{XY}}) \tag{4.30}$$

在基础群体无近交的情况下，一些自交世代的近交系数列于表 4.2。近交降低了群体中杂合型的频率，增加了纯合型频率 (公式 3.38~ 公式 3.40)。如用 H 表示基础群体的杂合度，表 4.2 的第三列给出不同自交世代的杂合型频率 (或杂合度)。对于任意等位基因 A、a 频率分别为 p、q 的随机交配来说，H=2pq。对于两个纯合自交系产生的杂种 F_2 群体来说，H=0.5。

表 4.2　自交系统中近交系数和杂合型频率的变化

群体	近交系数 F	杂合型频率 $=(1-F)H$
S_0	0	H
S_1	0.5	0.5H
S_2	0.75	0.25H
S_3	0.875	0.125H
S_4	0.9375	0.0625H
S_n	$1-\left(\frac{1}{2}\right)^n$	$\left(\frac{1}{2}\right)^n H$
S_∞	1	0

§4.3.2 回交系统的近交系数

在回交系谱图 4.5 中，个体 A 是轮回亲本，B 是供体亲本，X 表示两代回交群体中的一个个体。个体 A 和 D 是 X 的亲本，个体 A 和 C 是 D 的亲本，根据公式 4.20 或公式 4.21 得到 X 近交系数的表达式 4.31。如把 D 视为回交世代 $t-1$、X 视为回交世代 t，于是得到相邻两个回交世代近交系数的关系式 4.32。如果 F_{A}=1，即轮回亲本 A 是自交系，公式 4.32 与自交系统的近交系数公式 4.28 是完全一样的。

$$F_{\mathrm{X}} = f_{\mathrm{AD}} = \frac{1}{2}(f_{\mathrm{AA}} + f_{\mathrm{AC}}) = \frac{1}{2}\left[\frac{1}{2}(1 + F_{\mathrm{A}}) + F_{\mathrm{D}}\right] \tag{4.31}$$

$$F_t = \frac{1}{4}(1 + F_{\mathrm{A}} + 2F_{t-1}) \tag{4.32}$$

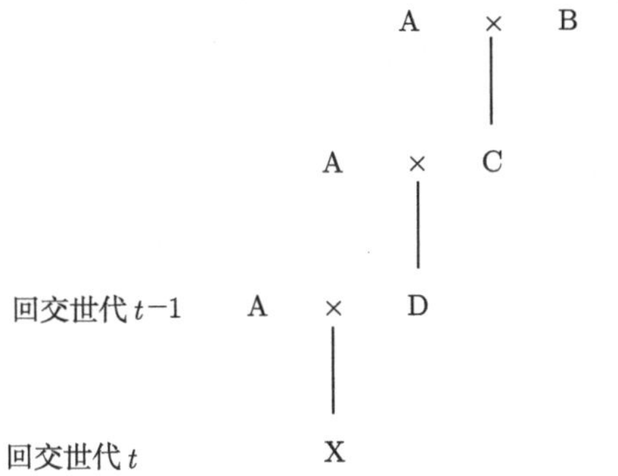

图 4.5 回交后代的系谱

个体 A 是轮回亲本，B 是供体亲本，X 是两代回交群体中的个体

公式 4.32 中，令 $F_t = F_{t-1}$ 就得到平衡状态的近交系数公式 4.33，这个平衡点正好等于轮回亲本自交一代的近交系数。同时还可以看出，平衡点只与轮回亲本的近交系数有关，而与供体亲本的近交系数，以及 A 和 B 之间的共祖先系数没有关系。如果轮回亲本 A 是自交系，即 F_{A}=1，重复回交群体的近交系数最终趋近于 1；如果轮回亲本 A 是非自交系，即 F_{A}=0，重复回交群体的近交系数最终趋近于 0.5。公式 4.32 两端同减去平衡频率，得到递推公式 4.34。从递推公式 4.34 就能得到回交系统中，近交系数与回交世代数 t 和双亲共祖先系数的公式 4.35，以计算任意回交世代的近交系数。

$$\tilde{F} = \frac{1}{2}(1 + F_{\mathrm{A}}) \tag{4.33}$$

$$F_t - \tilde{F} = \frac{1}{2}(F_{t-1} - \tilde{F}) \tag{4.34}$$

$$F_t = \tilde{F} + \left(\frac{1}{2}\right)^t (F_0 - \tilde{F}), \quad \text{其中 } F_0 = f_{\mathrm{AB}} \tag{4.35}$$

单从最终的近交系数计算公式 4.33 来看，回交系统等价于轮回亲本的自交一代。这其实并不是回交的主要目的。在动植物育种中，重复回交的目的是要把供体亲本 B 中的少数基因导入轮回亲本 A 中 (图 4.5)，回交过程中是有选择的。每个回交世代中，一般都要选择携带有目的基因的个体进行下一代的回交。由于连锁的作用，在转移目的基因的同时，也将目的基因所在的一段染色体转移进来。因此，携带目的基因的外源片段长度是回交转育中经常关心的一个问题。

对于单个显性基因控制的性状来说，回交群体中有一半个体具有供体亲本的表型，携带有待转育的目的等位基因，利用这些个体与轮回亲本继续回交即可。可以证明，回交 t 代后，携带显性目的基因的单侧外源片段平均长度为 $100/t$ cM，或双侧片段平均长度为 $200/t$ cM (Crow and Kimura，1970)。对于隐性基因控制的性状，回交群体中只有一种表型，如无基因型鉴定数据，则需要自交一代后才能选择出携带目的基因的隐性纯合个体，然后与轮回亲本继续回交。Barlett 和 Haldane (1935) 证明了回交 t 代后，携带隐性目的基因的单侧外源片段平均长度为 $200/t$ cM，或双侧片段平均长度为 $400/t$ cM。在重复回交过程中，外源片段始终处于杂合状态，外源片段的纯合型在自交后才能获得。其他与目的基因无关的基因组，在回交过程中会不断地纯合。根据公式 4.35 计算回交多代的近交系数 F，那么 $1-F$ 就可以近似看作目的基因之外杂合基因组所占的比例。例如，要从一个供体亲本转育一个显性基因，该基因所在染色体的长度为 200cM。经过 5 个世代的回交后，携带目的基因外源片段的平均长度为 200/5=40cM。如果整个基因组的长度是 1000cM，则外源染色体所占比例为 40/1000=4%。对于无祖先关联的两个自交系亲本，5 个世代回交的近交系数 $F_5=\left(\frac{1}{5}\right)^5\approx 0.97$。因此，杂合基因组的比例大约为 $1-F_5=3\%$。同时考虑目的基因所在的染色体，杂合基因组的比例大约为 7%。

§4.3.3　全同胞系统和亲子系统

图 4.6 左是一个全同胞交配系统的系谱，C 和 D 是同样两个亲本 A 和 B 的后代，C 和 D 交配产生后代 X 和 Y。为了得到不同世代近交系数的关系，首先根据全同胞的共祖先系数公式 4.26，得到公式 4.36。将公式 4.36 左边的 F_X 视为世代 t 的近交系数。公式 4.36 第二个等号后面，A 和 B 的共祖先系数 f_{AB} 等于后代 C 或 D 的近交系数，因此可以把 f_{AB} 视为世代 $t-1$ 的近交系数。对于第二个等号后面的 f_{AA} 和 f_{BB}，根据公式 4.22 有 $f_{AA}=\frac{1}{2}(1+F_A)$ 和 $f_{BB}=\frac{1}{2}(1+F_B)$，$F_A$ 和 F_B 又可以被视为世代 $t-2$ 的近交系数。这样就得到全同胞系统中相邻世代近交系数的公式 4.37。

$$F_X=f_{CD}=\frac{1}{4}(f_{AA}+2f_{AB}+f_{BB}) \tag{4.36}$$

$$F_t=\frac{1}{4}(1+2F_{t-1}+F_{t-2}) \tag{4.37}$$

如果世代 0 的两个亲本 A 和 B 是非近交系，并且不存在祖先关联。这时，F_0=0，$F_1=f_{AB}$=0，F_2=0.25，F_3=0.375，F_4=0.50，F_5=0.59。根据公式 3.35 计算近交系数的变化速率，发现世代 5 之后的速率就一直稳定在 0.191 左右。根据公式 4.1，可以得到 N_e=2.62。也就是说，全同胞系统的近交过程与大小为 2.62 的理想群体是等价的，由近交系数得来的 N_e=2.62 属于近交有效群体大小。如果世代 0 的两个亲本 A 和 B 是近交系，但不存在祖先关联。这时，F_0=1，$F_1=f_{AB}$=0，F_2=0.5，F_3=0.5，F_4=0.625，F_5=0.6875。这些近交系数高于非近交亲本的情形，但是世代 9 之后近交系数的速率仍稳定在 0.191 左右，有效群体大小也是 N_e=2.62。

图 4.6 右是一个亲子交配系统的系谱，C 是两个亲本 A 和 B 的后代，C 与它的亲本 B 交配产生后代 X，X 与它的亲本 C 交配产生后代 Y。首先根据亲子的共祖先系数公式 4.24 或公式 4.25，得到 X 的近交系数公式 4.38。将公式 4.38 左边的 $F_{\rm X}$ 视为世代 t 的近交系数。公式 4.38 第二个等号后面，A 和 B 的共祖先系数 $f_{\rm AB}$ 等于后代 C 的近交系数。因此，$f_{\rm AB}$ 可以视为世代 $t-1$ 的近交系数。对于第二个等号后面的 $f_{\rm BB}$，根据公式 4.22 有 $f_{\rm BB}=\dfrac{1}{2}(1+F_{\rm B})$，$F_{\rm B}$ 又可以视为世代 $t-2$ 的近交系数。由此得到亲子系统中相邻世代近交系数的公式 4.39，这个公式显然与全同胞系统的近交系数公式 4.37 完全一样。也就是说，全同胞近交系统与亲子近交系统是等价的。因此，亲子系统也与大小为 2.62 的理想群体有着同样的近交系数。

$$F_{\rm X}=f_{\rm CB}=\frac{1}{2}(f_{\rm AB}+f_{\rm BB}) \tag{4.38}$$

$$F_t=\frac{1}{4}(1+2F_{t-1}+F_{t-2}) \tag{4.39}$$

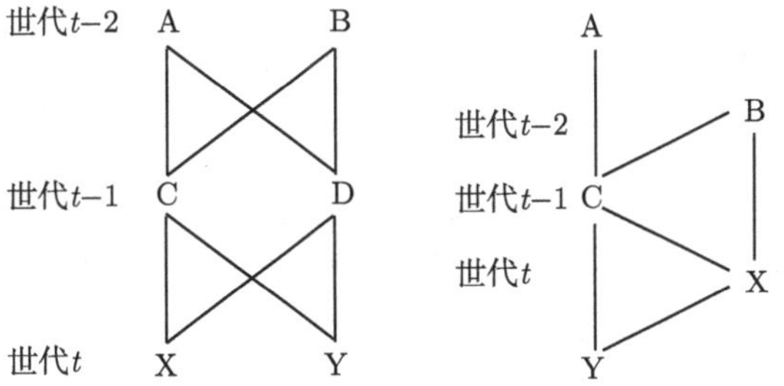

图 4.6 全同胞 (左) 和亲子 (右) 交配系统的系谱

左图中，C 和 D 具有共同亲本 A 和 B，C 与 D 交配产生后代 X 与 Y。右图中，C 是两个亲本 A 和 B 的后代，C 与它的亲本 B 交配产生后代 X，X 与它的亲本 C 交配产生后代 Y

§4.3.4 半同胞系统

图 4.7 是一个半同胞交配系统的系谱。个体 P 的亲本是 A 和 B，个体 Q 的亲本是 A 和 C，个体 R 的亲本是 B 和 C。个体 P 和 Q 具有共同亲本 A，个体 P 和 R 具有共同亲本 B，个体 Q 和 R 具有共同亲本 C。因此，个体 P、Q、R 互为半同胞，X、Y、Z 是它们的交配后代，X、Y、Z 也互为半同胞。重复这一交配过程多代之后，就形成一个半同胞系统的家系。每个世代中，个体的近交系数相同。以个体 X 为例，根据半同胞的共祖先系数公式 4.27，得到公式 4.40。将公式 4.40 左边的 $F_{\rm X}$ 视为世代 t 的近交系数 F_t。公式 4.40 第二个等号后面，A 和 C 的共祖先系数 $f_{\rm AC}$、B 和 A 的共祖先系数 $f_{\rm BA}$、B 和 C 的共祖先系数 $f_{\rm BC}$ 均等于世代 $t-1$ 的近交系数 F_{t-1}。对于第二个等号后面的 $f_{\rm AA}$，根据公式 4.22 有 $f_{\rm AA}=\dfrac{1}{2}(1+F_{\rm A})$，$F_{\rm A}$ 等于世代 $t-2$ 的近交系数 F_{t-2}。因此得到半同胞系统中相邻世代近交系数的公式 4.41。

$$F_{\rm X}=f_{\rm PQ}=\frac{1}{4}(f_{\rm AA}+f_{\rm AC}+f_{\rm BA}+f_{\rm BC}) \tag{4.40}$$

$$F_t=\frac{1}{8}(1+6F_{t-1}+F_{t-2}) \tag{4.41}$$

如果世代 0 的三个亲本 A、B、C 是非近交系，并且不存在祖先关联。这时，F_0=0，F_1=0，F_2=0.125，F_3=0.219，F_4=0.305，F_5=0.381。根据公式 3.35 计算近交系数的变化速率，发现世代 5 之后的速率稳定在 0.11 左右。根据公式 4.1，可以得到近交有效群体大小为 N_e=4.56。如果世代 0 的三个亲本 A、B、C 是近交系，但是不存在祖先关联。这时，F_0=1，F_1=0，F_2=0.25，F_3=0.313，F_4=0.391，F_5=0.457。近交系数高于非近交系亲本，但是世代 5 之后近交系数的速率也稳定在 0.11 左右，近交有效群体大小也是 N_e=4.56。

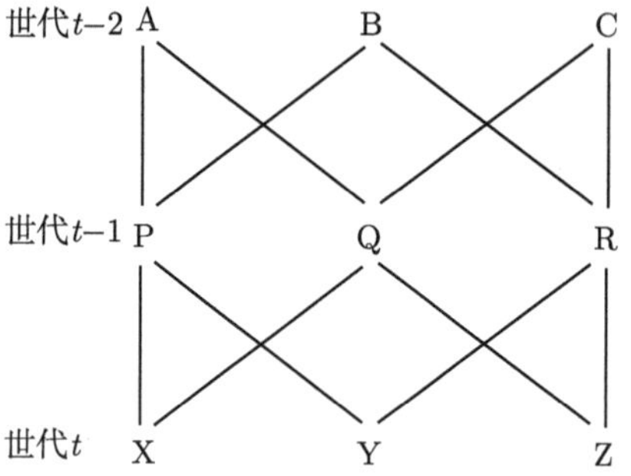

图 4.7 半同胞交配系统的系谱

个体 P 的亲本是 A 和 B，个体 Q 的亲本是 A 和 C，个体 R 的亲本是 B 和 C。因此，个体 P、Q、R 互为半同胞，X、Y、Z 是两个半同胞个体的交配后代，同时也互为半同胞。重复这一交配过程多代之后，就形成一个半同胞系统的家系

为便于对比，表 4.3 给出不同规则近交系统中前 10 个世代的近交系数。自交系统 I 的基础群体中，近交系数为 0。这样的群体包括任意随机交配大群体、两个非近交系亲本的杂种 F_1 群体、多个非近交系亲本的互交群体等。自交系统 II 的基础群体中，近交系数为 0.5。两个近交系亲本的杂种 F_2 群体 (又称双向杂交群体) 就属于这种类型，它相当于近交系数为 0 的基础群体中，单个个体的自交一代群体。类似地，如果基础群体是 4 个近交系相互杂交而成，这样的群体又称为四向杂交群体。这样的基础群体中，近交系数为 0.25，相当于近交系数为 0 的基础群体中两个个体的全同胞后代。回交系统 I 中，轮回亲本的近交系数为 0，如随机交配大群体的一个个体。回交系统 II 中，轮回亲本的近交系数为 1，如一个纯系。全同胞系统 I 中，两个初始亲本的近交系数为 0，无祖先关联，如随机交配大群体的两个个体。全同胞系统 II 中，两个初始亲本的近交系数为 1，无祖先关联，如两个纯系。半同胞系统 I 中，三个初始亲本的近交系数为 0，无祖先关联，如随机交配大群体的三个个体。半同胞系统 II 中，三个初始亲本的近交系数为 1，无祖先关联，如三个纯系作为起始亲本。

表 4.3 不同规则近交系统中近交系数的变化 (基础群体的说明见正文)

世代	自交 I	自交 II	回交 I	回交 II	全同胞 I	全同胞 II	半同胞 I	半同胞 II
0	0	0.5	0	0	0	1	0	1
1	0.5	0.75	0.25	0.5	0	0	0	0
2	0.75	0.875	0.375	0.75	0.25	0.75	0.125	0.25
3	0.875	0.9375	0.4375	0.875	0.375	0.875	0.2188	0.3125
4	0.9375	0.9688	0.4688	0.9375	0.5	0.875	0.3047	0.3906
5	0.9688	0.9844	0.4844	0.9688	0.5938	0.9063	0.3809	0.4570
6	0.9844	0.9922	0.4922	0.9844	0.6719	0.9219	0.4487	0.5166
7	0.9922	0.9961	0.4961	0.9922	0.7344	0.9375	0.5092	0.5696
8	0.9961	0.9980	0.4980	0.9961	0.7852	0.9492	0.5630	0.6168
9	0.9980	0.9990	0.4990	0.9980	0.8262	0.9590	0.6109	0.6588
10	0.9990	0.9995	0.4995	0.9990	0.8594	0.9668	0.6535	0.6962

自交系统中，个体之间有着最紧密的亲缘关系。从表 4.3 中看到的近交系数增长速度也最快，因此是植物遗传和育种研究中最常用的纯系产生方法。近交系数为 1 的群体称为纯系，之后的自交繁殖能够维持纯系的基因型不变。值得一提的是，随着技术的进步，有些植物物种中还能通过加倍单倍体技术产生纯系。加倍单倍体携带的两个基因是由配子体的同一个基因复制而来，因此近交系数自然就等于 1。显然，利用这样的技术只需要一个世代，近交系数就能达到 1。回交系统 II 的近交系数，同时也可看作轮回亲本基因组的恢复程度。考虑到选择目标基因时的连锁效应，恢复程度要略低于表中的数字。

全同胞系统 I 和 II 在近交系数上表现出的差异，实际上可以看作等位基因个数的差异。当两个亲本来自一个随机交配大群体时，它们携带了 4 个非后裔同样基因，可以看作 4 个等位基因。当亲本来自两个纯系群体时，它们的后代只携带了两个非后裔同样基因，可以看作只有两个等位基因。等位基因个数的增加，降低了后代个体中两个基因的后裔同样概率，因此也降低了后代的近交系数。同理，半同胞系统 I 和 II 也可以看作等位基因个数的差异，半同胞系统 I 的三个亲本共携带 6 个等位基因，而半同胞系统 II 的三个亲本只携带三个等位基因。

§4.3.5 混合自交和异交系统

自然界中，生物的繁殖方式可以被划分为有性和无性两种 (§1.3.1)。无性系的基因型一般都是高度杂合的，近交系数可以看作 0。在不考虑突变的情况下，无性繁殖后代与亲代有着完全相同的遗传构成。自交和随机交配是常见的有性生殖。通过之前的分析，我们知道大群体随机交配系统的近交系数为 0，自交系统的近交系数为 1，小群体随机交配系统的近交系数也为 1。在自然条件下，自交繁殖的物种，有时也存在一定比例的异交。例如，利马豆、高粱、棉花等作物以自花授粉为主，但异交率有时可以达到 5%~50%。同样，异交繁殖的物种，有时也存在一定比例的自交。用 C 表示异交比例，不考虑群体大小的影响，异交个体的近交系数为 0。用 $S=1-C$ 表示自交比例，根据公式 4.28，自交前后近交系数的关系为 $F_t=\dfrac{1}{2}(1+F_{t-1})$。因此得到混合自交和异交系统近交系数的公式 4.42。假定异交和自交的比例在世代之间基本保持稳定，在公式 4.42 中令上下代的近交系数相等，可以得到平衡时近交系数的计算公式 4.43。

$$F_t = 0\times C+\frac{1}{2}(1+F_{t-1})(1-C)=\frac{1}{2}(1+F_{t-1})(1-C) \tag{4.42}$$

$$\tilde{F}=\frac{1-C}{1+C}=\frac{S}{2-S} \tag{4.43}$$

在混合自交和异交达到平衡的群体中，随机抽取 N 个个体组成一个亚群体。在随后的繁殖过程中，异交比例和群体大小保持不变。这时的有效群体大小可用公式 4.44 计算，其中，V_k 为单个植株产生的家系大小的方差，$\bar{k}$ 为家系大小的均值。显然，公式 4.12 可以看作公式 4.44 的一种特殊形式。

$$N_e=\frac{2N}{\dfrac{V_k}{\bar{k}}(1+\tilde{F})+(1+\tilde{F})} \tag{4.44}$$

如不存在对杂合子的有利选择，$1-\tilde{F}$ 应该等于杂合基因型频率与 HW 平衡群体频率的比值 (公式 3.40)。如异交率 C=5%时，$\tilde{F}=0.905$，杂合基因型频率为 HW 平衡频率的

9.5%；C=10%时，$\tilde{F}=0.818$，杂合基因型频率为 HW 平衡频率的 19.2%。如果群体中杂合基因型频率高于这些比例，则说明可能存在有利于杂合子的选择。另外，从公式 4.43 容易得到 $1-\tilde{F}=\dfrac{2C}{1+C}$，即对于较小的异交率，群体中杂合基因型频率与 HW 平衡频率的比值相当于异交率的两倍。对于以自花授粉为主繁殖的物种来说，一定比例的异交带来了群体的杂合度，也为不同基因之间重新结合产生新的重组类型提供了机会，对于提高自交物种的环境适应性有重大价值。对于以异花授粉为主繁殖的物种来说，一定比例的自交也同样是有益的。自交会增加纯合基因型的频率，为淘汰隐性不利基因提供了机会。

§4.3.6　自交系系谱的共祖先系数

在前面的所有系谱图中，我们都认为两个亲本对后代的贡献各占 50%。在植物育种中，自交系或纯系是通过两个或多个亲本杂交，再经过连续自交和选择得到的基因型纯合一致的家系 (图 4.8)。不论是亲本自交系还是后代重组自交系，一个座位上的两个等位基因都是后裔同样的，因此近交系数均为 1。但是，亲本对后代自交系的贡献不像动物那样各占 50%。在两个亲本单交组合产生的重组自交系中，由于自交过程中的随机漂变和选择等因素，每个亲本对后代自交系的贡献可能偏离 50%。在双亲回交一代群体产生的重组自交系中，轮回亲本对自交系的贡献可能偏离 75%。两个亲本对自交系的具体贡献，可以根据分子标记的基因型数据进行估计 (Wang and Bernardo, 2000)。如无基因型数据，可以用无漂变、无选择的理论贡献来代替。例如，单交组合衍生的重组自交系中，两个亲本的贡献各占 50%；回交一代衍生的重组自交系中，轮回亲本的贡献为 75%，非轮回亲本的贡献为 25%等。

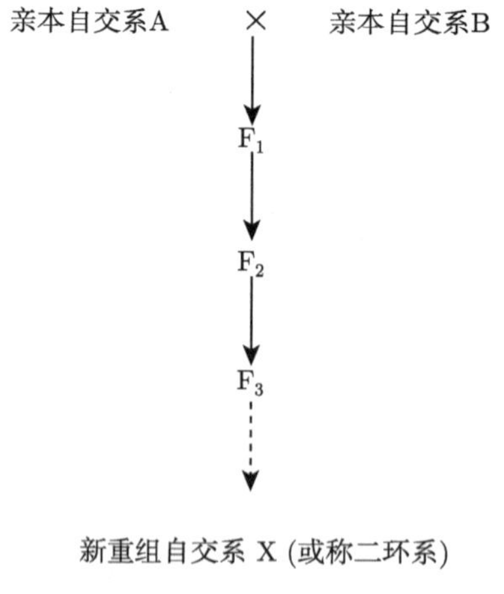

图 4.8　双亲衍生重组自交系的系谱

两个亲本均是纯系，近交系数为 1。从它们的杂种 F_1 开始连续自交，经过 8～10 个世代后，形成新的重组自交家系。多个自交家系一起组成一个遗传研究群体

为说明亲本对后代自交系贡献的差异，图 4.9 给出以粳稻品种‘Asominori’和籼稻品种‘IR24’为亲本，通过单粒传衍生的 215 个重组自交系 (recombination inbred line, RIL) 中，亲本‘Asominori’遗传贡献的次数分布 (Yin et al., 2015)。亲本贡献根据具有多态的 143 个分子标记进行估计，这些标记遍布水稻的 12 条染色体。在 215 个 RIL 中，‘Asominori’贡献

的最小值为 7.69%，最大值为 97.9%，亲本贡献平均为 47.2%。虽然对于大多数 RIL 来说，亲本贡献接近 0.5，但是不同 RIL 的亲本贡献具有较大差异。这些 RIL 是从 F_2 世代通过单粒传的方式产生，因此选择的作用非常小。这里看到的亲本贡献差异，主要是重复自交过程中随机漂变引起的。

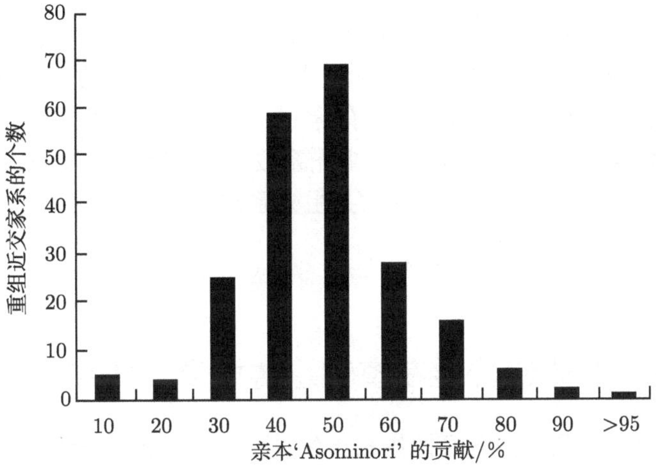

图 4.9 以粳稻品种 'Asominori' 和籼稻品种 'IR24' 为亲本，通过单粒传衍生的 215 个 RIL 家系中，亲本 'Asominori' 遗传贡献 (%) 的次数分布

在如图 4.8 所示产生重组近交系的过程中，如从 F_2 代开始采用单粒传的方法，每个新的重组自交系都能追踪到一个 F_2 单株。采用这样的方法，可以保证最终多个新自交系组成的群体，具有最大的有效群体大小。因此，更适宜于开展遗传研究。自交和单粒传的过程，类似于图 3.6 小群体样本量 N=1 的随机漂变过程。当样本量 N=1 时，自交与随机交配是等价的。经过 5 个世代后，每个小亚群体的近交系数就达到 96.9%；经过 10 个世代后，近交系数就达到 99.9% (表 4.3)。

与 §4.2.4 的列表计算方法类似，在已知每个自交系亲本贡献的基础上，就可以计算已知系谱自交系之间的共祖先系数矩阵。所不同的地方只是，每个自交系的近交系数为 F_X=1，一个自交系与其自身的共祖先系数 $f_{XX}=\frac{1}{2}(1+F_X)=1$，公式 4.20 中的 $\frac{1}{2}$ 要用亲本贡献来代替。具体计算过程如下。

1. 确定一个基础群体

假定一个系谱群体包含 n 个自交系，把所有自交系按照在系谱中的亲子关系排序，并用 1，2，$\cdots$，n 对自交系进行编号。亲代必须排在子代的前面，排在最前面的 p 个无祖先关联的自交系组成一个基础群体。

2. 计算基础群体中自交系之间的共祖先系数

基础群体中的自交系，一般无法再追踪到它们的亲本信息，认为它们之间不存在祖先关联。因此，基础群体中自交系的近交系数为 1，一个自交系与其自身的共祖先系数也为 1，不同自交系之间的共祖先系数为 0。

$$f_{ij} = f_{ji} = \begin{cases} 0, & 1 \leqslant i < j \leqslant p \\ \dfrac{1}{2}(1+F_i) = \dfrac{1}{2}(1+1) = 1, & 1 \leqslant i = j \leqslant p \end{cases}$$

3. 按顺序计算其余自交系与它前面自交系的共祖先系数

基础群体之外的自交系，按照在系谱中的先后顺序，依次计算自交系 i ($i > p$) 和自交系 1，2，$\cdots$，i 间的共祖先系数。设自交系 i 的亲本为 g 和 h，对自交系 i 的贡献用 c_{gi} 和 c_{hi} 表示。由于个体按先后次序排列，因此一定有 $g < i$ 和 $h < i$。这样，就能利用下面的公式得到自交系 i 和自交系 1，2，$\cdots$，i 之间的共祖先系数。重复步骤 3 过程，直到系谱中的最后一个自交系为止，即得到所有自交系之间的共祖先系数。

$$f_{ij} = f_{ji} = \begin{cases} c_{gi}f_{gj} + c_{hi}f_{hj}, & p < j < i \\ 1, & p < j = i \end{cases}$$

§4.4　群体遗传学在植物遗传资源保护中的应用

遗传资源保护主要涉及遗传资源搜集和再生繁殖两大过程。当然，遗传资源在种质库中的保存也很重要，但只要措施得当，对群体的遗传结构不会造成很大的影响。这里，我们仅对搜集和再生过程中如何提高群体的有效大小、避免丢失基因、尽可能地保持原始群体的遗传完整性作一些探讨。

§4.4.1　植物遗传资源的搜集

一份待保护的资源群体往往都很大，如一块土地上生长的一个玉米地方品种、一种特定地理环境下生长的一个野生种等。我们能够搜集并保护的只是它的一个有限样本。因此，确保原始群体中的大部分基因仍存在于受保护的有限样本中，是搜集过程中的首要目标。有效群体大的采集方法，基因频率的波动较小 (公式 4.3)，采集来的样本群体与基础群体在基因个数、基因频率、基因型频率等方面的差异就越小，也更能代表原始群体。搜集一份遗传资源，可以从少数几个植株、每个植株上收获较多的种子，也可以从较多植株、每个植株上收获较少的种子。两种方法所搜集的遗传资源群体是有差异的。这一点可以从雌雄个体数不等时，有效群体大小的计算公式 4.6 看出来。

假定从 n 个植株上搜集 N 粒种子，平均每个植株上采集$\dfrac{N}{n}$粒种子，田间生长的植株可视为无穷多。这时，N 粒种子可以看作来自 n 个雌性亲本。在等量采集种子的情况下，雌性亲本对后代的贡献不存在变异，雄性亲本 (如玉米的花粉) 的后代贡献具有随机性，有效群体大小主要由采集种子的植株数决定。考虑一个自交率为 S 的群体，搜集到资源材料的有效群体大小 N_e 由公式 4.45 给出，公式中的 S 为自交率 (Crossa and Vencovsky, 1994)。

$$N_e = \frac{2N(2-S)}{(1+S)^2\dfrac{N}{n} + (3+S)(1-S)} \tag{4.45}$$

当 $S = 0$ 时，即对随机交配大群体来说，有效群体大小可简化为公式 4.46。可以看出，不论是公式 4.45，还是公式 4.46，只有 $N = n$ 时，即从 N 个植株上、每个植株采集 1 粒种子，搜集来的遗传资源才具有最大的有效群体。

$$N_e = \frac{4N}{\dfrac{N}{n} + 3} \tag{4.46}$$

当然，一份遗传资源也可从一个混合群体中进行抽样，如从一个地方品种的混合收获群体中进行取样。这时，对不同自交率的群体，有效群体大小由公式 4.47 给出，F 为自交和异交达到平衡时的近交系数，由公式 4.43 给出。容易看出，当 $\dfrac{N}{n} = 1$时，公式 4.45 和公式 4.47 是等价的。因此，从混合群体中采集大小为 N 的一份资源群体，在遗传完整性上，与从 N 个植株上、每个植株采集 1 粒种子是等同的。但是，混合群体采集很多时候要比单株单粒采集容易实现。

$$N_e = N\left(1 - \frac{1}{2}S\right) = \frac{N}{1+F} \tag{4.47}$$

图 4.10 是一个模拟结果 (Wang et al., 2004)，给出不同数量植株上等量采集 200 粒种子的有效群体大小，X 轴的最后一种情况表示从混合收获群体中采集 200 粒种子。设定田间生长有 10 000 棵植株，考虑了 6 种不同的自交率。模拟得到的结果与理论结果完全一致。混合采集 200 粒种子与从 200 个单株中各采集 1 粒种子，具有相同的有效群体大小。因此，我们建议在搜集遗传资源时，可考虑从混合群体中采样，以减少搜集过程中的工作量，同时保证遗传材料的代表性。如果这种方法在实际工作中不可行，则要从尽可能多的植株上采集尽可能少的种子，以保证采集到的样本群体有最大的有效群体大小。

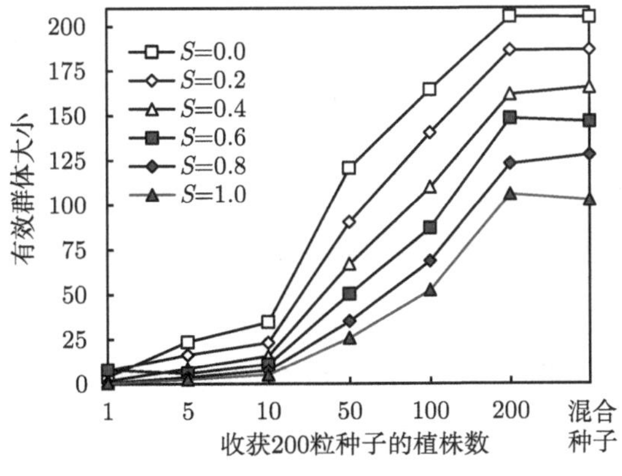

图 4.10 不同数量植株上等量采集 200 粒种子的有效群体大小

从上到下的 6 条折线表示 6 种自交率。X 轴为植株数，最后一种情况表示从混合种子中采样

§4.4.2 植物遗传资源的再生繁殖

长期种质库中保存的一份遗传资源往往只有几百至数千粒，种子活力随保存时间延长而不断下降，保存时间的长短因物种和保存条件而异。因此，经过一段时间后，就需要对保存的种子进行再生繁殖。由于经费的限制，一份遗传资源往往只能繁殖其中的一小部分。例如，国际玉米小麦改良中心 (CIMMYT) 在繁殖一个玉米地方品种群体时，种植 200 粒种子，成株在 150 棵左右。在繁殖过程中，如果采用成对杂交 (个体 1×个体 2、个体 3×个体

4···)，每个杂交组合收获两粒种子，则能保证家系大小没有变异，即 $V_{km}=V_{kf}=0$。根据公式 4.13，有效群体大小为 $N_e=2N$，达到了有效群体大小的最大值。因此，在植物遗传资源保护中，多采用控制杂交、每个杂交组合收获等量种子的方法再生繁殖异交资源群体，以达到降低家系大小的变异、提高有效群体大小的目的。控制杂交的方法除上面提及的成对杂交外，还有链式杂交 (个体 1×个体 2，个体 2×个体 3，个体 3×个体 4，···，个体 N×个体 1)，对链式杂交，每个组合只需收获 1 粒种子，就能恢复到繁殖前的群体大小。

在繁殖过程中，种子的发芽率不会是 100%。因此，再生繁殖后，只恢复到繁殖前的群体大小是不够的。有的资源群体还要分发给索取者，这时就要收获更多的种子。要研究出不同的杂交方式再生繁殖后有效群体大小的理论公式不是很容易。采用模拟方法，可以较容易地研究基因在繁殖前后的变化，从而估计基因频率变化的方差，然后从 §4.1.1 定义的方差有效群体大小比较不同再生方法间的差异 (Wang et al., 2004)。我们已经知道，有效群体大小是衡量群体基因频率变化的指标，基因频率的变化又反映在群体中丢失基因的个数上。因此，图 4.11 采用丢失基因的个数去比较不同的再生方法。

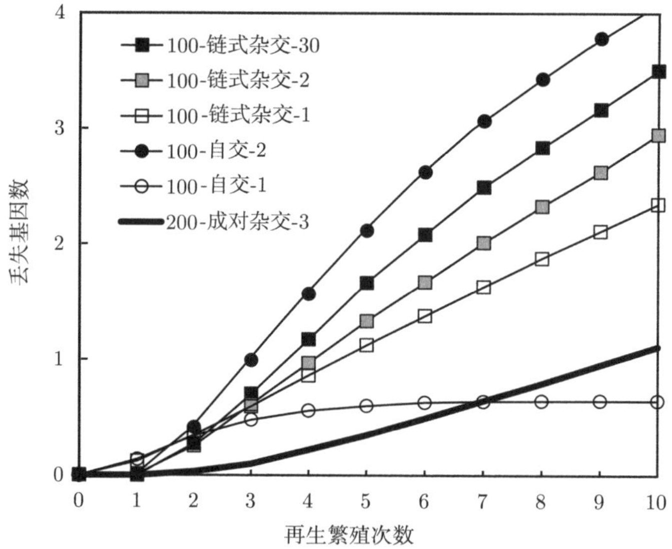

图 4.11　不同再生方法的丢失基因数

一个再生方法用“繁殖群体大小-交配方式-每个植株上采集的种子数”三种参数来表示

在图 4.11 中，一个再生方法用“繁殖群体大小-交配方式-每个植株上采集的种子数”三种参数来表示。例如，“100-链式杂交-30”表示田间再生的植株数为 100、杂交方式为链式杂交、每个植株上收获 30 粒种子。结果表明，当交配方式固定时，前两次再生繁殖时，收获的种子越多，丢失的基因越少。但随着繁殖次数的增加，这种趋势发生了倒置，只收获 1 粒种子的方法丢失最少的基因。除“自交-1”外，基因的丢失一直在增加，但自交这一交配方式对收获的种子数十分敏感。两轮再生繁殖后，“自交-2”成为所有杂交方法中丢失基因最多的一种。如果自交不会引起严重的近交衰退，来自各个单株的种子可以分别保存时，这种交配方式仍可采用。只不过在下一次繁殖时，将来自同一个植株的几粒种子同穴种植，待成苗后随机保留其中的一株，这种方法等价于“自交-1”方法，并且经过 5 或 6 轮再生后，就不会再有基因丢失。种植的种子数 n 由成苗率决定，即 $n = \dfrac{\ln(1-P)}{\ln(1-r)}$，其中 P 为保证概率 (一般取 0.95 或 0.99)，r 为发芽率。

如果自交会引起严重的近交衰退，则只好采用控制杂交的方法。链式杂交或有反交的成对杂交，需配置的杂交组合数等于田间植株数。在没有明显的细胞质效应时，无反交的成对杂交与前面提到的控制杂交方式有等同的遗传效果，但只需配置一半数量的杂交组合。如果控制杂交是再生过程中的主要花费，则在固定的花费下，还可考虑适当扩大再生群体规模，如图 4.11 中的再生方法 “200-成对杂交-3” 与 “100-链式杂交” 有相同的杂交组合数，总计收获种子 300 粒，可基本保证在下一轮再生时形成 200 个植株，但丢失基因要比 “100-链式杂交-1”、“100-链式杂交-2”、“100-链式杂交-30” 少许多，因此可以把 “200-成对杂交-3” 作为合适的再生方法。

前面已经说过，只收获 1 粒种子的方法丢失基因最少。这种方法，其实是避免了再生繁殖过程中的一次再抽样。一般来说，一份资源在繁殖再生前后都是混合保存的。不考虑发芽率问题，并假定繁殖群体大小固定在 200 个植株。如果保存在种质库中的种子正好有 200 粒，所有被保护的种子都用于再生繁殖，就不存在一个再抽样过程。如果保存在种质库中的种子有 400 粒，就需要从中随机抽取 200 粒用于再生繁殖。这时就多存在一次抽样过程，200 粒抽样群体相对于保存的 400 粒群体就会存在遗传漂变。从 400 粒种子中随机抽取 200 个的有效群体大小，要远低于没有二次抽样的 200 粒种子。因此，在遗传资源保护中，用于再生的群体应以满足下一轮的再生成株数为限，以避免再生前的再抽样引起新的随机漂变。剩余种子可以混合收获后，用于发放给索取者。

练习题

4.1 从一个随机交配大群体中，采用相同的亚群体抽样方法，经过 20 个世代的遗传漂移后共产生了 10 个亚群体。随机交配过程中，亚群体之间没有基因交流。在最终的亚群体中调查一个座位上的基因型，得到的基因频率如下表。计算亚群体的有效群体大小。

亚群体	1	2	3	4	5	6	7	8	9	10
基因频率	0.537	0.435	0.118	0.279	0.265	0.161	0.157	0.090	0.254	0.642

4.2 假定一个随机交配群体在世代 0、1、2、3 的大小分别为 1000、1000、10、1000，即在世代 2 存在一次瓶颈效应。计算有效群体大小。

4.3 假定一个果蝇群体中，等位基因 A、a 频率分别为 0.7、0.3。从中随机选取 1 只雄性和 10 只雌性放在一个封闭的笼子中饲养。现有大量的笼子采用同样的饲养方法，以后的世代每个笼子都是只留下 1 只雄性和 10 只雌性。一个笼子中的群体称为一个家系。

(1) 计算随机交配 10 代后每个家系的近交系数。

(2) 如果 10 代随机交配后，将这些家系合并形成一个混合群体，计算混合群体的基因频率和基因型频率。

(3) 在 (2) 的基础上，计算混合群体中杂合型频率相对于基础群体下降的百分数。

(4) 在 (2) 的基础上，计算亚群体中基因 A 频率的方差。

4.4 在下面的系谱中，1、2、3 表示随机交配大群体中抽取的三个个体。

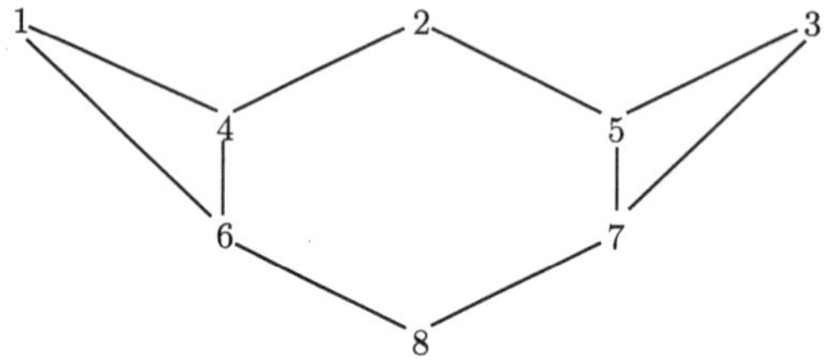

(1) 计算个体 6、7、8 的近交系数。

(2) 计算加性关系矩阵。

4.5　从一个随机交配大群体中随机抽取三个个体，按照图 4.7 的规则近交系统进行半同胞交配。

(1) 计算前 5 个世代的近交系数。

(2) 计算第 5 个世代相对于第 4 个的近交系数增长速率，并由此计算近交有效群体大小。

(3) 如果基础群体中一个隐性疾病基因的频率为 0.1，5 个世代后近交系统中的患病概率是基础群体的多少倍？

4.6　自然状态下，一个自花授粉植物的异交率为 3%。不考虑突变和选择等因素。

(1) 计算自然群体中的近交系数。

(2) 座位 1 上存在两个等位基因，频率分别为 0.2 和 0.8，计算座位 1 上群体的杂合度。

(3) 座位 2 上存在三个等位基因，频率分别为 0.2、0.3、0.5，计算座位 2 上群体的杂合度。

(4) 计算座位 1 和 2 上群体的平均杂合度。

4.7　在以自花授粉为主的一个植物自然群体中，考察 200 个个体在一个座位上的三种基因型，得到的观测数据分别为 109、12、79。不考虑突变和选择等因素，计算该物种的异交率。

4.8　今需采集一个玉米地方品种的 100 粒种子，作为一份种质资源保存起来。计算下列采集方法的有效群体大小。

(1) 成熟时，从田间种植的地方品种群体中，随机选取 100 个植株，每个植株上随机采集 1 粒种子。

(2) 成熟时，从田间种植的地方品种群体中，随机选取 10 个植株，每个植株上随机采集 10 粒种子。

(3) 成熟时，从田间种植的地方品种群体中，随机选取 1 个植株，从上面随机采集 100 粒种子。

(4) 成熟时，从田间种植的地方品种群体中，随机选取 10 个植株，分别采集 5 粒、5 粒、5 粒、5 粒、10 粒、10 粒、10 粒、10 粒、20 粒、20 粒种子。

(5) 从混合收获的大量种子中，随机采集 100 粒种子。

4.9　今需对保存多年的一份玉米地方品种进行再生繁殖，从种质库保存的种子中随机抽取 100 粒在田间种植，假定成活率为 100%。计算下列再生繁殖方法的有效群体大小。

(1) 配置 50 个成对杂交，无反交，成熟时每个杂交组合采集 2 粒种子。

(2) 配置 50 个成对杂交，无反交，成熟时混合收获 50 个杂交组合的所有种子，最后从混合种子中随机抽取 100 粒。

(3) 将 100 个植株的花粉混合，用混合花粉进行授粉，成熟时每个植株上采集 1 粒种子。

(4) 将 100 个植株的花粉混合，用混合花粉进行授粉，成熟时混合收获 100 个植株上的所有种子，最后从混合种子中随机抽取 100 粒。

4.10 根据群体遗传学的知识，解释图 4.11 中观察到的两种再生方法 “100-自交-1” 和 “100-自交-2” 在丢失基因数目上表现出来的差异。

4.11 在一个近交交配系统中，世代 t 的近交系数与前三个世代近交系数的关系是：$F_t = \frac{1}{16}(3 + 8F_{t-1} + 4F_{t-2} + F_{t-3})$。假定世代 0、1、2 的近交系数均为 0。给出 0~10 个世代的近交系数，并由此计算近交系数的增长速率和该近交交配系统的有效群体大小。

第 5 章　遗传多样性的分子理论

第 2 章介绍的有利于杂合子选择，以及突变与选择联合作用，都可以维持一个群体中的基因多态性，也很好地解释了在很多群体中观察到的遗传多态性现象。但是，遗传研究中还发现有大量的变异与适合度并没有明显关系，也不会产生明显的表型效应。这时就难以利用选择理论来解释这些座位上表现出来的多态性。而中性理论，则很好地解释了在没有选择效应的情况下，突变和随机漂移也能维持一个群体的基因多样性。本章首先简要介绍 DNA 序列水平上的多态性、无限等位基因模型和基因融合模型，然后介绍中性突变理论及其在群体遗传学研究中的一些应用。鉴于近交系数在群体遗传学和数量遗传学中的重要作用，本章最后对近交系数的计算方法和应用中需要注意的问题作一小结。

§5.1　遗传变异的分子基础

§5.1.1　DNA 序列的多态性

遗传变异可以在性状的表型、蛋白质的氨基酸序列和 DNA 的碱基序列等不同层次上进行研究。性状在表型上的差异，除遗传因素外还受环境的影响，有时还存在不同基因座位间、同一座位内不同等位基因间的互作，表型上的差异很多时候难以完全反映遗传差异。在 DNA 的转录和翻译过程中，64 种三联密码子控制着 20 种氨基酸的合成，大多数氨基酸是由两个或两个以上的三联密码子控制。因此，DNA 序列上的差异也不一定都能在蛋白质的氨基酸序列上体现出来。此外，基因组 DNA 序列上还有大量的内含子和非编码区域，如哺乳动物的基因组只有大约 1.5% 的序列编码各种功能蛋白质。大量非编码区域上 DNA 序列的改变，不会影响氨基酸的合成和蛋白质的功能，也就不会产生新的表型。然而，所有这些差异都能通过 DNA 序列的比对检测出来。因此，DNA 序列数据包含了比蛋白质的氨基酸序列和性状的表型更加丰富的遗传变异信息。

DNA 序列上的差异是所有其他层次上遗传差异的基础，最小的差异单元是单核苷酸多态性 (single nucleotide polymorphism，SNP)。例如，一个群体在一段 DNA 序列的单核苷酸位置上，一些个体 DNA 序列上的碱基是 T，其他个体 DNA 序列上的碱基是 C，这样的差异就构成一个 SNP 座位。在这个座位上，群体中存在 T 和 C 两种等位基因，三种可能的基因型为：①两条同源染色体上都是 T；②两条同源染色体上都是 C；③一条同源染色体上是 T，另一条同源染色体上是 C。人类基因组中大约存在 1000 万个 SNP，相当于每 300bp 就存在一个 SNP。其中的 400 万个都已经被鉴定出来，编码蛋白的基因组区域内每 1000~3000bp 有一个 SNP，非编码蛋白的区域内每 500~1000bp 有一个 SNP。同时，大多数 SNP 座位都具有多态性，即等位基因的最高频率不超过 0.95 (多态性的划分见 §2.4)。

§5.1.2 无限等位基因模型

编码一个功能蛋白的 DNA 序列长度一般都有数千个碱基对，每个核苷酸位置上都有 A、T、C、G 4 种可能。可能 DNA 序列的个数是一个非常大的数字。因此，有理由认为每次单核苷酸改变产生的突变，都是群体中不存在的新等位基因，称为突变的无限等位基因模型 (infinite-alleles model of mutation)。表 5.1 给出一个长度为 500bp 的基因座位上，5 个等位基因的 DNA 序列比对结果。DNA 序列在 9 个位置上存在单核苷酸多态性，在其他位置上不存在差异。因此，多态性位点的个数 $S=9$，占整个基因单核苷酸数的 1.8%。从表 5.1 还可以看出，除位置 142bp 外，其他位置都正好是 3 的倍数。从 64 种三联密码子与 20 种氨基酸的对应关系 (Hartl and Jones，2005) 可以看到，密码子中第 3 个碱基的变化，大多不影响最终的生化合成产物。可以预期，表 5.1 中的 9 个 SNP，大多属于同义多态性 (synonymous polymorphism)，同义多态性不会引起蛋白质序列上氨基酸的替换。与同义多态性相对应，如果 DNA 在序列上的差异引起了蛋白质在氨基酸序列上的替换，这样的多态性称为非同义多态性 (nonsynonymous polymorphism)。

表 5.1 一个长度为 500bp 的座位上 5 个等位基因的 DNA 序列比对

等位基因	核苷酸物理位置/bp (其他位置上无差异，因此未给出)									
	132	142	162	192	198	201	207	240	246	
a	T	T	A	C	C	C	G	T	A	
b	T	C	T	A	A	C	G	T	T	
c	C	C	C	C	C	C	G	T	A	
d	C	C	C	C	C	C	A	T	T	
e	C	C	C	C	C	T	G	C	A	
非匹配数	6	4	7	4	4	4	4	4	6	
平均非匹配	4.3									
杂合基因型	ab	ac	ad	ae	bc	bd	be	cd	ce	de
非匹配数	5	3	5	5	5	5	7	2	2	4
平均非匹配	4.3									

表 5.1 中，对 5 个等位基因序列进行成对比对，相当于对所有可能杂合基因型携带两个等位基因的 DNA 序列进行比对，比对的结果可以得到碱基的非匹配数 (nucleotide mismatches)，列于表 5.1 最后三行。例如，等位基因 a 和 b 在 5 个位置上存在非匹配，a 和 c 在 3 个位置上存在非匹配，a 和 d 在 5 个位置上存在非匹配等，由此得到平均的非匹配数 Π=4.3。

平均非匹配数还可以由单核苷酸位置上的成对比较进行计算，结果列于表 5.1 的 5 个等位基因 DNA 序列之后。具体方法是，对于表 5.1 的 5 个等位基因的序列，先统计每个位置上不同碱基的数目，如 132bp 位置上一种碱基有 3 个、另一种碱基有 2 个，用 (3、2) 表示该位置上的成对比对类型，非匹配数等于 3×2=6。此外，246bp 位置上也属于 (3、2) 比对类型，非匹配数也为 6。有 6 个单核苷酸位置上，一种碱基有 4 个、另一种碱基有 1 个，用 (4、1) 表示该位置上的比对类型，非匹配数等于 4×1=4。在 162bp 位置上，一种碱基有 3 个、另外两种碱基有 1 个，用 (3、1、1) 表示该位置上的成对比对类型，非匹配数等于 3×1+3×1+1×1=7。因此，所有的非匹配数等于 2×6+6×4+1×7=43。总的比对次数为 $C_5^2=10$，因此平均非匹配数 Π=43/10=4.3。

通过成对比对得到的平均非匹配数，可以看作杂合基因型中多态性 SNP 的平均数。一般情况下，如果有 n 条 DNA 序列，多态性位点有 S 个，每个多态性位点上 A、T、C、G 4 种碱基所在的序列数用 n_{A}、n_{T}、n_{C}、n_{G} 表示，公式 5.1 给出平均非匹配数 Π 的一般计算方法。其中，求和范围是所有的多态性位点。在 §5.3 中我们将会看到，多态性位点数 S 和平均非匹配数 Π 这两个参数，在中性突变理论的研究和检验中起重要作用。

$$\Pi=\frac{2}{n(n-1)}\sum\left(n_{\mathrm{A}}n_{\mathrm{T}}+n_{\mathrm{A}}n_{\mathrm{C}}+n_{\mathrm{A}}n_{\mathrm{G}}+n_{\mathrm{T}}n_{\mathrm{C}}+n_{\mathrm{T}}n_{\mathrm{G}}+n_{\mathrm{C}}n_{\mathrm{G}}\right) \tag{5.1}$$

§5.2　基因融合和基因树

§5.2.1　几何分布及其性质

§3.1 介绍了几种离散型随机变量的概率分布，下一节 (§5.2.2) 即将介绍的基因融合模型和基因树构建，要用到另外一个重要的离散型分布，即几何分布 (geometric distribution)。一次 Bernoulli 试验中，记事件 A 发生的概率为 p $(0<p<1)$。二项分布 $B(n,p)$ 给出了 n 次独立 Bernoulli 试验中，事件 A 发生次数 k 的概率。但是，我们有时关心的可能不是固定次数试验中事件 A 发生多少次的概率，而是事件 A 发生 k 次需要的试验次数。这时，事件 A 的发生次数 k 是一个固定的数值，试验次数则是一个随机变量。为了与 $B(n,p)$ 中的 n 区分，这里的试验次数用 T 表示，服从的分布称为负二项分布 (negative binomial distribution)，T 的取值范围是大于或等于 k 的所有正整数。事件 A 发生 1 次的试验次数 T 是负二项分布的一种特例，称为几何分布 (geometric distribution)，用符号 $G(p)$ 表示。在 $T=t$ 时事件 A 发生了 1 次的概率，等于前 $t-1$ 次试验中事件 A 均未发生的概率 $(1-p)^{t-1}$ 与第 t 次试验中事件 A 发生的概率 p 的乘积。因此得到几何分布 $G(p)$ 的概率计算公式 5.2。

$$P(T=t)=p(1-p)^{t-1}，\text{其中}t=1,2,\cdots，\ 0<p<1 \tag{5.2}$$

图 5.1 给出事件 A 发生概率 p=0.5、0.2 和 0.1 时，三种几何分布的取值概率。可以看出，事件 A 发生的概率越小，分布越分散。几何分布具有无记忆性，即 $T=t$ 时事件 A 是否发生，与这个时间之前事件 A 发生与否、发生了多少次没有关系。每次试验中，事件 A 是否发生都服从同一个 Bernoulli 分布。同时，$T=t$ 时事件 A 发生 1 次的试验次数，与这个时间之前事件 A 发生的次数也没有关系。几何分布 $G(p)$ 的均值和方差由公式 5.3 给出，证明过程在大多数概率统计教材中都能找到。很明显，几何分布有很大的方差。当 p 很小时，

方差可以近似表示为 $\frac{1}{p^2}$。

$$E(T)=\frac{1}{p},\ V(T)=\frac{1}{p}\left(\frac{1}{p}-1\right)\approx\frac{1}{p^2} \tag{5.3}$$

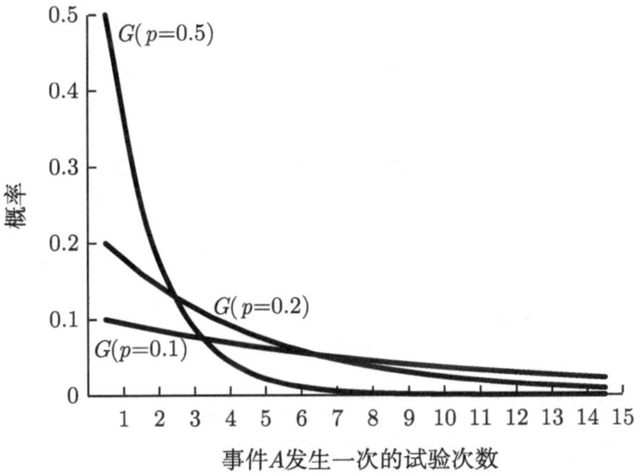

图 5.1 事件发生概率分别为 0.5、0.2 和 0.1 的三个几何分布的取值概率

§5.2.2 基因融合模型

第 3 章介绍的 Wright-Fisher 模型，是一种从前向后或由过去推测现在的基因谱系研究方法。还有一种从后向前或由现在推测过去的研究方法，有时也同样重要。当前群体的一组有限样本不仅可以用来估计基因和基因型频率，群体中的两个等位基因还可能是几个世代前的同一个基因传递而来，也就是说它们具有共同的祖先，称这两个基因在祖先世代中发生了融合 (coalescence)。例如，当前群体的一组样本中包含 k 个基因，如果之前的某个祖先世代中发生了一次基因融合，那么当前的 k 个基因就只有 $k-1$ 个亲本来源。发生两次基因融合后，当前的 k 个基因就只有 $k-2$ 个亲本来源。如此下去，发生 $k-1$ 次基因融合后，当前的 k 个基因就只有一个亲本来源。发生一次基因融合，称为一个融合事件 (coalescent event)。基因融合模型通过研究融合事件之间的时间间隔，提供了一种研究基因进化的方法，有时还会比从前向后的 Wright-Fisher 模型更加便利 (Weir, 1996; Hartl and Clark, 2007)。

在图 3.4 中，如把世代 4 视为当前世代，不考虑二倍体个体之间的亲缘关系，只考虑 6 个等位基因在系谱中的传递过程。这样就得到当前世代中，6 个等位基因的系谱图 5.2。4 个世代前，群体的 6 个等位基因仍用 $A_1\sim A_6$ 表示。在世代传递过程中，多数等位基因没有在后代中出现，逐渐从群体中丢失了，最后只有基因 A_4 在当前的群体中被固定下来。从另一个方向来看，前 1 世代中，发生了 3 次融合事件，当前世代的 6 个等位基因只来自前 1 个世代的 3 个等位基因。前 2 世代中，没有发生融合事件。前 3 世代中，又发生了 1 次融合事件，这 6 个等位基因只来自前 3 个世代的 2 个等位基因。前 4 世代中，又发生了 1 次融合事件，当前世代的这 6 个等位基因只来自前 4 世代的同一个基因 A_4。

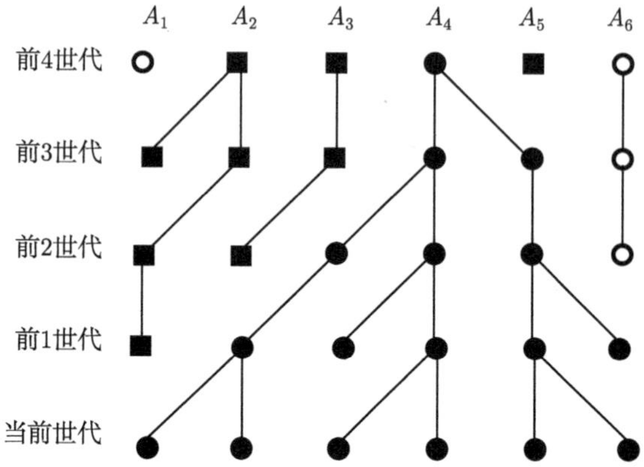

图 5.2 理想群体的条件下，当前世代中 6 个等位基因的系谱图

前 4 世代的 6 个等位基因用 $A_1 \sim A_6$ 表示。前 1 世代中发生了 3 次融合事件，前 2 世代中没有发生融合，前 3 世代中发生了 1 次融合事件，前 4 世代中发生了 1 次融合事件。经过 5 次基因融合事件后，当前世代的 6 个等位基因均来自前 4 世代的同一个基因 A_4

从基因系谱图 5.2 还可以看到，如采用从过去到现在的研究方法，需要追踪祖先群体中所有 6 个等位基因的传递过程。如采用从现在到过去的研究方法，则只需追踪当前群体中固定下来的等位基因 A_4，即图 5.2 中实心圆表示的 17 个基因，而不需要考虑在当前世代中已经丢失的那些基因。因此，这种方法有时显得更为有效、更为便利。

在大小为 N 的理想群体中，如果当前世代的两个基因来自前 1 世代的同一个基因，说明在前 1 世代发生了融合事件，发生概率为 $\frac{1}{2N}$，用符号 $\Pr\{T_2=1\}$ 表示，即公式 5.4，其中 T_2 表示两个基因发生融合的时间。如果两个基因来自前 1 世代的不同基因，说明它们在前 1 世代没有发生融合，概率为 $1-\frac{1}{2N}$。如果前 $t-1$ 世代没有发生融合，那么前 1 世代、前 2 世代 $\cdots$ 前 $t-2$ 世代也都没有发生融合。每个世代中，融合事件是否发生是独立的，概率均由公式 5.4 给出。这样，两个基因在每个世代中是否发生融合，就服从发生概率为 $\frac{1}{2N}$ 的 Bernoulli 分布，融合发生的时间 T_2 则服从几何分布 $G(p=\frac{1}{2N})$。公式 5.5 给出融合发生时间 T_2 的概率，公式 5.6 给出发生时间 T_2 的均值和方差。

$$\Pr\{T_2=1\}=\frac{1}{2N} \tag{5.4}$$

$$\Pr\{T_2=t\}=\frac{1}{2N}\left(1-\frac{1}{2N}\right)^{t-1}，其中 t=1,2,\cdots \tag{5.5}$$

$$E(T_2)=2N,\ V(T_2)=2N(2N-1) \tag{5.6}$$

下面考虑 k 个基因的融合问题。我们知道，两个基因有不同来源的概率为 $(1-\frac{1}{2N})$。要使三个基因均有不同来源，那么第 3 个基因必须来自前两个基因之外的基因，概率为 $(1-\frac{2}{2N})$。因此，三个基因来自前 1 世代不同基因的概率为 $(1-\frac{1}{2N})(1-\frac{2}{2N})$。三个基因来自前 1 世代的不同基因，说明前 1 世代没有发生融合事件。因此，三个基因没有发生融合事件的概率也是 $(1-\frac{1}{2N})(1-\frac{2}{2N})$。依次类推，$k$ 个基因在前 1 世代没有发生融合事件的概率为

$(1-\frac{1}{2N})(1-\frac{2}{2N})\cdots(1-\frac{k-1}{2N})$。当 $2N$ 较大、k 较小时，$(1-\frac{1}{2N})(1-\frac{2}{2N})\cdots(1-\frac{k-1}{2N})$可以用公式 5.7 来近似。用 1 减去公式 5.7 给出的近似概率，就得到一个世代中 k 个基因发生融合事件的概率，即公式 5.8。k 个基因是否发生融合事件在世代间是独立的，融合事件发生的时间 T_k 服从几何分布 $G(p\approx\frac{k(k-1)}{4N})$，分布概率由公式 5.9 给出。根据几何分布均值和方差计算公式 5.3，就能得到 T_k 均值和方差的计算公式 5.10。对比两个基因融合时间的计算公式 5.4~ 公式 5.6 与多个基因的计算公式 5.8~ 公式 5.10，从中不难发现，除方差稍有差异之外，多个基因融合时间的计算公式 5.8~ 公式 5.10 同样适合于两个基因的情况。

$$\prod_{i=1}^{k-1}(1-\frac{i}{2N})\approx 1-\sum_{i=1}^{k-1}\frac{i}{2N}=1-\frac{k(k-1)}{4N} \tag{5.7}$$

$$\Pr\{T_k=1\}=1-\prod_{i=1}^{k-1}(1-\frac{i}{2N})\approx\frac{k(k-1)}{4N} \tag{5.8}$$

$$\Pr\{T_k=t\}=\frac{k(k-1)}{4N}[1-\frac{k(k-1)}{4N}]^{t-1} \tag{5.9}$$

$$E(T_k)=\frac{4N}{k(k-1)},\ V(T_k)=\frac{(4N)^2}{[k(k-1)]^2} \tag{5.10}$$

对于当前群体中的 k 个基因，经过 $k-1$ 次融合之后，这 k 个基因就可以追踪到同一个祖先基因，需要的时间自然也是一个随机变量，用 T_1 表示。第 1 次融合时间的随机变量为 T_k。第一次融合发生后，等位基因个数减少到 $k-1$。因此，第 2 次融合时间的随机变量为 T_{k-1}。依次类推，最后一次融合时间的随机变量为 T_2。这些随机变量服从公式 5.9 和公式 5.5 定义的几何分布。因此，融合为一的时间 T_1 正好是这 $k-1$ 次融合时间随机变量之和，即公式 5.11。根据公式 5.10 中的均值和方差，可以得到 k 个基因融合为一个共同来源所需要时间的均值 (公式 5.12) 和方差 (公式 5.13)。

$$T_1=T_k+T_{k-1}+\cdots+T_2=\sum_{i=2}^{k}T_i \tag{5.11}$$

$$E(T_1)=\sum_{i=2}^{k}E(T_i)=4N\sum_{i=2}^{k}\frac{1}{i(i-1)}=4N\sum_{i=2}^{k}(\frac{1}{i-1}-\frac{1}{i})=4N(1-\frac{1}{k}) \tag{5.12}$$

$$V(T_1)=\sum_{i=2}^{k}V(T_i)=16N^2\sum_{i=2}^{k}[\frac{1}{i(i-1)}]^2 \tag{5.13}$$

图 5.3 给出系谱图 5.2 中 6 个基因融合过程的示意图。第 1 次融合事件发生在 6 个基因之间，融合发生后，6 个等位基因就只有 5 个来源，发生的平均时间用公式 5.10 估计为 $E(T_6)=\frac{4N}{6\times 5}=\frac{2N}{15}$。第 2 次融合事件发生在 5 个基因之间，融合发生后，当前世代的 6 个等位基因就只有 4 个来源，发生的平均时间用公式 5.10 估计为 $E(T_5)=\frac{4N}{5\times 4}=\frac{2N}{10}$。依次类推，得到第 3 和第 4 次融合事件发生的平均时间分别为$E(T_4)=\frac{2N}{6}$ 和 $E(T_3)=\frac{2N}{3}$。最

后一次融合事件，相当于 2 个基因间的融合事件，发生的平均时间用公式 5.6 的均值计算，即 $E(T_2) = 2N$。经过 5 次融合事件后，当前世代的这 6 个等位基因就只有唯一一个来源。

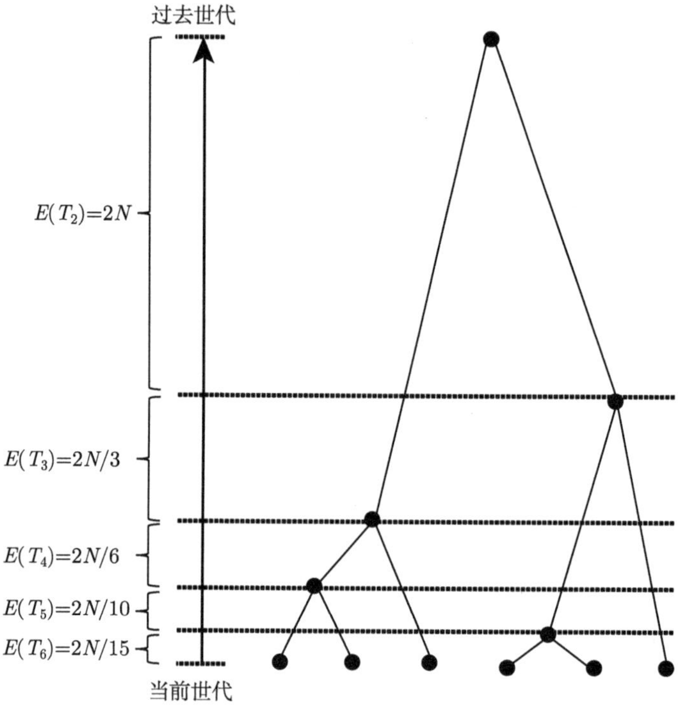

图 5.3　当前群体中 6 个基因的融合过程示意图

6 个基因的第 1、2、3、4 次融合事件，分别相当于 6 个、5 个、4 个、3 个基因的一次融合事件，发生的平均时间用公式5.10 的均值计算。最后一次融合事件，相当于 2 个基因的融合事件，发生的平均时间用公式 5.6 的均值计算

图 5.3 表示的基因融合过程也称为基因树 (gene tree)。在基因树中，越往上走，需要更长的时间才能再次出现基因融合事件。或者说，越往根部走 (倒看)，分支变得越长。从公式 5.12 可以看出，当 k 较大时，融合为一的平均时间大约是 $4N$。这个时间也正好是一个新突变基因如果不丢失的话，在群体中被固定下来的时间。最后一次融合的平均时间是 $2N$，几乎占整个融合时间的一半。这一现象其实也可以从融合后基因频率的变化来解释。在当前世代中，6 个等位基因各占 $\frac{1}{6}$，频率都比较低，随机漂移中丢失一个的概率就很大，所以第一次融合的时间最短。在群体大小稳定不变的情况下，随着丢失基因的增多，未丢失基因的频率逐渐升高，基因再次丢失的速度就会越来越慢，因此再一次融合的时间就变得越来越长。

为计算一个基因树中所有分支长度的总和，以图 5.3 为例，可认为这个基因树中包含 6 个长度为 T_6 的分支、5 个长度为 T_5 的分支、4 个长度为 T_4 的分支、3 个长度为 T_3 的分支、2 个长度为 T_2 的分支。这些分支可以从图 5.3 相邻平行线之间的实线段看出来。因此，可利用公式 5.10 中的均值，得到所有分支总长度的计算公式 5.14。分支的总长度其实就是经历的总世代数，如果每个世代的突变频率为 u，那么在无限等位基因模型下，分支总长度乘以突变频率，就等于 §5.1.2 定义的多态性位点的个数 S，即公式 5.15，其中的参数 $\theta = 4Nu$

的遗传学含义将在 §5.3 中详细解释。

$$E(T)=E[\sum_{i=2}^{k} iT_i]=\sum_{i=2}^{k} iE(T_i)=4N\sum_{i=2}^{k}\frac{1}{i-1}=4N\sum_{i=1}^{k-1}\frac{1}{i} \tag{5.14}$$

$$E(S)=uE(T)=4Nu\sum_{i=1}^{k-1}\frac{1}{i}=\theta\sum_{i=1}^{k-1}\frac{1}{i} \tag{5.15}$$

§5.3 中性突变理论

§5.3.1 中性突变与有限随机交配群体

分子遗传学和进化的大量研究结果表明，新发生的突变中，大多是有害的，只有极少数是有益的。由于选择的作用，有害或有益的突变能够很快在群体中消失或固定，隐性有害基因即使不能完全消失，它存在的频率也不会太高。因此，这些突变对多态性的贡献都很有限。从 §5.1 看到，基因组中存在一部分没有明显表型效应、可以忽略选择作用的突变，称为中性突变 (neutral mutation)。中性突变在随机漂移的作用下，会维持一种平衡状态，这种平衡能够解释自然群体中观察到的大部分多态性。这一解释群体多态性的理论称为中性理论 (neutral theory) (Kimura and Crow，1964；Kimura，1968)。中性理论认为，相当一部分突变对个体的生存和繁殖几乎没有影响，它们在群体中存在的频率不是由选择决定的，而是随机漂移的结果。

在无限等位基因模型的假定下，中性突变每次在群体中产生出一个新的等位基因，随机漂移决定这些基因的命运是固定还是丢失。在大小为 N 的理想群体中，§3.1.4 给出了一个新的突变在下一代的丢失概率为 $\mathrm{e}^{-1}=0.3679$，这个概率其实也是 N 个个体携带的任意一个基因在下一代的丢失概率。经过长期的随机漂移，单个亚群体最终被固定在一个基因上。因此，最初的 $2N$ 个基因有着相同的固定概率，即各占 $\frac{1}{2N}$，这当然也是一个特定突变基因在小群体中的固定概率。因此，一个新突变基因的丢失概率为 $1-\frac{1}{2N}$。尽管丢失的概率要远高于固定的概率，长期的突变和随机漂移也能达到一种平衡状态。处于平衡状态时，突变产生的基因正好可以弥补因漂移而丢失的基因。虽然这些基因在表型性状的遗传研究中，可能不算很合适，却包含着物种间、亚群体间在 DNA 序列上的大量亲缘系谱信息。因此，中性理论在现代群体遗传和进化研究中占有十分重要的位置。

假定突变的发生频率为 u。公式 5.16 给出了理想群体相邻世代间近交系数的变化，其中，$F_t=\Pr\{X_k\equiv Y_k\}$ 代表的是世代 t 中任意两个基因 X_k 和 Y_k 后裔同样的概率。在满足 $X_k\equiv Y_k$ 的条件下，不论是其中的一个发生了突变，还是二者同时发生突变，它们将不再是后裔同样。因此，在发生突变的情况下，维持 $X_k\equiv Y_k$ 的概率等于 $(1-u)^2$，即只有两个后裔同样基因均未发生突变时，才能继续保持它们之间的后裔同样状态。由此得到理想群体在突变存在时，上下代近交系数的关系式 5.16。

$$F_t=\left[\frac{1}{2N}+\left(1-\frac{1}{2N}\right)F_{t-1}\right](1-u)^2 \tag{5.16}$$

无突变发生时，近交系数会缓慢增加，最终趋近于 1 (见公式 3.34 和表 3.3)。从公式 5.16 可以看到，由于突变的存在，最终的近交系数不再趋近于 1，而是一个小于 1 的数。将公式 5.16 两边同除以 $(1-u)^2$，并用 $1+2u$ 去近似 $(1-u)^{-2}$，就得到公式 5.17，进而得到平衡频率的计算公式 5.18。公式 5.18 中的 $4Nu$ 是群体遗传学中的另一个十分重要的参数，一般用 θ 表示。对于有效大小为 N_e 的非理想群体，只要认为 $\theta=4N_eu$ 即可。因此，这一节 (也包括上一节) 的结果也同样适用于非理想群体。

$$\frac{1}{2N}+\left(1-\frac{1}{2N}\right)\tilde{F}=\frac{1}{(1-u)^2}\tilde{F}\approx(1+2u)\tilde{F} \tag{5.17}$$

$$\tilde{F}=\frac{1}{1+4Nu}=\frac{1}{1+\theta},\ \text{其中}\theta=4Nu \tag{5.18}$$

公式 5.18 给出的平衡频率其实也可根据基因融合模型推导出来。在平衡状态时，群体中因突变而产生的新基因正好弥补了因漂移而丢失的基因。考虑平衡群体中的任意两个基因，只有两种事件会改变群体的近交系数，其他事件不会影响群体的近交系数。这两个事件分别是：①非后裔同样基因发生了融合事件，发生的概率为 $\frac{1}{2N}$；②后裔同样的两个基因至少有一个发生了突变事件，发生概率为 $1-(1-u)^2\approx 2u$。这两个事件的发生概率之和为 $\frac{1}{2N}+2u$。在无限等位基因模型下，任何突变都会产生一个新基因，两个后裔同样的基因只要其中之一发生了突变，它们就不再是后裔同样。因此，在影响近交系数的两个事件中，只有融合事件才能产生近交，融合事件发生概率占二者概率之和的比例，就是平衡状态下的近交系数。因此得到平衡近交系数的另外一种计算方法，即公式 5.19。

$$\tilde{F}=\frac{\dfrac{1}{2N}}{\dfrac{1}{2N}+2u}=\frac{1}{1+4Nu} \tag{5.19}$$

在平衡状态时，公式 5.18 中的 $\tilde{F}$ 表示两个基因的后裔同样概率。在无限等位基因模型下，两个状态相同但没有亲缘关系的基因结合在一起产生纯合基因型的概率为 0。从另外一方面讲，纯合基因型中的两个基因一定是后裔同样的。因此，公式 5.18 中的 $\tilde{F}$ 也就等于平衡群体中纯合基因型的频率，$1-\tilde{F}$ 也就是群体中的杂合基因型频率，即杂合度。杂合度 H 与参数 $\theta=4Nu$ 的关系用公式 5.20 表示。

$$H=1-\tilde{F}=\frac{\theta}{1+\theta}=\frac{4Nu}{1+4Nu} \tag{5.20}$$

从公式 3.31 给出的相邻两个世代间近交系数的关系可以看出，不管基础群体的基因频率如何，最终的近交系数都将趋近于 1。基础群体中的基因频率决定的是该基因在亚群体中被固定的概率。在存在突变的情况下，从公式 5.16～ 公式 5.18 的推导过程，同样可以看出突变和漂移达到平衡状态的近交系数也与起始群体的基因频率无关。在 HW 平衡群体中，公式 3.38 和公式 3.39 中的纯合基因型频率，以及公式 3.40 中的杂合度 (即杂合基因型频率)，都可以用等位基因频率进行估计。由此得到从平衡群体等位基因频率来估计参数 θ 的方法。假定一个座位上有 k 个等位基因，用 p_i 表示等位基因 i 的频率，i=1，2，$\cdots$，k。HW 平衡时，纯合基因型的总频率为 $\sum\limits_{i=1,\cdots,k} p_i^2$，等于平衡近交系数 $\tilde{F}$；杂合度为 $H = 1 - \sum\limits_{i=1,\cdots,k} p_i^2$，等于 $1-\tilde{F}$，即公式 5.21。从公式 5.19 和公式 5.20 可以看出，θ 等于杂合度与纯合基因型频率的比值。因此得到用等位基因频率对参数 θ 的估计公式 5.22。

例如，一个座位上存在 4 个等位基因，它们的频率分别为 0.56、0.31、0.11 和 0.02。HW 平衡时的纯合基因型频率为 $0.56^2+0.31^2+0.11^2+0.02^2 = 0.4222$，杂合度为 $1-0.4222 = 0.5778$。因此，$\theta = 0.5778/0.4222 = 1.3685$。由于 $\theta = 4Nu$，得到 θ 和 N 估计值后，就能估计突变频率。当然，得到 θ 和 u 估计值后，也就能估计第 4 章中介绍的有效群体大小 N_e。

$$\tilde{F} = \sum_{i=1,\cdots,k} p_i^2,\ 1-\tilde{F} = H = 1 - \sum_{i=1,\cdots,k} p_i^2 \tag{5.21}$$

$$\theta = \frac{1-\tilde{F}}{\tilde{F}} = \frac{1 - \sum\limits_{i=1,\cdots,k} p_i^2}{\sum\limits_{i=1,\cdots,k} p_i^2} \tag{5.22}$$

在公式 5.21 和公式 5.22 中，如假定 k 个等位基因有相同的频率，这时的等位基因个数称为有效等位基因数，用 k_e 表示。如用 p_e 表示这 k_e 个等位基因的共同频率，则 $k_e = \dfrac{1}{p_e}$。根据公式 5.21，可以得到 $\tilde{F} = k_e p_e^2$，因此得到有效等位基因的频率和个数表达式 5.23。在实际群体中，等位基因数不会正好等于 k_e，在突变和漂移的共同作用下，这些等位基因更不可能有相同的频率。公式 5.23 给出的有效个数也不一定是整数，这里只是说明，在一个平衡群体中，基因的杂合度与频率相等的 k_e 个等位基因的随机交配群体是等价的。例如，一个平衡群体在一个座位上存在三个等位基因，它们的频率分别为 2/3、1/6、1/6，纯合基因型频率为 0.5，杂合度为 0.5。因此，$p_e = \tilde{F} = 0.5$，$k_e = 2$，说明该群体的杂合度，与频率均为 0.5 的 2 个等位基因的随机交配群体是完全相同的。在稍前的例子中，$p_e = 0.42$，$k_e = 2.37$，说明该群体的杂合度与频率相等的 2.37 个等位基因的随机交配群体是相同的。

$$p_e = \tilde{F} = \frac{1}{1+4Nu},\quad k_e = \frac{1}{p_e} = 1+4Nu \tag{5.23}$$

图 5.4 给出在突变和随机漂移的共同作用下，近交系数和基因型频率随世代的变化。图 5.4A 中，N=100，u=0.001。因此，$\theta = 4Nu$=0.4，平衡时的近交系数 $\tilde{F}$=0.7143。4 条实线自上而下代表 1、0.9、0.5 和 0 四种起始的近交系数，它们随世代的增加趋近于平衡近交系数 $\tilde{F}$，但趋近平衡值的速度是很缓慢的。为便于对比，图 5.4A 还用虚线给出从 0.5 开始的无突变条件下近交系数的变化，这条虚线最终趋近于 1。图 5.4B 为突变和漂移达到平衡状态时，不同 θ 或 $4Nu$ 取值对应的杂合基因型和纯合基因型的频率。纯合基因型频率等于平衡状态时的近交系数 $\tilde{F}$，杂合基因型频率 (也就是杂合度) 等于 $1-\tilde{F}$，分别由公式 5.19 和公式 5.20 计算而来。从图 5.4B 还可以看出，很小的 θ 或 $4Nu$ 取值，就能维持相当高的杂合度。一般来说，随机交配群体在 0.2 和 0.8 之间的杂合度已经很高了，它们对应的 θ 大约在 0.25 和 4 之间。

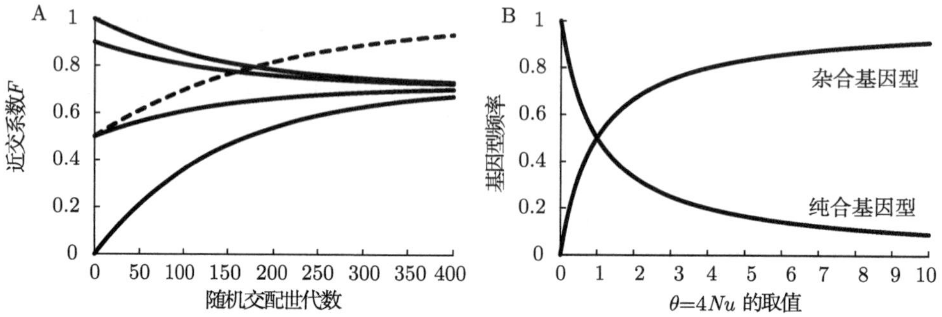

图 5.4 突变和随机漂移的共同作用对近交系数 (A) 和基因型频率 (B) 的影响

A 图中，N=100，u=0.001，平衡时的近交系数为 0.7143。4 条实线自上而下代表 1、0.9、0.5 和 0 四种起始近交系数，虚线表示无突变时从 0.5 开始的近交系数变化。B 图为突变和漂移达到平衡状态时，不同 $\theta = 4Nu$ 取值对应的杂合基因型和纯合基因型的频率。纯合基因型频率等于平衡状态时的近交系数 $\tilde{F}$，杂合基因型频率等于 $1 - \tilde{F}$

§5.3.2 等位基因个数的估计

公式 5.17 和公式 5.18 给出的平衡状态，与公式 3.34 给出的平衡状态 F=1 有本质差异。当达到公式 3.34 给出的 F=1 平衡状态后，亚群体就被固定在一个等位基因上，并且永远保持不变。在突变和漂移相互作用下达到平衡状态的群体中，突变的作用并不会因此而停止，仍然会不停地产生出新的等位基因；随机漂移的作用也不会因此而停止，已有的等位基因仍然会因为漂移而丢失，甚至原来已经被固定下来的基因也有可能丢失掉，原来已经丢失的基因也有可能被固定下来。这一点从图 5.4A 可以明显看出，当突变和随机漂移两种因素同时存在时，近交系数为 1 的亚群体并不能永远保持在 F=1 的状态。由于突变和漂移的联合作用，近交系数高于平衡频率时就会不断下降。在近交系数下降的过程中，原来被固定下来的基因就又可能丢失，原来丢失的基因又可能被固定。

突变和漂移的相互作用最终达到一种动态平衡状态，群体中的各种等位基因仍处在变动之中，单个等位基因的频率也仍在变化之中。由于突变产生的基因正好弥补了因为漂移而丢失的基因，群体中等位基因的个数、等位基因的频率分布、纯合基因型的频率、杂合度等保持相对稳定。假定一个突变和漂移平衡群体中，某座位上有 k 个等位基因，按照频率从高到低的顺序排列，最常见等位基因的频率用 p_1 表示、接下来的用 p_2 表示等。一个等位基因是否最常见，也不是一成不变的。从公式 5.22 可以看出，等位基因频率相等时的近交系数最高。换句话说，只有在等位基因频率存在差别时，才会有较低的近交系数，群体才会有较高的杂合度。因此，对于特定的平衡群体，将 k 个等位基因频率按照从高到低的顺序排列时，就会表现出一定的规律性。正是这种规律性，提供了一种检验中性突变理论的方法。

假定从一个突变和漂移的平衡群体中，随机抽取大小为 n=2N=20 的一组基因样本，调查共发现 k=10 个等位基因，一个出现了 7 次、一个出现了 3 次、两个出现了 2 次、其他 6 个各出现了 1 次。在这个样本群体中，按照从高到低顺序排列的等位基因观测个数，称为等位基因构成 (allelic configuration)。Kimura 和 Crow (1964) 给出了等位基因个数相对于等位基因频率的概率密度函数公式 5.24，其中，$\Phi(x)\mathrm{d}x$ 表示频率在 x 和 $x+\mathrm{d}x$ 之间的等位基因个数。因此，对概率密度函数 $\Phi(x)$ 在 $\dfrac{1}{n}$ 到 1 的区间上求积分，就得到等位基因的平均个

数 $E(k)$，即公式 5.25。对于任意 θ，积分公式 5.25 难以得到显式解。公式 5.26 只是给出了 θ=1 和 2 的情况下，等位基因平均个数的计算方法。显然，群体越大，等位基因的个数也就越多。

$$\Phi(x)=\theta(1-x)^{\theta-1}x^{-1} \tag{5.24}$$

$$E(k)=\int_{\frac{1}{n}}^{1}\Phi(x)\mathrm{d}x=\theta\int_{\frac{1}{n}}^{1}(1-x)^{\theta-1}x^{-1}\mathrm{d}x \tag{5.25}$$

$$E(k|\theta=1)=\ln n,\ E(k|\theta=2)=2(\ln n+\frac{1}{n}-1) \tag{5.26}$$

在无限等位基因模型的假定下，对于任意 θ，利用积分公式 5.25 计算等位基因个数很困难。Ewens (1972) 给出一个计算等位基因个数的近似公式 5.27。

$$E(k)=\frac{\theta}{\theta}+\frac{\theta}{\theta+1}+\frac{\theta}{\theta+2}+\cdots+\frac{\theta}{\theta+n-1} \tag{5.27}$$

表 5.2 给出不同 $\theta=4Nu$ 的中性突变与随机漂变平衡群体中，5 种大小的群体中，等位基因的平均个数。最后两列根据公式 5.26 计算，其他各列根据公式 5.27 计算。根据公式 5.18，当 θ 很小时，近交系数接近于 1，群体中的等位基因也会很少。近交系数为 1 的群体中只有一种等位基因。当 θ 增加时，等位基因的个数也随之增加。另外，随着样本的增大，就会有更大的可能抽到存在频率较低的等位基因。因此，样本群体中等位基因的个数也随之增加。表 5.2 中，6 种 θ 取值在实际群体中有广泛的代表性。扩大样本，增加了抽中低频率等位基因的机会，但是抽中频率很低的等位基因需要更多的样本，等位基因个数的增加速度远落后于样本大小的增加速度。这一点从公式 5.26 看得更清楚，当 θ=1 时，等位基因的平均个数等于样本大小的对数；当 $\theta=2$ 时，近似等于样本大小的对数的两倍。

表 5.2 不同 $\theta=4Nu$ 的中性突变与随机漂变平衡群体中，不同大小样本群体中等位基因的平均个数

$2N$ 的取值	$\theta=4Nu$ 的取值							
	0.1	0.5	1	2	5	10	1	2
10	1.27	2.13	2.93	4.04	5.84	7.19	2.30	2.81
20	1.34	2.48	3.60	5.29	8.46	11.33	3.00	4.09
50	1.43	2.94	4.50	7.04	12.46	18.34	3.91	5.86
100	1.50	3.28	5.19	8.39	15.72	24.44	4.61	7.23
250	1.59	3.74	6.10	10.21	20.17	33.07	5.52	9.05

为了利用公式 5.27，Karlin 和 McGregor (1972) 给出了样本群体中观测等位基因构成概率的计算方法，即公式 5.28，其中，$S_n(\theta)=\theta(\theta+1)(\theta+2)\cdots(\theta+n-1)$，$n$=$2N$，$k$ 为观察到的等位基因个数，n_1，n_2，$\cdots$，n_k 为各种等位基因的观测个数。从一个样本群体中，可以计算每个等位基因出现的次数，然后根据公式 5.28 计算发生概率，从而检验中性理论是否成立。

$$\Pr\{n_1,n_2,\cdots,n_k\}=\frac{n!\theta^k}{k!n_1n_2\cdots n_kS_n(\theta)} \tag{5.28}$$

为进一步说明公式 5.28 的应用，假定考察了 5 个个体的一段 DNA 序列，样本量 n=10。在满足中性理论的条件下，图 5.5A 给出两个等位基因存在时理论频率的概率分布，图 5.5B

给出三个等位基因存在时理论频率的概率分布。在只有两个等位基因存在的条件下，一个频率为 0.9、另一个频率为 0.1 的概率接近 0.4。两个等位基因频率相等的概率只有约 0.07，是 5 种可能的等位基因构成中概率最小的一个。在三个等位基因存在的条件下，三个频率分别为 0.7、0.2、0.1 的存在概率最大，约为 0.22。三个等位基因的频率越接近，存在的概率越低。因此，通过计算样本群体的等位基因个数和频率，然后与中性理论的期望频率作对比，就能检验中性理论是否适合。

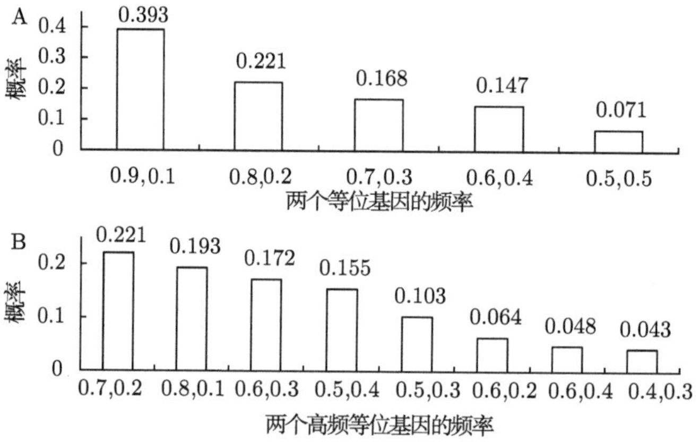

图 5.5　突变和漂移平衡群体中，由公式 5.28 给出的两个等位基因 (A) 和三个等位基因 (B) 理论频率的概率分布，样本大小 n=10

不考虑等位基因的顺序，两个等位基因存在时只有 5 种可能的频率，三个等位基因存在时只有 8 种可能的频率。图 5.5B 中，第三个等位基因的频率等于 1.0 减去前两个的频率之和，在 X 轴上未给出第三个的频率

如果样本群体的观测频率与理论频率有较大的差异，如高频等位基因的频率过高或过低，中性理论可能不适合被考察的群体。高频等位基因的频率过高，说明这个等位基因对选择可能是有利的；高频等位基因的频率过低，说明这个等位基因可能对选择是不利的。实际数据的样本量 n 都很大，可能的等位基因个数 n_1，n_2，$\cdots$，n_k 非常多，难以通过穷举的方法计算理论频率，一般都是采用计算机模拟的方法获得平衡群体的理论频率。

§5.3.3　中性突变理论的 Tajima D 检验

自 Kimura (1968) 系统地提出突变的中性理论以来，该理论在群体遗传学中得到了广泛的研究和应用。同时，人们也提出了多种中性理论的统计检验方法。例如，根据公式 5.28 可以计算样本群体中等位基因个数的分布频率，然后与中性突变理论下的期望频率进行对比，以检验中性理论 (Karlin and McGregor, 1972)。Fu 和 Li (1993) 提出利用 §5.2.2 基因融合模型和基因树检验中性突变理论。下面介绍应用最广的 Tajima D 检验 (Tajima, 1989)。

对于任意 n 个 DNA 序列，根据 §5.1.2 的方法计算多态性位点数 S 和平均非匹配数 Π，公式 5.15 给出了多态性位置的期望值。为方便起见，令 $a=\sum_{i=1}^{n-1}\frac{1}{i}$，即公式 5.29。公式 5.30 给出多态性位点数 S 均值和方差的计算公式，由此得到群体参数 $\theta=4Nu$ 的一个无偏估计，即公式 5.31。

$$a \hat{=} \sum_{i=1}^{n-1} \frac{1}{i} \tag{5.29}$$

$$E(S) = \theta a,\ V(S) = \sum_{i=1}^{n-1} [\frac{\theta}{i} + (\frac{\theta}{i})^2] \tag{5.30}$$

$$\hat{\theta} = \frac{S}{a} \tag{5.31}$$

Tajima (1983) 给出了非匹配平均数 Π 的均值和方差的计算公式 5.32，由此得到群体参数 $\theta = 4Nu$ 的另外一个无偏估计公式 5.33。

$$E(\Pi) = \theta,\ V(\Pi) = \frac{n+1}{3(n-1)}\theta + \frac{2(n^2+n+3)}{9n(n-1)}\theta^2 \tag{5.32}$$

$$\hat{\theta} = \Pi \tag{5.33}$$

在选择的作用下，有害突变在群体中的存在频率会很低。Tajima (1989) 指出，在计算多态性位点的个数时，没有考虑等位基因频率高低这一因素，会放大有害突变对多态性位点个数的影响。另外，在计算非匹配平均数时，考虑到等位基因频率这一因素，低频有害突变的存在对非匹配平均数的影响不会很大。公式 5.31 和公式 5.33 给出的两个估计值之间的差异，在某种程度上反映了选择的效应，显著差异预示着选择的存在。因此，二者之间的差异可以用于中性理论的检验。这一检验方法称 Tajima D 检验，自 1989 年提出之后得到广泛应用，检验统计量由公式 5.34 给出。公式 5.31 和公式 5.33 给出的两个估计值并不独立，因此公式 5.34 分母中的方差计算很复杂。目前常采取的方法是，从当前的样本群体出发，用模拟方法产生随机融合事件，然后利用模拟样本群体计算 Tajima D 值。将这些模拟出来的 D 值作为零假设下的样本分布，进而进行显著性推断。

$$D = \frac{\Pi - S/a}{\sqrt{V(\Pi - S/a)}} \tag{5.34}$$

对于表 5.1 中的 5 条 DNA 序列来说，多态性位点数 S=9，$a = 1 + \frac{1}{2} + \frac{1}{3} + \frac{1}{4} = 2.0833$。因此，$\frac{S}{a} = 4.32$，与非匹配平均数 Π=4.3 之间的差别不是很大。因此，中性理论可以用来解释这个基因座位上表现出的多态性。需要说明的是，这里只是用了一个很小的样本，实际数据的样本要大得多。另外，公式 5.31 和公式 5.33 给出的 $\theta = 4Nu$ 的估计，依赖于一个基因的 DNA 序列长度。为排除序列长度的影响，可以将这些估计值除以序列的总长度 (Hartl and Clark, 2007)。

§5.3.4 迁移和突变的联合作用

在图 2.3 表示的大陆群体向岛屿群体单向迁移模型中，假定岛屿群体有固定大小 N，每个世代的迁入个体比例为 m，即迁入个体数等于 Nm。分别用 F_t 和 F_{t-1} 表示当前世代 t 和前一世代 $t-1$ 的近交系数。无迁移发生时，公式 3.31 给出了相邻两个世代近交系数之间的关系。当迁移存在时，只要两个基因中有一个是迁移而来，它们就不再是后裔同样。换句话说，要保持两个基因的后裔同样状态，必须要求它们都不是迁入过来的，该事件发生的概率为 $(1-m)^2$。因此，公式 3.31 的右端项乘以 $(1-m)^2$ 之后就得到当前世代 t 的近交系数，即公式 5.35。与公式 5.16 对比发现，除了一个地方是突变频率 u、一个地方是迁移比例 m 外，公式 5.35 与公式 5.16 完全相同。类似公式 5.18，公式 5.36 给出迁移和漂变达到平衡状态时的近交系数。与突变类似，纯合基因型的两个等位基因一定是后裔同样，公式 5.36 给出的近交系数，同时也等于群体中纯合基因型频率之和，因此有时也称为固定系数 (fixation index)。

$$F_t = \left[\frac{1}{2N} + \left(1 - \frac{1}{2N}\right) F_{t-1}\right] (1-m)^2 \tag{5.35}$$

$$\tilde{F} = \frac{1}{1+4Nm} \tag{5.36}$$

图 5.6 给出平衡群体的近交系数随迁入个体数 Nm 的变化曲线，图中的近交系数由公式 5.35 计算。每个世代迁入 0.25 个个体，平衡群体的固定系数就从 1 下降到 0.5；每个世代迁入 1 个个体，固定系数下降到 0.2；每个世代迁入 2 个个体，固定系数下降到 0.11。每个世代迁入 5 个或更多个个体时，固定系数就低于 5%。也就是说，平衡群体的近交程度变得很低。迁移对群体的影响与突变是类似的，只存在程度上的差异。迁移比例 m 往往远大于突变频率 u，因此迁移对群体的影响程度要远大于突变。但最终的结果，都是降低了群体的固定系数，提高了群体的杂合度和遗传多样性。

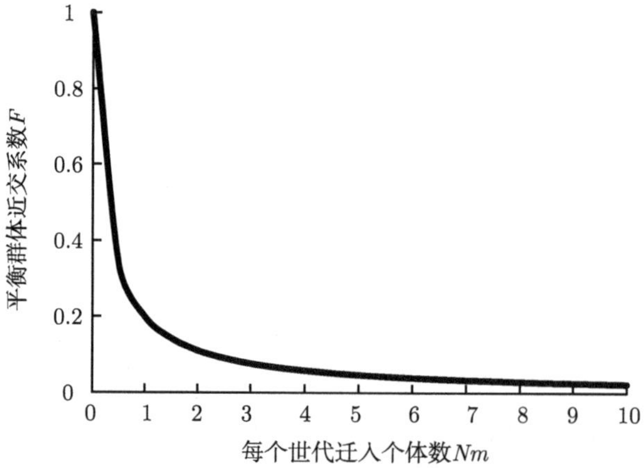

图 5.6　平衡群体的近交系数 (也称固定系数) 随迁入个体数的变化曲线

近交系数由公式 5.35 计算，只依赖于每个世代的迁入个体数 Nm

对于向前和向后同时发生的突变，分别用 u 和 v 表示两个方向的突变频率。这时，不论哪个基因发生了突变，也不论突变的方向是什么，都会打破两个基因的后裔同样状态。因此，维持两个后裔同样基因的概率为 $(1-u-v)^2$。如果同时还有迁移存在，每个世代迁入个体占的比例为 m。这时，不论哪个基因发生了突变，也不论突变的方向是什么，不论哪个基因是迁移而来的，都会打破两个基因的后裔同样状态。因此，维持两个后裔同样基因的概率为 $(1-u-v-m)^2$。这样就得到可逆突变和迁移共同作用下，相邻世代近交系数的公式 5.37，平衡时的近交系数由公式 5.38 给出。对于非理想群体，只要用有效群体大小 N_e 代替公式 5.35~ 公式 5.38 中的理想群体大小 N 即可。

$$F_t = \left[\frac{1}{2N} + \left(1 - \frac{1}{2N}\right) F_{t-1}\right] (1 - u - v - m)^2 \tag{5.37}$$

$$\tilde{F} = \frac{1}{1 + 4N(u + v + m)} \tag{5.38}$$

§5.4　近交系数计算方法小结

§5.4.1　近交系数计算方法

表 5.3 总结了不同交配系统的近交系数计算方法。在无限大随机交配群体中，每个后代个体都有雌雄两个亲本，个体间的亲缘关系是始终存在的。但由于群体无限大，有亲缘关系的个体之间发生交配产生后代的概率为 0。因此，无限大随机交配群体中不存在近交，它的近交系数 F=0。其他交配系统中，起始世代 t=0 代表的是基础群体，它的近交系数 F_0 在一般情况下都是已知的。如果是自然随机交配大群体，则 F_0=0；如果是自然自交群体，F_0=1；如果是混合自交和异交群体 (C 为异交率)，则 $F = \dfrac{1-C}{1+C}$等。有限大小群体 (包括理想群体和非理想群体) 在随机交配过程中，近交系数不断增加，并最终达到 1。近交系数为 1 的群体构成与自交系统完全一样。全同胞系统、亲子系统和半同胞系统中，近交系数也是在不断增加，并最终达到 1，最终的群体构成与自交系统完全一样。它们与自交系统的区别，只是在于近交系数的增加速度慢些而已。

表 5.3　不同交配系统下近交系数的计算

交配系统	群体大小	世代 t 与邻近世代近交系数的关系	平衡近交系数 F
随机交配	无限大	$F_t = 0$	F=0
自交系统	任意	$F_t = \frac{1}{2} + \frac{1}{2}F_{t-1}$	F=1
随机交配	大小为N的理想群体	$F_t = \frac{1}{2N} + (1 - \frac{1}{2N})F_{t-1}$	F=1
随机交配	有效大小为N_e的非理想群体	$F_t = \frac{1}{2N_e} + (1 - \frac{1}{2N_e})F_{t-1}$	F=1
全同胞系统	任意	$F_t = \frac{1}{4}(1 + 2F_{t-1} + F_{t-2})$	F=1
亲子系统	任意	$F_t = \frac{1}{4}(1 + 2F_{t-1} + F_{t-2})$	F=1
半同胞系统	任意	$F_t = \frac{1}{8}(1 + 6F_{t-1} + F_{t-2})$	F=1
回交系统，A 表示轮回亲本	任意	$F_t = \frac{1}{4}(1 + F_{\mathrm{A}} + 2F_{t-1})$	$F = \frac{1}{2}(1 + F_{\mathrm{A}})$
混合自交和异交，C为异交率	无限大	$F_t = \frac{1}{2}(1 + F_{t-1})(1 - C)$	$F = \frac{1-C}{1+C}$
阶梯结构群体 (阶梯数为 n)	$F_{ST} = 1 - (1 - F_n)(1 - F_{n-1}) \cdots (1 - F_1), F_i$ 为阶梯 i 的平均近交系数		

回交系统的近交系数也是在不断增加，但近交系数的变化与轮回亲本有关，最终的近交系数等于轮回亲本自交一代的近交系数。如果轮回亲本的近交系数为 1，即纯系，最终的近

交系数也是 1；如果轮回亲本的近交系数为 0，最终的近交系数是 0.5。长期的混合自交和异交群体中，近交系数只依赖于异交率 C。异交率 $C=0$ 等同于自交系统，异交率 $C=1$ 等同于随机交配系统。与自交和异交类似，我们也可考虑其他规则近交与随机交配的混合系统中，近交系数的变化和平衡点。例如，在一个大群体中，随机交配的比例为 C，全同胞交配的比例为 $1-C$，达到平衡时的近交系数为 $F=\dfrac{1-C}{1+3C}$。如果随机交配的比例为 C，半同胞交配的比例为 $1-C$，达到平衡时的近交系数为 $F=\dfrac{1-C}{1+7C}$。读者可通过练习 5.11 和练习 5.12 得到这两种平衡状态的近交系数计算公式。

表 5.3 最后一行给出阶梯结构群体 (阶数为 n) 的总体近交系数，也称为分化系数，其中 F_i 为第 i 个阶梯内的平均近交系数。平均近交系数一般用亚群体的平均杂合度相对于 HW 平衡杂合度的变化量进行估计 (详见 §3.4)。

表 5.4 总结了一种或多种遗传因素作用下，理想群体中近交系数的计算，不考虑选择的作用。对于非理想群体，只需要用有效群体大小 N_e 代替理想群体大小 N 即可。对于向前突变，§5.3.1 定义一个群体参数 $\theta=4Nu$。在多种因素同时存在时，可以定义类似的参数。例如，迁移 (频率为 m) 与双向突变 (频率分别为 u 和 v) 同时存在时，定义 $\theta=4N(u+v+m)$。这样，表 5.4 中所有平衡近交系数，都可以用同一个公式 $F=\dfrac{1}{1+\theta}$表示。在中性突变理论的假定下，$\theta=4Nu$ 或 $\theta=4N(u+v)$，可以利用 DNA 序列的多态性位点数和成对非匹配平均数进行估计 (详见 §5.3.3)。

表 5.4　一种或多种遗传因素作用下，理想群体中近交系数的计算，不考虑选择的作用

遗传因素	世代 t 与邻近世代近交系数的关系	平衡近交系数 F
向前突变 (频率为 u)	$F_t=[\frac{1}{2N}+(1-\frac{1}{2N})F_{t-1}](1-u)^2$	$F=\frac{1}{1+4Nu}$
双向突变 (频率分别为 u 和 v)	$F_t=[\frac{1}{2N}+(1-\frac{1}{2N})F_{t-1}](1-u-v)^2$	$F=\frac{1}{1+4N(u+v)}$
迁移 (频率为 m)	$F_t=[\frac{1}{2N}+(1-\frac{1}{2N})F_{t-1}](1-m)^2$	$F=\frac{1}{1+4Nm}$
向前突变 (频率为u) 与迁移 (频率为m)	$F_t=[\frac{1}{2N}+(1-\frac{1}{2N})F_{t-1}](1-u-m)^2$	$F=\frac{1}{1+4N(u+m)}$
双向突变 (频率分别为u和v) 与迁移 (频率为m)	$F_t=[\frac{1}{2N}+(1-\frac{1}{2N})F_{t-1}](1-u-v-m)^2$	$F=\frac{1}{1+4N(u+v+m)}$

§5.4.2　近交系数应用中需要注意的一些问题

从第 3 章开始，我们已经看到近交系数在群体遗传学研究中发挥的重要作用。通过近交系数这一概念，可以把自然条件下的非理想群体、人工控制条件下的规则交配系统转化为理想群体进行研究；在给定基因频率的条件下，通过群体的近交系数可以估计群体的基因型频率；在中性突变和无限等位基因模型下，通过群体的近交系数可以估计基因的突变频率和杂合度；在迁移和漂变共同作用下的平衡群体中，可以通过近交系数估计迁移比例和杂合度等。自然条件和人工控制条件下，不同交配系统产生的各种各样遗传群体，通过计算它们的近交系数，就能在很大程度上认识这些群体的遗传构成。因此，近交系数有机地统一了各式各样的交配方式和遗传群体。

与基因频率和基因型频率类似，近交系数也是一个基于群体的遗传参数。离开遗传群体谈论近交系数是没有意义的。共祖先系数衡量一个遗传群体中个体之间亲缘关系的远近，近交系数衡量子代群体中两个等位基因亲缘关系的远近，二者在遗传上其实是一回事，即亲代群体的共祖先系数等于子代群体的平均近交系数。由于近交系数是一个群体参数，严格地讲，谈论单个个体的近交系数也是没有意义的，除非后代群体中只有一种基因型。一般来说，后代都是多种基因型按照一定频率构成的群体，近交系数衡量的是后代携带两个基因的平均亲缘关系。

近交系数在群体和数量遗传学研究中均发挥重要的作用。应用中要注意，近交系数是一个相对的概念，离开一个基础群体或参考群体，也就难以衡量个体之间的亲缘关系，近交系数也就失去了意义。基础群体大致可以分为自然交配和人工控制交配两大类型。如果基础群体来自自然条件下一个物种的种群，根据物种的繁殖方式还可分为以下 4 种类型。

(1) 自然无性系群体：单个无性系群体中，不同个体，以及它们的亲代和子代有着完全相同但高度杂合的基因型，用 Z 表示单个无性系群体中的个体，则 $F_{\mathrm{Z}}=0$。在单个无性系群体内，个体之间的共祖先系数等于 Z 与其自身的共祖先系数。因此，个体间的共祖先系数 $f_{\mathrm{ZZ}}=\frac{1}{2}(1+F_{\mathrm{Z}})=\frac{1}{2}$。如果无性系也能发生自交，则这个共祖先系数当然就是自交一代群体的近交系数。多个无性系构成的自然群体等同于一个随机交配群体，可以将单个无性系等价地视为随机交配群体中的单个个体。因此，群体的近交系数为 0，不同无性系之间的共祖先系数也为 0。

(2) 自然自交群体：单个自交系群体中，不同个体，以及它们的亲代和子代，有着完全相同的纯合基因型。同时，纯合基因型中的两个等位基因还是后裔同样。用 Z 表示单个自交系群体中的个体，则 $F_{\mathrm{Z}}=1$，个体之间的共祖先系数 $f_{\mathrm{ZZ}}=\frac{1}{2}(1+F_{\mathrm{Z}})=1$。多个未知来源自交系构成的自然群体中，近交系数也为 1，但是不同自交系之间的共祖先系数为 0。

(3) 自然异交群体：一般认为群体无限大，用 Z 表示单个个体，则 $F_{\mathrm{Z}}=0$。任意两个个体 X 与 Y 之间的共祖先系数 $f_{\mathrm{XY}}=0$。个体 Z 与它自身的共祖先系数 $f_{\mathrm{ZZ}}=\frac{1}{2}(1+F_{\mathrm{Z}})=\frac{1}{2}$。如果发生自交，则这个共祖先系数也就是自交一代群体的近交系数。

(4) 自然混合自交和异交群体：一般认为群体无限大，用 Z 表示单个个体，C 表示异交率，则 $F_{\mathrm{Z}}=\frac{1-C}{1+C}$，个体 Z 与它自身的共祖先系数 $f_{\mathrm{ZZ}}=\frac{1}{2}(1+F_{\mathrm{Z}})=\frac{1}{1+C}$。由于 $F=\frac{1-C}{1+C}$ 是平衡点，亲代和子代的近交系数都应该等于 $\frac{1-C}{1+C}$。把 Z 看作子代，则任何两个个体 X 与 Y 之间的共祖先系数为 $f_{\mathrm{XY}}=\frac{1-C}{1+C}$。

以上列出的 4 种自然群体类型，其实代表着自然界的 4 种繁殖方式。根据物种的生物学特性，人工控制条件下的繁殖方式更多。第 4 章介绍的一些规则近交系统，是常见的人工控制繁殖方式，这些交配系统中，近交系数的变化都有一定的规律性。利用这些群体时，要对它们的近交系数有所了解，以便采取适当的分析方法，开展目的明确的遗传研究，获得更有价值的遗传研究结果。在规则近交系统中，组成世代 0 的个体是后续近交世代的原始亲本，这些亲本个体的来源就是基础群体。

植物育种中经常利用自交系统产生大量的自交系，在此基础上开展品种选育或遗传研究。有时又利用两个或多个来源广泛的自交系，开展相互杂交，利用互交群体开展遗传研究或轮回选择育种。共祖先系数和近交系数之间的各种关系，在这些群体中也是适用的。图 5.7 给出自交系之间互交产生基础遗传群体的过程。左边为两个自交系 A 和 B 的杂交后代系谱，X 表示杂种一代 F_1，Z 表示杂种二代 F_2。显然，$F_A = F_B$=1。如果自交系 A 和 B 之间没有亲缘关系，则 f_{AB}=0，$F_X = f_{AB}$=0。群体 X 只有一种基因型，一般不适合开展遗传和育种研究。根据自交系 A 和 B 差异的大小，X 的自交后代 Z 存在不同程度的基因型分离，适宜于遗传和育种研究。若作为基础群体，群体 Z 的近交系数 $F_Z = f_{XX} = \frac{1}{2}(1+F_X) = \frac{1}{2}$。

图 5.7 中间为两个自交系 A 和 B 的杂交和回交的系谱，X 表示杂种一代 F_1，Z 表示回交一代 BCF_1。如果自交系 A 和 B 之间没有亲缘关系，则 $F_A = F_B$=1，f_{AB}=0。群体 X 与自交系 A 的回交后代 Z 存在不同程度的基因型分离，若作为基础群体，群体 Z 的近交系数 $F_Z = f_{AX} = \frac{1}{2}f_{AA} + \frac{1}{2}f_{AB} = \frac{1}{2}(1+F_A) + \frac{1}{2}f_{AB} = \frac{1}{2}$。可见，回交一代的近交系数等于自交一代的近交系数，它们其实都等于群体中纯合基因型的频率。

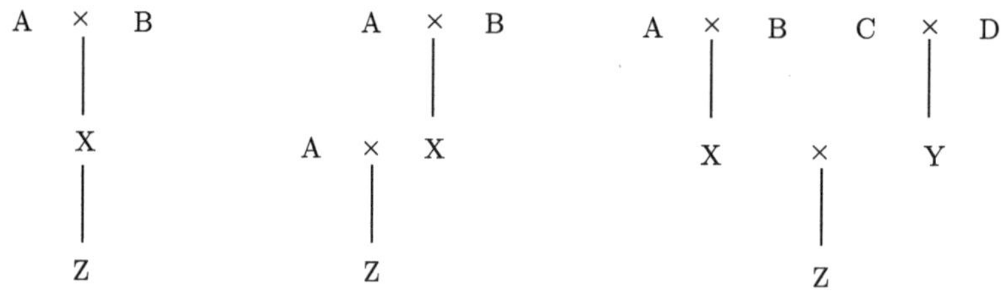

图 5.7　自交系之间互交产生的基础遗传群体

左边为两个自交系 A 和 B 杂交后代的系谱，X 表示杂种一代 F_1，Z 表示杂种二代 F_2。中间为两个自交系 A 和 B 杂交和回交后代的系谱，X 表示杂种一代 F_1，Z 表示回交一代 BCF_1。右边为 4 个自交系 A、B、C、D 杂交后代的系谱，X 表示自交系 A 和 B 的杂种一代，Y 表示自交系 C 和 D 的杂种一代，Z 表示双交一代 DCF_1

图 5.7 右边为 4 个自交系 A、B、C、D 杂交后代的系谱，X 表示自交系 A 和 B 的杂种一代，Y 表示自交系 C 和 D 的杂种一代，Z 表示双交一代。显然，$F_A = F_B = F_C = F_D$=1。如果 4 个自交系没有亲缘关系，则 $f_{AB} = f_{AC} = f_{AD} = f_{BC} = f_{BD} = f_{CD}$=0，$F_X = F_Y$=0。X 与 Y 之间的共祖先系数 $f_{XY} = \frac{1}{4}(f_{AC} + f_{AD} + f_{BC} + f_{BD}) = 0$。因此，双交一代的近交系数 $F_Z = f_{XY} = 0$。与两个自交系的杂种 F_1 代不同的是，双交一代中存在基因型的分离，可以用于遗传和育种研究。若作为基础群体，双交 F_1 群体 Z 的近交系数为 0。

练习题

5.1　在大小为 30 的理想群体中，(1) 计算只有一份拷贝的基因在下一个世代中的丢失概率；(2) 计算只有两份拷贝的基因在下一个世代中的丢失概率。

5.2　如果一个群体的参数 $\theta = 10$，利用公式 5.15 分别计算大小为 10、20、50 的样本群体中多态性位点的平均数。

5.3　参阅一本概率统计方面的教材，证明几何分布 $G(p)$ 的均值和方差公式 5.3。

5.4　在大小为 10 的理想群体中，绘制两个基因融合时间的概率分布柱形图。

5.5　一个大小为 50 的理想群体中，在一个座位上存在 4 个不同的等位基因，不考虑突变和选择。大约经过多少个世代，群体中只存在 3 个等位基因？大约经过多少个世代，群体中只存在 2 个等位基因？大约经过多少个世代，群体被固定到一个等位基因上？

5.6 在练习 5.5 的基础上，如果每个世代的突变频率为 0.001，不考虑选择。在最初的 4 个等位基因融合成一个等位基因的过程中，计算突变产生的等位基因个数。在群体达到突变和漂移的平衡状态时，计算群体的近交系数和等位基因的平均个数。

5.7 对同一段长度为 5kb 的基因区域，检测了 6 份遗传材料的 DNA 序列，得到 20 个多态性位点上的碱基如下，其他位置上没有差异。

材料 1：GCCTT TATGG CCTGT ATGAG

材料 2：ACTAT TAAGG CTTGT TTGAT

材料 3：ACCAC TGTCG CCCGT ACGCG

材料 4：GTCAT TGTGG TCCTC TTGAG

材料 5：GCTTT TATGA CCTTT ATAAG

材料 6：ACCAT CATGA CCTTT ATAAT

(1) 计算多态性位点的比例。

(2) 计算平均非匹配数。

(3) 根据公式 5.31 估计群体参数 $\theta = 4Nu$，并用公式 5.30 计算该估计值的方差和标准差。

(4) 根据公式 5.33 估计群体参数 $\theta = 4Nu$，并用公式 5.32 计算该估计值的方差和标准差。

(5) 如果这 6 份材料是随机交配群体的一组随机样本，你觉得中性理论是否可以解释这个座位上的多态性？这个座位上的基因是否受选择的作用？

5.8 下图 A 是一个原始群体中 5 个基因传递过程的谱系，最终被固定下来的基因用实心圆表示，丢失的基因用空心圆表示。下图 B 是根据图 A 绘制的基因融合过程示意图，也称为基因树。请注意，这里的基因树与图 5.3 的表示方法是等价的。(1) 计算基因树从根部到顶部的长度 (单位用世代表示)；(2) 计算基因树中所有分支的总长度 (单位用世代表示)。

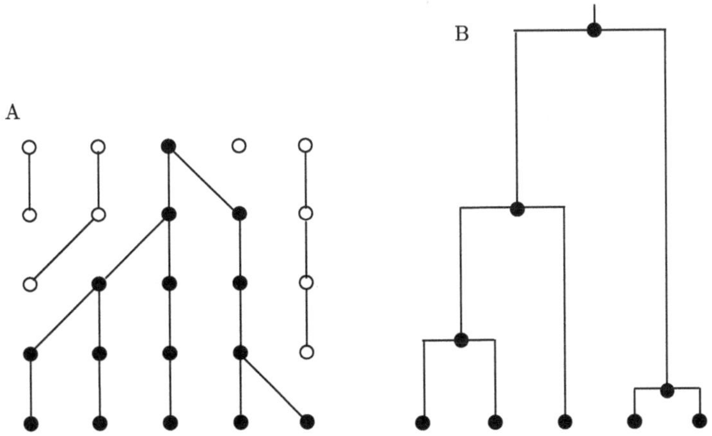

5.9 一个大小为 500 的理想群体中，每个世代基因的突变频率为 10^{-3}，不考虑选择。(1) 计算突变和漂移共同作用下达到平衡状态时群体的固定系数。

(2) 在一个大小为 10 的样本群体中只发现了两种等位基因，计算这两种等位基因的期望频率。

5.10　一个大小为 100 的理想群体，在长期的随机漂移过程中近交系数接近于 1。从目前开始，每个世代从外界迁入 10 个个体，随机交配的后代群体大小仍维持在 100。

(1) 计算多少个世代后，群体的近交系数下降到 0.2 以下。

(2) 计算迁移和漂移共同作用下达到平衡状态的近交系数。

5.11　在一个大群体中，如果随机交配的比例为 C，全同胞交配的比例为 $1-C$，证明平衡近交系数为 $F=\dfrac{1-C}{1+3C}$ (提示：参考公式 4.42 和公式 4.43，把公式 4.42 中的自交近交系数用全同胞交配的近交系数公式 4.39 代替，然后令相邻三个世代的近交系数相等即可)。

5.12　在一个大群体中，如果随机交配的比例为 C，半同胞交配的比例为 $1-C$，证明平衡近交系数为 $F=\dfrac{1-C}{1+7C}$ (提示：参考公式 4.42 和公式 4.43，把公式 4.42 中的自交近交系数用半同胞交配的近交系数公式 4.41 代替，然后令相邻三个世代的近交系数相等即可)。

第 6 章　数量性状的遗传统计学基础

前 5 章内容属于群体遗传学的范畴，重点介绍了群体的遗传构成、改变群体构成的各种因素、亲缘关系的度量，以及遗传多样性的分子基础等内容。开展这些研究时，一般要求知道个体基因型或者能够从表型推测出来。数量性状在遗传上也受染色体上基因的控制，但基因个数往往较多，表型又容易受环境的影响。在多基因和环境的共同作用下，数量性状的表型一般都没有明显的分组趋势，在分离群体中呈现出具有连续性变异的正态分布，难以获得个体的基因型。经典数量遗传学建立在多基因假说基础之上，利用概率论和数理统计的方法来研究数量性状的遗传规律，这便是本书第 6~12 章涉及的主要内容。为更好地理解后几章的内容，本章首先介绍数量性状的一些遗传学基础，以及数量遗传学中经常用到的概率统计理论和方法。

§6.1　数量性状的遗传学基础

§6.1.1　质量性状和数量性状

孟德尔通过一系列精心设计的试验，证明了他的颗粒遗传理论。孟德尔的科学贡献不仅仅是建立了 §1.1 中的遗传学基本规律，他为建立遗传学基本理论而采用的科学试验方法在后来整个生命科学的研究中都发挥着至关重要的作用 (Allard, 1999)。为研究一个遗传分离群体中不同表型所占的比例 (即分离比)，要求个体在所调查的性状上有足够大的差异，以便根据性状表型对个体进行明确的分类。例如，孟德尔的豌豆杂交试验中，矮秆亲本的株高在 25~50cm，高秆亲本的株高在 185~230cm。尽管矮秆个体之间仍然存在差异，高秆个体之间也仍存在差异，但是这种差异不会影响亲本、F_1、F_2、回交和 F_3 家系等群体中，根据株高这一性状把个体划分为高秆和矮秆两种类型。在遗传研究中，具有明显表型分类的变异称为不连续变异 (discontinuous variation) 或离散型变异 (discrete variation)，具有不连续变异的性状称为质量性状 (qualitative trait)。孟德尔豌豆杂交试验中的 7 个性状 (表 1.1)，在表型上都具有不连续变异，都属于质量性状。

不同物种中，往往都能观察到一些呈间断性变异的质量性状。但是除了呈间断性的变异外，还存在大量的变异，无法或难以进行明确的表型分类。例如，人类身高在不同人群之间和人群内部，都存在广泛的差异，而且身高在亲子之间具有明显的正相关关系。但是，我们很难找到一个分界线，把不同的人区分为高个子或矮个子。这些没有明显表型分类的变异称为连续变异 (continuous variation)，具有连续变异的性状称为数量性状 (quantitative trait)。达尔文在他的进化论研究中就涉及了大量的数量性状；F. Galton 于 19 世纪末在英国建立研究小组，主要研究人类群体中数量性状的遗传规律，在这些研究中发明了统计学中的回归和相关分析方法，并于 1889 年出版 *Natural Inheritance* 一书。

表 6.1 给出 Galton 曾经调查过的近 5000 个英国妇女身高的次数分布，可以看出英国妇女的身高在 53~75in① 呈现连续性变异，不存在一个或数个明显的分组界限。表中的 11 个组，是为统计方便而人为分组，组距为 2in。当然也可以采用 1in 的组距对原始数据进行分组。人类群体在很大程度上可以看作随机交配群体，一个座位上即使只有两个等位基因，它们的频率也不一定像孟德尔杂交群体那样，都等于 0.5。因此，即使对于单显性基因控制的质量性状，也未必能观测到 3:1 的分离比；即使对于单加性基因控制的质量性状，也未必能观测到 1:2:1 的分离比。当然，现在我们知道，在随机交配群体中，一个座位上的基因型频率与等位基因频率满足 §1.4 的 Hardy-Weinberg 平衡定律。

表 6.1　Galton 的人类数量性状遗传研究中，4995 个英国妇女身高 (in) 的次数分布表

分组区间	组中值/in (x)	人数	频率 (f)
53~55	54	5	0.0010
55~57	56	33	0.0066
57~59	58	254	0.0508
59~61	60	813	0.1628
61~63	62	1340	0.2682
63~65	64	1454	0.2911
65~67	66	750	0.1502
67~69	68	275	0.0551
69~71	70	56	0.0112
71~73	72	11	0.0022
73~75	74	4	0.0008
均值、方差、标准差	63.06、7.25、2.69		

图 6.1 给出表 6.1 英国妇女身高频率分布的柱形图和正态拟合曲线。柱形高度表示每组分组数据的频率 (频率之和为 1，即表 6.1 最后一列)，表现出一个连续的单峰态分布。根据表 6.1 中的分组数据，计算出的样本均值为 63.06，样本方差为 7.25。图 6.1 中，曲线表示均值为 63.06、方差为 7.25 的正态分布概率密度函数。可以看出，正态分布很好地拟合了身高的观测频率。换句话说，妇女身高这一数量性状若作为随机变量，可以看作一个正态分布。其实，图 6.1 的身高性状表现为正态分布并非个例，也不是一个偶然现象，而是众多数量性状在众多遗传群体中的一个共同特征。

①1in=2.54cm

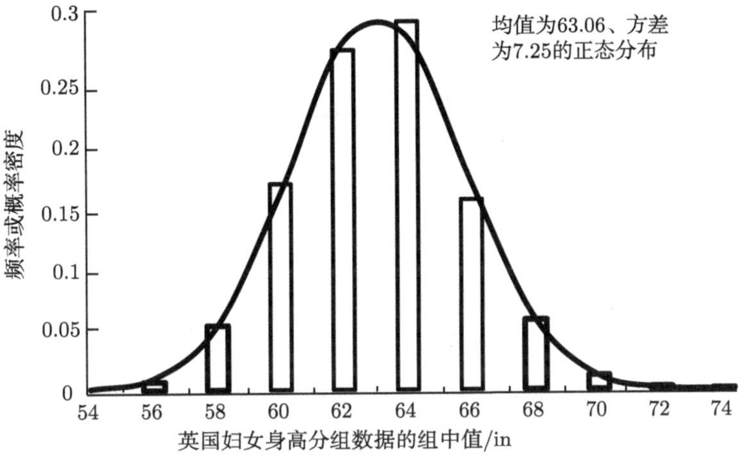

图 6.1 英国妇女身高的频率分布柱形图和正态拟合曲线

柱形高度表示每组分组数据中人数的频率 (表 6.1 最后一列)，组距为 2in。曲线表示正态分布的概率密度，正态分布的均值和方差分别等于样本均值和样本方差

1900 年孟德尔杂交试验被重新发现后不久，人们在其他自花授粉物种中，同时开展了大量类似豌豆的杂交试验，其中也包括异花授粉物种经过多代自交形成的自交系之间的杂交试验，如玉米。这些杂交试验进一步验证了孟德尔遗传规律 (§1.1.3 和 §1.1.4) 在质量性状中的普适性。但同时也发现，对于大量具有连续性变异的数量性状来说，难以对表型进行分组，从而难以观测到简单的孟德尔分离比。表 6.2 给出 East (1916) 的烟草杂交试验中，花冠长度 (mm) 在双亲 (分别用 P_1 和 P_2 表示)、杂种 F_1 和 F_2 群体中的次数分布，以及样本均值和方差。两个亲本有三年 (1911~1913 年) 调查数据，F_1 只有一年 (1911 年) 的调查数据，F_2 也是一年 (1912 年) 的调查数据。自然条件下，烟草是严格的自花授粉物种。杂交试验之前，East 又对两个亲本进行了两代人工控制的自交。因此，在这个杂交试验中，短花冠亲本和长花冠亲本的基因型可以看作完全纯合的。

每个亲本在三个年份中的花冠长度没有明显变化。但是，两个亲本之间，以及亲本与它们杂种 F_1 的花冠长度存在明显差异。根据表 6.2 的三年数据，计算得到亲本 P_1 平均花冠长度为 40.37mm，亲本 P_2 平均花冠长度为 93.11mm，后者是前者的两倍多。杂种 F_1 平均花冠长度为 63.53mm，介于两个亲本之间。按照孟德尔遗传规律，如果两个亲本花冠长度的差异是由单基因控制的，F_2 群体中大约应该有 25%个体的花冠长度与 P_1 类似、50%个体与 F_1 类似、25%个体与 P_2 类似。但在表 6.2 中，F_2 群体的花冠长度分布在两个亲本之间，不存在与 P_1 花冠长度类似的个体，也几乎不存在与 P_2 花冠长度类似的个体。因此，单基因遗传模型，难以解释表 6.2 花冠长度在 F_2 群体中的表型分布。同时，F_2 的花冠长度呈连续性表型变异，不存在一条或两条分界线，可以根据表型把不同的 F_2 个体区分为长花冠和短花冠两种类型，或是长花冠、短花冠和中等长度三种类型。

图 6.2 给出表 6.2 中烟草花冠长度在 4 个群体中的频率分布和正态拟合曲线。柱形高度表示每组分组数据中个体数的频率，频率之和为 1。曲线表示正态分布的概率密度函数，正态分布的均值和方差分别等于样本均值和样本方差。4 个群体都表现为单峰态分布，并且近似服从正态分布。也就是说，花冠长度这一数量性状，不仅在单一基因型的群体 (即亲

表 6.2　East (1916) 烟草杂交试验中，花冠长度 (mm) 在双亲、杂种 F_1 和 F_2 群体中的次数分布

组中值/mm	P_1 (1911 年)	P_1 (1912 年)	P_1 (1913 年)	P_2 (1911 年)	P_2 (1912 年)	P_2 (1913 年)	F_1 (1911 年)	F_2 (1912 年)
34		1						
37	13	4	4					
40	80	28	32					
43	32	16	1					
46								
49								
52								3
55							4	9
58							10	18
61							41	47
64							75	55
67							40	93
70							3	75
73								60
76								43
79								25
82								7
85								8
88				6	2	5		1
91				22	16	7		
94				49	32	10		
97				11	6	2		
100					1			
样本量	125	49	37	88	57	24	173	444
均值	40.46	40.61	39.76	93.22	93.37	92.13	63.53	68.76
方差	3.06	4.12	1.19	5.27	5.06	7.70	8.62	42.37
标准差	1.75	2.03	1.09	2.30	2.25	2.77	2.94	6.51

本和 F_1) 中表现出正态分布的特征，而且在多种基因型分离的 F_2 群体中，也表现出正态分布的特征。所区别的只是分布均值和方差在大小上的差异。双亲和 F_1 群体中，群体内的个体有着相同的基因型，图 6.2 上图观测到的变异均来自随机误差，群体的方差就等于随机误差方差。双亲与 F_1 这三个群体之间，除随机误差外，还存在遗传上的差异。短花冠亲本携带减效等位基因，长花冠亲本携带增效等位基因，二者有着不同的基因型。杂种 F_1 的基因型不同于两个亲本，因此花冠长度也与两个亲本截然不同。由于亲本基因型的差异，它们的 F_2 群体存在大量的基因型分离，在基因个数较多的情况下，每个 F_2 个体都有其特异的基因型。图 6.2 下图观测到的变异，既来自随机误差，又来自基因型效应。因此，F_2 群体的表型方差远高于双亲和 F_1 群体。

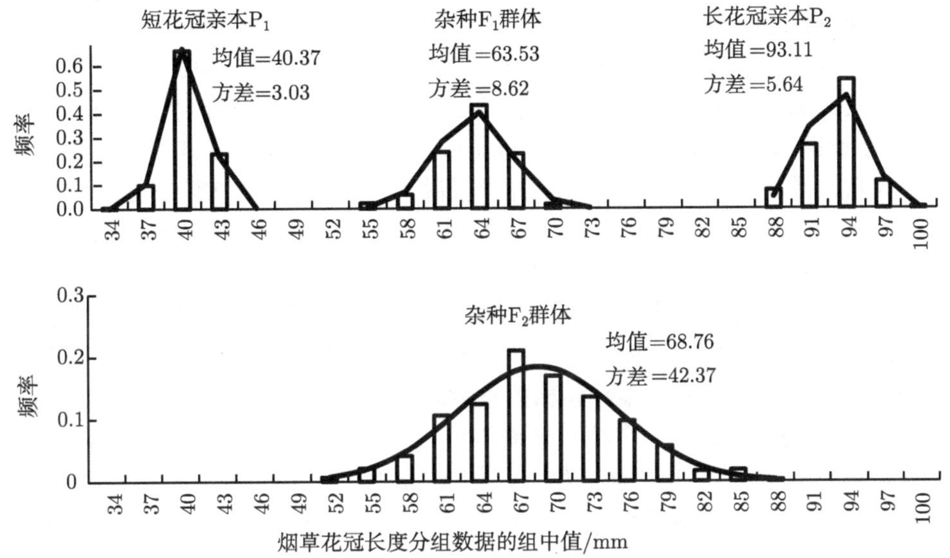

图 6.2 烟草花冠长度在两个亲本，以及它们的杂种 F_1 和 F_2 群体中的频率分布和正态拟合曲线

柱形高度表示每组分组数据中个体数的频率，组距为 3mm。曲线表示正态分布的概率密度，正态分布的均值和方差分别等于样本均值和样本方差。在亲本和 F_1 中，拟合正态分布的取值点较少，仅显示折线图，没有对分布曲线进行平滑

§6.1.2 数量性状遗传的纯系理论

表 6.2 中，如果对三个调查年份分别进行计算，得到亲本 P_1 的平均花冠长度分别为 40.46mm、40.61mm 和 39.76mm，亲本 P_2 的平均花冠长度分别为 93.22mm、93.37mm 和 92.13mm。每个亲本的平均花冠长度在年份之间几乎没有差异。短花冠亲本自交后代的平均花冠长度与短花冠亲本相似，长花冠亲本自交后代的平均花冠长度与长花冠亲本相似，花冠的长短在两个亲本的自交后代中都能稳定地遗传下去。数量性状在纯合基因型的自交后代中能够稳定遗传，这一现象称为纯系理论 (pure line theory)。纯系理论最早由 W. L. Johannsen (1903 年) 在菜豆 (*Phaseolus vulgaris*) 粒重性状的遗传研究中提出来。下面简要介绍 Johannsen 菜豆试验的主要结果，以及在认识数量性状遗传规律上的重要意义。

自然条件下的菜豆是自花授粉，纯合基因型的后代与亲代的基因型完全相同。Johannsen 的系列试验从 1900 年种植一袋 8kg 菜豆品种 ‘Princess’ 开始，这份从市场上得到的种子在大小和粒重上有很大差异。1901 年，Johannsen 根据种子大小和粒重收获了 287 个单株，单株粒重呈连续性变异，没有明显的分组趋势。在以后几年的试验中，Johannsen 详细记录了亲代和子代的粒重。结果发现粒重高的亲本，它们后代的平均粒重也较高；粒重低的亲本，它们后代的平均粒重也较低。这其实与 Galton 在人类身高和体重等数量性状的遗传研究中，观测到的亲子之间的相关结果是一致的。这些结果都充分表明，数量性状是可以遗传的，对数量性状的选择也是有效的。根据亲子之间的粒重数据，Johannsen 随后建立了 19 个不同籽粒大小的纯系。以厘克 (cg) 为单位，第 1 个纯系最重，平均粒重达 64.2cg；第 19 个纯系最轻，平均粒重仅为 35.1cg。这 19 个纯系的平均粒重从低到高呈连续性变化，没有明显的分组界限，说明粒重不可能是单基因控制的质量性状。

除研究粒重在纯系之间的遗传外，Johannsen 还研究了纯系内不同粒重个体产生后代的平均粒重。他一开始选择了平均粒重为 45.5cg 的第 13 个纯系，从中获得 4 组粒重分别为 20cg、30cg、40cg、50cg 的种子，种植后发现它们后代的平均粒重分别为 47.5cg、45.0cg、45.1cg、45.8cg，均接近于第 13 个纯系的平均粒重 45.5cg。随后他对粒重最重的第 1 个纯系，连续 6 个世代选择粒重最重和最轻的种子。两个方向选择得到的最终平均粒重分别为 69cg 和 68cg，表明纯系内的选择是无效的。Johannsen 还利用相关系数来估计表型变异中可遗传到后代的比例。在这 19 个纯系中，得到亲子之间的相关系数为 0.336±0.08，说明粒重在家系间的表型变异中，大约有 1/3 是可遗传的。从 §6.3.4 可以看出纯系群体中，后代表型均值和亲代表型之间的回归系数，等于性状的遗传力，它们之间的相关系数等于遗传力的平方根。单个后代表型和亲代表型之间的回归系数和相关系数均等于性状的遗传力。因此，也可以认为这 19 个纯系构成的群体中，粒重的个体水平遗传力等于 0.336。利用第 13 个纯系得到亲子之间的相关系数只有 0.018±0.038，遗传力几乎为 0，说明粒重在纯系内不具有遗传性。

Johannsen 的纯系理论，将数量性状变异区分为可遗传的变异与非遗传的变异，并首次明确了基因型和表现型的概念，这为理解连续性变异的遗传规律提供了依据，也为随后连续性变异多基因假说的形成起到了促进作用。纯系理论认为，数量性状的表型是基因和环境共同作用的结果，基因型的作用是可以遗传的，环境的作用是不能遗传的。对于 n 个纯合基因型构成的一组纯系来说，公式 6.1 给出基因型效应和随机环境效应对表型的线性模型。其中，μ 表示这些纯系的平均表现，G_i 表示纯系 i 的基因型效应，ε_i 代表环境效应及其他不可预测的随机误差效应。模型 6.1 中，总平均与基因型效应之和 $\mu+G_i$ 可以看作每个纯系的表型均值或表型平均数。纯系的自交后代与亲代有相同的基因型，基因型值 G_i 能够完整地遗传给后代。除了环境和随机误差外，后代表型与亲代是完全一致的。因此，后代的表型与亲代的表型具有一定的相关性。就粒重这一数量性状来说，环境效应中既有年份间的差异，也有籽粒在豆荚中生长部位、豆荚在植株上生长位置、植株生长的土壤和水分等方面的差异，这些效应都不能遗传给下一代。

$$P_i = \mu + G_i + \varepsilon_i,\ i = 1, 2, \cdots, n \tag{6.1}$$

如果多个个体有相同的基因型，它们就应该具有相同的基因型效应 G，它们的表型 P 都可以用模型 6.1 来表示。这些个体可以是来自同一个世代，如一个纯系群体内的不同个体；也可以具有亲子关系，如一个纯合基因型与它的自交后代。对于无性繁殖物种来说，任何一个基因型的无性系后代都与亲代有着相同的基因型，也因此与亲代有着相同的基因型效应。对于一个杂交品种来说，生产上每年种植的杂交种，都是同样两个纯系的杂交后代，不同年份、不同地块种植的杂交种具有相同的基因型，也因此具有相同的基因型效应。所以，广义地讲，纯系理论对于无性繁殖物种和杂种品种这些杂合基因型来说也是适用的。换句话说，无性系品种之间或杂种品种之间的差异，是由基因型差异引起的，是可以遗传的，选择是有效的；一个无性系品种或杂种品种内的个体差异，是随机环境误差造成的，是不能遗传的，选择是无效的。在随机交配群体中，亲本个体的基因型是杂合的；每个后代个体具有雌雄两个亲本，它们对后代的贡献各占一半；后代的基因型与亲本不再保持一致。因此，随机交配后代的基因型值不再简单地等于亲本的基因型值。在第 8 章我们将会看到，在随机交配群体中，亲本是不能把它的所有基因型效应 G_i 传递给下一代的，能够遗传的只是基因型效应中育种值这一部分。

§6.1.3 数量性状遗传的多基因假说

孟德尔杂交试验被发现后的最初十多年里，人们就数量性状是否服从孟德尔遗传规律，或者说孟德尔遗传规律是否适用于数量性状，曾经出现过一场相当激烈的争论。以 K. Pearson 为首的生物统计学派认为，连续变异是进化的重要原因；由于在连续变异中无法观察到简单的孟德尔分离比，认为孟德尔规律不适用于连续变异。以 W. Bateson 为首的孟德尔学派认为，不连续变异是进化的重要因素；由于在连续变异中无法观察到简单的孟德尔分离比，认为连续变异不服从孟德尔规律，也因此是不能遗传的。两派都有大量证据来支持各自的观点，但又难以说服对方。例如，Johannsen 的菜豆粒重试验，就充分说明了数量性状的可遗传性。因此，笼统地说数量性状不能遗传是站不住脚的。

在双方各持己见的同时，也有人试图提出一种双方都能接受的观点。Yule (1906) 就明确指出，若连续变异是由很多效应较小且相似的基因控制，孟德尔的颗粒遗传与连续变异性状的遗传之间就不会存在任何矛盾 (There need be no conflict between Mendel's particulate inheritance and the inheritance of continuously varying traits, provided many genes having similar small effects were responsible for continuously varying traits)。在这场争论的过程中，人们对大量数量性状开展了类似孟德尔的杂交试验，试图通过试验来验证数量性状的遗传是由多个基因共同控制的。Nilsson-Ehle (1909) 的小麦粒色杂交试验表明，一个性状可以受多个孟德尔遗传因子共同控制，同时提出了数量性状的多因子假说。这一假说随后由 East 在烟草花冠长度和玉米穗长等杂交遗传试验中得到证实。最后，随着 R. A. Fisher (1918 年)"孟德尔遗传条件下的亲属间相关 (*The correlation between relatives on the supposition of Mendelian inheritance*)" 一文的发表，这场争论被宣告结束。Fisher 在这篇文章中，进一步明确了数量性状多因子假说 (multi-factorial hypothesis) 这一理论，将数量性状的遗传纳入孟德尔遗传的轨道，从而使两个学派的观点得到统一。不仅如此，Fisher 还在承认孟德尔遗传规律的前提下，提出了数量性状遗传分析的一般方法，即方差分析。这篇文章中关于遗传方差分解的基本原理和思想，构成了现代统计学中方差分析的理论基础。

那么，数量性状是如何在多基因和环境的共同作用下，变成一个连续型甚至是正态分布的呢？图 6.3 给出一个单基因控制的性状，在不同背景方差下，F_2 群体的理论表型分布，用 A 和 a 表示两个等位基因。上图代表单基因座位的显性遗传模型，高值等位基因 A 相对于低值等位基因 a 表现为显性，也可认为高值性状是显性性状。下图代表单座位的加性遗传模型，杂合基因型 Aa 的表型正好等于两个纯合基因型 AA 和 aa 的平均数。不考虑其他效应，并假定显性模型中基因型 aa 的表型值为 16，基因型 Aa 和 AA 的表型值为 32；加性模型中基因型 aa 的表型值为 16，基因型 Aa 的表型值为 24，基因型 AA 的表型值为 32。不存在任何背景变异或者背景变异较低时，显性模型的两种表型表现出 3:1 的分离比，加性模型的三种表型表现出 1:2:1 的分离比，表型变异具有不连续性，表现出质量性状的分布特征。但是，当背景变异 (包括其他遗传变异和随机误差) 增加到一定程度后，表型变异呈现连续型分布，表现出数量性状在如图 6.1 和图 6.2 中的分布特征。因此，即使是单基因控制的性状，当误差方差达到一定程度后，也会表现出连续型变异。

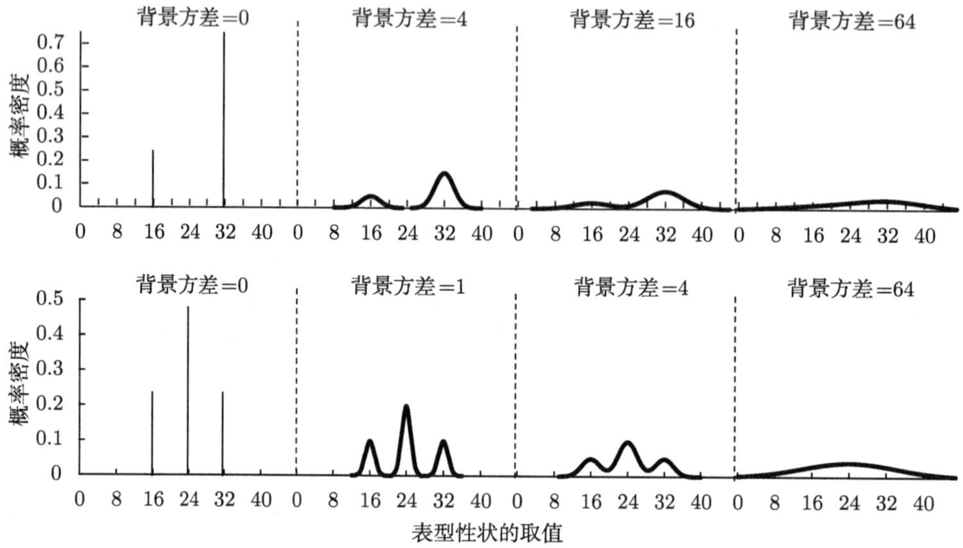

图 6.3　一个基因座位在不同的背景方差下，F_2 群体的理论表型分布

上图代表单座位的显性遗传模型，高值等位基因相对于低值等位基因为显性。下图代表单座位的加性遗传模型，杂合基因型的表型正好等于两个纯合基因型的平均表现

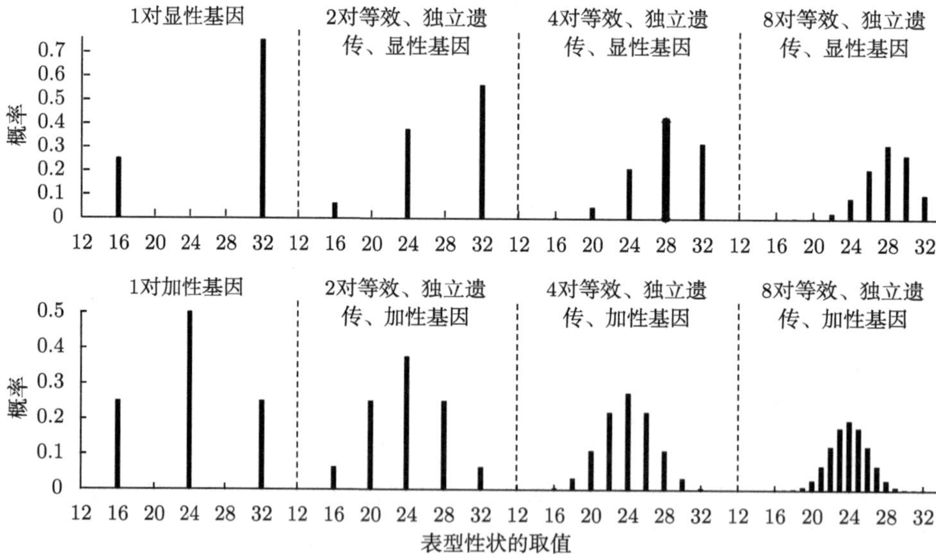

图 6.4　一对和多对等效独立遗传模型中，F_2 群体包含各种表型的理论频率

最低和最高的基因型值分别为 16 和 32，不考虑任何背景遗传变异或随机误差效应。上图代表显性遗传模型，下图代表加性遗传模型

对于给定大小的遗传差异，随着基因数目的增加，单个基因的效应就变得越小；分离群体中基因型的个数就越多，邻近表型之间的差异就越小。因此，表型的分组就变得越来越困难。图 6.4 给出显性 (上图) 和加性 (下图) 两种模型下，随着基因个数的增加，F_2 群体包含各种表型的理论频率。最低和最高的基因型值分别为 16 和 32，二者之间的差异为 16，不考

虑任何背景遗传变异或随机误差效应。仅存在一对基因时，与图 6.3 无背景误差时相同，显性和加性遗传模型下表型分别表现出 3:1 和 1:2:1 的分离比，相邻表型之间的差异也最大。对于 n 个等效、独立遗传显性模型来说，每个座位上的两种表型对应的基因型分别用 aa 和 A_* 表示，频率分别为 0.25 和 0.75。根据个体基因型中包含 A_* 的个数 (用 k 表示，取值为 0，1，$\cdots$，n)，可以把表型区分成 n+1 种，它们的频率服从二项分布 $B(n,p=0.75)$。包含 0 个 A_* 的表型为 16，包含 n 个 A_* 的表型为 32。因此，每增加一个 A_* 的效应为 $\frac{16}{n}$。对于 n 个等效、独立遗传加性模型来说，两种等位基因的频率均为 0.5。根据个体基因型中包含 A 的个数 (用 k 表示，取值为 0，1，$\cdots$，$2n$)，可以把表型区分成 $2n$+1 种，频率服从二项分布 $B(2n,p=0.5)$。包含 0 个 A 的表型为 16，包含 $2n$ 个 A 的表型为 32。因此，每增加一个 A 的效应为 $\frac{16}{2n}$。由此得到不同基因数目下，F_2 群体各种表型的理论频率 (图 6.4)。

从图 6.4 可以看到，不论是显性还是加性模型，随着基因数目的增加，具有不同表型的数目也在增加，相邻两个表型之间的差异逐渐变小，不同表型的分布频率逐渐接近一个正态分布。可以预期，如果图 6.4 中同时考虑图 6.3 的背景方差，基因数目不一定很大时，就会得到一个连续型的正态分布。

以表 6.2 和图 6.2 的数据为例，用双亲和 F_1 的平均表型方差作为误差方差的估计。因此可以认为短花冠亲本、F_1 和长花冠亲本分别服从正态分布 $N(\mu=40.37,\sigma^2=5.65)$、$N(\mu=63.53,\sigma^2=5.65)$ 和 $N(\mu=93.11,\sigma^2=5.65)$。在单加性基因模型下，这三个分布在 F_2 群体中的比例分别为 0.25、0.5 和 0.25。多个等效加性基因模型下，假定基因间不存在连锁，单个基因的效应相等、可加，短花冠亲本携带所有减效等位基因，长花冠亲本携带所有增效等位基因。这时可以类似图 6.4 的加性模型，计算各种分布的均值和频率。图 6.5A～C 分别给出基因数目为 1～3 时，F_2 群体中不同基因型值的分布及其频率。可以看到，随着基因数目的增加，不同基因型值分布的个数不断增加，亲本和 F_1 这三个分布所占的频率不断下降，相邻两个分布之间的差异逐渐缩小，分布之间的重叠越来越多。当基因数目为 6 时 (图 6.5D)，从 F_2 分布中就很难看出各种基因型值的分布，这时的理论分布已经非常接近图 6.2 中 F_2 群体的观测分布。同时，两个亲本在 F_2 中存在的频率只有 $\left(\frac{1}{2}\right)^{12}$=0.024%。因此，在图 6.2 观测的 444 个 F_2 个体中，没有观察到与双亲花冠长度相近的个体也就不足为怪了。

显然，与简单孟德尔遗传的质量性状相比较，多基因控制性状的遗传更为复杂，有时甚至还可能存在基因间的连锁和上位互作。为强调多基因控制性状在遗传上的复杂性，有时也把多基因控制的性状称为复杂性状 (complex trait)。值得一提的是，有些数量性状在一定范围内可以取任意实型数值，如人类身高和体重、动物的产奶量、作物的产量和品质等。有些数量性状在一定范围内只能取整型数值。例如，动物每胎产仔数、作物中的分蘖数、小穗数和穗粒数等。还有一些人类和动物的疾病性状，表型只有有病和无病两种状态。是否发病是由感病风险 (或易感性) 决定的，当易感性超过一定的阈值后，就表现为有病；低于一定的阈值时，就表现为无病。这类性状又称阈值性状 (threshold trait)。不管上述性状的表型度量方法如何，它们在遗传上大多都是由多基因共同控制的性状，同时还易受环境的影响，它们都统称为数量性状或复杂性状。理论上讲，第 1～5 章介绍的群体遗传学方法也同样适用于控制数量性状的基因。但是，由于没有明显的表型分组，遗传上难以了解个体的基因型和个别基因的遗传效应，数量性状与质量性状的遗传研究方法又有本质区别。

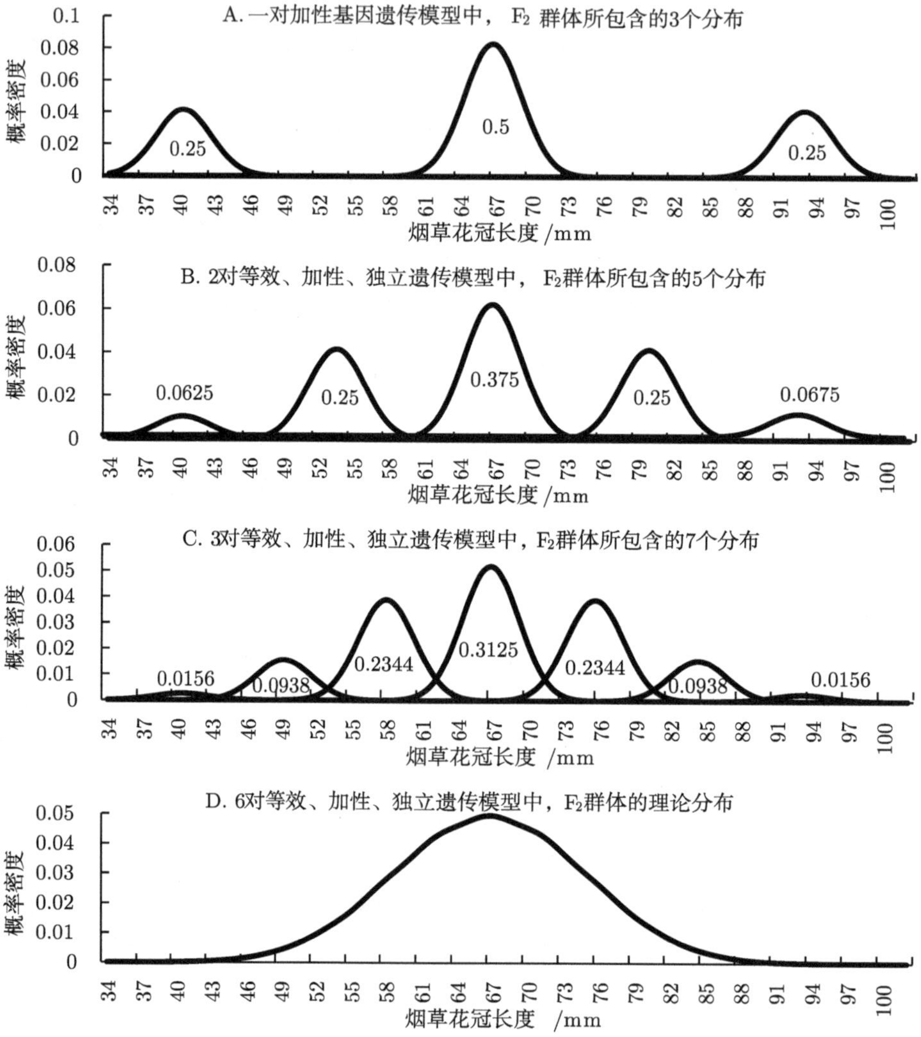

图 6.5　在给定亲本间差异的条件下，随着基因数目的增加，花冠长度在 F_2 群体中的理论分布

基因座位为 1～3 时，图 6.5A～C 给出 F_2 群体中各种基因型值的分布及其频率；基因数目为 6 时，图 6.5D 给出花冠长度在 F_2 群体中的理论分布，这一理论分布是由 13 个不同基因型值的分布 (方差等于误差方差) 混合而成。当基因座位超过 1 时，假定基因间不存在连锁，单个基因的效应是相等、可加的。另假定短花冠亲本携带所有减效等位基因，长花冠亲本携带所有增效等位基因

数量遗传学 (quantitative genetics) 又称为统计遗传学 (statistical genetics) 或遗传统计学 (genetic statistics)，是研究数量性状遗传变异规律的一门学科。经典数量遗传学建立在多基因假说基础之上。多基因假说认为，控制数量性状的基因座位较多、基因效应微小、基因间是独立遗传的；与控制质量性状的单基因一样，多基因也同样存在于染色体上，也同样服从孟德尔的分离和自由组合定律，以及连锁和交换定律；同时，数量性状还容易受环境的影响。数量性状在多基因和环境的共同作用下，没有明显的表型分组趋势，在分离群体中一般

呈连续型的正态分布。对于表 6.1 的人类群体和表 6.2 的烟草 F_2 群体，尽管无法通过简单的分离比分析进行遗传研究，但是作为群体，我们可以根据统计学的原理和方法，计算群体的一些统计学参数。例如，对于单个性状来说，可以计算它的均值和方差，以及亲子之间的协方差、相关系数和回归系数；对于多个性状来说，可以计算它们之间的协方差矩阵和复相关系数。然后通过不同遗传群体之间统计学参数的变化和关系，来研究数量性状的遗传规律。这其实就是 20 世纪 80 年代之前，数量性状遗传研究的通用方法。

传统数量遗传学中，由于只有表型数据可供利用，只能将控制一个数量性状的所有基因作为一个整体进行研究，而不能区分单个基因在染色体上的位置和遗传效应。随着分子遗传学的发展，20 世纪 80 年代之后出现了大量 DNA 水平的分子标记。遗传研究中可供利用的不仅有性状的表型数据，还有衡量亲本多态性和表征个体遗传构成的分子标记数据。利用分子标记的基因型数据，人们可以建立表征染色体的遗传连锁图谱。结合表型数据，就能够对单个数量性状基因在染色体上进行定位，从而把控制数量性状的多个基因分解开来，即 QTL 作图。本书第 13 章将介绍这方面的内容。

随着遗传研究的深入，人们对数量性状遗传的认识也有所深化。现在认为，数量性状不一定是由多个微效基因控制，其效应也不一定相等，分离世代也不一定都是正态分布。在数量性状中，既有少数效应比较大的主基因 (major gene) 控制性状，也有多个效应比较小的微基因 (minor gene) 或多基因 (polygene) 控制性状，还有主基因和多基因共同控制的性状。如果把主基因遗传和多基因遗传视为主基因加多基因混合遗传的特例，那么主基因加多基因的混合遗传模型 (mixed inheritance model of major and minor genes) 则代表了数量性状遗传的一般模式。当然，这里所说的主效基因和微效基因只是一个相对概念，它们之间并没有一个明确的界限。经典数量遗传研究中，往往把效应大到一定程度、表型上出现一定分组趋势或偏态的基因，看作主基因。QTL 作图中，一般把解释表型变异超过 10% 或 20% 的座位称为主效 QTL。也有人把特定方法能够检测到的基因都称为主基因，检测不到的基因才称为微效基因或修饰基因 (modifier gene)。本书不涉及混合遗传模型及其分析方法的内容，感兴趣的读者请参看翟虎渠和王建康 (2007) 一书第 9 章或盖钧镒等 (2003) 一书。

§6.2　数量性状的概率论基础

§6.2.1　概率加法和乘法定律

表示随机现象结果的变量称为随机变量，随机变量的结果称为事件。对于随机变量具体取何值尽管事先不知道，但很多情况下，各种可能事件发生的频率或概率是知道的。例如，在一对等位基因 A 和 a 差异的双亲 F_2 群体中，个体的基因型既可能是 AA，也可能是 Aa，还可能是 aa。如用 X 表示个体基因型中等位基因 A 的个数这个随机变量，X 就有 2、1、0 三种可能的取值，这三种取值可以被看作三个事件，发生的概率分别为 0.25、0.5 和 0.25。特定人群中，如知道群体均值和方差，身高和体重在一定范围内的正态分布概率也是知道的。

若两个互斥 (或互不相容) 事件 A 与 B 在 N 次试验中各出现了 $n_{\rm A}$ 与 $n_{\rm B}$ 次，那么和事件 (记为 A+B) 在试验中出现了 $(n_{\rm A}+n_{\rm B})$ 次，这两个事件之和的概率等于互斥事件 A 与 B 的概率之和，这就是概率加法定律，用公式 6.2 表示。加法定律还可被推广到 n 个两两互斥事件中，即 n 个互斥事件之和的概率等于 n 个互斥事件概率之和。例如，一个由单基因控制的显性性状，显性基因用 A 表示，另外一个等位基因用 a 表示。从 F_2 群体中随机抽取一个个体，表现为显性性状的概率为多少？个体基因型为 AA 和 Aa 是互斥事件，这两种基因型都呈显性性状。因此，显性性状的概率为 AA 和 Aa 这 2 种基因型的概率之和，即 0.25+0.5=0.75。

$$P(\mathrm{A}+\mathrm{B})=P(\mathrm{A})+P(\mathrm{B}),\ \text{事件A和B互不相容} \tag{6.2}$$

对于两个事件 A 和 B，A 发生与否不受事件 B 的影响，或者 B 发生与否不受事件 A 的影响，则称事件 A 和 B 相互独立；否则称事件 A 和 B 不独立。例如，田间有 20 株表现基本一致的小麦植株，其中 18 株结红粒，2 株结白粒，A 和 B 分别表示甲乙二人"随机抽取一株恰为白粒"的两个事件。分两种情况讨论两个事件的概率，一种是甲抽取后放回，乙再抽取。显然，这时事件 A 和事件 B 发生的概率相等，即 $P(\mathrm{A})=P(\mathrm{B})=\frac{2}{20}=\frac{1}{10}$。和甲一样，乙仍是从同样的 20 株小麦中抽取，事件 A 的发生并不影响事件 B 的发生，因此 A 和 B 是相互独立的。另一种情况是，甲抽到后不放回，乙后抽取。这时，如果事件 A 发生了，田间剩下的 19 个植株只有 1 株是白粒，这时 B 发生的概率等于 $\frac{1}{19}$。如果事件 A 没有发生，田间剩下的 19 个植株有 2 株是白粒，这时 B 发生的概率等于 $\frac{2}{19}$。也就是说，事件 A 是否发生影响了事件 B 发生的概率，称这两个事件不独立。

后一种情况实际上是在事件 A 已经发生的条件下，再来考查事件 B 的概率。我们把事件 A 已经发生的条件下，事件 B 发生的概率称为条件概率，记为 $P(\mathrm{B|A})$。对于任意两个事件 (不管独立与否)A 和 B，它们同时出现的概率 $P(\mathrm{AB})$ 等于 A 的概率 $P(\mathrm{A})$ 乘以在 A 已经发生的条件下 B 的概率 $P(\mathrm{B|A})$；或等于 B 的概率 $P(\mathrm{B})$ 乘以在 B 已经发生的条件下 A 的概率 $P(\mathrm{A|B})$，即公式 6.3。由公式 6.3 可以得到条件 A 下 B 的概率，或者条件 B 下 A 的概率公式，即公式 6.4。

$$P(\mathrm{AB})=P(\mathrm{A|B})P(\mathrm{B})=P(\mathrm{B|A})P(\mathrm{A}) \tag{6.3}$$

$$P(\mathrm{B|A})=\frac{P(\mathrm{AB})}{P(\mathrm{A})},\ P(\mathrm{A|B})=\frac{P(\mathrm{AB})}{P(\mathrm{B})} \tag{6.4}$$

例如，一个随机交配群体中三种基因型 AA、Aa 和 aa 的频率分别为 P、H 和 Q，求交配类型为 $Aa\times Aa$ 且子代基因型为 AA 的概率为多少。设交配类型 $Aa\times Aa$ 为事件 A，产生的 AA 子代基因型为事件 B，而 $\mathrm{P(A)}=P(Aa)\times P(Aa)=H^2$，$P(\mathrm{B|A})=\frac{1}{4}$。根据公式 6.3，有 $P(\mathrm{AB})=P(\mathrm{A})P(\mathrm{B|A})=\frac{1}{4}H^2$。

若事件 A 与 B 相互独立，我们有 $P(\mathrm{B|A})=P(\mathrm{B})$ 或 $P(\mathrm{A|B})=P(\mathrm{A})$，则这两个事件同时发生的概率 $P(\mathrm{AB})$ 等于事件 A 的概率 $P(\mathrm{A})$ 与事件 B 的概率 $P(\mathrm{B})$ 之积，即公式 6.5。公式 6.5 称为概率的乘法定律。

$$P(\mathrm{AB})=P(\mathrm{A})P(\mathrm{B}),\ \text{事件A和B相互独立} \tag{6.5}$$

例如，在一个无限大的 F_2 群体中，红花的发生概率为 0.75，白花的发生概率为 0.25。从该群体中依次抽取两个个体，A 和 B 分别表示这两个个体为红花的事件。那么，A 和 B

的概率都是 0.75，且相互独立，A 和 B 同时发生 (即抽出的两个个体均为红花) 的概率为 0.75^2=0.5625。如用事件 A 表示抽出的第一个个体为红花，事件 B 表示抽出的第二个个体是白花。那么，A 的概率是 0.75，B 的概率是 0.25，且相互独立。A 和 B 同时发生的概率为 0.75×0.25=0.1875。如要计算一红一白两个个体的概率，而不考虑抽出的顺序，这时就要用到概率加法定律。有两种可能出现一红一白的结果：①第一个为红第二个为白；②第一个为白第二个为红。它们的概率均为 0.1875，且互不相容。因此，抽取的两个个体出现一红一白的概率 =0.1875+0.1875=0.375。

§6.2.2 连续型随机变量

§3.1 和 §5.2.1 介绍了群体遗传学研究中用到的一些离散型随机变量或离散型分布，这里首先介绍连续型随机变量 (continuous random variable) 的定义和数字特征，然后介绍概率统计和生物学研究中最常见、同时也是最重要的一个连续型分布，即正态分布。研究一个随机变量，主要是了解它的取值规律，即它在各种各样的范围内取值的概率或概率分布。例如，$P(x < a)$、$P(x \geqslant b)$、$P(a < x < b)$ 等，其中 a 和 b 是任意实数，P 表示概率。对于随机变量 X，若存在非负可积函数 $p(x)$ $(-\infty < x < +\infty)$，对于任意的 a 和 b $(a < b)$ 都有公式 6.6，则称 X 为连续型随机变量，$p(x)$ 称为随机变量 X 的分布密度，又称概率密度 (probability density)。在概率论中，分布密度 $p(x)$ 满足公式 6.7～ 公式 6.9 的三条基本性质。公式 6.7 与第 3 章给出的离散型随机变量公式 3.2 类似，说明了连续型随机变量概率密度函数的非负性，以及必然事件 (遍历所有可能的取值) 的概率为 1。公式 6.8 和公式 6.9 说明连续型随机变量的概率是针对一个取值区间而言的，谈论单个取值点的概率是没有意义的或者说其概率为 0，开区间、半开区间和闭区间上的概率是相等的。

$$P(a < x < b) = \int_a^b p(x)\mathrm{d}x \tag{6.6}$$

$$p(x) \geqslant 0,\ \int_{-\infty}^{+\infty} p(x)\mathrm{d}x = 1 \tag{6.7}$$

$$P(x = a) = \int_a^a p(x)\mathrm{d}x = 0,\ a\text{为任意随机变量的取值} \tag{6.8}$$

$$\begin{aligned}&P(a < x < b) = P(a \leqslant x < b) = P(a < x \leqslant b) = P(a \leqslant x \leqslant b),\\&a\text{和}b\text{为任意满足条件}a < b\text{的随机变量取值}\end{aligned} \tag{6.9}$$

随机变量 X 在区间 $(-\infty, x)$ 上的取值概率 $P(X \leqslant x)$，称为随机变量 X 的分布函数或概率分布，有时也称累积分布 (cumulative distribution)，用公式 6.10 表示。任意连续型随机变量，都可以用公式 6.6 中的密度函数或者公式 6.10 中的分布函数进行定义。从分布函数的定义可以看出，概率密度函数等于分布函数的一阶导数或微分，即公式 6.11。

$$F(x) = P(X \leqslant x) = \int_{-\infty}^{x} p(t)\mathrm{d}t \tag{6.10}$$

$$p(x) = F'(x) = \frac{\mathrm{d}F(x)}{\mathrm{d}x} \tag{6.11}$$

对应于概率密度满足的公式 6.7～ 公式 6.9，分布函数满足公式 6.12～ 公式 6.14。公式 6.12 称为单调性，公式 6.13 称为有界性，公式 6.14 称为右连续性。这些性质都可以从概率的公理化定义得到证明，证明过程在大多数概率统计教材中都能找到。

$$F(a) \leqslant F(b),\ a\text{和}b\text{为满足条件}a < b\text{的随机变量取值} \tag{6.12}$$

$$0 \leqslant F(x) \leqslant 1,\ F(-\infty) = 0,\ F(\infty) = 1 \tag{6.13}$$

$$\lim_{x \to a+} F(x) = F(a)\text{或}F(a+) = F(a),\ a\text{是任意随机变量取值} \tag{6.14}$$

§6.2.3　连续型随机变量的数字特征

不论是 §3.1 的离散分布，还是这里的连续分布，概率分布函数完整地描述了随机变量的取值规律。有时，概率分布只依赖于少数几个参数，这些参数或它们的函数称为随机变量的数字特征，确定概率分布有时就转变为确定数字特征的问题。另外一些情况下，确定概率分布并不是一件容易的事。在一些实际问题中，也可能并不需要知道概率分布，而只需要知道随机变量的某些数字特征就可以了。数字特征不一定能完整地描述一个随机变量，但在理论和实际应用中都有重要意义。期望 (也称为均值)(expectation or mean) 和方差 (variance) 是其中最重要的两个数字特征。对于多个随机变量来说，协方差 (covariance) 和相关系数 (correlation coefficient) 是多维随机变量最重要的数字特征。

公式 6.15 定义了任意连续型随机变量 X 的期望，用 $E(X)$ 表示，有时也简记为 E_X。可以看出，公式 6.15 与离散型随机变量期望的定义公式 3.3 十分相似，只不过那里是在变量取值和概率之间求积和，这里是在变量取值和概率密度之间求积分。这里不加证明，用公式 6.16～ 公式 6.19 给出期望满足的几条性质。公式 6.16 说明常数的期望等于该常数本身。公式 6.17 说明随机变量乘以一个常数后，新随机变量的期望等于该常数乘以原随机变量的期望。公式 6.18 说明任意两个随机变量之和 (或之差) 的期望，等于这两个随机变量的期望之和 (或之差)。公式 6.19 说明任意两个相互独立随机变量之积的期望，等于这两个随机变量的期望之积。公式 6.19 要求两个随机变量相互独立，不独立的随机变量不一定满足这一性质。

$$E_X = E(X) = \int_{-\infty}^{\infty} xp(x)\mathrm{d}x \tag{6.15}$$

$$E(c) = c,\ c\text{是任意常数} \tag{6.16}$$

$$E(cX) = cE(X),\ c\text{是任意常数} \tag{6.17}$$

$$E(X \pm Y) = E(X) \pm E(Y),\ X\text{和}Y\text{是任意两个随机变量} \tag{6.18}$$

$$E(XY) = E(X)E(Y),\ X\text{和}Y\text{是任意两个独立随机变量} \tag{6.19}$$

公式 6.20 定义了连续型随机变量 X 的方差，用 $V(X)$ 表示，有时也简记为 V_X。可以看出，公式 6.20 与离散型随机变量方差的定义公式 3.4 十分相似，那里是在离差 (即随机变量取值与期望之间的差异) 的平方与概率之间求积和，这里是在离差的平方与概率密度之间求积分。同样不加证明，用公式 6.21～ 公式 6.24 给出方差满足的几条性质。性质 6.21 其实给出了方差的另一种简便计算方法，即先计算随机变量平方的期望，然后减去期望的平方。这种计算方法在大量理论研究和实际应用中都会经常使用。公式 6.22 说明常数的方差为 0。

公式 6.23 说明随机变量乘以一个常数后，新随机变量的方差等于该常数的平方乘以原随机变量的方差。公式 6.24 说明，任意两个相互独立随机变量，不管是它们之和还是之差的方差，均等于这两个随机变量的方差之和。与期望的公式 6.19 一样，方差的公式 6.24 也要求两个随机变量相互独立，不独立的随机变量不一定满足这一性质。

$$V_X = V(X) = E[X - E(X)]^2 = \int_{-\infty}^{\infty} [x - E(X)]^2 p(x)\mathrm{d}x \tag{6.20}$$

$$V_X = E(X^2) - E^2(X) \tag{6.21}$$

$$V(c) = 0, c\text{是任意常数} \tag{6.22}$$

$$V(cX) = c^2 V(X), c\text{是任意常数} \tag{6.23}$$

$$V(X \pm Y) = V(X) + V(Y), X\text{和}Y\text{是任意两个独立随机变量} \tag{6.24}$$

方差的平方根称为标准差 (standard deviation)，是实际应用中经常用到的另外一个数字特征。标准差是由方差计算而来，谈不上是一个新的数字特征。但是，它与随机变量的取值和期望有相同的量纲，在参数的区间估计和统计假设检验中经常用到。此外，在期望和方差的基础上，可以对一个随机变量作标准化变换，即公式 6.25。从期望的一些性质，容易证明标准化随机变量 X^* 的均值为 0；从方差的一些性质，容易证明标准化随机变量 X^* 的方差为 1。标准化变换在相关分析和多元统计中具有重要作用，它消除了不同随机变量在量纲上的差异，使得随机变量之间更具有可比性。

$$X^* = \frac{X - E(X)}{\sqrt{V(X)}} \tag{6.25}$$

如果两个随机变量相互独立，说明它们之间没有相关关系；不独立意味着它们之间存在相关。概率统计中常用协方差和相关系数来度量两个变量之间的相关关系。公式 6.26 给出两个变量 X 与 Y 之间协方差的定义，用 $\mathrm{Cov}(X, Y)$ 表示，有时简写为 Cov_{XY}。协方差没有方向性，即 $\mathrm{Cov}(X, Y) = \mathrm{Cov}(Y, X)$。当 X 与 Y 是同一个随机变量时，协方差与方差是等同的，即 $\mathrm{Cov}(X, X) = V(X)$。协方差可正可负，当 $\mathrm{Cov}(X, Y) > 0$ 时，称 X 与 Y 正相关；当 $\mathrm{Cov}(X, Y) < 0$ 时，称 X 与 Y 负相关；当 $\mathrm{Cov}(X, Y) = 0$ 时，称 X 与 Y 无相关。同样不加证明，用公式 6.27~公式 6.30 给出协方差满足的几条性质。公式 6.27 给出协方差的另一种简便计算方法，即先计算随机变量乘积的期望，然后减去期望的乘积。这种计算方法在大量理论研究和实际应用中都会经常使用。

$$\mathrm{Cov}_{XY} = \mathrm{Cov}(X, Y) = E\{[(X - E(X)][Y - E(Y)]\} \tag{6.26}$$

$$\mathrm{Cov}_{XY} = E(XY) - E(X)E(Y) \tag{6.27}$$

$$V(X \pm Y) = V(X) + V(Y) \pm 2\mathrm{Cov}(X, Y) \tag{6.28}$$

$$\mathrm{Cov}(aX, bY) = ab\mathrm{Cov}(X, Y), a \text{ 和 } b \text{ 是任意常数} \tag{6.29}$$

$$\mathrm{Cov}(X + Y, Z) = \mathrm{Cov}(X, Z) + \mathrm{Cov}(Y, Z) \tag{6.30}$$

公式 6.28 给出一般情况下，两个随机变量之和的方差与随机变量的方差和协方差之间的关系。结合方差公式 6.24 容易看出，当两个随机变量独立时，它们之间的协方差一定是 0，即 $\mathrm{Cov}(X,Y)=0$。但是，反过来不一定成立，即 $\mathrm{Cov}(X,Y)=0$ 不一定意味着 X 与 Y 相互独立，而只能说 X 与 Y 无相关。随机变量之间是否独立是从它们的概率分布定义的，即联合概率密度 (或分布函数) 等于各个随机变量概率密度 (或分布函数) 的乘积。是否相关只是从协方差这一个数字特征定义的。因此，独立性的定义要比相关性的定义更为严格，二者之间只是在一些特定的条件下才是等价的，如两个随机变量都服从正态分布。另外，从协方差性质公式 6.27 和公式 6.28 可以看出，只要 $\mathrm{Cov}(X,Y)=0$，就有期望公式 6.19 和方差公式 6.24。因此，满足期望公式 6.19 和方差公式 6.24 的条件可以降低为：两个随机变量无相关。公式 6.29 和公式 6.30 很容易从协方差的定义和期望的性质看出来，就不再作进一步解释。

另一个度量变量之间关系的参数是相关系数，公式 6.31 给出两个变量 X 与 Y 之间相关系数的定义，用 $\mathrm{Corr}(X,Y)$ 表示，在不容易混淆的场合下简记为 r_{XY}。与协方差一样，相关系数也没有方向性，即 $\mathrm{Corr}(X,Y)=\mathrm{Corr}(Y,X)$。相关系数 r_{XY} 描述了变量 X 与 Y 之间线性关系的强弱。当 $r_{XY}=0$ 时，称 X 与 Y 之间无相关。这里的无相关代表的是没有线性关系，它们之间还可以具有其他函数关系。当 $r_{XY}=1$ 时，称 X 与 Y 完全正相关。当 $r_{XY}=-1$ 时，称 X 与 Y 完全负相关。当 $-1<r_{XY}<1$ 时，称 X 与 Y 部分相关，或有一定程度的线性关系。相关系数其实还可以看作 X 与 Y 经公式 6.25 变换后，标准化变量 X^* 与 Y^* 的协方差。由于消除了方差的影响，变换后的协方差，即相关系数，比变换前的协方差能够更准确地反映随机变量 X 与 Y 之间的相关关系。

$$r_{XY}=\mathrm{Corr}(X,Y)=\frac{\mathrm{Cov}(X,Y)}{\sqrt{V(X)V(Y)}} \tag{6.31}$$

在介绍协方差的公式 6.27 和公式 6.28 时，我们说过协方差度量的是变量 X 与 Y 之间的线性关系。从相关系数的定义来看，$r_{XY}=0$ 与 $\mathrm{Cov}(X,Y)=0$ 是等价的。因此，相关系数反映的也是随机变量 X 与 Y 之间的线性关系，$r_{XY}=0$ 只是意味着它们之间没有线性关系，这一点在 §6.3.4 一节中将会看得更清楚。

§6.2.4　正态分布

德国数学和物理学家高斯 (Gauss，1777~1855) 在研究误差理论时，首先用到了正态分布来描述误差效应的分布规律。因此，正态分布 (normal distribution) 又称高斯分布 (Gaussian distribution)。概率统计的中心极限定理 (central limit theorem) 表明：①一个随机变量如果是由大量微小、独立随机因素叠加而成的，这个随机变量一般都服从正态分布；②当 n 比较大时，二项分布 $B(n,p)$ 近似服从正态分布，正态分布的均值和方差就等于二项分布的均值 np 和方差 npq (其中 $q=1-p$)。在 §3.1 我们说过，当 np 很小时，二项分布 $B(n,p)$ 可以用 $\lambda=np$ 的泊松分布来近似。与二项分布的正态近似相比，一般在 p 很小时用泊松分布近似比较好；而在 $np>5$ 和 $nq>5$ 时用正态分布近似比较好 (茆诗松等，2011)。对于多基因控制的数量性状，中心极限定理也恰好说明了其表型必然服从或近似服从正态分布。

若随机变量 X 的分布密度由公式 6.32 给出，则称 X 服从正态分布，记为 $X\sim N(\mu,\sigma^2)$。公式 6.33 定义了正态分布的概率分布函数。从密度函数公式 6.32 来看，参数 μ 和 σ^2 是正态分布中仅有的两个数字特征。只要知道了这两个参数，正态随机变量的概率密度公式 6.32 和分布函数公式 6.33 就完全确定了。利用微积分的知识可以证明，参数 μ 正好等于正态随机变量 X 的期望，参数 σ^2 正好等于 X 的方差。因此，也将 μ 称为正态分布的均值，σ^2 称为正态分布的方差。服从正态分布的随机变量非常多，如测量误差、植物的高度、动物的体重、人的身高、健康人的红细胞数目、年降水量、月平均温度、海洋的波浪高度等。在概率论和数理统计的理论研究和实际应用中，正态随机变量都起着特别重要的作用。均值为 0、方差为 1 的正态分布 $N(0, 1)$ 称为标准正态分布 (standard normal distribution)，其密度函数由公式 6.34 给出。

$$p(x) = \frac{1}{\sqrt{2\pi\sigma^2}}\mathrm{e}^{-\frac{(x-\mu)^2}{2\sigma^2}} \quad (-\infty < x < +\infty,\ \sigma^2 > 0) \tag{6.32}$$

$$F(x) = P(X \leqslant x) = \int_{-\infty}^{x} p(t)\mathrm{d}t \tag{6.33}$$

$$p(x) = \frac{1}{\sqrt{2\pi}}\mathrm{e}^{-\frac{1}{2}x^2} \quad (-\infty < x < +\infty) \tag{6.34}$$

图 6.6 给出三个正态分布概率密度和概率分布的函数曲线。从密度函数公式 6.32 和图 6.6 可以看出，正态分布密度 $p(x)$ 有以下特点：①密度函数曲线呈钟形，以 X 轴为渐近线 ($x \to \pm\infty$ 时)；②密度函数曲线关于直线 $x = \mu$ 对称；③$x = \mu$ 时曲线达到最高点，$x = \mu \pm \sigma$ 处有拐点；④正态分布的密度函数曲线与 X 轴之间的总面积等于 1，而且曲线下方介于 $x = x_1$ 到 $x = x_2$ ($x_1 < x_2$) 之间的面积等于随机变量落入区间 (x_1，x_2) 的概率；⑤任意带有参数 μ 和 σ^2 的正态随机变量 X 都可以通过公式 6.25 的标准化转换，变为标准正态分布的随机变量进行研究。例如，X 的取值落在区间 $(-\infty, x]$上的概率等于标准正态随机变量 X^* 的取值落在区间 $(-\infty,\ \frac{x-\mu}{\sigma}]$ 上的概率；X 在区间 (x_1, x_2) 上的概率等于 X^* 在区间 $(\frac{x_1-\mu}{\sigma}, \frac{x_2-\mu}{\sigma})$ 上的概率。

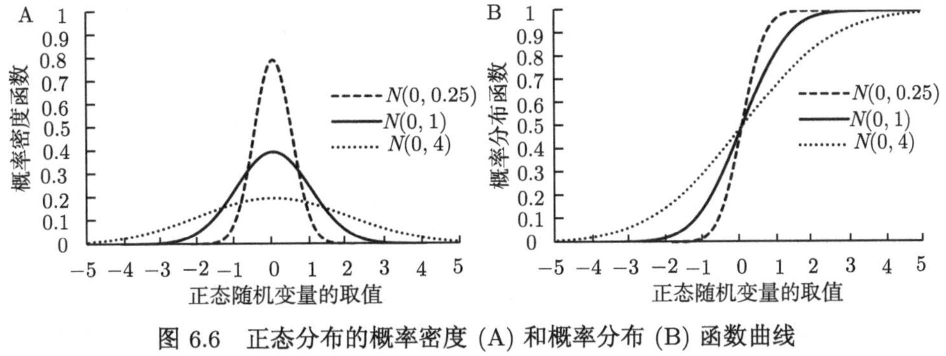

图 6.6 正态分布的概率密度 (A) 和概率分布 (B) 函数曲线

在连续分布中，人们时常关心随机变量在取值区间 (x_1，x_2) 上的概率，特别是随机变量取值在 k 个标准差之内的概率，即 $P(|\frac{X-\mu}{\sigma}| < k)$ 或 $P(\mu - k\sigma < X < \mu + k\sigma)$。对于正态分布来说，表 6.3 给出不同 k 值对应的取值概率。前三个概率均为标准差的整数倍，后三个分别对应于常用显著性水平 0.05、0.01、0.001 的变量取值区间。对于表 6.1 的数据，

均值为 63.06、方差为 7.25、标准差为 2.69。在正态分布的假定下，身高在一个标准差范围 (60.37，65.75) 内的概率为 0.6827，两个标准差范围 (57.67，68.44) 内的概率为 0.9545 等。对于表 6.2 的 F_2 群体，均值为 68.76、方差为 42.37、标准差为 6.51。在正态分布的假定下，花冠长度在一个标准差范围 (62.25，75.27) 内的概率为 0.6827，三个标准差范围 (49.23，88.29) 内的概率为 0.9973 等。

正态随机变量在三个标准差之间的取值概率超过 99.7%。在一些质量控制问题中，将这一概率称为 "3σ 原则"，在 3σ 区间之外的样品均可以被看作次品或非正常品；3σ 区间之外的数据也可被看作奇异值或离群值 (outlier)。

表 6.3　正态随机变量在以均值为中心的 k 个标准差范围内的取值概率

标准差的倍数 k	1	2	3	1.9600	2.5758	3.2905
取值概率 P	0.6827	0.9545	0.9973	0.95	0.99	0.999

§6.3　数量性状的数理统计基础

§6.3.1　样本统计量

利用数理统计的方法解决实际问题时，往往把一个研究对象的全体称为总体 (population)，构成总体的每个成员称为个体。如在 §6.1.1 的妇女身高问题中，调查开始前，所有的英国成年妇女就构成了一个总体，每个妇女是这个总体中的一个个体；在花冠长度问题中，需要研究一个数量性状在两个纯合基因型亲本及它们杂交后代中的分布，双亲、F_1 和 F_2 群体是 4 个不同的总体，每个群体中的单株是总体中的一个个体。在妇女身高问题中，如能调查所有成年妇女的身高，就能得到如图 6.1 曲线表示的、具有一定规律性的分布。花冠长度问题中，如能调查 4 个总体中所有个体的花冠长度，就能得到如图 6.2 曲线表示的连续型分布。统计学中往往把总体看作一个特定随机变量 X 服从的分布，与随机变量 X 等同，也称为总体 X 或分布 X。

构成总体的个体一般都有很多，甚至是无限的。在花冠长度问题中，双亲和 F_1 虽然都是单一基因型群体，但同一个群体中，个体在生长过程中面临的随机环境是不同的。因此，同一个基因型的花冠长度也会存在差异。这时的差异其实代表了植株生长的随机环境误差，因此是无限大小的总体。在多种基因型构成的 F_2 群体中，个体之间的差异既有不同基因型的效应，又有随机环境误差。基因型的个数因双亲之间的遗传差异而定，随机环境效应是无限的，因此 F_2 群体也是一个无限大小的总体。

在实际问题中，往往不可能对总体中的所有个体进行研究。能够研究的只是总体中的一小部分个体，然后希望从这一小部分个体来推断总体的分布规律。被研究的这部分个体称为总体的一组样本 (sample) 或一个样本群体，样本群体中个体的数量称为样本量 (sample size)。为了能够利用样本对总体做出比较可靠的推断，当然就要求样本能够很好地代表总体；失去了代表性，样本中观察到的结果也就难以反映出总体的分布特征。通常情况下，随机性和独立性是对样本的两个最基本要求。随机性要求总体中的每个个体具有同等机会进入样本群体，独立性则要求每个样本个体的取值不受其他样本个体的影响。随机性保证了每个样

本个体 X_i 与总体 X 有相同的分布；而独立性则保证了样本个体之间是相互独立的，样本的联合概率密度就等于各个样本个体概率密度的乘积。满足随机性和独立性的样本称为简单随机样本，一般情况下均简称为样本。

样本来自总体，每个样本个体自然都包含着总体分布的信息。为了把分散在样本中的信息集中起来以反映总体的分布特征，就需要对样本进行各种加工。表 6.1 和表 6.2 其实就提供了一种加工样本的方法，即对原始数据进行分组，统计落入每个组内的个体数或频率，然后从图 6.1 和图 6.2 的次数分布初步了解总体的分布特征。统计上，把只包含样本的函数称为样本统计量 (sample statistic)，一般用于总体分布参数的点估计。下面介绍的样本均值 (sample mean)、样本方差 (sample variance)、样本协方差和样本相关系数是统计学上最重要，同时也是实际应用中最常见的统计量。除此之外，还有样本矩、样本峰度、样本偏度、顺序统计量和分位数等。为避免混淆，有时也把上一节定义的均值和方差称为总体均值和总体方差。

设 X_1，X_2，$\cdots$，X_n 是总体 X 的一组简单随机样本，样本均值用 $\overline{X}$ 表示，样本方差用 S_X^2 表示，公式 6.35 和公式 6.36 分别给出它们的计算方法。从计算公式 6.35 可以看出，样本均值使用了样本群体的所有数据，每个样本个体处于平等的地位，表明它们是以同等机会存在于总体和样本中的。在样本方差的计算公式 6.36 中，个体与样本均值之间的差异称为离差 (deviation) 或偏差，容易看出离差之和等于 0。样本方差定义为离差平方和除以样本量减 1，样本量减 1 称为样本或样本方差的自由度 (degree of freedom)。因此，样本方差就等于离差平方和除以自由度。没有样本均值，也就无法利用公式 6.36 计算样本方差。因此，自由度之所以是 $n-1$，可以看作在利用 n 个独立样本个体估计样本均值时损失掉了一个自由度。另外，公式 6.36 中的 n 个离差项是不完全独立的，它们之间满足和为 0 这个约束条件。因此，自由度 $n-1$ 中的 "1" 也可以看作计算方差的所有离差项满足约束条件的个数。自由度的计算在假设检验和方差分析中是必不可少的，掌握以上两点后，基本上就能计算大部分场合下样本方差的自由度了。

$$\overline{X} = \frac{1}{n}\sum_{i=1}^{n} X_i \tag{6.35}$$

$$S_X^2 = \frac{1}{n-1}\sum_{i=1}^{n}(X_i - \overline{X})^2 = \frac{1}{n-1}\left(\sum_{i=1}^{n} X_i^2 - n\overline{X}^2\right) \tag{6.36}$$

对于表 6.1 和表 6.2 的分组数据，用 X_1，X_2，$\cdots$ ，X_k 表示 k 个分组的组中值，样本落在 k 个组内的频率分别为 f_1，f_2，$\cdots$ ，f_k，频率之和等于 1。这时，样本均值和样本方差分别由公式 6.37 和公式 6.38 计算。样本量 n 较小时，公式 6.38 的右端还应该乘以 $\dfrac{n}{n-1}$ 以进行无偏性矫正；对于较大的样本量，是否矫正对样本方差的影响不大。

$$\overline{X} = \sum_{j=1}^{k} f_j X_j \tag{6.37}$$

$$S_X^2 = \sum_{j=1}^{k} f_j (X_j - \overline{X})^2 = \sum_{j=1}^{k} f_j X_j^2 - \overline{X}^2 \tag{6.38}$$

设 X_1，X_2，$\cdots$ ，X_n 是总体 X 的一组简单随机样本，Y_1，Y_2，$\cdots$ ，Y_n 是总体 Y 的一组简单随机样本。它们的样本均值分别用 $\overline{X}$ 和 $\overline{Y}$ 表示，由公式 6.35 计算。如是分组数

据，则利用公式 6.37 计算样本均值 $\overline{X}$ 和 $\overline{Y}$。它们的样本方差分别用 S_X^2 和 S_Y^2 表示，由公式 6.36 计算。如是分组数据，需要根据公式 6.38 计算样本方差 S_X^2 和 S_Y^2。利用原始样本数据，公式 6.39 给出这两组样本之间协方差的计算方法。如是分组数据，需利用公式 6.40 计算这两组样本之间的协方差。样本量 n 较小时，与公式 6.38 类似，公式 6.40 右端也应该乘以 $\dfrac{n}{n-1}$ 以进行无偏性矫正。公式 6.41 给出这两组样本之间相关系数的计算方法，既适用于原始样本数据，又适用于分组数据。对于分组数据，样本方差和样本协方差是否进行无偏矫正，不影响相关系数的估计。

$$\mathrm{Cov}_{XY} = \frac{1}{n-1}\sum_{i=1}^{n}(X_i-\overline{X})(Y_i-\overline{Y}) = \frac{1}{n-1}\left(\sum_{i=1}^{n}X_iY_i - n\overline{X}\,\overline{Y}\right) \tag{6.39}$$

$$\mathrm{Cov}_{XY} = \sum_{j=1}^{k}f_j(X_j-\overline{X})(Y_j-\overline{Y}) = \sum_{j=1}^{k}f_jX_jY_j - \overline{X}\,\overline{Y} \tag{6.40}$$

$$r_{XY} = \frac{\mathrm{Cov}(X,Y)}{\sqrt{S_X^2S_Y^2}} \tag{6.41}$$

§6.3.2 抽样分布

样本统计量是样本的函数。如果把样本中的个体也看作随机变量，则样本统计量其实就是一组随机变量的函数。因此，样本统计量也可被视为随机变量。设想从表 6.1 的 4995 个身高数据中，采取有放回的抽样方法，每次从中随机抽取 10 个数据，计算它们的样本均值和方差。第二次抽到 10 个数据的样本均值和样本方差，肯定与第一次不同。如此重复 1000 次，就得到 1000 个样本均值和样本方差。这 1000 个均值就会表现出一个分布；同样，这 1000 个方差也会表现出一个分布。同时还会发现，样本均值和样本方差有着截然不同的分布。作为随机变量，样本统计量服从的分布称为抽样分布 (sampling distribution)。抽样分布在总体参数的区间估计和统计假设检验中发挥着重要作用。

在进一步讨论抽样分布之前，我们先看看样本均值的期望和方差分别是什么。对简单随机样本 X_1，X_2，$\cdots$，X_n 来说，它们相互独立并与总体 X 有相同的分布，称为独立同分布 (independent and identical distribution，iid)。因此，每个样本的期望和方差等于总体的期望和方差，即公式 6.42。根据期望性质公式 6.17 和公式 6.18，容易证明样本均值的期望等于总体的期望，即公式 6.43。根据方差性质公式 6.23 和公式 6.24，容易证明样本方差的期望等于总体方差除以样本量 n，即公式 6.44。只要总体的均值和方差存在，公式 6.42～ 公式 6.44 都是成立的，对总体的分布类型没有任何限制。对于正态总体 $X \sim N(\mu,\sigma^2)$ 来说，样本均值的期望当然就等于 μ，样本均值的方差当然就等于 $\dfrac{1}{n}\sigma^2$。因此，样本均值服从均值为 μ、方差为 $\dfrac{1}{n}\sigma^2$的正态分布，即公式 6.45。对于其他均值为 E_X、方差为 V_X 的非正态总体来说，概率论的中心极限定理表明，随着样本量的增加，样本均值渐近服从均值为 E_X、方差为 $\dfrac{1}{n}V_X$的正态分布，即公式 6.46。大量模拟结果表明，对于大多数非正态总体来说，n=30 的样本均值就十分接近正态分布，也因此把超过 30 的样本称为大样本 (large sample)。

$$E(X_i) = E_X,\ V(X_i) = V_X,\ 对任意样本个体 i = 1,2,\cdots,n \tag{6.42}$$

$$E(\overline{X}) = \frac{1}{n}\sum_{i=1}^{n} E(X_i) = E_X \tag{6.43}$$

$$V(\overline{X}) = \frac{1}{n^2}\sum_{i=1}^{n} V(X_i) = \frac{1}{n}V_X \tag{6.44}$$

$$\overline{X} \sim N(\mu, \frac{1}{n}\sigma^2),\ \text{对于正态总体}X \sim N(\mu, \sigma^2) \tag{6.45}$$

$$\overline{X} \overset{n\to\infty}{\Longrightarrow} N(E_X, \frac{1}{n}V_X),\ \text{对于均值和方差存在的非正态总体} \tag{6.46}$$

根据方差计算公式 6.21 可以得到公式 6.47 和公式 6.48，从而可以证明样本方差的期望等于总体的方差。这一结果与样本均值是一致的，证明过程见公式 6.49。在公式 6.49 的推导过程中，除要求总体均值和方差存在外，没有其他限制条件。因此，不论总体分布是什么，样本方差的期望都等于总体的方差。

$$E(X_i^2) = V(X_i) + E^2(X_i) = V_X + E_X^2,\ i = 1, 2, \cdots, n \tag{6.47}$$

$$E(\overline{X}^2) = V(\overline{X}) + E^2(\overline{X}) = \frac{1}{n}V(X) + E_X^2 \tag{6.48}$$

$$\begin{aligned} E(S_X^2) &= \frac{1}{n-1}\left[\sum_{i=1}^{n} E(X_i^2) - nE(\overline{X}^2)\right] \\ &= \frac{1}{n-1}[n(V_X + E_X^2) - (V_X + nE_X^2)] = V_X \end{aligned} \tag{6.49}$$

公式 6.45 和公式 6.46 分别给出正态和非正态总体中，样本均值的分布特征。样本方差的分布要比均值复杂得多，一般只能研究正态总体的样本 (简称正态样本) 中方差的分布。在给出正态总体样本方差的分布之前，首先介绍一下从标准正态分布出发定义的 χ^2 分布、t 分布和 F 分布，这里不给出它们的概率密度函数。这三个分布都与样本均值和样本方差的分布有密切关系，在有关总体均值和总体方差的统计假设检验中，发挥着必不可少的作用，有时也把它们统称为三大抽样分布。

公式 6.50 给出 χ^2 分布的定义，可以看出，χ^2 分布代表的随机变量等于 n 个独立、标准正态随机变量的平方和，n 又称为 χ^2 分布的自由度，所以常用 $\chi^2(n)$ 表示这个分布。标准正态分布中不含任何参数，因此 χ^2 分布只有标准正态分布数目 (或自由度) 这一个参数。从概率密度函数曲线图 6.7 可以看出，$\chi^2(n)$ 是一个单峰、偏态分布，有一个较长的右尾巴；随着自由度的增加，分布均值和分布方差也随之增大。其实，根据分布的定义公式 6.50 还可以证明，$\chi^2(n)$ 分布的均值等于 n，方差等于 $2n$。图 6.7 显示出 $\chi^2(n)$ 分布的均值位于峰的右端，是一个左偏态分布。

$$\chi^2 = X_1^2 + X_2^2 + \cdots + X_n^2 \sim \chi^2(n),\ \text{其中}X_i \sim N(0,1)\text{且iid} \tag{6.50}$$

公式 6.51 给出 t 分布的定义，可以看出，t 分布是两个分布的商，分子为一个标准正态分布，分母为一个 χ^2 分布除以其自由度的平方根，同时还要求分子中的标准正态分布与分

母中的 χ^2 分布相互独立。t 分布中也只包含一个参数，即分母中 χ^2 分布的自由度 n，所以常用 $t(n)$ 表示这个分布。从概率密度函数曲线图 6.8 可以看出，$t(n)$ 是单峰态分布，关于 x=0 对称；自由度越小，方差就越大；随着自由度的增加，$t(n)$ 逐渐趋近于标准正态分布。根据概率密度函数可以证明，当自由度 n=1 时，$t(n)$ 分布的均值和方差都不存在；当 n=2 时，均值为 0，方差不存在；当 $n>2$ 时，均值等于 0，方差等于 $\dfrac{n}{n-2}$。因此，随着样本量的增大，方差趋近于标准正态分布的方差 1。

$$t=\frac{Y}{\sqrt{\dfrac{1}{n}X}}\sim t(n),\ \text{其中}Y\sim N(0,1)、X\sim\chi^2(n)\text{且相互独立} \tag{6.51}$$

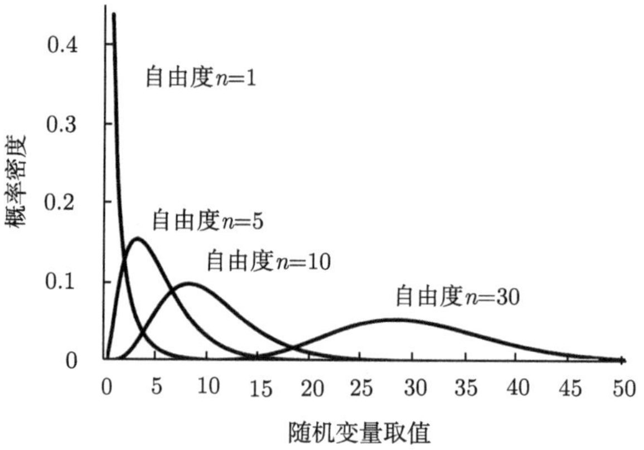

图 6.7　自由度分别为 1、5、10、30 的 $\chi^2(n)$ 分布概率密度函数曲线

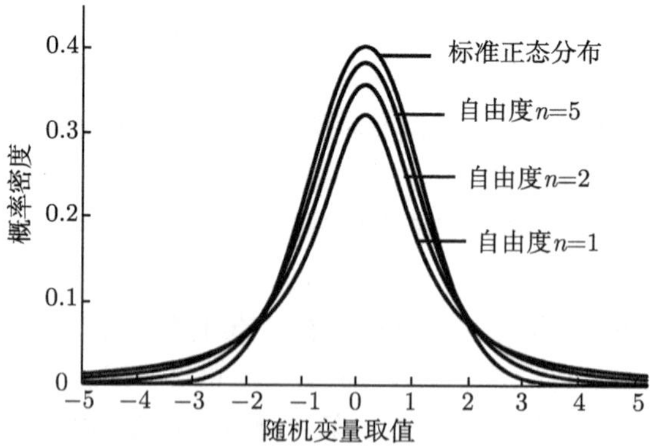

图 6.8　自由度分别为 1、2、5、无穷大的 $t(n)$ 分布概率密度函数曲线

公式 6.52 给出 F 分布的定义，可以看出，F 分布也是两个分布的商，分子为一个 χ^2 分布除以其自由度，分母为另一个独立的 χ^2 分布除以其自由度。显然，F 分布中包含了两个参数，一是分子 χ^2 分布的自由度 n，另一个是分母 χ^2 分布的自由度 m，所以常用 $F(n, m)$ 表示这个分布。分子 χ^2 分布的自由度也称为第一自由度，分母 χ^2 分布的自由度也称为第二自由

度。从概率密度函数曲线图 6.9 可以看出，$F(n,m)$ 是一个单峰左偏态分布，有一个较长的右尾巴。根据概率密度函数可以证明，$F(n,m)$ 分布的均值等于 $\frac{m}{m-2}$ $(m>2)$，即只依赖于第二自由度。$F(n,m)$ 分布的方差同时依赖两个自由度，表达式为 $\frac{2m^2(n+m-2)}{n(m-2)^2(m-4)}$ $(m>4)$。

$$F=\frac{\frac{1}{n}X}{\frac{1}{m}Y}\sim F(n,m),\ \text{其中}X\sim\chi^2(n)\text{、}Y\sim\chi^2(m)\text{且相互独立} \tag{6.52}$$

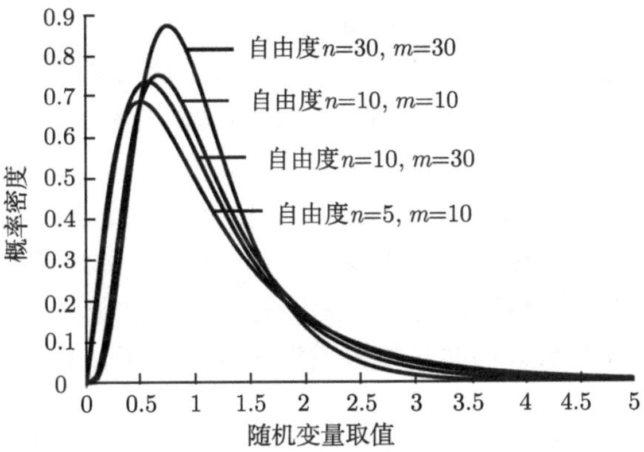

图 6.9 四种 $F(n,m)$ 分布概率密度函数曲线，自由度如图所示

对于正态总体 $X\sim N(\mu,\sigma^2)$ 来说，公式 6.53 给出样本方差 S^2 乘以 $(n-1)$ 再除以总体方差 σ^2 之后所服从的分布，即自由度为 $(n-1)$ 的 χ^2 分布；同时还可以证明公式 6.53 给出的分布与样本均值的分布 (见公式 6.45) 是相互独立的。公式 6.53 给出结论的证明要用到多元微积分的知识，有兴趣的读者可参阅茆诗松等 (2011)。对公式 6.45 给出的样本均值进行标准化变换，就得到公式 6.54 的标准正态分布，与公式 6.53 给出的 χ^2 分布也是相互独立的。这样就能利用 t 分布的定义公式 6.51，得到一个与总体均值、样本均值和样本方差相关的 t 分布，即公式 6.55。有了这个分布，就可以在总体方差未知的情况下，利用样本均值和样本方差对均值这一总体参数进行统计假设检验。

$$\frac{(n-1)S^2}{\sigma^2}\sim\chi^2(n-1),\ \text{并与}\overline{X}\sim N(\mu,\frac{1}{n}\sigma^2)\text{相互独立} \tag{6.53}$$

$$\frac{\overline{X}-\mu}{\sqrt{\frac{1}{n}\sigma^2}}\sim N(0,1) \tag{6.54}$$

$$\frac{\overline{X}-\mu}{\sqrt{\frac{1}{n}S^2}}\sim t(n-1) \tag{6.55}$$

实际应用中，除了利用公式 6.55 对总体均值进行检验外，还可以对总体方差进行检验，这时就要用到公式 6.53 给出的 χ^2 分布。如要检验两个总体的方差是否相等，或是多个总体是否具有相同的均值，这时就要用到公式 6.52 给出的 F 分布。总之，没有三大抽样分布，也就没有统计假设检验。从定义来看，三大抽样分布都是在正态分布基础上衍生出来的分布，仅适合于从正态分布总体中抽取的简单随机样本。由此也可看出正态分布在数理统计中所占的地位。

§6.3.3　总体参数的估计

常用的参数估计方法包括最小二乘估计、极大似然估计、矩估计等，这些估计都是样本的函数，即样本统计量。假定 $\hat{\theta}$ 是一个样本统计量，作为总体参数 θ 的一个估计，给定一组样本值，就能计算出一个估计值 $\hat{\theta}$。为与区间估计 (interval estimate) 相区分，这样的估计又称点估计 (point estimate)，在不易混淆的场合下简称估计。

有时，不同的估计方法可能会给出不同的估计值。无偏性和有效性是评价估计值优劣的常用标准。如果 $\hat{\theta}$ 的期望等于待估计的总体参数 θ，则称 $\hat{\theta}$ 是 θ 的无偏估计 (unbiased estimate)；否则称有偏估计 (biased estimate)。从公式 6.43 和公式 6.49 可以看出，样本均值和样本方差分别是总体均值和总体方差的无偏估计。有些估计虽然是有偏的，但随着样本量的增加，估计值的期望会逐渐趋近于待估参数，这样的估计称为渐近无偏估计。下面我们会看到，正态分布方差的极大似然估计是渐近无偏的。对于无偏估计来说，线性变换不改变其无偏性，即无偏估计的线性函数仍然是参数线性函数的无偏估计。对于其他的非线性函数，这一结论不一定成立。

绝大多数场合下，都要求估计值能够具有无偏性或者渐近无偏性。参数的无偏估计有时会有很多，如何在无偏估计中进行选择？一个直观的想法就是估计值围绕真实值的波动越小越好，也就是希望估计值的方差尽可能小，这就是无偏估计的有效性 (effectiveness)。如果一个无偏估计有更小的方差，就称这个无偏估计更有效。例如，对于总体 X 的 2 个简单样本 X_1 和 X_2 来说，满足 $a+b=1$ 的样本统计量 aX_1+bX_2 都是总体均值的无偏估计，作为练习请读者证明：a 和 b 相等时，无偏估计 aX_1+bX_2 的方差最小，因此这时的无偏估计是最有效的。

极大似然方法是概率统计中最重要、应用最广泛的参数估计方法，该方法最初由 Gauss 于 1821 年提出，但未得到重视。R. A. Fisher 在 1922 年再次提出了极大似然的思想，并探讨了它的统计性质，从而导致了极大似然方法的广泛研究和应用。用 θ 表示总体分布的参数，它可以是一个参数，也可以是由多个参数构成的向量。例如，对于正态分布来说，$\theta=(\mu,\sigma^2)$ 就包含了两个参数。如总体 X 的概率密度函数为 $p(X;\theta)$，对于一组 iid 样本 $X_1, X_2, \cdots, X_n$ 来说，公式 6.56 定义了它们的联合密度函数 L。与一般的概率密度函数一样，若已知分布参数 θ，就可以利用公式 6.56 研究各种可能的样本取值概率。反过来，在分布参数 θ 未知的情况下，如能得到总体的一组样本值，就可以利用公式 6.56 研究分布参数 θ 各种取值的可能性。这时，为与总体的概率密度相区分，称公式 6.56 给出的密度函数为似然函数 (likelihood function)。

$$L(\theta; X_1, X_2, \cdots, X_n) = \prod_{i=1}^{n} p(X_i;\theta) \tag{6.56}$$

样本的联合密度函数和似然函数在概率上其实是一回事，只是着眼点不同。前者认为总体参数 θ 固定，样本的取值是可变的；后者则认为，在得到一组样本观测值后，样本就被固定下来了，而总体参数 θ 有待估计。这种差别在统计上的意义如下：若把参数 θ 和样本分别看成是"原因"和"结果"，知道了 θ 的值，就完全确定了样本分布，也就确定了得到种种结果 (样本取值) 机会的大小；从另外一方面看，当有了结果 (样本取值) 时，反过来还可以研究当参数 θ 取各种不同的值 (原因) 时，导致这个结果 (样本取值) 的可能性有多大。请注意，这里我们并没有把总体参数 θ 看作随机变量，它只是未知、待估计的参数。如果把总体参数 θ 看作随机变量进行统计推断，那就是贝叶斯统计学 (Bayesian statistics)，但本书不涉及这方面的内容。统计推断是从样本来估计并检验总体参数，基于每个参数值的"似然性"来进行推断，这一原则也称为似然原则 (likelihood principle)。似然原则的一项重要应用是参数极大似然估计 (maximum likelihood estimation) 方法的提出。

对于公式 6.56 定义的似然函数，若统计量 $\hat{\theta}=\hat{\theta}(X_1,X_2,\cdots,X_n)$ 满足公式 6.57 给出的条件，即在所有参数取值范围 Θ 内取得最大值，则称 $\hat{\theta}$ 是 θ 的极大似然估计 (maximum likelihood estimate，MLE)。从 MLE 的定义来看，θ 的极大似然估计 $\hat{\theta}$ 就是在已知样本的情况下，似然函数取得最大值的那个 θ。因此，$\hat{\theta}$ 的确定就变成一个极值问题。

$$L(\hat{\theta})=\max_{\theta\in\Theta}\{L(\theta;X_1,X_2,\cdots,X_n)\} \tag{6.57}$$

下面以正态总体为例说明 MLE 的计算过程。公式 6.58 给出正态样本 X_1，X_2，$\cdots$，X_n 似然函数的表达式。直接对公式 6.58 求导比较麻烦。可以先对似然函数进行对数变换，变换后的函数称为对数似然函数，即公式 6.59。然后对对数似然函数公式 6.59，分别求参数 μ 和 σ^2 的导数，并令导数等于 0，得到似然方程 6.60。求解似然方程 6.60，就得到公式 6.61 给出的 MLE。

$$\begin{aligned}L(\theta)&=\prod_{i=1}^{n}p(X_i;\theta)=\prod_{i=1}^{n}\left[\frac{1}{\sqrt{2\pi\sigma^2}}\mathrm{e}^{-\frac{(X_i-\mu)^2}{2\sigma^2}}\right]\\&=\frac{1}{(2\pi\sigma^2)^{n/2}}\exp\left\{-\frac{1}{2\sigma^2}\sum_{i=1}^{n}(X_i-\mu)^2\right\}\end{aligned} \tag{6.58}$$

$$\ln L(\theta)=-\frac{n}{2}\ln(2\pi\sigma^2)-\frac{1}{2\sigma^2}\sum_{i=1}^{n}(X_i-\mu)^2 \tag{6.59}$$

$$\begin{aligned}\frac{\partial\ln L}{\partial\mu}&=\frac{1}{\sigma^2}\sum_{i=1}^{n}(X_i-\mu)=0,\\\frac{\partial\ln L}{\partial\sigma^2}&=\frac{n}{2\sigma^2}-\frac{1}{2\sigma^4}\sum_{i=1}^{n}(X_i-\mu)^2=0\end{aligned} \tag{6.60}$$

$$\hat{\mu}=\frac{1}{n}\sum_{i=1}^{n}X_i,\ \hat{\sigma}^2=\frac{1}{n}\sum_{i=1}^{n}(X_i-\hat{\mu})^2 \tag{6.61}$$

显然，均值的 MLE $\hat{\mu}$ 就等于公式 6.35 定义的样本均值 $\overline{X}$。它们的期望都等于总体均值 μ，因此都是 μ 的无偏估计。方差的 MLE $\hat{\sigma}^2$ 并不等于公式 6.36 定义的样本方差 S^2，但是它们之间的差别并不是很大。样本方差 S^2 等于离差平方和除以样本量减去 1，方差的 MLE $\hat{\sigma}^2$ 等于离差平方和除以样本量。因此，MLE $\hat{\sigma}^2$ 乘以系数 $\dfrac{n}{n-1}$ 之后就等于样本方差 S^2。

同时还可以看到 $E(\hat{\sigma}^2)=\dfrac{n-1}{n}\sigma^2$，因此 MLE $\hat{\sigma}^2$ 并不是参数 σ^2 的无偏估计。但是，随着样本量 n 的增大，$E(\hat{\sigma}^2)$ 趋近于参数 σ^2。因此，MLE $\hat{\sigma}^2$ 是 σ^2 的渐近无偏估计。

MLE 具备很多其他估计都没有的优良性质，这也正是 MLE 之所以得以广泛应用的原因。之前说过，无偏估计仅在线性变换下具有不变性。如果 $\hat{\theta}$ 是 θ 的 MLE，那么任一函数 $g(\theta)$ 的 MLE 都是 $g(\hat{\theta})$。这一性质称为 MLE 的变换不变性，不论是线性变换还是非线性变换都是成立的。有了这一性质，有时就能比较简单地计算一些复杂总体参数的 MLE。此外，通常情况下，MLE 都渐近服从正态分布，渐近正态分布的均值等于 θ，方差等于 $[nI(\theta)]^{-1}$，即公式 6.62。其中，渐近分布方差中的 $I(\theta)$ 称为 Fisher 信息量，计算方法由公式 6.63 给出。信息量越大，说明总体分布中包含未知参数 θ 的信息越多。参数 θ 未知的情况下，可以将其 MLE 值 $\hat{\theta}$ 代入公式 6.63 来计算信息量。从而利用公式 6.62 得到估计值服从的渐近正态分布，并由此进行参数的假设检验、计算参数的区间估计等。

$$\hat{\theta}\overset{n\to\infty}{\longrightarrow}N\left(\theta,\frac{1}{nI(\theta)}\right)，\text{其中}\hat{\theta}\text{是}\theta\text{的MLE，}n\text{是样本量} \tag{6.62}$$

$$I(\theta)\hat{=}E\left[\frac{\partial}{\partial\theta}\ln p(x;\theta)\right]^2=-E\left[\frac{\partial^2}{\partial\theta^2}\ln p(x;\theta)\right]，\\ \text{其中}p(x;\theta)\text{是总体的概率密度} \tag{6.63}$$

最小二乘估计 (least square estimation，LSE) 一般用于线性模型中未知参数的估计。读者会在 §6.3.4 和 §6.3.5 中分别看到两个和多个参数的线性回归模型。这里以包含一个未知参数的线性模型为例，说明这一方法。对样本 X_1，X_2，$\cdots$，X_n 来说，按照公式 6.64 定义一个线性模型，其中，μ 为待估总体均值，ε_i 称为每个样本与总体均值之间的离差。对公式 6.64 中的离差求平方和，得到公式 6.65 的离差平方和 $Q(\mu)$。在给定样本值的条件下，$Q(\mu)$ 是未知参数 μ 的函数，它达到最小时 μ 的取值，称为 μ 的最小二乘估计。因此，求解 LSE 实质上也是一个极值问题。

$$X_i=\mu+\varepsilon_i,\ \text{对任意样本}i=1,2,\cdots,n \tag{6.64}$$

$$Q(\mu)=\sum_{i=1}^{n}(X_i-\mu)^2 \tag{6.65}$$

对函数 $Q(\mu)$ 求导，并令导数等于 0 (即公式 6.66)，就得到 μ 的 LSE (即公式 6.67)。可见，总体均值 μ 的 LSE 就等于样本均值 $\overline{X}$，也等于正态总体均值的 MLE。在 LSE 的计算过程中，其实并没有对总体的分布类型作任何要求。对于任何总体的样本，都可以如公式 6.64～ 公式 6.67 计算总体均值的 LSE。但是，在正态总体的假定下，LSE 有更多优良性状 (即 Gauss-Markov 定理)，也只有这时才能对参数进行区间估计和假设检验。更多内容参见王建康等 (2014) 一书第 10 章或王松贵等 (2004) 一书，这里不再列出。

$$\frac{\mathrm{d}}{\mathrm{d}\mu}Q(\mu)=\sum_{i=1}^{n}-2(X_i-\mu)=-2\left(\sum_{i=1}^{n}X_i-n\mu\right)=0 \tag{6.66}$$

$$\hat{\mu}=\frac{1}{n}\left(\sum_{i=1}^{n}X_i\right)=\overline{X} \tag{6.67}$$

§6.3.4 一元回归与相关分析

回归与相关是 Galton 等研究人类身高这一数量性状在亲子之间遗传规律时提出的分析方法，之后很快成为数理统计中分析两个或多个变量关系的主要方法。利用 1078 对父子身高数据，Galton 发现父亲身高 (用 X 表示) 的均值是 67in，儿子身高 (用 Y 表示) 的均值是 68in，Y 与 X 的回归关系是 $Y = 33.73 + 0.516X$。也就是说，高个子父亲有生高个子儿子的趋势，矮个子父亲有生矮个子儿子的趋势；父亲身高每增加 1in，儿子身高平均增加 0.516in，而不是 1in，身高在父子之间是部分遗传的。

Galton 随后考察了高个子父亲所生儿子的平均身高和矮个子父亲所生儿子的平均身高。结果发现，平均身高为 80in 的高个子父亲所生儿子的平均身高为 75.01in，低于父亲的身高；平均身高为 60in 的矮个子父亲所生儿子的平均身高为 64.69in，高于父亲的身高。Galton 把这种现象看作子代身高有向中心 (或群体均值) 的回归趋势。正是这种趋势，使得一段时间内的人类身高相对稳定，不会出现高的越高、矮的越矮的两极分化。Galton 随后利用家庭身高数据，得到子女平均身高 Y 与双亲平均身高 X 的回归系数是 0.65。在第 8 章中可以看到，上面的两个回归系数其实就是身高性状的狭义遗传力。

如果两个变量之间有明确的因果关系，一般采用回归分析；否则采用相关分析。前面说过，协方差和相关系数衡量的都是变量之间的线性关系。因此，变量之间的线性回归分析与相关分析是密切关联的两种分析方法。假定变量 X 与 Y 之间有线性关系 $Y = a + bX$，b 称为回归系数，a 称为截距。对于一组 X 和 Y 的样本来说，用公式 6.68 表示它们之间的线性关系，公式中的 ε_i 称为回归离差或残差。仅关心参数估计时，残差 ε_i 只需满足均值为 0 的 iid 即可，对具体的分布类型没有要求；如同时关心模型和回归参数的检验，则还要求残差服从正态分布。LSE 是残差平方和 (即公式 6.69) 达到最小时参数 a 和 b 的取值。通过求导，并令导数等于 0，可以得到 a 和 b 的 LSE，见公式 6.70。

$$Y_i = a + bX_i + \varepsilon_i,\ i = 1, 2, \cdots, n\text{表示样本} \tag{6.68}$$

$$Q(a,b) = \sum_{i=1}^{n} \varepsilon_i^2 = \sum_{i=1}^{n} (Y_i - a - bX_i)^2 \tag{6.69}$$

$$\hat{a} = \overline{Y} - \hat{b}\overline{X},\ \hat{b} = \frac{\sum_{i=1}^{n} X_i Y_i - \frac{1}{n}\left(\sum_{i=1}^{n} X_i\right)\left(\sum_{i=1}^{n} Y_i\right)}{\sum_{i=1}^{n} X_i^2 - \frac{1}{n}\left(\sum_{i=1}^{n} X_i\right)^2} \tag{6.70}$$

在公式 6.70 给出回归系数的 LSE 中，分子乘以 $\dfrac{1}{n-1}$ 就是公式 6.39 给出的样本协方差，分母乘以 $\dfrac{1}{n-1}$就是公式 6.36 给出的样本方差。因此，回归系数可以看作变量 X 与 Y 之间协方差与自变量 X 方差的比值，即公式 6.71。在第 8 章研究数量性状的亲子关系时，要经常用到公式 6.71。

$$b = \frac{\text{Cov}(X,Y)}{V(X)} \tag{6.71}$$

从公式 6.70 和公式 6.71 可以看出，回归系数带有量纲，如变量 Y 的量纲为 kg、X 的量纲为 cm，则回归系数的量纲是 kg/cm。而相关系数 (公式 6.31 和公式 6.41) 是无量纲的。从定义不难看出，它们之间满足关系式 6.72。在正态总体的条件下，相关系数可用公式 6.73 给出的 t 分布进行显著性检验。同时还可以证明，一元回归方程 (公式 6.68) 的显著性检验、回归系数的显著性检验及相关系数的显著性检验是等价的。在多元回归方程中，这一结果只对正交设计矩阵才是成立的。

$$r = \frac{\mathrm{Cov}(X,Y)}{\sqrt{V(X)V(Y)}} = b\sqrt{\frac{V(X)}{V(Y)}} \tag{6.72}$$

$$t = \frac{r}{\sqrt{\dfrac{1-r^2}{n-2}}} \sim t(n-2),\ \text{其中}n\text{为样本量} \tag{6.73}$$

数量遗传学研究中，常利用回归系数公式 6.71 和相关系数公式 6.72，来了解它们与数量性状遗传力这一重要遗传参数之间的关系；同时，也有助于理解一个选择方法的遗传进度。例如，一个纯系的均值用 G 表示，纯系内个体 i 的表型用线性模型 $X_i = G + \varepsilon_i$ 表示，其中 ε_i 为随机误差。根据纯系理论，个体 i 大量子代的平均表型等于均值 G，即 $\overline{Y}_i = G$。根据协方差的性质，$\mathrm{Cov}(X,\overline{Y}) = \mathrm{Cov}(G,G) + \mathrm{Cov}(G,\varepsilon_i) = 0$，$V(X) = \sigma_\varepsilon^2$。因此，子代均值 $\overline{Y}$ 对亲代表型 X 的回归系数为 0，它们之间的相关系数也是 0。如果每个个体只有一个后代，个体 i 的后代表型用线性模型 $Y_i = G + \delta_i$ 表示，其中 δ_i 为随机误差。假定上下代的随机误差效应有相同的方差 σ_ε^2，且相互独立，那么 $\mathrm{Cov}(X,Y) = 0$，$V(X) = V(Y) = \sigma_\varepsilon^2$，子代与亲代的回归系数为 0，相关系数也是 0。

又如，在 n 个不同基因型构成的遗传群体中，假定繁殖后的基因型保持不变 (如纯系的自交后代、杂合基因型的无性系繁殖后代等)，基因型 i 的均值用 G_i 表示，随机误差效应用 ε 表示。根据纯系理论，亲代表型 X_i 和子代表型 Y_i 可分别用线性模型 $X_i = G_i + \varepsilon$ 和 $Y_i = G_i + \varepsilon$ 表示，其中 $\varepsilon \sim N(0,\sigma_\varepsilon^2)$ 且相互独立，σ_ε^2 为随机误差方差。子代表型 Y_i 的均值等于该基因型的均值，即 $\overline{Y}_i = G_i$，该值可通过亲代繁殖的大量后代个体获得。根据协方差的性质，$\mathrm{Cov}(X,\overline{Y}) = \mathrm{Cov}(G,G) = \sigma_G^2$，其中 σ_G^2 为从基因型均值 G_i 计算出的方差，称为遗传方差；$V(X) = \sigma_G^2 + \sigma_\varepsilon^2$，记为 σ_P^2，即表型方差。因此，子代均值 $\overline{Y}$ 对亲代表型 X 的回归系数 $b = \dfrac{\sigma_G^2}{\sigma_P^2}$，这其实就是第 7 章要介绍的广义遗传力；同时，它们之间的相关系数 $r = \dfrac{\sigma_G^2}{\sqrt{\sigma_P^2\sigma_G^2}} = \sqrt{b}$，即广义遗传力的平方根。如果是随机交配群体，子代和亲代的基因型就不一样了，子代的基因型值与亲代的基因型值也是有差异的。在第 8 章我们可以看到，这时的 $\mathrm{Cov}(X,\overline{Y})$ 等于遗传方差中的加性部分，即加性方差 σ_A^2；后代平均表现与亲本表型的回归系数等于 $\dfrac{\sigma_A^2}{\sigma_P^2}$，即狭义遗传力；后代平均表现与亲本表型的相关系数等于狭义遗传力的平方根。

§6.3.5　多元回归及其假设检验

对于一个因变量和多个自变量来说，假定 m 个自变量为 X_1，X_2，$\cdots$，X_m，因变量为

Y，公式 6.74 给出它们之间的线性关系模型。

$$Y = b_0 + b_1 X_1 + b_2 X_2 + \cdots + b_m X_m + \varepsilon \tag{6.74}$$

对于大小为 n 的一组样本来说，将因变量 Y 的 n 个观察值用下面的列向量$\boldsymbol{y}$表示，公式 6.74 中常数项的系数 1 和回归系数对应的因变量观测值用如下的矩阵$\boldsymbol{X}$表示，所有待估参数用如下的向量$\boldsymbol{b}$表示，残差用如下的向量 $\boldsymbol{\varepsilon}$ 表示，向量和矩阵后面的下标表示阶数。这样就得到线性模型 (公式 6.74) 的矩阵表达式 6.75。

$$\boldsymbol{y}_{n\times 1} = \begin{bmatrix} Y_1 \\ Y_2 \\ \vdots \\ Y_n \end{bmatrix},\ \boldsymbol{X}_{n\times(m+1)} = \begin{bmatrix} 1 & X_{11} & \cdots & X_{1m} \\ 1 & X_{21} & \cdots & X_{2m} \\ \vdots & \vdots & \ddots & \vdots \\ 1 & X_{n1} & \cdots & X_{nm} \end{bmatrix},\ \boldsymbol{b}_{(m+1)\times 1} = \begin{bmatrix} b_0 \\ b_1 \\ \vdots \\ b_m \end{bmatrix},\ \boldsymbol{\varepsilon}_{n\times 1} = \begin{bmatrix} \varepsilon_1 \\ \varepsilon_2 \\ \vdots \\ \varepsilon_n \end{bmatrix}$$

$$\boldsymbol{y} = \boldsymbol{X}\boldsymbol{b} + \boldsymbol{\varepsilon} \tag{6.75}$$

公式 6.75 中的 $\boldsymbol{X}$ 称为设计矩阵或发生矩阵 (design matrix 或 incidence matrix)，参数向量 $\boldsymbol{b}$ 的最小二乘估计满足公式 6.76 的正规方程，其中 $\boldsymbol{X}^{\mathrm{T}}$ 表示设计矩阵 $\boldsymbol{X}$ 的转置。如果 $\boldsymbol{X}^{\mathrm{T}}\boldsymbol{X}$ 的逆矩阵存在，则 $\boldsymbol{b}$ 的最小二乘估计 $\hat{\boldsymbol{b}}$ 可由公式 6.77 计算。

$$\boldsymbol{X}^{\mathrm{T}}\boldsymbol{X}\boldsymbol{b} = \boldsymbol{X}^{\mathrm{T}}\boldsymbol{y} \tag{6.76}$$

$$\hat{\boldsymbol{b}} = (\boldsymbol{X}^{\mathrm{T}}\boldsymbol{X})^{-1}\boldsymbol{X}^{\mathrm{T}}\boldsymbol{y} \tag{6.77}$$

显然，§6.3.4 中的一元回归也可以写成公式 6.75 的矩阵形式，同样可以利用公式 6.76 和公式 6.77 求解。有时，每个样本的残差 ε_i 可能有不同的方差 σ_i^2，这时需要采用加权最小二乘估计 (weighted LSE)。首先对每个样本除以各自的标准差 σ_i，以使残差具有相同的方差；然后利用变换后的数据计算最小二乘估计。记 $\boldsymbol{W}$ 为方差的倒数构成的对角阵 (公式 6.78)，公式 6.79 给出加权最小二乘估计的正规方程，从中可以计算加权 LSE。

$$\boldsymbol{W} = \mathrm{diag}\left(\frac{1}{\sigma_1^2}, \frac{1}{\sigma_2^2}, \cdots, \frac{1}{\sigma_n^2}\right) = \begin{bmatrix} \frac{1}{\sigma_1^2} & 0 & \cdots & 0 \\ 0 & \frac{1}{\sigma_2^2} & \cdots & 0 \\ \vdots & \vdots & \ddots & \vdots \\ 0 & 0 & \cdots & \frac{1}{\sigma_n^2} \end{bmatrix} \tag{6.78}$$

$$\boldsymbol{X}^{\mathrm{T}}\boldsymbol{W}\boldsymbol{X}\boldsymbol{b} = \boldsymbol{X}^{\mathrm{T}}\boldsymbol{W}\boldsymbol{y} \tag{6.79}$$

此外，根据矩阵运算的一些基本性质，不难看出公式 6.79 与正规方程 6.80 是等价的，其中的 $\boldsymbol{W}^{\frac{1}{2}}$ 是方差平方根倒数为对角元素的对角矩阵。因此，通过观测向量和设计矩阵乘以方差平方根倒数构成的对角矩阵，加权最小二乘估计可以转化为一般的最小二乘估计来进行计算，即公式 6.81。

$$(\boldsymbol{W}^{\frac{1}{2}}\boldsymbol{X})^{\mathrm{T}}(\boldsymbol{W}^{\frac{1}{2}}\boldsymbol{X})\boldsymbol{b} = (\boldsymbol{W}^{\frac{1}{2}}\boldsymbol{X})^{\mathrm{T}}(\boldsymbol{W}^{\frac{1}{2}}\boldsymbol{y}) \tag{6.80}$$

$$\boldsymbol{y}^* = \boldsymbol{X}^*\boldsymbol{b} + \boldsymbol{\varepsilon}^*,\ \boldsymbol{y}^* = \boldsymbol{W}^{\frac{1}{2}}\boldsymbol{y},\ \boldsymbol{X}^* = \boldsymbol{W}^{\frac{1}{2}}\boldsymbol{X} \tag{6.81}$$

如果因变量 Y 与 m 个自变量 X_1，X_2，$\cdots$，X_m 具有公式 6.74 给出的关系，利用公式 6.77 获得回归参数的估计后，在给定一组自变量的取值后，就能够预测变量 Y 的表现，称其为预测值，即公式 6.82。将总平方和定义为变量 Y 的观测值与样本均值的差异平方和。公式 6.83 定义的总平方和可以被分解为两部分之和，一部分是预测值与样本均值的离差平方和，另一部分是观测值与预测值之间的离差平方和。预测值与样本均值的离差平方和称为回归平方和，衡量了回归模型的预测能力，用 $\mathrm{SS_{Reg}}$ 表示，其自由度等于自变量的个数，回归平方和与自由度的比值称为回归均方，用 $\mathrm{MS_{Reg}}$ 表示 (公式 6.84)。观测值与预测值之间的离差平方和称为剩余平方和，用 SS_ε 表示，其自由度等于总自由度减去回归项自由度，剩余平方和与自由度的比值称为剩余均方，用 MS_ε 表示 (公式 6.85)。

$$\hat{\boldsymbol{y}} = \boldsymbol{X}\hat{\boldsymbol{b}} \tag{6.82}$$

$$\begin{aligned}\mathrm{SS}_T &= \sum_i (Y_i - \overline{Y})^2 = \sum_i (Y_i - \hat{Y}_i + \hat{Y}_i - \overline{Y})^2 \\ &= \sum_i (Y_i - \hat{Y}_i)^2 + \sum_i (\hat{Y}_i - \overline{Y})^2\end{aligned} \tag{6.83}$$

$$\mathrm{SS_{Reg}} = \sum_i (\hat{Y}_i - \overline{Y})^2,\ \mathrm{df_{Reg}} = m,\ \mathrm{MS_{Reg}} = \frac{\mathrm{MS_{Reg}}}{\mathrm{df_{Reg}}} \tag{6.84}$$

$$\mathrm{SS}_\varepsilon = \sum_i (Y_i - \hat{Y}_i)^2,\ \mathrm{df}_\varepsilon = n - m - 1,\ \mathrm{MS}_\varepsilon = \frac{\mathrm{MS}_\varepsilon}{\mathrm{df}_\varepsilon} \tag{6.85}$$

利用公式 6.84 和公式 6.85 定义的两个均方，就可得到回归模型显著性检验的 F 统计量，即公式 6.86，回归项和剩余项的自由度对应于 F 分布的两个自由度。根据公式 6.86 计算出的 F 值，就可以对回归模型进行显著性检验。

$$F = \frac{\mathrm{MS_{Reg}}}{\mathrm{MS}_\varepsilon} \sim F(\mathrm{df_{Reg}}, \mathrm{df}_\varepsilon) \tag{6.86}$$

练习题

6.1　利用表 6.1 中的英国妇女身高数据。

(1) 计算身高的样本均值、样本方差和标准差。

(2) 利用 χ^2 统计量检验这组数据是否服从正态分布。

(3) 如果样本量只有原来的 10%，这组数据是否服从正态分布？

(4) 从 (2) 和 (3) 得到检验结果的差异，说明统计假设检验时“接受零假设”和“拒绝零假设”时应该注意的地方。

(5) 在正态总体的假定下，计算总体均值的 95% 和 99% 置信区间。

6.2　图 6.2 中，亲本 $\mathrm{P_1}$ 的方差 3.03 是表 6.2 中的三个 $\mathrm{P_1}$ 合并起来计算的，$\mathrm{P_2}$ 的方差 5.64 是表 6.2 中的三个 $\mathrm{P_2}$ 合并起来计算的，$\mathrm{F_1}$ 的方差 8.62 根据表 6.2 中的 $\mathrm{F_1}$ 计算。这三个方差的自由度分别是多大？假定这三个群体中的变异都来自随机误差 σ_ε^2，如用下面的

两种方法估计误差方差 σ_ε^2：(1) 将这三个方差相加后除以 3；(2) 将这三个方差分别乘以它们的自由度后相加，然后除以总自由度 (即三个自由度之和)。这两种估计方法你觉得哪一个更好些？为什么？

6.3 下表是 Johannsen 的菜豆试验中，第 13 个家系 4 种粒重种子的后代平均粒重。

亲代粒重 X/cg	20	30	40	50
子代平均粒重 Y/cg	47.5	45.0	45.1	45.8

(1) 计算亲代粒重 X 与子代平均粒重 Y 的方差，以及它们之间的协方差。

(2) 计算亲代粒重 X 与子代平均粒重 Y 的相关系数，并进行显著性检验。

(3) 将亲代粒重 X 视为自变量，子代平均粒重 Y 视为因变量，建立二者的线性回归关系，并对回归方程和回归系数进行显著性检验。

6.4 假定某性状是由三对独立遗传、等效加性基因控制的，亲本 P_1 的基因型是 $AABBCC$，性状均值为 24；亲本 P_2 的基因型是 $aabbcc$，性状均值为 12。

(1) 不考虑随机误差，亲本 P_1 和 P_2 杂交 F_1 群体的表型是多少？

(2) 不考虑随机误差，亲本 P_1 和 P_2 杂交 F_2 群体中有多少种不同的表型？给出这些表型值和它们的存在频率，并计算 F_2 群体的方差。

(3) 如随机误差为 2，绘制 F_2 群体理论分布函数的曲线图。

6.5 如何理解数量性状的多基因假说？它如何统一生物统计学派和孟德尔学派关于数量性状遗传所产生的分歧？

6.6 若等位基因 A 相对于 a 为显性，两个亲本的基因型分别为 AA 和 aa，那么 F_2 群体中显性个体的基因型既可能为 AA 也可能为 Aa，遗传上常用 F_2 个体产生的 F_3 家系中是否有显隐性的分离来判断一个显性 F_2 个体的基因型是 AA 或是 Aa。

(1) 如果每个 F_3 家系仅种植 5 个单株，计算把 Aa 基因型误判成 AA 的概率是多大？

(2) 如果要保证基因型 Aa 被误判成 AA 的概率低于 0.05，F_3 家系至少要种植多少个单株？

(3) 如果要保证误判概率低于 0.01，F_3 家系至少要种植多少个单株？

6.7 随机变量 X 服从两点分布 (也称 Bernoulli 分布)，取 0 的概率为 $1-p$，取 1 的概率为 p。随机变量 Y 服从二项分布 $B(n,p)$，可以看作 n 个独立两点分布的随机变量之和。

(1) 计算 X 的均值和方差。

(2) 计算 Y 的均值和方差。

6.8 随机变量 X 服从区间 (a, b) 上的均匀分布，概率密度函数如下，计算 X 的均值和方差。

$$p(x) = \begin{cases} \dfrac{1}{b-a} & a < x < b \\ 0 & \text{其他} \end{cases}$$

6.9 两点分布总体 X 的概率函数可以用 $p(x) = (1-p)^{1-x}p^x$ 表示，其中 x 等于 0 或 1。设 X_1，X_2，$\cdots$，X_n 是一组简单随机样本。计算总体参数 p 的 MLE。

6.10 假定变量 X 与 Y 有线性关系，大小为 n 的样本用模型 $Y_i = a + bX_i + \varepsilon_i$ 表示，i=1，2，$\cdots$，n 表示样本。用 $\overline{X}$ 和 $\overline{Y}$ 表示样本均值，对样本进行中心化变换，即令

$X_i^* = X_i - \overline{X}$，$Y_i^* = Y_i - \overline{Y}$。中心化变换后得到的模型中只有回归系数，即 $Y_i^* = bX_i^* + \varepsilon_i$。计算中心化变换后模型中回归系数的 LSE。

6.11 在 n 个不同基因型构成的遗传群体中，繁殖后的基因型保持不变，基因型 i 的均值用 G_i 表示，它们之间的方差用 σ_G^2 表示。假定每个亲代基因型只繁殖一个后代个体，亲代和子代的表型 X_i 和 Y_i 分别用线性模型 $X_i = G_i + \varepsilon_i$ 和 $Y_i = G_i + \delta_i$ 表示，$\varepsilon_i, \delta_i \sim N(0, \sigma_\varepsilon^2)$ 且相互独立。$\sigma_P^2 = \sigma_G^2 + \sigma_\varepsilon^2$ 表示表型方差。计算子代表型对亲代表型的回归系数，以及它们之间的相关系数。

6.12 在一个随机交配群体中，等位基因 A 和 a 的频率分别为 p 和 $1-p$。对 N 个个体的调查发现，三种基因型 AA、Aa、aa 的个体数分别为 D、H、R。证明 $\dfrac{1}{N}(D+\dfrac{1}{2}H)$ 是等位基因频率 p 的 MLE [提示：基因型的观察值 D、H、R 服从频率分别为 p^2、$2p(1-p)$、$(1-p)^2$ 的多项分布]。

6.13 下表是烟草杂交试验中，8 个 F_3 个体的花冠长度 (X) 及它们自交后代的平均花冠长度 (Y) 数据。

F_3 个体花冠长度 (X)	46	50	60	72	77	80	81	82
后代花冠长度平均数 (Y)	53.5	50.2	56.3	70.1	73.0	74.0	76.3	80.2

(1) 绘制 X 与 Y 的散点图。

(2) 计算 X 与 Y 的相关系数，并进行显著性检验。

(3) 将 X 视为自变量，将 Y 视为因变量，建立二者的线性关系，并对回归方程和回归系数进行显著性检验。

第 7 章　双亲杂交后代的遗传分析

以两个纯合基因型 (即纯系) 为亲本，在杂种 F_1 基础上通过加倍单倍体、回交、自交及连续自交产生的各种类型双亲世代，是植物遗传和育种研究中极为常见的群体。本章包含 4 节内容，§7.1 介绍单环境中多个基因型的表型数据分析方法，内容包括基因型值的定义和估计、遗传效应的差异显著性检验和遗传方差估计、广义遗传力估计等。§7.2 结合双亲的 6 个基本世代，介绍最简单同时也是最基本的数量遗传模型，即加显性模型。§7.3 介绍加显性模型下遗传方差的分解，既包括每个世代的遗传方差构成，又包括不同世代间协方差的构成。在遗传方差和遗传协方差中，加性方差所占比例是育种中众多选择方法的理论基础。§7.2 和 §7.3 均假定不同座位上的效应是独立可加的。从分子水平来看，任何一个生化过程都不可能由一个座位上的基因单独完成，不同座位上的基因互作在遗传上是普遍存在的。因此，本章最后一节介绍上位互作模型及其分析方法。

§7.1　单环境多基因型表型数据的方差分析

§7.1.1　表型观测值的线性分解

假定一个遗传群体由 g 个不同的基因型 (可以看作个体或家系) 组成，这些基因型可以来自两个或多个亲本的某个杂交世代，也可以来自一个自然遗传群体，还可以是一定时期内推广的栽培品种或者是种质资源库中保存的一批遗传材料等。在特定环境条件下，每个基因型获得 r 次重复表型观测数据。不同基因型的平均表现或均值也不同，每个基因型都可被看作一个抽样总体，一个基因型的 r 次重复观测数据来自该基因型总体的一组样本。尽管存在基因型的差异，但可以认为它们的方差是相同的或同质的，均等于随机误差方差。用 μ_i 表

示第 i 个基因型的均值或平均表现，是一个待估计的未知参数。在观测误差服从均值是 0、方差是 σ_ε^2 的正态分布，且相互独立的假定下，第 i 个基因型的第 k 个表型值 y_{ik} 则服从公式 7.1 给出的均值 μ_i、方差 σ_ε^2 的正态分布。

$$y_{ik} \sim N(\mu_i, \sigma_\varepsilon^2) \tag{7.1}$$

用 μ 表示 g 个基因型的总平均，即所有基因型均值 μ_i 的平均数 (见公式 7.2)，每个基因型的平均表现 μ_i 与总平均之间的差异定义为该基因型的遗传效应，用 G_i 表示 (见公式 7.2)。这样，表型值 y_{ik} 还可以用线性模型 7.3 表示，其中 $i = 1, 2, \cdots, g$，$k = 1, 2, \cdots, r$，误差效应 ε_{ik} 相互独立，且服从均值为 0、方差为 σ_ε^2 的正态分布。

$$\mu = \frac{1}{g}\sum_{i=1}^{g}\mu_i,\ G_i \hat{=} (\mu_i - \mu) \tag{7.2}$$

$$y_{ik} = \mu + G_i + \varepsilon_{ik},\ \varepsilon_{ik} \sim N(0, \sigma_\varepsilon^2) \text{ iid} \tag{7.3}$$

公式 7.2 相当于对基因型均值进行中心化变换，变换后的数据满足和为 0 的限制条件。按照公式 7.4 定义群体的遗传方差 σ_G^2，$g-1$ 称为遗传效应或遗传方差的自由度。如果能够利用观测数据 y_{ik} 估计出群体的遗传方差 σ_G^2 和误差方差 σ_ε^2，就能计算性状的广义遗传力 H^2。在单环境试验中，表型方差 σ_P^2 等于遗传方差 σ_G^2 和误差方差 σ_ε^2 之和，即公式 7.5。广义遗传力 H^2 定义为遗传方差 σ_G^2 占表型方差 σ_P^2 的比例。遗传方差 σ_G^2 和遗传力 H^2 是重要的群体遗传参数，从它们的估计值可以了解一个群体由基因型所决定变异的大小，以及占表型变异的比例。

$$\sigma_G^2 \hat{=} \frac{1}{g-1}\sum_{i=1}^{g} G_i^2 \tag{7.4}$$

$$\sigma_P^2 = \sigma_G^2 + \sigma_\varepsilon^2 \tag{7.5}$$

§7.1.2 表型离差平方和的分解

总样本平均数 $\overline{y}$ 定义为所有观测值的简单平均，服从均值为 μ、方差为 $\dfrac{1}{gr}\sigma_\varepsilon^2$ 的正态分布，即公式 7.6。为简便起见，此后的求和符号中一律略去求和的范围。在公式 7.6 中，读者不难从上下文看出，i 的求和范围是 $1\sim g$、k 的求和范围是 $1\sim r$。第 i 个基因型的样本均值 $\overline{y}_{i\cdot}$ 定义为该基因型 r 次重复观测值的样本均值，服从均值为 μ_i、方差为 $\dfrac{1}{r}\sigma_\varepsilon^2$ 的正态分布，即公式 7.7。

样本观测值与总平均数之间的差值称为总离差。按照公式 7.8 的线性分解，可以看出总离差中包含了两部分内容。一是第 i 个基因型的样本均值与总平均数之间的差异，它其实反映的是该基因型遗传效应的大小。另一个是第 i 个基因型的样本观测值与第 i 个基因型样本均值的差值，它其实反映的是随机误差效应的大小。因此，公式 7.8 的第一项可用于基因型效应 G_i 和遗传方差 σ_G^2 的估计，第二项可用于估计误差方差 σ_ε^2。公式 7.9 给出了方差分析过程中采用的线性模型，公式 7.8 中的 $\overline{y}$ 是总平均 μ 的无偏估计，公式 7.8 中的 $(\overline{y}_{i\cdot} - \overline{y})$ 是遗传效应 G_i 的无偏估计，公式 7.8 中的 $(y_{ik} - \overline{y}_{i\cdot})$ 是随机误差效应 ε_{ik} 的无偏估计。

$$\overline{y} = \frac{1}{gr}\sum_{i,k} y_{ik} \sim N\left(\mu, \frac{1}{gr}\sigma_\varepsilon^2\right) \tag{7.6}$$

$$\overline{y}_{i\cdot} = \frac{1}{r}\sum_{k} y_{ik} \sim N\left(\mu_i, \frac{1}{r}\sigma_\varepsilon^2\right) \tag{7.7}$$

$$y_{ik} - \overline{y} = (\overline{y}_{i\cdot} - \overline{y}) + (y_{ik} - \overline{y}_{i\cdot}) \tag{7.8}$$

$$y_{ik} = \mu + G_i + \varepsilon_{ik},\ \varepsilon_{ik} \sim N(0, \sigma_\varepsilon^2) \text{ iid} \tag{7.9}$$

用 SS_T 表示观测值与总平均数的离差平方和。从计算公式 7.10 可以看出，公式 7.8 中两部分效应的平方和相加之后，正好等于总离差平方和。将基因型的样本观测值与样本均值之间差值的平方和定义为误差效应平方和 (简称误差平方和)，用 SS_ε 表示 (公式 7.11)；基因型的样本均值与总平均数之间差异的平方和，定义为遗传效应的平方和 (简称效应平方和)，用 SS_G 表示 (公式 7.12)。这样，总平方和就可以分解为效应平方和 SS_G 与误差平方和 SS_ε 两部分，即公式 7.13。

$$\mathrm{SS}_T = \sum_{i,k}(y_{ik} - \overline{y})^2 = \sum_{i,k}(y_{ik} - \overline{y}_{i\cdot})^2 + r\sum_{i}(\overline{y}_{i\cdot} - \overline{y})^2 \tag{7.10}$$

$$\mathrm{SS}_\varepsilon = \sum_{i,k}(y_{ik} - \overline{y}_{i\cdot})^2\text{，包含着误差方差 } \sigma_\varepsilon^2 \text{ 的信息} \tag{7.11}$$

$$\mathrm{SS}_G = r\sum_{i}(\overline{y}_{i\cdot} - \overline{y})^2\text{，包含着遗传方差 } \sigma_G^2 \text{ 的信息} \tag{7.12}$$

$$\mathrm{SS}_T = \mathrm{SS}_G + \mathrm{SS}_\varepsilon \tag{7.13}$$

从公式 7.10～公式 7.13 可以看到，有了样本观测值，就能计算误差平方和 SS_ε、效应平方和 SS_G，以及总平方和 SS_T。为了进一步估计出误差方差 σ_ε^2 和遗传方差 σ_G^2，需要通过平方和的数学期望来寻找平方和与待估计方差 σ_ε^2 和 σ_G^2 之间的关系。对于误差平方和 SS_ε，它的期望与误差方差 σ_ε^2 有公式 7.14。推导过程中要用到上一章介绍期望的性质，最后两步用到 y_{ik} 的分布公式 7.1 和 $\overline{y}_{i\cdot}$ 的分布公式 7.7。公式 7.14 中，误差方差 σ_ε^2 前面的系数 $g(r-1)$ 称为误差效应的自由度。误差效应的均方 (简称误差均方) 定义为误差效应的平方和除以误差效应的自由度，那么误差均方的数学期望就等于误差方差，即公式 7.15。

$$\begin{aligned}
E(\mathrm{SS}_\varepsilon) =& E\sum_{i,k}(y_{ik} - \overline{y}_{i\cdot})^2 = E\sum_{i,k}[(y_{ik} - \mu_i) - (\overline{y}_{i\cdot} - \mu_i)]^2 \\
=& \sum_{i,k} E(y_{ik} - \mu_i)^2 - 2E\sum_{i}(\overline{y}_{i\cdot} - \mu_i)\sum_{k}(y_{ik} - \mu_i) + rE\sum_{i}(\overline{y}_{i\cdot} - \mu_i)^2 \\
=& \sum_{i,k} E(y_{ik} - \mu_i)^2 - 2rE\sum_{i}(\overline{y}_{i\cdot} - \mu_i)^2 + rE\sum_{i}(\overline{y}_{i\cdot} - \mu_i)^2 \\
=& \sum_{i,k} E(y_{ik} - \mu_i)^2 - rE\sum_{i}(\overline{y}_{i\cdot} - \mu_i)^2 = gr\sigma_\varepsilon^2 - gr\left(\frac{1}{r}\sigma_\varepsilon^2\right)
\end{aligned}$$

$$E(\mathrm{SS}_\varepsilon) = g(r-1)\sigma_\varepsilon^2 \tag{7.14}$$

$$MS_\varepsilon = \frac{SS_\varepsilon}{g(r-1)},\ E(MS_\varepsilon) = \sigma_\varepsilon^2 \tag{7.15}$$

对于效应平方和 SS_G，它的期望与误差方差 σ_ε^2 有公式 7.16。推导过程中同样要用到上一章介绍的期望性质，以及 $\overline{y}_{i\cdot}$ 的分布公式 7.7 和 $\overline{y}$ 的分布公式 7.6。基因型效应的自由度为 $(g-1)$，遗传效应的均方 (简称效应均方) 定义为遗传效应的平方和除以遗传效应的自由度。那么，效应均方的数学期望是效应方差 σ_G^2 和误差方差 σ_ε^2 的线性组合，即公式 7.17。

$$\begin{aligned}
E(SS_G) =& rE\sum_i(\overline{y}_{i\cdot}-\overline{y})^2 = rE\sum_i[(\overline{y}_{i\cdot}-\mu_i)-(\overline{y}-\overline{\mu})+(\mu_i-\overline{\mu})]^2\\
=& r\sum_i E(\overline{y}_{i\cdot}-\mu_i)^2 - r\sum_i E(\overline{y}-\overline{\mu})^2 + r\sum_i G_i^2\\
=& g\sigma_\varepsilon^2 - \sigma_\varepsilon^2 + r\sum_i G_i^2 = (g-1)\sigma_\varepsilon^2 + r(g-1)\sigma_G^2
\end{aligned}$$

$$E(SS_G) = (g-1)\sigma_\varepsilon^2 + (g-1)r\sigma_G^2 \tag{7.16}$$

$$MS_G = \frac{SS_G}{g-1},\ E(MS_G) = \sigma_\varepsilon^2 + r\sigma_G^2 \tag{7.17}$$

从公式 7.15 可以看出，误差均方就是误差方差的一个无偏估计，即公式 7.18。从公式 7.15 和公式 7.17 不难推导出效应方差的无偏估计，即公式 7.19。

$$\hat{\sigma}_\varepsilon^2 = MS_\varepsilon \tag{7.18}$$

$$\hat{\sigma}_G^2 = \frac{1}{r}(MS_G - MS_\varepsilon) \tag{7.19}$$

§7.1.3　遗传效应的差异显著性检验

对于 g 个基因型构成的遗传群体，如在特定环境条件下获得了观测值 y_{ik} $(i=1,2,\cdots,g;\ k=1,2,\cdots,r)$，就可以利用公式 7.6 的样本均值来估计基因型的总平均表现，利用公式 7.7 估计基因型的平均表现，利用公式 7.18 估计误差方差，利用公式 7.19 估计遗传方差，进而估计遗传力，并在不同的基因型之间进行差异显著性检验。很多时候，我们首先关心的是，群体的遗传方差是否显著，或者说 g 个基因型是否有显著不同的均值或平均表现。如果在平均表现上无显著差异，说明它们的遗传效应均与 0 无显著差异，也就是对下面的统计假设进行检验。

$$H_0: \mu_1 = \mu_2 = \cdots = \mu_g \text{ 或 } H_0: G_1 = G_2 = \cdots = G_g = 0$$

当零假设成立时，效应方差 σ_G^2=0。这时从公式 7.17 可以看出，效应均方应该与误差均方相差不大；当零假设不成立时，效应方差 $\sigma_G^2 > 0$，效应均方应该大于误差均方。统计上通常利用效应均方 MS_G 与误差均方 MS_ε 的比值，来检验基因型间是否有显著性差异，这个比值服从自由度是 $(g-1)$ 和 $g(r-1)$ 的 F 分布，即公式 7.20。因此，通过 F 样本分布就能对基因型间是否存在显著差异进行检验。如果 F 值的显著性概率没有超过一定的显著性水平，一般取 0.05 或 0.01，说明基因型间无显著差异，该遗传群体可能不适合这一观测性状的遗传研究。但要注意的是，这并不是说该群体对其他性状也不适合。同时还要考虑表型测量误差是否太大，群体种植的环境是否有代表性等因素。

$$F = \frac{\mathrm{MS}_G}{\mathrm{MS}_\varepsilon} \sim F[g-1, g(r-1)] \tag{7.20}$$

为清晰起见，人们往往把上述分析过程整理成表 7.1 的形式，即方差分析表。方差分析表的第 1 列指明各种变异的来源，不同试验的变异来源有时会有很大差别。方差分析线性模型公式 7.9 中，只考虑了基因型和随机误差两种变异来源。第 2 列指明各种变异的自由度。总自由度等于观测值的个数减 1，可以看作估计总平均数时损失了 1 个自由度。在单因子试验中，主效应的自由度等于水平数减 1。在考虑互作的多因子试验中，主效应的自由度等于水平数减 1；互作效应的自由度等于主效应自由度的乘积。总自由度减去各种效应的自由度之后，就是随机误差的自由度。公式 7.9 中，仅考虑基因型一个因素，因素的水平数等于基因型的个数 g，主效应也只有一个，即基因型的遗传效应，自由度等于 $g-1$。总自由度等于 $gr-1$，因此误差自由度为 $gr-1-(g-1)=g(r-1)$。接下去的方差分析表是各种变异的平方和与均方。总平方和对应的均方在假设检验中用不上，因此没必要给出。显著性检验针对随机误差之外的变异而言，表 7.1 只列出基因型间差异显著性检验的 F 统计量。最后两列给出均方的期望 (简称期望均方)，以及建立在期望均方基础上各种方差成分的无偏估计。公式 7.9 中只包含遗传效应方差和随机误差方差两种方差成分。

表 7.1 单环境中重复表型观测值的方差分析表 (不考虑重复效应)

变异来源	自由度	平方和	均方	F 统计量	期望均方	方差估计值
基因型	$g-1$	SS_G	MS_G	$\frac{\mathrm{MS}_G}{\mathrm{MS}_\varepsilon}$	$\sigma_\varepsilon^2 + r\sigma_G^2$	$\frac{1}{r}(\mathrm{MS}_G - \mathrm{MS}_\varepsilon)$
随机误差	$g(r-1)$	SS_ε	MS_ε		σ_ε^2	MS_ε
总离差	$gr-1$	SS_T				

如田间试验采用的是完全随机区组设计，将每个重复安排在差异相对较小的一个区组内，重复的个数就等于区组的个数，区组间的差异有时也有可能是显著的。这时的方差分析模型中，还应包含区组的效应。公式 7.21 将总离差分解成遗传效应、区组效应和随机误差效应三部分。这时的方差分析等同于无互作双因素分析，即区组和基因型两个因素。公式 7.21 中的 $(\overline{y}_{i\cdot}-\overline{y})$ 给出的是遗传效应 G_i 的无偏估计，$(\overline{y}_{\cdot k}-\overline{y})$ 给出的是区组效应 B_k 的无偏估计，最后一项是随机误差效应的估计，因此得到方差分析的线性模型公式 7.22。

$$y_{ik} - \overline{y} = (\overline{y}_{i\cdot} - \overline{y}) + (\overline{y}_{\cdot k} - \overline{y}) + (y_{ik} - \overline{y}_{i\cdot} - \overline{y}_{\cdot k} + \overline{y}) \tag{7.21}$$

$$y_{ik} = \mu + G_i + B_k + \varepsilon_{ik}, \quad \varepsilon_{ik} \sim N(0, \sigma_\varepsilon^2) \text{ iid} \tag{7.22}$$

在区组效应的基础上，也可类似遗传方差公式 7.4 定义区组方差 $\sigma_B^2 \hat{=} \frac{1}{r-1}\sum_{k=1}^{r} B_k^2$。方差分析中，增加区组效应并不影响基因型自由度和平方和的分解，它影响的只是随机误差的自由度和平方和。表 7.2 给出包含区组效应的方差分析。区组和基因型的自由度分别等于 $r-1$ 和 $g-1$，总自由度保持不变。因此，误差自由度为 $gr-1-(r-1)-(g-1)=(g-1)(r-1)$。随机误差的自由度要在表 7.1 的基础上减去区组的自由度，随机误差的平方和也要在表 7.1 的基础上减去区组的平方和。表 7.2 中，也可以定义区组方差并对区组效应进行估计和检验，但区组方差一般不是遗传研究关心的一个量，方差分析表中也可以不包含区组效应的检验及区组方差的估计。

表 7.2　单环境重复表型观测值的方差分析表，考虑重复 (或区组) 的效应

变异来源	自由度	平方和	均方	F 统计量	期望均方	方差估计值
区组或重复	$r-1$	SS_B	MS_B	$\dfrac{MS_B}{MS_\varepsilon}$	$\sigma_\varepsilon^2+g\sigma_B^2$	$\dfrac{1}{g}(MS_B-MS_\varepsilon)$
基因型	$g-1$	SS_G	MS_G	$\dfrac{MS_G}{MS_\varepsilon}$	$\sigma_\varepsilon^2+r\sigma_G^2$	$\dfrac{1}{r}(MS_G-MS_\varepsilon)$
随机误差	$(g-1)(r-1)$	SS_ε	MS_ε		σ_ε^2	MS_ε
总离差	$gr-1$	SS_T				

§7.1.4　基因型值预测和广义遗传力估计

每个遗传研究群体，都会包含多种基因型。遗传和育种研究中，首先关心的是这些基因型在一种或多种环境下的平均表现是什么，或基因型值的大小，在此基础上才能有效地开展进一步的遗传研究 (如基因定位和克隆) 和育种应用 (如根据基因型的构成来选择优良个体)。在频率派统计学看来，基因型的平均表现是一个确定的数值，但事先是未知的，表型鉴定的首要目的就是估计这些未知参数。在 §6.3 中我们已经看到，大多数情况下，基于表型观测数据的样本均值就是基因型值很好的估计，有时也把基因型值称为基因型的平均表现。单环境试验中，从分布模型 (公式 7.1) 可以看出观测值 y_{ik} 包含了第 i 个基因型值 μ_i 的信息。对基因型 i 来说，在误差效应服从相同正态分布且相互独立的假定下，重复间平均数是基因型值 μ_i 的最优线性无偏估计 (best linear unbiased estimate，BLUE)，估计值的方差等于误差方差除以重复数，即公式 7.23。

$$\hat{\mu}_i=\frac{1}{r}\sum_k y_{ik}=\overline{y}_{i\cdot},\ V(\hat{\mu}_i)=\frac{1}{r}\sigma_\varepsilon^2. \tag{7.23}$$

由公式 7.23 计算出的 $\hat{\mu}_i$，就是基因型值的估计，它可以作为随后的基因定位或评价基因型优劣的依据。从公式 7.23 容易看出，重复次数越多，误差方差就越小，估计值 $\hat{\mu}_i$ 就越接近真实值 μ_i，后续遗传分析的结果也就越可靠。在大多数情况下，误差方差 σ_ε^2 是未知的，这时可以用方差分析表 7.1 或表 7.2 中误差方差的估计值来计算估计值 $\hat{\mu}_i$ 的方差。

除了估计各种基因型值外，表型鉴定获取的数据还能估计各种遗传方差及遗传群体的另一个重要参数，即遗传力 (heritability)。遗传力是一个群体概念，分广义遗传力和狭义遗传力两种。广义遗传力 (heritability in the broad sense) 是群体中所有遗传因素产生的方差占表型方差的比例，狭义遗传力 (heritability in the narrow sense) 特指育种值产生的加性遗传方差占表型方差的比例。方差分析是估计这两种遗传力最直接、最常用的方法。狭义遗传力的计算要用到加性方差，估计时需要用到多个遗传群体，有时还要知道不同群体中个体之间的亲缘关系，这方面的内容将在第 8 章详细介绍。广义遗传力的估计，一般不需要知道个体间的亲缘关系，只要能够估计出群体的总遗传方差和误差方差就可以。广义遗传力用符号 H^2 表示，公式 7.24 给出 H^2 的计算公式。这样，把方差分析表 7.1 或表 7.2 中得到的方差估计值 $\hat{\sigma}_\varepsilon^2$ 和 $\hat{\sigma}_G^2$ 代入公式 7.24，就得到广义遗传力 H^2 的估计值。

$$H^2=\frac{\sigma_G^2}{\sigma_P^2}=\frac{\sigma_G^2}{\sigma_G^2+\sigma_\varepsilon^2} \tag{7.24}$$

公式 7.24 得到的估计值，可视为单个表型观测值的遗传力。这里的单个观测单位可以是个体水平，也可能是小区水平，依具体试验而定。对于重复观测数据，一般用公式 7.23 的重复平均数 (即样本均值) 进行基因定位和育种选择。重复平均数中，遗传方差与单个观测数据中的遗传方差相同，但是误差方差只有单个观测数据误差方差的 $\frac{1}{r}$。公式 7.25 给出重复平均数的表型方差，公式 7.26 给出重复平均数遗传力的估计。容易看出，由于降低了随机误差方差，重复平均数有较高的遗传力。因此，在报道遗传力时，还要指明表型方差是来自单个观察值，还是来自重复平均数。

$$\sigma_{\overline{P}}^2 = \sigma_G^2 + \frac{1}{r}\sigma_\varepsilon^2 \tag{7.25}$$

$$H^2 = \frac{\sigma_G^2}{\sigma_{\overline{P}}^2} = \frac{\sigma_G^2}{\sigma_G^2 + \frac{1}{r}\sigma_\varepsilon^2} \tag{7.26}$$

表 7.3 给出两个水稻品种 'Asominori' 和 'IR24' 杂交衍生的 10 个 RIL 家系在三个环境下的直链淀粉含量 (%)。RIL1~RIL10 表示 10 个不同的基因型，环境用Ⅰ、Ⅱ、Ⅲ表示。

表 7.3 水稻双亲衍生的 10 个 RIL 家系在三个环境下的直链淀粉含量 (%)

基因型	环境Ⅰ		环境Ⅱ		环境Ⅲ	
	重复 1	重复 2	重复 1	重复 2	重复 1	重复 2
RIL1	15.3	15.1	14.4	14.6	14.5	14.8
RIL2	14.5	15.0	15.8	15.7	16.3	15.7
RIL3	14.0	14.9	15.9	15.8	15.2	16.1
RIL4	13.2	14.0	16.0	16.8	15.0	15.5
RIL5	15.4	15.9	16.7	16.6	15.4	15.6
RIL6	15.5	15.6	16.1	16.7	16.0	17.0
RIL7	13.2	14.1	14.3	14.9	14.1	14.5
RIL8	11.9	12.6	14.2	14.4	15.2	16.1
RIL9	12.8	13.5	14.5	14.6	15.3	15.5
RIL10	12.8	13.6	14.6	15.5	14.2	14.2

在不考虑重复效应的情况下，表 7.4 给出三个环境的各自方差分析结果。对每个环境来说，g=10，r=2。因此，基因型的自由度为 9，误差效应的自由度为 10，总自由度为 19。F 测验的显著性概率表明，直链淀粉含量在这 10 个基因型之间存在极显著差异。遗传方差的估计值远高于随机误差方差的估计值，三个环境下单个观测值的广义遗传力分别为 0.845、0.870、0.717，重复平均数的广义遗传力分别为 0.916、0.930、0.835。说明该试验有较小的表型测量误差，试验精度较高，所获得的表型数据适合作进一步的遗传分析。

表 7.5 给出考虑重复或区组效应情况下的方差分析结果。当环境数较大、线性模型中包含效应较多时，标准方差分析表 (如表 7.4) 会很占地方。由于平方和可以从均方乘以自由度获得，F 值及其显著性概率可以从均方获得。为简明起见，可以如表 7.5 所示只列出方差分析中最关键的一些结果，如自由度、均方和方差的估计值。与表 7.4 的结果相比较，基因型自由度和总自由度保持不变，区组自由度为 1，误差效应的自由度降低为 9。基因型的平方和与均方保持不变。由于模型中增加了区组效应，误差平方和会变小。对表 7.3 的这组数据

来说，误差的均方也变小，因此误差方差的估计值也变小。最终，遗传方差的估计值变大，遗传力的估计值也有所提高。

表 7.4　水稻双亲衍生的 10 个 RIL 家系在三个环境下直链淀粉含量 (%) 的方差分析，不考虑重复效应

环境	变异来源	自由度	平方和	均方	F 值	显著概率	方差估计值
I	基因型间	9	23.655	2.628	11.866	0.0003	1.203
	随机误差	10	2.215	0.222			0.222
	总离差	19	25.870				
II	基因型间	9	14.785	1.643	14.347	0.0001	0.764
	随机误差	10	1.145	0.115			0.115
	总离差	19	15.930				
III	基因型间	9	9.718	1.080	6.066	0.0047	0.451
	随机误差	10	1.780	0.178			0.178
	总离差	19	11.498				

表 7.5　水稻双亲衍生的 10 个 RIL 家系在三个环境下直链淀粉含量 (%) 的方差分析，考虑重复效应

环境	自由度			均方			方差估计值		
	随机误差	区组	基因型	随机误差	区组	基因型	随机误差	区组	基因型
I	9	1	9	0.066	1.625	2.628	0.066	0.156	1.281
II	9	1	9	0.074	0.481	1.643	0.074	0.041	0.784
III	9	1	9	0.118	0.722	1.080	0.118	0.060	0.481

这里还想强调一下，方差分析模型中效应类型的增加，一定会降低误差的平方和，同时也降低误差的自由度。均方是否会下降，要看所增加效应的平方和是否足够大。严格地讲，方差分析应该从包含尽可能多的效应模型开始，这样的模型又称全模型 (full model)。在全模型下，F 检验不显著的效应应该从方差分析模型中剔除出去，然后对剔除不显著效应之后的模型重新进行分析，剔除不显著效应之后的模型称为简化模型 (reduced model)。对表 7.3 的数据来说，区组效应在三个环境中均达到 0.05 的显著性水平，方差分析中考虑区组是恰当的，不用考虑简化模型的方差分析。

§7.2　6 个基本世代均值和方差的构成

§7.2.1　单基因座位的加显性遗传模型

数量遗传中，常假定不同座位上的遗传效应是可加的。每个座位上，纯合基因型的效应称为加性效应，杂合基因型的效应称为显性效应。显性效应是同一个座位上、不同等位基因结合在一起、产生出有别于纯合基因型平均表现的效应，有时也称座位内基因互作 (intragenic interaction)。一个基因型的加性效应和显性效应为各个座位上效应的累加。也就是说，总加性效应和总显性效应分别为每个座位加性和显性效应的代数和。个体未必在所有座位上都是纯合或是杂合的。这时，个体在遗传构成上，会同时包含加性效应和显性效应。将基因型值分解为加性效应和显性效应的模型称为加显性模型 (additive and dominance model)，是数量遗传中最简单、最基本的模型。下面进一步说明加显性模型的建立过程。

先讨论一对等位基因 (用 A 和 a 表示) 的模型，称单座位或单基因模型 (single locus model)。假定基因型 Aa 是两个纯合基因型亲本 AA 和 aa 的杂交后代，三种基因型的平均表现由图 7.1 的箭头指明。

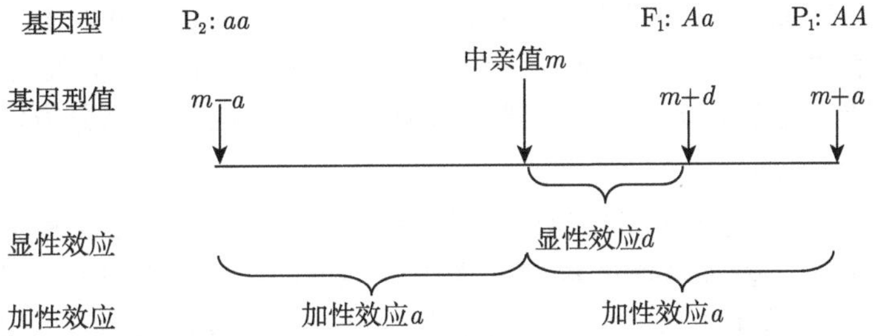

图 7.1　单个基因座位上加显性效应模型的示意图

两个等位基因用 A 和 a 表示

用 $\overline{\mathrm{P}}_1$ 表示亲本 P_1 (AA) 的平均表现，$\overline{\mathrm{P}}_2$ 表示亲本 P_2 (aa) 的平均表现，$\overline{\mathrm{F}}_1$ 表示杂种 F_1 (Aa) 的平均表现。此外，aa 表示平均表现较低亲本的基因型，AA 表示平均表现较高亲本的基因型；m 表示中亲值，即两个亲本表现的平均数 (公式 7.27；图 7.1)。亲本离中亲值的距离称为加性效应 (additive effect)，用 a 表示，也可看作高值亲本 AA 与低值亲本 aa 之差的一半，是正值 (公式 7.28；图 7.1)。F_1 平均表现与中亲值 m 之间的离差称为显性效应 (dominant effect)，用 d 表示，其值可正可负 (公式 7.29；图 7.1)。

$$m = \frac{1}{2}(\overline{\mathrm{P}}_1 + \overline{\mathrm{P}}_2) \tag{7.27}$$

$$a = \frac{1}{2}(\overline{\mathrm{P}}_1 - \overline{\mathrm{P}}_2) \tag{7.28}$$

$$d = \overline{\mathrm{F}}_1 - \frac{1}{2}(\overline{\mathrm{P}}_1 + \overline{\mathrm{P}}_2) = \overline{\mathrm{F}}_1 - m \tag{7.29}$$

反过来，如果知道了公式 7.27~公式 7.29 中的三个效应，三种基因型 AA、aa、Aa 的平均表现又可以通过公式 7.30~公式 7.32 来计算。

$$\overline{\mathrm{P}}_1 = m + a \tag{7.30}$$

$$\overline{\mathrm{P}}_2 = m - a \tag{7.31}$$

$$\overline{\mathrm{F}}_1 = m + d \tag{7.32}$$

图 7.1 中的大写字母 A 对小写字母 a 并不一定表现出显性。两个等位基因之间，可以是无显性，即 $\overline{\mathrm{F}}_1 = m$，$d$=0；可以是部分显性，即 $d < a$；也可以是完全显性，即 $d = a$；或者超显性，即 $d > a$。显性效应与加性效应的比值 $\dfrac{d}{a}$，称为基因的显性度 (degree of dominance)。狭义地看，a 为正值；广义地看，a 只是加性效应的代数符号，可以为正值，也可以为负值；显性度既可以是正，也可以是负，其绝对值可以小于 1，也可以大于 1。

利用显性度有时能够更方便地定义各种遗传模型，或者对控制数量性状的多个座位进行分类。加性模型 (additive model) 的显性度为 0，F_1 的表现正好等于中亲值；部分显性模

型 (partial dominance model) 的显性度介于 0 和 1 之间，F_1 的表现介于中亲和亲本 AA 之间；部分隐性模型 (partial recessive model) 的显性度介于 -1 和 0 之间，F_1 的表现介于亲本 aa 和中亲之间，也称负向部分显性；显性或完全显性模型 (dominance model or complete dominance model) 的显性度为 1，F_1 的表现正好与亲本 AA 完全相同；隐性或完全隐性模型 (recessive model or complete recessive model) 的显性度为 -1，F_1 的表现正好与亲本 aa 完全相同，也称负向显性；超显性模型 (over-dominance model) 的显性度大于 1，F_1 的表现高于亲本 AA；超隐性模型 (over-recessive model) 的显性度小于 -1，F_1 的表现低于亲本 aa，也称负向超显性。显然，这里根据三种基因型平均表现对遗传模型的划分方法，与 §2.2 根据适合度的划分方法是一致的。

从绝对值上看，部分显性和部分隐性显性度的绝对值低于 1，显性和隐性显性度的绝对值等于 1，超显性和超隐性显性度的绝对值大于 1。在第 1 章中我们曾说过，性状的显隐性与等位基因的显隐性都是相对概念。上面按照加显性效应定义的各种模型也是相对的，关键是要看两个亲本中把谁的基因型视为 AA、谁的视为 aa。另外，实际数据估计出的加显性效应都存在一定误差，加性座位上显性度的估计值也不会正好就等于 0，显性座位上的估计值也不会正好就等于 1。这时，可参照图 7.2 的标准来划分前面的 7 种遗传模型。如果不区分显性的方向，可以根据显性度估计的绝对值划分出 4 种遗传模型。即显性度估计绝对值 $\left|\frac{\hat{d}}{\hat{a}}\right| < 0.2$ 对应于加性模型，$0.2 < \left|\frac{\hat{d}}{\hat{a}}\right| < 0.8$ 对应于部分显性模型，$0.8 < \left|\frac{\hat{d}}{\hat{a}}\right| < 1.2$ 对应于显性模型，$\left|\frac{\hat{d}}{\hat{a}}\right| > 1.2$ 对应于超显性模型。当然，以 -1、0、1 左右 0.2 来划分遗传模型带有人为因素，如果遗传群体很大，遗传效应的估计误差很小，使用 0.1 为标准也未尝不可。如果控制性状的基因数目很多，遗传效应不能准确估计，还可考虑使用 0.25 或 0.3 等更宽松的划分标准。

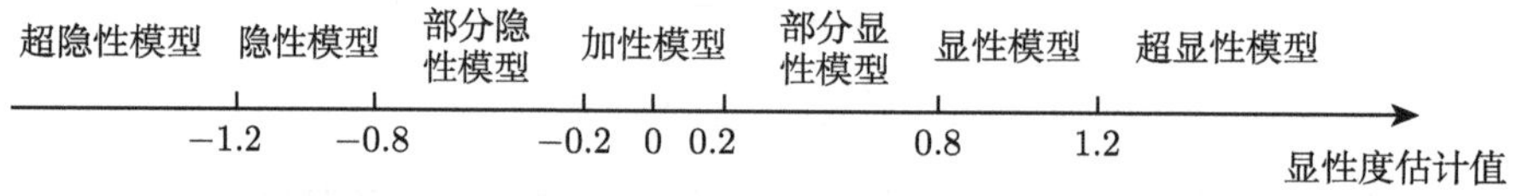

图 7.2　不同显性度估计值对应的遗传效应模型，以 ±0.2 为划分标准

例如，利用 20 个单株得到两个纯系亲本的株高平均数分别为 116.30cm 和 98.45cm，60 个 F_1 单株得到的株高平均数为 117.68cm。假定株高差异只受一个座位上两个等位基因的控制，根据单基因加显性模型的公式 7.27~公式 7.29，得到中亲值 m、加性效应 a、显性效应 d 的估计值分别为 107.38、8.93、10.31。显性度的估计值为 1.15。利用图 7.2 的划分标准，可以认为高秆等位基因相对于矮秆等位基因表现为显性。当然，如认为株高的测量误差很小，三个群体的样本平均数都非常接近真实的群体均值，也可以认为高秆等位基因表现出一定程度的超显性。

§7.2.2　多基因座位的加显性遗传模型

如果性状受多个座位上基因的控制，基因型平均数可按单基因效应累加的方法表示。如考虑三个座位 A、B、C，大写字母表示增效等位基因，小写字母表示减效等位基因。亲本 P_1

的基因型为 $AAbbcc$，亲本 P_2 的基因型为 $aaBBCC$，它们杂交 F_1 的基因型为 $AaBbCc$。不同座位的遗传效应用座位名称作为下标来区分。对于亲本 P_1 来说，座位 A 上是纯合基因型 AA，基因型值中应该加上加性效应 a_{A}；座位 B 上是纯合基因型 bb，基因型值中应减去加性效应 a_{B}；座位 C 上是纯合基因型 cc，基因型值中应减去加性效应 a_{C}。因此，亲本 P_1 的基因型值等于 $m+a_{\mathrm{A}}-a_{\mathrm{B}}-a_{\mathrm{C}}$。与亲本 P_1 类似，得到亲本 P_2 的基因型值为 $m-a_{\mathrm{A}}+a_{\mathrm{B}}+a_{\mathrm{C}}$。两个亲本杂交得到的 F_1 在三个座位上都是杂合基因型，基因型值中应该加上这三个座位上的显性效应 d_{A}、d_{B}、d_{C}。公式 7.33～公式 7.35 分别给出这三种单一基因型群体的均值表达式。

$$\overline{\mathrm{P}}_1 = m + a_{\mathrm{A}} - a_{\mathrm{B}} - a_{\mathrm{C}} \tag{7.33}$$

$$\overline{\mathrm{P}}_2 = m - a_{\mathrm{A}} + a_{\mathrm{B}} + a_{\mathrm{C}} \tag{7.34}$$

$$\overline{\mathrm{F}}_1 = m + d_{\mathrm{A}} + d_{\mathrm{B}} + d_{\mathrm{C}} \tag{7.35}$$

对于多基因控制的性状，亲本间差异是多个座位上等位基因差异引起的。数量性状的基因型往往难以鉴定，单个座位的加显性效应不易计算，不能从单个座位的效应来计算不同基因型的均值。但可以沿用单座位模型的效应定义方法，将两个纯合亲本的平均数仍定义为中亲值，仍用 m 表示，计算方法与公式 7.27 相同；纯合亲本之间的差异仍定义为加性效应，用 Σa 表示，计算方法见公式 7.36；F_1 与中亲值之间的差异仍定义为显性效应，用 Σd 表示，计算方法见公式 7.37。这样，亲本 P_1、亲本 P_2 和 F_1 的平均表现又可以通过公式 7.38～公式 7.40 表示出来。

$$\Sigma a = \frac{1}{2}(\overline{\mathrm{P}}_1 - \overline{\mathrm{P}}_2) = a_{\mathrm{A}} - a_{\mathrm{B}} - a_{\mathrm{C}} \tag{7.36}$$

$$\Sigma d = \overline{\mathrm{F}}_1 - \frac{1}{2}(\overline{\mathrm{P}}_1 + \overline{\mathrm{P}}_2) = d_{\mathrm{A}} + d_{\mathrm{B}} + d_{\mathrm{C}} \tag{7.37}$$

$$\overline{\mathrm{P}}_1 = m + \Sigma a \tag{7.38}$$

$$\overline{\mathrm{P}}_2 = m - \Sigma a \tag{7.39}$$

$$\overline{\mathrm{F}}_1 = m + \Sigma d \tag{7.40}$$

与单座位模型 (公式 7.30～公式 7.32) 相对照可以看到，如果把那里的加显性效应用公式 7.36 和公式 7.37 定义的多基因加显性效应代替，得到的就是多座位加显性模型公式 7.38～公式 7.40。因此，在不同座位之间基因型值可加的假定下，多基因座位加显性模型公式 7.38～公式 7.40 就是单座位加显性模型公式 7.30～公式 7.32 概念的推广，它们统称为加显性效应模型，或简称加显性模型。在后续的章节里，我们只侧重于单基因座位模型的推导。

§7.2.3　分离世代的均值与遗传方差

分离世代的群体均值和方差，除了依赖于各种基因型的平均表现外，还依赖于各种基因型的频率。频率越高的基因型对群体均值的贡献当然也就越大。对于单基因加显性模型来说，基因型 AA、Aa、aa 的均值分别用 X_2、X_1、X_0 表示，分别等于 $m+a$、$m+d$、$m-a$ (m、a、d 由公式 7.27～公式 7.29 定义)。三种基因型的频率分别用 f_2、f_1、f_0 表示，均值和频率符号中的下标可以理解成等位基因 A 的个数。群体均值和遗传方差的计算公式分别由公式 7.41

和公式 7.42 给出，它们其实与上一章公式 6.37 和公式 6.38 在分组数 $k=3$ 的情况完全一致。

$$\overline{X}=f_2X_2+f_1X_1+f_0X_0 \tag{7.41}$$

$$V_X=f_2X_2^2+f_1X_1^2+f_0X_0^2-\overline{X}^2 \tag{7.42}$$

表 7.6 给出两个回交群体和 F_2 群体的基因型构成、均值和遗传方差，B_1 表示 F_1 与亲本 P_1 的回交，B_2 表示 F_1 与亲本 P_2 的回交。为便于对照，表 7.6 也给出 P_1、F_1 和 P_2 的基因型构成、均值和遗传方差。当然，这三个群体中都只包含一种基因型，均不存在遗传方差。表 7.6 中的 6 个群体有时也称为 6 个基本世代 (six basic generations)，是传统数量遗传研究中经常用到的双亲交配群体。下面仅以 F_2 群体为例，说明群体均值和方差的计算，回交群体的均值和方差留给读者作为练习。F_2 群体中三种基因型的频率分别为 $\frac{1}{4}$、$\frac{1}{2}$、$\frac{1}{4}$，均值分别为 $m+a$、$m+d$、$m-a$，F_2 的均值是这三种基因型值的加权平均。利用公式 7.41 得到：

$$\overline{F}_2=\frac{1}{4}(m+a)+\frac{1}{2}(m+d)+\frac{1}{4}(m-a)=m+\frac{1}{4}(a)+\frac{1}{2}(d)+\frac{1}{4}(-a)=m+\frac{1}{2}d$$

值得注意的是，三个基因型均值中有一个共同项，即中亲值 m。计算群体均值时，可首先计算 m 之外 a、d、$-a$ 的加权平均，然后再加上中亲值 m 即可。计算群体方差时，只计算 m 之外 a、d、$-a$ 的方差即可，做矫正时用的均值也应该是 a、d、$-a$ 的加权平均数。因此，F_2 世代的遗传方差计算为

$$V_{F_2}=\frac{1}{4}(a)^2+\frac{1}{2}(d)^2+\frac{1}{4}(-a)^2-\left(\frac{1}{2}d\right)^2=\frac{1}{2}a^2+\frac{1}{4}d^2$$

表 7.6　6 个基本世代群体的基因型构成、均值和遗传方差

群体	AA ($X_2=m+a$)	Aa ($X_1=m+d$)	aa ($X_0=m-a$)	均值 ($\overline{X}$)	遗传方差 (V_X)
P_1	1	0	0	$m+a$	0
P_2	0	0	1	$m-a$	0
F_1	0	1	0	$m+d$	0
B_1	$\frac{1}{2}$	$\frac{1}{2}$	0	$m+\frac{1}{2}a+\frac{1}{2}d$	$\frac{1}{4}(a-d)^2$
B_2	0	$\frac{1}{2}$	$\frac{1}{2}$	$m-\frac{1}{2}a+\frac{1}{2}d$	$\frac{1}{4}(a+d)^2$
F_2	$\frac{1}{4}$	$\frac{1}{2}$	$\frac{1}{4}$	$m+\frac{1}{2}d$	$\frac{1}{2}a^2+\frac{1}{4}d^2$

如果性状受多基因控制，根据公式 7.36~公式 7.40 的记号和表示方法，可以得到三个分离群体的均值公式 7.43~公式 7.45，以及遗传方差的公式 7.46~公式 7.48。

$$\overline{B}_1=m+\frac{1}{2}\Sigma a+\frac{1}{2}\Sigma d \tag{7.43}$$

$$\overline{B}_2=m-\frac{1}{2}\Sigma a+\frac{1}{2}\Sigma d \tag{7.44}$$

$$\overline{F}_2=m+\frac{1}{2}\Sigma d \tag{7.45}$$

$$V_{\mathrm{B}_1}=\frac{1}{4}\Sigma(a-d)^2=\frac{1}{4}\Sigma a^2+\frac{1}{4}\Sigma d^2-\frac{1}{2}\Sigma ad \tag{7.46}$$

$$V_{\mathrm{B}_2}=\frac{1}{4}\Sigma(a+d)^2=\frac{1}{4}\Sigma a^2+\frac{1}{4}\Sigma d^2+\frac{1}{2}\Sigma ad \tag{7.47}$$

$$V_{\mathrm{F}_2}=\frac{1}{2}\Sigma a^2+\frac{1}{4}\Sigma d^2 \tag{7.48}$$

纯系双亲衍生的后代群体中，F_2 既可以被看作 F_1 的自交后代，也可以被看作 F_1 的随机交配后代，每个座位上的基因频率与基因型频率满足 HW 平衡定律。因此，双亲遗传研究中常把 F_2 视为参照群体或基础群体。在 F_2 遗传方差的计算公式 7.48 中，通常用 $V_A=\frac{1}{2}\Sigma a^2$ 表示 F_2 群体的加性方差，$V_D=\frac{1}{4}\Sigma d^2$ 表示 F_2 群体的显性方差。于是，在加显性效应模型下，F_2 群体的遗传方差可按公式 7.49 分解为加性方差和显性方差两部分。

$$V_A=\frac{1}{2}\Sigma a^2,\quad V_D=\frac{1}{4}\Sigma d^2,\quad V_{\mathrm{F}_2}=V_A+V_D \tag{7.49}$$

公式 7.49 定义的加性方差是由加性效应决定的，此效应在随机交配和自交过程中都能遗传到后代群体中，同时又可以通过连续自交的方式固定下来。显性方差是由显性效应所决定的，此效应在随机交配过程中是不能遗传给后代的；自交过程中，显性效应会逐渐消失，即不能通过连续自交的方式固定下来。如果每个座位的基因效应相等，那么 $\sqrt{\frac{2V_D}{V_A}}=\frac{d}{a}$。因此，有时也利用 $\sqrt{\frac{2V_D}{V_A}}$ 来估计多基因的平均显性度 (average degree of dominance)。

从公式 7.46 和公式 7.47 可以看到，两个回交群体遗传方差之和包含着 1 倍的加性方差和 2 倍的显性方差，即公式 7.50；两个遗传方差之差等于加显性效应的积和，即公式 7.51。通常用 Σad 的正负粗略判断亲本中增效基因的分布。如果 $\Sigma ad>0$，即 $V_{\mathrm{B}_1}<V_{\mathrm{B}_2}$，说明亲本 P_1 具有较多的增效基因；反之则说明亲本 P_2 具有较多的增效基因。

$$V_{\mathrm{B}_1}+V_{\mathrm{B}_2}=\frac{1}{2}\Sigma a^2+\frac{1}{2}\Sigma d^2=V_A+2V_D \tag{7.50}$$

$$V_{\mathrm{B}_2}-V_{\mathrm{B}_1}=\Sigma ad \tag{7.51}$$

后面还会看到，F_2 衍生的诸多家系群体，包括自交家系、全同胞家系、半同胞家系等，这些群体的遗传方差都是公式 7.49 中两种遗传方差的线性组合。因此，通过创造这些家系群体，就能估计 F_2 基础群体中的加性方差 V_A 和显性方差 V_D。加性方差 V_A 对于评价群体的育种价值、确定适宜的选择方法、遗传进度的预测等方面都具有重要应用。这里先根据公式 7.49 和公式 7.50，给出加性方差和显性方差的计算方法，即公式 7.52。

$$V_A=2V_{\mathrm{F}_2}-(V_{\mathrm{B}_1}+V_{\mathrm{B}_2}),\quad V_D=(V_{\mathrm{B}_1}+V_{\mathrm{B}_2})-V_{\mathrm{F}_2} \tag{7.52}$$

§7.2.4　遗传方差和遗传力的估计

传统数量性状的遗传研究中，一般情况下都不知道单个基因的效应，不能从公式 7.49 和公式 7.50 来计算不同群体的遗传方差，并对遗传方差进行分解。遗传分析可供利用的数据是个体或家系的表型数据，§7.1 已经给出利用重复表型观测数据的方差分析估计遗传方差和遗传力的方法。这里介绍利用多个双亲群体的表型方差估计遗传方差的原理和方法。当基因型与环境之间无互作时，纯系理论告诉我们，表型值等于基因型值加上随机误差效应，即公式 7.53；表型方差也就等于遗传方差加上误差方差，即公式 7.54。为与上一节的遗传方差区分，这里的表型方差和之后的样本方差一律用 W 带下标表示。对于两个纯系 $\mathrm{P_1}$ 和 $\mathrm{P_2}$，以及它们的 $\mathrm{F_1}$ 而言，群体中的不同个体具有相同基因型，表型中无遗传变异，表型上的差异全部归于环境变异，即公式 7.55。因此，这三个群体的表型方差可以用来估计误差方差。

$$P = G + \varepsilon \tag{7.53}$$

$$W_P = V_G + V_\varepsilon \tag{7.54}$$

$$W_{\mathrm{P_1}} = W_{\mathrm{P_2}} = W_{\mathrm{F_1}} = V_\varepsilon \tag{7.55}$$

如已获得三个不分离群体的样本方差，它们的自由度分别用 $\mathrm{df_{P_1}}$、$\mathrm{df_{F_1}}$、$\mathrm{df_{P_2}}$ 表示，公式 7.56 给出合并误差方差的计算方法，即三个样本方差与自由度的积和再除以总自由度。如果对三个不分离群体进行方差分析，则分子中的积和其实就是方差分析的总离差平方和。每个自由度等于样本大小减 1，减去的 1 可以看作计算样本均值时损失了一个自由度。总自由度等于总样本量减 3，3 可以看作在计算离差平方和时需要首先估计 3 个群体均值。有了公式 7.56 给出的误差方差，从回交和 $\mathrm{F_2}$ 群体的表型方差中减去误差方差，就得到它们遗传方差的估计值 (公式 7.57)。联合公式 7.49 和公式 7.50，就可以用公式 7.52 估计 $\mathrm{F_2}$ 群体的加性方差和显性方差。

$$V_\varepsilon = \frac{\mathrm{df_{P_1}} W_{\mathrm{P_1}} + \mathrm{df_{F_1}} W_{\mathrm{F_1}} + \mathrm{df_{P_2}} W_{\mathrm{P_2}}}{\mathrm{df_{P_1}} + \mathrm{df_{F_1}} + \mathrm{df_{P_2}}} \tag{7.56}$$

$$V_{\mathrm{B_1}} = W_{\mathrm{B_1}} - V_\varepsilon,\quad V_{\mathrm{B_2}} = W_{\mathrm{B_2}} - V_\varepsilon,\quad V_{\mathrm{F_2}} = W_{\mathrm{F_2}} - V_\varepsilon \tag{7.57}$$

如果把公式 7.56 给出的合并方差看作三个表型方差加权平均，则自由度差别不大时，三个表型方差的简单平均与加权平均不会有太多差异。所以，有时也用三个表型方差的简单平均作为误差方差的估计。另外，如同时考虑分离群体的基因型构成，还可以用三种基因型频率作为权重来估计误差方差，即把 $\frac{1}{4}W_{\mathrm{P_1}} + \frac{1}{2}W_{\mathrm{F_1}} + \frac{1}{4}W_{\mathrm{P_2}}$ 作为 $\mathrm{F_2}$ 误差方差的估计；把 $\frac{1}{2}W_{\mathrm{P_1}} + \frac{1}{2}W_{\mathrm{F_1}}$ 作为 $\mathrm{B_1}$误差方差的估计；把 $\frac{1}{2}W_{\mathrm{F_1}} + \frac{1}{2}W_{\mathrm{P_2}}$ 作为 $\mathrm{B_2}$ 误差方差的估计。然后，利用公式 7.57 估计三个群体的遗传方差。

在获得遗传方差、加性方差和显性方差的基础上，就能估计遗传力。广义遗传力是所有遗传方差占表型方差的比例，三个分离群体的广义遗传力由公式 7.58 给出。狭义遗传力是群体中加性遗传方差占表型方差的比例，三个分离群体的狭义遗传力由公式 7.59 给出。公式 7.59 中的加性方差是把 $\mathrm{F_2}$ 作为基础群体定义而来，两个回交群体中的加性方差只有基础群体加性方差的 0.5 倍。因此，在估计群体的狭义遗传力时，要考虑加性方差在不同群体遗传方差中所占的分量。后面将看到，一些群体中的加性方差分量还会超过 1。

$$H^2_{\mathrm{B_1}} = \frac{V_{\mathrm{B_1}}}{V_{\mathrm{B_1}} + V_\varepsilon},\quad H^2_{\mathrm{B_2}} = \frac{V_{\mathrm{B_2}}}{V_{\mathrm{B_2}} + V_\varepsilon},\quad H^2_{\mathrm{F_2}} = \frac{V_{\mathrm{F_2}}}{V_{\mathrm{F_2}} + V_\varepsilon} \tag{7.58}$$

$$h^2_{\mathrm{B_1}} = \frac{\frac{1}{2}V_A}{V_{\mathrm{B_1}} + V_\varepsilon},\quad h^2_{\mathrm{B_2}} = \frac{\frac{1}{2}V_A}{V_{\mathrm{B_2}} + V_\varepsilon},\quad h^2_{\mathrm{F_2}} = \frac{V_A}{V_{\mathrm{F_2}} + V_\varepsilon} \tag{7.59}$$

§7.2.5 有效因子个数的估计

前面介绍的群体均值和遗传方差并不着眼于研究个别基因，而在于研究基因的总体效应。和质量性状一样，数量性状变异也是由基因决定的，只不过数目较多、受环境影响较大。那么，能不能对决定数量性状的基因数目作一个大概的判断呢？关于控制数量性状基因数的估计，最早是 1921 年提出的 Castle-Wright 公式。假定某一数量性状受 k 个座位上基因的控制，每个座位有相同的加性效应 a，无显性效应，即 d=0。假定有两个亲本 P_1 和 P_2，P_1 集中了所有的增效基因，P_2 集中了所有的减效基因，P_1 与 P_2 相差 $2k$ 个加性效应 a。在已有遗传资源中，具有最低和最高两种极端表型的基因型，就可以近似看作符合这一假定。在公式 7.38 和公式 7.39 中，令所有的加性效应等于 a，就得到公式 7.60 的 P_1 与 P_2 群体均值。在公式 7.48 中，令所有的加性效应等于 a、显性效应等于 0，就得到公式 7.60 的 F_2 遗传方差。由于不考虑显性效应，这时 F_2 的遗传方差全部是加性方差。

$$\overline{\mathrm{P}}_1 = m + ka, \quad \overline{\mathrm{P}}_2 = m - ka, \quad V_{\mathrm{F}_2} = V_A = \frac{1}{2}ka^2 \tag{7.60}$$

在上述假定下，两个亲本均值的差平方与 F_2 遗传方差就具有公式 7.61 给出的关系，由此得到基因个数 k 的估计公式 7.62。很明显，如果存在显性效应，公式 7.61 就会低估基因个数。如果能够利用多个分离世代群体估计出加性方差，就能利用公式 7.63 估计基因个数，这时就可以去掉公式 7.62 的无显性假定。公式 7.63 排除了显性的影响，因此可以更准确地估计基因个数。公式 7.62 和公式 7.63 都是特定假设条件下对基因个数的一种估计。如果这些假设条件不成立，如基因效应不相等，增减效等位基因在两个亲本中分散分布，估计出的基因个数与真实基因个数之间就会有较大出入。为与真实基因个数相区分，公式 7.62 和公式 7.63 给出的估计，也称为有效因子数 (number of effective factor)。

$$\frac{(\overline{\mathrm{P}}_1 - \overline{\mathrm{P}}_2)^2}{V_{\mathrm{F}_2}} = \frac{(2ka)^2}{\frac{1}{2}ka^2} = 8k \tag{7.61}$$

$$k = \frac{(\overline{\mathrm{P}}_1 - \overline{\mathrm{P}}_2)^2}{8V_{\mathrm{F}_2}} = \frac{(\overline{\mathrm{P}}_1 - \overline{\mathrm{P}}_2)^2}{8(W_{\mathrm{F}_2} - V_\varepsilon)} \tag{7.62}$$

$$k = \frac{(\overline{\mathrm{P}}_1 - \overline{\mathrm{P}}_2)^2}{8V_A} \tag{7.63}$$

§7.2.6 加显性模型的检验与实例分析

这一小节用一组 6 个世代的数据，简单说明加显性模型的测验方法，更多内容参看 Kearsey 和 Pooni (1996)。表 7.7 是两个纯系黄花烟草品种 ‘V22’ 和 ‘V73’ 为亲本，6 个基本世代株高 (cm) 性状的样本量、样本均值和样本方差。在加显性模型下，公式 7.38～公式 7.40、公式 7.43～公式 7.45 给出的是 6 个基本世代的平均数与三个一阶遗传参数的关系。如果加显性模型合适，则这 6 个平均数将满足下面的 3 个约束条件：

$$A = 2\overline{\mathrm{B}}_1 - \overline{\mathrm{P}}_1 - \overline{\mathrm{F}}_1 = 0$$

$$B = 2\overline{\mathrm{B}}_2 - \overline{\mathrm{P}}_2 - \overline{\mathrm{F}}_1 = 0$$

$$C = 4\overline{\mathrm{F}}_2 - 2\overline{\mathrm{F}}_1 - \overline{\mathrm{P}}_1 - \overline{\mathrm{P}}_2 = 0$$

表 7.7　黄花烟草品系 'V22' 和 'V73' 及其杂交后代株高 (cm) 的样本均值和样本方差

世代	调查单株数	样本均值 ($\overline{X}$)	样本方差 (W_X)	样本均值的方差 ($W_{\overline{X}}$)
P_1	20	116.30	20.07	1.0034
P_2	20	98.45	29.05	1.4525
F_1	60	117.68	58.19	0.9699
B_1	120	116.00	58.66	0.4888
B_2	120	109.16	73.62	0.6135
F_2	160	111.78	78.66	0.4916

在 6 个样本平均数相互独立的假定下 (群体在田间的随机化种植，从每个群体中随机抽取单株进行调查就能满足这一假定)，三个统计量 A、B、C 的样本方差可以从 6 个平均数的样本方差来估计。例如，统计量 A 的样本方差为 $4W_{\overline{\mathrm{B}}_1}+W_{\overline{\mathrm{P}}_1}+W_{\overline{\mathrm{F}}_1}$，其中 $W_{\overline{\mathrm{B}}_1}$、$W_{\overline{\mathrm{P}}_1}$、$W_{\overline{\mathrm{F}}_1}$ 为样本均值的方差，分别等于对应群体的样本方差除以样本量 (见表 7.7 最后一列)；自由度等于三个样本方差自由度之和。因此，这三个统计量与 0 的差异显著性，就能用来检验加显性模型的有效性。这种方法又称简单尺度检验 (simple scaling test)。利用表 7.7 的数据，请读者自行验证下面的结果：统计量 A、B、C 分别为 -1.98、2.19、-2.99，方差分别为 3.93、4.88、14.20，t 值分别为 -1.00、0.99、-0.79，显著性概率分别为 0.3186、0.3221、0.4278。因此，统计量 A、B、C 均与 0 无显著差异，可以认为表 7.7 中的株高性状符合加显性遗传模型。

利用统计量 A、B、C 检验加显性模型的适合性时，可能存在三个尺度测验结果互相矛盾的问题，即有的尺度显著，有的不显著；而且这种测验没有同时利用 6 个基本世代的信息。为此提出了联合尺度测验方法 (joint scaling test)，感兴趣的读者可参看 Kearsey 和 Pooni (1996)。这里介绍参数估计和模型检验同时进行的一种联合测验，即上一章介绍的回归分析方法。利用表 7.7 给出的样本平均数，得到如下多元回归模型的观测值向量 $\boldsymbol{y}$；利用公式 7.38～公式 7.40、公式 7.43～公式 7.45 得到如下多元回归模型的设计矩阵 $\boldsymbol{X}$；加显性模型的三个参数构成了下面的回归系数向量 $\boldsymbol{b}$。

$$\boldsymbol{y} = \begin{bmatrix} \overline{\mathrm{P}}_1 = 116.30 \\ \overline{\mathrm{P}}_2 = 98.45 \\ \overline{\mathrm{F}}_1 = 117.68 \\ \overline{\mathrm{B}}_1 = 116.00 \\ \overline{\mathrm{B}}_2 = 109.16 \\ \overline{\mathrm{F}}_2 = 111.78 \end{bmatrix}, \quad \boldsymbol{X} = \begin{bmatrix} 1 & 1 & 0 \\ 1 & -1 & 0 \\ 1 & 0 & 1 \\ 1 & 0.5 & 0.5 \\ 1 & -0.5 & 0.5 \\ 1 & 0 & 0.5 \end{bmatrix}, \quad \boldsymbol{b} = \begin{bmatrix} m \\ \Sigma a \\ \Sigma d \end{bmatrix}$$

表 7.8 给出简单最小二乘和加权最小二乘得到的估计值、决定系数和回归模型显著性概率。在加权最小二乘估计时，权重矩阵的对角元素为表 7.7 中最后 1 列给出的样本均值方差的倒数。结果显示，两种回归模型都达到极显著水平，说明利用加显性模型去拟合表 7.7 株高的群体平均数是合适的。两种最小二乘方法得到中亲值和显性效应的估计值几乎相同，加性效应的估计值略有一些差异。

表 7.8 利用表 7.7 6 个基本世代数据的遗传效应估计和回归检验

估计方法	估计值			回归模型的矫正决定系数	回归模型显著性概率
	中亲值 m	加性效应 Σa	显性效应 Σd		
简单最小二乘	107.30	8.51	10.23	0.9856	< 0.001
加权最小二乘	107.32	8.21	10.06	0.6666	< 0.001

表 7.9 给出遗传方差和遗传力等二阶遗传参数的估计。首先，从表 7.7 群体 P_1、P_2 和 F_1 的表型方差得到一个合并方差，作为随机误差方差的估计，也作为这三个群体的表型方差。它们的表型变异中均不存在遗传方差，因此广义和狭义遗传力都是 0。从 B_1、B_2 和 F_2 的表型方差中减去误差方差，就得到各自遗传方差的估计；表 7.9 第 3 列的遗传方差除以第 2 列的表型方差 (即公式 7.58)，就得到第 4 列的广义遗传力估计。在估计出 B_1、B_2 和 F_2 遗传方差的基础上，根据公式 7.52 估计加性方差 V_A 和显性方差 V_D，得到：

$$V_A = 2V_{\mathrm{F}_2} - (V_{\mathrm{B}_1} + V_{\mathrm{B}_2}) = 2 \times 33.64 - (13.64 + 28.60) = 25.04$$

$$V_D = (V_{\mathrm{B}_1} + V_{\mathrm{B}_2}) - V_{\mathrm{F}_2} = (13.64 + 28.60) - 33.64 = 8.60$$

从表 7.8 的遗传效应估计值看，显性效应超过了加性效应。但是，由于加性方差是效应平方的 0.5 倍，显性方差是效应平方的 0.25 倍，因此加性方差仍有较高的估计值。B_1 和 B_2 的遗传方差中只包含 0.5 倍的加性方差 V_A，F_2 的遗传方差中包含 1 倍的加性方差 V_A。利用公式 7.59 计算出的狭义遗传力见表 7.9 最后 1 列。根据加显性方差估计得到的平均显性度估计值为 0.83，结果列于表 7.9 倒数第 2 行，按照图 7.2 的划分标准，属于完全显性。根据公式 7.62 和公式 7.63 得到的有效因子数 k 列于表 7.9 最后 1 行。由于显性效应的存在，公式 7.62 得到较低的估计值。但总的来说，在表 7.7 的群体中，控制株高性状的基因可能不会很多。

表 7.9 利用表 7.7 6 个基本世代数据的遗传方差和遗传力估计

世代	表型方差 W_X	遗传方差 V_X	广义遗传力 H^2	狭义遗传力 h^2
P_1、P_2 和 F_1	45.02	0	0	0
B_1	58.66	13.64	0.2325	0.2134
B_2	73.62	28.60	0.3885	0.1700
F_2	78.66	33.64	0.4277	0.3183
平均显性度 $\sqrt{2V_D/V_A}$	0.83			
有效因子数 k	1.18 (公式 7.62)，1.59 (公式 7.63)			

从表 7.8 给出的一阶效应估计来看，显性效应超过了加性效应，似乎有超显性的迹象。但从表 7.9 给出的二阶效应估计来看，显性方差远低于加性方差，平均显性度低于 1，似乎又表明没有超显性存在。这些不一致的地方，说明遗传参数估计的误差还是很大的。一般来说，一阶参数 (如均值和频率等) 有较小的估计误差，在大样本和模型选择得当的情况下可以获得较为准确的估计；二阶参数 (如方差和相关系数等) 有较大的估计误差，不易获得准确的估计。同时，除了 6 个基本世代外，还需要考虑双亲衍生的其他群体，这便是下一节要介绍的内容。

§7.3　自交后代均值和方差的分解

§7.3.1　F_3 世代均值和方差的构成

以两个纯系为亲本，通过杂交、回交、自交及连续自交衍生出的各种世代，是植物遗传和育种研究中极为常见的群体。在纯系亲本的假定下，亲本和 F_1 都是单一基因型构成的群体，种植规模一般为几个到几十个单株。如果两个亲本的共祖先系数为 0，则 F_1 的近交系数也为 0。F_2 世代有最大的基因型分离，根据物种的特点，种植规模一般为几十到几百个；植株较小的物种，如小麦和水稻等作物，一个 F_2 群体甚至可达几千或上万个单株。当两个亲本的基因型在 k 个座位上存在差异时，F_2 群体中可能基因型的个数为 3^k。当 k=5 时，3^k=243；k=8 时，3^k=6561；k=10 时，3^k=59 049。因此，即使两个亲本在数个座位上存在等位基因差异，F_2 群体中每个个体的基因型也可以被看作是唯一的。

收获 F_2 植株上的自交种子，种植得到的群体就是 F_3 世代。在遗传育种中，F_3 世代有两种种植方式 (图 7.3)。一是将 F_2 植株上收获的种子混合起来进行种植，形成一个 F_3 混合群体；二是将每个 F_2 植株上收获的自交种子种植成一个家系，形成一个 $F_{2:3}$ 家系群体。由于带有家系结构，每个 $F_{2:3}$ 家系都能够追踪到唯一一个 F_2 单株，即每个 $F_{2:3}$ 家系是 F_2 群体中同一个个体的自交后代。每个家系的平均表现及家系内的变异，是由 F_2 亲本基因型决定的。因此，$F_{2:3}$ 家系的表现在一定程度上反映了 F_2 个体的表现。家系内的个体具有共同祖先，单个家系的种植规模不用太大，一般在几个到几十个单株即可。显然，如果把图 7.3 的所有 $F_{2:3}$ 家系混合起来，这其实就是 F_3 混合群体。也就是说，去掉家系结构后的 $F_{2:3}$ 群体，等同于 F_3 混合群体。

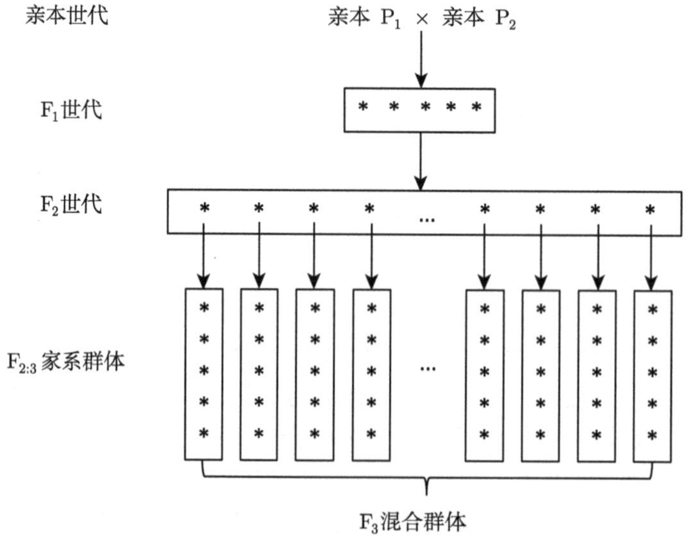

图 7.3　双亲衍生的 $F_{2:3}$ 家系群体示意图

在单基因加显性模型下，如不考虑家系结构，基因型 AA、Aa 和 aa 在 F_3 世代中的频率分别为 $\frac{3}{8}$、$\frac{1}{4}$ 和 $\frac{3}{8}$。根据均值的计算公式 7.41，可以得到 F_3 的群体均值公式 7.64；根据方差的计算公式 7.42，可以得到群体遗传方差的公式 7.65。

$$\overline{\mathrm{F}}_3 = m + \frac{3}{8}a + \frac{1}{4}d + \frac{3}{8}(-a) = m + \frac{1}{4}d \tag{7.64}$$

$$V_{\mathrm{F}_3} = \frac{3}{8}a^2 + \frac{1}{4}d^2 + \frac{3}{8}(-a)^2 - \left(\frac{1}{4}d\right)^2 = \frac{3}{4}a^2 + \frac{3}{16}d^2 \tag{7.65}$$

按照 F_2 个体基因型的不同，$\mathrm{F}_{2:3}$ 家系也可以被分为 AA、Aa、aa 三种类型，三类家系的频率就是基因型 AA、Aa、aa 在 F_2 世代中的频率 (表 7.10)。AA 家系的基因型都是 AA；Aa 家系中三种基因型 AA、Aa、aa 具有 1:2:1 的分离比；aa 家系的基因型都是 aa。根据各种家系的基因型构成，不难得到它们的均值和方差 (表 7.10)。三类家系均值的加权平均数等于 $\frac{1}{4}d$，加上中亲值 m 后与公式 7.64 给出的 F_3 混合群体的均值完全相等。

表 7.10　F_2 与自交 F_3 家系世代的遗传构成及各种均值和方差的计算

F_2 世代基因型	频率 f	基因型值 X	$\mathrm{F}_{2:3}$ 家系世代			$\mathrm{F}_{2:3}$ 家系均值 Y	家系内方差
			AA	Aa	aa		
AA	$\frac{1}{4}$	a	1	0	0	a	0
Aa	$\frac{1}{2}$	d	$\frac{1}{4}$	$\frac{1}{2}$	$\frac{1}{4}$	$\frac{1}{2}d$	$\frac{1}{2}a^2+\frac{1}{4}d^2$
aa	$\frac{1}{4}$	$-a$	0	0	1	$-a$	0
均值		$\overline{\mathrm{F}}_2=\frac{1}{2}d$	$\overline{\mathrm{F}}_3=\frac{1}{4}d$			$\overline{\mathrm{F}}_{2:3}=\frac{1}{4}d=\overline{\mathrm{F}}_3$	$V_{\mathrm{wF}_{2:3}}=\frac{1}{4}a^2+\frac{1}{8}d^2$
方差		$V_{\mathrm{F}_2}=\frac{1}{2}a^2+\frac{1}{4}d^2$	$V_{\mathrm{F}_3}=\frac{3}{4}a^2+\frac{3}{16}d^2$			$V_{\mathrm{bF}_{2:3}}=\frac{1}{2}a^2+\frac{1}{16}d^2$	
F_2 与 $\mathrm{F}_{2:3}$ 家系间的协方差			$\mathrm{Cov}_{\mathrm{F}_{2:3}}=\frac{1}{2}a^2+\frac{1}{8}d^2$				

注：为简明起见，表中基因型值，以及均值和方差的计算，都没有考虑中亲值 m。因此，表中的基因型值和所有均值需要加上中亲值 m。是否考虑中亲值 m，对表中所有方差的计算没有影响

利用 $\mathrm{F}_{2:3}$ 家系群体，可以计算出两个方差。一个利用表 7.10 的家系均值 Y 计算，这个方差反映了家系均值 (或家系平均数) 之间的变异，称为家系间方差 (between family variance)，用符号 $V_{\mathrm{bF}_{2:3}}$ 表示。公式 7.66 给出了家系间方差的计算过程。另一个是利用表 7.10 中家系内方差计算，这个方差反映了家系内的平均变异，称为家系内方差 (within family variance)，用符号 $V_{\mathrm{wF}_{2:3}}$ 表示。公式 7.67 给出了家系内方差的计算过程。显然，公式 7.66 和公式 7.67 给出的两个遗传方差相加之后，就是公式 7.65 给出的 F_3 混合群体的遗传方差。因此，F_3 世代的方差就分解成公式 7.66 给出的家系间方差和公式 7.67 给出的家系内方差两部分。

$$V_{\mathrm{bF}_{2:3}} = \frac{1}{4}a^2 + \frac{1}{2}\left(\frac{1}{2}d\right)^2 + \frac{1}{4}(-a)^2 - \left(\frac{1}{4}d\right)^2 = \frac{1}{2}a^2 + \frac{1}{16}d^2 \tag{7.66}$$

$$V_{\mathrm{wF}_{2:3}} = \frac{1}{4} \times 0 + \frac{1}{2}V_{\mathrm{F}_2} + \frac{1}{4} \times 0 = \frac{1}{4}a^2 + \frac{1}{8}d^2 \tag{7.67}$$

此外，还可以把表 7.10 中 F_2 的基因型值作为 X、家系均值作为 Y 计算出一个协方差。这个协方差反映了 F_2 个体与其 F_3 自交后代之间的相关关系，用符号 $\mathrm{Cov}_{\mathrm{F}_{2:3}}$ 表示。公式

7.68 给出了 F_2 个体与 F_3 家系间协方差的计算过程。

$$\begin{aligned}\mathrm{Cov}_{F_{2:3}} =&\frac{1}{4}\times a\times a+\frac{1}{2}\times d\times\left(\frac{1}{2}d\right)+\frac{1}{4}\times(-a)\times(-a)-\left(\frac{1}{2}d\right)\times\left(\frac{1}{4}d\right)\\ =&\frac{1}{2}a^2+\frac{1}{8}d^2\end{aligned} \tag{7.68}$$

推广到多基因的情形，公式 7.65~公式 7.68 给出的方差和协方差，可以用 F_2 世代的加性方差 V_A 和显性方差 V_D 表示，即公式 7.69 和公式 7.70。这些遗传方差计算公式，可以从理论上指导育种过程中的选择工作。例如，与 F_2 世代相比，F_3 世代具有 1.5 倍的 V_A，表明 F_3 世代的选择要比 F_2 更加有效。F_3 世代的 1.5 倍 V_A 中，家系间占了 1 倍、家系内仅占 0.5 倍，表明在 F_3 家系之间的选择要比家系内的选择更为有效。F_2 与 F_3 家系之间存在协方差，协方差中包含了 1 倍的 V_A。这一方面说明，通过 F_2 个体的选择来提高 F_3 家系的平均表现是可行的；另一方面还说明，如难以对 F_2 单株进行选择，通过 F_3 家系来间接选择 F_2 单株也是可行的。

$$V_{F_3}=\frac{3}{2}V_A+\frac{3}{4}V_D,\quad V_{bF_{2:3}}=V_A+\frac{1}{4}V_D,\quad V_{wF_{2:3}}=\frac{1}{2}V_A+\frac{1}{2}V_D \tag{7.69}$$

$$\mathrm{Cov}_{F_{2:3}}=V_A+\frac{1}{2}V_D \tag{7.70}$$

§7.3.2 F_3 世代中的环境方差

利用表型观测数据计算的 F_3 家系间和家系内这两个方差，都包含有非遗传的成分。用 V_{Ew} 表示家系内共同的环境方差 (within-family environmental variance)，用 V_{Eb} 表示家系间的环境方差 (between-family environmental variance)。如用 y_{ij} 表示第 i 个家系中的第 j 个观测值，G_{ij} 表示个体的基因型值，Eb_i 表示第 i 个家系的环境效应，Ew_{ij} 表示家系内个体的随机环境效应，则观测值 y_{ij} 可用公式 7.71 表示，其中，$Eb_i\sim N(0,V_{Eb})$ 且相互独立，$Ew_{ij}\sim N(0,V_{Ew})$ 且相互独立。

$$y_{ij}=G_{ij}+Eb_i+Ew_{ij} \tag{7.71}$$

在计算第 i 个家系的家系内方差 V_i 时，家系间的环境效应 Eb_i 为一固定值。因此，家系内的方差 V_i 等于家系内的遗传方差加上家系内的环境方差，即公式 7.72。从公式 7.72 可以看出，第 i 个家系内的方差包含两部分，即家系内不同基因型引起的遗传方差和家系内个体的随机环境效应 Ew_{ij} 引起的误差方差。家系内的环境方差只包含一份 V_{Ew}。因此，F_3 家系内的平均方差 W_{wF_3} 也只包含一份 V_{Ew}。公式 7.73 给出利用表型值 y_{ij} 计算的家系内平均方差 W_{wF_3}。

$$V_i=V(G_{ij})+V(Eb_i)+V(Ew_{ij})=V(G_{ij})+V(Ew_{ij}),\ \text{对任意家系}\ i \tag{7.72}$$

$$W_{wF_{2:3}}=V_{wF_{2:3}}+V_{Ew}=\frac{1}{2}V_A+\frac{1}{2}V_D+V_{Ew} \tag{7.73}$$

假定 n 为家系大小。根据公式 7.71，第 i 个家系的平均数用公式 7.74 表示。从家系平均数方差的计算公式 7.75 可以看出，家系平均数中包含的环境方差有两部分，一部分是家

系间的方差 V_{Ec}，另一部分是家系内的平均抽样方差，等于家系内平均方差 (公式 7.73) 的 $\frac{1}{n}$ 倍。公式 7.76 给出利用表型值 y_{ij} 计算的家系平均数方差 $W_{\mathrm{bF}_{2:3}}$。

$$\overline{y}_{i\cdot} = \overline{G}_{i\cdot} + Eb_i + \overline{E}w_{i\cdot}, \text{ 对任意家系 } i \tag{7.74}$$

$$V(\overline{y}_{i\cdot}) = V(\overline{G}_{i\cdot}) + V(Eb_i) + V(\overline{E}w_{i\cdot}) \text{ (对所有家系平均数求方差)} \tag{7.75}$$

$$W_{\mathrm{bF}_{2:3}} = V_{\mathrm{bF}_{2:3}} + \frac{1}{n}W_{\mathrm{wF}_{2:3}} + V_{Eb} = V_A + \frac{1}{4}V_D + \frac{1}{n}W_{\mathrm{wF}_{2:3}} + V_{Eb} \tag{7.76}$$

公式 7.73 和公式 7.76 中，家系内和家系间这两个环境方差，可通过表型值 y_{ij} 的方差分析进行估计，这里不作进一步的介绍。

§7.3.3　任意自交世代衍生的后代家系群体

对任意 F_t 自交世代，杂合基因型 Aa 的频率用 $H_t = \left(\frac{1}{2}\right)^{t-1}$ 表示，其中 t=2、3 ⋯，即公式 7.77。两种纯合基因型的频率均等于 $\frac{1}{2}(1-H_t)$。在单基因加显性模型下，容易得到世代均值 $\overline{\mathrm{F}}_t$ (公式 7.78) 和遗传方差 V_{F_t} (公式 7.79)。公式 7.80 给出推广到多基因模型时 F_t 世代遗传方差的构成，公式中的 V_A 和 V_D 分别表示公式 7.49 定义的 F_2 世代加性和显性方差。

$$H_t = \left(\frac{1}{2}\right)^{t-1} \tag{7.77}$$

$$\overline{\mathrm{F}}_t = m + H_t d \tag{7.78}$$

$$V_{\mathrm{F}_t} = (1-H_t)a^2 + H_t(1-H_t)d^2 \tag{7.79}$$

$$V_{\mathrm{F}_t} = 2(1-H_t)V_A + 4H_t(1-H_t)V_D \tag{7.80}$$

以 F_2 的遗传方差为基数，柱形图 7.4 给出不同世代的加性方差和显性方差。显然，随着自交代数的增加，群体中加性方差的倍数也在不断增加，并逐渐接近于 F_2 世代加性方差的 2 倍；显性方差的倍数不断降低，并逐渐接近于 0。如果加性方差和显性方差的大小相差不大，总遗传方差在自交过程中将保持相对稳定；早期分离世代 (如 F_3 和 F_4 等) 的总遗传方差还可能高于 F_2 世代的总遗传方差。例如，F_3 世代的显性方差是 F_2 世代的 0.75 倍、加性方差是 F_2 世代的 1.5 倍 (公式 7.69)。如果加性方差和显性方差均等于 1，则 F_3 世代的总遗传方差为 2.25，大于 F_2 世代的总遗传方差 2。

从 F_t 世代开始，经过 $m-t$ 代自交衍生的家系世代用 $\mathrm{F}_{t:m}$ 表示，其中 $m = t$+1、t+2 ⋯ (如把 $m-t$=0 看作 F_t 世代自身，则 m 也可以等于 t)。根据 F_t 世代的基因型，$\mathrm{F}_{t:m}$ 家系可以分为 AA、Aa 和 aa 三种类型，它们的频率等于 F_t 世代三种基因型的频率 (表 7.11)。家系 AA 的基因型仍是 AA；家系 aa 的基因型仍是 aa；家系 Aa 是基因型 Aa 经过 $m-t$ 代自交形成的群体中，杂合基因型 Aa 的频率等于 $\left(\frac{1}{2}\right)^{m-t}$。沿用公式 7.77 的记号，杂合基因型频率 $\left(\frac{1}{2}\right)^{m-t}$ 用 H_{m-t+1} 表示 (表 7.11)。这样，两种纯合基因型的频率均等于

$\frac{1}{2}(1-H_{m-t+1})$。根据三类家系的基因型频率，得到表 7.11 给出的 $\mathrm{F}_{t:m}$ 世代的家系均值。这三类家系均值的加权平均等于 F_t 世代混合群体的均值，即 $\overline{\mathrm{F}}_{t:m}=\overline{\mathrm{F}}_m=H_m d$。

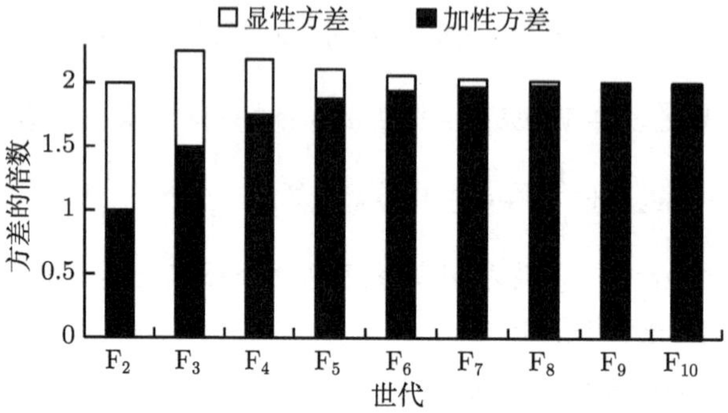

图 7.4　以 F_2 世代的遗传方差为基础，不同世代中加性方差和显性方差的倍数

F_t 世代混合群体的方差公式 7.81 与公式 7.79 类似。根据三类家系平均数计算的家系间方差由公式 7.82 给出。请注意，推导过程中利用了 $H_t H_{m-t+1}=\left(\frac{1}{2}\right)^{m-1}=H_m$ 这一结果。公式 7.81 给出的总遗传方差减去公式 7.82 的家系间方差，就得到家系内方差的表达公式 7.83。利用表 7.11 的 F_t 世代基因型值与 $\mathrm{F}_{t:m}$ 世代家系均值，得到 F_t 世代与 $\mathrm{F}_{t:m}$ 世代家系的协方差公式 7.84。推广到多基因的协方差由公式 7.85 给出。

$$V_{\mathrm{F}_m}=(1-H_m)a^2+H_m(1-H_m)d^2 \tag{7.81}$$

$$V_{\mathrm{bF}_{t:m}}=(1-H_t)a^2+H_m(H_{m-t+1}-H_m)d^2 \tag{7.82}$$

$$V_{\mathrm{wF}_{t:m}}=V_{\mathrm{F}_m}-V_{\mathrm{bF}_{t:m}}=(H_t-H_m)a^2+H_m(1-H_{m-t+1})d^2 \tag{7.83}$$

$$\mathrm{Cov}_{\mathrm{F}_{t:m}}=(1-H_t)a^2+H_m(1-H_t)d^2 \tag{7.84}$$

$$\mathrm{Cov}_{\mathrm{F}_{t:m}}=2(1-H_t)V_A+4H_m(1-H_t)V_D \tag{7.85}$$

从公式 7.82 和公式 7.84 可以看出，$\mathrm{F}_{t:m}$ 家系均值之间的方差，以及 F_t 世代与 $\mathrm{F}_{t:m}$ 家系之间的协方差中，加性方差的大小只依赖于 F_t 世代中杂合基因型的频率 H_t。F_t 世代杂合基因型频率 H_t 越低 (即对应于较大的 t)，$\mathrm{F}_{t:m}$ 家系间的加性方差就越大，F_t 与 $\mathrm{F}_{t:m}$ 家系之间协方差中的加性方差就越大。以 F_2 世代的遗传方差为基础，图 7.5 给出不同家系世代中，加性方差在家系间和家系内所占比例。$\mathrm{F}_{2:3}$ 家系之间的加性方差与其后世代 $\mathrm{F}_{2:4}$、$\mathrm{F}_{2:5}$ 等的加性方差相等，说明在这些家系之间进行选择的效果也是类似的。这其实就是纯系育种过程中，早代选择 (early generation selection) 的理论基础。也就是说，对于难以在个体水平上进行选择的性状，自交一代家系间选择与自交多代家系间选择是等效的。因此，育种中应该尽早利用自交家系进行选择。从图 7.5 中还能看出，加性方差在 F_2 和 F_3 世代间的变化幅度最大，即从 1 倍的 V_A 增加到 1.5 倍的 V_A。因此，F_3 世代的选择效率要高于 F_2 世代，尤其是遗传力较低的复杂性状。

表 7.11 从 F_t 世代开始，经过 $m-t$ 代自交衍生家系世代 $\mathrm{F}_{t:m}$ 的遗传构成，以及群体均值、家系间方差、家系内方差和协方差

F_t 世代基因型	频率 f	基因型值 X	$\mathrm{F}_{t:m}$ 家系世代			$\mathrm{F}_{t:m}$ 家系均值 Y
			AA	Aa	aa	
AA	$\frac{1}{2}(1-H_t)$	a	1	0	0	a
Aa	H_t	d	$\frac{1}{2}(1-H_{m-t+1})$	H_{m-t+1}	$\frac{1}{2}(1-H_{m-t+1})$	$H_{m-t+1}d$
aa	$\frac{1}{2}(1-H_t)$	$-a$	0	0	1	$-a$
均值		$\overline{\mathrm{F}}_t=H_td$	$\overline{\mathrm{F}}_m=H_md$			$\overline{\mathrm{F}}_{t:m}=H_md=\overline{\mathrm{F}}_m$
方差		$V_{\mathrm{F}_t}=(1-H_t)a^2+H_t(1-H_t)d^2$	$V_{\mathrm{F}_m}=(1-H_m)a^2+H_m(1-H_m)d^2$			$V_{\mathrm{bF}_{t:m}}=(1-H_t)a^2+H_m(H_{m-t+1}-H_m)d^2$
F_t 世代与 $\mathrm{F}_{t:m}$ 家系的协方差		$\mathrm{Cov}_{\mathrm{F}_{t:m}}=(1-H_t)a^2+H_m(1-H_t)d^2$				

注：为简明起见，表中基因型值，以及均值和方差的计算时，都没有考虑中亲值 m。因此，表中的基因型值和所有均值需要加上中亲值 m。是否考虑中亲值 m，对表中所有方差的计算没有影响

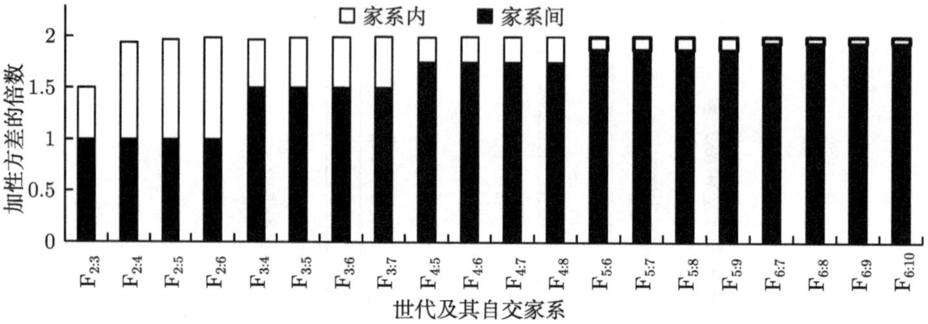

图 7.5　以 F_2 世代遗传方差为基础，不同世代中家系间和家系内加性方差的倍数

家系间的加性方差不会低于家系内的加性方差 (图 7.5)。因此，家系间选择的重要性一般都要高于家系内选择。F_2、F_3 或 F_4 衍生的世代中，加性方差在家系内还有相当高的比例，这时不应该放弃家系内的选择。F_4 之后衍生的世代中，加性方差主要存在于家系之间，家系内的加性方差变得非常低，这时应该重点在家系之间开展选择。

对于更一般的情形，我们可以计算 F_t 世代衍生的 $F_{t:m}$ 家系与 $F_{t:n}$ 家系之间的协方差。这时，$F_{t:m}$ 家系和 $F_{t:n}$ 家系的均值分别与 F_m 世代和 F_n 世代相同，即 $\overline{F}_{t:m}=\overline{F}_m=H_m d$，$\overline{F}_{t:n}=\overline{F}_n=H_n d$。下面是协方差的计算过程，最终的协方差用公式 7.86 表示。

$$\begin{aligned}\mathrm{Cov}(F_{t:m},F_{t:n})=&\frac{1}{2}(1-H_t)\times a\times a+H_t\times(H_{m-t+1}d)\times(H_{n-t+1}d)\\&+\frac{1}{2}(1-H_t)\times(-a)\times(-a)-(H_m d)\times(H_n d)\\=&(1-H_t)a^2+\left(\frac{H_mH_n}{H_t}-H_mH_n\right)d^2=(1-H_t)a^2+(1-H_t)\frac{H_mH_n}{H_t}d^2\\\mathrm{Cov}(F_{t:m},F_{t:n})=&(1-H_t)\left(a^2+\frac{H_mH_n}{H_t}d^2\right)\end{aligned}\tag{7.86}$$

根据近交系数的定义，F_t 世代的近交系数 F_t 与杂合基因型频率 H_t 的关系是 $H_t=2pq(1-F_t)$。由于 $p=q=0.5$，因此得到 $H_t=\frac{1}{2}(1-F_t)$ 或 $F_t=1-\left(\frac{1}{2}\right)^{t-2}$。将公式 7.86 中，杂合基因型频率都用近交系数代替，就得到用近交系数表示的协方差公式 7.87。推广到多基因模型，公式 7.88 给出 F_t 衍生的任何两个家系世代之间协方差的一般表达式。

$$\mathrm{Cov}(F_{t:m},F_{t:n})=\frac{1}{2}(1+F_t)\left[a^2+\frac{\frac{1}{2}(1-F_m)(1-F_n)}{1-F_t}d^2\right]\tag{7.87}$$

$$\mathrm{Cov}(F_{t:m},F_{t:n})=(1+F_t)\left[V_A+\frac{(1-F_m)(1-F_n)}{1-F_t}V_D\right]\tag{7.88}$$

公式 7.88 说明，$F_{t:m}$ 家系与 $F_{t:n}$ 家系的协方差中，加性方差所占的比例只与 F_t 世代的近交系数有关，而与 F_m 世代和 F_n 世代的近交系数没有关系，再次说明了早代选择的重要性。可以验证，当 $m=n=t$ 时，公式 7.88 给出的协方差就是公式 7.80 给出的 F_t 世代遗传方差。当 $n=t$ 时，公式 7.88 给出的协方差就是公式 7.85 给出的 F_t 世代与 $F_{t:m}$ 家系之间的协方差。因此，公式 7.88 可以看作自交过程中任意世代遗传方差，任意两个世代间协方差的一般表达式。

§7.4 基因间的上位互作

§7.4.1 两个座位间的上位互作

前两节讨论加显性模型的世代均值和方差分解时，均假定不同座位上的基因型效应是独立可加的，即不存在基因间的相互作用，总基因型值等于各个座位上基因型值之和。在遗传学上，除同一个座位内不同等位基因之间互作引起的显性效应外，有时不同座位上的基因之间也会存在相互作用，这样的互作称上位性 (epistasis) 或基因间互作 (inter-genic interaction)。基因间的上位互作，首先是从两个基因控制的质量性状在 F_2 群体中的表型分离比观测到的 (图 7.6)。如一个性状受两对独立遗传显性基因控制，用 A/a 和 B/b 表示这两对等位基因。没有上位互作存在时，F_2 世代的 4 种表型将呈现出 9:3:3:1 的分离比。这 4 种表型对应的基因型分别用 A_*B_*、A_*bb、aaB_*、$aabb$ 表示，等位基因 A 后面的星号表示这个位置既可以是 A 也可以是 a，等位基因 B 后面的星号表示这个位置既可以是 B 也可以是 b。当这两对独立显性基因之间存在互作时，F_2 世代的表型就可能只有三种，甚至两种，并呈现出各种有规律的分离比。

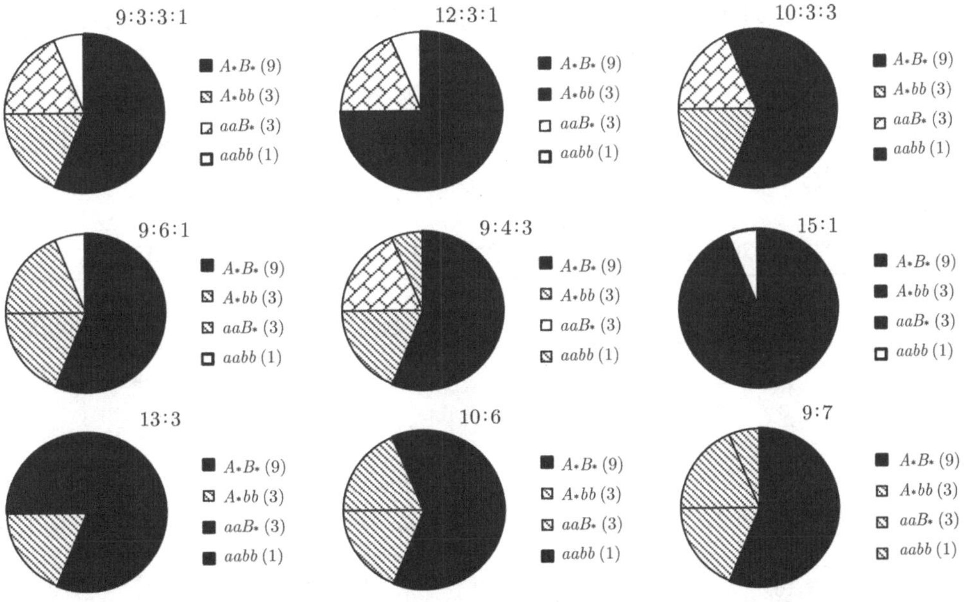

图 7.6 两对显性独立遗传基因控制的质量性状在 F_2 世代中各种可能的表型分离比

在饼图 7.6 中，不同的表型用不同的填充形状表示。两对显性基因之间无互作时，4 种形状在 F_2 世代具有 9:3:3:1 的比例。存在互作时，表型会少于 4 种，4 种基因型中的 2 个或 3 个具有相同的表型。例如，当基因型 A_*bb、aaB_*、$aabb$ 具有相同的表型时，F_2 世代只存在两种表型，代表表型的两种填充形状具有 9:7 的分离比 (图 7.6)；当基因型 A_*B_* 和 $aabb$ 具有共同表型，A_*bb 和 aaB_* 具有另外一种共同表型时，这两种表型具有 10:6 的分离比

(图 7.6)；当基因型 A_*B_*、A_*bb、aaB_* 有相同的表型时，F_2 世代也只存在两种表型，但这两种表型具有 15:1 的分离比 (图 7.6)。图 7.6 共给出了 8 种由上位互作引起的有别于 9:3:3:1 的分离比，在经典遗传学研究中，都能找到这样或那样的质量性状，符合图 7.6 给出的各种分离比 (Hartl and Jones, 2005)。

根据基因型是否纯合或是杂合，两个座位 (用 A 和 B 表示) 上的上位互作可以被划分成 4 种类型，即纯合基因型之间的上位性 (additive × additive epistasis，用 aa 表示)，座位 A 纯合基因型和座位 B 杂合基因型之间的上位性 (additive × dominance epistasis，用 ad 表示)，座位 A 杂合基因型和座位 B 纯合基因型之间的上位性 (dominance × additive epistasis，用 da 表示)，以及两个座位上杂合基因型之间的上位性 (dominance × dominance epistasis，用 dd 表示)。考虑上位性效应时的遗传模型，称为加性–显性–上位性效应遗传模型，简称上位性模型或上位互作模型。

加显性模型和上位性模型下，表 7.12 给出 F_2 世代 9 种基因型的频率和基因型值，假定两个座位之间不存在连锁。连锁不影响各种基因型值，但影响各种基因型在群体中的存在频率，进而影响群体均值和群体遗传方差的计算。从表 7.12 可以看到，当座位 A 与 B 之间存在互作时，$AABB$ 和 $aabb$ 的基因型值中包含了两个座位上的加性效应，因此也包含了两个座位之间的加加互作；$AABb$ 和 $aaBb$ 的基因型值中包含了座位 A 加性效应和座位 B 显性效应，因此也包含了两个座位之间的加显互作；$AaBB$ 和 $Aabb$ 的基因型值中包含了座位 A 显性效应和座位 B 加性效应，因此也包含了两个座位之间的显加互作；只有双杂基因型 $AaBb$ 同时包含两个座位的显性效应，也因此包含了两个座位之间的显显互作。同时还可以看到，表 7.12 中各种互作效应前面的系数正好等于两个座位上加性或显性效应系数的乘积。根据这一特点，就很容易从一个基因型中包含的加显性效应，来判断基因型值中包含上位性效应的类型和系数。

表 7.12　两对独立遗传基因在加显性模型和上位性模型下的 9 种基因型值

基因型	频率	基因型值符号	基因型值	
			加显性模型	上位互作模型
$AABB$	$\frac{1}{16}$	μ_{AABB}	$m+a_{\mathrm{A}}+a_{\mathrm{B}}$	$m+a_{\mathrm{A}}+a_{\mathrm{B}}+aa$
$AABb$	$\frac{2}{16}$	μ_{AABb}	$m+a_{\mathrm{A}}+d_{\mathrm{B}}$	$m+a_{\mathrm{A}}+d_{\mathrm{B}}+ad$
$AAbb$	$\frac{1}{16}$	μ_{AAbb}	$m+a_{\mathrm{A}}-a_{\mathrm{B}}$	$m+a_{\mathrm{A}}-a_{\mathrm{B}}-aa$
$AaBB$	$\frac{2}{16}$	μ_{AaBB}	$m+d_{\mathrm{A}}+a_{\mathrm{B}}$	$m+d_{\mathrm{A}}+a_{\mathrm{B}}+da$
$AaBb$	$\frac{4}{16}$	μ_{AaBb}	$m+d_{\mathrm{A}}+d_{\mathrm{B}}$	$m+d_{\mathrm{A}}+d_{\mathrm{B}}+dd$
$Aabb$	$\frac{2}{16}$	μ_{Aabb}	$m+d_{\mathrm{A}}-a_{\mathrm{B}}$	$m+d_{\mathrm{A}}-a_{\mathrm{B}}-da$
$aaBB$	$\frac{1}{16}$	μ_{aaBB}	$m-a_{\mathrm{A}}+a_{\mathrm{B}}$	$m-a_{\mathrm{A}}+a_{\mathrm{B}}-aa$
$aaBb$	$\frac{2}{16}$	μ_{aaBb}	$m-a_{\mathrm{A}}+d_{\mathrm{B}}$	$m-a_{\mathrm{A}}+d_{\mathrm{B}}-ad$
$aabb$	$\frac{1}{16}$	μ_{aabb}	$m-a_{\mathrm{A}}-a_{\mathrm{B}}$	$m-a_{\mathrm{A}}-a_{\mathrm{B}}+aa$

上位性模型中，如果知道了 9 种基因型值，就可以利用表 7.12 给出的关系，反过来计

算各种遗传效应的大小。利用矩阵和向量乘积的形式，公式 7.89 给出了具体的计算方法。从表 7.12 同时还可以看到，不论两个亲本的基因型是 $AABB$ 和 $aabb$，还是 $AAbb$ 和 $aaBB$，它们的中亲值都不再等于上位性模型中的 m。因此，上位性模型中的 m 不宜再称为中亲值。但从计算公式 7.89 看到，上位性模型中的 m 正好等于 4 种纯合基因型的平均表现，这个平均表现其实就是两个座位独立遗传时，重复自交多代重组近交家系群体的均值。这一结论对于单基因和多基因的加显性模型也是成立的。因此，表 7.12 给出的上位性模型及图 7.1 给出的加显性模型，有时也统称为 F 无穷模型 (F-infinite model)，即以自交无穷多代产生的纯系为基础群体建立的遗传模型。

$$\begin{bmatrix} m \\ a_{\mathrm{A}} \\ d_{\mathrm{A}} \\ a_{\mathrm{B}} \\ d_{\mathrm{B}} \\ aa \\ ad \\ da \\ dd \end{bmatrix} = \begin{bmatrix} \frac{1}{4} & 0 & \frac{1}{4} & 0 & 0 & 0 & \frac{1}{4} & 0 & \frac{1}{4} \\ \frac{1}{4} & 0 & \frac{1}{4} & 0 & 0 & 0 & -\frac{1}{4} & 0 & -\frac{1}{4} \\ -\frac{1}{4} & 0 & -\frac{1}{4} & \frac{1}{2} & 0 & \frac{1}{2} & -\frac{1}{4} & 0 & -\frac{1}{4} \\ \frac{1}{4} & 0 & -\frac{1}{4} & 0 & 0 & 0 & \frac{1}{4} & 0 & -\frac{1}{4} \\ -\frac{1}{4} & \frac{1}{2} & -\frac{1}{4} & 0 & 0 & 0 & -\frac{1}{4} & \frac{1}{2} & -\frac{1}{4} \\ \frac{1}{4} & 0 & -\frac{1}{4} & 0 & 0 & 0 & -\frac{1}{4} & 0 & \frac{1}{4} \\ -\frac{1}{4} & \frac{1}{2} & -\frac{1}{4} & 0 & 0 & 0 & \frac{1}{4} & -\frac{1}{2} & \frac{1}{4} \\ -\frac{1}{4} & 0 & \frac{1}{4} & \frac{1}{2} & 0 & -\frac{1}{2} & -\frac{1}{4} & 0 & \frac{1}{4} \\ \frac{1}{4} & -\frac{1}{2} & \frac{1}{4} & -\frac{1}{2} & 1 & -\frac{1}{2} & \frac{1}{4} & -\frac{1}{2} & \frac{1}{4} \end{bmatrix} \times \begin{bmatrix} \mu_{AABB} \\ \mu_{AABb} \\ \mu_{AAbb} \\ \mu_{AaBB} \\ \mu_{AaBb} \\ \mu_{Aabb} \\ \mu_{aaBB} \\ \mu_{aaBb} \\ \mu_{aabb} \end{bmatrix} \tag{7.89}$$

如用 3、2、1、0 表示图 7.6 中 9:3:3:1 分离比对应的 4 种表型，则根据公式 7.89 可以得到 $m = 1.5$，$a_{\mathrm{A}} = d_{\mathrm{A}} = 1$，$a_{\mathrm{B}} = d_{\mathrm{B}} = 0.5$，$aa = ad = da = dd = 0$；如用 1、0 表示 9:7 分离比对应的 2 种表型，则包括 m 在内的所有效应都等于 0.25；如用 1、0 表示 10:6 分离比对应的 2 种表型，则 $m = 0.5$，$a_{\mathrm{A}} = d_{\mathrm{A}} = a_{\mathrm{B}} = d_{\mathrm{B}} = 0$，$aa = ad = da = dd = 0.5$；如用 1、0 表示 15:1 分离比对应的 2 种表型，则 $m = 0.75$，$a_{\mathrm{A}} = d_{\mathrm{A}} = a_{\mathrm{B}} = d_{\mathrm{B}} = 0.25$，$aa = ad = da = dd = -0.25$。

图 7.6 给出的是 $a_{\mathrm{A}} = d_{\mathrm{A}}$ 和 $a_{\mathrm{B}} = d_{\mathrm{B}}$ 限制条件下，F_2 世代各种可能的表型分离比。在控制数量性状的多基因中，显性不一定就是完全的，有时还可能存在超显性，4 种互作效应可能低于加显性效应，也可能高于加显性效应。因此，表 7.12 的 9 种基因型值可以有很多可能的关系，有时甚至还可以是完全独立的。同时，具有加显性效应的基因之间不一定就存在互作；存在互作的两对基因也不一定就存在加显性效应，如 10:6 分离比中的两对基因，它们之间存在互作，但加显性效应均为 0。

§7.4.2 上位性模型的遗传方差分解

这一节首先以纯系并且等位基因频率相等的群体为例，如双亲衍生的 DH 或 RIL 群体，给出上位性模型的遗传效应和遗传方差计算方法，不考虑连锁。然后利用一组实际数据，说明如何通过方差分析的方法，对两个座位的效应，以及它们之间的互作进行显著性检验，并对各种遗传效应进行估计。一般随机交配群体的遗传方差分解见下一章，一般 F_2 群体的遗传方差分解见王建康等 (2014) 一书第 181~187 页。

两个座位上的纯合基因型有 4 种，即 $AABB$、$AAbb$、$aaBB$、$aabb$，它们的基因型值中只包含加性效应和加加互作效应。纯系群体中，不存在显性及与显性有关的上位性效应。根据表 7.12 的上位性模型，4 种基因型值与遗传效应的关系用下面的 4 个公式表示。

$$\mu_{AABB}=m+a_{\mathrm{A}}+a_{\mathrm{B}}+aa,$$
$$\mu_{AAbb}=m+a_{\mathrm{A}}-a_{\mathrm{B}}-aa,$$
$$\mu_{aaBB}=m-a_{\mathrm{A}}+a_{\mathrm{B}}-aa,$$
$$\mu_{aabb}=m-a_{\mathrm{A}}-a_{\mathrm{B}}+aa \tag{7.90}$$

如果知道了公式 7.90 的 4 种基因型值，反过来还可以利用下面的 4 个公式计算各种遗传效应的大小，即公式 7.91。利用上面的 4 种基因型值，同时还能得到群体遗传方差的计算公式 7.92。从中可以看出，加加上位性效应也包含在纯系群体的遗传方差中，加加上位性是可以通过选择被固定下来的，因此可以被纯系育种所利用。

$$m=\frac{1}{4}(\mu_{AABB}+\mu_{AAbb}+\mu_{aaBB}+\mu_{aabb}),$$
$$a_{\mathrm{A}}=\frac{1}{4}(\mu_{AABB}+\mu_{AAbb}-\mu_{aaBB}-\mu_{aabb}),$$
$$a_{\mathrm{B}}=\frac{1}{4}(\mu_{AABB}-\mu_{AAbb}+\mu_{aaBB}-\mu_{aabb}),$$
$$aa=\frac{1}{4}(\mu_{AABB}-\mu_{AAbb}-\mu_{aaBB}+\mu_{aabb}) \tag{7.91}$$
$$V_G=a_{\mathrm{A}}^2+a_{\mathrm{B}}^2+aa^2=2V_A \tag{7.92}$$

如仍然把 F_2 视为参照群体，它的遗传方差除类似于公式 7.92 的加性方差外，还有一部分来自显性效应及与显性效应有关的上位性。这部分方差在重复自交过程中会逐渐消失，不能在纯系中被固定下来，统称为非加性方差 (non-additive variance)。可以证明，F_2 群体的加性方差 (含加加互作，仍用 V_A 表示) 是纯系群体遗传方差的一半。因此，纯系群体的遗传方差仍然可以认为是 F_2 群体加性方差的两倍 (公式 7.92)。如把 V_D 看作所有的非加性方差，公式 7.88 对于上位性模型仍然成立。因此，上一节建立在加显性模型世代间相关基础上的选择方法，在上位性模型下仍然是有效的。

表 7.13 是小麦 4 个近等基因系遗传材料在某品质性状上的 9 次重复观测值，来自 Li 等 (2014) 研究中的部分数据。这些近等基因系，仅在两个位于不同染色体的座位上存在等位性差异，其他座位上无等位基因差异，它们的基因型分别用 $AABB$、$AAbb$、$aaBB$、$aabb$ 表示。每个近等基因系的样本均值是基因型值的最优线性无偏估计，总平均数为 219.31。4 个基因型的样本均值存在较大差异，$AABB$ 的样本均值最高，$aabb$ 最低，二者相差 55。样本均值与总平均的差异是基因型效应的估计，列于表 7.13 最后一行。

表 7.13 小麦 4 个近等基因系遗传材料在某品质性状上的 9 次重复观测值

重复	近等基因系的基因型			
	$AABB$	$AAbb$	$aaBB$	$aabb$
重复 1	237	241	210	198
重复 2	235	236	207	201
重复 3	230	238	202	208
重复 4	240	254	236	195
重复 5	258	247	225	207
重复 6	258	246	235	207
重复 7	232	224	219	151
重复 8	233	220	211	152
重复 9	242	200	209	151
样本均值 (基因型值估计)	$\overline{y}_{11\cdot}=240.56$	$\overline{y}_{12\cdot}=234.00$	$\overline{y}_{21\cdot}=217.11$	$\overline{y}_{22\cdot}=185.56$
总平均	$\overline{y}=219.31$			
基因型效应估计	$\overline{y}_{11\cdot}-\overline{y}=21.25$	$\overline{y}_{12\cdot}-\overline{y}=14.69$	$\overline{y}_{21\cdot}-\overline{y}=-2.19$	$\overline{y}_{22\cdot}-\overline{y}=-33.75$

表 7.13 中，4 个近等基因系之间的差异显著性，可以通过 §7.1 的方差分析方法进行检验。但是，这里除了关心近等基因系之间是否存在显著的遗传差异外，更关心的是 A 和 B 这两个座位上的两个等位基因间是否存在显著差异。如果这两个座位都存在显著差异，哪个座位的遗传贡献更大？它们之间是否存在上位互作？要回答这些问题，我们可以把表 7.13 的数据视为一个双因素试验。这里的双因素分别为 A 和 B 这两个基因座位，每个座位上的两种基因型代表了每个因素的两个水平。因此，表 7.13 可以看作一个 2×2 双因素试验。用 i=1、2 表示基因型 AA、aa，j=1、2 表示基因型 BB、bb，α_i 和 β_j 分别表示两个因素的主效应，τ_{ij} 表示它们之间的互作效应，那么观测值 y_{ijk} ($k=1,2,\cdots,9$ 代表重复) 的方差分析线性模型就可以用公式 7.93 表示出来。

$$y_{ijk}=\mu+\alpha_i+\beta_j+\tau_{ij}+\varepsilon_{ijk} \tag{7.93}$$

表 7.14 给出线性模型 7.93 中主效应的估计，即每个座位上的两个基因型效应。首先把表 7.13 中估计出的 4 个基因型值排列成一个 2×2 双向表，一个方向为座位 A 的两种基因型 AA 和 aa，另一个方向为座位 B 的两种基因型 BB 和 bb。然后计算双向表的行平均和列平均，以及总平均数 (与表 7.13 的总平均数相同)。行平均代表了座位 A 上基因型的平均表现，列平均代表了座位 B 上基因型的平均表现。行平均与总平均的离差就是行效应的估计，即基因型 AA 和 aa 的主效应；列平均与总平均的离差就是列效应的估计，即基因型 BB 和 bb 的主效应。

表 7.14 两个独立遗传座位的主效应估计

座位 A 基因型	座位 B 基因型		行平均	行效应
	BB	bb		
AA	$\overline{y}_{11\cdot}=240.56$	$\overline{y}_{12\cdot}=234.00$	$\overline{y}_{1\cdot\cdot}=237.28$	$\alpha_1=\overline{y}_{1\cdot\cdot}-\overline{y}=17.97$
aa	$\overline{y}_{21\cdot}=217.11$	$\overline{y}_{22\cdot}=185.56$	$\overline{y}_{2\cdot\cdot}=201.34$	$\alpha_2=\overline{y}_{2\cdot\cdot}-\overline{y}=-17.97$
列平均	$\overline{y}_{\cdot1\cdot}=228.84$	$\overline{y}_{\cdot2\cdot}=209.78$	$\overline{y}=219.31$	
列效应	$\beta_1=\overline{y}_{\cdot1\cdot}-\overline{y}=9.53$	$\beta_2=\overline{y}_{\cdot2\cdot}-\overline{y}=-9.53$		

表 7.13 最后一行给出了基因型的总效应，其中包含了座位 A 的基因型效应、座位 B 的基因型效应，以及两个座位之间的互作效应。总效应减去表 7.14 的行效应和列效应，就得到表 7.15 给出的互作效应估计值。

表 7.15　两个独立遗传座位之间的互作效应估计

座位 A 基因型	座位 B 基因型	
	BB	bb
AA	$\tau_{11}=\overline{y}_{11\cdot}-\overline{y}-\alpha_1-\beta_1=-6.25$	$\tau_{12}=\overline{y}_{12\cdot}-\overline{y}-\alpha_1-\beta_2=6.25$
aa	$\tau_{21}=\overline{y}_{21\cdot}-\overline{y}-\alpha_2-\beta_1=6.25$	$\tau_{22}=\overline{y}_{22\cdot}-\overline{y}-\alpha_2-\beta_2=-6.25$

把表 7.13 的 4 个样本均值作为基因型值的估计，代入公式 7.91 得到 $m=219.31$、$a_{\rm A}=17.97$、$a_{\rm B}=9.53$、$aa=-6.25$。因此，表 7.13 中的总平均也是上位性模型中 m 的估计，表 7.14 中的行效应也是上位性模型中 $a_{\rm A}$ 的估计，表 7.14 中的列效应也是上位性模型中 $a_{\rm B}$ 的估计，表 7.15 中的互作效应也是上位性模型中 aa 的估计。表 7.13 中的总遗传效应、表 7.14 中的主效应 (即座位 A 和 B 的加性效应)、表 7.15 的互作效应 (即座位 A 和 B 的互作效应) 是否显著，需要通过方差分析进行检验，方差分析的结果见表 7.16。表 7.13 共有 36 个数据点，在估计总平均数时损失掉 1 个自由度，总自由度为 35。原始数据中包含 4 个基因型，基因型的自由度为 3。基因型之外的差异都是随机误差，故误差自由度为 $35-3=32$。基因型间的 F 值为 17.79，超过了 0.001 的显著性水平。因此，4 个近等基因系之间存在极显著的遗传差异。总遗传效应检验利用的是单因素方差分析，这里的因素就是近等基因系，4 种基因型代表着单因素的 4 个水平。

表 7.16　两个独立遗传座位 4 种基因型的方差分析

变异来源	自由度	平方和	均方	F 值	P 值	方差估计
基因型	3	16 302.31	5 434.10	17.79	5.66×10^{-7}	569.84
座位 A	1	11 628.03	11 628.03	38.06	6.66×10^{-7}	629.03
座位 B	1	3 268.03	3 268.03	10.70	0.002 6	164.58
互作	1	1 406.25	1 406.25	4.60	0.039 6	122.30
随机误差	32	9 777.33	305.54			305.54
总和	35	26 079.64				

正如对遗传效应的分解一样，平方和也可以进一步分解为座位 A、座位 B 和互作三部分，每一部分占 1 个自由度。座位 A 的 F 值为 38.06，超过了 0.001 的显著性水平；座位 B 的 F 值为 10.70，超过了 0.01 的显著性水平；互作的 F 值为 2.30，达到 0.05 的显著性水平。因此，座位 A 和 B 的两个基因型之间都存在极显著的遗传效应，它们之间的互作是显著的。根据方差分析的期望均方，表 7.16 最后一列给出了各种方差的无偏估计。不论从表 7.14 的主效应估计值还是从表 7.16 的方差估计值来看，座位 A 的作用远大于座位 B，也远大于它们之间的互作。值得注意的是，只有平衡数据方差分析中，平方和分解才满足正交性，即表 7.16 的基因型平方和正好等于座位 A、座位 B、互作三部分平方和之和。对于非平衡数据来说，平方和一般都不满足正交性。不论是平衡数据还是不平衡数据，利用期望均方得到的各种方差成分无偏估计，一般都不满足正交性。如表 7.16 中，总遗传方差的估计值并不等于座位 A、座位 B、互作三个方差估计值之和。为避免这种不一致现象，总遗传方差的无偏估

计一般采用座位 A 遗传方差、座位 B 遗传方差以及互作遗传方差三个方差成分之和进行计算。

为便于读者参考，表 7.17 给出一般双因素设计方差分析中的自由度、均方、期望均方和方差估计。假定因素 A 有 a 个水平，因素 B 有 b 个水平。因素 A 的一个水平与因素 B 的一个水平的组合称为一个处理，共有 ab 个处理，每个处理有 r 次重复。处理的平方和与自由度可分解成三部分，即因素 A 主效应、因素 B 主效应，以及两个因素的互作效应。表 7.17 中，$\sigma_{\rm A}^2$、$\sigma_{\rm B}^2$、$\sigma_{\rm AB}^2$ 和 σ_ε^2 分别为因素 A 不同水平的方差、因素 B 不同水平的方差、互作方差和机误方差。

表 7.17 双因素互作方差分析中的期望均方和方差估计

变异来源	自由度	均方	期望均方	方差估计
所有处理	$ab-1$	$\rm MS_{Trt}$		
因素 A	$a-1$	$\rm MS_A$	$\sigma_\varepsilon^2+rb\sigma_{\rm A}^2$	$\hat\sigma_{\rm A}^2=\frac{1}{rb}({\rm MS_A}-{\rm MS}_\varepsilon)$
因素 B	$b-1$	$\rm MS_B$	$\sigma_\varepsilon^2+ra\sigma_{\rm B}^2$	$\hat\sigma_{\rm B}^2=\frac{1}{ra}({\rm MS_B}-{\rm MS}_\varepsilon)$
互作	$(a-1)(b-1)$	$\rm MS_{AB}$	$\sigma_\varepsilon^2+r\sigma_{\rm AB}^2$	$\hat\sigma_{\rm AB}^2=\frac{1}{r}({\rm MS_{AB}}-{\rm MS}_\varepsilon)$
随机误差	$ab(r-1)$	${\rm MS}_\varepsilon$	σ_ε^2	$\hat\sigma_\varepsilon^2={\rm MS}_\varepsilon$
总和	$abr-1$			

表 7.17 中，期望均方对应于固定效应模型的方差分析。如采用随机效应模型进行方差分析，自由度、平方和、均方的计算与固定模型完全相同，互作和随机误差的期望均方与固定模型完全相同，互作的显著性检验也与固定模型完全相同。但是，因素 A 和因素 B 的期望均方中还包含互作方差。公式 7.94 给出随机模型方差分析的主效应期望均方。这时，主效应显著性检验的 F 值要用互作均方作为分母。公式 7.95 给出随机模型的主效应方差估计方法。

$$E({\rm MS_A})=\sigma_\varepsilon^2+r\sigma_{\rm AB}^2+rb\sigma_{\rm A}^2,\quad E({\rm MS_B})=\sigma_\varepsilon^2+r\sigma_{\rm AB}^2+ra\sigma_{\rm B}^2 \tag{7.94}$$

$$\hat\sigma_{\rm A}^2=\frac{1}{rb}({\rm MS_A}-{\rm MS_{AB}}),\quad \hat\sigma_{\rm B}^2=\frac{1}{ra}({\rm MS_B}-{\rm MS_{AB}}) \tag{7.95}$$

表 7.17 最后一列及公式 7.95 都是方差的无偏估计。实际数据中，如果真实方差很小，这些方差的无偏估计有可能是负值。负的方差估计值，它对应的效应不会达到显著差异，这时可以认为真实方差与 0 没有显著差异，或认为真实方差为 0。

§7.4.3 上位互作对育种的重要作用

一个基因要产生一定的功能和表型效应，离不开其他众多基因的共同作用。从分子水平来看，任何一个生化过程都不可能由一个座位上的基因单独完成。因此，基因间的互作在遗传学上应该是普遍存在的。但是，从前面的内容我们看到，上位互作的分析还是相当复杂的。如果控制性状的基因多于 2 个，还可能存在更高阶的基因间互作，这时互作的分析和检测会变得更加困难。就目前来看，对于绝大多数数量性状来说，关于基因之间是如何相互作用这方面的了解还十分有限。上位互作的研究，离不开新的遗传学方法和分子生物学技术，也离不开适宜的遗传材料，如表 7.13 中的近等基因系。这一小节我们不去谈上位性的分析与检测问题，只是想说明上位性在选择中的重要性。

两个座位上的基因之间不存在互作时，联合基因型效应等于单个座位上基因型效应之和。因此，座位 A 上效应高的基因型与座位 B 上效应高的基因型结合在一起，联合基因型就会产生较高的效应。这时，最优基因型可以从单个座位上基因型是否最优进行判断。但是，当存在上位互作时，两个座位上的最优基因型结合在一起不一定是最优的。图 7.7 给出 6 组遗传效应下，两对独立遗传座位的 4 种纯合基因型值，不考虑随机误差。两个座位的加性效应在图 7.7 上半部分保持恒定，分别为 2 和 3。因此，从单个座位来看，AA 的表现高于 aa、BB 的表现高于 bb。当 aa=0 时，4 种基因型值分别为 $AABB$=15、$AAbb$=9、$aaBB$=11、$aabb$=5 (图 7.7 下左)。这时，不论座位 B 上是 BB 还是 bb，基因型 AA 与 aa 之间的差异都是 4；不论座位 A 上是 AA 还是 aa，基因型 BB 与 bb 之间的差异都是 6。因此，基因型 AA 与 aa 之间的差异与座位 B 无关；基因型 BB 与 bb 之间的差异与座位 A 也无关；AA 与 BB 结合在一起的基因型 $AABB$ 在 4 种基因型中有最高的表现 (图 7.7 下左)。

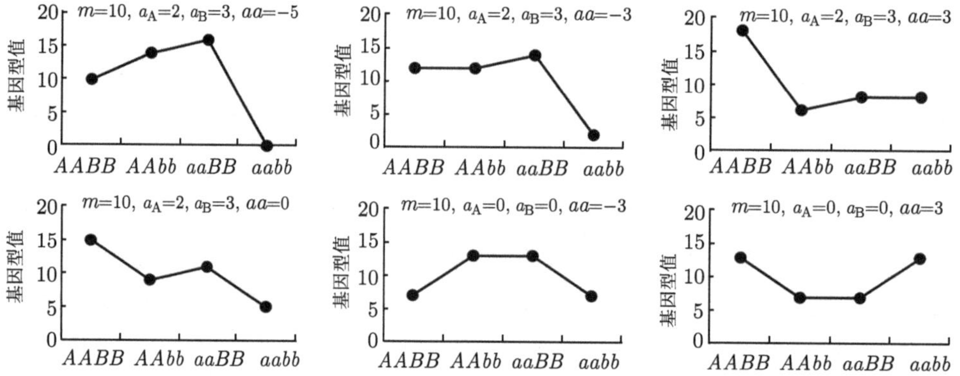

图 7.7　不同遗传效应模型下，两对独立遗传座位上 4 种纯合基因型值的示意图

图中 m 表示总平均，a_{A} 和 a_{B} 分别表示座位 A 和 B 的加性效应，aa 表示两个座位之间的加加互作效应。4 种基因型值由公式 7.90 计算

图 7.7 上，互作效应 aa 的三个取值分别为 −5、−3、3。当 $aa\neq 0$ 时，基因型 AA 与 aa 之间的差异与座位 B 的基因型有关，同时基因型 BB 与 bb 之间的差异与座位 A 的基因型也有关。例如 a_{A}=2、a_{B}=3、aa=3 时 (图 7.7 上右)，4 种基因型值分别为 $AABB$=18、$AAbb$=6、$aaBB$=8、$aabb$=8。当座位 A 的基因型是 AA 时，基因型 BB 与 bb 之间的差异为 $18-6=12$；当座位 A 的基因型是 aa 时，基因型 BB 与 bb 之间的差异为 $8-8=0$。当座位 B 的基因型是 BB 时，基因型 AA 与 aa 之间的差异为 $18-8=10$；当座位 B 的基因型是 bb 时，基因型 AA 与 aa 之间的差异为 $6-8=-2$。当互作达到一定程度时，单个座位上表现较好的基因型 AA 与 BB 结合在一起的基因型 $AABB$，不一定就在 4 种基因型中有最高的表现。例如，图 7.7 上左、上中，aa=−5、−3，最高表现的基因型不是 $AABB$，而是 $aaBB$。这时，只根据单个座位上的基因型高低进行选择，就无法选到表现最高的基因型。

对于只存在互作而不存在加显性效应的座位来说 (如图 7.6 的 10:6 分离比)，从单个座位来看，似乎基因型之间并没有差异。但是，不同座位的基因型结合在一起时，却能产生出不同的效应。例如，图 7.7 下中、下右，座位 A 和 B 的加性效应都是 0，但是它们的加加互作效应不为 0。对于负向加加互作，基因型 $AAbb$ 和 $aaBB$ 有更高的表现；对于正向加加互作，基因型 $AABB$ 和 $aabb$ 有更高的表现。如果单独分析每个座位，则会发现两个基因型之间没有任何表型差异，因此就可能得出这两个座位都与表型无关的错误结论。这样的上位互作，也只能通过两个座位的联合分析才能发现出来。

练习题

7.1 下表是 20 个玉米自交系与同一个测验种的杂交试验中，每个杂种 F_1 群体 3 个单株的株高 (cm) 调查数据。给出这组数据的方差分析表；并利用方差分析的结果，估计株高性状的误差方差和遗传方差；在方差估计的基础上，估计单株株高的广义遗传力、重复平均数的广义遗传力。

自交系	植株 1	植株 2	植株 3	自交系	植株 1	植株 2	植株 3
L01	305	280	290	L11	260	280	285
L02	280	305	315	L12	310	310	310
L03	270	255	270	L13	310	335	330
L04	270	260	290	L14	335	310	330
L05	310	315	325	L15	260	245	255
L06	290	290	300	L16	320	305	300
L07	255	235	235	L17	300	298	278
L08	287	300	310	L18	310	305	278
L09	320	320	275	L19	295	270	275
L10	270	265	260	L20	290	300	280

7.2 利用表 7.3 环境 I 的数据，假定两个重复安排在环境条件相对一致的两个区组中。给出表型数据的方差分析表；并利用方差分析的结果，估计直链淀粉含量在环境 I 的误差方差和遗传方差；在方差估计的基础上，估计直链淀粉含量小区水平的广义遗传力、重复平均数的广义遗传力。

7.3 在单基因座位加显性模型下，两个亲本的基因型分别为 AA 和 aa，该座位上群体平均数、加性效应和显性效应分别为 m=10、a=5、d=0，其他效应 (包括遗传和误差) 服从均值为 0、方差为 σ^2 的正态分布。当 σ^2=5 或 10 时，绘制 F_2 群体的理论分布曲线图。

7.4 下表是 East (1911) 玉米穗长 (cm) 的杂交试验中亲本、F_1 和 F_2 世代的次数分布。利用 Castle-Wright 公式计算有效因子个数。

群体	穗长的组中值/cm																
	5	6	7	8	9	10	11	12	13	14	15	16	17	18	19	20	21
P_1	4	21	24	8													
F_1					1	12	12	14	17	9	4						
P_2									3	11	12	15	26	15	10	7	2
F_2			4	5	22	56	80	145	129	91	63	27	17	6	1		

7.5 在单基因座位加显性模型下，中亲值、加性效应和显性效应分别用 m、a 和 d 表示，2 个亲本的基因型分别为 AA 和 aa，计算回交群体 B_1 和 B_2 的群体平均数和遗传方差。

7.6 在单基因座位加显性模型下，中亲值、加性效应和显性效应分别用 m、a 和 d 表示，2 个亲本的基因型分别为 AA 和 aa。

(1) 计算 F_2 群体和 F_3 混合群体的均值和方差。

(2) 计算 $F_{2:3}$ 家系平均数的方差和家系的平均方差。

(3) 计算 F_2 群体中个体与其 F_3 家系平均数之间的协方差。

7.7　在单基因座位加显性模型下，中亲值、加性效应和显性效应分别用 m、a 和 d 表示，2 个亲本的基因型分别为 AA 和 aa。

(1) 计算 F_4 混合群体的均值和方差。

(2) 计算 $F_{2:4}$ 家系平均数的方差和家系的平均方差。

(3) 计算 F_2 群体中个体与其 F_4 家系平均数之间的协方差。

7.8　假定两个座位上 9 种基因型的平均表现有下表所示的 4 种情形。对每种情形，计算座位 A 和 B 的加显性效应，以及两座位间的上位互作效应。

基因型	情形Ⅰ	情形Ⅱ	情形Ⅲ	情形Ⅳ
$AABB$	6	5	5	5
$AABb$	5	5	5	8
$AAbb$	4	4	5	7
$AaBB$	5	5	5	6
$AaBb$	4	5	5	9
$Aabb$	3	4	5	4
$aaBB$	4	4	5	3
$aaBb$	3	4	5	2
$aabb$	2	3	1	1

7.9　假定控制某一性状的基因有两对，它们之间不存在连锁。选择练习 7.8 平均基因型效应中的任何一种情形，计算亲本 P_1：$AABB$ 和亲本 P_2：$aabb$ 杂交产生的 B_1、B_2、F_2、DH 和 RIL 群体的均值和遗传方差。

7.10　假定控制某一性状的基因有两对，它们之间的重组率 r=0.1。选择练习 7.8 平均基因型效应中的任何一种情形，计算亲本 P_1：$AABB$ 和亲本 P_2：$aabb$ 杂交产生的 B_1、B_2、F_2、DH 和 RIL 群体的均值和遗传方差。

7.11　下表是两个座位上 4 种纯合基因型的 6 次重复观测数据。

基因型	重复观测值					
	重复 1	重复 2	重复 3	重复 4	重复 5	重复 6
$AABB$	27.2	23.1	17.4	19.1	25.9	21.1
$AAbb$	29.2	27.3	25.1	31.1	26.9	33.3
$aaBB$	21.5	26.2	31.9	23.2	25.7	28.1
$aabb$	10.8	7.9	8.2	6.3	10.7	11.6

(1) 把重复平均数作为基因型值的估计，给出两个座位的加性效应和加加互作效应的估计值。

(2) 利用两因素 2×2 的方差分析，对两个座位的遗传效应和互作效应进行显著性检验，并估计两个座位的遗传方差及它们之间的上位互作方差。

7.12　下表是两个座位上 9 种基因型的 4 次重复观测数据。杂合基因型可利用两个纯合基因型的杂交来产生，如 $AABB$ 和 $AAbb$ 杂交就得到基因型 $AABb$，$AAbb$ 和 $aaBB$ 杂交

就得到基因型 $AaBb$。

基因型	重复观测值			
	重复 1	重复 2	重复 3	重复 4
$AABB$	55	51	52	54
$AABb$	76	72	72	74
$AAbb$	11	7	7	9
$AaBB$	64	60	60	62
$AaBb$	39	35	35	38
$Aabb$	57	53	54	56
$aaBB$	43	39	40	42
$aaBb$	96	92	93	95
$aabb$	21	17	18	20

(1) 把重复平均数作为基因型值的估计，给出两个座位的加性效应、显性效应及各种互作效应的估计值。

(2) 利用两因素 3×3 的方差分析，对两个座位的遗传效应和互作效应进行显著性检验，并估计两个座位的遗传方差及它们之间的上位互作方差。

第 8 章　随机交配群体的遗传分析

绝大多数动物物种和一些植物物种，以随机交配的方式繁殖后代。随机交配群体中，每个亲本传递给后代的是它所携带的一个等位基因，而不是它的基因型。本章的前两节，首先从最简单的加显性模型出发，引入等位基因平均效应这一概念；利用等位基因的平均效应，将基因型值分解为能够遗传给下一代 (即育种值) 和不能遗传给下一代 (即显性离差) 两个部分；然后介绍利用后代平均表现的育种值定义方法，证明两种育种值定义方法的等价性，但只有后一种定义方法，才能利用育种实践中产生的亲缘关系群体，对育种值进行估计；通过遗传效应的分解，把遗传方差分解为加性方差和显性方差两部分，同时给出了不同亲缘关系群体的方差构成，以便估计各种遗传方差成分。§8.3 介绍上位互作模型的遗传效应分解和遗传方差估计方法，强调了方差分析方法在数量遗传分析中的重要性。最后一节介绍亲属间协方差的一般表示与随机交配群体的遗传力估计方法，同时给出了狭义遗传力、育种值与表型的回归系数、育种值与表型的相关系数、后代平均表现与亲本的回归系数等重要遗传参数之间的关系。

§8.1　随机交配群体中遗传效应的分解

§8.1.1　表型值和基因型值的分解

表型值和基因型值的分解，仍然从最简单的单座位加显性模型开始。为了便于推广到复等位基因的情形，这一章中一个座位上的等位基因用 A_1、$A_2\cdots$ 表示。基因型 A_iA_j 的个体，在一定环境下的表型值 P_{ij} (phenotypic value) 是基因型值 G_{ij} (genotypic value) 和随机环境效应 ε_{ij} 共同作用的结果。可重复的环境效应，以及基因型和宏环境之间的互作，将在第 9 章介绍。这里我们假定，基因型值是一个未知参数，但可以利用同一基因型多次观测值的平均数进行估计。因此，可将基因型值看作众多表型构成的一个总体的均值，有时也称为表型均值或表型平均数。

对于两个等位基因的情形，用 m 表示 A_1A_1 和 A_2A_2 两种纯合基因型值的平均或中亲值，即 $m=\frac{1}{2}(G_{11}+G_{22})$ (图 8.1)；加性效应 a 定义为 A_1A_1 和 A_2A_2 两个基因型值差值的一半，即 $a=\frac{1}{2}(G_{11}-G_{22})$ (图 8.1)；显性效应 d 定义为 A_1A_2 基因型值与中亲值之差，即 $d=G_{12}-m$ (图 8.1)，则三种基因型值可以用公式 8.1 表示出来。可以看出，公式 8.1 的表述与上一章双亲杂交群体的单座位加显性模型完全相同。

$$G_{11}=m+a,\quad G_{12}=m+d,\quad G_{22}=m-a \tag{8.1}$$

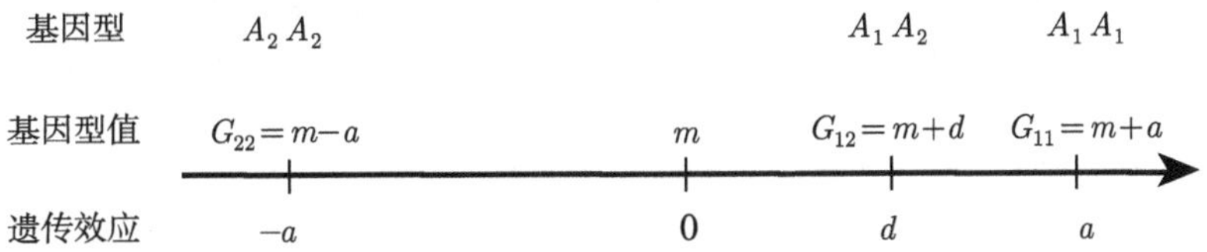

图 8.1　单基因座位加显性效应模型示意图

两个等位基因用 A_1 和 A_2 表示

如果把中亲值 m 所在的位置看作坐标原点 (图 8.1)，A_2A_2 的基因型值相当于在原点基础上减去加性效应 a，A_1A_2 的基因型值相当于在原点基础上加上显性效应 d，A_1A_1 的基因型值相当于在原点基础上加上加性效应 a。与双亲群体的加显性模型一样，图 8.1 中的加显性效应可正、可负，显性度 d/a 可以有各种可能的取值。用 p 和 q 分别表示等位基因 A_1 和 A_2 的频率，那么三种基因型 A_1A_1、A_1A_2 和 A_2A_2 在 Hardy-Weinberg 平衡群体中的频率分别为 p^2、$2pq$ 和 q^2。于是，随机交配群体的均值和遗传方差就可分别用公式 8.2 和公式 8.3 进行计算。

$$\begin{aligned}\mu=&E(P)=E(G)=p^2G_{11}+2pqG_{12}+q^2G_{22}\\=&m+(p-q)a+2pqd\end{aligned} \tag{8.2}$$

$$\begin{aligned}V_G=&V(G)=p^2(G_{11}-\mu)^2+2pq(G_{12}-\mu)^2+q^2(G_{22}-\mu)^2\\=&p^2G_{11}^2+2pqG_{12}^2+q^2G_{22}^2-\mu^2\end{aligned} \tag{8.3}$$

上一章我们知道，公式 8.1 给出的模型又称 F 无穷模型 (F-infinite model)。利用该模型对基因型值进行分解时，只需要知道三种基因型值就可以了，模型定义的 m、a、d 三种效应只依赖于三种基因型值，与等位基因频率和基因型频率没有关系。因此，加显性模型没有考虑基因和基因型在群体中的频率，这样的基因型值分解也就无法反映出群体的遗传构成。同时，公式 8.2 给出的随机交配群体均值，也不等于加显性模型中的中亲值 m。因此，参数 m 不能用作遗传方差计算公式 8.3 中的矫正平均数。

如考虑用公式 8.2 给出的群体平均数 μ 对各种基因型值进行矫正，对于 A_iA_j 的基因型值 G_{ij}，如公式 8.4 定义它的遗传效应 g_{ij}，即基因型值与群体均值的离差。这样定义的遗传效应 g_{ij} 则是一个群体水平的遗传参数，其取值依赖于等位基因频率，因此包含了群体遗传构成的信息；同时，遗传效应 g_{ij} 还满足加权平均数等于 0 的约束条件。利用公式 8.4 定义的遗传效应 g_{ij}，就可以如公式 8.5 所示计算群体的遗传方差。显然，根据效应 g_{ij} 的遗传方差计算公式 8.5，要比利用各种基因型值 (公式 8.3) 或加显性模型中的各种效应计算遗传方差简便得多。

$$G_{ij} = \mu + g_{ij}, \quad g_{ij} = G_{ij} - \mu \tag{8.4}$$

$$V_G = p^2 g_{11}^2 + 2pq g_{12}^2 + q^2 g_{22}^2 \tag{8.5}$$

考虑老鼠的一个矮化基因座位上两个等位基因 pg 和 $+$，三种基因型值见表 8.1，所考察的性状为 6 周龄体重 (g)(Falconer and Mackay, 1996)。根据加显性模型公式 8.1，容易得到下面的中亲值 m、加性效应 a 和显性效应 d，因此显性度 d/a=0.5。从表 8.1 的三种基因型值及显性度来看，杂合基因型值偏向正常纯合基因型 $++$，属于部分显性。

$$m = \frac{1}{2}(14+6) = 10\text{g}, \quad a = \frac{1}{2}(14-6) = 4\text{g}, \quad d = 12 - 10 = 2\text{g}$$

表 8.1　老鼠矮化基因座位上三种基因型的 6 周龄平均体重 (g)，以及等位基因频率分别为 0.9 和 0.1 的随机交配群体的基因型频率、群体均值、群体方差和三种基因型的遗传效应

基因型	$++$	$+pg$	$pgpg$
6 周龄平均体重 (g)，即基因型值	14	12	6
等位基因 $+$ 和 pg 频率分别为 0.9 和 0.1 的随机交配群体			
基因型频率	0.81	0.18	0.01
群体均值	13.56		
遗传效应	0.44	−1.56	−7.56
遗传方差	1.1664		

在等位基因 $+$ 和 pg 频率分别为 0.9 和 0.1 的随机交配群体中，三种基因型 $++$、$+pg$ 和 $pgpg$ 的频率分别为 0.81、0.18 和 0.01。从群体均值计算公式 8.2，可以得到下面的平均体重 13.56。从基因型值中减去群体均值 13.56，得到三种基因型的遗传效应分别为 0.44、−1.56、−7.56 (表 8.1)。从方差计算公式 8.5，可以得到下面的遗传方差 1.1664，这与由公式 8.3 得到的遗传方差是完全相同的，请读者自行验证。

$$\mu = m + (p-q)a + 2pqd = 10 + (0.9-0.1)\times 4 + 2\times 0.9\times 0.1\times 2 = 13.56$$

$$V_G = 0.81\times 0.44^2 + 0.18\times(-1.56)^2 + 0.01\times(-7.56)^2 = 1.1664$$

§8.1.2　等位基因的平均效应

在随机交配的情形下，亲本传递给后代的是它携带的一个等位基因，而不是它的基因型。对于存在两个等位基因 A_1 和 A_2 的一个座位，个体 A_1A_1 的每个随机交配后代，只能得到该个体的一个等位基因，即 A_1；后代的另一个等位基因来自另外一个亲本，它既可能是 A_1 也可能是 A_2；个体 A_1A_1 随机交配后代的基因型有 A_1A_1 和 A_1A_2 两种可能；每种可能的基因型中，只有一个等位基因来自亲本 A_1A_1，另一个来自其他亲本。大群体中，这两个基因的后裔同样概率等于 0。随机交配后代的基因型与亲代的基因型尽管有一定联系，但又不完全等同于亲代的基因型。因此，基因型为 A_iA_j 的亲代个体不能把它的所有遗传效应

g_{ij} 都传递给下一代。这就需要对遗传效应 g_{ij} 作进一步分解，以了解性状在亲子之间的传递规律，并预测选择对后代群体的影响。

一种定义等位基因效应的方法，是利用后代群体的平均表现与随机交配群体均值的离差进行计算 (表 8.2)。以等位基因 A_1 为例，把它视为配子，与群体中其他配子随机结合产生一个后代群体，其他配子基因型既有 A_1 也有 A_2，它们的频率分别为 p 和 q。因此，配子 A_1 产生后代群体中的基因型有 A_1A_1 和 A_1A_2 两种，频率也分别为 p 和 q (表 8.2)。根据配子 A_1 后代群体的基因型频率，就能得到后代群体的均值为 $pa+qd$，从中减去随机交配群体的均值 $\mu=(p-q)a+2pqd$，就得到等位基因 A_1 的效应 α_1，用公式 8.6 表示。类似地，我们还可以得到等位基因 A_2 平均效应 α_2 的计算公式 8.7。对于复等位基因，可用同样的方法定义它们的平均效应。

$$\alpha_1=pa+qd-[(p-q)a+2pqd]=q[a+(q-p)d] \tag{8.6}$$

$$\alpha_2=-qa+pd-[(p-q)a+2pqd]=-p[a+(q-p)d] \tag{8.7}$$

从公式 8.6 和公式 8.7 容易证明，两种等位基因平均效应的加权平均数等于 0，用公式 8.8 表示。后面讨论遗传方差的分解时，我们可以看到，正是这一性质保证了遗传方差分解的正交性。

$$p\alpha_1+q\alpha_2=0 \tag{8.8}$$

表 8.2　携带不同等位基因的配子，其随机交配后代群体的基因型频率、群体均值和等位基因平均效应的计算

等位基因和频率	基因型值及后代群体中的频率			后代群体均值	等位基因平均效应 α_i
	A_1A_1, a	A_1A_2, d	A_2A_2, $-a$		
A_1, p	p	q		$pa+qd$	$q[a+(q-p)d]$
A_2, q		p	q	$pd-qa$	$-p[a+(q-p)d]$
随机交配群体	p^2	$2pq$	q^2	$(p-q)a+2pqd$	

注：为简明起见，基因型值中不考虑中亲值 m。是否考虑 m，只影响均值的计算，而不影响各种效应和方差的计算。最后的均值只需要加上 m 即可

§8.1.3　基因替代效应及其回归解释

育种过程中，当选择有利于某个等位基因时，常意味着有利等位基因对另一个不利等位基因的替换。因此，有必要研究等位基因的替代效应 (effect of an allele substitution)。假定我们可以把随机挑选的等位基因 A_2 变为 A_1，个体的基因型既可能是 A_1A_2 也可能是 A_2A_2，频率分别为 p 和 q。把 A_1A_2 变为 A_1A_1 后，基因型值从 d 变为 a，替换前后的效应变化为 $a-d$；把 A_2A_2 变为 A_1A_2 后，基因型值从 $-a$ 变为 d，替换前后的效应变化为 $a+d$(表 8.3)。因此得到公式 8.9 平均基因替换效应 α 的表达式。从公式 8.6、公式 8.7 和公式 8.9 可以看出，平均替代效应与等位基因平均效应之间具有公式 8.10 给出的各种关系，等位基因 A_1 对 A_2 的替代效应正好等于 A_1 与 A_2 平均效应的差值。

$$\alpha = p(a-d) + q(d+a) = a + (q-p)d \tag{8.9}$$

$$\alpha_1 = q\alpha, \quad \alpha_2 = -p\alpha, \quad \alpha = \alpha_1 - \alpha_2 \tag{8.10}$$

表 8.3　携带等位基因 A_2 的个体在发生基因替换前后的基因型值变化

替换前		替换后		替换前后的基因型值变化量	两种替换基因型的频率
基因型	基因型值	基因型	基因型值		
A_1A_2	d	A_1A_1	a	$a-d$	p
A_2A_2	$-a$	A_1A_2	d	$d+a$	q

例如，在前面老鼠体重的例子中，若一个随机交配群体中基因 pg 的频率 q=0.1，两种等位基因的平均效应及等位基因的替代效应如下。

$$\alpha_+ = q[a+(q-p)d] = 0.1 \times [4 + 2 \times (0.1 - 0.9)] = 0.24$$

$$\alpha_{pg} = -p[a+(q-p)d] = -0.9 \times [4 + 2 \times (0.1 - 0.9)] = -2.16$$

$$\alpha = [a+(q-p)d] = [4 + 2 \times (0.1 - 0.9)] = 2.40$$

回归分析对基因替代效应给出一个更为明确的解释，并且有利于理解基因型的育种值和显性离差分解。三种基因型值和等位基因 A_1 的数目列于表 8.4，把基因型值视为因变量 Y，等位基因 A_1 的数目视为自变量 X。Y 的加权平均数当然就是随机交配群体的均值，X 的加权平均数等于 $2p$。因此得到如下 X 与 Y 之间的协方差及变量 X 的方差 (请读者作为练习自行验证)。

$$\text{Cov}(X,Y) = \sum f_i X_i Y_i - E(X)E(Y) = 2pq[a+(q-p)d]$$

$$V(X) = \sum f_i X_i^2 - [E(X)]^2 = 2pq$$

表 8.4　基因型值和 A_1 等位基因个数之间的回归分析

基因型	频率 f_i	基因型值 Y_i	基因 A_1 的数目 X_i
A_1A_1	p^2	a	2
A_1A_2	$2pq$	d	1
A_2A_2	q^2	$-a$	0
均值		$(p-q)a+2pqd$	$2p$

根据第 6 章的公式 6.71，得到基因型值 Y 对 A_1 等位基因个数 X 的回归系数公式 8.11，以及回归常数项的公式 8.12。显然，回归系数正好等于公式 8.9 定义的基因替代效应 α。同时还可以看出，如果利用回归方程 $Y = b_0 + b_{YX}X$ 计算 X=0、1、2 对应的 Y，这些 Y 值正好等于群体均值加上对应三种基因型的育种值。因此，育种值正好位于公式 8.11 和公式 8.12 定义的回归直线上。随后将看到，这些结果可以帮助我们更好地理解显性离差这一概念。

$$b_{YX} = \frac{\text{Cov}(X,Y)}{V(X)} = a + (q-p)d = \alpha \tag{8.11}$$

$$b_0 = \overline{Y} - b_{YX}\overline{X} = \mu - 2p\alpha \tag{8.12}$$

§8.1.4 育种值和显性离差

育种中对亲本的选择，当然是希望中选亲本的后代能够有更加优良的表现。因此在育种中，育种家往往从一个个体所产生后代群体的平均表现去判断它的育种价值，并将其作为亲本选择的重要标准。一个个体的后代群体，相对于整个亲本群体的差异，称为该个体的育种值 (breeding value)。前面介绍的基因效应和基因替代效应在实际中难以测量，而育种值是可以测量的。如果一个个体与一个群体中随机挑选的其他个体进行交配，该个体的育种值则定义为该个体后代群体的平均表现与随机交配群体的平均表现之间差异的 2 倍。之所以要加倍，是由于一个亲本只提供给后代群体一半的基因。根据这一定义，表 8.5 给出三种基因型作为亲本，它们的后代均值及其与随机交配群体均值之间离差的计算过程。表 8.5 中的后代群体也称半同胞家系。例如，在一个玉米随机交配群体中，每个植株上收获的种子就可被看作一个半同胞家系。

表 8.5 不同基因型后代群体的均值及其与整个随机交配群体均值的离差

亲代基因型	后代群体中的基因型频率			后代群体均值	与随机交配群体均值的离差
	A_1A_1，a	A_1A_2，d	A_2A_2，$-a$		
A_1A_1	p	q		$pa+qd$	$\alpha_1=\frac{1}{2}A_{11}$
A_1A_2	$\frac{1}{2}p$	$\frac{1}{2}(p+q)$	$\frac{1}{2}q$	$\frac{1}{2}(pa+qd)+\frac{1}{2}(pd-qa)$	$\frac{1}{2}(\alpha_1+\alpha_2)=\frac{1}{2}A_{12}$
A_2A_2		p	q	$pd-qa$	$\alpha_2=\frac{1}{2}A_{22}$
随机交配群体	p^2	$2pq$	q^2	$(p-q)a+2pqd$	

以基因型 A_1A_2 为例，它产生两种配子 A_1 和 A_2 的频率均为 $\frac{1}{2}$ (假定全部为雌配子)，随机交配群体产生两种配子 A_1 和 A_2 的频率分别为 p 和 q (假定全部为雄配子)。因此，雌雄配子结合的半同胞后代群体中，三种基因型的频率对应于二项式 $\left(\frac{1}{2}A_1+\frac{1}{2}A_2\right)(pA_1+qA_2)$ 的展开项，即表 8.5 中的 $\frac{1}{2}p$、$\frac{1}{2}(p+q)$、$\frac{1}{2}q$。亲本 A_1A_1 和 A_2A_2 的后代基因型频率，与表 8.2 中等位基因 A_1 和 A_2 的后代基因型频率相同。因此，后代均值也与表 8.2 的后代均值相同，半同胞后代与随机交配群体均值之间的差异也就等于等位基因的平均效应 (表 8.5 最后一列)。亲本 A_1A_2 的后代均值正好可以被看作 A_1A_1 和 A_2A_2 后代均值的平均数。因此，它与随机交配群体均值的差异，也就等于两种等位基因效应的平均数 (表 8.5 最后一列)。

从表 8.5 最后一列给出的结果可以看到，个体的育种值正好等于个体携带两个等位基因的平均效应之和。因此，基因型 A_1A_1、A_1A_2 和 A_2A_2 的育种值分别为 $A_{11}=2\alpha_1$，$A_{12}=\alpha_1+\alpha_2$ 和 $A_{22}=2\alpha_2$。统一起来，各种基因型的育种值用公式 8.13 表示。

$$A_{ij}=\alpha_i+\alpha_j \tag{8.13}$$

在育种值的基础上，我们可以把 A_iA_j 的基因型值进一步分解为公式 8.14 的形式，其中，α_i 是等位基因 A_i 的平均效应，α_j 是等位基因 A_j 的平均效应，$A_{ij}=\alpha_i+\alpha_j$ 称为基因型 A_iA_j 的育种值，D_{ij} 为遗传效应 g_{ij} 中扣除育种值的部分，称为显性离差 (dominance deviation)。为与公式 8.1 的 F 无穷模型相区分，公式 8.14 又称为 F_2 模型 (F_2 model)。

$$G_{ij} = \mu + g_{ij} = \mu + \alpha_i + \alpha_j + \delta_{ij} = \mu + A_{ij} + D_{ij} \tag{8.14}$$

根据 §8.1.3 的回归分析我们知道，基因型值 Y 对等位基因 A_1 数目 X 的回归系数，正好等于基因替换效应 α，三种基因型的育种值都落在这条回归直线上。因此，可以将育种值视为图 8.2 中回归直线上空心圆圈所在的位置，而显性离差为空心圆圈代表的育种值和实心圆圈代表的遗传效应之间的差异。如果以等位基因 A_1 个数 X=0 (即 A_2A_2) 的育种值为起点，则 X=1 (即 A_1A_2) 的育种值等于 α，X=2 (即 A_1A_1) 的育种值等于 2α。因此，公式 8.9 定义的等位基因替换效应对育种值来说是完全可加的。

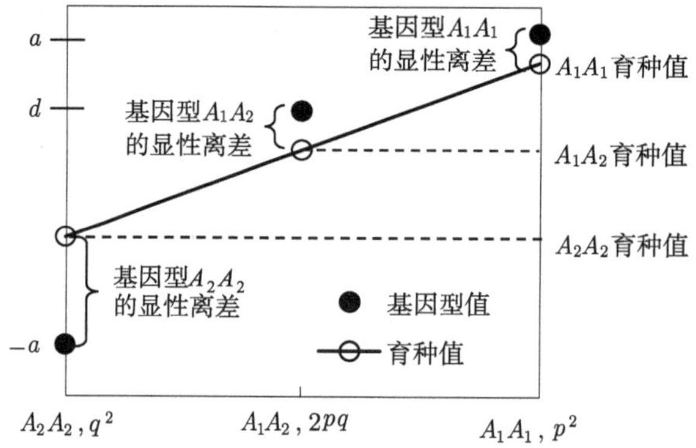

图 8.2 个体育种值和显性离差关系的回归表示

上述遗传效应分解的思想由 Fisher (1918) 提出，后来成为现代统计学中方差分析的理论基础 (Fisher, 2003, reprinted)。根据 Hardy-Weinberg 平衡定律，随机交配群体的基因型是频率分别为 p、q 的雌配子 A_1、A_2 与频率分别为 p、q 的雄配子 A_1、A_2 随机结合的产物。如能区分后代个体的雌雄配子来源，利用表 8.6 的 2×2 双向表将基因型的构成表示出来，一个方向表示雌配子，包含 A_1 和 A_2 两个水平；另一个方向表示雄配子，也包含 A_1 和 A_2 两个水平。对于表 8.6 的 2×2 双向表，可以类似方差分析的方法计算行平均和列平均。行平均对应的就是雌配子的后代均值，列平均对应的就是雄配子的后代均值。总平均就是随机交配群体的均值 $\mu = (p-q)a + 2pqd$。值得注意的是，所有均值和方差的计算，都要考虑等位基因或是基因型的频率。这里所说的平均，都是以频率为权重的加权平均。

表 8.6 利用雌雄配子随机结合产生后代的 2×2 双向表计算等位基因的平均效应

雌配子	雄配子		雌配子效应计算	
	A_1, p	A_2, q	行平均	行效应
A_1, p	a	d	$pa+qd$	$\alpha_1 = q\alpha$
A_2, q	d	$-a$	$pd-qa$	$\alpha_2 = -p\alpha$
列平均	$pa+qd$	$pd-qa$	$\mu = (p-q)a + 2pqd$	
列效应	$\beta_1 = q\alpha$	$\beta_2 = -p\alpha$		

表 8.6 中，行平均减去均值 μ 就是行效应，对应于雌配子的平均效应。列平均减去均值 μ 就是列效应，对应于雄配子的平均效应。一般情况下，在个体基因型中是看不出雌雄配子

来源的，所以两种类型的雌配子与两种类型的雄配子有相同的平均效应。为进一步明确显性离差的含义，我们暂且把雌雄配子的平均效应用不同的符号表示。

在双因素方差分析中，行效应和列效应之和称为处理的主效应 (表 8.7 左半部分)，它们对应于各种基因型的育种值；总效应减去主效应之外的效应定义为互作，它们对应于各种基因型的显性离差 (表 8.7 右半部分)。因此，公式 8.14 中定义的育种值和显性离差也可以通过方差分析的效应分解而得到。不难看出，如果 A_1A_2 的基因型值正好位于 A_1A_1 和 A_2A_2 中间，即 d=0，表 8.7 中所有交互作用均为 0；否则，交互作用不为 0。因此，显性效应有时也称为同一个座位上不同等位基因间的互作，是由不同雌雄配子之间相互作用而产生的。

表 8.7　利用双向表 8.6 计算不同基因型的育种值和显性离差

配子型及其频率	主效应，即育种值		交互作用，即显性离差	
	A_1，p	A_2，q	A_1	A_2
A_1，p	$\alpha_1+\beta_1$	$\alpha_1+\beta_2$	$g_{11}-(\alpha_1+\beta_1)$	$g_{12}-(\alpha_1+\beta_2)$
A_2，q	$\alpha_2+\beta_1$	$\alpha_2+\beta_2$	$g_{21}-(\alpha_2+\beta_1)$	$g_{22}-(\alpha_2+\beta_2)$

在前面关于老鼠体重的例子中，若一个随机交配群体中基因 pg 的频率 q=0.1，则三种基因型 ++、+pg 和 $pgpg$ 的育种值分别为 0.48、−1.92 和 −4.32。基因 pg 的频率 q=0.1、0.3、0.5、0.7 和 0.9 时，基因效应、基因替代效应、育种值和显性离差列于表 8.8。不论群体的等位基因频率如何，三种基因型值与表 8.1 完全相同，始终为 14、12、6。但是，群体均值、基因效应、基因替换效应、育种值和显性离差因群体而异。因此，在谈到这些效应时要指明群体的基因频率是多大。

表 8.8　不同基因频率随机交配群体的均值、等位基因效应和基因替换效应

效应类型	基因 pg 的频率 q				
	q=0.1	q=0.3	q=0.5	q=0.7	q=0.9
群体均值	13.56	12.44	11.00	9.24	7.16
基因 + 的平均效应	0.24	0.96	2.00	3.36	5.04
基因 pg 的平均效应	−2.16	−2.24	−2.00	−1.44	−0.56
基因 + 对 pg 的替代效应	2.40	3.20	4.00	4.80	5.60
基因型 ++ 的育种值	0.48	1.92	4	6.72	10.08
基因型 +pg 的育种值	−1.92	−1.28	0	1.92	4.48
基因型 $pgpg$ 的育种值	−4.32	−4.48	−4	−2.88	−1.12
基因型 ++ 的显性离差	−0.04	−0.36	−1	−1.96	−3.24
基因型 +pg 的显性离差	0.36	0.84	1	0.84	0.36
基因型 $pgpg$ 的显性离差	−3.24	−1.96	−1	−0.36	−0.04

§8.2　随机交配群体的遗传方差和亲子相关

§8.2.1　加性方差和显性方差

上一节对基因型值和遗传效应的分解结果总结在表 8.9 中。容易证明，育种值和显性离

差的加权平均数均为 0，它们之间的协方差也为 0，即

$$E(A) = E(D) = E(AD) = 0$$

$$\mathrm{Cov}(A, D) = E(AD) - E(A)E(D) = 0$$

因此，上一节从遗传效应分解出来的育种值和显性离差，二者之间无相关，这样的分解在统计上称为正交分解。在正交分解的条件下，加性方差和显性方差可分别利用公式 8.15 和公式 8.16 计算，遗传方差也就等于加性方差与显性方差二者之和 (公式 8.17)。

$$V_A = V(A) = E[A - E(A)]^2 = E(A^2) - [E(A)]^2 = E(A^2) \tag{8.15}$$

$$V_D = V(D) = E[D - E(D)]^2 = E(D^2) - [E(D)]^2 = E(D^2) \tag{8.16}$$

$$V_G = V(A + D) = V(A) + V(D) = V_A + V_D \tag{8.17}$$

表 8.9　随机交配群体中不同基因型的频率、基因型值、遗传效应、育种值和显性离差

基因型	频率	基因型值 G_{ij}	遗传效应 g_{ij}	育种值 A_{ij}	显性离差 D_{ij}
A_1A_1	p^2	$m+a$	$2q(a-pd)$ 或 $2q(\alpha-qd)$	$2q\alpha$	$-2q^2d$
A_1A_2	$2pq$	$m+d$	$(q-p)a+(1-2pq)d$ 或 $(q-p)\alpha+2pqd$	$(q-p)\alpha$	$2pqd$
A_2A_2	q^2	$m-a$	$-2p(a+qd)$ 或 $-2p(\alpha+pd)$	$-2p\alpha$	$-2p^2d$

根据公式 8.15，进一步得到一个基因座位上加性方差 V_A 的计算公式 8.18；根据公式 8.16，进一步得到一个基因座位上显性方差 V_D 的计算公式 8.19；根据公式 8.17，得到一个基因座位上总遗传方差 V_G 的计算公式 8.20。显然，当 $p = q$=0.5 时，如双亲的杂交 F_2 群体，$V_A = \frac{1}{2}a^2$，$V_D = \frac{1}{4}d^2$，$V_G = \frac{1}{2}a^2 + \frac{1}{4}d^2$。它们与上一章的方差完全相同。因此，$F_2$ 群体可以被看作随机交配群体的一个特例。

$$\begin{aligned} V_A &= p^2(2q\alpha)^2 + 2pq[(q-p)\alpha]^2 + q^2(-2p\alpha)^2 \\ &= [4p^2q^2 + 2pq(q-p)^2 + 4p^2q^2]\alpha^2 = 2pq[4pq + (q-p)^2]\alpha^2 \\ &= 2pq\alpha^2 = 2pq[a + (q-p)d]^2 \end{aligned} \tag{8.18}$$

$$V_D = p^2(-2q^2d)^2 + 2pq(2pqd)^2 + q^2(-2p^2d)^2 = 4p^2q^2d^2 \tag{8.19}$$

$$V_G = 2pq[a + (q-p)d]^2 + 4p^2q^2d^2 \tag{8.20}$$

从育种值的定义看，育种值高意味着后代的平均表现就高；育种值低意味着后代的平均表现就低。因此，育种值可以遗传给后代，或者说育种值是可遗传的。正由于此，经典数量遗传的一个主要研究内容就是估计遗传方差中的加性成分，进而估计随机交配群体的遗传力和选择响应。

图 8.3 给出 4 种加显性效应模型中，随机交配群体的加性方差 (V_A)、显性方差 (V_D) 和遗传方差 (V_G) 随等位基因频率的变化。不存在显性效应时 (图 8.3A)，所有遗传方差都来自育种值，即等于加性方差，显性方差为 0。除非有超显性效应 (图 8.3C)，一般来说加性方差是遗传方差的主要成分 (图 8.3A，图 8.3B)。值得一提的是，加性效应为 0 并不代表群体的加性方差也是 0 (图 8.3D)，显性效应也会影响育种值和加性方差 (公式 8.18)。

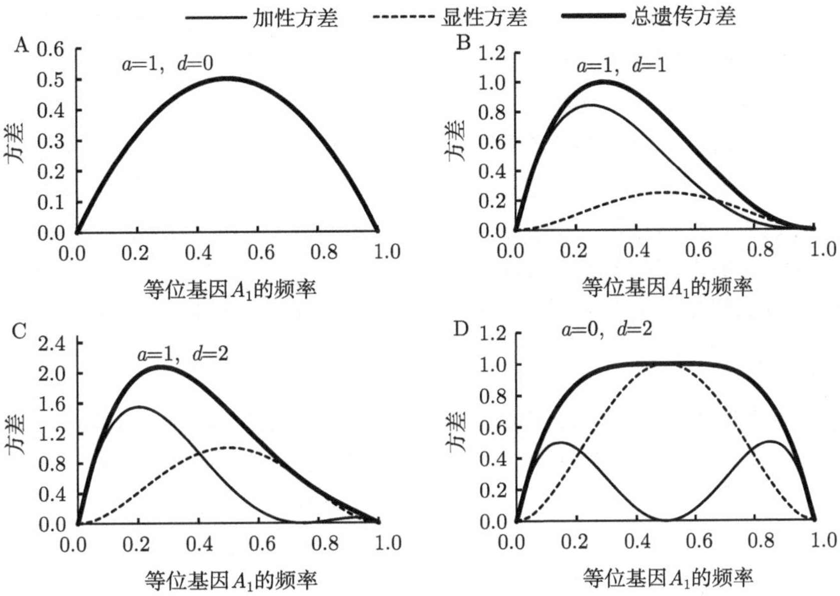

图 8.3 不同遗传模型和等位基因频率的随机交配群体中，加性方差 (V_A)、显性方差 (V_D) 和遗传方差 (V_G) 的大小

前面说过，平均基因替代效应等于基因型值对等位基因 A_1 数目的回归系数，育种值等于回归直线上的拟合基因型值，显性离差为基因型值与拟合基因型值间的差异，最小二乘估计是从显性离差平方和的极小化得来的。从这一点来看，实际数据中的显性方差可能不会很大。很多作物的实际数据也支持这一观点。拿玉米来说，优良杂交种的产量可以达到自交系的 2~3 倍，其中必定有基因表现出显性或上位性，或者二者兼有。但是从遗传数据的分析来看，加性方差仍然会超过显性方差的 60%以上，由玉米单交组合表现估计出的一般配合力方差 (等同于加性方差) 也经常超过特殊配合力方差 (等同于显性方差) 的 2 倍以上 (Bernardo，2010)。

表 8.8 中，等位基因 + 表现为部分显性，基因型 ++ 的育种值总是高于其他两种基因型。说明不论群体的基因频率如何，基因 + 的平均效应总是高于 pg 的平均效应，基因型 ++ 的后代均值总是要高于 $+pg$ 和 $pgpg$ 的后代均值。如果根据育种值进行选择，基因型 ++ 就会有更多的机会被选中，后代群体中等位基因 + 的频率就会不断增加，群体均值也随之提高，直到群体被固定在等位基因 + 上为止。

在图 8.3C 的超显性模型中我们已经看到，基因频率在 0 和 1 之间 (不含 0 和 1) 取值时，加性方差还可以为 0。在图 8.3D 的无加性模型中，基因频率为 0.5 的加性方差等于 0。在这样的遗传模型中，各种基因型育种值的相对高低并不是一成不变的。假定三种基因型 A_1A_1、A_1A_2、A_2A_2 的平均表现分别为 110、150、90。在单基因加显性模型下，m=100、a=10、d=50，d/a=5 为超显性。表 8.10 给出 5 种基因频率随机交配群体的均值、遗传方差、等位基因平均效应、育种值、加性方差、显性离差和显性方差。对于这三种基因型值，容易证明等位基因 A_1 频率 p=0.6 时，随机交配群体的均值达到最高点，即表 8.10 中给出的 126。

从表 8.10 可以看到，在 $p < 0.6$ 的群体中，等位基因 A_1 有较高的平均表现，A_1A_1 的育种值也较高。如果根据育种值选择亲本，A_1 的频率就会不断增加，后代群体的均值也随之上升。在 $p > 0.6$ 的群体中，等位基因 A_2 有较高的平均表现，A_2A_2 有较高的育种值。如果根据育种值选择亲本，A_1 的频率就会降低，其结果也是提高了后代群体的均值。当等位基因 A_1 的频率达到 0.6 时，群体均值达到最高点，两种等位基因的平均效应和三种基因型的育种值均为 0。这时，根据育种值的选择不会引起基因频率的任何改变，群体均值在 0.6 的 A_1 频率上不再发生变化，这就是所谓的选择高原 (selection plateau)。达到选择高原的群体，加性方差为 0，对选择不再有任何响应。但这时不代表群体中没有遗传方差了，只是说决定选择响应的加性方差没有了。

表 8.10　不同基因频率随机交配群体的均值、遗传方差、等位基因平均效应、育种值、加性方差、显性离差和显性方差。假定三种基因型 A_1A_1、A_1A_2、A_2A_2 的平均表现分别是 110、150、90

遗传参数	基因 A_1 的频率 p				
	p=0.4	p=0.5	p=0.6	p=0.7	p=0.8
群体均值	122	125	126	125	122
遗传方差	768	675	576	483	384
基因 A_1 的平均效应	12	5	0	−3	−4
基因 A_2 的平均效应	−8	−5	0	7	16
基因型 A_1A_1 的育种值	24	10	0	−6	−8
基因型 A_1A_2 的育种值	4	0	0	4	12
基因型 A_2A_2 的育种值	−16	−10	0	14	32
加性方差	192	50	0	42	128
基因型 A_1A_1 的显性离差	−36	−25	−16	−9	−4
基因型 A_1A_2 的显性离差	24	25	24	21	16
基因型 A_2A_2 的显性离差	−16	−25	−36	−49	−64
显性方差	576	625	576	441	256

表 8.10 的例子，一方面说明了育种值和加性方差在选择中的重要性，另一方面也说明随机交配群体中根据表型或育种值的选择，有时不一定能使群体均值达到最高的基因型值。试想，如果只选择基因型值最高的 A_1A_2 作亲本，随机交配后代的均值只有 125，对应于表 8.10 频率为 0.5 的情形。如果根据育种值选择亲本，最高的群体均值也只能达到 126，对应于表 8.10 频率为 0.6 的情形，远低于 A_1A_2 基因型值 150。因此，在存在超显性时，随机交配群体不可能达到最高的可能基因型值。这也从另外一方面说明了植物育种中杂交种选育的重要性，即把两个自交系 A_1A_1 和 A_2A_2 的杂种 F_1 作为品种，杂种 F_1 群体在田间是整齐一致的，同时还实现了 150 的最高基因型值。

§8.2.2　半同胞家系间的方差与亲子间的协方差

随机交配群体中，具有一个共同亲本的后代群体，称为一个半同胞家系 (half-sib family)。根据亲本的基因型，可以把半同胞家系分成三类，表 8.11 的第 2、3 列分别给出三种半同胞家系的频率和亲本基因型值，频率分别等于三种基因型 A_1A_1、A_1A_2、A_2A_2 在随机交配群体中的频率 p^2、$2pq$、q^2。这三类半同胞家系其实就是表 8.5 计算育种值时各种基因型的后代。根据遗传效应的分解，亲本基因型值与群体均值的离差等于育种值和显性效应之和，即

表 8.11 第 3 列；半同胞后代与群体均值的离差等于育种值的 $\frac{1}{2}$，即表 8.11 倒数第二列。最后一列给出等位基因频率均为 0.5 时，家系内方差的大小。

表 8.11 随机交配群体中半同胞家系的均值和方差

亲代基因型	频率	基因型值与群体均值的离差效应	子代基因型、基因型值和频率			家系均值与群体均值的离差	家系内方差 ($p=q$=0.5)
			A_1A_1，a	A_1A_2，d	A_2A_2，$-a$		
A_1A_1	p^2	$A_{11}+D_{11}$	p	q	0	$\frac{1}{2}A_{11}$	$\frac{1}{4}(a-d)^2$
A_1A_2	$2pq$	$A_{12}+D_{12}$	$\frac{1}{2}p$	$\frac{1}{2}(p+q)$	$\frac{1}{2}q$	$\frac{1}{2}A_{12}$	$\frac{1}{2}a^2+\frac{1}{4}d^2$
A_2A_2	q^2	$A_{22}+D_{22}$	0	p	q	$\frac{1}{2}A_{22}$	$\frac{1}{4}(a+d)^2$

根据表 8.11 的家系构成，我们可以计算半同胞家系间的方差、家系内的平均方差，以及亲本与家系均值之间的协方差。半同胞家系间的方差度量了家系平均数之间的变异程度，称为家系间方差，用 V_{bHS} 或 $\mathrm{Cov}_{\mathrm{HS}}$ 表示，它包含了 $\frac{1}{4}$ 的加性方差，不包含显性方差，计算过程由公式 8.21 给出。半同胞家系内的平均方差度量了家系内的平均变异，称为家系内方差，用 V_{wHS} 表示，它包含了 $\frac{3}{4}$ 的加性方差和所有的显性方差，计算过程由公式 8.22 给出。公式 8.22 也可以从表 8.11 的频率与家系内方差的积和求得，但证明过程很繁琐。亲子间的协方差度量了亲本和后代间的相关程度，用 $\mathrm{Cov}_{\mathrm{OP}}$ 表示，它包含了 $\frac{1}{2}$ 的加性方差，不包含显性方差，计算过程由公式 8.23 给出。

$$V_{\mathrm{bHS}}=\mathrm{Cov}_{\mathrm{HS}}=\mathrm{Cov}\left(\frac{1}{2}A,\frac{1}{2}A\right)=\frac{1}{4}\mathrm{Cov}(A,A)=\frac{1}{4}V_A \tag{8.21}$$

$$V_{\mathrm{wHS}}=V_G-V_{\mathrm{bHS}}=\frac{3}{4}V_A+V_D \tag{8.22}$$

$$\mathrm{Cov}_{\mathrm{OP}}=\mathrm{Cov}\left(A+D,\frac{1}{2}A\right)=\frac{1}{2}\mathrm{Cov}(A,A)+\frac{1}{2}\mathrm{Cov}(D,A)=\frac{1}{2}V_A \tag{8.23}$$

把后代的平均表现用 O 表示、亲代的表现用 P 表示，亲代的表型方差 V_P 用公式 8.24 表示，亲子之间的协方差由公式 8.23 计算。因此得到亲子之间回归系数的计算公式 8.25。

$$V_P=V_G+V_\varepsilon=V_A+V_D+V_\varepsilon \tag{8.24}$$

$$b_{\mathrm{OP}}=\frac{\mathrm{Cov}_{\mathrm{OP}}}{V_P}=\frac{\frac{1}{2}V_A}{V_A+V_D+V_\varepsilon} \tag{8.25}$$

§8.2.3 全同胞家系间的方差与亲子间的协方差

随机交配群体中，根据亲本基因型可以把全同胞家系分成 6 类。这 6 类家系的遗传结构类似于上一章的 6 个基本世代 $\mathrm{P_1}$、$\mathrm{B_1}$、$\mathrm{F_1}$、$\mathrm{F_2}$、$\mathrm{B_2}$ 和 $\mathrm{P_2}$。表 8.12 的第 2、3 列分别给出 6 种全同胞家系的频率和中亲值，频率是由三种基因型 A_1A_1、A_1A_2、A_2A_2 在随机交配群体中的频率 p^2、$2pq$、q^2 决定的，中亲值等于两个亲本基因型值的平均数。根据家系中三种基因型的频率，就得到表 8.12 中的家系均值和家系内方差，与基本世代 $\mathrm{P_1}$、$\mathrm{B_1}$、$\mathrm{F_1}$、$\mathrm{F_2}$、$\mathrm{B_2}$ 和 $\mathrm{P_2}$ 的群体均值和遗传方差完全相同。

表 8.12　随机交配群体中全同胞家系的均值和方差

家系类型	频率	中亲值	全同胞家系基因型频率			家系均值	家系内方差
			A_1A_1，a	A_1A_2，d	A_2A_2，$-a$		
$A_1A_1\times A_1A_1$	p^4	a	1	0	0	a	0
$A_1A_1\times A_1A_2$	$4p^3q$	$\frac{1}{2}(a+d)$	$\frac{1}{2}$	$\frac{1}{2}$	0	$\frac{1}{2}(a+d)$	$\frac{1}{4}(a-d)^2$
$A_1A_1\times A_2A_2$	$2p^2q^2$	0	0	1	0	d	0
$A_1A_2\times A_1A_2$	$4p^2q^2$	d	$\frac{1}{4}$	$\frac{1}{2}$	$\frac{1}{4}$	$\frac{1}{2}d$	$\frac{1}{2}a^2+\frac{1}{4}d^2$
$A_1A_2\times A_2A_2$	$4pq^3$	$\frac{1}{2}(-a+d)$	0	$\frac{1}{2}$	$\frac{1}{2}$	$\frac{1}{2}(-a+d)$	$\frac{1}{4}(a+d)^2$
$A_2A_2\times A_2A_2$	q^4	$-a$	0	0	1	$-a$	0
随机交配群体			p^2	$2pq$	q^2	$\mu=(p-q)a+2pqd$	

根据表 8.12 的家系构成，可以计算全同胞家系间的方差、家系内的平均方差，以及中亲与家系均值之间的协方差。全同胞家系间的方差度量了家系平均数之间的变异程度，称为家系间方差，用 V_{bFS} 或 Cov_{FS} 表示，它包含了 $\frac{1}{2}$ 的加性方差和 $\frac{1}{4}$ 的显性方差，计算过程由公式 8.26 给出。全同胞家系内的平均方差度量了家系内的平均变异，称为家系内方差，用 V_{wFS} 表示，它包含了 $\frac{1}{2}$ 的加性方差和 $\frac{3}{4}$ 的显性方差，计算过程由公式 8.27 给出。二者之和等于随机交配群体的遗传方差 V_G。表 8.12 中，中亲与家系均值之间的协方差用 $\text{Cov}_{\text{O}\overline{\text{P}}}$ 表示，它包含了 $\frac{1}{2}$ 的加性方差，无显性方差，计算过程由公式 8.28 给出。

$$\begin{aligned}V_{\text{bFS}}=&\text{Cov}_{\text{FS}}=p^4\times(a)^2+4p^3q\times\left[\frac{1}{2}(a+d)\right]^2+2p^2q^2\times(d)^2\\&+4p^2q^2\times\left(\frac{1}{2}d\right)^2+4pq^3\times\left[\frac{1}{2}(-a+d)\right]^2+q^4(-a)^2-\mu^2\\=&pq[a+(q-p)d]^2+p^2q^2d^2=\frac{1}{2}V_A+\frac{1}{4}V_D\end{aligned}\tag{8.26}$$

$$\begin{aligned}V_{\text{wFS}}=&p^4\times 0+4p^3q\times\frac{1}{4}(a-d)^2+2p^2q^2\times 0\\&+4p^2q^2\times\left(\frac{1}{2}a^2+\frac{1}{4}d^2\right)+4pq^3\times\frac{1}{4}(a+d)^2+q^4\times 0\\=&pq[a+(q-p)d]^2+3p^2q^2d^2=\frac{1}{2}V_A+\frac{3}{4}V_D\end{aligned}\tag{8.27}$$

$$\begin{aligned}\text{Cov}_{\text{O}\overline{\text{P}}}=&p^4\times a\times a+4p^3q\times\frac{1}{2}(a+d)\times\frac{1}{2}(a+d)+2p^2q^2\times 0\times d\\&+4p^2q^2\times d\times\frac{1}{2}d+4pq^3\times\frac{1}{2}(-a+d)\times\frac{1}{2}(-a+d)+q^4\times(-a)\times(-a)-\mu^2\\=&pq[a+(q-p)d]^2=\frac{1}{2}V_A\end{aligned}\tag{8.28}$$

中亲值与后代的协方差公式 8.28 还可以借助公式 8.23 来推导。用 X 和 Y 表示全同胞家系的两个亲本，中亲值用 $\overline{\text{P}}=\frac{1}{2}(\text{X}+\text{Y})$ 表示；后代用 O 表示，亲本 X 和 Y 与后代 O 的协方差均由公式 8.23 给出，即 $\text{Cov}_{\text{OX}} = \text{Cov}_{\text{OY}} = \frac{1}{2}V_A$。因此，中亲值与后代的协方差计算如下。

$$\text{Cov}_{\text{O}\overline{\text{P}}} = \text{Cov}\left[\frac{1}{2}(\text{X}+\text{Y}), \text{O}\right] = \frac{1}{2}\text{Cov}(\text{X}, \text{O}) + \frac{1}{2}\text{Cov}(\text{Y}, \text{O}) = \frac{1}{2}V_A$$

同时，根据半同胞的协方差公式 8.23 和全同胞的协方差公式 8.28，还可以得到显性方差的估计公式 8.29。

$$V_D = 4(\text{Cov}_{\text{FS}} - 2\text{Cov}_{\text{HS}}) \tag{8.29}$$

中亲 $\overline{\text{P}} = \frac{1}{2}(\text{X}+\text{Y})$ 中，X 和 Y 的表型方差均等于公式 8.24 给出的 V_P，因此，中亲值的方差等于表型方差的一半，即 $V(\overline{\text{P}}) = \frac{1}{4}[V(\text{X}) + V(\text{Y})] = \frac{1}{2}V_P$。这样就得到中亲与后代之间的回归系数公式 8.30。与公式 8.25 相比较，可以看出后代与中亲的回归系数是与单个亲本回归系数的 2 倍。因此，一般来说，后代与中亲的回归系数要远高于与单个亲本的回归系数。在 §6.3.4 中我们已经看到，后代子女平均身高与父母平均身高的回归系数为 0.65，远高于儿子与父亲身高的回归系数 (0.516)。

$$b_{\text{O}\overline{\text{P}}} = \frac{\text{Cov}_{\text{O}\overline{\text{P}}}}{V_{\overline{\text{P}}}} = \frac{\frac{1}{2}V_A}{\frac{1}{2}V_P} = \frac{V_A}{V_P} \tag{8.30}$$

§8.3 上位互作模型的遗传方差分解

§8.3.1 两个座位的互作模型和上位性方差

上位性 (epistasis) 表示不同座位上等位基因之间的相互作用 (§7.4)，上位性效应 (epistatic effect) 源于座位间效应的非可加性。换句话说，如果遗传效应不等于单个座位上效应的总和 (总体不等于各部分之和)，则存在上位性效应。假定两个基因座位 A 和 B 影响同一性状，一个个体在座位 A 的基因型为 A_iA_j，在座位 B 的基因型为 B_kB_l，$A_iA_jB_kB_l$ 的基因型值 G_{ijkl} 用上位性公式 8.31 表示，其中 A_{ij} 为座位 A 产生的遗传效应，B_{kl} 为座位 B 产生的遗传效应。单个座位上的效应仍然按照加显性模型分解，其中 α_i，α_j，α_k，α_l 表示等位基因的平均效应，δ_{ij} 表示座位 A 上的显性离差，δ_{kl} 表示座位 B 上的显性离差，I_{ijkl} 表示两个座位之间的上位性离差或上位性效应。公式 8.31 中，A_{ij} 代表座位 A 上两个等位基因的总遗传效应，B_{kl} 代表座位 B 上两个等位基因的总遗传效应。公式 8.32 给出互作公式 8.31 中上位性效应的计算方法。

$$\begin{aligned} G_{ijkl} &= \mu + (\alpha_i + \alpha_j + \delta_{ij}) + (\alpha_k + \alpha_l + \delta_{kl}) + I_{ijkl} \\ &= \mu + A_{ij} + B_{kl} + I_{ijkl} \end{aligned} \tag{8.31}$$

$$I_{ijkl} = G_{ijkl} - (\mu + A_{ij} + B_{kl}) = G_{ijkl} - G_{ij..} - G_{..kl} + \mu \tag{8.32}$$

以重叠显性上位 (duplicate dominant epistasis) 为例，F_2 世代两种表型的分离比为 15:1，即两个座位上携带任一显性基因的个体，都具有相同的表现型。任意指定两种表型值 1 和 0，假定两个座位之间无连锁，表 8.13 给出 9 种基因型的上位性效应。首先计算行平均和列平均，

如 A_1A_1 所在的行平均 $G_{11\cdot\cdot}$ 等于三种基因型值 G_{1111}、G_{1112}、G_{1122} 的加权平均，权重为基因型 B_1B_1、B_1B_2、B_2B_2 的边缘频率 $\frac{1}{4}$、$\frac{1}{2}$、$\frac{1}{4}$，因此得到 $G_{11\cdot\cdot}=\frac{1}{4}G_{1111}+\frac{1}{2}G_{1112}+\frac{1}{4}G_{1122}=1$。总平均等于 9 种基因型值的加权平均，权重为 9 种基因型的联合频率。在连锁不平衡度为 0 的假定下，联合频率等于边缘频率的乘积。得到总平均、三种行平均、三种列平均后，就可以根据公式 8.32 计算各种上位性效应。以 $A_1A_1B_2B_2$ 为例，

$$I_{1122}=G_{1122}-G_{11\cdot\cdot}-G_{\cdot\cdot22}+\mu=1-1-\frac{3}{4}+\frac{15}{16}=\frac{3}{16}$$

表 8.13　重叠显性上位作用下的基因型值和上位性效应，等位基因的频率均为 0.5，两个座位间的连锁不平衡度为0

座位 A	座位 B			行平均 $G_{ij\cdot\cdot}$
	B_1B_1，$\frac{1}{4}$	B_1B_2，$\frac{1}{2}$	B_2B_2，$\frac{1}{4}$	
A_1A_1，$\frac{1}{4}$	$G_{1111}=1$, $I_{1111}=-\frac{1}{16}$	$G_{1112}=1$, $I_{1112}=-\frac{1}{16}$	$G_{1122}=1$, $I_{1122}=\frac{3}{16}$	$G_{11\cdot\cdot}=1$
A_1A_2，$\frac{1}{2}$	$G_{1211}=1$, $I_{1211}=-\frac{1}{16}$	$G_{1212}=1$, $I_{1212}=-\frac{1}{16}$	$G_{1222}=1$, $I_{1222}=\frac{3}{16}$	$G_{12\cdot\cdot}=1$
A_2A_2，$\frac{1}{4}$	$G_{2211}=1$, $I_{2211}=\frac{3}{16}$	$G_{2212}=1$, $I_{2212}=\frac{3}{16}$	$G_{2222}=0$, $I_{2222}=-\frac{9}{16}$	$G_{22\cdot\cdot}=\frac{3}{4}$
列平均 $G_{\cdot\cdot ij}$	$G_{\cdot\cdot11}=1$	$G_{\cdot\cdot12}=1$	$G_{\cdot\cdot22}=\frac{3}{4}$	总平均 $\mu=\frac{15}{16}$

表 8.13 计算互作效应的方法具有普遍性。对于任意基因频率的随机交配群体，只要两个座位之间的连锁不平衡度为 0，都可以使用。例如，等位基因 A_1 和 A_2 的频率分别为 p 和 q，等位基因 B_1 和 B_2 的频率分别为 u 和 v，只需要把表中座位 A 的三种基因型频率用 p^2、$2pq$、q^2 代替，座位 B 的三种基因型频率用 u^2、$2uv$、v^2 代替即可。在两个座位之间无连锁不平衡的假定下，9 种基因型的联合频率等于边缘频率的乘积。这样，行平均数之间的方差就是座位 A 的遗传方差、列平均数之间的方差就是座位 B 的遗传方差、互作效应之间的方差就是上位性方差。这样的分解也满足正交性。同时，利用座位 A 的三种边缘平均数，就可以如单基因座位进行加显性方差的分解，从而计算座位 A 的加显性方差；同时，利用座位 B 的三种边缘平均数，计算座位 B 的加显性方差。

§7.4 介绍的上位性效应是从两个座位上各种基因型值进行计算的，没有考虑这些基因型在群体中的频率，可以看作是上位性互作的 F 无穷模型。如公式 8.32 和表 8.13 计算的上位性效应，考虑到各种基因型在群体中存在的频率，可以看作是上位性互作的 F_2 模型。

考虑所有控制数量性状基因的效应，公式 8.33 给出遗传效应的一般分解模型，其中 A 表示来自所有座位育种值的总和，D 表示显性离差的总和，I 表示上位性离差 (epistatic deviation) 或互作离差 (interaction deviation) 的总和。随机交配群体中，育种值、显性离差和上位性离差的加权均值都是 0，且三者之间无相关。因此，总的遗传方差等于加性方差、显性方差和上位性方差三部分之和 (公式 8.34)。

$$G=A+D+I \tag{8.33}$$

$$V_G=V_A+V_D+V_I \tag{8.34}$$

一些常见的两个座位间上位互作类型中 (图 7.6)，不同遗传方差成分的比例列于表 8.14，假定两个座位上的两个等位基因的频率均为 0.5。表 8.14 中，4 种平均表型的取值具有随意性，但对大多数互作类型来说，不影响方差成分占总遗传方差的比例。可以看到，对不同的上位互作，加性方差占遗传方差的比例为 25%～67%，显性方差为 10%～33%，上位性方差为 5%～60%。这些上位互作中，只有少数依赖于基因型的取值。互补上位性 9:7 是生化途径中常见的一种，对它来说，显性方差只占遗传方差的 29%，上位性方差只占遗传方差的 14%，加性方差超过 50%。

表 8.14 F_2 群体常见上位互作类型中，不同方差成分占遗传方差的比例。座位 A 上的两个等位基因用 A_1 和 A_2 表示，座位 B 上的两个等位基因用 B_1 和 B_2 表示，不考虑连锁。等位基因 A_1 后面的 $*$ 表示等位基因 A_1 或 A_2，B_1 后面的 $*$ 表示等位基因 B_1 或 B_2

F_2 分离比	表型均值（或基因型值）				$\frac{V_A}{V_G}$	$\frac{V_D}{V_G}$	$\frac{V_I}{V_G}$
	$A_{1*}B_{1*}$	$A_{1*}B_2B_2$	$A_2A_2B_{1*}$	$A_2A_2B_2B_2$			
9:3:3:1	3	2	1	0	0.6667	0.3333	0
12:3:1	3	3	1	0	0.6431	0.3216	0.0353
10:3:3	3	2	1	3	0.3270	0.1635	0.5094
9:6:1	3	2	2	0	0.6280	0.3145	0.0566
9:4:3	3	2	1	2	0.5128	0.2564	0.2308
15:1	3	3	3	0	0.2667	0.1333	0.6
13:3	3	3	1	3	0.5128	0.2564	0.2308
10:6	3	2	2	3	0.2667	0.1333	0.6
9:7	3	1	1	1	0.5714	0.2857	0.1429

§8.3.2 上位性对保持加性方差的作用

利用这一小节，简单讨论一下基因固定对遗传方差造成的影响。前面说过，加性方差是遗传方差的主要成分，显性和上位性方差占遗传方差的比例一般较小 (表 8.14)。有时，由于基因的固定，上位性方差还可能会转化成加性方差。考虑到频率对方差的影响，就容易理解为何一个座位上基因的固定有可能会提高方差。以 15:1 重叠显性上位为例，F_2 群体的表型只有两种，假定基因型 $aabb$ 的平均表现为 1，其他基因型的平均表现为 0，它们的频率分别为 $\frac{1}{16}$ 和 $\frac{15}{16}$。因此，F_2 群体的均值为 $\frac{1}{16}$、方差为 $\frac{1}{16}-\frac{1}{256}$。如果群体在座位 A 被固定在等位基因 a 上，座位 B 的两个等位基因频率仍为 0.5，这时仍然有 1 和 0 两种表型，但它们的频率变为 $\frac{1}{4}$ 和 $\frac{3}{4}$。因此，群体的均值为 $\frac{1}{4}$、方差为 $\frac{1}{4}-\frac{1}{16}$，均高于 4 个等位基因频率均为 0.5 的群体均值和方差。这时，一个座位上基因的固定，反而提高了群体的遗传方差。

在上位性效应不存在的情况下，基因的固定会同时引起加性方差和显性方差的下降。图 8.4 给出两个基因座位 A (等位基因为 A_1 和 A_2) 和 B (等位基因为 B_1 和 B_2) 有相同的显性效应时 ($a_A=d_A=a_B=d_B=1$)，方差成分随等位基因 A_1 频率的变化情况，等位基因 B_1 和 B_2 频率等于 0.5 并保持不变。当基因频率均为 0.5 时，F_2 群体中，$V_G=0.38$，$V_A=0.25$，$V_D=0.13$；当座位 A 上的基因被固定在 A_2 时，$V_G=0.19$，$V_A=0.13$，$V_D=0.06$，即加性方差和显性方差均减少 50%。

对于 F_2 群体有 15:1 的重叠显性上位来说，随着基因的固定，加性方差和显性方差反

而增加 (图 8.5)。假定两种基因型值分别为 13 和 1，两个座位上的加显性效应和各种互作效应的计算见练习 8.10。当基因频率均为 0.5 时，F_2 群体中，$V_G = 8.44$，$V_A = 2.25$，$V_D = 1.13$，$V_I = 5.06$；当座位 A 上的基因被固定在 A_2 时，$V_G = 27$，$V_A = 18$，$V_D = 9$，$V_I = 0$，即加性方差从 2.25 增加到 18，显性方差从 1.13 增加到 9。

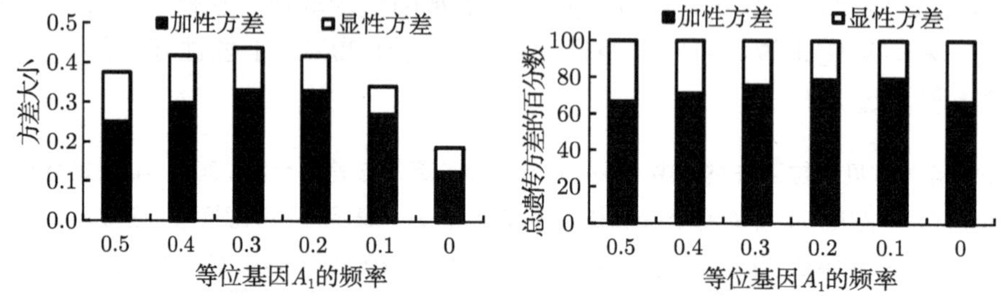

图 8.4　完全显性遗传模型 (9:3:3:1) 中，不同遗传方差成分的大小随座位 A 基因频率的变化

座位 A 和 B 上，加性效应和显性效应均为 1，不存在上位性效应。座位 B 上两个等位基因频率为 0.5，并保持不变

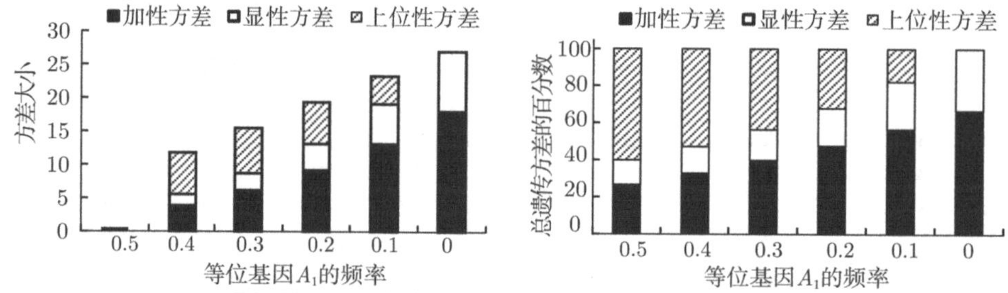

图 8.5　重叠显性上位遗传模型 (15:1) 中，不同遗传方差成分的大小随座位 A 基因频率的变化

座位 A 和 B 上，两种表型的均值分别为 13 和 1。座位 B 上两个等位基因频率为 0.5，并保持不变

表 8.14 中，并非所有的上位性遗传模型，随着一个座位上基因的固定，加性方差和显性方差都随着增加。以 9:7 上位性模型为例，假定基因型值也分别为 13 和 1，当基因频率均为 0.5 时，F_2 群体中，$V_G = 35.44$，$V_A = 20.25$，$V_D = 10.13$，$V_I = 5.06$。当座位 A 上的基因被固定在 A_1 时，$V_G = 27$，$V_A = 18$，$V_D = 9$，$V_I = 0$，即加性方差从 20.25 下降到 18，显性方差从 10.13 下降到 9。尽管加性方差和显性方差随着座位 A 基因的固定在下降，但下降的幅度要比不存在上位性效应时的 50% 小很多。另一方面，当座位 A 上的基因被固定在 A_2 时，座位 B 上三种基因型有相同的表型，遗传方差和各种方差成分都降为 0，即 $V_G = V_A = V_D = V_I = 0$。

上面的例子说明，尽管上位性方差本身不是很大，但有时会对加性方差的保持起重要作用。维持在一定水平上的加性方差，是育种中各种选择方法取得遗传效果的基础。上位性的存在，也许是对长期选择有效性的一个较合理的解释 (Bernardo，2010)。

§8.4　亲属间协方差的一般表示与遗传力估计

§8.4.1　亲属间协方差的一般表示方式

谚语 “龙生龙，凤生凤”(like begets like) 也许是人们最早通过观测亲属间相似性得到的结果，也就是说，较近的亲属 (如亲子) 要比较远的亲属 (如叔侄) 有较大的相似性。亲属间的协方差，度量了亲属间的相似性。没有祖先关联的个体间不存在相似性，即协方差为 0。有时非遗传因素也会影响个体间的相似性，植物上可通过随机设计排除非遗传因素的影响。这里我们认为非遗传因素的效应在个体间是独立的。

亲属间的协方差，是亲缘关系个体间等位基因后裔同样概率和基础群体遗传方差的函数。对于任意两个个体 X 和 Y，它们的亲本分别为 A 和 B、C 和 D (图 8.6)，同时假定 X 的两个等位基因 A_i 和 A_j 分别来自亲本 A 和 B，Y 的两个等位基因 A_k 和 A_l 分别来自亲本 C 和 D。二者育种值之间协方差 Cov_α 的一般表示由公式 8.35 给出。其中，由于 $V(\alpha_i+\alpha_j)=V(A)=V_A$，因此 $V_A=2V(\alpha_i)$。二者显性离差之间协方差 Cov_δ 的一般表示由公式 8.36 给出。

$$\begin{aligned}\text{Cov}_\alpha =&P(\text{A}_i\equiv\text{A}_k)\text{Cov}(\alpha_i,\alpha_k)+P(\text{A}_i\equiv\text{A}_l)\text{Cov}(\alpha_i,\alpha_l)\\&+P(\text{A}_j\equiv\text{A}_k)\text{Cov}(\alpha_j,\alpha_k)+P(\text{A}_j\equiv\text{A}_l)\text{Cov}(\alpha_j,\alpha_l)\\=&4f_{\text{XY}}V(\alpha_i)=2f_{\text{XY}}V_A\end{aligned}\tag{8.35}$$

$$\begin{aligned}\text{Cov}_\delta =&P(\text{A}_i\equiv\text{A}_k,\text{A}_j\equiv\text{A}_l)\text{Cov}(\delta_{ij},\delta_{kl})+P(\text{A}_i\equiv\text{A}_l,\text{A}_j\equiv\text{A}_k)\text{Cov}(\delta_{ij},\delta_{kl})\\=&(f_{\text{AC}}f_{\text{BD}}+f_{\text{AD}}f_{\text{BC}})V_D\end{aligned}\tag{8.36}$$

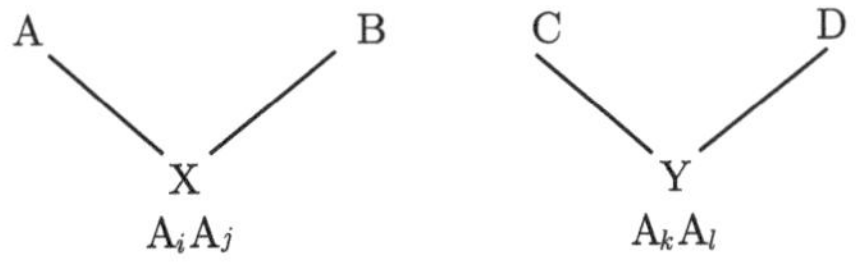

图 8.6 个体 X 和 Y 的系谱

图注：假定等位基因 A_i 来自亲本 A，A_j 来自亲本 B, A_k 来自亲本 C, A_l 来自亲本 D

公式 8.35 中用 r 表示加性方差前面的系数，公式 8.36 中用 u 表示显性方差前面的系数，就得到任意亲缘关系个体 X 和 Y 之间协方差的一般表示公式 8.37。在加显性模型下，两个个体之间的协方差中只包含加性和显性方差。在上位性模型下，个体之间的协方差中还会同时包含二阶乃至更高阶的加加、加显和显显互作方差。这些互作方差的系数都可以从加性方差的系数 r 和显性方差的系数 u 计算出来，即公式 8.38。

$$\text{Cov}(\text{X},\text{Y})=rV_A+uV_D,\ 其中\ r=2f_{\text{XY}},\quad u=f_{\text{AC}}f_{\text{BD}}+f_{\text{AD}}f_{\text{BC}}\tag{8.37}$$

$$\text{Cov}(\text{X},\text{Y})=rV_A+uV_D+r^2V_{AA}+ruV_{AD}+u^2V_{DD}+\cdots\tag{8.38}$$

对于一些常见的亲缘关系，表 8.15 给出协方差中加性方差和显性方差前面的系数。从中可以看出，半同胞家系间的协方差只包含加性方差。如有上位性效应存在，用半同胞家系间协方差来估计加性方差的话，其中也自然包含了加加互作方差的成分。一般群体中，公式 8.37 中加性方差和显性方差前面的系数都小于 1。上位性方差即使存在，它前面的系数也会很小。因此，在总遗传方差中所占的比例也不会太大。对很多性状来说，有时也许只考虑加性方差和显性方差就够了。

§8.4.2 随机交配群体的遗传力估计

随机交配群体中，将遗传方差的不同成分及其来源综合起来列于表 8.16。这些方差成分均包含了所有控制性状基因的遗传贡献，因此衡量的是所有基因的累积贡献。对大多数性状来说，控制性状的座位数及等位基因的频率都是未知的。因此，难以通过 §8.1 的效应分解方法计算各种方差。但是，这些方差成分可以通过 §8.2 亲子之间的方差和协方差进行估计。育种值是可遗传的，它决定了亲子间的相关和相似程度，经典数量遗传的一个主要研究内容是估计遗传方差中的加性成分，进而估计遗传力，预测选择响应。

表 8.15　常见亲属间的协方差

个体 X 和 Y 的类型	V_A 的系数 (公式 8.35)	V_D 的系数 (公式 8.36)
亲代和子代	$\frac{1}{2}$	0
半同胞		
非近交共同亲本	$\frac{1}{4}$	0
任意亲本 F	$\frac{1+F}{4}$	0
全同胞		
非近交共同亲本	$\frac{1}{2}$	$\frac{1}{4}$
任意亲本 F_{A} 和 F_{B}	$\frac{2+F_{\text{A}}+F_{\text{B}}}{4}$	$\frac{(1+F_{\text{A}})(1+F_{\text{B}})}{4}$

表 8.16　随机交配群体中的不同方差成分及其来源

方差成分	符号	方差来源
表型方差	V_P	表型观测值
基因型方差或遗传方差	V_G	基因型值 (遗传效应)
加性方差	V_A	育种值
显性方差	V_D	显性离差
上位性方差	V_I	上位性离差
环境方差	V_E	环境效应
家系间环境方差	V_{Eb}	家系间环境效应
家系内环境方差	V_{Ew}	家系内环境效应
基因型 × 环境互作方差	V_{GE}	基因型 × 环境互作效应
随机误差方差	V_ε	随机误差

在一个无选择的 HW 平衡群体中，群体均值和遗传方差在世代间保持恒定不变。根据定义，育种值越高的亲本个体，其后代的平均表现也就越高。因此，如果能够根据育种值选择亲本，就可以有效改变后代群体的平均表现。当然，育种中首先观测到的是亲本个体的表型，正是由于表型中包含育种值的信息，因此根据表型的选择也能改变后代的平均表现。后代群体均值被改变的程度，既取决于随机交配群体中加性方差的大小，又取决于群体的表型方差。狭义遗传力 (heritability in the narrow sense) 定义为由育种值决定的加性方差占表型方差的比例，即公式 8.39。知道了公式 8.39 中的遗传力，就可以预测根据表型选择亲本后，后代群体平均表现相对于亲代的变化量，即预测遗传进度 (详见第 11 和 12 章)。因此，狭义遗传力可能是传统数量遗传研究中最重要的一个遗传参数，利用各种遗传交配设计对狭义遗传力进行估计是数量遗传学的重要内容 (详见第 10 章)。

$$h^2 = \frac{V_A}{V_P} \tag{8.39}$$

从公式 8.30 可以看到，遗传力正好等于育种值对表型的回归系数，也等于后代与中亲值的回归系数，用公式 8.40 表示。同时，亲本育种值与亲本表型之间的相关系数，正好等于狭义遗传力的平方根，用公式 8.41 表示。因此，如果个体的表型用 P 表示，它的育种值 A 就可以利用公式 8.40 给出的回归关系进行预测，即公式 8.42。育种值的另外一个含义是后代的平均表现，公式 8.42 也代表了后代群体相对于亲代的差异，这其实就是第 11 章要介绍的遗传进度。

$$h^2 = b_{AP} = b_{\mathrm{O\overline{P}}} = \frac{\mathrm{Cov}(A,P)}{V_P} \tag{8.40}$$

$$r_{AP} = \frac{\mathrm{Cov}(A,P)}{\sqrt{V_A V_P}} = \frac{\mathrm{Cov}(A,P)}{V_P}\sqrt{\frac{V_P}{V_A}} = h^2/h = h \tag{8.41}$$

$$A = b_{AP}(P-\mu) = h^2(P-\mu) \tag{8.42}$$

与广义遗传力一样，狭义遗传力也是群体水平的遗传参数。对于同一个性状，利用不同群体、不同环境的表型鉴定数据，可能得到不同的估计值。从 Falconer 和 Mackay (1996) 第 162 页表 10.1 来看，有些性状的狭义遗传力估计值还不到 0.1，但有的可能会达到 0.6 以上。影响遗传力的因素有很多，既有性状的遗传基础，又有环境和随机误差，还依赖于所采用的遗传群体。同时，方差和协方差在统计学上被称为二阶统计量，二阶统计量的估计误差要远高于如样本均值、中位数等一阶统计量。遗传力是两个二阶统计量的比值，与相关系数类似，有着复杂的统计分布和较高的抽样误差。因此，尽管遗传力是十分重要的遗传参数，但要得到遗传力的准确估计或正确估计还是相当不容易的。

练习题

8.1 对于表 8.9 给出的基因型值分解结果，验证 $E(A)=0$、$E(D)=0$、$E(AD)=0$。

8.2 已知一个老鼠矮化基因座位上的两个等位基因为 $+$ 和 pg，三种基因型的 6 周龄平均体重 (g) 如下表。

基因型	++	$+pg$	$pgpg$
平均体重/g	14	12	6

在等位基因 pg 频率为 0.2 的随机交配群体中，计算：

(1) 群体平均体重和遗传方差。

(2) 三种基因型的遗传效应。

(3) 等位基因 $+$ 和 pg 的平均效应。

(4) 三种基因型的育种值和显性离差。

(5) 群体中的加性方差 V_A、显性方差 V_D、总遗传方差 V_G。

8.3 一个座位上三种基因型的平均表现如下表。

基因型	A_1A_1	A_1A_2	A_2A_2
平均表现	110	150	90

在等位基因 A_1 频率为 0.2 的随机交配群体中，计算：

(1) 群体均值和遗传方差。

(2) 三种基因型的遗传效应。

(3) 等位基因 A_1 和 A_2 的平均效应。

(4) 三种基因型的育种值和显性离差。

(5) 群体中的加性方差 V_A、显性方差 V_D、总遗传方差 V_G。

8.4　一个座位上三种基因型的平均表现如下表。

基因型	A_1A_1	A_1A_2	A_2A_2
平均表现	110	150	90

什么样的随机交配群体具有最高的平均表现？并对此随机交配群体计算：

(1) 群体均值和遗传方差。

(2) 三种基因型的遗传效应。

(3) 等位基因 A_1 和 A_2 的平均效应。

(4) 三种基因型的育种值和显性离差。

(5) 群体中的加性方差 V_A、显性方差 V_D、总遗传方差 V_G。

8.5　下表给出随机交配群体中，一个座位上三种基因型的频率、基因型值和等位基因数目 (即表 8.4)。

基因型	频率 f	基因型值 Y	基因 A_1 的数目 X
A_1A_1	p^2	a	2
A_1A_2	$2pq$	d	1
A_2A_2	q^2	$-a$	0

(1) 计算 X 和 Y 的均值。

(2) 计算 X 的方差。

(3) 计算 Y 与 X 之间的协方差。

(4) 计算 Y 对 X 的一元回归方程。

8.6　下表给出随机交配群体中，雌雄配子随机结合后代基因型值的 2×2 双向表。根据方差分析原理，计算表中的行列平均数和行列效应，并由此计算三种基因型的育种值和显性离差。

雌配子及其频率	雄配子及其频率		行平均	行效应
	A_1，0.7	A_2，0.3		
A_1，0.7	14	12		
A_2，0.3	12	6		
列平均				
列效应				

8.7　假定一个座位上三种基因型 A_1A_1、A_1A_2、A_2A_2 的平均表现分别为 10、10 和 6。在 A_1 和 A_2 频率分别为 0.7 和 0.3 的随机交配群体中，下表给出了三种基因型频率，以及三类半同胞家系后代的基因型频率。

基因型	基因型值	频率	半同胞后代基因型的频率			半同胞家系的均值	半同胞家系内的方差
			A_1A_1	A_1A_2	A_2A_2		
A_1A_1	10	0.49	0.7	0.3	0		
A_1A_2	10	0.42	0.35	0.5	0.15		
A_2A_2	6	0.09	0	0.7	0.3		

(1) 根据上表的三种基因型值和频率，计算随机交配群体的遗传方差。

(2) 根据上表的三种基因型值和家系内的基因型频率，计算家系均值和家系内的方差，即上表的最后两列。

(3) 根据 (2) 计算出的家系均值，计算家系间方差；根据 (2) 计算出的家系内的方差，计算家系内的平均方差；验证这两部分方差之和等于 (1) 计算出的遗传方差。

(4) 计算亲本与半同胞家系均值之间的协方差，并说明协方差与家系间方差的关系。

8.8 假定一个座位上三种基因型 A_1A_1、A_1A_2、A_2A_2 的平均表现分别为 10、10 和 6。在 A_1 和 A_2 频率分别为 0.7 和 0.3 的随机交配群体中，下表给出了 6 种全同胞家系的中亲值。

全同胞家系	中亲值	频率	全同胞后代基因型的频率			全同胞家系的均值	全同胞家系内的方差
			A_1A_1	A_1A_2	A_2A_2		
$A_1A_1 \times A_1A_1$	10						
$A_1A_1 \times A_1A_2$	10						
$A_1A_1 \times A_2A_2$	8						
$A_1A_2 \times A_1A_2$	10						
$A_1A_2 \times A_2A_2$	8						
$A_2A_2 \times A_2A_2$	6						

(1) 计算各种全同胞家系的频率，以及全同胞后代的基因型频率，即上表中亲值后面两列。

(2) 在 (1) 的基础上，计算全同胞家系的均值和方差，即上表的最后两列。

(3) 根据 (2) 计算出的家系均值，计算家系间方差；根据 (2) 计算出的家系内的方差，计算家系内的平均方差。

(4) 计算中亲值与全同胞家系均值之间的协方差。

8.9 随机交配可以降低连锁不平衡度 (LD)，从而检测到比较紧密的连锁。例如，美国的 IBM 群体是以玉米自交系 'B73' 作母本、'Mo17' 作父本杂交，自 F_2 开始随机交配 4 个世代后再连续自交而产生的重组近交家系。假定 2 个座位间一次交换的重组率为 r，每个座位上只有 2 个等位基因，分别用 A、a 和 B、b 表示，2 个亲本的基因型分别为 $AABB$ 和 $aabb$，杂种 F_1 的基因型为 AB/ab。

(1) 计算 F_1 产生配子的 LD，并视为 F_1 随机交配一代 (即 F_2) 的 LD。

(2) 如果在 F_2 群体内再次随机交配，计算 F_2 随机交配 1 代群体中的 LD 值。

(3) 已知各种基因型连续自交产生的 RIL 群体中 4 种纯合基因型 $AABB$、$AAbb$、$aaBB$ 和 $aabb$ 的频率如下表，将 F_2 随机交配 1 代群体中各种基因型的频率填在下表第 2 列。计

算 F_2 随机交配 1 代后再连续自交产生的 RIL 群体中 4 种基因型的频率，并填在下表最后一行。

亲代基因型	频率	连续自交多代的基因型，已知 $R=\dfrac{2r}{1+2r}$，r 为一次交换的重组率			
		$AABB$	$AAbb$	$aaBB$	$aabb$
$AABB$		1	0	0	0
$AABb$		0.5	0.5	0	0
$AAbb$		0	1	0	0
$AaBB$		0.5	0	0.5	0
AB/ab		$\frac{1}{2}(1-R)$	$\frac{1}{2}R$	$\frac{1}{2}R$	$\frac{1}{2}(1-R)$
Ab/aB		$\frac{1}{2}R$	$\frac{1}{2}(1-R)$	$\frac{1}{2}(1-R)$	$\frac{1}{2}R$
$Aabb$		0	0.5	0	0.5
$aaBB$		0	0	1	0
$aaBb$		0	0	0.5	0.5
$aabb$		0	0	0	1
累计频率					

8.10　假定两对独立遗传基因的 9 种基因型的平均表现如下表。这些表现型在 $AABB$ 和 $aabb$ 的杂种 F_2 群体中将出现 15:1 的分离比。

座位 A	座位 B		
	BB	Bb	bb
AA	13	13	13
Aa	13	13	13
aa	13	13	1

以 $AABB$ 和 $aabb$ 为亲本，不考虑其他遗传因素，计算：

(1) 两个座位上的加显性效应，以及两个座位间的各种上位互作效应。

(2) 杂种 F_2 群体的平均表现和遗传方差。

(3) 杂种 F_3 群体的平均表现和遗传方差。

(4) 杂种 F_1 连续自交衍生的重组近交家系群体的平均表现和遗传方差。

8.11　假定两对独立遗传基因的 9 种基因型的平均表现如下表。这些表现型在 $AABB$ 和 $aabb$ 的杂种 F_2 群体中将出现 9:3:4 的分离比。

座位 A	座位 B		
	BB	Bb	bb
AA	3	3	2
Aa	3	3	2
aa	1	1	1

在亲本 $AABB$ 和 $aabb$ 产生的 F_2 群体中，利用方差分析的方法计算：

(1) 座位 A 和座位 B 的主效应。

(2) 座位 A 和座位 B 之间的互作效应。

(3) 座位 A 的方差和座位 B 的方差。

(4) 座位 A 与座位 B 之间的互作方差。

(5) 互作方差占遗传方差的比例。

第 9 章　基因型与环境间的互作

环境对数量性状的影响要比对质量性状的影响大得多，因此才有育种中的多年份和多地点试验。一个玉米商业杂交种在走向生产前，往往要经过几百甚至上千个环境下的测试。同时，大多数数量性状的遗传研究，也要建立在多环境表型鉴定的基础之上。基因型在不同环境下有不同的表现，植物中表现得尤为明显，这时就认为存在基因型和环境的互作。本章首先介绍遗传研究和育种中对环境的一般性定义、基因型与环境的互作类型和利用途径，然后给出多环境表型数据的方差分析、基因型值和广义遗传力估计方法，最后简要介绍环境分类和基因型稳定性分析方法。

§9.1　宏环境、微环境和目标环境群体

§9.1.1　环境的定义和类型

遗传学上，通常把环境定义为影响生物个体表现的一组非遗传因素。这些非遗传因素又可分为非生物因素和生物因素两大类。非生物因素包括土壤的物理和化学特性、气候因子 (如光照、降水量和温度)、耕作制度、栽培方式等。生物因素包含害虫、病原体、线虫和杂草等。这样定义的环境，有时又称为宏环境 (macro-environment)。与宏环境相对应的还有微环境 (micro-environment)，定义为单个植株或小区所处的生长环境。微环境的差异无处不在，两个不同的植株或小区具有同样微环境的可能性几乎是 0。一般来说，宏环境间的差异要比微环境间的差异大得多。宏环境可以是单个栽培方式、地点或年份，也可以是不同栽培方式、不同地点和不同年份的组合。宏环境的效应一般都具有一定程度的重复性。尽管可以通过适当的田间试验设计进行控制，但微环境产生的效应一般不具有重复性，通常只能视为随机误差。

由于缺乏重复性，一般来说微环境不是遗传学的研究对象。基因型和环境互作研究中的环境一般指宏环境，一部分宏环境效应具有重复性，一部分宏环境效应不具有重复性。例如，同一个地点在不同年份间，存在相对稳定不变的一些生物和非生物因素，但这些生物和非生物因素在年份间又会有差异。相对稳定的环境因素所产生的效应，在时间上是可以重复的，或者说，可以用过去或现在的效应来很好地预测未来的效应。因此，有时也把环境变异分为可预测的环境变异和不可预测的环境变异。可预测的环境变异包括一些永久性质的环境因素，如气候的周期性变化、土壤类型、日照时间等。一些耕作制度和栽培措施也可被看作可预测的环境变异，如轮作、播种时间、播种密度、施肥水平、收获方式等。气候因素的随机变动是不可预测和不能重复的，如一个地点降水量和温度的随机波动，以及病虫害的侵袭等，这类变异往往也被归结为随机效应。

开展多个基因型、在多种环境条件下的表型鉴定试验，是植物育种中选择优良基因型的重要环节。生物个体在生长过程中，面临着各种各样的环境条件。即使在同一个地点种植，不同年份间的各种生物和非生物因素也会有很大差异。生物个体生长过程中面临的所有可能环境，构成了一个目标环境群体 (target population of environment，TPE)。与其他统计总体一样，TPE 也是不能穷尽的。基因型的多环境试验，只能在有限的环境下进行，开展表型鉴定试验的环境只是 TPE 中一组有限样本。与任何统计样本一样，试验环境也要求具有代表性，即试验环境要能代表生物个体的 TPE。只有这样，从试验环境中得到的观察值，才能代表或者用来预测个体在 TPE 中的表现；通过多环境试验选择到的优良基因型，才能在农业生产中发挥作用。

基因型和环境的互作研究中，基因型一般都包含一组遗传材料 (或基因型)，如一组全同胞或半同胞家系、一组重组近交系、一组测交组合或一组杂交种等。它们并非只在一个基因座位上存在差异，而是在很多座位上都有差异，它们在一起构成了一个育种或遗传群体。假定这些基因型在多个环境下种植，每个环境下有若干次重复，用 y_{ijk} 表示第 i 个基因型在第 j 个环境下的第 k 次重复观测值。表型值 y_{ijk} 可被分解为线性模型表示的公式 9.1，其中 $\bar{\mu}$ 称为总平均数，G_i 称为第 i 个基因型的效应，E_j 称为第 j 个环境的效应，GE_{ij} 称为第 i 个基因型和第 j 个环境的互作效应，ε_{ijk} 是随机误差。公式 9.1 中第二个等号后面的 μ_{ij}，称为第 i 个基因型在第 j 个环境下的平均表现，它是一个可估计的未知参数，其估计方法详见 §9.2。

$$y_{ijk} = \bar{\mu} + G_i + E_j + GE_{ij} + \varepsilon_{ijk} = \mu_{ij} + \varepsilon_{ijk} \tag{9.1}$$

公式 9.1 说明了表型是基因型和环境共同作用的结果，是最一般也是最常用描述表型、基因型、环境三者关系的线性模型。如何提高公式 9.1 中的基因型效应，如何从已有育种群体中把基因型效应最好的个体鉴定出来，是育种家的主要任务。同时，好的环境也可以改变生物个体的表型，这里的环境指的是可重复的宏环境。如何通过环境的改变以提高环境效应，最终提高一个基因型的表现，是栽培生理学家的主要任务。严格区分遗传改良和环境改良对农业生产的贡献是很困难的，二者贡献各占 50% 可能是大多数人都愿意接受的数字。

育种和农业生产过程中经常观测到，一些基因型对环境的变化表现得很敏感，而另外一些基因型对环境变化的反应却很迟钝。甚至还会出现，一些环境下表现很好的基因型，在其他环境下的表现却很差；一些环境下表现较差的基因型，在其他环境下的表现却很好。这时，公式 9.1 的基因型和环境之间就存在互作。与 §7.4 的基因间上位互作一样，当互作达到一定程度时，最高的基因型效应与最高的环境效应结合在一起，不一定会得到最高的表型。基因型和环境互作是一个普遍的遗传学现象，农业生产中强调的 "良种配良法"，其实就是期望通过提高遗传效应、改进环境效应、利用基因型和环境互作，以达到提高产量这一重要目标的具体措施。

§9.1.2 基因型与环境的互作模式和利用途径

下面利用两种基因型在两种环境下的平均表现，说明基因型和环境互作的几种模式。用 μ_{ij} 表示第 i 个基因型在第 j 个环境下的平均表现，排列成双向表 9.1 的形式。类似 2×2 双因素方差分析，对平均表现的双向表计算行平均、列平均，以及总平均。行平均与总平均的离差为基因型效应；列平均与总平均的离差为环境效应。对于多个基因型和多个环境的情形，基因型与环境效应的计算方法与表 9.1 类似。显然，所有基因型效应之和等于 0，独立参数的个数等于基因型个数减 1；所有环境效应之和也等于 0，独立参数的个数等于环境个数减 1。

表 9.1 两个基因型在两个环境下的平均表现及基因型和环境效应的计算

	环境 1	环境 2	行平均	基因型效应
基因型 1	μ_{11}	μ_{12}	$\bar{\mu}_{1\cdot}=\frac{1}{2}(\mu_{11}+\mu_{12})$	$G_1=\bar{\mu}_{1\cdot}-\bar{\mu}$
基因型 2	μ_{21}	μ_{22}	$\bar{\mu}_{2\cdot}=\frac{1}{2}(\mu_{21}+\mu_{22})$	$G_2=\bar{\mu}_{2\cdot}-\bar{\mu}$
列平均	$\bar{\mu}_{\cdot 1}=\frac{1}{2}(\mu_{11}+\mu_{21})$	$\bar{\mu}_{\cdot 2}=\frac{1}{2}(\mu_{12}+\mu_{22})$	$\bar{\mu}=\frac{1}{4}(\mu_{11}+\mu_{12}+\mu_{21}+\mu_{22})$	
环境效应	$E_1=\bar{\mu}_{\cdot 1}-\bar{\mu}$	$E_2=\bar{\mu}_{\cdot 2}-\bar{\mu}$		

方差分析时，把表 9.1 的基因型效应和环境效应统称为主效应。在不存在互作的情况下，平均表现 μ_{ij} 与总平均 $\bar{\mu}$ 的离差 (也称总效应) 正好等于基因型效应 G_i 和环境效应 E_j 之和。因此，总效应 $\mu_{ij}-\bar{\mu}$ 在减去基因型效应和环境效应之后，剩余部分就是基因型与环境互作。表 9.2 给出两个基因型与两个环境之间互作效应的计算方法，多个基因型与多个环境的互作计算方法与表 9.2 类似。显然，如果把互作效应排成表 9.2 的双向表，这些效应满足行和等于 0、列和等于 0、总和等于 0 的约束条件，独立参数的个数等于基因型个数减 1 与环境个数减 1 之积。

表 9.2 两个基因型在两个环境下基因型和环境互作效应的计算

	环境 1	环境 2
基因型 1	$GE_{11}=\mu_{11}-\bar{\mu}_{1\cdot}-\bar{\mu}_{\cdot 1}+\bar{\mu}$	$GE_{12}=\mu_{12}-\bar{\mu}_{1\cdot}-\bar{\mu}_{\cdot 2}+\bar{\mu}$
基因型 2	$GE_{21}=\mu_{21}-\bar{\mu}_{2\cdot}-\bar{\mu}_{\cdot 1}+\bar{\mu}$	$GE_{22}=\mu_{22}-\bar{\mu}_{2\cdot}-\bar{\mu}_{\cdot 2}+\bar{\mu}$

根据表 9.1 和表 9.2 定义的效应，可以把基因型与环境互作分为图 9.1 的 4 种模式。在模式 1 下，一个基因型在两个环境下都优于另一个基因型，同时，基因型间的差异在 2 个环

境下是相等的。如果把基因型在两个环境下的表现用直线连接起来，则代表基因型的两条直线是平行的。在这种模式下，基因型在两个环境下的差异完全由环境效应 E_j 决定，表 9.2 中定义的所有互作效应均为 0，即不存在基因型和环境间的互作。

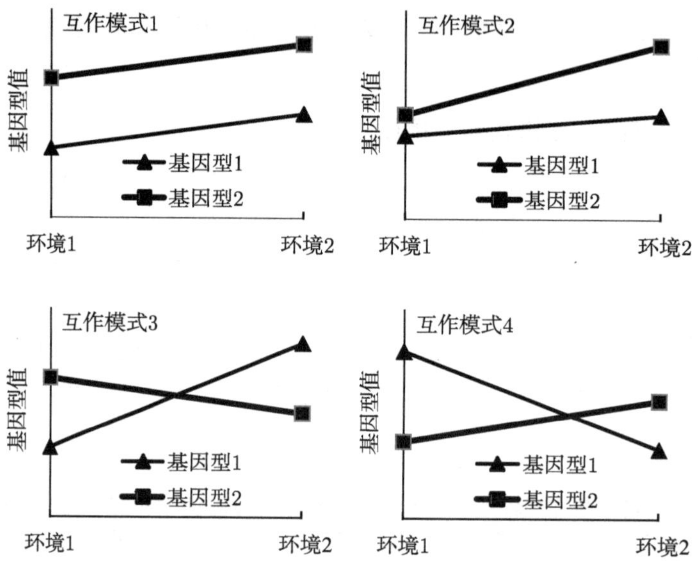

图 9.1　基因型与环境交互作用的 4 种模式

在模式 2 下，一个基因型在两个环境下都优于另一个基因型，基因型间的差异在两个环境下不相等，基因型 2 随着环境效应的增加表现出更大的优势。在这种模式下，基因型之间的差异因环境而变，也就是说存在基因型和环境间的互作。但是，这样的互作并没有改变基因型优劣的顺序，有时也称为非交叉互作 (non-crossover interaction)。对于无互作的模式 1，以及无交叉互作的模式 2，在不关心环境效应的情况下，通过单个环境的表型鉴定，育种家便可知道不同基因型的优劣并进行选择，因此可以大大减少育种家的工作量。

模式 3 和 4 代表的均是交叉互作 (crossover interaction)，基因型的表现因环境而异。在环境 1 中，基因型 2 优于基因型 1，但随着环境的变化其优势越来越小，最终在环境 2 下，基因型 1 优于基因型 2。在交叉互作的模式 3 中，基因型间差异的绝对值在两个环境下是相等的，这时的基因型效应为 0，只存在环境效应和互作效应。在交叉互作的模式 4 中，基因型间差异的绝对值在两个环境下不相等，这时，表 9.1 的基因型效应和环境效应，以及表 9.2 的互作效应均不为 0。对于模式 3 和模式 4 来说，一个环境下基因型的优劣不能代表另一个环境下基因型的优劣，必须通过多环境的表型鉴定，才能全面评价基因型的好坏。对于多个基因型的多环境表型数据，图 9.1 中的 4 种模式可能会同时出现。各种互作模式的并存，显示了多环境试验在遗传研究和育种中的必要性。

表 9.3 给出两个小麦品种在两种环境下赤霉病的平均感染率 (%)。两种基因型在环境 1 的差异为 40%，在环境 2 的差异为 50%。因此，尽管基因型 1 在两个环境下都有较低的感染率，但基因型之间差异的大小与环境有关，或者说基因型与环境之间是不独立的。显然，表 9.3 的基因型与环境互作属于图 9.1 的互作模式 2。根据表 9.1 的计算公式，得到下面的

基因型效应和环境效应；根据表 9.2 的计算公式，得到下面的基因型和环境互作效应。

$$G_1 = 15 - 37.5 = -22.5, \quad G_2 = 60 - 37.5 = 22.5,$$

$$E_1 = 30 - 37.5 = -7.5, \quad E_2 = 45 - 37.5 = 7.5$$

$$GE_{11} = (10 - 37.5) - G_1 - E_1 = 2.5, \quad GE_{12} = (20 - 37.5) - G_1 - E_2 = -2.5,$$

$$GE_{21} = (50 - 37.5) - G_2 - E_1 = -2.5, \quad GE_{22} = (70 - 37.5) - G_2 - E_2 = 2.5$$

表 9.3 两个小麦品种在两个环境下的赤霉病感染率 (%)

基因型	E_1：环境 1	E_2：环境 2	行平均	基因型效应
G_1：A_1A_1	10	20	15	−22.5
G_2：A_2A_2	50	70	60	22.5
列平均	30	45	37.5	
环境效应	−7.5	7.5		

从表 9.3 还可以看出，如果只种植基因型 A_1A_1，两个环境之间的差异为 10%；如果只种植基因型 A_2A_2，两个环境之间的差异为 20%。因此，基因型效应依赖于它所生长的环境，同时环境效应也依赖于环境中所生长的基因型。

TPE 的大小和同质程度，会影响公式 9.1 中各种效应对应的方差。对于一个较小的 TPE 来说，互作方差一般也较小，V_G 会在表型方差中占较大的比例；对于一个很大的 TPE 来说，互作效应就会很高，V_{GE} 可能是表型方差的主要成分。基因型与环境交互作用是广泛存在的，实际中有三种利用基因型与环境之间交互作用的方式 (Bernardo, 2010)。

方式 1：忽略基因型与环境互作 (ignore it)。这种方法其实并不否认基因型与环境交互作用的存在；相反，它也承认基因型与环境交互作用是存在的，并在广泛的环境下测试基因型的表现，优异基因型的推荐或选择所依据的是基因型在所有环境下的平均表现。这种方式强调的是基因型对环境的一般适应性。如果互作以图 9.1 中的模式 3 和 4 为主，推荐的基因型从平均数的角度来说是最好的，但对某一特定的环境来说就不一定了。标准方差分析得到的互作方差 V_{GE} 和随机误差方差 V_ε 可以用来优化多环境试验中的资源配置，详见 §9.2.5。

方式 2：降低基因型与环境互作 (reduce it)。一般来说，较大 TPE 的环境异质程度越高，基因型和环境互作就可能越大，出现交叉互作 (图 9.1 中的互作模式 3 和 4) 的可能性也越高；较小 TPE 的环境异质程度也较低，基因型和环境互作就越小。一个较大的 TPE 可以被划分为几个较小的、相对同质的亚环境群体。每个亚群体内有着相似的非生物和生物特性，因此出现交叉互作的可能性较小。亚群体内，少数环境的平均表现可以较好地反映基因型在整个亚群体内的表现。对不同的亚环境群体，根据平均表现推荐不同的基因型。常用的划分 TPE 的方法有聚类分析和主成分分析，详见 §9.3。

方式 3：利用基因型与环境互作 (exploit it)。这种方式的主要目的在于鉴定出特定环境下表现最好的基因型，强调的是特定基因型对特殊环境的适应性。互作利用方式 3 和 2 并不是孤立的，方式 2 中通过 TPE 的划分来减小互作方差，其实也是在利用交互作用。方式 3 的分析方法包括稳定性分析和乘积模型，详见 §9.3。

§9.2　多环境表型鉴定试验的方差分析

§9.2.1　表型值的线性分解

假定对 g 个基因型在 e 个环境条件下开展表型鉴定试验，每个环境设置 r 次重复，μ_{ij} 表示第 i 个基因型在第 j 个环境下的平均表现，是一个待估计的未知参数。在观测误差服从均值是 0、方差是 σ_ε^2 的正态分布，且相互独立的假定下，第 i 个基因型在第 j 个环境下的第 k 个表型值 y_{ijk} 服从公式 9.2 给出的一组正态分布。

$$y_{ijk} \sim N(\mu_{ij}, \sigma_\varepsilon^2),\ \text{其中}\ i = 1, \cdots, g; \quad j = 1, \cdots, e; \quad k = 1, \cdots, r \tag{9.2}$$

设 g 个基因型在 e 个环境下的总平均表现为 $\bar{\mu}_{..}$，单个基因型在环境间的平均表现为 $\bar{\mu}_{i.}$，单个环境的平均表现为 $\bar{\mu}_{.j}$，计算方法见公式 9.3。每个基因型的平均表现 $\bar{\mu}_{i.}$ 与总平均 $\bar{\mu}_{..}$ 的离差定义为基因型效应，用 G_i 表示。每个环境的平均表现 $\bar{\mu}_{.j}$ 与总平均 $\bar{\mu}_{..}$ 的离差定义为环境效应，用 E_j 表示。基因型效应和环境效应的计算见公式 9.4。

$$\bar{\mu}_{..} = \frac{1}{ge}\sum_{i,j}\mu_{ij}, \quad \bar{\mu}_{i.} = \frac{1}{e}\sum_{j}\mu_{ij}, \quad \bar{\mu}_{.j} = \frac{1}{g}\sum_{i}\mu_{ij} \tag{9.3}$$

$$G_i \hat{=} (\bar{\mu}_{i.} - \bar{\mu}_{..}), \quad E_j \hat{=} (\bar{\mu}_{.j} - \bar{\mu}_{..}) \tag{9.4}$$

在公式 9.3 和公式 9.4 的基础上，按照公式 9.5 定义基因型 i 和环境 j 之间的互作效应 GE_{ij}。显然，互作效应可以被看作总效应 $\mu_{ij} - \bar{\mu}_{..}$ 中扣除基因型效应和环境效应之后的部分。这部分效应越大，用基因型和环境效应去预测基因型表现的效果就越差。当互作达到一定程度后，基因型和环境效应的高低，就代表不了基因型在特定环境下的表现。这一点与 §7.4.3 介绍的基因间上位互作相似，当两个座位之间存在较强的互作时，表现最高的基因型就不能从单个座位上基因型的高低进行判断。

$$GE_{ij} \hat{=} \mu_{ij} - \bar{\mu}_{i.} - \bar{\mu}_{.j} + \bar{\mu}_{..} = (\mu_{ij} - \bar{\mu}_{..}) - G_i - E_j \tag{9.5}$$

根据公式 9.3 定义的各种平均效应、公式 9.4 定义的基因型主效应和环境主效应，以及公式 9.5 定义的基因型与环境互作效应，第 i 个基因型在第 j 个环境下的平均表现 μ_{ij} 反过来也可以表示为总平均、基因型主效应、环境主效应和互作效应之和的形式，即公式 9.6。这时，分布模型 (公式 9.2) 给出的第 i 个基因型在第 j 个环境下的第 k 个观测值，还可以利用线性模型 (公式 9.7) 表示出来，其中，$\varepsilon_{ijk} \sim N(0, \sigma_\varepsilon^2)$ $(i = 1, \cdots, g; j = 1, \cdots, e; k = 1, \cdots, r)$，且相互独立，其他变量为待估未知参数。

$$\mu_{ij} = \bar{\mu}_{..} + G_i + E_j + GE_{ij} \tag{9.6}$$

$$y_{ijk} = \mu_{ij} + \varepsilon_{ijk} = \bar{\mu}_{..} + G_i + E_j + GE_{ij} + \varepsilon_{ijk} \tag{9.7}$$

与第 7 章的单环境方差分析类似，公式 9.7 也要求误差效应相互独立，且服从同一个正态分布，分布的均值为 0。误差效应的独立同分布，可通过适当的田间试验设计来实现，是统计学估计和推断的基础。进一步，利用公式 9.8 定义遗传方差 σ_G^2，利用公式 9.9 定义环境方差 σ_E^2，利用公式 9.10 定义互作方差 σ_{GE}^2。如果能够利用观测数据 y_{ijk} 估计出遗传方差 σ_G^2、环境方差 σ_E^2、互作方差 σ_{GE}^2 和误差方差 σ_ε^2，就能计算性状的广义遗传力，即遗传方差 σ_G^2 占表型方差 σ_P^2 的比例。在多环境试验中，环境方差有时也可能达到或超过一定的显著性水平，有时甚至远超过遗传方差。但环境效应不是遗传学的主要研究对象，计算遗传力时，一般不考虑环境方差，表型方差等于遗传方差、互作方差和误差方差之和。

$$\sigma_G^2 \hat{=} \frac{1}{g-1}\sum_i G_i^2 \tag{9.8}$$

$$\sigma_E^2 \hat{=} \frac{1}{e-1}\sum_j E_j^2 \tag{9.9}$$

$$\sigma_{GE}^2 \hat{=} \frac{1}{(g-1)(e-1)}\sum_{i,j} GE_{ij}^2 \tag{9.10}$$

如果每个环境下，田间试验均采用完全随机区组设计，并且区组之间存在显著的差异，线性模型 (公式 9.7) 中还应该包含区组的效应，即公式 9.11。利用公式 9.11 时要特别注意，每个环境都包含 r 个区组效应，整个试验共包含 re 个区组。因此，公式 9.11 中共包含 re 个区组效应，区组可以看作嵌套在每个环境中。因此，区组的效应也有 re 个，而不是 r 个，区组效应一般用 $B_{k/j}$，而不是 B_k 表示。

$$y_{ijk} = \mu_{ij} + B_{k/j} + \varepsilon_{ijk} = \bar{\mu}_{..} + B_{k/j} + G_i + E_j + GE_{ij} + \varepsilon_{ijk} \tag{9.11}$$

§9.2.2 多环境表型数据的方差分析

同一个基因型在同一个环境下的表型，也会有不同的观测值。如果把第 i 个基因型在第 j 个环境下的表型也看作一个统计群体或总体，y_{ijk} 表示的 r 个观测值是来自该总体的一组样本，服从均值为 μ_{ij}、方差为 σ_ε^2 的正态分布，且相互独立。因此，公式 9.12 给出的样本均值 $\bar{y}_{ij\cdot}$ 就是单个总体均值 μ_{ij} 的估计；公式 9.13 给出的样本均值 $\bar{y}_{\cdots}$ 就是所有总体均值的平均数 $\bar{\mu}_{..}$ 的估计；公式 9.14 给出的样本均值 $\bar{y}_{i..}$ 就是第 i 个环境中总体均值的平均数 $\bar{\mu}_{i\cdot}$ 的估计，与总样本平均数的离差就是基因型主效应的估计；公式 9.15 给出的样本均值 $\bar{y}_{\cdot j\cdot}$ 就是第 j 个基因型下总体均值的平均数 $\bar{\mu}_{\cdot j}$ 的估计，与总样本平均数的离差就是环境主效应的估计。

$$\bar{y}_{ij\cdot} = \frac{1}{r}\sum_k y_{ijk}, \quad \mu_{ij} = \bar{y}_{ij\cdot} \tag{9.12}$$

$$\bar{y}_{\cdots} = \frac{1}{ger}\sum_{i,j,k} y_{ijk}, \quad \bar{\mu}_{..} = \bar{y}_{\cdots} \tag{9.13}$$

$$\bar{y}_{i..} = \frac{1}{er}\sum_{j,k} y_{ijk}, \quad G_i = \bar{y}_{i..} - \bar{y}_{\cdots} \tag{9.14}$$

$$\bar{y}_{\cdot j\cdot} = \frac{1}{gr}\sum_{i,k} y_{ijk}, \quad E_j = \bar{y}_{\cdot j\cdot} - \bar{y}_{\cdots} \tag{9.15}$$

样本均值 $\bar{y}_{ij\cdot}$ 与 $\bar{y}_{\cdots}$ 之间的离差可以看作总效应 $\mu_{ij}-\bar{\mu}_{\cdot\cdot}$ 的估计，减去基因型和环境主效应之后，就是互作效应的估计，即公式 9.16。

$$GE_{ij}=\mu_{ij}-\bar{\mu}_{\cdot\cdot}-G_i-E_j=\bar{y}_{ij\cdot}-\bar{y}_{i\cdot\cdot}-\bar{y}_{\cdot j\cdot}+\bar{y}_{\cdots} \tag{9.16}$$

对于线性模型公式 9.7 来说，公式 9.12～ 公式 9.15 右边以及公式 9.16 给出的其实是线性模型中各种效应的最小二乘估计。严格地讲，一个参数和它的估计是有区别的，统计学中一般在一个参数的上方加以符号 "∧" 表示这个参数的估计。如公式 9.12 中的 $\mu_{ij}=\bar{y}_{ij\cdot}$ 其实应该写成 $\hat{\mu}_{ij}=\bar{y}_{ij\cdot}$；公式 9.14 中的 $G_i=\bar{y}_{i\cdot\cdot}-\bar{y}_{\cdots}$ 其实应该写成 $\hat{G}_i=\bar{y}_{i\cdot\cdot}-\bar{y}_{\cdots}$ 等。公式 9.7 和公式 9.11 中的参数比较多，有的参数还需要用两个字母来表示，如互作效应。在不引起混淆的情况下，这里的参数估计仍沿用参数本身的符号。望读者阅读时注意。在误差方差独立同正态分布的假定下，这些最小二乘估计同时还是极大似然估计。方差分析的详细过程参见《基因定位与育种设计》一书。表 9.4 给出了线性模型公式 9.7 的方差分析表，不考虑区组效应 (相当于完全随机试验设计或者区组效应不显著的随机区组设计)。总变异可以被分解为基因型间、环境间、基因型和环境互作，以及随机误差四部分。基因型的自由度等于基因型个数减去 1，环境的自由度等于环境个数减去 1，基因型和环境互作的自由度等于二者自由度的乘积，随机误差的自由度为 $ge(r-1)$。总自由度为观测值的个数减去 1。容易验证，总的自由度等于以上 4 种自由度之和。

表 9.4 多环境重复表型观测值的方差分析表 (不考虑区组效应)

变异来源	自由度	平方和	均方	期望均方 (固定效应模型)
基因型	$g-1$	SS_G	MS_G	$\sigma_\varepsilon^2+er\sigma_G^2$
环境	$e-1$	SS_E	MS_E	$\sigma_\varepsilon^2+gr\sigma_E^2$
基因型与环境互作	$(g-1)(e-1)$	SS_{GE}	MS_{GE}	$\sigma_\varepsilon^2+r\sigma_{GE}^2$
随机误差	$ge(r-1)$	SS_ε	MS_ε	σ_ε^2
总和	$ger-1$	SS_T		

对于公式 9.11 给出的方差分析模型来说，公式 9.17 给出每个环境下区组效应的最小二乘估计，即环境 j 区组 k 中所有基因型的平均数与环境 j 的平均数之间的差异。模型中其他效应的最小二乘估计与模型公式 9.7 中的效应完全相同。

$$\bar{y}_{\cdot jk}=\frac{1}{g}\sum_i y_{ijk},\quad B_{k/j}=\bar{y}_{\cdot jk}-\bar{y}_{\cdot j\cdot} \tag{9.17}$$

与单环境类似，多环境试验在区组之间的差异也有可能显著。表 9.5 给出公式 9.11 的方差分析表。对单个环境来说，区组自由度等于 $r-1$。因此，总的区组效应自由度等于 $e(r-1)$。方差分析中包含区组效应，不影响基因型间、环境间，以及基因型和环境互作的自由度和平方和的分解，所影响的只是随机误差的自由度和平方和。随机误差的自由度要在表 9.4 的基础上减去区组的自由度 $e(r-1)$，随机误差的平方和要在表 9.4 的基础上减去区组的平方和。表 9.4 和表 9.5 的最后一列为期望均方，即在随机误差独立且服从相同正态分布的假定下，各种均方的期望大小。表 9.5 最后一列中，σ_B^2 是区组效应的方差，其他方差成分对应于线性模型公式 9.7 中的各种效应。期望均方用于计算各种方差成分的无偏估计，具体的推导过程参见《基因定位与育种设计》一书。

表 9.5 多环境重复表型观测值的方差分析表 (考虑区组效应)

变异来源	自由度	平方和	均方	期望均方 (固定效应模型)
环境内区组	$e(r-1)$	SS_B	MS_B	$\sigma_\varepsilon^2+g\sigma_B^2$
基因型	$g-1$	SS_G	MS_G	$\sigma_\varepsilon^2+er\sigma_G^2$
环境	$e-1$	SS_E	MS_E	$\sigma_\varepsilon^2+gr\sigma_E^2$
基因型与环境互作	$(g-1)(e-1)$	SS_{GE}	MS_{GE}	$\sigma_\varepsilon^2+r\sigma_{GE}^2$
随机误差	$(g-1)e(r-1)$	SS_ε	MS_ε	σ_ε^2
总和	$ger-1$	SS_T		

§9.2.3 多环境基因型值和广义遗传力的估计

多环境试验中，假定环境间的误差方差同质，即不同环境有相同的误差方差，用 σ_ε^2 表示，有时也称为环境间的合并方差。在方差分析表 9.4 和表 9.5 中，MS_ε 是 σ_ε^2 的无偏估计。从分布模型 (公式 9.2) 可以看出，观测值 y_{ijk} 包含了第 i 个基因型在第 j 个环境下平均表现 μ_{ij} 的信息。对基因型 i 来说，在误差效应服从独立正态分布的假定下，重复平均数是基因型平均表现 μ_{ij} 的最优线性无偏估计 (BLUE)。公式 9.18 给出了 μ_{ij} 的 BLUE，以及估计值的方差，公式 9.19 给出基因型 i 在环境间平均表现 $\bar{\mu}_{i\cdot}$ 的 BLUE 及估计值的方差。

$$\hat{\mu}_{ij}=\frac{1}{r}\sum_k y_{ijk}=\bar{y}_{ij\cdot},\quad V(\hat{\mu}_{ij})=\frac{1}{r}\sigma_\varepsilon^2 \tag{9.18}$$

$$\bar{\mu}_{i\cdot}=\frac{1}{e}\sum_j \bar{y}_{ij\cdot}=\frac{1}{er}\sum_{j,k}y_{ijk},\quad V(\bar{\mu}_{i\cdot})=\frac{1}{er}\sigma_\varepsilon^2 \tag{9.19}$$

在误差方差未知的情况下，可以用方差分析中的误差均方来代替误差方差，以估计公式 9.18 和公式 9.19 中 BLUE 的方差。

多环境下，一个基因型或家系的表现等于基因型效应、环境效应、互作效应与随机误差之和，即公式 9.20，与公式 9.7 等价。在误差项独立且服从同一正态分布的假定下，表型方差等于基因型效应产生的方差、环境效应产生的方差、互作效应产生的方差及误差方差之和，即公式 9.21。公式右端各种方差成分定义在公式 9.8~ 公式 9.10 中，通过方差分析表 9.4 或表 9.5 的期望均方，可以得到它们的无偏估计。

$$P=\mu+G+E+GE+\varepsilon \tag{9.20}$$

$$\sigma_P^2=\sigma_G^2+\sigma_E^2+\sigma_{GE}^2+\sigma_\varepsilon^2 \tag{9.21}$$

公式 9.21 中，环境方差 σ_E^2 来源于一些非遗传的因素，在遗传力估计时不考虑这部分方差。广义遗传力 H^2 如公式 9.22 所示计算。

$$H^2=\frac{\sigma_G^2}{\sigma_G^2+\sigma_{GE}^2+\sigma_\varepsilon^2} \tag{9.22}$$

公式 9.22 得到的估计可被视为单个观测表型的遗传力。遗传研究一般基于公式 9.14 或公式 9.19 得到的基因型估计值。公式 9.23 给出基因型在环境和区组间平均数的方差，其中，遗传方差与公式 9.21 的遗传方差相同，互作方差只有公式 9.21 中互作方差的 $\frac{1}{e}$，误差方差只有公式 9.21 中误差方差的 $\frac{1}{re}$。因此，如果利用环境间重复平均数作为性状的选择标准或开展遗传研究，则可以根据公式 9.24 计算它的遗传力，又称为环境和重复平均数的遗传力。

$$\sigma_P^2 = \sigma_G^2 + \frac{1}{e}\sigma_{GE}^2 + \frac{1}{re}\sigma_\varepsilon^2 \tag{9.23}$$

$$H^2 = \frac{\sigma_G^2}{\sigma_P^2} = \frac{\sigma_G^2}{\sigma_G^2 + \frac{1}{e}\sigma_{GE}^2 + \frac{1}{re}\sigma_\varepsilon^2} \tag{9.24}$$

以表 7.3 给出的直链淀粉含量 (%) 在三个环境的表型数据为例，g=10、e=3、r=2，基因型自由度为 9、环境自由度为 2、基因型和环境互作自由度为 18、误差效应的自由度为 30；总自由度为 59，比总的观测值个数 60 少 1 (表 9.6)。方差分析的结果表明，直链淀粉含量在基因型间、环境间均存在极显著的差异，基因型和环境间的互作也达到极显著水平。从方差的估计值来看，遗传方差的估计值远高于随机误差方差的估计值，也远高于互作方差的估计值。将表 9.6 最后一列的方差估计值代入公式 9.22，得到小区水平的广义遗传力为 50.14%；代入公式 9.24，得到环境和重复平均数的广义遗传力为 78.13%。

表 9.6 双亲衍生的 10 个水稻 RIL 家系在三个环境下直链淀粉含量 (%) 的联合方差分析 (不含区组效应)

变异来源	自由度	平方和	均方	F 值	显著概率	方差估计值
基因型	9	31.4260	3.4918	20.38	<0.0001	0.5534
环境	2	19.6924	9.8462	57.47	<0.0001	0.4837
基因型与环境互作	18	16.7310	0.9295	5.43	<0.001	0.3791
随机误差	30	5.1400	0.1710			0.1713
总和	59	72.9893				

如果同时考虑区组效应，其自由度为 3，基因型自由度仍为 9，环境自由度仍为 2，基因型和环境互作自由度仍为 18，总自由度仍为 59；误差效应的自由度降低到 27 (表 9.7)。从 F 检验可以看出，区组之间也存在极显著的差异。将表 9.7 最后一列的方差估计值代入公式 9.22，得到小区水平的广义遗传力为 52.79%；代入公式 9.24，得到环境和重复平均数的广义遗传力为 78.56%。由于此例中存在显著的区组效应，方差分析的线性模型在包含区组效应之后，降低了随机误差方差，因此得到较高的遗传力估计值。

表 9.7 双亲衍生的 10 个水稻 RIL 家系在三个环境下直链淀粉含量 (%) 的联合方差分析 (含区组效应)

变异来源	自由度	平方和	均方	F 值	显著概率	方差估计值
环境内区组	3	2.8270	0.9423	11.00	<0.001	0.0857
基因型	9	31.4260	3.4918	40.76	<0.0001	0.5677
环境	2	19.6924	9.8462	114.94	<0.0001	0.4880
基因型与环境互作	18	16.7310	0.9395	10.85	<0.0001	0.4219
随机误差	27	2.3130	0.0857			0.0857
总和	59	72.9893				

§9.2.4 异质误差方差条件下的最优线性无偏估计

同一环境条件下，一般都会默认误差效应具有相同的方差。有时由于种植条件的差异，环境间的误差方差可能会有较大差异。例如，栽培条件优良的环境下，由于有良好的灌溉设施、适当的土壤肥力、有效的病虫害防治措施，误差方差一般比较小，表型观测值更接近基因型的平均表现。干旱或雨养环境条件下，误差方差一般会比较大，表型观测值与基因型的平均表现之间有较大的偏离。如果一个基因型在异质环境条件下进行种植，基因型的平均表现为 μ，第 j 个环境的误差方差为 $\sigma_{\varepsilon_j}^2$，y_j 表示第 j 个环境下的表型观测值。表型观测值的线性模型如下。

$$y_j = \mu + \varepsilon_j, \quad \varepsilon_j \sim N(0,\ \sigma_{\varepsilon_j}^2), \quad j = 1, 2, \cdots, e, \text{ 且相互独立}$$

这时，公式 9.25 的样本均值仍然是平均表现 μ 的一个无偏估计，公式 9.26 给出这一估计的方差。统计上称具有最低方差的无偏估计为最优无偏估计。当误差方差在环境间不相等，或者说误差方差异质时，公式 9.25 给出的不再是最优无偏估计。也就是说，存在比简单平均数 $\bar{y}.$ 的方差更小的线性无偏估计。

$$\bar{y}. = \frac{1}{e}\sum_j y_j \tag{9.25}$$

$$V(\bar{y}.) = \frac{1}{e^2}(\sigma_{\varepsilon_1}^2 + \sigma_{\varepsilon_2}^2 + \cdots + \sigma_{\varepsilon_e}^2) \tag{9.26}$$

如公式 9.27 构造 y_j $(j = 1, 2, \cdots, e)$ 的线性组合，并计算其方差。可以发现，在环境方差异质时，公式 9.27 给出的估计比公式 9.25 的简单平均数具有更小的方差，最小方差由公式 9.28 给出。容易验证，公式 9.26 和公式 9.28 只有在方差同质的条件下才会相等。公式 9.27 给出的其实是一个加权平均数，误差方差越大的环境，其权重越低；误差方差越小的环境，其权重越高。这一点从直观上也是可以理解的，误差方差较大的观测值，其偏离真实值的程度也就较大，因此包含了较少真实值的信息；误差方差较小的观测值，其偏离真实值的程度也较小，因此包含了较多真实值的信息。如果观测误差非常大，观测值对真实值也就失去了代表性，参数估计中就应该剔除掉这样的观测值。

$$\hat{\mu} = \sum_j w_j y_j, \text{ 其中 } w_j = \frac{\dfrac{1}{\sigma_{\varepsilon_j}^2}}{\dfrac{1}{\sigma_{\varepsilon_1}^2} + \dfrac{1}{\sigma_{\varepsilon_2}^2} + \cdots + \dfrac{1}{\sigma_{\varepsilon_e}^2}} \tag{9.27}$$

$$V(\hat{\mu}) = \frac{1}{\dfrac{1}{\sigma_{\varepsilon_1}^2} + \dfrac{1}{\sigma_{\varepsilon_2}^2} + \cdots + \dfrac{1}{\sigma_{\varepsilon_e}^2}} \tag{9.28}$$

下面简单介绍一下方差同质性的 Bartlett 检验方法，其他同质性检验方法可参考生物统计方面的书籍，如李仲来等 (2007)、茆诗松等 (2011)。用 $\hat{\sigma}_{\varepsilon_j}^2$ 和 $\mathrm{df}_{\varepsilon_j}$ 表示第 j 个环境下误差方差 $\sigma_{\varepsilon_j}^2$ 的估计值和自由度，方差同质性检验的零假设和备择假设如下。

$$H_0:\ \sigma_{\varepsilon_1}^2 = \sigma_{\varepsilon_2}^2 = \cdots = \sigma_{\varepsilon_e}^2$$

$$H_A:\ \sigma^2_{\varepsilon_1}, \sigma^2_{\varepsilon_2}, \cdots, \sigma^2_{\varepsilon_e}\ \text{中至少有两项互不相等}$$

在 H_0 下，首先利用所有环境计算合并误差方差，公式 9.29 给出合并误差方差 σ^2_ε 的计算方法。Bartlett 检验统计量由公式 9.30 给出，近似服从自由度为 $e-1$ 的 χ^2 分布。

$$\sigma^2_\varepsilon = \frac{1}{\sum_j \mathrm{df}_{\varepsilon_j}} \sum_j \mathrm{df}_{\varepsilon_j} \sigma^2_{\varepsilon_j} \tag{9.29}$$

$$\chi^2 = \left(\sum_j \mathrm{df}_{\varepsilon_j}\right) \ln(\sigma^2_\varepsilon) - \sum_j \mathrm{df}_{\varepsilon_j} \ln(\sigma^2_{\varepsilon_j}) \sim \chi^2(e-1) \tag{9.30}$$

利用表 7.3 的数据并同时考虑区组效应，单环境方差分析得到三个环境的误差方差分别为 0.0656、0.0738、0.1176，自由度均为 9 (表 7.5)。同质性检验的 χ^2 统计量为 0.8484，显著性概率为 0.6543。说明这三个环境下的误差方差不存在显著差异，可以认为是同质的。基因型在不同环境下直链淀粉含量的 BLUE 列于表 9.8，最后两列给出的是简单平均数 (公式 9.25) 和加权平均数 (公式 9.27)。在这组多环境试验数据中，由于环境间误差方差的差异不大，加权平均数估计与简单平均数估计之间只存在细微的差异。

表 9.8　两个水稻亲本和它们的 10 个 RIL 家系直链淀粉含量 (%) 平均表现的估计值

基因型	环境 1	环境 2	环境 3	简单平均数	加权平均数
RIL1	15.20	14.50	14.65	14.78	14.82
RIL2	14.75	15.75	16.00	15.50	15.40
RIL3	14.45	15.85	15.65	15.32	15.23
RIL4	13.60	16.40	15.25	15.08	14.99
RIL5	15.65	16.65	15.50	15.93	15.98
RIL6	15.55	16.40	16.50	16.15	16.08
RIL7	13.65	14.60	14.30	14.18	14.14
RIL8	12.25	14.30	15.65	14.07	13.77
RIL9	13.15	14.55	15.40	14.37	14.17
RIL10	13.20	15.05	14.20	14.15	14.10

从严格意义上讲，多环境的表型鉴定数据应该先进行第七章表 7.4 和表 7.5 的单环境方差分析，只有在所有环境的误差方差同质时，才能进行多环境联合方差分析；如果环境误差方差不同质，严格地说是不宜进行多环境联合方差分析的。但从公式 9.27 来看，多环境基因型 BLUE 的计算并不依赖于多环境联合方差分析，只要通过单环境方差分析估计出每个环境的误差方差即可。开展进一步的遗传研究，如基因定位，最好利用公式 9.27 计算出的 BLUE，它比公式 9.25 的简单平均具有更小的方差，也因此更接近真实的基因型值。

§9.2.5　评价基因型的适宜环境数和重复数

利用方差分析表 9.4 和表 9.5 中的期望均方，可以得到基因型与环境互作方差 σ^2_{GE} 估计值的计算公式 9.31。统计学中，估计值一般在参数上方加以符号 ^ 表示。数量遗传分析中的参数较多，这种表示方法有时显得较繁琐，这里的方差估计值一律用 V 加一下标来表示。例如，基因型和环境互作方差 σ^2_{GE} 的估计值用 V_{GE} 表示，随机误差方差 σ^2_{ε} 的估计值用 V_{ε} 表示 (公式 9.31)。利用方差分析表 9.7 的结果，得到的基因型和环境互作方差估计值为 V_{GE}=0.4219，随机误差方差的估计值 V_{ε}=0.0857。

$$V_{GE}=\frac{\mathrm{MS}_{GE}-\mathrm{MS}_{\varepsilon}}{r},\quad V_{\varepsilon}=\mathrm{MS}_{\varepsilon} \tag{9.31}$$

基因型 i 的所有环境和所有重复平均数 $\bar{y}_i$ 的方差 ($V_{\bar{y}_i}$) 中，既包含随机误差方差，又包含基因型和环境互作方差 (公式 9.32)。如果基因型为遗传群体的一组随机样本，多个环境和多次重复会降低 $V_{\bar{y}_i}$，进而增加以基因型平均数为基础的遗传力 (公式 9.24)，最终提高选择效率。利用公式 9.32，还可以计算两个基因型 i 和 j 间的最小显著性差异 (least significant difference, LSD)，当基因型和环境个数较大时，0.05 概率水平的 LSD 可以近似用公式 9.33 计算。

$$V_{\bar{y}_i}=\frac{V_{\varepsilon}}{re}+\frac{V_{GE}}{e} \tag{9.32}$$

$$\mathrm{LSD}_{0.05}\approx 2.0\sqrt{2V_{\bar{y}_i}} \tag{9.33}$$

从公式 9.32 和公式 9.33 可以看出，增加环境、增加重复都可以降低平均数 $\bar{y}_i$ 的方差，从而使得更小的差异也能在 0.05 的显著性水平下被检测出来。当 V_{GE} 低到可以忽略不计的时候，公式 9.32 就以随机误差方差为主，这时，增加环境与增加重复没有明显差异。但是，对于大多数数量性状来说，基因型和环境互作都会达到显著或极显著水平，V_{GE} 可能接近甚至远超过误差方差 V_{ε}。这时，增加环境对 $V_{\bar{y}_i}$ 的影响更大，能够使平均数的方差变得更低。因此，在单个基因型占用小区数 (等于 re，即环境数与重复数之积) 相对固定的情况下，如果以检测到的最小显著性差异为标准，则最优的资源配置是令重复数为 1，而使环境数尽可能大。

但从另外一个角度来说，一次重复无法对误差方差进行估计，难以开展显著性检验。对于基因型个数较多、确实难以设置重复的情形，如育种中高世代材料的首次产量鉴定试验，参加试验的基因型可能有数百甚至数千个，这时可以通过一个或多个对照基因型在田间的重复观测数据估计误差方差，即对少数基因型设置重复，以达到估计误差方差的目的。对于基因型个数较少、精确度要求比较高的试验，则要考虑对所有基因型设置相同个数的重复，以更好地估计误差方差，更准确地估计基因型的平均表现，更有效地开展显著性检验。对于大多数需要设置重复的育种试验来说，两次重复可能就足够了。两次重复试验中，单个基因型重复平均数的方差等于误差方差的 1/2。对于精确度要求更高的试验，如品种审定前的区域试验，可以考虑设置三次重复。三次重复试验中，单个基因型重复平均数的方差等于误差方差的 1/3。更多次数的重复，在遗传和育种研究中没有必要，也可能不切合实践。

上面的结论是在互作方差 V_{GE} 相对固定的情况下得出的。一般来说，增加环境要比增加重复产生更多的花费，并且环境数的增加又有可能引起互作方差的增加。这时，在较多的环境下测试基因型会造成试验精度上的损失。但总的来说，增加环境的重要性要超过增加重复的重要性，广泛的多环境表型鉴定是选育广适应性品种的必要途径。

§9.3 基因型的环境稳定性分析

§9.3.1 目标环境群体 (TPE) 的分类

一般来说，TPE 越大，环境的同质程度越低，基因型与环境之间存在交叉互作的可能性也越大，少数几个测试环境的表型数据对基因型在 TPE 中平均表现的预测能力就越低。利用环境因子和作物生产的数据和信息 (如密度、施肥量、耕作方式等)，可以对环境进行分类，即把一个较大的 TPE 划分为若干个较小的、相对同质的亚环境群体。另外，也可以根据不同基因型的表现来划分环境群体。常用的划分环境的统计方法有分类分析、主坐标分析，以及联合分类。对环境的分类，是育种实践中降低并利用基因型和环境互作的一种常用方法，以下简单介绍一种环境分类的聚类分析方法。

根据一组环境样本之间的相似性，聚类分析 (cluster analysis) 最终产生出一个聚类图，把环境划分在不同个数的亚群中，同一亚群内的两个环境要比不同亚群的两个环境间有较大的相似性。随着不同亚群的合并，群内环境间的异质性逐渐增加。利用聚类分析，需要构建一个相似性或距离的测度。聚类分析过程中使用的数据往往来自很多地点和年份，是不平衡的。两个环境间的距离 $D_{jj'}$ (统计上的距离，并非物理距离)，可以根据两个环境中种植的共同基因型的表现来估计，即公式 9.34，其中 g 是环境 j 和 j' 中共同的基因型，μ_j 和 $\mu_{j'}$ 分别是所有基因型在环境 j 和 j' 下的平均表现，SE_j 和 $\mathrm{SE}_{j'}$ 分别是所有基因型在环境 j 和 j' 下表现的标准差 (Ouyang et al., 1995)。

$$D_{jj'} = \frac{1}{g}\sum_{i=1}^{g}\left(\frac{y_{ij}-\mu_j}{\mathrm{SE}_j} - \frac{y_{ij'}-\mu_{j'}}{\mathrm{SE}_{j'}}\right)^2 \tag{9.34}$$

当所有的基因型均在环境 j 和 j' 中种植，公式 9.34 可进一步简化为公式 9.35，其中 g 是基因型的个数，$r_{jj'}$ 是根据所有基因型的表现估计出的环境 j 和 j' 间的相关系数。从公式 9.35 可以看出，如果所有基因型在两个环境中的相对表现是一致的，即 $r_{jj'}=1$，这时距离为 $D_{jj'}=0$；如果 $r_{jj'}=0$，距离 $D_{jj'}=2$；在交叉互作存在时，相关可以是 $r_{jj'}=-1$，而距离可以是 $D_{jj'}=4$。

$$D_{jj'} = 2\left(1-\frac{1}{g}\right)(1-r_{jj'}) \tag{9.35}$$

假定有 5 个环境样本，根据公式 9.34 或公式 9.35 得到的距离矩阵见表 9.9。开始时，每个环境为一个单独的亚群，聚类分析中有不同的方法将两个亚群合并形成一个较大的亚群，常用的方法是类平均 (unweighted pair-group method using arithmetic average，UPGMA)，这种方法把两个类间的距离定义为第一个类中的环境和第二个类中的环境间所有距离的平均。聚类过程中，优先合并平均距离最短的两个类，直到把所有的环境合并为一个类为止。

表 9.9 利用一组基因型的表型数据得到 5 个环境样本之间的距离矩阵

	环境 2	环境 3	环境 4	环境 5
环境 1	0.88	1.56	0.95	1.20
环境 2		1.18	0.55	1.28
环境 3			1.63	0.95
环境 4				1.33

表 9.9 中，环境数 e=5，需要经过 $e-1=4$ 次合并，才能形成一个类。UPGMA 聚类过程简单描述如下。

步骤 1：把两个最相似的环境合并形成一个类。聚类起始时，每个环境对应于一个类，共有 5 个类，可能的合并方式有 $C_5^2=10$ 种，分别对应于表 9.9 的 10 个距离。从表 9.9 的距离矩阵可以看出，环境 2 和环境 4 在所有 10 个距离中最小，因此首先把它们两个合并在一起形成一个新的类，用 (环境 2-环境 4) 表示，类内平均距离等于环境 2 和 4 之间的距离 0.55。

步骤 2：把两个最相似的类合并。经过步骤 1 后，形成了 4 个类，环境 2 和 4 在同一个类中，环境 1、3、5 对应于另外三个类。可能的 6 种合并方式及合并后的类内平均距离如下。

(1) (环境 2-环境 4) 类与环境 1 合并，类平均距离为 $\frac{1}{2}(D_{12}+D_{14})$=0.915。

(2) (环境 2-环境 4) 类与环境 3 合并，类平均距离为 $\frac{1}{2}(D_{23}+D_{34})$=1.405。

(3) (环境 2-环境 4) 类与环境 5 合并，类平均距离为 $\frac{1}{2}(D_{25}+D_{45})=1.305$。

(4) 环境 1 与环境 3 合并，类平均距离为 $D_{13}=1.56$。

(5) 环境 1 与环境 5 合并，类平均距离为 $D_{15}=1.20$。

(6) 环境 3 与环境 5 合并，类平均距离为 $D_{35}=0.95$。

可以看出，上面的 6 种合并方式中，第 (1) 种合并方式得到的类，具有最短的平均距离。因此，在这一步中优先把环境 1 并入 (环境 2-环境 4) 类中，合并之后的类用 (环境 1-环境 2-环境 4) 表示，合并后的类平均距离为 0.793，即环境 1 与 2、1 与 4、2 与 4 之间距离的平均。

步骤 3：把两个最相似的类合并。经过步骤 1 和 2 后，形成了 3 个类，环境 1、2 和 4 在同一个类中，环境 3、5 对应于另外两个类。这时可能的合并方式只有 3 种，合并后的类内平均距离如下。

(1) (环境 1-环境 2-环境 4) 类与环境 3 合并，平均距离为 $\frac{1}{3}(D_{13}+D_{23}+D_{34})$=1.457。

(2) (环境 1-环境 2-环境 4) 类与环境 5 合并，平均距离为 $\frac{1}{3}(D_{15}+D_{25}+D_{45})$=1.27。

(3) 环境 3 与环境 5 合并，平均距离为 D_{35}=0.95。

可以看出，上面的三种合并方式中，第 (3) 种合并方式得到的类具有最短的平均距离。因此，在这个步骤中优先把环境 3 和环境 5 合并，合并之后的类用 (环境 3-环境 5) 表示，合并后的类内平均距离为 0.95，即环境 3 和 5 之间的距离。

步骤 4：把最后的两个类合并，并计算类内平均距离。把步骤 2 得到的 (环境 1-环境 2-环境 4) 类与步骤 3 得到的 (环境 3-环境 5) 类进行合并，最终形成一个类。合并后的类平均距离为 (环境 1-环境 2-环境 4) 类内各环境与 (环境 3-环境 5) 类内各环境之间成对距离的平均数，即 $\frac{1}{6}(D_{13}+D_{23}+D_{34}+D_{15}+D_{25}+D_{45})$=1.363。

经过上述 4 个步骤的聚类过程，最后可以得到 5 个环境的聚类图 (cluster diagram or dendrogram)，用图 9.2 表示。从图中可以看出，在距离为 0.55 时，首先把环境 2 和环境 4

聚成一类。在距离为 0.915 时，环境 2、环境 4 和环境 1 聚成一类。在距离为 0.95 时，环境 3 和环境 5 聚成一类。在距离为 1.363 时，所有环境聚成一类。从聚类图 9.2 中可以明显看出环境之间的相似程度，并对环境进行分组。显然，环境 2 和环境 4 之间的相似程度最高。如果把 5 个环境分成两组，则环境 2、4、1 在一个组中，环境 3 和 5 在另一个组中。

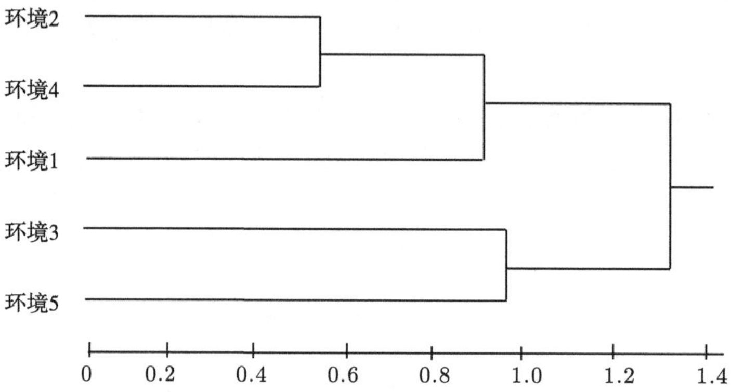

图 9.2 利用一组基因型表型对 5 个环境的聚类图

当环境数较多时，将这些环境究竟分成多少个组合适，或者说聚类过程到哪一步就应该停止，统计上并没有一个严格的标准或规定。更多时候，需要考虑聚类对象的生物学意义。聚类分析只是利用一定的标准，把聚类对象的远近关系用图 9.2 形象地表示出来。如有其他数据支持，也可将图 9.3 的 5 个环境分成 3 组，这时环境 2、4、1 在一个组中，环境 3 和 5 在另外的两个组中。

§9.3.2 基因型和环境双向表

在固定效应模型的方差分析中，第 i 个基因型在第 j 个环境下的平均表现 μ_{ij} 是一个待估计的未知参数，第 k 个表型值 y_{ijk} 服从公式 9.2 给出的正态分布，即 $N(\mu_{ij},\ \sigma_{\varepsilon}^2)$。因此，第 i 个基因型在第 j 个环境下 k 个观测值的样本均值 $\bar{y}_{ij\cdot}$，就是 μ_{ij} 的最优线性无偏估计 (BLUE)。所有 μ_{ij} $(i=1,\cdots,g;\ j=1,\cdots,e)$ 的无偏估计在一起，可以排列成一个基因型和环境双向表，这一双向表是基因型环境稳定性分析的基础数据。

表 9.10 给出 10 个水稻 RIL 家系在三个环境直链淀粉含量 (%) 估计值的双向表，前 4 列的数值与表 9.8 相同，只不过将 10 个基因型按照平均数从高到低的顺序重新排列、三个环境按照平均数从低到高的顺序重新排列。在环境间方差同质的假定下，表 9.10 中的行平均是第 i 个基因型在环境间平均表现 $\bar{\mu}_{i\cdot}$ 的 BLUE，行平均与总平均数 14.95 的离差是第 i 个基因型效应 (即 $\bar{\mu}_{i\cdot}-\bar{\mu}$) 的 BLUE。从另外一个方向来看，表 9.10 中的列平均是所有基因型在环境 j 的平均数，定义为环境平均数或环境指数 (environmental index)，环境平均数与总平均数 14.95 的离差定义为环境效应。表 9.10 最后三列给出互作效应的估计值。

从方差分析表 9.6 或表 9.7 我们知道，基因型和环境之间存在显著的交互作用。方差分析 F 检验得出的显著性，只是说明表 9.10 后三列所有交互作用合在一起是显著的，并不能保证每个互作效应都是显著的。单个互作效应的显著性可以通过全模型和简化模型之间的差异显著性进行检验，本书不作详细介绍。

表 9.10 水稻 10 个 RIL 家系在 3 个环境的平均直链淀粉含量 (%) 及各种效应的估计值

基因型	环境 1	环境 3	环境 2	行平均	基因型效应	互作效应		
						环境 1	环境 3	环境 2
RIL6	15.55	16.50	16.40	16.15	1.20	0.21	−0.20	−0.01
RIL5	15.65	15.50	16.65	15.93	0.98	0.53	0.26	−0.79
RIL2	14.75	16.00	15.75	15.50	0.55	0.06	−0.20	0.14
RIL3	14.45	15.65	15.85	15.32	0.36	−0.06	0.08	−0.02
RIL4	13.60	15.25	16.40	15.08	0.13	−0.68	0.86	−0.19
RIL1	15.20	14.65	14.50	14.78	−0.17	1.23	−0.74	−0.49
RIL9	13.15	15.40	14.55	14.37	−0.59	−0.41	−0.27	0.68
RIL7	13.65	14.30	14.60	14.18	−0.77	0.27	−0.04	−0.24
RIL10	13.20	14.20	15.05	14.15	−0.80	−0.14	0.45	−0.31
RIL8	12.25	15.65	14.30	14.07	−0.89	−1.01	−0.22	1.23
列平均 (环境指数)	14.15	15.31	15.41	14.95				
环境效应	−0.81	0.36	0.45					

我们暂且不考虑双向表 9.10 中各种估计值的误差。RIL6 具有最高的基因型值和效应，环境 2 具有最高的环境指数和效应。如不存在基因型和环境之间的交互作用，RIL6 应该在环境 2 中有最高的平均表现。事实上，由于互作的存在，最高表现是由 RIL5 和环境 2 结合在一起产生的。从散点图 9.3 看得更清楚，不存在一种基因型在所有三个环境下都有最高的表现，§9.1.2 介绍的 4 种互作模式在散点图 9.3 中都找得到。例如，RIL6、RIL2 在环境 1、3 的两条直线几乎是平行的，说明这两个基因型在环境 1、3 中几乎不存在互作，代表了互作模式 1。RIL2、RIL8 在环境 1 的差异远高于在环境 3 中的差异，代表了互作模式 2。在环境 1 和 3 之间，或者环境 3 和 2 之间，存在交叉的两条直线均代表互作模式 3 或 4，这样的互作在图 9.3 中就更多了，不再一一列出。

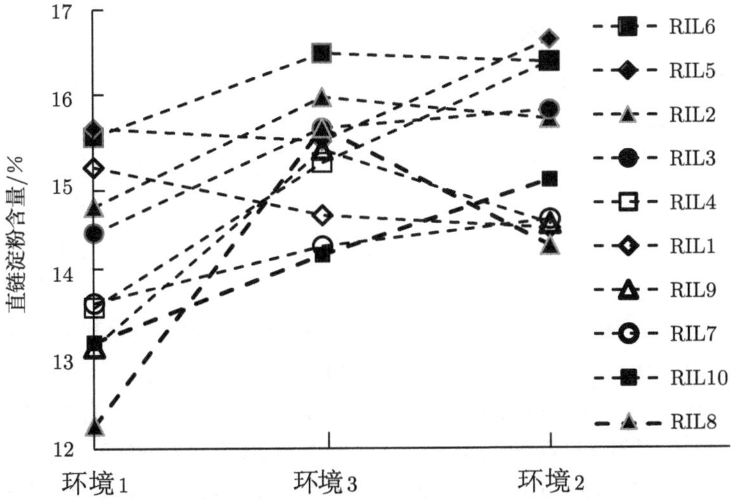

图 9.3 10 个水稻重组近交家系在三个环境中平均直链淀粉含量的散点图

§9.3.3 基因型环境稳定性的 Finlay-Wilkinson 分析方法

从表 9.10 的基因型和环境双向表中可以看到，有些基因型在环境之间的波动较小，而有些却很大。对于波动较小的基因型来说，环境的改变不会引起表型上大的变化，或者说这些基因型对环境的改变不太敏感，或者它们的环境稳定性较高。而对波动较大的基因型来说，环境的改变会引起表型上较大的变化，或者说它们对环境的改变比较敏感，或者环境稳定性较低。因此，根据多个基因型在多种环境下的表型数据，就能对基因型的环境敏感性进行评价，有时又称稳定性分析 (stability analysis)。利用表 9.10 的基因型和环境双向表，可以构建出多种稳定性参数，从不同的侧面来定量评估基因型对环境的敏感程度或稳定程度。品种稳定性分析的方法有很多，这一节和下一节简要介绍其中的两种。

互作的联合回归分析 (joint regression analysis of interaction) 方法首先是由 Yates 和 Cochran (1938) 提出，当时并没有得到多少应用。Finlay 和 Wilkinsom (1963) 重新提出并完善了这种分析方法，随后随着计算机的普及而得以较广泛的应用。若用 y_{ij} 表示基因型和环境双向表中第 i 个基因型在第 j 个环境下的平均表现，环境 j 的平均值用 $\bar{y}_{\cdot j}$ 表示，即 $\bar{y}_{\cdot j}=\dfrac{1}{g}\sum\limits_{i}y_{ij}$。将第 i 个基因型在所有环境的平均表现 y_{ij} 对环境平均数 $\bar{y}_{\cdot j}$ 进行一元线性回归分析，公式 9.36 给出基因型 i 回归系数 b_i 的计算方法，其中，$\bar{y}=\dfrac{1}{ge}\sum\limits_{i,j}y_{ij}$ 为总平均数，$\bar{y}_{i\cdot}=\dfrac{1}{e}\sum\limits_{j}y_{ij}$ 为基因型 i 在所有环境下的平均表现。

$$b_i=\frac{\sum\limits_{j}(\bar{y}_{\cdot j}-\bar{y})(y_{ij}-\bar{y}_{i\cdot})}{\sum\limits_{j}(\bar{y}_{\cdot j}-\bar{y})^2}=\frac{\sum\limits_{j}y_{ij}\bar{y}_{\cdot j}-\dfrac{1}{e}\left(\sum\limits_{j}y_{ij}\right)\left(\sum\limits_{j}\bar{y}_{\cdot j}\right)}{\sum\limits_{j}\bar{y}_{\cdot j}^2-\dfrac{1}{e}\left(\sum\limits_{j}\bar{y}_{\cdot j}\right)^2} \tag{9.36}$$

由公式 9.36 得到的回归系数越大，表示该基因型对环境的反应越敏感，因而稳定性较低；回归系数越小，表示该基因型对环境的反应迟钝，因而稳定性较高。鉴于此，Finlay 和 Wilkinson (1963) 提出以下利用回归系数评价基因型稳定性的方法。

(1) 当 $b_i=1$ 时，表示基因型 i 对环境的反应等于所有基因型的平均反应。

(2) 当 $b_i>1$ 时，表示基因型 i 对环境的反应高于所有基因型的平均反应，稳定性低。

(3) 当 $b_i<1$ 时，表示基因型 i 对环境的反应低于所有基因型的平均反应，稳定性高。

利用表 9.10 每个基因型在三个环境下的平均表现与环境指数，得到的回归系数列于表 9.11。当然，也可以利用基因型平均表现对环境效应进行回归分析，得到的回归系数不变。为便于对比，表 9.11 也给出了各种平均基因型值 (等同于表 9.10 的行平均)。从表 9.11 可以看出，RIL2、RIL3、RIL10 的回归系数接近于 1，它们具有中等程度的环境稳定性。RIL4、RIL9、RIL8 的回归系数远高于 1，它们的环境稳定性较低。RIL6、RIL5、RIL7 的回归系数远低于 1，它们的环境稳定性较高。RIL1 的回归系数为负值，但其绝对值远低于 1，也具有较好的环境稳定性。

表 9.11 10 个 RIL 家系对三个环境的回归系数

基因型	RIL6	RIL5	RIL2	RIL3	RIL4	RIL1	RIL9	RIL7	RIL10	RIL8
基因型值	16.15	15.93	15.50	15.32	15.08	14.78	14.37	14.18	14.15	14.07
回归系数	0.73	0.40	0.91	1.08	1.88	−0.52	1.46	0.67	1.21	2.17

读者可能已经注意到，在前面评价基因型的稳定性时，我们只是用高或低来称呼，而不是好或坏。稳定性反映的是基因型对环境的敏感程度，脱离了优异平均表现的高稳定性，显得毫无价值。选择平均表现高同时又具有较高环境稳定性的品种，才是育种的重要目标。这样的品种往往具有广泛的适应性，能够在更广阔的地区进行种植，能够在农业生产上发挥更大的作用。从表 9.11 来看，基因型值的高低似乎和回归系数的高低没有必然联系，基因型值在育种中的重要性要远高于回归系数这一稳定性参数。

§9.3.4 基因型环境稳定性的 Eberhart-Russell 分析方法

Eberhart 和 Russell (1966) 提出利用两个参数测定品种的稳定性，一是品种对环境的反应参数 (parameter of response)，即公式 9.36 定义的回归系数 b_i；二是离回归的方差，称为稳定性参数 (parameter of stability)。首先，在不考虑估计误差的条件下，可把第 i 个基因型在第 j 个环境中的平均表现 y_{ij} 分解为总平均、基因型效应、环境效应和互作效应四部分，即公式 9.37。利用基因型对环境的回归系数 b_i，可把平均表现 y_{ij} 分解为总平均、基因型效应、回归效应和回归离差四部分，即公式 9.38。如在公式 9.38 中进一步考虑环境效应，就得到平均表现 y_{ij} 的线性模型公式 9.39。显然，公式 9.39 其实就是把互作效应作进一步分解，即分解为基因型对环境的线性回归和回归离差两部分。

$$y_{ij} = \bar{\mu} + G_i + E_j + GE_{ij} \tag{9.37}$$

$$y_{ij} = \bar{\mu} + G_i + b_i E_j + \delta_{ij} \tag{9.38}$$

$$y_{ij} = \bar{\mu} + G_i + E_j + (b_i - 1)E_j + \delta_{ij} \tag{9.39}$$

公式 9.38 和公式 9.39 中，回归系数的计算同 Finlay-Wilkinson 分析方法，对回归系数的解释也与 Finlay-Wilkinson 分析方法基本相同。在得到回归系数 b_i 的估计值后，根据公式 9.38 可以对基因型 i 在环境 j 下的表现进行预测，即公式 9.40。进而得到公式 9.38 中的离差项 δ_{ij} 的估计，即公式 9.41。对于重复观测数据，可以利用公式 9.42 计算离差的方差，公式中的 MS_ε 为联合方差分析中的误差均方，当然它也是误差方差的估计值。较低的 $s^2_{\delta(i)}$ 意味着回归系数 b_i 解释了较多的基因型在环境间的变异。

$$\hat{y}_{ij} = \bar{\mu} + G_i + \hat{b}_i E_j \tag{9.40}$$

$$\hat{\delta}_{ij} = y_{ij} - \hat{y}_{ij} \tag{9.41}$$

$$s^2_{\delta(i)} = \frac{1}{e-2}\sum_j \hat{\delta}^2_{ij} - \frac{1}{r}\text{MS}_\varepsilon \tag{9.42}$$

Eberhart 和 Russell 对两个参数解释如下。当 b_i=1、$s^2_{\delta(i)}$ 不显著时，说明基因型的表现比较稳定，基因型与环境的线性关系成立。在回归方程显著的前提下，对回归系数 b_i 大于 1

的基因型来说，E_j 增加一个单位，则 y_{ij} 相应增加 b_i 个单位，因而可在环境较好的条件中种植，以充分发挥其生产潜力；对于 b_i=1 的基因型，则认为具有广泛的适应性。如果回归系数 $b_i < 1$，则称该基因型很稳定，可种植在条件比较差的环境中。由此可见，当 $s^2_{\delta(i)}$ 不显著时，可用 b_i 预测基因型在不同环境下的表现。凡是可以用回归系数来预测其表现的基因型，均称为稳定性基因型，因而稳定性包含了可预测 (predictability) 的含义。如果 $s^2_{\delta(i)}$ 与随机误差之间存在显著的差异，则表明互作效应与环境的关系并非线性，利用回归系数难以预测基因型在不同环境下的表现。

显然，利用回归系数和离差平方和可以将稳定性划分出更多的类型。图 9.4 给出其中的三种。基因型 A 在环境间有类似的表现，回归系数为 0、离差平方和也很低，稳定性程度最高。基因型 B 的环境回归系数为 1、离差平方和较高，但从回归系数来看具有一定的稳定性，但从离差平方和来看，稳定性程度较低。基因型 C 的环境回归系数高于 1、离差平方和较低，从回归系数来看稳定性程度较低，但从离差平方和来看，稳定性程度较高。实际中，究竟应该选择哪一种稳定性，不同的育种家有不完全一致的答案。一般来说，育种家可能希望基因型 A 的稳定性，同时又希望这种基因型在所有环境下都表现优良。遗憾的是，具有基因型 A 那样的稳定性，它们的平均表现一般都不会太好，育种家必须考虑其他类型的稳定性。同时需要说明的是，稳定性只是衡量基因型对环境的敏感程度，如果不同时考虑基因型的平均表现，则稳定性参数对育种的指导作用是有限的。

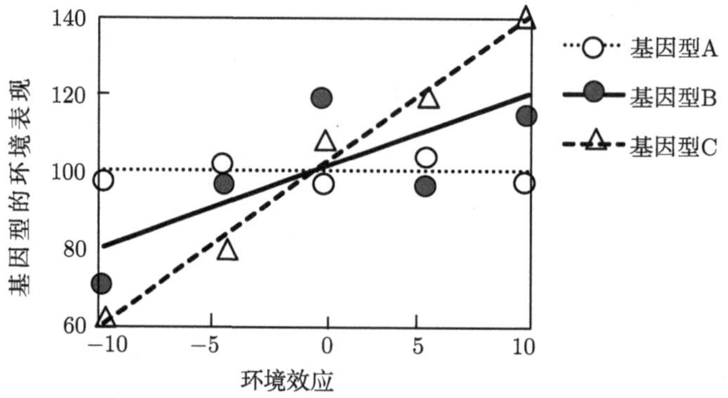

图 9.4　基因型对环境的反应类型

§9.3.5　基因型和环境互作的乘积模型

在大多数产量试验中，环境只是来自 TPE 的一个有限样本，双向表 9.10 给出的基因型 i 在环境 j 下平均表现的估计值中存在随机误差；双向表 9.10 给出的基因型和环境互作效应并不都是可以重复的。主效相加互作相乘模型 (additive main effects and multiplicative interaction，AMMI) 是常用的乘积模型，其目的是从互作效应中分解出可重复的部分，以更好地预测不同基因型在不同环境下的表现 (Zobel et al.，1988; Gauch and Zobel，1988; Bernardo，2010)。

AMMI 模型对主效应采用方差分析方法，对互作效应采用主成分分析。公式 9.43 给出 AMMI 方法的分析模型，其中 IPCA_m^{Gi} 是第 i 个基因型在第 m 个坐标轴上的 IPCA (主成分) 得分，IPCA_m^{Ej} 是第 j 个环境在第 m 个坐标轴上的 IPCA 得分，N 是主坐标的个数，δ_{ij}

是基因型和环境互作效应中主成分分析后的剩余部分，其他变量的含义与公式 9.1 相同。

$$y_{ijk} = \mu + G_i + E_j + \sum_{m=1}^{N} (\text{IPCA}_m^{Gi})(\text{IPCA}_m^{Ej}) + \delta_{ij} + \varepsilon_{ijk} \tag{9.43}$$

AMMI 认为基因型在特定环境下的表型观测值不是真实表现的最好估计，AMMI 分析方法的主要目的是改进基因型在特定环境下表型的估计。基因型和环境互作可以被分解为两部分，一部分是可重复的互作效应，另一部分是非重复互作。因此，在对特定环境下的表型进行估计时，如果能够扣除非重复互作这种噪声的影响，就可达到提高估计值精确度的目的。与公式 9.1 相比，基因型和环境的互作效应可以用公式 9.44 表示出来。

$$GE_{ij} = \sum_{m=1}^{N} (\text{IPCA}_m^{Gi})(\text{IPCA}_m^{Ej}) + \delta_{ij} \tag{9.44}$$

AMMI 模型的一个基本假定是，少数的几个主成分可以解释互作方差 V_{GE} 中大部分可重复的互作变异。因此，公式 9.43 和公式 9.44 中的 δ_{ij} 可视为噪声。忽略噪声的影响，公式 9.45 给出基因型 i 在环境 j 下表型的估计值，公式中 N 一般取 1、2 或 3。

$$\hat{P}_{ij} = \mu + G_i + E_j + \sum_{m=1}^{N} (\text{IPCA}_m^{Gi})(\text{IPCA}_m^{Ej}) \tag{9.45}$$

AMMI 分析结果一般用一个双标图 (bi-plot) 表示。双标图中，以基因型或环境与总平均数的离差作为 X 轴，IPCA 得分作为 Y 轴。因此，具有较高平均表现的基因型和环境出现在双标图的右上方，如图 9.5 中基因型 G5 和 G6、环境 E1 和 E2。此外，如果某个基因型和某个环境的 IPCA1 得分或者同正，或者同负，这时的基因型和环境互作是有利的，如图 9.5 基因型 G3 与环境 E8 或 E10 之间的互作。相应地，如果某个基因型和某个环境的 IPCA1 得分一正一负，这时的基因型和环境互作是不利的，如图 9.5 基因型 G3 与环境 E6 或 E7 之间的互作。

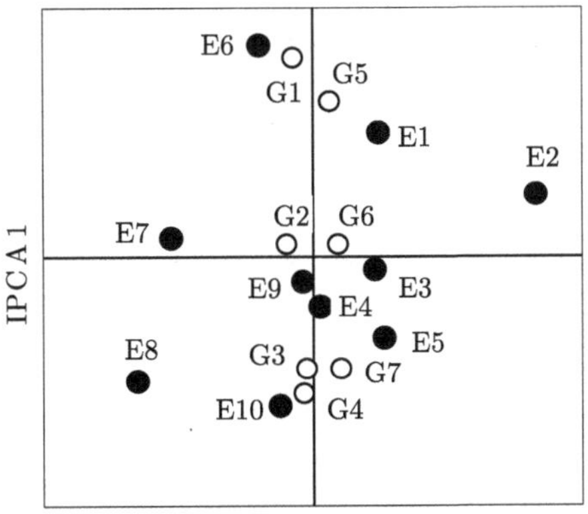

图 9.5 包含 7 个基因型 (用 G1~G7 表示) 和 10 个环境 (用 E1~E10 表示) 的 AMMI 分析双标图

X 轴表示基因型效应或环境效应与总平均的离差。Y 轴为 GE 互作效应中的基因型或环境第 1 主成分得分

AMMI 分析中，对主成分的数目没有固定的要求。一些经验表明，N=1 往往就是很好的模型。AMMI 的有用性体现在 IPCA 得分所能解释的可重复互作变异的大小。在有些试

验中，第一主成分可以解释 60%~80%的互作变异，利用 AMMI 分析可能会得到很好的结果。在有些试验中，第一主成分只可以解释 10%~30%的互作变异，利用 AMMI 分析不一定会得到很好的结果。AMMI 预测结果也依赖于互作变异中可重复部分的大小。例如，图 9.5 中，基因型 G3 和环境 E8 之间的互作是有利的。利用这一信息去预测基因型 G3 在环境 E8 中的表现的前提是，这种有利互作在年份间是可重复的。有些环境因素在年份间保持相对稳定，如土壤特性和耕作方式等，而有些环境因素，如降水量和温度等，不容易预测。因此 AMMI 分析利用的是年份间能够重复的互作。也正由于此，AMMI 分析中的多环境最好是多地点和多年份的组合。

练习题

9.1 下表是 4 个基因型在三个环境下的平均表现，不考虑随机误差。计算基因型效应、环境效应和互作效应；计算各种方差成分及占总方差的百分数。

基因型	环境 1	环境 2	环境 3
基因型 1	13	14	15
基因型 2	18	19	26
基因型 3	17	21	13
基因型 4	15	24	27

9.2 下表是 20 个玉米自交系 (用 L1~L20 表示) 在干旱和非干旱两种环境条件下、三次重复的吐丝期 (日) 观测数据。

自交系编号	干旱环境			非干旱环境		
	重复 I	重复 II	重复 III	重复 I	重复 II	重复 III
L1	101	90	91	89	89	93
L2	82	85	87	84	84	83
L3	86	85	83	80	84	88
L4	85	85	87	83	84	83
L5	80	82	81	81	82	83
L6	95	98	95	89	94	95
L7	84	85	85	81	84	85
L8	86	85	87	84	85	83
L9	87	89	91	85	88	87
L10	84	85	89	82	85	85
L11	82	85	83	81	85	82
L12	83	85	87	83	87	83
L13	89	87	94	89	92	88
L14	90	92	93	89	91	90
L15	95	89	95	89	90	91
L16	82	85	87	84	85	87
L17	91	95	92	89	94	91
L18	88	90	89	89	91	88
L19	84	85	87	82	85	85
L20	88	92	101	89	90	93

(1) 列出 20 种基因型和两种环境吐丝期性状的 GE 双向表，在此基础上计算基因型的主效应和环境主效应，以及基因型和环境互作效应。

(2) 不考虑重复的区组效应，对吐丝期进行多环境联合方差分析，并利用联合方差分析的结果，估计吐丝期性状平均表现 (即环境和重复平均数) 的遗传力。

9.3 对于练习 9.2 中的数据，现假定每个重复是被安排在一个土壤条件相对一致的区组内。因此，方差分析时需要考虑区组效应。考虑区组、基因型、环境，以及基因型和环境互作这 4 种变异来源，对于练习 9.2 中的数据作联合方差分析，并利用联合方差分析的结果，估计吐丝期性状平均表现 (即环境和重复平均数) 的遗传力。

9.4 下表是粳稻品种 'Asominori' 与籼稻品种 'IR24' 杂交产生的 20 个 RIL 家系 (用 R1~R20 表示) 在 4 个环境下两次重复的粒长 (mm) 数据，排在前两行的是两个亲本的表型观侧值。

基因型	E1		E2		E3		E4	
	重复 1	重复 2	重复 1	重复 2	重复 1	重复 2	重复 1	重复 2
Asominori	5.3	5.2	5.2	5.2	5.2	5.2	5.3	5.2
IR24	6.0	6.2	6.2	6.1	6.2	6.1	6.1	6.1
R1	5.4	5.5	5.5	5.4	5.4	5.4	5.6	5.4
R2	6.3	6.4	6.2	6.1	6.2	6.3	6.5	6.3
R3	5.3	5.4	5.4	5.3	5.3	5.2	5.3	5.4
R4	5.4	5.4	5.4	5.5	5.5	5.4	5.4	5.3
R5	5.3	5.4	5.4	5.3	5.4	5.3	5.3	5.3
R6	5.4	5.5	5.5	5.3	5.4	5.4	5.4	5.3
R7	5.5	5.5	5.5	5.4	5.3	5.5	5.5	5.4
R8	5.7	5.7	5.7	5.7	5.7	5.7	5.8	5.6
R9	5.1	5.2	5.2	5.2	5.2	5.1	5.1	5.1
R10	5.1	5.3	5.2	5.2	5.3	5.2	5.4	5.3
R11	5.0	4.8	4.7	4.9	4.8	4.8	5.5	5.3
R12	5.7	5.7	5.8	5.7	5.6	5.7	5.7	5.7
R13	5.0	4.9	4.9	5.0	4.9	5.1	4.9	4.9
R14	5.8	5.9	5.9	5.9	5.9	5.9	6.0	5.9
R15	5.4	5.6	5.5	5.5	5.6	5.5	5.5	5.6
R16	4.9	4.8	4.9	4.8	4.6	4.9	4.9	4.9
R17	5.6	5.6	5.7	5.6	5.5	5.7	5.5	5.4
R18	6.0	6.1	6.1	5.9	6.0	6.0	5.9	5.8
R19	5.0	4.9	4.9	5.1	5.1	4.9	5.1	5.0
R20	6.1	5.9	6.1	5.9	6.0	6.1	6.0	6.1

(1) 不考虑排在最前面的两个亲本，列出 20 种 RIL 基因型和 4 种环境粒长的 GE 双向表，在此基础上计算基因型的主效应和环境主效应，以及基因型和环境互作效应。

(2) 不考虑重复的区组效应，对粒长进行多环境联合方差分析，并利用联合方差分析的结果，估计粒长性状平均表现 (即环境和重复平均数) 的遗传力。

9.5 对于练习 9.4 中的数据，现假定每个重复是被安排在一个土壤条件相对一致的区组内。因此，方差分析时需要考虑区组效应。考虑区组、基因型、环境，以及基因型和环境互作这 4 种变异来源，对于练习 9.4 中的数据作联合方差分析，并利用联合方差分析的结果，估计粒长性状平均表现 (即环境和重复平均数) 的遗传力。方差分析时不考虑两个亲本。

9.6　下表是 14 个棉花品种在 8 个环境下的平均产量 (kg/hm^2)，试根据最后一列的回归系数，对 14 个品种的环境稳定程度进行分类。

品种	环境								平均	回归系数
	E1	E2	E3	E4	E5	E6	E7	E8		
1	761	962	912	955	779	826	1048	416	832.38	1.03
2	869	877	1020	914	719	671	986	405	807.63	0.99
3	657	875	924	905	654	783	909	384	761.38	1.01
4	696	932	983	962	829	825	997	405	828.63	1.05
5	603	920	788	881	671	866	989	526	780.50	0.78
6	741	921	992	1018	744	889	863	376	818.00	1.04
7	686	905	1029	979	800	881	858	463	825.13	0.90
8	776	1030	1003	972	783	877	1053	498	874.00	0.99
9	819	863	1047	939	729	699	1064	477	829.63	0.98
10	481	814	845	697	487	702	954	277	657.13	1.16
11	384	542	837	702	517	573	776	266	574.63	0.96
12	756	937	1138	1004	739	945	932	401	856.50	1.15
13	745	817	893	938	646	897	1165	402	812.88	1.12
14	791	947	923	831	781	785	992	455	813.13	0.85
环境指数	697.5	881.6	952.4	906.9	705.6	801.4	970.4	410.8		

9.7　下表是 10 个黄花烟草品系在 8 个环境中的株高平均数，单位为 cm。利用适当的软件 (如 QTL IciMapping 软件的 AOV 功能, Meng et al., 2015) 开展 AMMI 分析，绘制 AMMI 双标图。

基因型	环境 1	环境 2	环境 3	环境 4	环境 5	环境 6	环境 7	环境 8
基因型 1	87.00	75.75	77.25	70.00	86.87	81.25	99.12	101.75
基因型 2	106.50	96.37	98.87	93.75	112.62	99.62	113.12	120.62
基因型 3	106.87	101.62	94.37	90.00	100.62	87.25	113.87	120.25
基因型 4	109.37	96.25	108.37	85.62	110.12	95.12	121.12	124.00
基因型 5	114.75	106.75	107.37	94.00	128.50	111.12	127.12	122.75
基因型 6	130.62	118.12	118.50	115.25	132.00	124.37	131.00	125.25
基因型 7	132.25	112.62	121.50	101.50	148.00	133.00	143.25	139.62
基因型 8	127.75	120.00	128.00	117.37	149.85	135.12	144.87	142.37
基因型 9	130.75	116.62	126.00	111.62	144.62	130.25	148.25	136.87
基因型 10	149.87	135.00	137.37	119.25	159.25	148.12	149.25	155.62

第 10 章　遗传交配设计及其分析方法

在进行多环境试验或者品种比较试验时，需要采取适当的田间试验设计，以估计试验误差、提高试验精确度、鉴别出较小的基因型间或品种间差异。数量遗传研究中，除了非遗传效应外，更关心遗传方差的分解和估计。为达到这一目的，就需要开展遗传交配设计，以产生具有一定亲缘关系的家系群体。常用的遗传交配包括 NCI 双因子巢式交配设计、NCII 双因子交叉式交配设计、随机配对杂交设计、NC III回交设计和三重测交设计等。双列杂交也是常见的一种交配设计，但该设计主要用于亲本的配合力估计，将在第 12 章中加以介绍。这一章主要介绍双列杂交之外的一些设计及其分析方法。

§10.1　遗传交配设计的作用

环境设计 (environmental design) 的主要目的在于控制随机环境因素的干扰，常见的环境设计包括完全随机、随机区组、拉丁方和格子方等。数量遗传研究中，除了需要估计非遗传效应的变异外，主要关心群体的遗传变异或遗传方差，以及遗传方差中各种组成成分的大小。估计并分解遗传方差的目的有以下三个方面：了解遗传或育种群体中数量性状的基因作用；对选择响应作出预测；对不同的选择和育种方案进行比较和优化。为达到对遗传方差做进一步分解这一目的，需要开展另外一种设计，即遗传设计，以产生第 7 和 8 章介绍的各种亲属关系群体，进而估计遗传方差中的加性成分。因此，这种遗传设计又称为遗传交配设计 (genetic mating design)，简称遗传设计或交配设计。

一个群体的遗传方差，一般利用该群体中抽出的一组随机样本进行估计。这个待研究的群体，或者遗传和育种所关心的群体，称为参照群体 (reference population) 或基础群体 (base population)。参照群体可以是两个纯系亲本的特定杂交后代，也可以是许多纯系构成的混合群体，还可以是自然条件下的一个随机交配群体。

根据繁殖方式的不同，植物物种可分为自花授粉与异花授粉两大类，介于二者之间时称为常异花授粉类型。授粉方式在遗传上与近交系数有密切联系。第 3~5 章详细介绍过近交系数 F 的意义，它是任何一个座位上，两个等位基因是后裔同样的概率。所谓后裔同样，是指两个等位基因均来自祖先个体中的同一个基因。个体的近交系数，度量该个体的亲本间亲缘关系的程度。如果一个基础群体为自交多代的纯系或品种，近交系数达到最大值 1。例如，自花授粉作物 (如大豆、小麦、水稻等) 的纯系，一般称为自交或近交群体，近交系数为 1。如果是一个非近交群体，如玉米的天然授粉品种或综合品种等，其近交系数可视为最小，即 F=0。实际遗传群体中，其近交系数可以取 F=0 到 F=1 之间的任何值。所以，近交系数的利用，有效地统一了各种类型的遗传群体。这里的讨论仅限于二倍体遗传的参照群体，可以是近交系数为 1 的纯系群体，或者是近交系数为 0 的随机交配大群体，还可以是非近交 (F=0) 到完全近交 (F=1) 之间的任何群体。

一般来说，开展一项遗传交配设计需要经历以下 4 个步骤。①从参照群体中随机抽取一组个体作为亲本，创造一种或多种类型的家系。这里的家系可以是半同胞家系、测交组合、全同胞家系、重组近交家系、近交或自交家系，甚至是克隆家系等。②在一组具有代表性的环境下，评价遗传群体的表现，获得数量性状的观测值。可以只对后代开展表型鉴定，也可根据需要对后代和亲代同时开展表型鉴定。评价群体的一组环境是目标环境群体的一个有限样本，由此估计出的遗传方差，严格地说仅适用于特定目标环境下的参照群体。因此，在基因型和环境互作分析中，一般把环境效应设定为随机效应。③从方差分析的均方，估计各种方差成分。具有平衡数据的设计，如所有家系在所有环境下作评价，所有亲本之间都进行交配等，可以简化方差分析的过程。具有非平衡数据的设计，分析方法要复杂得多，多采用混合线性模型估计各种方差成分，这已超出本书的范围，因此不作详细介绍。④在方差分析基础上，计算遗传方差和遗传力。根据期望均方估计各种方差成分，根据这些方差成分与遗传方差的关系，估计遗传方差的各种成分，进而估计遗传力和选择响应等遗传参数。

§10.2　随机交配群体的遗传设计

§10.2.1　NCⅠ双因素巢式交配设计

Comstock 和 Robinson (1948)、Comstock 等 (1949) 提出了三种交配设计，又称 North Carolina 设计Ⅰ、Ⅱ和Ⅲ (简称 NCⅠ、NCⅡ和 NC Ⅲ)。NC Ⅲ属于双亲后代的交配设计，将在 §10.3 中介绍，这一节介绍 NCⅠ和 NCⅡ。NCⅠ属于巢式设计，其主要特点是从参照群体中，随机挑选若干个个体作父本，对每个父本再随机挑选若干个个体为母本进行杂交，然后调查若干个杂交后代的表现。因此，NCⅠ设计中，有多少父本就有多少组母本，每个母本只与父本交配一次。如有 m 个父本，每个父本与 n 个不同的母本杂交，共计有 $m+mn$ 个亲本个体。假设每个后代家系观察 r 个个体，共有 mnr 个个体的观测值。

图 10.1 给出参照群体中随机抽取 3 个个体作为父本、15 个个体作为母本的 NCⅠ交配设计和家系结构示意图，每个父本与其中的 5 个母本杂交。父本用 i=1、2、3 表示，母本用双数字 ij (j=1、2、3、4、5) 表示。共配置 15 个杂交组合，每个组合产生 5 个后代个体，图中用 $*$ 表示。每个杂交组合的 5 个后代是一个全同胞家系，共 15 个。这 15 个全同胞家系，又可以被看作 3 个具有共同父本的半同胞家系。因此，NCⅠ设计同时产生了一组全同胞家系和一组半同胞家系。NCⅠ设计的另外一个优点，就是利用了较多的亲本进行交配。同样进行 mn 次交配，NCⅠ要用到 $m+mn$ 个亲本，而后面介绍的 NCⅡ只用到 $m+n$ 个亲本。较多的亲本个体，可以有效降低抽样误差对遗传参数估计的影响。

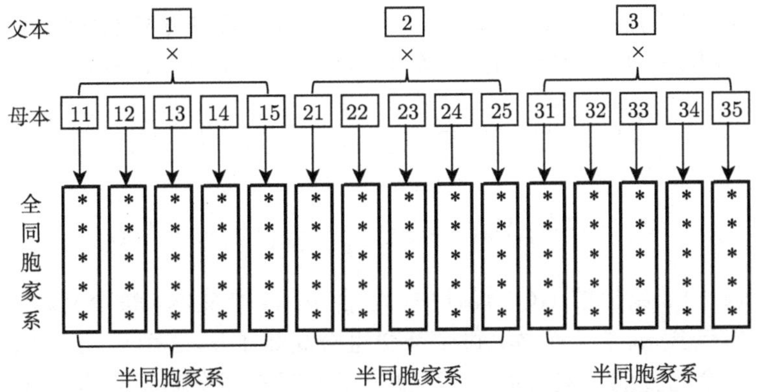

图 10.1 随机交配群体中随机挑选 3 个父本、15 个母本的 NCI 交配设计示意图

用 $i=1,2,\cdots,m$ 表示 NCI 设计中的父本，j=1, 2, ..., n 表示与父本 i 杂交的母本，k=1, 2, $\cdots$, r 表示后代，X_{ijk} 表示后代个体的表型。公式 10.1 给出方差分析的线性模型，其中 μ 为总平均，α_i 为父本效应，$\beta_{j/i}$ 为父本 i 内的母本效应，ε_{ijk} 为剩余效应。与一般的方差分析模型相比较，这里有两点需要注意。第一，母本效应一定要嵌套在父本内，因此公式 10.1 中的母本效应用符号 $\beta_{j/i}$ 表示，而不是用 β_j。第二，公式 10.1 中最后一项 ε_{ijk} 并非完全来自随机误差。当亲本具有杂合基因型时，全同胞家系内的个体仍存在遗传上的分离。公式 10.1 中，除可估计的亲本效应外，还可能存在一些不可估计的遗传效应。因此，数量遗传的很多方差分析模型中，经常把模型效应 (或可估效应) 之外的部分，笼统地称为剩余效应，而不是随机误差。

$$X_{ijk}=\mu+\alpha_i+\beta_{j/i}+\varepsilon_{ijk} \tag{10.1}$$

公式 10.1 中，父本效应 α_i 满足和为 0 的约束条件，每个父本 i 内的母本效应 $\beta_{j/i}$ 满足和为 0 的约束条件。根据公式 10.1 给出的线性模型，不难得到 NCI 设计的方差分析表 10.1。表中父本间差异，代表的就是半同胞间的差异；母本间差异，代表的就是全同胞间的差异。父本自由度无需进一步说明。由于每个父本都与 n 个母本交配，可认为每个父本内的母本具有 $n-1$ 个自由度，因此总的母本自由度就是 $m(n-1)$。也可以认为 mn 个交配共有 $mn-1$ 个自由度，减去父本的自由度 $m-1$，剩下的 $m(n-1)$ 当然就是母本的自由度。

表 10.1 NCI 遗传交配设计的方差分析

变异来源	自由度	均方	固定模型期望均方	随机模型期望均方
父本间 (半同胞家系间)	$m-1$	$\mathrm{MS_M}$	V_R+nrV_{M}	$V_R+rV_{\mathrm{F/M}}+nrV_{\mathrm{M}}$
父本内母本间 (全同胞家系间)	$m(n-1)$	$\mathrm{MS_{F/M}}$	$V_R+rV_{\mathrm{F/M}}$	$V_R+rV_{\mathrm{F/M}}$
剩余效应 (全同胞家系内)	$mn(r-1)$	MS_R	V_R	V_R
总和	$mnr-1$			

NCI 设计中，亲本之间的交配共产生 mn 个全同胞家系，按照共同父本它们又可以看成 m 个半同胞家系。这时，表 10.1 的父本间方差 V_{M}，就等于第 8 章的半同胞家系间协方差；表 10.1 的父本内母本间方差 $V_{\mathrm{F/M}}$，就等于第 8 章的全同胞家系间协方差减去半同胞家系间的协方差。亲本的近交系数用 F 表示，在不存在上位性方差的假定下，公式 10.2 给出这两个方差与参照群体加显性方差的关系式，其中，$\mathrm{Cov_{HS}}$ 等于表 8.15 中任意亲本 (近交系

数为 F) 半同胞家系间的协方差，$\mathrm{Cov_{FS}}$ 等于表 8.15 中任意等近交系数亲本 ($F_A=F_B=F$) 全同胞家系间的协方差。由此得到加性方差 V_A 和显性方差 V_D 的估计公式 10.3。

$$V_{\mathrm{M}}=\mathrm{Cov_{HS}}=\frac{1+F}{4}V_A,\quad V_{\mathrm{F/M}}=\mathrm{Cov_{FS}}-\mathrm{Cov_{HS}}=\frac{1+F}{4}V_A+\frac{(1+F)^2}{4}V_D \tag{10.2}$$

$$V_A=\frac{4}{1+F}V_{\mathrm{M}},\quad V_D=\frac{4}{(1+F)^2}(V_{\mathrm{F/M}}-V_{\mathrm{M}}) \tag{10.3}$$

举例说明。表 10.2 给出的 NCI 设计中，包含 m=4 个父本，每个父本与 4 组不同的母本交配，每组母本包含 n=7 个个体，每个杂交组合观测了 r=2 个后代个体的表型数据。需要提醒的是，这一章用到的实例数据，都只是为了说明不同交配设计的分析原理。实际遗传研究中，亲本的数量、组合的数量及后代的数量要比这些例子大得多。

表 10.2 一个包含 4 个父本与不同的 7 个母本 NCI 交配设计中，2 个后代的表型数据

父本	母本 (与每个父本交配的 7 个母本各不相同) 和 2 个后代 (用 I 和 II 表示)													
	1		2		3		4		5		6		7	
	I	II	I	II	I	II	I	II	I	II	I	II	I	II
1	21.6	23.2	30.8	19.0	27.8	31.0	28.8	24.4	27.8	30.4	23.6	25.4	30.2	31.8
2	33.0	35.6	29.8	28.0	24.8	27.0	33.4	31.4	29.8	30.4	26.4	29.6	31.0	31.0
3	18.4	26.4	19.8	23.8	29.0	32.7	26.8	28.4	24.8	26.8	28.8	29.6	15.2	18.6
4	33.6	33.8	36.0	31.0	32.0	31.0	31.0	31.4	28.4	29.2	33.7	28.6	23.2	25.2

首先，根据两个后代个体的表型，计算每个全同胞家系的平均数，然后计算每个父本的半同胞家系平均数。表 10.3 上半部分给出 28 个全同胞家系的重复平均数、4 个半同胞家系的平均数，以及总平均数。行平均与总平均的差，就是公式 10.1 中父本效应的估计值，列于表 10.3 下半部分最后一列。每个全同胞家系的平均数与父本平均数的差，就是公式 10.1 中母本效应的估计值，列于表 10.3 下半部分。参与交配的母本共有 28 个，因此母本的效应也有 28 个。

表 10.3 利用表 10.1 的家系平均数、父本效应和母本效应估计

家系平均	1	2	3	4	5	6	7	行平均
1	22.40	24.90	29.40	26.60	29.10	24.50	31.00	26.84
2	34.30	28.90	25.90	32.40	30.10	28.00	31.00	30.09
3	22.40	21.80	30.85	27.60	25.80	29.20	16.90	24.94
4	33.70	33.50	31.50	31.20	28.80	31.15	24.20	30.58
总平均	28.11							
父本内的母本效应	1	2	3	4	5	6	7	父本效应
1	−4.44	−1.94	2.56	−0.24	2.26	−2.34	4.16	−1.27
2	4.21	−1.19	−4.19	2.31	0.01	−2.09	0.91	1.98
3	−2.54	−3.14	5.91	2.66	0.86	4.26	−8.04	−3.18
4	3.12	2.92	0.92	0.62	−1.78	0.57	−6.38	2.47

利用表 10.3 的效应估计进行方差分析，m=4 个父本效应的平方和、再乘以 nr=14 之后，就是父本平方和；mn=28 个母本效应的平方和、再乘以 r=2 之后，就是母本平方和。利用表 10.2 的原始数据，减去表 10.3 的家系平均，就是剩余效应，共有 mnr=56 项，它们的

平方和就是剩余平方和。表 10.2 的原始数据，减去表 10.3 的总平均 28.11，就是总离差，共有 mnr=56 项，它们的平方和就是总平方和。这样，就得到方差分析表 10.4。平衡数据的线性模型公式 10.1 具有正交性，总平方和等于各种变异来源平方和之和，读者不妨验证一下。从表 10.4 的 F 检验可以看到，父本间和母本间的差异均达到极显著水平，说明该性状在参照群体中存在极显著的遗传变异。

表 10.4 利用表 10.2 给出 NCI 交配设计的方差分析

变异来源	自由度	平方和	均方	F 值	P 值		
父本间	3	303.51	101.17	14.80	<0.0001		
父本内母本间	24	621.48	25.89	3.79	0.0005		
剩余效应	28	191.35	6.83				
总和	55	1116.33					
	剩余方差	父本方差	母本方差	V_A	V_D	h^2	H^2
固定模型	6.83	6.74	9.53	26.95	11.17	0.60	0.85
随机模型	6.83	5.38	9.53	21.51	16.62	0.48	0.85

在表 10.4 下半部分，同时给出两种效应模型下方差成分和遗传力的估计。下面以随机效应模型为例，说明这些参数的估计过程。首先，剩余方差 (V_R)、父本方差 (V_{M}) 和母本方差 ($V_{\mathrm{F/M}}$) 的估计，要用到表 10.1 最后一列的期望均方，计算过程如下。

$$V_R = \mathrm{MS}_R = 6.83, \quad V_{\mathrm{M}} = \frac{\mathrm{MS}_{\mathrm{M}} - \mathrm{MS}_{\mathrm{F/M}}}{nr} = \frac{101.17 - 25.89}{14} = 5.38$$

$$V_{\mathrm{F/M}} = \frac{\mathrm{MS}_{\mathrm{F/M}} - \mathrm{MS}_R}{r} = \frac{25.89 - 6.83}{2} = 9.53$$

在近交系数 F=0 的假定下，利用公式 10.3 计算参照群体的加性方差和显性方差，计算过程如下。最后利用剩余方差作为非遗传方差的估计，就得到表 10.4 给出的狭义遗传力 0.48 和广义遗传力 0.85。

$$V_A = 4V_{\mathrm{M}} = 21.51, \quad V_D = 4(V_{\mathrm{F/M}} - V_{\mathrm{M}}) = 16.62$$

§10.2.2 NCⅡ双因素交叉交配设计

NCⅡ属于双因素因子设计，它包含一组父本和一组母本，每一个父本与每一个母本都进行交配。如有 m 个父本，n 个母本，则共产生 mn 个杂交组合。每个父本与每个母本交配的后代，当然就是一个全同胞家系。同时，对父本来说，这些全同胞家系又可以被看作 m 个半同胞家系；对母本来说，这些全同胞家系又可以被看作 n 个半同胞家系。因此，NCⅡ设计同时产生了 mn 个全同胞家系、m 个父本半同胞家系和 n 个母本半同胞家系。

用 $i = 1, 2, \cdots, m$ 表示 NCⅡ设计中的父本，$j = 1, 2, \cdots, n$ 表示母本，$k = 1, 2, \cdots, r$ 表示后代，X_{ijk} 表示后代个体的表型。公式 10.4 给出了方差分析的线性模型，其中 μ 为总平均，α_i 为父本效应，β_j 为母本效应，τ_{ij} 为父母本互作效应，ε_{ijk} 为剩余效应。

$$X_{ijk} = \mu + \alpha_i + \beta_j + \tau_{ij} + \varepsilon_{ijk} \tag{10.4}$$

不难看出，公式 10.4 其实就是双因素、带互作的方差分析线性模型。其中，父本效应 α_i 满足和为 0 的约束条件，母本效应 β_j 也满足和为 0 的约束条件，互作效应 τ_{ij} 满足行和为

0、列和为 0，以及总和为 0 的约束条件。根据公式 10.4，就有 NCII 设计的方差分析表 10.5。

表 10.5　NCII 遗传交配设计的方差分析

变异来源	自由度	均方	固定模型期望均方	随机模型期望均方
父本间	$m-1$	MS_M	V_R+nrV_M	$V_R+rV_{MF}+nrV_M$
母本间	$n-1$	MS_F	V_R+mrV_F	$V_R+rV_{MF}+mrV_F$
交互作用	$(m-1)(n-1)$	MS_{MF}	V_R+rV_{MF}	V_R+rV_{MF}
剩余效应	$mn(r-1)$	MS_R	V_R	V_R
总和	$mnr-1$			

在方差分析表 10.5 中，如不考虑性别差异，亲本的方差 V_M 和 V_F 均等于第 8 章的半同胞家系间协方差，即公式 10.5。父本方差 V_M、母本方差 V_F 和互作方差 V_{MF} 三者之和，就是全同胞家系的方差。如忽略上位性方差，就有公式 10.6。与公式 10.2 一样，公式 10.5 和公式 10.6 中，Cov_{HS} 等于表 8.15 中任意亲本半同胞家系间的协方差，Cov_{FS} 等于表 8.15 中等近交系数亲本全同胞家系间的协方差。从公式 10.5 和公式 10.6，就得到参照群体加性方差 V_A 和显性方差 V_D 的估计公式 10.7。从加显性方差的估计公式可以看到，方差分析表 10.5 中的父本方差和母本方差只包含加性方差，互作方差只包含显性方差。因此，通过 NCII 设计的方差分析，就可以估计参照群体的加性和显性遗传方差。

$$V_M=Cov_{HS}=\frac{1+F}{4}V_A,\quad V_F=Cov_{HS}=\frac{1+F}{4}V_A \tag{10.5}$$

$$V_{MF}=V_{FS}-V_M-V_F=Cov_{FS}-2Cov_{HS}=\frac{(1+F)^2}{4}V_D \tag{10.6}$$

$$V_A=\frac{2}{1+F}(V_M+V_F),\quad V_D=\frac{4}{(1+F)^2}V_{MF} \tag{10.7}$$

仍以表 10.2 的数据为例，只不过这时认为与父本杂交的是同一组母本。与表 10.3 类似，表 10.6 上半部分给出各种平均数的估计值，下半部分给出各种效应的估计值。根据 28 个全同胞家系平均数，计算父本所在的行平均和母本所在的列平均。行平均与总平均的差，就是公式 10.4 中父本效应的估计值 (表 10.6 下半部分最后一列)；列平均与总平均的差，就是公式 10.4 中母本效应的估计值 (表 10.6 最后一行)。每个家系平均数与总平均 28.11 的差，就是总效应，从中减去父本效应和母本效应，剩下的就是互作效应 (表 10.6 下半部分)。

表 10.6　包含 4 个父本、7 个母本 NCII 设计的家系平均数、父本效应、母本效应和互作效应

家系平均	1	2	3	4	5	6	7	行平均
1	22.40	24.90	29.40	26.60	29.10	24.50	31.00	26.84
2	34.30	28.90	25.90	32.40	30.10	28.00	31.00	30.09
3	22.40	21.80	30.85	27.60	25.80	29.20	16.90	24.94
4	33.70	33.50	31.50	31.20	28.80	31.15	24.20	30.58
列平均	28.20	27.28	29.41	29.45	28.45	28.21	25.78	28.11
互作	1	2	3	4	5	6	7	父本效应
1	−4.53	−1.11	1.26	−1.58	1.92	−2.44	6.49	−1.27
2	4.13	−0.35	−5.49	0.98	−0.32	−2.19	3.25	1.98
3	−2.63	−2.30	4.61	1.33	0.52	4.16	−5.70	−3.18
4	3.03	3.76	−0.38	−0.72	−2.12	0.47	−4.04	2.47
母本效应	0.09	−0.84	1.30	1.34	0.34	0.10	−2.34	

利用表 10.6 的效应估计进行方差分析，m=4 个父本效应平方和、再乘以 nr=14 之后，就是父本平方和；n=7 个母本效应平方和、再乘以 mr=8 之后，就是母本平方和。剩余平方和与总平方和，均与表 10.4 相同。这样，就得到方差分析表 10.7。可以看到，父本效应和互作效应的差异均达到极显著水平。但是，7 个母本间的差异未达到 0.05 的显著水平。这里把本来互不相同的 4 组母本看成一组，母本间差异不显著的结果也就可以理解了。在近交系数 F=0 的假定下，表 10.7 下半部分给出各种方差成分和遗传力的估计。有兴趣的读者可自行验证。

表 10.7 包含 4 个父本和 7 个母本 NCII 交配设计的方差分析

变异来源	自由度	平方和	均方	F 值	P 值			
父本间	3	303.51	101.17	14.80	<0.0001			
母本间	6	78.21	13.03	1.91	0.1147			
交互作用	18	543.27	30.18	4.42	0.0002			
剩余效应	28	191.35	6.83					
总和	55	1116.33						
效应模型	剩余方差	父本方差	母本方差	互作方差	V_A	V_D	h^2	H^2
固定模型	6.83	6.74	0.78	11.67	15.03	46.70	0.22	0.90
随机模型	6.83	5.07	0.00	11.67	10.14	46.70	0.16	0.89

§10.2.3 随机配对交配设计

随机配对交配设计 (randomly paired mating design)，最早在双亲 F_2 群体中提出，因此又称双亲杂交设计 (biparental cross design)。该设计首先在 2 个纯合亲本 P_1 和 P_2 间杂交产生 F_1 杂种，F_1 杂种自交 (这里的自交与随机交配等价) 产生 F_2 分离世代，在 F_2 群体中随机挑选成对个体进行交配，产生全同胞家系。

若不计家系结构，并忽略基因间连锁和选择等因素，随机配对所产生的后代与 F_2 有相同的遗传结构。在一对等位基因 A 和 a 的模型下，F_2 群体及其随机交配后代群体，有相同的群体平均数 $\frac{1}{2}d$ 和相同的遗传方差 $\frac{1}{2}a^2+\frac{1}{4}d^2$。推广到多基因，均值为 $\frac{1}{2}\Sigma d$，遗传方差为 V_A+V_D (见 §7.2.3)。如用 V_E 表示非遗传方差，则表型方差为 $V_P=V_A+V_D+V_E$。因此，如果不利用亲缘关系，即使有办法估计出 F_2 群体的非遗传方差，仍然无法区分遗传方差中的加性方差和显性方差。

现考虑全同胞家系结构，表 10.8 给出单基因模型下，随机配对设计的交配类型、频率、家系平均数和家系内方差。从表 10.8 可以计算出两个方差，一是全同胞家系间的方差，根据家系平均数进行计算；另一个是全同胞家系的平均方差，或称家系内方差，是对每类家系的方差求平均数而来。通过这两个方差与加性方差 V_A 和显性方差 V_D 的关系，再利用亲本的表型，就可以将二者区分开来。

根据表 10.8 的 6 种家系平均数计算家系间遗传方差 V_{bG}，根据 6 种家系内的方差计算家系内遗传方差 V_{wG}。结果见公式 10.8，推广到多基因时见公式 10.9。F_2 及其随机交配后代，可以看作等位基因 A 和 a 频率均为 0.5 的随机交配群体。但是，第 8 章有关随机交配群体的很多结论，在这里也同样适用。例如，随机交配群体中，全同胞家系间和家系内遗传方差的构成 (公式 8.26 和公式 8.27) 与这里的公式 10.9 是等同的。

表 10.8 双亲杂交 F_2 群体的随机配对交配

交配类型	中亲值	频率	后代基因型频率			家系平均数	家系内方差
			AA	Aa	aa		
$AA\times AA$	a	$\frac{1}{16}$	1	0	0	a	0
$AA\times Aa$	$\frac{1}{2}(a+d)$	$\frac{1}{4}$	$\frac{1}{2}$	$\frac{1}{2}$		$\frac{1}{2}(a+d)$	$\frac{1}{4}(a-d)^2$
$AA\times aa$	0	$\frac{1}{8}$	0	1	0	d	0
$Aa\times Aa$	d	$\frac{1}{4}$	$\frac{1}{4}$	$\frac{1}{2}$	$\frac{1}{4}$	$\frac{1}{2}d$	$\frac{1}{2}a^2+\frac{1}{4}d^2$
$Aa\times aa$	$\frac{1}{2}(d-a)$	$\frac{1}{4}$	0	$\frac{1}{2}$	$\frac{1}{2}$	$\frac{1}{2}(d-a)$	$\frac{1}{4}(a+d)^2$
$aa\times aa$	$-a$	$\frac{1}{16}$	0	0	1	$-a$	0
均值	$\frac{1}{2}d$					$\frac{1}{2}d$	$\frac{1}{4}a^2+\frac{3}{16}d^2$
方差	$\frac{1}{2}a^2+\frac{1}{4}d^2$					$\frac{1}{4}a^2+\frac{1}{16}d^2$	

$$V_{bG}=\frac{1}{4}a^2+\frac{1}{16}d^2,\quad V_{wG}=\frac{1}{4}a^2+\frac{3}{16}d^2 \tag{10.8}$$

$$V_{bG}=\frac{1}{2}V_A+\frac{1}{4}V_D,\quad V_{wG}=\frac{1}{2}V_A+\frac{3}{4}V_D\ (\text{推广到多基因}) \tag{10.9}$$

考虑到家系内和家系间可能有着不同的环境方差，分别用 V_{Ew} 和 V_{Eb} 表示。因此，家系间和家系内的表型方差就可以用公式 10.10 表示出来，无家系结构的表型方差用公式 10.11 表示。公式 10.10 考虑的是家系很大的情形，这时忽略了家系内的抽样方差。对于较小的家系，计算家系间方差时，还需考虑抽样方差，即公式 10.12。

$$V_{bP}=\frac{1}{2}V_A+\frac{1}{4}V_D+V_{Eb},\quad V_{wP}=\frac{1}{2}V_A+\frac{3}{4}V_D+V_{Ew} \tag{10.10}$$

$$V_P=V_A+V_D+V_{Eb}+V_{Ew} \tag{10.11}$$

$$V_{bP}=\frac{1}{2}V_A+\frac{1}{4}V_D+V_{Eb}+\frac{1}{n}\left(\frac{1}{2}V_A+\frac{3}{4}V_D+V_{Ew}\right),\quad V_{wP}=\frac{n-1}{n}\left(\frac{1}{2}V_A+\frac{3}{4}V_D+V_{Ew}\right) \tag{10.12}$$

双亲 F_2 是随机交配群体的特例，从双亲 F_2 群体中提出的随机配对设计，同样适用于一般的随机交配群体。用 $i=1,2,\cdots,m$ 表示配对杂交产生的全同胞家系，$k=1,2,\cdots,r$ 表示后代，X_{ik} 表示后代个体的表型。显然，这时的父本和母本都有 m 个，共 $2m$ 个亲本个体。公式 10.13 给出了方差分析的线性模型，其中 μ 为群体均值，α_i 为家系效应，ε_{ik} 为剩余效应，这时也可称为家系内效应。不难看出，公式 10.13 其实就是单因素方差分析模型，其中的组合效应 α_i 满足和为 0 的约束条件。

$$X_{ik}=\mu+\alpha_i+\varepsilon_{ik} \tag{10.13}$$

根据线性模型公式 10.13，容易得到方差分析表 10.9。其中，家系间方差就是全同胞家系的协方差，剩余方差就是家系内方差，因此有公式 10.14。随机配对设计只产生全同胞一种家系结构，如果没有环境方差的估计，还是无法将加性和显性方差分开。如果忽略显性方差，这时可以把 $2V_{\mathrm{MF}}$ 作为加性方差 V_A 的估计。当然，如果同时具有亲本的表型数据，也可以用后代与中亲值的协方差来估计加性方差。对表 10.2 的数据，假如 28 个全同胞家系来自 28 个不同父本和 28 个不同母本的配对杂交，这时的表 10.2 就是一个随机配对设计。作为练习，请读者将表 10.2 视为配对杂交的后代表型，给出方差分析的结果。

$$V_{\mathrm{MF}} = \frac{1}{2}V_A + \frac{1}{4}V_D, \quad V_R = \frac{1}{2}V_A + \frac{3}{4}V_D + V_{Ew} \tag{10.14}$$

表 10.9 随机配对遗传交配设计的方差分析

变异来源	自由度	均方	期望均方
家系间	$m-1$	$\mathrm{MS_{MF}}$	$V_R + rV_{\mathrm{MF}}$
剩余效应	$m(r-1)$	MS_R	V_R
总和	$mr-1$		

§10.2.4 遗传交配设计中的一些问题

遗传交配设计的目的是估计数量性状在一个参照群体中的各种遗传参数，如环境方差、遗传方差、加性方差、显性方差和遗传力等。为准确估计这些参数，首先要求交配设计的亲本数量要尽可能大，作为参照群体的一组样本，亲本要具有代表性。此外，每个杂交组合的后代也是一个群体，还可能存在遗传分离，后代个体也要求有一定的数量和代表性。因此遗传交配设计中，既要考虑亲本个体的抽样问题，又要同时考虑后代个体的抽样问题。但比较来看，亲本的抽样问题要比后代的抽样问题更重要一些。显然，亲本越多、杂交组合越多，群体遗传参数的估计就会越准确，但试验花费也就越大。后代家系大小也同样决定试验规模和花费。因此，开展交配设计时，需要在一定试验规模和费用的限制条件下，考虑亲本个数、组合个数、后代个数如何合理配置，以获得最佳的遗传研究结果。

这一节介绍了三种适用于随机交配群体的遗传设计。全面系统地评价不同设计的优劣，还是相当困难的，这需要开展大量的遗传试验或模拟研究，才能了解不同设计对遗传参数估计精确度的影响。这里我们不考虑参照群体在性别上的差异，只是从亲本数量、组合个数、后代群体大小、整体花费等方面，对不同设计进行一个粗略的评价。例如，用 mn 表示杂交组合的个数，前面已经说过，NCⅠ设计要用到 $m+mn$ 个亲本个体，NCⅡ设计要用到 $m+n$ 个亲本个体，随机配对设计要用到 $2mn$ 个亲本个体。显然，随机配对的亲本数高于 NCⅠ，NCⅡ的亲本数最低。从这一点讲，配置相同个数的杂交，随机配对设计的亲本样本量最大，对参照群体的代表性最强。

但是，亲本数量并不是衡量交配设计优劣的唯一标准。在前面的分析方法中，我们看到随机配对设计只产生全同胞一种家系结构，无法区分家系内的遗传方差和环境方差，需要借助其他信息，才能把加性和显性方差分开。NCⅡ设计同时产生一组全同胞家系、两组半同胞家系，能够估计出加性、显性和剩余三种方差成分。NCⅠ设计也能估计出加性、显性和剩余三种方差成分，但只有一组全同胞家系和一组半同胞家系。从交配设计提供的遗传信息来看，NCⅡ反而是最好的设计。但是，如果同时考虑亲本数量和提供遗传信息两方面的内容，NCⅠ显然成为最好的交配设计。

§10.3　双亲后代群体的遗传设计

§10.3.1　NC Ⅲ回交交配设计

NC Ⅲ属于回交类型的遗传交配设计，它从两个纯系亲本 P_1 和 P_2 的杂交 F_2 群体中，随机抽取 n 个个体，分别与原来的两个亲本回交，共产生 $2n$ 个杂交组合，每个组合观测 r 个后代个体。用于回交的两个亲本有时也称测交亲本。图 10.2 给出 NC Ⅲ遗传交配设计的示意图，每个 F_2 个体都有两个回交家系，分别用 L_1 和 L_2 表示，家系内的个体图中用 $*$ 表示。

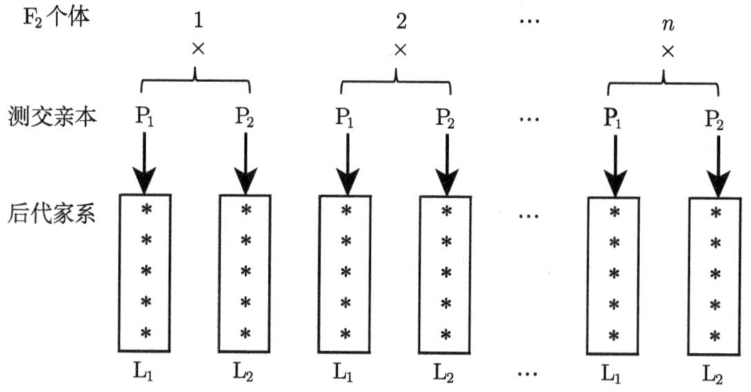

图 10.2　NC Ⅲ遗传交配设计示意图

以一个座位上的两个等位基因 A 和 a 为例，加显性效应分别为 a 和 d，亲本 P_1 和 P_2 的基因型分别为 AA 和 aa。表 10.10 给出 NC Ⅲ设计的家系类型、家系均值，以及两种家系均值之和与之差的方差计算过程。

表 10.10　NC Ⅲ交配设计的家系类型、家系均值 (分别用 L_1 和 L_2 表示)，以及两种家系之和、之差的均值和方差

F_2 基因型和频率	家系 L_1 基因型和均值	家系 L_2 基因型和均值	L_1+L_2	L_1-L_2
$AA，\frac{1}{4}$	$AA，a$	$Aa，d$	$a+d$	$a-d$
$Aa，\frac{1}{2}$	$\frac{1}{2}AA+\frac{1}{2}Aa，\frac{1}{2}(a+d)$	$\frac{1}{2}Aa+\frac{1}{2}aa，\frac{1}{2}(-a+d)$	d	a
$aa，\frac{1}{4}$	$Aa，d$	$aa，-a$	$-a+d$	$a+d$
总平均	$\frac{1}{2}(a+d)$	$\frac{1}{2}(-a+d)$	d	a
方差	$\frac{1}{8}(a-d)^2$	$\frac{1}{8}(a+d)^2$	$\frac{1}{2}a^2$	$\frac{1}{2}d^2$

由表 10.10 可见，L_1 家系间的方差为 $\frac{1}{8}(a-d)^2$，L_2 家系间的方差为 $\frac{1}{8}(a+d)^2$，加显性方差不能从这两种回交家系的方差直接计算出来。但是，如果考虑来自同一个 F_2 个体的两个回交家系的和与差，L_1+L_2 的方差为 $\frac{1}{2}a^2=V_A$，L_1-L_2 的方差为 $\frac{1}{2}d^2=2V_D$。当家系足

够大时，可以忽略家系均值中的误差方差，这时就可以利用公式 10.15 估计参照群体 F_2 的加显性方差。

$$V_A = V(L_1 + L_2), \quad V_D = \frac{1}{2}V(L_1 - L_2) \tag{10.15}$$

NC III设计的实例分析，在介绍完 TTC 设计后一并给出。

§10.3.2 TTC 三重测交交配设计

在不存在互作的情况下，NC III能无偏地估计 F_2 群体的加性方差 V_A 和显性方差 V_D。但是，并非所有遗传群体中的性状都可以用加显性模型来解释。Kearsey 和 Jinks (1968) 对 NC III设计加以改进，提出了三重测交法 (triple test cross design)，简称 TTC 设计。有兴趣的读者也可参考 Kearsey 和 Pooni (1996) 一书第 5 章相关内容。该交配设计用 P_1、P_2 和 F_1 同时作为测交亲本，与随机抽取的 F_2 个体杂交。每个 F_2 个体都得到三套测交后代家系，故称三重测交。图 10.3 给出 TTC 遗传交配设计的示意图，每个 F_2 个体都有三个后代家系，分别用 L_1、L_2 和 L_3 表示，家系内的个体图中用 * 表示。

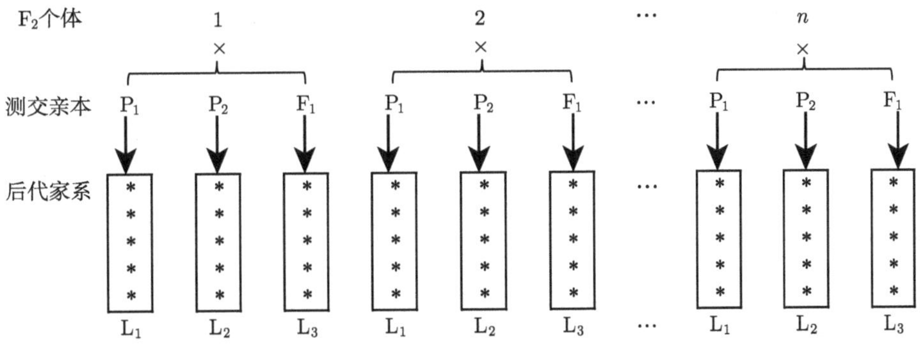

图 10.3 TTC 遗传交配设计示意图

TTC 设计不仅可以估计 F_2 群体的加显性方差，它还提供了一种检测上位性是否存在的方法。以一个座位上的两个等位基因 A 和 a 为例，加显性效应为 a 和 d，亲本 P_1 和 P_2 的基因型分别为 AA 和 aa。表 10.11 给出 TTC 设计的家系类型、家系均值，以及家系均值的三个正交线性组合 (即三个线性组合的系数构成一个正交矩阵) 的方差计算过程。基因型 AA、Aa、aa 对应的 L_1 家系和 L_2 家系的均值、总平均和方差同表 10.10。基因型 AA与 F_1 的杂交后代与回交群体 B_1 相同，家系均值为 $\frac{1}{2}(a+d)$。基因型 Aa 与 F_1 的杂交后代与 F_2 群体相同，后代均值为 $\frac{1}{2}d$。基因型 aa 与 F_1 的杂交后代与回交群体 B_2 相同，家系均值为 $\frac{1}{2}(-a+d)$。根据表 10.11 中三类家系的均值，不难得到表中后三列线性组合的均值，以及最后两行给出的总平均和方差。

表 10.11 的结果建立在加显性模型基础之上，线性组合 $L_1+L_2-2L_3$ 对不同的 F_2 基因型均为 0，方差也为 0。因此，实际数据中，可以从线性组合 $L_1+L_2-2L_3$ 的方差显著性，来大致判断是否存在显著的上位性，或者说，对采用的加显性模型进行适合性检验。同时也能看到，线性组合 $L_1+L_2+L_3$ 的方差为 $\frac{9}{8}a^2=\frac{9}{4}V_A$，线性组合 L_1-L_2 的方差为 $\frac{1}{2}d^2=2V_D$。

当家系足够大时，忽略这些线性组合中的误差方差，利用公式 10.16 估计参照群体 F_2 的加显性方差。从表 10.11 还看到，L_3 家系间的方差为 $\frac{1}{8}a^2=\frac{1}{4}V_A$，因此也可以用$L_3$ 的方差来估计加性方差，但效果不如线性组合 $L_1+L_2+L_3$ 好。

$$V_A=\frac{4}{9}V(L_1+L_2+L_3),\quad V_D=\frac{1}{2}V(L_1-L_2) \tag{10.16}$$

表 10.11　TTC 交配设计中，三类家系的均值和方差，以及三个线性组合的均值和方差

F_2 基因型和频率	L_1 家系	L_2 家系	L_3 家系	$L_1+L_2+L_3$	L_1-L_2	$L_1+L_2-2L_3$
AA，$\frac{1}{4}$	a	d	$\frac{1}{2}(a+d)$	$\frac{3}{2}(a+d)$	$a-d$	0
Aa，$\frac{1}{2}$	$\frac{1}{2}(a+d)$	$\frac{1}{2}(-a+d)$	$\frac{1}{2}d$	$\frac{3}{2}d$	a	0
aa，$\frac{1}{4}$	d	$-a$	$\frac{1}{2}(-a+d)$	$\frac{3}{2}(-a+d)$	$a+d$	0
总平均	$\frac{1}{2}(a+d)$	$\frac{1}{2}(-a+d)$	$\frac{1}{2}d$	$\frac{3}{2}d$	a	0
方差	$\frac{1}{8}(a-d)^2$	$\frac{1}{8}(a+d)^2$	$\frac{1}{8}a^2$	$\frac{9}{8}a^2$	$\frac{1}{2}d^2$	0

§10.3.3　NC Ⅲ和 TTC 模拟数据分析

表 10.12 给出一个模拟的双亲 F_2 群体中，16 个个体与 P_1、P_2 和 F_1 测交家系中的两次重复观测值。显然，这是一个 TTC 设计。如不考虑 F_2 个体与 F_1 的测交家系，则又可看作一个 NC Ⅲ设计。表中数据是模拟出来的，并非来自一个真实的遗传交配试验。

表 10.12　一个模拟的双亲 F_2 群体中，16 个个体与 P_1、P_2 和 F_1 测交家系的两次重复观测值

F_2 个体	L_1 家系：$F_2\times P_1$		L_2 家系：$F_2\times P_2$		L_3 家系：$F_2\times F_1$	
	观测 I	观测 II	观测 I	观测 II	观测 I	观测 II
1	4.21	4.08	4.44	3.60	4.08	5.48
2	6.12	5.37	3.44	3.60	5.37	5.07
3	5.19	4.93	3.58	4.12	4.93	4.67
4	5.31	5.43	3.00	3.13	5.43	3.85
5	4.40	4.65	3.51	3.91	4.65	4.08
6	4.72	5.06	3.29	3.74	5.06	5.38
7	5.00	4.86	2.81	4.17	4.86	4.92
8	4.44	4.54	2.76	3.33	4.54	2.95
9	4.31	4.33	4.26	4.76	4.33	4.85
10	4.60	5.04	3.31	3.28	5.04	3.85
11	5.75	5.27	4.10	4.05	5.27	3.74
12	5.21	3.93	3.56	3.44	3.93	3.83
13	3.40	4.51	4.68	3.94	4.51	3.85
14	4.12	3.93	2.45	3.52	3.93	3.95
15	4.17	4.30	3.52	2.86	4.30	2.94
16	3.84	4.40	2.31	1.98	4.40	3.24

利用表 10.12 的重复观测数据，首先计算每个家系的重复平均数 (见表 10.13 前四列)。每个观测数据与重复平均数的差异，就是剩余项。剩余项的平方和除以它的自由度，就是剩余方差 V_R 的无偏估计。这里的剩余项自由度等于 48，即 $3\times16\times(r-1)$(这里的 r 等于重复

次数 2)，剩余方差 V_R=0.1897。当然，对表 10.12 的数据，也可进行方差分析，对三个测交亲本、16 个 F_2 个体，以及它们之间的互作进行显著性检验，并估计剩余方差。这里不再给出方差分析的结果。

表 10.13 前四列给出 16 个 F_2 个体三类测交家系从表 10.12 得到的重复平均数，后几列给出 4 种家系平均数的线性组合，最后两行为每列数值的均值和方差。如果家系大小是 r，剩余方差是 V_R，除遗传方差外，L_1、L_2 和 L_3 的方差中包含有 $\frac{1}{r}$ 倍的剩余方差，即 $\frac{1}{r}V_R$。如果 L_1、L_2 和 L_3 之间相互独立，则 $L_1 \pm L_2$ 的方差包含 $\frac{2}{r}$ 倍的剩余方差，$L_1+L_2+L_3$ 的方差包含 $\frac{3}{r}$ 倍的剩余方差，$L_1+L_2-2L_3$ 的方差包含 $\frac{6}{r}$ 倍的剩余方差。一般情况下，L_1、L_2 和 L_3 之间并不独立，读者可利用表 10.11 计算两两之间的协方差进行观察。因此，很难确定它们线性组合中的剩余方差。表 10.13 的最后一个组合是 $L_1+L_2-2L_3$，在 0 左右取值，方差为 0.97，超过了前面剩余方差的估计值 0.1897。考虑到这里的重复数 r 较低，线性组合 $L_1+L_2-2L_3$ 又含有较高比例的剩余方差，可以认为加显性模型仍然是适合的。

表 10.13　一个模型的双亲 F_2 群体中，16 个个体与 P_1、P_2 和 F_1 测交家系的重复平均数，以及 4 种线性组合的重复平均数

F_2 个体	L_1	L_2	L_3	L_1+L_2	L_1-L_2	$L_1+L_2+L_3$	$L_1+L_2-2L_3$
1	4.15	4.02	5.14	8.17	0.12	13.31	−2.12
2	5.75	3.52	4.73	9.27	2.23	13.99	−0.18
3	5.06	3.85	4.16	8.91	1.21	13.07	0.59
4	5.37	3.07	3.73	8.44	2.31	12.16	0.98
5	4.53	3.71	4.41	8.24	0.82	12.64	−0.58
6	4.89	3.52	4.60	8.41	1.38	13.01	−0.80
7	4.93	3.49	4.87	8.42	1.44	13.29	−1.32
8	4.49	3.05	3.08	7.54	1.45	10.62	1.38
9	4.32	4.51	4.51	8.83	−0.19	13.34	−0.19
10	4.82	3.30	4.27	8.12	1.53	12.39	−0.42
11	5.51	4.08	3.94	9.59	1.44	13.53	1.71
12	4.57	3.50	4.02	8.07	1.07	12.09	0.04
13	3.96	4.31	3.98	8.27	−0.36	12.24	0.32
14	4.03	2.99	3.87	7.01	1.04	10.88	−0.72
15	4.24	3.19	3.41	7.43	1.05	10.84	0.60
16	4.12	2.15	3.03	6.27	1.98	9.30	0.21
均值	4.67	3.51	4.11	8.18	1.16	12.29	−0.03
方差	0.28	0.34	0.37	0.69	0.59	1.65	0.97

不考虑组合 $L_1 \pm L_2$ 和 $L_1+L_2+L_3$ 中的剩余方差，表 10.14 给出分别利用公式 10.15 和公式 10.16 得到的加性方差、显性方差和遗传力。剩余方差均为 0.1897，是从原始观察值与重复平均数的离差平方和再除以自由度得到的。显性方差均用 L_1-L_2 方差的一半进行估计 (公式 10.15 和公式 10.16)，两种设计得到相同的显性方差估计值。NC III的加性方差用 L_1+L_2 的方差进行估计 (公式 10.15)，TTC 设计的加性方差用 $L_1+L_2+L_3$ 的方差乘以 $\frac{4}{9}$

进行估计 (公式 10.16)，得到的估计值略有差异。但是，两种设计得到的遗传力估计值还是很相近的 (表 10.14)。

表 10.14 NC Ⅲ和 TTC 两种交配设计得到的加性方差、显性方差和遗传力的估计值

交配设计	剩余方差 V_R	加性方差 V_A	显性方差 V_D	狭义遗传力 h^2	广义遗传力 H^2
NC Ⅲ	0.1897	0.6886	0.2957	0.5866	0.8384
TTC	0.1897	0.7335	0.2957	0.6018	0.8444

§10.3.4 永久 F_2 群体的设计

双亲杂交衍生的后代，是植物遗传研究中最常见的群体类型。根据个体或家系的基因型是否纯合，双亲后代可分为暂时群体和永久群体两类。永久群体是由一组 (大小为几十至数百) 纯系构成，便于开展精确的多环境重复表型鉴定试验。暂时群体中，个体有着互不相同的杂合基因型，表型鉴定只能建立在单个个体的水平上 (无性繁殖物种除外)，难以准确评价数量性状的表型，也无法开展基因型和环境互作研究 (更多内容参见《基因定位与育种设计》第一章相关内容)。双亲杂种 F_1 的一组加倍单倍体 (doubled haploid，DH) 和一组重组近交家系 (recombination inbred line，RIL) 都是永久群体。每个 DH 或 RIL 家系都是纯系，家系内所有个体具有相同的纯合基因型，自交之后基因型不发生改变。利用 DH 或 RIL 群体，可以对数量性状开展准确的表型鉴定试验。但这两种群体存在的问题是，由于群体中没有杂合基因型，无法用来研究显性效应，以及与显性有关的上位性效应，而这些信息在杂种优势利用研究中必不可少。

如不存在选择，每个双亲中存在分离的座位上，纯合基因型 AA 和 aa 在 DH 或RIL 群体中的频率都是 $\frac{1}{2}$。如在这些 DH 或 RIL 家系之间配置大量的杂交 F_1，并把它们也看成一个群体，则相当于 $\left(\frac{1}{2}AA+\frac{1}{2}aa\right)\times\left(\frac{1}{2}AA+\frac{1}{2}aa\right)$ 产生的后代群体，三种基因型 AA、Aa 和 aa 的频率分别为 $\frac{1}{4}$、$\frac{1}{2}$ 和 $\frac{1}{4}$，正好就是原来双亲 F_2 群体的基因型频率。对于多基因的情况，这一结论也基本成立。换句话说，利用大量 DH 或 RIL 家系之间的杂交，可以重演双亲 F_2 群体的各种基因型。每两个 DH 或 RIL 家系的杂交，可以产生基因型完全相同的多个个体。这种方法产生的 F_2 群体是可以重复的，群体中的每个个体 (或称家系) 其实是两个纯合基因型亲本的杂种 F_1 后代，也是可以重复的，因此称为永久 F_2 群体。显然，与永久 F_2 类似，也可以将 DH 或 RIL 家系与原来的两个亲本回交，从而产生出两个方向的永久回交群体。

对于连锁的两个座位，DH 家系产生的永久 F_2 仍然与双亲 F_2 群体完全等价。但 RIL 家系产生的永久 F_2 与原始的双亲 F_2 群体略有差异，这种差异主要反映在重组率上。DH 家系群体中，重组基因型的比例等于一次交换的重组率 r。RIL 家系群体中，重组基因型的比例等于累计重组率 R。累计重组率与一次交换重组率的关系是 $R=\frac{2r}{1+2r}$，当 r 较小时，$R\approx 2r$。因此，如果利用 DH 家系产生的永久 F_2 估计重组率，得到的仍然是一次交换的重组率 r；如果利用 RIL 家系产生的永久 F_2 估计重组率，得到的则是累计重组率 R，而不是一次交换的重组率。

除表型鉴定方面的优势外，永久 F_2 群体的基因型还可以由 DH 或 RIL 家系推测出来。因此，无需再对永久 F_2 群体开展基因型鉴定。双亲永久群体的构建一般需要数年时间，产生永久 F_2 又需要配置新的大量杂交组合。有些植物物种的人工杂交相对容易，有些还相当困难。尽管如此，目前人们已创建了不少永久 F_2 群体，并用于数量性状遗传和杂种优势机理等方面的研究。Hua 等 (2002, 2003) 利用水稻 'Zhenshan 97' 和 'Minghui 63' 杂交产生的 'Shanyou 63' 强优势杂交种，经单粒传获得一组 F_9 重组近交家系，并将其随机分成两组配对杂交。Zhou 等 (2012) 利用该群体对杂种优势的遗传基础进行研究。在油菜和棉花中，也同样有利用永久 F_2 群体定位产量杂种优势基因的报道 (Chen et al., 2007; Liu et al., 2011)。

'豫玉 22' 是一个玉米强优势杂交组合 (汤华等，2004)，亲本自交系 '综 3' 来自一个综合种，亲本自交系 '87-1' 选自美国先锋公司的杂交种 87001。中国农业大学玉米改良中心于 2000 年开始 (Guo et al., 2013)，从 '豫玉 22' 的 F_2 分离群体中随机挑选 300 个单株，按照单粒传的方法连续自交至 F_7 代，构建了一个包含 294 个重组自交系的 RIL 群体；随后将 294 个 RIL 家系随机分成两组，每组包含 147 个重组近交系；从两组 RIL 家系中随机无放回各抽取 1 个，配置 147 个杂交组合；重复上述分组杂交过程三次，共获得 441 个 "永久 F_2" 杂交组合。Tang 等 (2010) 利用此群体，研究了玉米产量及相关成分性状杂种优势的遗传基础。表 10.15 给出其中的 10 个 RIL 家系和 10 个永久 F_2 在三个环境下三次重复的小区产量，田间试验采用完全随机区组设计。因此，方差分析时需要考虑区组效应。

表 10.15 自交系 '综 3' 和 '87-1' 衍生的 10 个 RIL 家系和 10 个永久 F_2 家系在三个环境下小区产量的三次重复观测数据

基因型编号	环境 I			环境 II			环境 III		
	重复 I	重复 II	重复 III	重复 I	重复 II	重复 III	重复 I	重复 II	重复 III
RIL02	5.5	6.0	5.5	2.6	2.7	2.4	2.3	2.3	2.3
RIL14	1.7	2.5	1.6	2.7	2.5	2.7	2.6	2.2	2.7
RIL23	3.1	3.8	4.9	2.9	3.0	2.7	2.8	3.1	3.1
RIL42	3.8	3.5	3.3	2.6	2.2	1.8	4.0	3.7	3.2
RIL52	3.5	3.9	3.0	3.1	2.6	2.7	3.6	3.1	3.2
RIL58	4.1	6.0	4.9	1.9	2.2	2.1	2.2	2.9	1.7
RIL69	4.8	4.5	3.5	1.8	1.7	2.3	2.4	2.0	2.6
RIL72	4.3	2.8	3.5	3.8	3.6	3.8	3.7	5.0	4.5
RIL73	5.2	5.5	4.6	4.3	4.1	4.1	4.9	4.3	4.0
RIL78	3.8	4.1	4.9	2.8	3.3	2.8	3.7	3.2	3.5
IF1	7.9	6.8	8.1	6.3	5.6	5.1	7.7	7.2	7.4
IF2	6.7	8.9	7.7	8.3	6.3	5.6	5.6	6.3	6.2
IF3	5.9	6.1	7.3	3.5	2.7	1.9	5.8	5.6	5.8
IF4	9.0	7.9	8.2	6.9	5.5	7.9	7.8	6.6	8.5
IF6	7.7	8.7	8.1	4.2	4.7	5.7	7.1	7.2	6.7
IF7	8.4	8.5	8.6	6.4	6.1	7.2	7.1	6.6	6.9
IF8	7.1	8.9	7.5	6.6	6.6	5.7	6.1	6.5	6.5
IF9	9.4	6.6	7.6	6.1	5.2	4.0	6.6	6.6	5.4
IF10	7.4	7.4	8.3	4.5	4.3	4.1	4.5	5.4	5.0
IF11	6.9	7.0	9.0	3.6	2.9	1.2	3.9	4.7	5.2

根据表 10.15 的三次重复观测数据，得到三个环境的方差分析表 10.16。从 F 统计量可以看出，不管是 RIL 还是永久 F_2 群体，10 个基因型间的产量差异都达到极显著水平。三个环境中，RIL 群体一次重复的广义遗传力为 0.71~0.90。永久 F_2 群体一次重复的广义遗传力为 0.08~0.77，明显低于 RIL 群体的广义遗传力。

表 10.16　表 10.15 数据的单环境方差分析，以及遗传方差和遗传力估计

环境	均方和 F 统计量			方差估计值		广义遗传力	
	基因型	随机误差	F 统计量	基因型	随机误差	一次重复	重复平均数
				RIL 群体			
环境 I	3.359	0.402	8.361	0.986	0.402	0.710	0.880
环境 II	1.501	0.055	27.210	0.482	0.055	0.897	0.963
环境III	2.032	0.160	12.686	0.624	0.160	0.796	0.921
				永久 F_2 群体			
环境 I	0.965	0.773	1.249	0.064	0.773	0.077	0.199
环境 II	7.399	0.718	10.306	2.227	0.718	0.756	0.903
环境 II	2.982	0.266	11.214	0.905	0.266	0.773	0.911

两个群体的多环境联合方差分析见表 10.17。不管是 RIL 还是永久 F_2 群体，环境间方差、基因型间方差，以及基因型和环境互作方差都达到极显著水平。永久 F_2 群体中的各种方差成分均明显高于 RIL 群体。多环境联合分析中，永久 F_2 群体的广义遗传力高于 RIL 群体。说明在多环境试验中，由于基因型和环境互作的存在，单环境遗传力高，联合分析的遗传力不一定高。

表 10.17　三个环境联合方差分析的遗传方差估计

群体类型	方差估计值				广义遗传力估计值	
	环境	基因型	基因型和环境互作	随机误差	单环境一次重复	环境和重复的平均数
RIL 群体	0.425	0.333	0.546	0.206	0.307	0.619
永久 F_2 群体	1.722	0.796	0.405	0.586	0.446	0.799

如果用 V_A 和 V_D 分别表示永久 F_2 群体 (或原始亲本的杂交 F_2 群体) 的加性和显性方差，则 RIL 群体的遗传方差为 $2V_A$，永久 F_2 群体的遗传方差为 $V_A + V_D$。因此，可以利用 RIL 群体遗传方差的一半作为加性方差 V_A 的估计，永久 F_2 群体遗传方差减去加性方差作为显性方差 V_D 的估计。这样，从表 10.16 和表 10.17 的方差分析结果，就得到表 10.18，其中的误差方差是永久 F_2 群体的方差分析结果。永久 F_2 在环境 I 的遗传方差很低，估计出的显性方差为负值，表中设为 0。其他两个环境及联合分析时，得到的显性方差都远高于加性方差，狭义遗传力也因此远低于广义遗传力。说明超显性可能在 ‘豫玉 22’ 的杂种优势中起重要作用，同时也说明在 ‘豫玉 22’ 的 RIL 群体中，难以利用两个 RIL 的产量来预测它们的杂种 F_1 表现。

表 10.18 '豫玉 22' 永久 F_2 群体的加性方差、显性方差和遗传力估计

表型数据	加性方差	显性方差	误差方差	表型方差	狭义遗传力	广义遗传力
环境 I	0.493	0.000	0.773	1.266	0.389	0.389
环境 II	0.241	1.986	0.718	2.945	0.082	0.756
环境 III	0.312	0.593	0.266	1.171	0.266	0.773
联合分析	0.167	0.630	0.586	1.382	0.121	0.576

练习题

10.1 遗传设计和环境设计的主要区别是什么？它们分别起什么作用？开展一项遗传交配设计的大概过程是什么？

10.2 通过 QTL 定位研究，发现一个控制数量性状座位上三种基因型 AA、Aa、aa 的均值分别为 7、6、3。假定误差方差为 1，不考虑其他遗传因素。以 AA 和 aa 的杂交 F_2 为参照群体。

(1) 计算加性方差、显性方差、狭义遗传力和广义遗传力。

(2) 计算半同胞家系间和家系内的遗传方差。

(3) 计算全同胞家系间和家系内的遗传方差。

10.3 下表是 4 个父本与 4 组不同母本的 NC I 交配设计，每组母本包含 8 个个体，每个杂交组合的后代有两个观测数据。参照群体的近交系数为 0。通过固定效应模型的方差分析，估计参照群体的加性方差、显性方差和遗传力。

重复	父本	1	2	3	4	5	6	7	8
重复 I	1	5.4	6.4	6.6	4.2	8.6	6.0	6.4	5.7
	2	4.7	7.0	4.2	6.4	4.8	4.9	6.2	4.8
	3	3.8	7.2	4.9	4.3	7.2	4.0	4.8	4.1
	4	6.2	4.2	5.6	3.0	6.0	3.2	4.4	3.3
重复 II	1	6.6	7.9	7.5	5.4	8.5	7.4	5.8	6.3
	2	6.8	6.5	7.1	6.2	5.7	5.7	5.5	5.0
	3	6.8	7.6	6.0	3.5	5.9	4.6	5.8	4.8
	4	6.6	4.2	5.6	2.0	8.0	4.9	5.7	2.8

10.4 把练习 10.3 看作 4 个父本与 8 个母本的 NC II 交配设计。参照群体的近交系数为 0。通过固定效应模型的方差分析，估计参照群体的加性方差、显性方差和遗传力。

10.5 把练习 10.3 看作 32 个随机配对杂交产生的全同胞家系。参照群体的近交系数为 0。通过固定效应模型的方差分析，估计全同胞家系间和家系内的方差。

10.6 通过 QTL 定位研究，发现一个控制数量性状座位的中亲值 m、加性效应 a、显性效应 d 分别为 10、2、2。以 $P_1(AA)$ 和 $P_2(aa)$ 的杂交 F_2 为参照群体，不考虑其他遗传和非遗传因素，下表给出三种基因型的均值、频率，以及参照群体的总平均和遗传方差。计算 F_2 的三种测交家系的均值，以及这些家系的 4 个线性组合；同时计算每列的均值和方差。

F_2 个体	均值	频率	L_1	L_2	L_3	L_1+L_2	L_1-L_2	$L_1+L_2+L_3$	$L_1+L_2-2L_3$
AA	12	0.25							
Aa	12	0.5							
aa	8	0.25							
总平均	11								
遗传方差	3								

10.7　从一个 F_2 群体中随机抽取 8 个个体分别与双亲和 F_1 进行测交，下表是每个测交组合产生后代的两次重复观测数据。

F_2 个体	重复 I			重复 II		
	L_1	L_2	L_3	L_1	L_2	L_3
1	10.43	9.33	13.63	12.68	11.20	11.32
2	11.89	11.74	10.55	10.52	10.07	10.41
3	12.11	7.38	9.88	11.33	7.99	9.80
4	10.17	9.75	10.67	11.61	9.62	11.91
5	10.20	12.25	10.31	12.01	11.81	10.68
6	13.45	9.70	10.35	10.70	8.52	10.95
7	10.68	9.15	10.75	11.86	8.72	9.59
8	13.94	9.98	11.34	12.27	10.30	10.39

(1) 利用方差分析估计误差方差。

(2) 利用 NC III设计的分析方法，估计 F_2 群体的加性方差、显性方差、狭义遗传力和广义遗传力等遗传参数。

(3) 利用 TTC 设计的分析方法，估计 F_2 群体的加性方差、显性方差、狭义遗传力和广义遗传力等遗传参数。

10.8　下表是 10 个双亲 RIL 家系和 10 个永久 F_2 在某地点的三次重复产量数据。利用表中数据的方差分析结果，估计 F_2 参照群体的加性方差、显性方差、狭义遗传力和广义遗传力等遗传参数。

RIL 家系	重复 I	重复 II	重复 III	永久 F_2	重复 I	重复 II	重复 III
1	4.09	4.19	4.01	1	7.46	8.10	7.80
2	1.35	2.12	2.81	2	7.39	8.12	6.33
3	3.89	3.20	3.15	3	6.95	6.36	5.45
4	3.83	4.73	4.33	4	6.87	8.88	8.93
5	3.66	3.71	3.89	5	7.46	7.23	7.11
6	4.27	3.17	4.32	6	7.19	5.99	8.10
7	3.73	3.65	1.88	7	6.99	6.33	6.40
8	3.33	3.30	3.38	8	7.51	6.29	7.62
9	4.06	3.90	4.29	9	6.48	7.14	5.85
10	2.89	1.55	2.12	10	4.73	5.41	5.70

第 11 章　随机交配群体中的选择与遗传进度

从自然或人工创建的遗传分离群体中，选择合乎人类需要的理想基因型，是动植物育种的主要任务。选择效果的好坏直接影响着育种工作的成败，如何制定有效的选择方案、提高选择效果，一直是育种中关心的重要课题。育种家所能观察到的，通常都是个体的表型值，其中包含遗传和非遗传两方面的因素。这些个体通常都不是孤立的，它们之间存在着各种各样的亲缘关系。各种表型性状通常也不是孤立的，它们之间存在着各种各样的相关关系。如果我们用前面几章的方法，把遗传方差和环境方差从表型方差中分离出来，就能够判断出被选择群体各种性状的变异程度。这样，不但可以预测表型选择所能产生的遗传效应，预测不同亲缘关系和相关性状选择所能产生的遗传效应，而且可以改进选择方案，提高育种成效。这一章主要介绍与随机交配群体有关的选择方法和遗传进度预测问题，选择方法包括个体选择、利用亲缘关系的选择、利用相关性状的选择，以及多性状最优指数选择等。下一章将介绍数量遗传在纯系品种和杂交品种选育中的一些应用。

§11.1　个体选择与遗传进度

随机交配群体中，最简单的选择形式就是根据表型挑选满足一定条件的个体，将它们作为亲本进行互交形成下一世代的育种群体。这样的选择没有利用任何家系或亲本信息，个体表型是唯一的选择标准。因此称为个体选择 (individual selection)，有时也称混合选择 (mass selection) 或表型选择 (phenotypic selection)。第 2 章介绍的等位基因频率定向改变，是最基本、最直接的选择效应。对数量性状的选择也是如此，选择首先引起基因频率的改变。正是由于基因频率的改变，数量性状的群体均值 (第 8 章) 才会在上下代之间出现差异。所不同的是，控制数量性状的基因个数较多，个体的基因型不易区分，因此难以研究控制数量性状的基因频率在上下代之间的变化。但是，选择发生前后群体平均数的变化还是可以度量的，这就是遗传进度 (genetic gain)，也称选择响应 (response to selection)。

§11.1.1 选择差和遗传进度

遗传力是遗传方差占表型方差的比例，表明一个性状在亲子之间相对的传递能力 (没有特别说明的话，这一章所说的遗传力均指狭义遗传力)。遗传力是一个相对概念，即便是同样的遗传力，从亲代到子代的遗传效果也会随着变异幅度大小而不同。也就是说，除遗传力外，一定选择比例下的选择效果还依赖于遗传方差或表型方差的高低。因此，遗传力并不是评价选择效果的唯一指标。

如果把中选的亲本个体也看作一个群体，它们的随机交配后代平均数 $\bar{y}$ 与未经选择的随机交配群体平均数 μ 之差，就是待估计的遗传进度，一般用符号 R 或 ΔG 表示 (公式 11.1)。遗传进度反映了经过选择之后，子代从亲代获得的增量，故又称遗传增量或遗传获得量。为方便推导遗传进度的估计公式，把中选个体构成群体的平均数 $\bar{x}$ 与未选择群体的平均数 μ 之差称为选择差 (selection differential)，用公式 11.2 表示。接下来我们讨论公式 11.2 给出的选择差与公式 11.1 给出的遗传进度之间的关系。

$$R = \bar{y} - \mu \tag{11.1}$$

$$S = \bar{x} - \mu \tag{11.2}$$

考虑一个 HW 平衡群体在两个相邻世代间的表现。如果我们能够确定每个后代的两个亲本，就可以用坐标的形式表示出一个性状在亲子两代之间的关系。其中，横坐标 X 表示中亲值，纵坐标 Y 表示子代的平均表现 (图 11.1)。无选择时，两个世代的群体平均数完全相同，均用 μ 表示。如果利用子代表现对中亲值进行回归分析，回归直线将通过 (μ, μ) 表示的坐标原点，回归系数 (或回归直线的斜率) 用 $b_{\mathrm{O\bar{P}}}$ 表示。在图 11.1 中，过原点的斜线表示后代对中亲值的回归直线。

现在假定根据中亲值的高低进行选择，图 11.1 中用实心圆点表示中选的亲本和它们的后代。实心圆点在 Y 轴上的平均数离原点的距离，就是将要估计的遗传进度 (公式 11.1)；实心圆点在 X 轴上的平均数离原点的距离，就是前面说过的选择差 (公式 11.2)。可见，遗传进度与选择差的比值正好等于回归直线的斜率，用公式 11.3 表示。因此，选择产生的效应 (即遗传进度)，就可以利用回归系数与选择差的乘积表示出来，即公式 11.4。从公式 8.30 我们已经知道，子代表现相对于中亲值的回归系数，正好等于无选择随机交配群体的遗传力 h^2。因此就得到遗传进度和选择差的另外一个公式 11.5。

$$\frac{\bar{y} - \mu}{\bar{x} - \mu} = b_{\mathrm{O\bar{P}}} \tag{11.3}$$

$$R = b_{\mathrm{O\bar{P}}} S \tag{11.4}$$

$$R = h^2 S \tag{11.5}$$

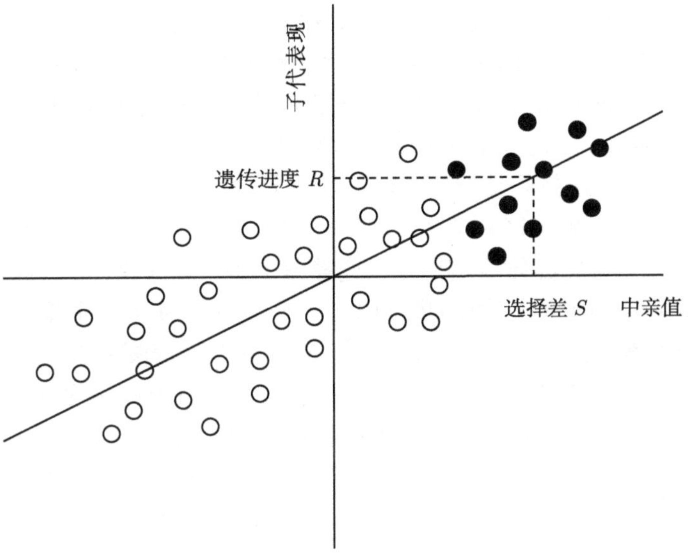

图 11.1 选择差和选择响应的关系

X 轴为中亲值，Y 轴为子代表现，实心圆点表示截尾高值选择得到的中选亲本及其后代。中选亲本平均表现与坐标原点的距离为选择差；中选亲本的后代平均表现与坐标原点的距离为遗传进度

性状在随机交配群体中的遗传力，可以利用第 10 章介绍的交配设计进行估计。在得到遗传力 h^2 的估计后，就可以利用公式 11.5 来预测一定选择差所对应的遗传进度。例如，某性状在一个随机交配群体中的均值为 35，遗传力为 0.5，中选亲本个体的均值为 40。因此，选择差等于 $40-35=5$，预期遗传进度为 $0.5\times5=2.5$。也就是说，经过一代选择后随机交配群体的平均表现为 $35+2.5=37.5$。

在一些实验群体中，遗传进度还可以从上下代的平均表现直接进行计算，这样的遗传进度称为观测或现实遗传进度 (observed genetic gain or realized genetic gain)。同时，通过预期遗传进度与观测遗传进度之间的对比，可以对数量性状的遗传模型进行适合性检验。当然，也可以用观测遗传进度与选择差的比值 $\dfrac{R}{S}$来估计遗传力 h^2。为便于区分，利用 $\dfrac{R}{S}$ 得到的遗传力称为现实遗传力 (realized heritability)。

遗传力是一个群体参数。选择会引起群体基因频率或群体结构的变化。选择后的下一代群体，在连锁关系、遗传方差构成、遗传力大小等方面都会发生改变。严格地说，上一代群体的遗传力不能用来预测下一代群体的遗传进度。但是，对于强度比较低的选择来说，数量性状的基因频率在上下代的改变量不会太大 (详见 §11.1.4)。可以预期，遗传力在少数几个世代中的变化也不会太大。这时，一个世代中估计出的遗传力，可以用来近似预测多个世代选择后的遗传进度。

§11.1.2 选择比例和选择强度

显然，较大的选择差说明中选个体离群体均值越远，选择的标准越高；选择差越小，说明中选个体离群体均值越近，选择的标准越低。因此，选择差是选择强弱程度的一种反映，一般由育种家来决定。但在实际育种群体中，有时更容易确定的是中选个体的比例或百分数，而不是选择差。因此，需要研究一定选择比例下的选择差和遗传进度。在表型服从正态分布的群体中，截尾选择的选择差可根据选择比例和分布的标准差计算出来。以高值选择为例，所谓截尾选择 (truncation selection)，就是从育种群体中挑选表型超过一定临界值的所有个体，作为中选个体，低于这个临界值的个体则被淘汰。

在正态分布群体截尾选择的情况下，影响选择差的因素有两个。一是选择比例的大小。例如，两种选择比例分别为 20%和 5%，群体方差为 1 (图 11.2A)。显然，高选择比例 (即这里的 20%) 的中选个体离群体均值更近，选择差更小；低选择比例 (即这里的 5%) 的中选个体离群体均值更远，选择差更大 (图 11.2A)。群体方差为 4 时也是如此 (图 11.2B)。另一个影响选择差的因素是群体的方差或标准差。在不同变异程度的群体中，同样的选择比例对应的选择差是不同的。例如，在平均数为 μ、方差 $\sigma^2=1$ 的正态群体中选择具有最高表型值的个体，截尾选择的比例为 20%时，中选群体的均值为 $1.4+\mu$，选择差为 1.4 (图 11.2 左上)。而在平均数为 μ、方差 $\sigma^2=4$ 的正态群体中，选择比例 20%对应中选群体的均值为 $2.8+\mu$，选择差为 2.8 (图 11.2 左下)。显然，在同样的选择比例下，方差大的群体，其选择差就大；方差小的群体，其选择差就小 (图 11.2 左或图 11.2 右)。

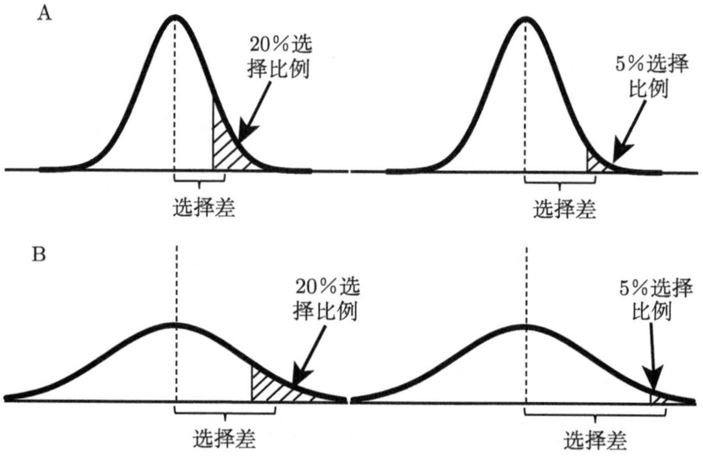

图 11.2　选择差、选择比例和群体方差的关系

斜线阴影表示 20%和 5%两种截尾选择比例的中选个体。中选个体均值与未选择群体均值之间的差异为选择差。A. 两个分布的方差均为 1；B. 两个分布的方差均为 4。虚线对应的 X 轴位置为未选择群体的均值

对于前面方差 $\sigma^2=4$ 的正态育种群体来说，如果将 20%选择比例对应的选择差 2.8 进行标准化变换，即除以方差的平方根 2，得到的选择差就与方差 $\sigma^2=1$ 的群体完全相同。标准化变换后的选择差，与方差大小没有关系，只依赖于选择比例的高低。我们把标准化后的选择差称为选择强度 (intensity of selection)，在公式 11.6 中用符号 i 表示。公式 11.6 右端，S 为标准化前的选择差 (公式 11.2)，V_P 为群体的表型方差，开平方后称为表型标准差。

$$i=\frac{S}{\sqrt{V_P}} \tag{11.6}$$

在正态分布中，选择强度 i 只依赖于选择比例的大小，与群体方差的大小无关。现以标准正态分布 $N(0,1)$ 为例说明选择强度和选择比例的关系。首先，公式 11.7 给出标准正态

分布 $N(0,1)$ 的概率密度函数。在图 11.3 给出的概率密度曲线上，阴影面积等于高值截尾选择的比例 p，与密度函数的关系为 $\int_x^{+\infty} f(t)\mathrm{d}t = p$，$x$ 位置上对应的密度函数值就是图 11.3 中的 z，也可以看作标准正态概率密度函数的高。

$$z = f(x) = \frac{1}{\sqrt{2\pi}} \exp\left(-\frac{1}{2}x^2\right) \tag{11.7}$$

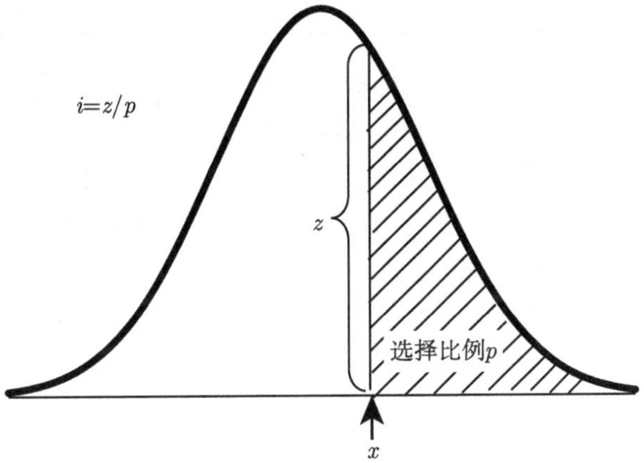

图 11.3 选择强度 i 和选择比例 p 的关系

图中曲线为标准正态分布的密度函数，表型超过 x 的个体被选择下来，阴影面积 p 为中选个体的比例，x 处的密度函数值用 z 表示，z 与选择比例 p 的比值等于标准化选择差，即选择强度

如果把图 11.3 的阴影部分也看作一个群体，这个群体其实就是中选群体，其密度函数可以用 $\frac{f(t)}{p}$ 表示，其中的 $f(t)$ 与公式 11.7 给出的密度函数完全相同。因此，我们可以如公式 11.8 计算中选群体的均值，其中的关系式 $\int_x^{+\infty} tf(t)\mathrm{d}t = z$ 要用到微积分的知识，有兴趣的读者请自行验证。在标准正态分布群体中，中选群体的均值等于选择差 (公式 11.2)，也等于选择强度 (公式 11.6)，这样就得到选择强度的另外一个表达式 11.9。

$$\text{中选群体均值} = \int_x^{+\infty} \frac{tf(t)}{p}\mathrm{d}t = \frac{\int_x^{+\infty} tf(t)\mathrm{d}t}{p} = \frac{z}{p} \tag{11.8}$$

$$i = \frac{z}{p} \tag{11.9}$$

根据公式 11.9，就可以计算任意选择比例对应的选择强度。首先计算右尾概率为 p 所对应的 x 值，使得 $\int_{-\infty}^{x} f(t)\mathrm{d}t = p$。这是一个积分函数，大多数统计学教材都会给出 p 和x 对应关系的统计表，常用统计软件及 Excel 软件也提供了这方面的函数。然后计算 x 对应的概率密度函数值 z。最后，从 z 与选择比例 p 的比值就得到了选择强度。表 11.1 给出一些选择比例对应的选择强度。可以看出，选择强度 i 随选择比例的增加而逐渐减少。因此，中选个体的比例越低，选择强度就越大，说明选择的水平就越高。需要说明的是，公式 11.9 及表 11.1 中的数据，都是在正态分布育种群体的假定下得出的结论。因此，也只适用于正态总体或大样本数据的近似正态总体。

表 11.1　不同选择比例下的选择强度

选择比例 p	0.5	0.4	0.3	0.2	0.1	0.05	0.01	0.001	0.0001
x	0	0.2533	0.5244	0.8416	1.2816	1.6449	2.3263	3.0902	3.7190
z	0.3989	0.3863	0.3477	0.2800	0.1755	0.1031	0.0267	0.0034	0.0004
选择强度 i	0.7979	0.9659	1.1590	1.3998	1.7550	2.0627	2.6652	3.3671	3.9585

前面介绍的选择差和选择强度是雌雄亲本的平均值。有时，选择在性别之间还可能存在差异，有时甚至只能对雌性个体进行选择，或者只能对雄性个体进行选择。不管两种性别的选择强度如何，中选雌亲和中选雄亲对后代的贡献各占一半。因此，选择差等于两种性别选择差 (分别用 S_{F} 和 S_{M} 表示) 的简单平均 (公式 11.10)，选择强度等于两种性别选择强度 (分别用 i_{F} 和 i_{M} 表示) 的简单平均 (公式 11.11)。同样可以利用公式 11.5 计算后代群体的遗传进度。例如，在动物育种中，有些性状 (如产奶量) 只能对雌性个体进行表型选择，这时 $S=\frac{1}{2}S_{\mathrm{F}}$，期望遗传进度 $R=\frac{1}{2}h^2S_{\mathrm{F}}$，只有两个性别同时选择的一半，其中的 $\frac{1}{2}h^2$ 也正好等于子代与单个亲本的回归系数。

$$S=\frac{1}{2}(S_{\mathrm{F}}+S_{\mathrm{M}}) \tag{11.10}$$

$$i=\frac{1}{2}(i_{\mathrm{F}}+i_{\mathrm{M}}) \tag{11.11}$$

§11.1.3　选择强度和遗传进度

有了选择强度和遗传进度的概念，就不难对选择的效果做出估计或预测。从公式 11.6 得到选择差的表达式 $S=i\sqrt{V_P}$，代入遗传进度公式 11.5，就得到另外一个更常用的遗传进度计算公式 11.12。这样，在已知遗传力 h^2 和表型方差 V_P 的育种群体中，只要育种家提出一个选择比例，就能从公式 11.9 计算或从表 11.1 中得到选择强度，代入公式 11.12 就得到遗传进度的估计值。在 §11.1.1 的例子中，群体均值为 35，遗传力为 0.5，另假定表型方差为 25，即标准差为 5。中选比例 20%的选择强度近似为 1.4 (表 11.1)，利用公式 11.12 得到的预期遗传进度近似为 1.4×0.5×5=3.5。请读者验证，中选比例 10%和 5%的预期遗传进度分别为 4.39 和 5.16。

$$R=ih^2\sqrt{V_P} \tag{11.12}$$

根据遗传力的定义 $h^2=\dfrac{V_A}{V_P}$，不难得到估计遗传进度的等价公式 11.13 和公式 11.14，其中，V_A 是育种值引起的能够传递给下一代的遗传方差，也就是加性遗传方差或简称加性方差，h 为遗传力的平方根。根据估计公式 11.13 或公式 11.14 不难发现，提高选择强度、遗传力、加性方差，都可以提高遗传进度。因此，在实际育种中，可以考虑从以下几个方面来提高遗传进度。

$$R=i\frac{V_A}{\sqrt{V_P}} \tag{11.13}$$

$$R = ih\sqrt{V_A} \tag{11.14}$$

(1) **使用较小的选择比例，即提高选择强度。**从表 11.1 可以看到，当选择比例为 10%时，选择强度为 1.76；选择比例为 1%时，选择强度为 2.67。因此，在其他参数一致的情况下，1%的遗传进度相对于 10%的遗传进度的倍数等于 2.67/1.76=1.52。可见，选择比例从10%降低到 1%时，遗传进度仅提高了大约 50%。同时，采用较高的选择强度，需要增加被选择的个体或家系数。小群体的随机漂变和近交程度较高，如存在近交衰退，也会严重影响下一代群体的表现和遗传变异。一般来说，用于重组下一轮群体的个体不应低于 30。如需30 个个体互交形成下一轮育种群体，10%的选择比例只需评价 300 个个体；如要采用 1%的选择比例，则需要评价 3000 个个体。因此在实际育种中，选择强度的提高受群体大小的限制，选择强度不可能被无限地提高。

(2) **提高加性方差在遗传方差中所占的比例。**从第 7 和 8 章我们看到，不同亲缘关系群体中包含加性方差 V_A 的倍数是有差别的，有的家系中只有$\frac{1}{4}$ 或 $\frac{1}{2}$ 的 V_A，但有些家系可有1 倍甚至超过 1 倍的 V_A。育种群体中，加性方差的倍数越高，遗传力就越大。在动物育种中，可以通过产生全同胞家系的方法，来提高加性方差的倍数。在植物育种中，可以通过控制花粉和产生自交家系的方法，来提高加性方差的倍数。

(3) **提高加性方差本身的大小。**加性方差 V_A 本身的提高可以通过引入新的种质来实现。引入新种质的同时，也就引入了新的基因，从而引起遗传方差的增加。新种质刚被引入的一段时间内，可能会由于有利基因与不利基因之间的连锁，造成群体平均数的下降。因此在开始的几个育种周期中，遗传进度可能不一定会高。

(4) **降低非遗传方差。**从表型所包含的方差成分来看，随机误差方差 V_ε 和互作方差 V_{GE}任何程度的降低，都会引起遗传力的增加，进而提高选择进度。随机误差方差 V_ε 可通过田间试验设计得以控制，如区组设计。在第 9 章我们看到，通过对目标环境群体的划分，还可以降低基因型 × 环境互作方差 V_{GE}。另外，增加表型观测的次数，可以降低表型平均数中的随机误差，进而提高以重复平均数为选择单位的遗传力。

(5) **缩短育种周期。**以上 4 个方面，提高的都是单个育种周期的遗传进度。有时，不同选择方法完成一个育种周期的时间存在差异，育种家更关心的可能还是单位时间所能取得的遗传进度。单位周期遗传进度除以时间 (一般以年为单位)，称为年份遗传进度。育种中的加代，其实就是试图通过缩短育种周期的方法来提高年份遗传进度。

§11.1.4　选择对等位基因频率的影响

前面说过，选择前后群体均值的变化，其实是由被选择座位上基因频率的变化引起的。当控制性状的基因较多时，育种群体中难以区分不同个体的基因型，也难以追踪到选择对数量性状座位上等位基因频率的改变。尽管如此，下面还是在单座位加显性模型的假定下，通过建立不同基因型的选择系数与遗传效应和选择强度之间的近似关系，然后利用第 2 章的相关结论，从理论的角度简单说明选择对数量性状基因频率的改变量。更多内容可参看 Falconer 和 Mackay (1996) 一书第 11 章。

为与第 2 章的符号保持一致，用 A 和 a 表示与被选择性状有关的一个座位上的两个等位基因。先考虑两种纯合基因型 AA 和 aa，假定 AA 有较高的表现，并且两种纯合基因型对

应分布的方差均为 V_P，其中既包含其他座位上的遗传变异，也包括环境和随机误差。标准化后的分布曲线见图 11.4。对于基因型 AA，斜线阴影表示比例为 p 的中选个体，截尾标准 x 对应的密度函数值仍用 z 表示。用 a 表示该座位的加性效应，即基因型 AA 均值与 aa 均值之间的差异等于 $2a$。在标准化分布图 11.4 中，两种分布均值之间的差异等于 $\frac{2a}{\sqrt{V_P}}$。因此，如果基因型 AA 的个体中选概率为 p，则基因型 aa 的个体中选概率等于 p 减去图中横线阴影的面积。当数量性状基因的遗传效应 $2a$ 较小时，横线阴影的面积近似等于长为 $\frac{2a}{\sqrt{V_P}}$、高为 z 矩形的面积。如果把基因型 AA 的适合度设为 1，公式 11.15 给出了基因型 aa 适合度的计算过程，由此得到基因型 aa 选择系数的近似表达式 11.16。

$$1-s\approx\frac{p-\frac{2a}{\sqrt{V_P}}z}{p}=1-\frac{2a}{\sqrt{V_P}}\frac{z}{p}=1-\frac{2a}{\sqrt{V_P}}i \tag{11.15}$$

$$s\approx\frac{2a}{\sqrt{V_P}}i \tag{11.16}$$

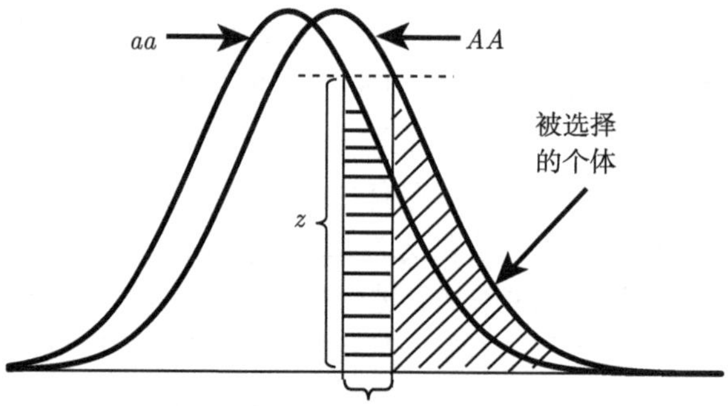

图 11.4　一个数量性状座位上，两种纯合基因型的标准化分布曲线

基因型 AA 和 aa 对应分布的方差均为 V_P，均值之间的差异为 $2a$，标准化转换后的均值差异为 $\frac{2a}{\sqrt{V_P}}$

这一章的选择强度与第 2 章的选择系数，其实是从不同角度来反映选择的强弱程度。公式 11.16 给出了二者之间的关系，这种关系对于不同程度的显性效应仍然成立。如果等位基因 A 表现出完全显性，杂合型 Aa 的分布与 AA 完全相同；如果 A 表现出完全隐性，杂合型 Aa 的分布与 aa 完全相同。假定选择前 a 的频率为 q，选择后两种模型的基因频率变化都可利用公式 2.21 估计，即 $\Delta q=-sq^2(1-q)$。对于加性模型来说，杂合型 Aa 的选择系数为 aa 的一半，选择后等位基因 a 的频率变化只有显性或隐性遗传模型下的一半，即公式 11.17。

$$\Delta q=-\frac{1}{2}sq^2(1-q)\ (\text{加性模型}) \tag{11.17}$$

公式 11.16 中的 $\frac{2a}{\sqrt{V_P}}$，有时也称为数量性状基因座位的标准化效应 (standardized effect of the locus)。例如，一个座位解释 F_2 群体 12.5%的表型变异，如不考虑显性效应，标准化加性效应为 0.5，即 $\frac{2a}{\sqrt{V_P}}$=1。50%选择比例对应的选择强度为 0.7979，根据公式 11.16 得到的选择系数也是 0.7979。起始等位基因 a 的频率为 0.5，利用公式 11.17 得到基因频率的改变量为 $\Delta q = -0.0499$。大多数数量性状基因，解释的表型变异可能只有百分之几，甚至更低，标准化效应一般为 0.05~0.125。对 QTL 的选择系数在 $s = 0.088\left(\text{对应于选择比例 } p = 0.10, \frac{2a}{\sqrt{V_p}} = 0.05\right)$ 到 $s = 0.334\left(\text{对应于选择比例} p = 0.01, \frac{2a}{\sqrt{V_p}} = 0.125\right)$ 之间。因此，对不利纯合基因型的选择系数一般都较低，控制数量性状有利等位基因的频率提高和被固定是一个缓慢的过程。

§11.2 利用亲缘关系的选择与遗传进度

§11.2.1 亲缘关系与选择方法

除育种值外，个体的表型中还包含显性离差效应和各种互作效应，当然还有环境效应和随机误差效应，这些效应都不能传递到下一代。因此，个体水平的遗传力较低，选择的效果往往较差。育种群体中，一般都包含各种各样的同胞和亲子等亲缘关系信息。在对一个育种群体进行选择时，除了利用被选择个体自身的表型数据外，有时还有大量的亲缘关系数据可供利用。这些亲缘关系数据可以是来自全同胞、半同胞或自交等家系内其他个体的表型，也可以是来自个体的上一代亲本，甚至是来自个体的后代。有时，利用亲缘信息还可以估计个体的育种值。育种值直接度量了后代群体的平均表现与亲本群体之间的差异，根据育种值的选择一般都会优于个体选择。在动物育种中，有些性状只能在雌性或雄性个体中表现出来，如奶牛的产奶量。这时，对公牛产奶量的选择只能依赖于后代母牛的产奶量。如何利用各种亲缘关系数据预测育种值，提高选择效率是育种中的一个现实问题。

为说明不同的选择方法，表 11.2 给出一个随机交配群体产生的 5 个全同胞家系的信息，每个家系包含 5 个个体的表型数据，总平均数 $\mu = 15.6$。为便于分析，家系按照平均数从大到小的顺序用 A~E 编号，每个家系中的个体按照表型从大到小的顺序用 1~5 编号。计算方差时均不考虑抽样误差或认为样本量足够大，方差计算公式是 $\frac{1}{n}\sum(X_i - \overline{X})^2$，其中 $\overline{X} = \frac{1}{n}\sum X_i$。在下面的分析时，只考虑遗传因素，不考虑环境和随机误差等其他因素。无选择随机交配群体的均值等于表 11.2 的总均值 15.6，遗传方差 $V_A + V_D$ 等于表 11.2 的总方差 24.64。

根据表 11.2 的家系结构，可以计算每个家系的平均数，然后计算家系平均数之间的方差，即家系间方差 $\frac{1}{2}V_A + \frac{1}{4}V_D$ (公式 8.26) 等于表 11.2 的家系间方差 8.24。另外，还可以计算每个家系的家系内方差，然后计算家系内的平均方差，即家系内方差 $\frac{1}{2}V_A + \frac{3}{4}V_D$ (公式 8.27) 等于表 11.2 的家系内平均方差 16.4。显然，家系间方差 8.24 与家系内方差 16.4 之和，就等于表 11.2 的总方差 24.64。从家系间方差和家系内方差还容易看出，加性方差 V_A=8.32，

显性方差 V_D=16.32，二者之和也等于总方差 24.64。

表 11.2 的家系平均数与总平均数的离差，称为家系间效应，用 P_{bF} 表示；表型与家系平均数的离差称为家系内效应，用 P_{wF} 表示。表 11.3 给出了这些效应的大小。因此，表 11.2 中每个个体的表型 X 与总平均数 μ 的离差 P，就可以分解为家系间效应 P_{bF} 和家系内效应 P_{wF} 两部分之和，即公式 11.18。

$$P = X - \mu,\ P = P_{bF} + P_{wF} \tag{11.18}$$

表 11.2　一个随机交配群体中 5 个全同胞家系的个体表型数据。只考虑遗传因素，不考虑环境效应、随机误差和抽样误差等非遗传因素

个体编号	全同胞家系编号				
	A	B	C	D	E
1	26	23	22	19	20
2	22	18	19	16	14
3	20	17	15	12	11
4	17	14	12	11	8
5	15	13	12	7	7
总均值	15.6				
总方差 (等于 V_A+V_D)	24.64				
家系平均数	20	17	16	13	12
家系间方差 $\left(等于\ \frac{1}{2}V_A+\frac{1}{4}V_D\right)$	8.24				
家系内方差	14.8	12.4	15.6	17.2	22
家系内平均方差 $\left(等于\ \frac{1}{2}V_A+\frac{3}{4}V_D\right)$	16.4				
加性方差 (用 V_A 表示)	8.32				
显性方差 (用 V_D 表示)	16.32				

表 11.3　利用表 11.2 数据得到的家系间效应和家系内效应

效应类型		全同胞家系编号				
		A	B	C	D	E
家系间效应 (P_{bF})	个体编号	4.4	1.4	0.4	−2.6	−3.6
家系内效应 (P_{wF})	1	6	6	6	6	8
	2	2	1	3	3	2
	3	0	0	−1	−1	−1
	4	−3	−3	−4	−2	−4
	5	−5	−4	−4	−6	−5

如果现在要从表 11.2 的 25 个个体中，选择 5 个个体作为亲本随机交配产生下一代群体，这时就会有多种可能的选择方法。一是不考虑表 11.2 和表 11.3 的家系结构，只是根据个体的表型 (即公式 11.18 中的 X 或 P) 选择最高的 5 个，这就是前一节介绍的个体选择或混合选择。显然，个体选择也可以被看作根据 $P_{bF}+P_{wF}$ 的高低进行选择。混合选择中选的前 4 个个体是 A1、A2、B1、C1。A3 和 E1 的表型相同，如没有家系信息可用时，只能从二者中任选一个。二是根据家系的平均表现 (即公式 11.18 中的 $\mu+P_{bF}$) 或家系间效应 (即公式 11.18 中的 P_{bF}) 进行选择，这样的选择称为家系间选择 (between-family selection)，中选个体为家系 A 的全部 5 个个体。三是根据个体的家系内效应 (即公式 11.18 中的 P_{wF}) 进行选择，这样的选择称为家系内选择 (within-family selection)，中选个体为每个家系中表现最

高的个体，即 A1、B1、C1、D1、E1。

显然，对于表 11.2 的数据，混合选择、家系间选择和家系内选择得到的结果不尽相同。对于公式 11.18 中的两个效应来说，混合选择把家系间效应 P_{bF} 和家系内效应 P_{wF} 的权重都设置为 1，家系间选择把两个效应的权重设置为 1 和 0，家系内选择把两个效应的权重设置为 0 和 1。这时我们当然想知道，这三种选择方法在遗传进度上有什么区别，是否存在更好的选择方法。

此外，根据表 11.2 的全同胞家系平均数，还可以反过来选择亲本。家系 A 的平均数最高，如只选择一组全同胞的亲本，中选的是家系 A 的两个亲本。当然，实际育种中也可以根据半同胞家系的平均表现来选择亲本。利用后代表现的亲本选择方法，称为后代测验 (progeny testing)。在有世代重叠的物种中，有时可以把表型选择的中选个体与后代测验的中选亲本混合在一起，形成下一世代的亲本群体。后代测验对亲本的选择其实就是利用育种值进行选择，预期遗传进度也会比较高。但需要知道的是，后代测验的选择方法需要更长的育种周期。育种中除关注周期遗传进度外，更关注单位时间的遗传进度。有时，后代测验的单位时间遗传进度不一定是最高的。因此，如何评价不同的选择方法，如何利用各种亲缘关系数据获得最好的遗传进度，是育种家经常面临的一个实际问题。

§11.2.2 亲缘关系群体中的遗传力和遗传进度

为了说明亲缘关系的利用方法，表 11.4 首先给出了半同胞和全同胞两种最常见家系结构中，家系间方差和家系内方差的构成。用 V_A 和 V_D 分别表示无家系结构随机交配群体中的加性方差和显性方差。根据第 8 章的内容，半同胞的家系间方差等于 $\frac{1}{4}V_A$ (公式 8.21; 表 8.15)，不含显性方差；全同胞的家系间方差等于 $\frac{1}{2}V_A+\frac{1}{4}V_D$ (公式 8.26; 表 8.15)，既包含加性方差，又包含显性方差。为统一起见，两种家系结构中，家系间方差中的加性部分用 rV_A 表示，对半同胞来说 $r=\frac{1}{4}$，对全同胞来说 $r=\frac{1}{2}$。

表 11.4 半同胞和全同胞家系中，家系间方差和家系内方差的构成

遗传参数	亲缘关系	
	半同胞	全同胞
家系间遗传方差中的加性成分	$V_{bA}=rV_A\left(r=\frac{1}{4}\right)$	$V_{bA}=rV_A\left(r=\frac{1}{2}\right)$
家系间遗传方差中的显性成分	0	$\frac{1}{4}V_D$
家系间相似性或相关系数	$t=\dfrac{\frac{1}{4}V_A}{V_P}=\frac{1}{4}h^2$	$t=\dfrac{\frac{1}{2}V_A+\frac{1}{4}V_D}{V_P}\left(\frac{1}{2}h^2\leqslant t\leqslant H^2\right)$
家系间表型方差	$V_{bP}=tV_P$	$V_{bP}=tV_P$
家系内遗传方差中的加性成分	$V_{wA}=(1-r)V_A$	$V_{wA}=(1-r)V_A$
家系内表型方差	$V_{wP}=(1-t)V_P$	$V_{wP}=(1-t)V_P$

家系间遗传方差与表型方差的比值，称为家系间相关或相似度，统一用符号 t 表示。用 h^2 表示无家系结构随机交配群体的遗传力，半同胞家系间的相似度等于 $\frac{1}{4}h^2$，全同胞家系间

的相似度大于或等于 $\frac{1}{2}h^2$，但不会超过广义遗传力 H^2 (表 11.4)(Falconer and Mackay, 1996)。在此基础上，我们可以把家系间的表型方差 V_{bP} 用相似度 t 和随机交配群体的表型方差 V_P 表示，即表 11.4 的家系间表型方差 $V_{bP}=tV_P$。因此，家系间遗传力就可以表示为公式 11.19。总加性方差 V_A 减去家系间遗传方差中的加性部分，就是家系内遗传方差中的加性部分，即表 11.4 中的 $V_{wA}=(1-r)V_A$；总表型方差 V_P 减去家系间表型方差，就是家系内表型方差，即表 11.4 中的 $V_{wP}=(1-t)V_P$。因此，家系内遗传力就可以表示为公式 11.20。

$$h_{bF}^2=\frac{V_{bA}}{V_{bP}}=\frac{rV_A}{tV_P}=\frac{r}{t}\frac{V_A}{V_P}=\frac{r}{t}h^2 \tag{11.19}$$

$$h_{wF}^2=\frac{V_{wA}}{V_{wP}}=\frac{(1-r)V_A}{(1-t)V_P}=\frac{1-r}{1-t}\frac{V_A}{V_P}=\frac{1-r}{1-t}h^2 \tag{11.20}$$

混合选择的遗传进度仍用 R 表示，由公式 11.12 计算。家系间选择和家系内选择的遗传进度仍然仿照公式 11.12 计算，只不过要使用相应选择单位下的遗传力和表型方差。公式 11.21 和公式 11.22 分别给出了家系间选择和家系内选择的遗传进度，以及相同选择强度下它们与混合选择遗传进度的关系。

$$R_{bF}=ih_{bF}^2\sqrt{V_{bP}}=ih^2\sqrt{V_P}\frac{r}{\sqrt{t}}=\frac{r}{\sqrt{t}}R \tag{11.21}$$

$$R_{wF}=ih_{wF}^2\sqrt{V_{wP}}=ih^2\sqrt{V_P}\frac{1-r}{\sqrt{1-t}}=\frac{1-r}{\sqrt{1-t}}R \tag{11.22}$$

对于表 11.2 中的全同胞家系数据，$h^2\approx\frac{8.32}{24.64}=0.3377$，$r=0.5$，$t\approx\frac{8.24}{24.64}=0.3344$。利用公式 11.19 和公式 11.20 得到，$h_{bF}^2=0.5049$，$h_{wF}^2=0.2537$。尽管全同胞家系间的加性方差只有 $\frac{1}{2}V_A$，但是家系平均数建立在多个个体表型观察者基础之上，有较小的误差方差。因此，家系间遗传力有可能超过个体水平遗传力。全同胞家系内的遗传方差为 $\frac{1}{2}V_A+\frac{3}{4}V_D$，大于家系间的遗传方差 $\frac{1}{2}V_A+\frac{1}{4}V_D$。但显性方差对遗传进度没有贡献，狭义遗传力是加性方差占表型方差的比例。因此，这里的家系内遗传力仍然低于个体水平的遗传力。

根据公式 11.21 和公式 11.22 得到，$R_{bF}=0.8646R$，$R_{wF}=0.6129R$。也就是说，对于表 11.2 的数据来说，单独的家系间选择或家系内选择，获得的遗传进度均低于混合选择的遗传进度。从公式 11.12、公式 11.21、公式 11.22 可以看出，除了遗传力外，遗传进度还依赖于选择单位的表型方差。根据表 11.2 的数据或表 11.4 的公式，可以知道家系间的表型方差 $V_{bP}=8.24$，家系内的表型方差 $V_{wP}=16.4$，家系间表型方差远低于家系内表型方差。因此，尽管家系间遗传力高于个体遗传力的 50%，但同样选择强度下的遗传进度仍然低于混合选择。

§11.2.3 利用亲缘关系的选择方法

根据第 8 章的定义，亲本育种值可以用后代的平均表现进行估计。同时，从公式 8.30 和公式 8.39 我们还知道，个体育种值 A 对个体表型 P 的回归系数正好等于遗传力。因此，育种值对表型的回归关系，其实建立了从个体表型 P 预测其育种值 A 的方法，即公式 11.23，其中的 P 要理解为表型值与群体平均数的离差或称表型效应。

$$A = bP = h^2P \tag{11.23}$$

根据表型分解公式 11.18 和表 11.4，家系间效应和家系内效应均包含着个体育种值的信息。下一节我们将看到，在这两部分效应无相关的条件下，以家系间和家系内遗传力为权重的线性组合公式 11.24，是个体育种值的最优估计。对公式 11.24 右侧除以遗传力，得到公式 11.25 表示的指数。对公式 11.25 的指数进行线性变换 $\frac{1-t}{1-r}I+\mu$，就得到另一个常用的选择指数，用公式 11.26 表示，该选择指数可以看作在个体表型 X 的基础上，用家系间效应作适当的矫正。

$$I = h_{bF}^2P_{bF} + h_{wF}^2P_{wF} = \left(\frac{r}{t}P_{bF} + \frac{1-r}{1-t}P_{wF}\right)h^2 \tag{11.24}$$

$$I = \frac{r}{t}P_{bF} + \frac{1-r}{1-t}P_{wF} \tag{11.25}$$

$$I = \mu + P + \frac{r-t}{t(1-r)}P_{bF} = X + \frac{r-t}{t(1-r)}P_{bF} \tag{11.26}$$

公式 11.25 和公式 11.26 的指数都是对公式 11.24 进行线性变换而来，因此不会影响选择的结果。利用表 11.2 的数据得到的选择指数见表 11.5，得到的中选个体都是 A1、A2、A3、B1、C1。此例中，$r>t$ ($r=0.5$、$t=0.3344$)。公式 11.26 计算的选择指数中，家系间效应前面的系数为正值，即 0.9903，表型 P 的矫正将有利于高效应家系中的个体。因此，正效应家系 (即家系 A、B、C) 中的个体，选择指数均高于表 11.2 的表型；负效应家系 (即家系 D、E) 中的个体，选择指数均低于表 11.2 的表型。对于表型相等的个体 A3 和 E1，它们在选择指数上表现出较大的差别，A3 的指数是 24.36，而 E1 的指数只有 16.43，因此指数选择的中选个体是 A3。

表 11.5 利用表 11.2 的数据得到的选择指数

个体编号	选择指数 (公式 11.26)					选择指数 (公式 11.25)				
	A	B	C	D	E	A	B	C	D	E
1	30.36	24.39	22.40	16.43	16.43	3.74	2.23	1.72	0.21	0.21
2	26.36	19.39	19.40	13.43	10.43	2.73	0.96	0.96	−0.55	−1.31
3	24.36	18.39	15.40	9.43	7.43	2.22	0.71	−0.05	−1.57	−2.07
4	21.36	15.39	12.40	8.43	4.43	1.46	−0.05	−0.81	−1.82	−2.83
5	19.36	14.39	12.40	4.43	3.43	0.95	−0.31	−0.81	−2.83	−3.09

为了估计指数选择方法的遗传进度，需要知道选择指数的遗传力和表型方差。公式 11.26 中，表型 P 与家系间效应 P_{bF} 相互不独立，不便于协方差和方差的计算。公式 11.24 和公式 11.25 中，家系间效应 P_{bF} 和家系内效应 P_{wF} 是相互独立的。为简便起见，下面利用公式 11.25，说明指数选择的遗传进度估计方法。利用公式 11.24，得到的方差和协方差与公式 11.25 不完全相同，但得到的遗传进度公式是完全一样的。公式 11.27 首先给出了个体育种值 A 与个体选择指数 I 之间协方差的计算过程，公式 11.28 给出了个体选择指数 I 表型方差的计算过程。

$$\begin{aligned}\mathrm{Cov}(A,I) &= \frac{r}{t}\mathrm{Cov}(A,P_{bF}) + \frac{1-r}{1-t}\mathrm{Cov}(A,P_{wF}) = \frac{r}{t}rV_A + \frac{1-r}{1-t}(1-r)V_A \\ &= \left[\frac{r^2}{t} + \frac{(1-r)^2}{1-t}\right]V_A\end{aligned} \tag{11.27}$$

$$V(I)=\left(\frac{r}{t}\right)^2V(P_{bF})+\left(\frac{1-r}{1-t}\right)^2V(P_{wF})=\left(\frac{r}{t}\right)^2tV_P+\left(\frac{1-r}{1-t}\right)^2(1-t)V_P$$
$$=\left[\frac{r^2}{t}+\frac{(1-r)^2}{1-t}\right]V_P \tag{11.28}$$

与其他选择单位的遗传力一样，选择指数的遗传力也等于育种值 A 对选择指数 I 的回归系数，而回归系数又等于协方差除以表型方差。因此，公式 11.27 给出的协方差除以公式 11.28 给出的表型方差，就得到选择指数的遗传力公式 11.29。可以看到，公式 11.25 给出的选择指数的遗传力正好等于随机交配群体的遗传力。最后，将公式 11.29 的遗传力和公式 11.28 的表型方差代入遗传进度计算公式 11.12，就得到指数选择的遗传进度估计公式 11.30。显然，公式 11.30 右端混合选择遗传进度 R 前面的系数不可能小于 1。因此，同样强度下，指数选择的遗传进度 R_I 不会小于混合选择的遗传进度 R。

$$h_I^2=\frac{\mathrm{Cov}(A,I)}{V(I)}=h^2 \tag{11.29}$$

$$R_I=ih_I^2\sqrt{V(I)}=\sqrt{\frac{r^2}{t}+\frac{(1-r)^2}{1-t}}R=\sqrt{1+\frac{(r-t)^2}{t(1-t)}}R \tag{11.30}$$

为便于比较不同选择方法的遗传进度，图 11.5 给出相同强度下，不同选择方法相对于混合选择的遗传进度。图 11.5A 为全同胞家系 (r=0.5)，图 11.5B 为半同胞家系 (r=0.25)。首先我们可以看到，指数选择的遗传进度总是高于混合选择；当家系间相关程度很低时，家系内选择的效率也可能超过混合选择，但这时家系间选择的效果很差；当家系间相关程度很高时，家系间选择的效率也可能超过混合选择，但这时家系内选择的效果很差。图 11.5 的横坐标为家系间表型相关系数 t，在全同胞家系中 $\frac{1}{2}h^2\leqslant t\leqslant H^2$，在半同胞家系中 $t=\frac{1}{4}h^2$ (表 11.4)。也就是说，大多数情况下，家系间相关既不会太接近于 0，也不会太接近 1。因此，在很多场合下，混合选择都会优于单纯的家系间选择或家系内选择。指数选择的选择效果尽管高于混合选择，但一般不会超过混合选择的 10%。

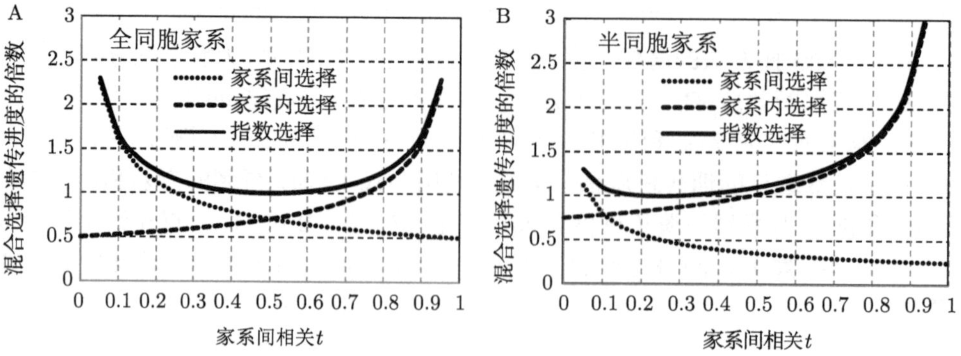

图 11.5　相同强度下，三种选择方法相对于混合选择的遗传进度

A. 全同胞家系；B. 半同胞家系。横坐标为家系间表型的相关系数，纵坐标为家系间选择、家系内选择和指数选择三种方法相对于混合选择的遗传进度

育种中，在利用遗传进度这一标准评价不同选择方法的同时，还常常要考虑开展选择的时间和经济成本。混合选择简单易行，其他选择方法除了记录表型数据外，还要记录亲缘关系数据。获得更多的数据当然就需要更高的成本。同时，为了构造公式 11.24～ 公式 11.26 的指数，还要知道被选择群体的一些遗传参数。因此，在强调指数选择优点的同时，还要考虑育种成本，以便更全面、客观地评价不同的选择方法。

§11.2.4 多种亲缘关系的选择指数

知道了表 11.2 中个体的表型值 P，其育种值就可以用公式 11.23 来预测。如不考虑个体之间的亲缘关系，我们只能根据公式 11.23 预测到的育种值进行选择，这其实与混合选择(或表型选择) 是等价的。如考虑它们之间的全同胞关系，前一节利用家系间和家系内两种效应，构造了一个选择指数，利用这一指数的选择方法，得到的遗传进度高于家系间、家系内和表型等简单选择方法。因此，公式 11.24～ 公式 11.26 给出的选择指数，有时又称最优选择指数。

在实际育种群体中，亲缘关系的种类有时会有很多种。除上一节介绍的全同胞和半同胞家系外，还有直系亲子关系，以及稍远一点的同胞关系和亲子关系等。现假定有 m 个与个体育种值估计有关的观测数据，这些数据可以来自不同的亲缘关系个体，它们与群体均值的离差分别用 P_1，P_2，$\cdots$，P_m 表示。这些数据有时会比个体表型 P 包含更多的遗传信息，因此可以获得更准确的个体育种值估计。同时，对于没有表型的个体，我们甚至也可以对它的育种值进行估计并进行选择。利用多种亲缘关系数据的最优选择指数，是满足一定条件的线性组合，用公式 11.31 表示最优选择指数 I。推广到 n 个个体，每个个体都有一个选择指数，联合起来构成一个阶为 n 的向量或阶为 $n\times1$ 的矩阵，用 $\boldsymbol{I}$ 表示；每个个体都有对应的 m 种亲缘关系信息 P_1, P_2, $\cdots$, P_m，联合起来构成一个阶为 $n\times m$ 的矩阵，用 $\boldsymbol{P}$ 表示；m 个系数构成的参数向量用 $\boldsymbol{b}$ 表示。这时就得到选择指数的矩阵表达式 11.32。

$$I=b_1P_1+b_2P_2+\cdots+b_mP_m \tag{11.31}$$

$$\boldsymbol{I}=\boldsymbol{b}^{\mathrm{T}}\boldsymbol{P} \tag{11.32}$$

为避免与亲缘关系数据中包含的育种值混淆，同时又与后两节的内容保持一致，我们用 H 表示待估计个体的育种值。使得线性模型公式 11.31 给出最好的育种值估计，就要求选择指数 I 与待估育种值 H 之间的离差平方和最小。对于育种群体中的 n 个个体来说，即要求公式 11.33 定义的离差平方和最小，其中 $\boldsymbol{H}$ 表示 n 个个体待估育种值构成的列向量。如把 H 看作因变量、I 包含的各种亲缘关系看作自变量进行回归分析，公式 11.33 定义的离差平方和，与多元回归模型 (公式 6.74 或公式 6.75) 的离回归平方和是完全一致的。类似正规方程的公式 6.76，公式 11.34 给出系数向量 $\boldsymbol{b}$ 的正规方程，其中，P 和 H 均用群体平均数的离差表示。因此，$\boldsymbol{P}^{\mathrm{T}}\boldsymbol{P}$ 就是变量 $\boldsymbol{P}$ 之间的方差协方差矩阵，用 $\mathbf{Cov}(\boldsymbol{P},\boldsymbol{P})$ 表示；$\boldsymbol{P}^{\mathrm{T}}\boldsymbol{H}$ 就是变量 $\boldsymbol{P}$ 与待估育种值 $\boldsymbol{H}$ 之间的协方差向量，用 $\mathbf{Cov}(\boldsymbol{P},\boldsymbol{H})$ 表示。这样，得到另外一个等价的、用向量和矩阵表示的正规方程 11.35。

$$\text{离差平方和}=\|\boldsymbol{I}-\boldsymbol{H}\|^2=\left\|\boldsymbol{b}^{\mathrm{T}}\boldsymbol{P}-\boldsymbol{H}\right\|^2 \tag{11.33}$$

$$\boldsymbol{P}^{\mathrm{T}}\boldsymbol{P}\boldsymbol{b}=\boldsymbol{P}^{\mathrm{T}}\boldsymbol{H} \tag{11.34}$$

$$\mathbf{Cov}(\boldsymbol{P},\boldsymbol{P})\boldsymbol{b}=\mathbf{Cov}(\boldsymbol{P},\boldsymbol{H}) \tag{11.35}$$

正规方程公式 11.35 中，$\mathbf{Cov}(\boldsymbol{P},\boldsymbol{P})$ 是 m 个亲缘信息 P_1, P_2, $\cdots$, P_m 之间的方差协方差矩阵，矩阵中的每个元素用协方差符号 $\mathrm{Cov}(P_i,P_j)$ 表示，其中 i=1, 2, $\cdots$, m，j=1, 2, $\cdots$, m。方差协方差矩阵的对角线元素 (即 $i=j$ 时) 是每个变量的方差，即 $V(P_i)$ (i=1, 2, $\cdots$, m)，但为保持一致仍用协方差符号 $\mathrm{Cov}(P_i,P_i)$ 表示。$\mathbf{Cov}(\boldsymbol{P},\boldsymbol{H})$ 是 m 个亲缘信息 P_1, P_2, $\cdots$, P_m 与待估计育种值 H 之间的协方差向量，向量中的每个元素用协方差 $\mathrm{Cov}(P_i,H)$ 表示，其中 i=1, 2, $\cdots$, m。用 A_i 表示亲缘信息 P_i 中的育种值。由于育种值与非育种值之间的协方差为 0，因此 $\mathrm{Cov}(P_i,H)$ 等于亲缘信息 P_i 中的育种值 A_i 与待估育种值 H 的协方差 $\mathrm{Cov}(A_i,H)$。这样就得到正规方程公式 11.35 的另一种形式及其展开形式，即公式 11.36。

$$\mathbf{Cov}(\boldsymbol{P},\boldsymbol{P})\boldsymbol{b}=\mathbf{Cov}(\boldsymbol{A},\boldsymbol{H})\text{或}$$

$$\begin{bmatrix} \mathrm{Cov}(P_1,P_1) & \mathrm{Cov}(P_1,P_2) & \cdots & \mathrm{Cov}(P_1,P_m) \\ \mathrm{Cov}(P_2,P_1) & \mathrm{Cov}(P_2,P_2) & \cdots & \mathrm{Cov}(P_2,P_m) \\ \vdots & \vdots & \cdots & \vdots \\ \mathrm{Cov}(P_m,P_1) & \mathrm{Cov}(P_m,P_2) & \cdots & \mathrm{Cov}(P_m,P_m) \end{bmatrix} \begin{bmatrix} b_1 \\ b_2 \\ \vdots \\ b_m \end{bmatrix} = \begin{bmatrix} \mathrm{Cov}(A_1,H) \\ \mathrm{Cov}(A_2,H) \\ \vdots \\ \mathrm{Cov}(A_m,H) \end{bmatrix} \tag{11.36}$$

在动植物育种中，公式 11.36 经常被用来计算各种亲缘关系或各种相关性状的最优选择指数。对于包含多种亲缘关系数据的育种群体来说，只要知道了各种亲缘信息之间的表型协方差矩阵，以及各种亲缘信息中的育种值与待估育种值的协方差向量，就能从正规方程公式 11.36 中估计出选择指数 (公式 11.31) 的系数。

以前面全同胞家系间和家系内两种亲缘信息为例，假定 $P_1=P_{bF}$，$P_2=P_{wF}$，二者之间不相关，包含的育种值分别用 A_1 和 A_2 表示。现要估计家系内每个个体的育种值 H。根据之前的讨论，以下是 P_1 和 P_2 的方差、协方差，以及它们的育种值与待估育种值 H 的协方差。

$$\mathrm{Cov}(P_1,P_1)=V_{bP}=tV_P,\quad \mathrm{Cov}(P_2,P_2)=V_{wP}=(1-t)V_P,$$
$$\mathrm{Cov}(P_1,P_2)=\mathrm{Cov}(P_2,P_1)=0,$$
$$\mathrm{Cov}(A_1,H)=V_{bA}=rV_A,\quad \mathrm{Cov}(A_2,H)=V_{wA}=(1-r)V_A$$

根据正规方程公式 11.36 就得到下面的二元一次方程组。显然，由此方程组得到的选择指数与公式 11.24 完全一样。

$$\begin{bmatrix} tV_P & 0 \\ 0 & (1-t)V_P \end{bmatrix}\begin{bmatrix} b_1 \\ b_2 \end{bmatrix}=\begin{bmatrix} rV_A \\ (1-r)V_A \end{bmatrix}$$

利用亲缘关系预测育种值、提高选择效率是动植物育种的一项重要内容。下面再用两个例子，进一步说明选择指数的计算过程。假定在一个育种群体中，每个个体除了自身表型外，还有相同类型亲缘关系个体的表型。两种信息分别用 P_1 和 P_2 表示，需要估计每个个体的育种值 H。根据之前的讨论，以下是 P_1 和 P_2 的方差、协方差，以及它们与育种值 H 的协方差。

$$\mathrm{Cov}(P_1,P_1)=V_P,\quad \mathrm{Cov}(P_2,P_2)=V_P,\quad \mathrm{Cov}(P_1,P_2)=\mathrm{Cov}(P_2,P_1)=tV_P$$

$$\mathrm{Cov}(A_1, H) = V_A = h^2 V_P, \quad \mathrm{Cov}(A_2, H) = V_{bA} = rV_A = rh^2 V_P$$

因此得到下面的正规方程和选择指数。

$$\begin{bmatrix} V_P & tV_P \\ tV_P & V_P \end{bmatrix} \begin{bmatrix} b_1 \\ b_2 \end{bmatrix} = \begin{bmatrix} h^2 V_P \\ rh^2 V_P \end{bmatrix}; \quad b_1 = \frac{h^2(1-rt)}{1-t^2}, \quad b_2 = \frac{h^2(r-t)}{1-t^2}$$

在另一个育种群体中，只有雌性才有表型数据 (如动物产奶量、产蛋量等)，亲缘关系如下图，现要估计雄性后代个体的育种值。

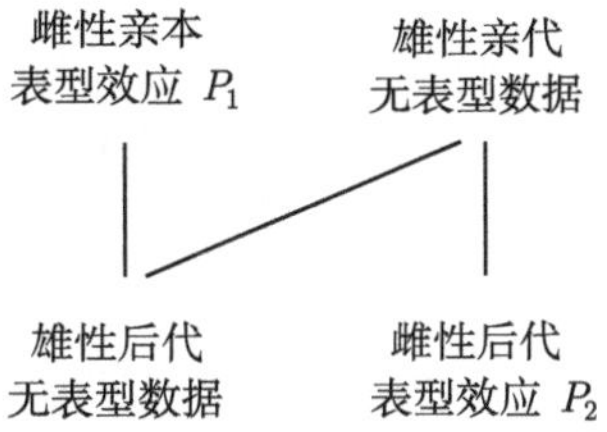

在上面的亲缘关系中，提供个体育种值信息的数据有两种: 一是它的雌性亲本表型 (用 P_1 表示)，二是它的半同胞家系中雌性姐妹的表型 (用 P_2 表示)。P_1 和 P_2 的方差均等于群体的表型方差，它们之间不存在亲缘关系，因此协方差为 0。雌亲效应 P_1 与待估育种值 H 的协方差相当于亲子之间的协方差，因此等于 $\frac{1}{2}V_A$。雌性半同胞与育种值 A 的协方差等于 $\frac{1}{4}V_A$。因此就有下面的方差、协方差和选择指数。这样，育种中就可以根据这一指数对无表型的雄性后代个体进行选择。这一指数又称为育种值的最优线性无偏预测 (best linear unbiased prediction, BLUP)。

$$\mathrm{Cov}(P_1, P_1) = V_P, \quad \mathrm{Cov}(P_2, P_2) = V_P, \quad \mathrm{Cov}(P_1, P_2) = \mathrm{Cov}(P_2, P_1) = 0$$

$$\mathrm{Cov}(A_1, H) = \frac{1}{2}V_A, \quad \mathrm{Cov}(A_2, H) = \frac{1}{4}V_A$$

$$I = \frac{1}{2}h^2 P_1 + \frac{1}{4}h^2 P_2$$

为便于读者参考，表 11.6 给出常见亲缘关系数据的表型方差或协方差、育种值方差或协方差、回归系数或表型相关系数。表型与群体均值的离差用 P 表示，表型的效应分解和方差分解过程详见第 8 章，这里只作简要概述。表型离差 P 中，遗传效应用 G 表示、环境效应用 E 表示。遗传效应 G 进一步分解为育种值 A 和显性离差 D 两部分。在存在上位互作时，可以把 D 理解为育种值之外的所有非加性遗传效应。环境效应 E 进一步分解为家系间 Eb 和家系内 Ew 两部分。在表型效应分解的基础上，表型方差 V_P 就可以被分解为四部分，即加性方差 V_A、显性方差 V_D、家系间环境方差 V_{Eb} 和家系内环境方差 V_{Ew}。群体的狭义和广义遗传力分别用 h^2 和 H^2 表示。表型效应分解、方差分解及遗传力与各种方差成分的关系，分别表述如下。

$$P = G + E = A + D + Eb + Ew$$

$$V_P = V_G + V_E = V_A + V_D + V_{Eb} + V_{Ew}$$

$$h^2 = \frac{V_A}{V_P}, \quad H^2 = \frac{V_G}{V_P} = \frac{V_A + V_D}{V_P}$$

表 11.6 随机交配群体中，常见亲缘关系数据的表型方差或协方差、育种值方差或协方差、回归或相关系数

亲缘关系	表型方差或协方差 $\mathrm{Cov}(P_1,P_2)$	育种值方差或协方差 $\mathrm{Cov}(A_1,A_2)$	回归系数 (b) 或表型相关系数 (t)
个体与其自身	$V_P=V_A+V_D+V_E$	$V_A=h^2V_P$	$t_P=\dfrac{V_G}{V_P}=H^2$
个体与半同胞后代	$\frac{1}{2}V_A$	$\frac{1}{2}V_A$	$b_{\mathrm{OP}}=\dfrac{\frac{1}{2}V_A}{V_P}=\frac{1}{2}h^2$
个体均值 (中亲) 与全同胞后代	$\frac{1}{2}V_A$	$\frac{1}{2}V_A$	$b_{\mathrm{O\overline{P}}}=\dfrac{\frac{1}{2}V_A}{\frac{1}{2}V_P}=h^2$
半同胞家系间	$\frac{1}{4}V_A$	$\frac{1}{4}V_A=r_{\mathrm{HS}}V_A$	$t_{\mathrm{HS}}=\dfrac{\frac{1}{4}V_A}{V_P}=\frac{1}{4}h^2$
半同胞家系内	$\frac{3}{4}V_A=(1-t_{\mathrm{HS}})V_P$	$\frac{3}{4}V_A=(1-r_{\mathrm{FS}})V_A$	
全同胞家系间	$\frac{1}{2}V_A+\frac{1}{4}V_D+V_{Eb}$	$\frac{1}{2}V_A=r_{\mathrm{FS}}V_A$	$t_{\mathrm{FS}}=\dfrac{\frac{1}{2}V_A+\frac{1}{4}V_A+V_{Eb}}{V_P}$
全同胞家系内	$\frac{1}{2}V_A+\frac{3}{4}V_D+V_{Ew}$ $=(1-t_{\mathrm{HS}})V_P$	$\frac{1}{2}V_A=(1-r_{\mathrm{FS}})V_A$	
家系间与家系内	0	0	

下面通过三种亲缘信息数据说明表 11.6 的应用。在表 11.2 的全同胞家系中，假定还有每个全同胞家系的中亲值数据。中亲值与群体均值的离差用 P_1 表示，$P_2=P_{bF}$，$P_3=P_{wF}$，它们包含的育种值分别用 A_1、A_2 和 A_3 表示。现要估计全同胞后代家系中个体的育种值 H。根据表 11.6，以下是 P_1、P_2 和 P_3 的方差、协方差，以及它们中的育种值与待估育种值 H 的协方差。

$$\mathrm{Cov}(P_1,P_1)=\frac{1}{2}V_P,\quad \mathrm{Cov}(P_1,P_2)=\frac{1}{2}V_A=\frac{1}{2}h^2V_P,\quad \mathrm{Cov}(P_1,P_3)=0$$

$$\mathrm{Cov}(P_2,P_2)=V_{bP}=tV_P,\quad \mathrm{Cov}(P_2,P_3)=0,\quad \mathrm{Cov}(P_3,P_3)=V_{wP}=(1-t)V_P$$

$$\mathrm{Cov}(A_1,H)=\frac{1}{2}V_A,\quad \mathrm{Cov}(A_2,H)=V_{bA}=rV_A,\quad \mathrm{Cov}(A_3,H)=V_{wA}=(1-r)V_A$$

因此有下面的三元一次方程组表示的正规方程。

$$\begin{bmatrix} \frac{1}{2}V_P & \frac{1}{2}h^2V_P & 0 \\ \frac{1}{2}h^2V_P & tV_P & 0 \\ 0 & 0 & (1-t)V_P \end{bmatrix}\begin{bmatrix} b_1 \\ b_2 \\ b_3 \end{bmatrix}=\begin{bmatrix} \frac{1}{2}V_A \\ rV_A \\ (1-r)V_A \end{bmatrix}$$

仍以表 11.2 的数据为例，把表型方差、遗传力、加性方差和家系间相关的估计值，以及 r=0.5 代入上面的方程组，就得到最终的选择指数 (公式 11.37)。从三个系数的估计值可以看出，家系效应 P_2 在选择指数中的重要性远高于中亲效应 P_1 和家系内效应 P_3。

$$\begin{bmatrix} 12.32 & 4.16 & 0 \\ 4.16 & 8.24 & 0 \\ 0 & 0 & 16.4 \end{bmatrix} \begin{bmatrix} b_1 \\ b_2 \\ b_3 \end{bmatrix} = \begin{bmatrix} 4.16 \\ 4.16 \\ 4.16 \end{bmatrix}, \begin{bmatrix} b_1 \\ b_2 \\ b_3 \end{bmatrix} = \begin{bmatrix} 0.2016 \\ 0.4031 \\ 0.2537 \end{bmatrix}$$

$$I = 0.2016P_1 + 0.4031P_2 + 0.2537P_3 \tag{11.37}$$

§11.2.5 指数选择的遗传进度

前面的例子只考虑了一些简单的亲缘关系，对于更复杂的亲缘关系，选择指数的计算过程还是挺麻烦的。利用选择指数，有时可能还会增加育种成本，甚至延长育种周期。因此有必要了解指数选择相对于个体表型选择的效率或优势。下面就来介绍选择指数的方差、遗传进度，以及相对于混合选择的效率等方面的问题。根据方差性质和正规方程 11.35，公式 11.38 给出选择指数方差的计算过程。如果把选择指数也看作一种表型，公式 11.38 给出的就是选择指数的表型方差。根据协方差性质，还能得到公式 11.39 的协方差。可以看出，选择指数的表型方差正好等于选择指数与育种值之间的协方差。

$$V_I = V(I) = V(\boldsymbol{b}^{\mathrm{T}}\boldsymbol{P}) = \boldsymbol{b}^{\mathrm{T}}\mathbf{Cov}(\boldsymbol{P},\boldsymbol{P})\boldsymbol{b} = \boldsymbol{b}^{\mathrm{T}}\mathbf{Cov}(\boldsymbol{P},\boldsymbol{H}) = \boldsymbol{b}^{\mathrm{T}}\mathbf{Cov}(\boldsymbol{A},\boldsymbol{H}) \tag{11.38}$$

$$\mathrm{Cov}(I,H) = \mathrm{Cov}(\boldsymbol{b}^{\mathrm{T}}\boldsymbol{P},H) = \boldsymbol{b}^{\mathrm{T}}\mathbf{Cov}(\boldsymbol{P},\boldsymbol{H}) = \boldsymbol{b}^{\mathrm{T}}\mathbf{Cov}(\boldsymbol{A},\boldsymbol{H}) = V_I \tag{11.39}$$

与其他选择单位的遗传力一样，选择指数的遗传力也等于选择指数对育种值的回归系数。根据一元回归系数的计算公式 6.71，不难得到选择指数的遗传力公式 11.40，即等于选择指数的方差除以群体的加性方差。这里，待估参数 H 就是个体的育种值 A，H 的方差自然也就是加性方差，即 $V(H) = V_A$。根据相关系数的计算公式 6.72，还能得到选择指数与育种值的相关系数公式 11.41。可以看出，相关系数的平方正好等于选择指数的遗传力。如果将育种值对选择指数进行回归分析，或者将育种值对各种亲缘关系进行多元回归分析，公式 11.41 中的 r_{IH}^2 或 h_I^2 可以看作回归方程的决定系数 R^2。

$$h_I^2 = b_{IH} = \frac{\mathrm{Cov}(H,I)}{V(H)} = \frac{V_I}{V_A} \tag{11.40}$$

$$r_{IH} = \frac{\mathrm{Cov}(I,H)}{\sqrt{V_I V_H}} = \frac{V_I}{\sqrt{V_I V_A}} = \sqrt{\frac{V_I}{V_A}}, \quad r_{IH}^2 = \frac{V_I}{V_A} = h_I^2 \tag{11.41}$$

根据选择指数的遗传力公式 11.40、表型方差公式 11.38 和公式 11.39，以及与相关系数的关系公式 11.41，最后就能得到指数选择遗传进度的计算公式 11.42。指数选择相对于混合选择的效率等于 $\frac{r_{IH}}{h}$，其中 r_{IH} 是选择指数与育种值之间的相关系数，h 是基础群体遗传力的平方根。

$$R_I = ih_I^2\sqrt{V_I} = ir_{IH}\sqrt{V_A} = ih\sqrt{V_A}\frac{r_{IH}}{h} = \frac{r_{IH}}{h}R \tag{11.42}$$

仍以表 11.2 的数据为例，根据上述公式不难得到下面的计算结果。选择指数的方差等于 3.1554，遗传力等于 0.3793，选择指数与育种值之间的相关系数等于 0.6158。指数选择相对于混合选择的效率为 1.0598，与公式 11.30 中 R 前面的系数 $\sqrt{1+\dfrac{(r-t)^2}{t(1-t)}}$ 给出的结果完全相等 (读者不妨自行验证)。

$$\begin{bmatrix} b_1 \\ b_2 \end{bmatrix} = \begin{bmatrix} \dfrac{r}{t}h^2 \\ \dfrac{1-r}{1-t}h^2 \end{bmatrix} = \begin{bmatrix} 0.5049 \\ 0.2537 \end{bmatrix}, \ \mathbf{Cov}(\boldsymbol{A},\boldsymbol{H}) = \begin{bmatrix} rV_A \\ (1-r)V_A \end{bmatrix} = \begin{bmatrix} 4.16 \\ 4.16 \end{bmatrix}$$

$$V_I = \boldsymbol{b}^{\mathrm{T}}\mathbf{Cov}(\boldsymbol{A},\boldsymbol{H}) = 3.1554$$

$$h_I^2 = \frac{V_I}{V_A} = 0.3793, \quad r_{IH} = \sqrt{\frac{V_I}{V_A}} = 0.6158, \quad \frac{r_{IH}}{h} = 1.0598$$

对于公式 11.37 给出的选择指数来说，有以下方差、遗传力、相关系数和相对遗传进度 (请读者自行验证)。可以看出，利用全同胞的双亲中亲值，提高了选择指数的方差、遗传力，以及选择指数与待估育种值之间的相关系数，也因此进一步提高了指数选择相对于个体选择的遗传进度。全同胞家系指数选择的相对遗传进度是 1.0598，利用中亲信息后，这一数字提高到 1.1274。因此在实际育种中，除了利用家系效应外，还应该考虑亲本的表型效应。构建指数时，利用的亲缘关系数据越多，指数选择的效率将越高。

$$V_I = 3.5706, \quad h_I^2 = 0.4292, \quad r_{IH} = 0.6551, \quad \frac{R_I}{R} = 1.1274$$

§11.3 性状相关和相关遗传进度

§11.3.1 遗传相关及相关系数的分解

许多表型性状在遗传或育种群体中，都表现出一定程度的相关。当然，既可以是正相关，也可以是负相关。这时，对一个性状的选择，势必会影响到其他相关的性状。性状在表型上的相关既有遗传因素，又可能有环境因素，遗传研究中自然更关心的是遗传因素。引起相关的遗传因素主要有两个，即一因多效和紧密连锁。一个基因同时影响到两个或多个性状，这样的现象在遗传上称为一因多效 (pleiotropy)。例如，一个与生长发育速度有关的基因，可能会同时影响动物的身高和体重，因此造成身高和体重之间的正相关。控制两个性状的基因之间紧密连锁，也会引起这两个性状的相关。一因多效和紧密连锁在遗传上是有本质区别的，一因多效引起的相关不受连锁不平衡的影响，连锁引起的相关随着连锁不平衡的降低而逐渐减弱。但是在很多情况下，要想从遗传上把一因多效和紧密连锁区分开来，还是相当困难的。

另外需要注意的是，表型相关衡量的是所有基因的整体效应。当不同基因有着不同方向的一因多效、基因之间既存在相引又存在互斥连锁时，也许有时在表型上根本观测不到两个性状的相关。同时，与方差和遗传力类似，相关也是一个群体概念。同样两个性状，它们在不同群体中的相关程度，甚至相关的方向都会有所差异。对于多基因控制的数量性状来说，表型上的相关还与基因数目、一因多效的方向、基因之间的连锁状态等因素有关。我们所能观察到的一般只是表型相关 (phenotypic correlation)，为研究相关性状的遗传进度，需要知道两个性状的育种值引起的遗传相关 (genetic correlation)，或称加性遗传相关 (additive genetic correlation)。另外，性状的显性离差之间也可能存在相关，上位性离差之间也可能存在相关。但它们与环境效应一样，不会传递给下一代，也不会影响遗传进度的计算。因此把育种值之外的效应，统称为非加性效应 (non-additive effect)，非加性效应与环境效应引起的相关，笼统地称为环境相关 (environmental correlation)。没有特别说明的话，下面的遗传相关指的是育种值 (即加性效应) 引起的相关，环境相关指的是所有非加性效应和非遗传因素引起的相关。

遗传相关系数，用 r_{A12} 表示，可从两个性状加性效应之间的协方差和两个性状的加性方差来计算，即公式 11.43，其中，Cov_{A12} 为性状 1 和 2 的加性效应之间的协方差，V_{A1} 和 V_{A2} 分别为性状 1 和 2 的加性方差。类似地，如公式 11.44 定义环境相关系数，其中，Cov_{E12} 为性状 1 和 2 的环境协方差，V_{E1} 和 V_{E2} 分别为性状 1 和 2 的环境方差，这里的环境也包括非加性遗传效应。利用公式 11.43 计算出的遗传相关，就可以从一个性状的选择来估计另一个相关性状的遗传进度。因此，加性遗传效应之间的相关也是数量性状遗传研究的一个重要参数。

$$r_{A12} = \frac{\mathrm{Cov}_{A12}}{\sqrt{V_{A1}V_{A2}}} \tag{11.43}$$

$$r_{E12} = \frac{\mathrm{Cov}_{E12}}{\sqrt{V_{E1}V_{E2}}} \tag{11.44}$$

对表型方差和表型协方差的分解，我们可以进一步得到表型相关、遗传相关和环境相关的关系。用 V_{P1} 和 V_{P2} 表示性状 1 和 2 的表型方差，那么 $V_{P1} = V_{A1} + V_{E1}$，$V_{P2} = V_{A2} + V_{E2}$。与表型方差的分解一样，两性状的表型协方差也可以类似地被分解为$\mathrm{Cov}_{P12} = \mathrm{Cov}_{A12} + \mathrm{Cov}_{E12}$。于是表型相关可以按照公式 11.45 进行分解，其中 $h_1^2 = \dfrac{V_{A1}}{V_{P1}}$ 和 $h_2^2 = \dfrac{V_{A2}}{V_{P2}}$ 分别为性状 1 和 2 的遗传力，表型协方差、遗传协方差和环境协方差的估算方法与一般方差分析中各种方差成分的估计一样，可利用协方差分析中期望协方差估算出来。

$$\begin{aligned} r_{P12} &= \frac{\mathrm{Cov}_{P12}}{\sqrt{V_{P1}V_{P2}}} = \frac{\mathrm{Cov}_{A12} + \mathrm{Cov}_{E12}}{\sqrt{V_{P1}V_{P2}}} \\ &= \frac{\mathrm{Cov}_{A12}}{\sqrt{V_{P1}V_{P2}}} \times \sqrt{\frac{V_{A1}V_{A2}}{V_{A1}V_{A2}}} + \frac{\mathrm{Cov}_{E12}}{\sqrt{V_{P1}V_{P2}}} \times \sqrt{\frac{V_{E1}V_{E2}}{V_{E1}V_{E2}}} \\ &= \sqrt{h_1^2 h_2^2} \times r_{A12} + \sqrt{(1-h_1^2)(1-h_2^2)} \times r_{E12} \end{aligned} \tag{11.45}$$

$$= \sqrt{h_1^2 h_2^2} \times r_{A12} \ (\text{当环境相关 } r_{E12} \text{ 为 0 时}) \tag{11.46}$$

从公式 11.45 可以看出，表型相关系数 r_{P12} 并不是遗传相关系数 r_{A12} 和环境相关系数 r_{E12} 的简单相加。在表型相关中，遗传相关占多大比例主要由遗传力决定。如果两个性状都具有较高的遗传力，则表型相关主要受遗传相关的影响。另外从上述分解还可看出，表型相关的大小与遗传相关的大小并无直接的联系，有时会出现表型相关大而遗传相关却很小，甚至表型相关与遗传相关符号相反的情形。当环境之间无相关时，表型相关与遗传相关的比值等于两个性状遗传力乘积的平方根 (公式 11.46)，这时的表型相关系数不会超过遗传相关系数。

举例说明各种相关系数的计算过程。利用水稻某杂交组合产生的 50 个 $F_{2:3}$ 自交家系的三次重复抽穗期和株高观测值，得到方差分析和协方差分析的部分结果见表 11.7。田间试验采用完全随机区组设计，因此方差分析表中的重复间变异也可以理解为区组间变异。不考虑显性效应，并认为每个性状的家系间方差等于加性遗传方差，家系内方差等于环境方差。协方差与此类似，家系间协方差等于加性遗传协方差，家系内协方差等于环境协方差。

表 11.7　水稻抽穗期、株高的方差和协方差分析。均方期望值和协均方期望值中的 r 表示重复次数，此例中的重复数为 $r = 3$

变异来源	自由度	均方		期望均方	协均方	期望协均方
		抽穗期	株高		抽穗期 × 株高	
重复间	2	7.61	206.30		65.50	
家系间	49	213.52	191.32	$V_E + rV_A$	146.16	$\mathrm{Cov}_{E12} + r\mathrm{Cov}_{A12}$
家系内	98	14.33	5.82	V_E	0.74	Cov_{E12}

从表 11.7 的期望均方可以看出，家系内均方是环境方差的无偏估计，家系间与家系内均方之差除以重复数是遗传方差的无偏估计。于是得到两个性状的遗传方差和环境方差 (表 11.8)，表型方差等于二者之和，遗传力等于遗传方差除以表型方差 (表 11.8)。从表 11.7 的期望协均方可以看出，家系内协均方是环境协方差的无偏估计，家系间与家系内协均方之差除以重复数是遗传协方差的无偏估计。于是得到遗传协方差和环境协方差 (表 11.8 第 4 行)，表型协方差等于二者之和 (表 11.8 第 4 行)。在方差和协方差估计的基础上，根据公式 11.43~ 公式 11.45 得到表 11.8 的遗传相关系数、环境相关系数和表型相关系数，见表 11.8 最后一行。

表 11.8　利用方差和协方差分析表 11.7，得到两个性状的方差成分、协方差成分和遗传力，以及它们之间协方差和相关系数的估计值

性状	遗传方差	环境方差	表型方差	遗传力
抽穗期	66.4	14.33	80.73	0.8225
株高	61.83	5.82	67.65	0.9140
协方差	48.47	0.74	49.21	
相关系数	0.7565	0.0810	0.6659	

在表 11.8 的例子中，非遗传效应引起的相关很小，表型相关系数基本上反映了遗传相关系数。由于两个性状之间的遗传相关，对一个性状的选择势必会引起另一个性状的变化。这就是下文即将介绍的相关遗传进度。同时还会看到，当一个性状遗传力较低时，通过高度相关、遗传力较高性状的选择，获得的间接遗传进度还有可能高于直接选择的遗传进度。

§11.3.2　相关遗传进度的估计

对两个被选择的性状 (不妨称性状 1 和性状 2)，公式 11.47 是对它们进行直接选择的遗传进度，显然与公式 11.14 是完全一样的。可以看出，如果性状 2 (如产量等) 的遗传力较低时，直接选择的效果并不好。下面我们将看到，利用两个性状的遗传相关关系，就能够估算出性状 1 直接选择对性状 2 产生的遗传进度，这个遗传进度有时甚至会超过对性状 2 直接选择的遗传进度。这样，对于遗传力较低的性状 2，就可以通过另一些遗传上与它密切相关、同时遗传力又较高的性状进行选择，进而产生更有效的选择效果。

$$R_1 = i_1 h_1 \sqrt{V_{A1}}, \quad R_2 = i_2 h_2 \sqrt{V_{A2}} \tag{11.47}$$

为了与直接选择的遗传进度相区别，把由性状 1 直接选择得到性状 2 的遗传进度称为相关遗传进度 (correlated genetic gain)，有时也称间接遗传进度 (indirect genetic gain)，用 R_2^* 表示。为得到性状 1 选择对性状 2 产生的间接遗传进度，首先利用公式 11.48，计算性状 2 育种值对性状 1 育种值的回归系数。性状 1 遗传进度 R_1 乘以公式 11.48 给出的回归系数，正好就是性状 2 的遗传进度。由此得到性状 2 间接遗传进度的计算公式 11.49。利用性状 2 遗传力公式可以得到 $\sqrt{V_{A2}} = h_2\sqrt{V_{P2}}$，带入公式 11.49，就得到另外一个间接进度的估计公式 11.50。

$$b = \frac{\mathrm{Cov}_{A12}}{V_{A1}} = r_{A12}\sqrt{\frac{V_{A2}}{V_{A1}}} \tag{11.48}$$

$$R_2^* = bR_1 = r_{A12}\sqrt{\frac{V_{A2}}{V_{A1}}} \times i_1 h_1 \sqrt{V_{A1}} = i_1 r_{A12} h_1 \sqrt{V_{A2}} \tag{11.49}$$

$$R_2^* = i_1 r_{A12} h_1 h_2 \sqrt{V_{P2}} \tag{11.50}$$

因此，只要知道两个性状的遗传相关和遗传力，这时两个性状相应的表型方差当然也是知道的，就可以利用公式 11.50，从一个性状的选择 (如性状 1) 来预测另一个性状 (如性状 2) 的相关遗传进度。在公式 11.50 中，如定义一个新的遗传力 $h^2 = r_{A12}h_1h_2$。那么，公式 11.50 的间接遗传进度就与公式 11.12 的直接遗传进度相一致，这个遗传力又称为相关遗传力或协遗传力 (co-heritability)。这时，性状 2 的间接遗传进度，还可以用相关遗传力 $h^2 = r_{A12}h_1h_2$ 表示为 $R_2^* = i_1h^2\sqrt{V_{P2}}$。显然，如对性状 2 直接选择，性状 1 的间接遗传进度，也可以利用相关遗传力 $h^2 = r_{A12}h_1h_2$ 表示为 $R_1^* = i_2h^2\sqrt{V_{P1}}$。

根据性状 2 的间接遗传进度 (公式 11.50) 和性状 2 的直接选择遗传进度 $R_2 = i_2h_2^2\sqrt{V_{P2}}$，就可以得到间接进度和直接进度的比值，即公式 11.51。可以看出，在相同选择强度的情况下 (即 $i_1 = i_2$)，如果性状 1 和 2 之间有较高的遗传相关，同时性状 2 有较低的遗传力、性状 1 有较高的遗传力，即满足 $r_{A12}h_1 > h_2$ 的条件时，公式 11.51 的比值大于 1，选择性状 1 而对性状 2 产生的间接遗传进度，就会超过对性状 2 进行直接选择产生的遗传进度。

$$\frac{R_2^*}{R_2} = r_{A12}\frac{i_1h_1}{i_2h_2} \tag{11.51}$$

在一些遗传和选择实验中，有时将一个群体分成两个亚群体，然后分别对性状 1 和性状 2 进行相同强度的直接选择。一个亚群体中，可以计算性状 1 的直接遗传进度 R_1 和性状 2 的间接遗传进度 R_2^*；另一个亚群体中，可以计算性状 2 的直接遗传进度 R_2 和性状 1 的间接遗传进度 R_1^*。这时还可以利用公式 11.52 估计两个性状之间的遗传相关。

$$r_{A12} = \sqrt{\frac{R_1^*R_2^*}{R_1R_2}} \tag{11.52}$$

利用表 11.7 和表 11.8 的数据，抽穗期 (性状 1) 和株高 (性状 2) 的遗传相关 $r_{A12} = 0.76$，遗传力分别为 $h_1^2 = 0.82$ 和 $h_2^2 = 0.91$，株高的表型和遗传方差分别为 $V_{P2} = 67.65$ 和

$V_{A2}=V_{P2}h_2^2=61.83$。假定对抽穗期的选择比例为 5%，这时的选择强度 $i_1=2.06$，得到的株高相关遗传进度如下。

$$R_2^*=2.06\times0.76\times\sqrt{0.82\times0.91\times67.65}=11.11$$

如对株高进行直接选择，选择比例也是 5%，选择强度 $i_2=2.06$，株高的遗传进度如下。

$$R_2=2.06\times\sqrt{0.91\times61.83}=15.49$$

因此，抽穗期选择对株高的间接遗传进度是株高直接选择遗传进度的 0.72 倍。由于两个性状的遗传力都较高，故间接遗传进度未能超过直接遗传进度。

§11.3.3 多个相关性状的选择指数

假定现有 m 个相关性状的表型观测数据，它们与群体均值的离差分别用 P_1, P_2, $\cdots$, P_m 表示。目标性状的表型效应 P 也是观察值与群体均值的离差，它可以包含在 m 个相关性状中，也可以不含其中。我们的目标是如何利用 m 个相关性状的信息，实现对目标性状的最优选择，以获得最高的遗传进度。用公式 11.53 表示多个相关性状的最优选择指数。不难看出，公式 11.53 定义的指数与公式 11.31 是完全相同的，所不同的只是效应代表的含义有所差异。公式 11.31 中的效应来自不同的亲缘关系个体，这里的效应则来自同一个个体在不同性状上的表型。因此，§11.2.4 中的各种结论，对于多个相关性状的最优选择指数仍然适用，这里就不再重复。

$$I=b_1P_1+b_2P_2+b_3P_3+\cdots+b_mP_m \tag{11.53}$$

下面仍以 §11.3.1 的水稻数据为例，说明利用多个相关性状改良一个目标性状的选择指数的构建过程。除抽穗期和株高外，还考虑另外两个性状，即百粒重和穗粒重。表 11.9 给出这 4 个性状间的表型相关系数和遗传相关系数的估计值，最后一行给出 4 个性状的表型方差和遗传方差。

表 11.9 4 个水稻性状的相关系数

性状	表型相关和表型方差				遗传相关和遗传方差			
	抽穗期	株高	百粒重	穗粒重	抽穗期	株高	百粒重	穗粒重
抽穗期	1	0.67	−0.38	0.64	1	0.76	−0.63	0.95
株高	0.67	1	−0.24	0.73	0.76	1	−0.44	0.94
百粒重	−0.38	−0.24	1	−0.05	−0.63	−0.44	1	−0.55
穗粒重	0.64	0.73	−0.05	1	0.95	0.94	−0.55	1
方差	80.73	61.83	15.45	25.24	66.40	49.21	10.45	15.24

根据表 11.9 的数据，反过来还可以根据公式 11.43 和公式 11.45 得到性状间的遗传协方差和表型协方差。如同时利用 4 个性状的表型信息 (用 P_1、P_2、P_3、P_4 表示) 对抽穗期进行选择，即抽穗期的育种值 A_1 是待估的育种值 H。下面给出同时包含这 4 个性状的最优选择指数的计算过程。表型方差协方差矩阵由 4 个性状的方差协方差构成，遗传协方差向量由抽穗期对 4 个性状的遗传方差协方差构成。利用这一指数进行选择时，就能保证在目标性状抽

穗期上获得最好的改良效果。如同时利用 4 个性状的表型对株高进行选择，只需用株高对 4 个性状的遗传方差协方差向量替代逆矩阵后面的向量即可。

$$\begin{bmatrix} b_1 \\ b_2 \\ b_3 \\ b_4 \end{bmatrix} = \begin{bmatrix} 80.73 & 47.34 & -13.42 & 28.89 \\ 47.34 & 61.83 & -7.42 & 28.84 \\ -13.42 & -7.42 & 15.45 & -0.99 \\ 28.89 & 28.84 & -0.99 & 25.24 \end{bmatrix}^{-1} \begin{bmatrix} 66.40 \\ 43.44 \\ -16.60 \\ 30.22 \end{bmatrix} = \begin{bmatrix} 0.54 \\ -0.09 \\ -0.61 \\ 0.66 \end{bmatrix}$$

$$I = 0.54P_1 - 0.09P_2 - 0.61P_3 + 0.66P_4$$

如仅利用抽穗期之外的三个性状 (表型用 P_2、P_3、P_4 表示) 对抽穗期进行选择，即不考虑待估抽穗期育种值 H 的表型数据。下面给出了选择指数的计算过程。表型方差协方差矩阵由株高、百粒重和穗粒重三个性状的方差协方差构成，遗传协方差向量由抽穗期对另外三个性状的遗传方差协方差构成。

$$\begin{bmatrix} b_2 \\ b_3 \\ b_4 \end{bmatrix} = \begin{bmatrix} 61.83 & -7.42 & 28.84 \\ -7.42 & 15.45 & -0.99 \\ 28.84 & -0.99 & 25.24 \end{bmatrix}^{-1} \begin{bmatrix} 43.44 \\ -16.60 \\ 30.22 \end{bmatrix} = \begin{bmatrix} -0.10 \\ -0.96 \\ 1.05 \end{bmatrix}$$

$$I = -0.10P_2 - 0.96P_3 + 1.05P_4$$

可以看到，利用不同数目的性状，构造出的选择指数存在差异。一般来说，利用的相关性状越多，其中包含的遗传信息量就越大，指数选择取得的遗传进度也就越大。作为练习，请读者计算前面的两个选择指数相对于个体水平的抽穗期直接选择，在遗传进度上的优势。

§11.3.4 相关遗传进度的育种应用

性状间的遗传相关能够产生相关遗传进度。因此，育种中一些目标性状的改良可以通过其他相关性状的选择来实现。这样的选择又称相关选择 (correlated selection) 或间接选择 (indirect selection)，这些受选择的非育种目标性状，有时也称次级性状 (secondary trait)。显然，当目标性状遗传力较低或难以准确度量时，直接选择的效果就会很差。这时可以考虑选择与目标性状高度相关、同时遗传力又较高的性状，通过相关遗传进度来实现对目标性状的改良。例如，单株产量在育种早期世代的遗传力很低、测量误差大，直接选择的效果不好。而一些与光合作用有关的生理性状可能与产量存在一定程度的正相关，又易于精确测量。因此，在早期分离群体中，可以通过对这些性状的选择，来间接提高最终的单株产量和总产量。产量构成性状的遗传力一般都远高于产量本身的遗传力，同时与产量又存在一定程度的正相关。因此，在育种早期世代，还可以通过对产量构成性状进行选择，以间接提高最终的产量。另外，当目标性状的表型鉴定成本较高时，也可以考虑选择与目标性状高度相关、同时又容易测量的性状，以提高育种的成本收益。

相关遗传进度还有另外的作用。例如，早期世代的选择一般在育种试验田里进行，但最终的品种需要种植在农民的土地上。如果把产量在育种试验田中的表现看作性状 1，在农民土地里的表现看作性状 2。育种家选择的是性状 1，但其目标其实是希望在性状 2 上取得较高的遗传进度。要达到这一目的，就要求性状 1 和 2 之间存在较高的正向遗传相关。如果产量在育种试验田的表现与在农民土地上的表现没什么关系，即性状 1 和 2 之间没有太大的遗传相关，其结果必然是，育种试验田中表现很好的基因型，将其种植到农民的土地上却不一定有很好的产量表现。其实，我们还可以把育种试验田看作一种环境，农民的土地和种植方式看作另外一种环境。只要这两个环境之间有较高的相似性，就可以预期育种性状在这两个环境间具有较高的相关性。因此，育种家需要对选育品种的最终种植环境进行仔细分析，种植育种材料和进行选择的试验环境条件，要尽可能接近未来品种的种植环境。只有这样，育种过程中选择产生的遗传进度，才能在未来的农业生产中体现出来。

§11.4 多性状同时选择

§11.4.1 多性状同时选择的最优指数

前几节集中在某一个目标性状的改良上。但是，构成优良品种的条件是综合性的，除产量外，还要注意到早熟、优质、抗逆、适应性等特性。这些特性在育种实践中的重要性，也因作物、生态区域、育种材料等而有所不同，应分轻重缓急综合考虑。特别是一些性状间存在着负相关时，尤应如此。在考虑对多个性状的综合改良时，就会牵涉到多个性状同时选择 (multiple trait selection) 的问题。

多个性状同时改良通常采用以下三种方法。①单项选择 (tandem selection)：对于所要改良的性状，一个世代一个世代地依次进行选择、改良，改良完一个性状后再来改良下一个。②独立水平选择 (independent culling level)：每一个世代中，对所有目标性状同时进行选择，对每一个性状制订出一个独立的中选 (或淘汰水平)，某个性状达到它的水平就予以保留，否则就被淘汰。③指数选择 (index selection)：每一个世代中，利用所有性状的遗传力、遗传和表型相关关系，以及经济权重，构造出一个综合选择指数，对这一指数进行单项指标的选择。如果以多性状的综合遗传进度为目的，指数选择方法要优于独立水平选择，而独立水平选择要优于单项选择。

现有 m 个有待同时改良的性状，表型观测值与群体均值的离差分别用 $P_1, P_2, \cdots, P_m$ 表示。这些性状在加性遗传效应和环境效应上，可以存在各种各样的相关关系 (§11.3.1)。这些性状的育种值分别用 $A_1, A_2, \cdots, A_m$ 表示，权重分别用 $w_1, w_2, \cdots, w_m$ 表示。性状的权重可以用它们在育成品种中的相对重要性表示，也可以用这些性状的经济价值表示。例如，在大豆育种中，需要同时提高籽粒油分和蛋白质含量，如果高油分的重要性超过高蛋白，这时可把油分含量的权重设为 1、蛋白质含量的权重设为 0.6 或其他小于 1 的数值。如果大豆籽粒加工后，豆油制品的市场价格是 5 元/kg、豆蛋白制品的市场价格是 10 元/kg，这时可把两个性状的权重分别设为 5 和 10。

多个性状的同时改良，其实是期望在公式 11.54 定义的综合指标 H 上取得最大的增益。因此，多性状同时选择的问题，就变成如何利用 m 个相关性状的信息，构造出一个公式 11.55 表示的最优选择指数，使得选择指数 I 与综合指标 H 之间有最高的遗传相关关系。由于选择指数 I 与综合指标 H 之间的高度遗传相关，利用指数 I 进行选择时，就能保证在指标 H 上取得最好的遗传或经济效益。

$$H = w_1A_1 + w_2A_2 + \cdots + w_mA_m = \boldsymbol{w}^T\boldsymbol{A} \tag{11.54}$$

$$I = b_1P_1 + b_2P_2 + b_3P_3 + \cdots + b_mP_m = \boldsymbol{b}^{\mathrm{T}}\boldsymbol{P} \tag{11.55}$$

显然，公式 11.55 与 §11.2 中多种亲缘关系的选择指数，以及 §11.3 中多个相关性状的选择指数完全一样，所不同的只是遗传数据和育种目标的差异。§11.2 的育种目标是，如何利用多种亲缘关系，构造出一个选择指数，以最优预测被选择个体的育种值。§11.3 的育种目标是，如何利用多种相关性状，构造出一个选择指数，以最优预测个体在被选择性状上的育种值。而这里的目的则是，如何利用多种相关性状，构造出一个选择指数，以最优预测公式 11.54 定义的综合指标 H。因此，选择指数公式 11.55 中的系数估计问题，就变成求解公式 11.56 给出的离差平方和的最小二乘估计，也就是综合指标 H 对表型数据多元回归模型的系数估计问题。根据回归分析的正规方程，不难得到公式 11.55 参数估计的正规方程公式 11.57。

$$\text{离差平方和} = \|\boldsymbol{I} - \boldsymbol{H}\|^2 = \left\|\boldsymbol{b}^{\mathrm{T}}\boldsymbol{P} - \boldsymbol{w}^{\mathrm{T}}\boldsymbol{A}\right\|^2 \tag{11.56}$$

$$\boldsymbol{P}^{\mathrm{T}}\boldsymbol{P}\boldsymbol{b} = \boldsymbol{P}^{\mathrm{T}}\boldsymbol{A}\boldsymbol{w} \tag{11.57}$$

公式 11.55 中的表型，均用距群体均值的离差表示。因此正规方程公式 11.57 中，$\boldsymbol{P}^{\mathrm{T}}\boldsymbol{P}$ 就等于表型方差协方差矩阵，$\boldsymbol{P}^{\mathrm{T}}\boldsymbol{A}$ 就等于表型与育种值的协方差矩阵，又等于育种值方差协方差矩阵 (公式 11.58)。这样就得到另外一个更常用的估计系数向量 $\boldsymbol{b}$ 的公式 11.59。由公式 11.59 计算的选择指数，同时利用了表型相关和遗传相关的信息。利用它进行选择时，可以在公式 11.54 定义的综合指标 H 上取得最高的遗传增益，有时又称最优选择指数 (optimum selection index)。

$$\boldsymbol{P}^{\mathrm{T}}\boldsymbol{P} = \mathbf{Cov}(\boldsymbol{P}, \boldsymbol{P}), \quad \boldsymbol{P}^{\mathrm{T}}\boldsymbol{A} = \mathbf{Cov}(\boldsymbol{P}, \boldsymbol{A}^{\mathrm{T}}) = \mathbf{Cov}(\boldsymbol{A}, \boldsymbol{A}) \tag{11.58}$$

$$\mathbf{Cov}(\boldsymbol{P}, \boldsymbol{P})\boldsymbol{b} = \mathbf{Cov}(\boldsymbol{A}, \boldsymbol{A})\boldsymbol{w} \text{ 或 } \boldsymbol{b} = [\mathbf{Cov}(\boldsymbol{P}, \boldsymbol{P})]^{-1}\mathbf{Cov}(\boldsymbol{A}, \boldsymbol{A})\boldsymbol{w} \tag{11.59}$$

利用 §11.3 的 4 个水稻性状，下面几个等式给出了最优选择指数的计算过程。表型方差协方差矩阵 $\mathbf{Cov}(\boldsymbol{P}, \boldsymbol{P})$ 和遗传方差协方差矩阵 $\mathbf{Cov}(\boldsymbol{A}, \boldsymbol{A})$ 均来自表 11.9。表型方差协方差逆矩阵与遗传方差协方差矩阵的乘积，给出了 4 个性状单独作为育种目标的选择指数矩阵，用 $\boldsymbol{B}$ 表示。矩阵 $\boldsymbol{B}$ 的 4 个列向量其实分别对应于抽穗期、株高、百粒重和穗粒重这 4 个性状的选择指数。例如，矩阵 $\boldsymbol{B}$ 第 1 列为抽穗期单独作为育种目标的选择指数向量，已在 §11.3.3 中给出。

$$\mathbf{Cov}(\boldsymbol{P}, \boldsymbol{P}) = \begin{bmatrix} 80.73 & 47.34 & -13.42 & 28.89 \\ 47.34 & 61.83 & -7.42 & 28.84 \\ -13.42 & -7.42 & 15.45 & -0.99 \\ 28.89 & 28.84 & -0.99 & 25.24 \end{bmatrix}$$

$$\mathbf{Cov}(\boldsymbol{A}, \boldsymbol{A}) = \begin{bmatrix} 60.40 & 43.44 & -16.60 & 30.22 \\ 43.44 & 49.21 & -9.98 & 25.74 \\ -16.60 & -9.98 & 10.45 & -6.94 \\ 30.22 & 25.74 & -6.94 & 15.24 \end{bmatrix}$$

$$\mathbf{Cov}(\boldsymbol{P},\boldsymbol{P})^{-1}\mathbf{Cov}(\boldsymbol{A},\boldsymbol{A})=\boldsymbol{B}=\begin{bmatrix}0.54 & 0.03 & -0.04 & 0.16\\ -0.09 & 0.60 & 0.09 & 0.16\\ -0.61 & -0.31 & 0.67 & -0.22\\ 0.66 & 0.28 & -0.31 & 0.22\end{bmatrix}$$

这样，单个性状选择指数构成的矩阵 $\boldsymbol{B}$ 乘以权重向量 $\boldsymbol{w}$，就得到线性模型公式 11.55 系数向量的估计。下面给出了两种权重下的最优选择指数。一是所有性状的权重均为 1，即 4 个性状在育种中同等重要。二是不同性状有不同权重。对于高值不利的性状，如抽穗期过晚，可能会影响其他作物的种植或因气候变化而导致减产。因此在有些群体中需要缩短抽穗期，这里把抽穗期权重设为 -0.5。对于一些中性性状来说，表型高低可能并不是育种关注的目标，我们只想把它作为次级性状，利用它们与其他性状的遗传相关信息，更好地选择目标性状。例如，有些环境条件下，株高的小幅度变化可能无关紧要，这时可把它的权重设为 0。对于高值有利的性状，如这里的百粒重和穗粒重，表型的提高可能都会引起产量的增加，但相对来说穗粒重更重要些。因此把穗粒重的权重设为 1，百粒重的权重设为 0.3。

$$\begin{bmatrix}b_1\\ b_2\\ b_3\\ b_4\end{bmatrix}=\boldsymbol{B}\begin{bmatrix}1\\ 1\\ 1\\ 1\end{bmatrix}=\begin{bmatrix}0.70\\ 0.76\\ -0.47\\ 0.87\end{bmatrix},\quad \begin{bmatrix}b_1\\ b_2\\ b_3\\ b_4\end{bmatrix}=\boldsymbol{B}\begin{bmatrix}-0.5\\ 0\\ 0.3\\ 1\end{bmatrix}=\begin{bmatrix}-0.12\\ 0.23\\ 0.29\\ -0.20\end{bmatrix}$$

从综合指标 H 的定义公式 11.54 可以看到，如果只有一个性状的权重为 1，其余均为 0，这时的最优选择指数就是 §11.3 的相关性状选择指数。因此，可以将相关性状选择指数看作多性状同时选择的特例。

§11.4.2　最优选择指数的遗传进度

在利用公式 11.55 的最优指数进行选择之后，我们关心的遗传进度有两种类型。一是对综合指标 H 产生的遗传进度，二是对单个构成性状产生的遗传进度。首先考虑综合指标 H 的遗传进度，用 R_H 表示。这里的选择对象是公式 11.55 计算的最优指数 I，选择方法与单一性状的个体截尾选择类似，即按照最优指数的大小选择一定比例的个体。用 S 表示最优指数 I 的选择差，即中选个体的平均指数与未选择群体的平均指数之差。这样，如果能够估计出综合指标 H 对选择指数 I 的回归系数 b_{HI}，显然就可以利用公式 11.60 计算 H 的遗传进度。下面即将看到，回归系数 b_{HI} 正好等于 1。因此，遗传进度 R_H 等于选择指数 I 的选择差 S_I。

$$R_H=b_{HI}S_I \tag{11.60}$$

§11.2.5 中，选择指数的方差、选择指数与待估育种值的协方差、遗传力和遗传进度的计算原理和方法在这里是完全适用的。首先，类似公式 11.38 的推导过程，得到最优选择指数 I 的方差公式 11.61。类似公式 11.39 的推导过程，得到与综合指标 H 的协方差公式 11.62。根据回归系数的定义，就得到公式 11.63，进而得到 H 的遗传进度估计公式 11.64。

$$V_I=V(\boldsymbol{b}^{\mathrm{T}}\boldsymbol{P})=\boldsymbol{b}^{\mathrm{T}}\mathbf{Cov}(\boldsymbol{P},\boldsymbol{P})\boldsymbol{b}=\boldsymbol{b}^{\mathrm{T}}\mathbf{Cov}(\boldsymbol{A},\boldsymbol{A})\boldsymbol{w} \tag{11.61}$$

$$\text{Cov}(I,H)=\text{Cov}(\boldsymbol{b}^{\text{T}}\boldsymbol{P},\boldsymbol{A}^{\text{T}}\boldsymbol{w})=\boldsymbol{b}^{\text{T}}\mathbf{Cov}(\boldsymbol{P},\boldsymbol{A})\boldsymbol{w}=\boldsymbol{b}^{\text{T}}\mathbf{Cov}(\boldsymbol{A},\boldsymbol{A})\boldsymbol{w}=V_I \tag{11.62}$$

$$b_{HI}=\frac{\text{Cov}(I,H)}{V_I}=1 \tag{11.63}$$

$$R_H=b_{HI}S_I=S_I=i\sqrt{V_I} \tag{11.64}$$

与综合指标 H 的计算方法类似，如果能够得到每个性状的育种值对最优选择指数 I 的回归系数，也就可以利用公式 11.60 计算每个性状的遗传进度。为了估计性状 j 的遗传进度，公式 11.65 首先给出育种值 A_j 与最优指数 I 的协方差，然后利用公式 11.66 计算育种值 A_j 对最优选择指数 I 的回归系数，最后就可以利用公式 11.67 计算性状 j 的遗传进度 R_j。

$$\begin{aligned}\text{Cov}(I,A_j)&=\text{Cov}(b_1P_1+b_2P_2+\cdots+b_mP_m,A_j)\\&=\sum_{i=1}^{m}\text{Cov}(b_iP_i,A_j)=\sum_{i=1}^{m}b_i\text{Cov}(P_i,A_j)=\sum_{i=1}^{m}b_i\text{Cov}(A_i,A_j)\end{aligned} \tag{11.65}$$

$$b_{A_j,I}=\frac{\text{Cov}(I,A_j)}{V_I} \tag{11.66}$$

$$R_j=b_{A_j,I}S_I=\frac{\text{Cov}(I,A_j)}{V_I}i\sqrt{V_I}=\frac{i}{\sqrt{V_I}}\text{Cov}(I,A_j) \tag{11.67}$$

前面说过，最优选择指数 I 与综合指标 H 之间相关的高低，决定了指数选择对综合指标 H 遗传进度的大小 (公式 11.62 和公式 11.64)。下面给出二者之间相关系数 r_{IH} 的计算过程。首先如公式 11.68 计算综合指标 H 的方差。然后，根据相关系数的定义，按照公式 11.69 计算相关系数，其中要用到公式 11.63 的结果。选择指数 I 解释了综合指标 H 的部分方差，类似一般性状的遗传力，如公式 11.70，把解释综合指标 H 方差的比例定义为选择指数的遗传力，用 h_H^2 表示。这时，与一般性状亲子相关与遗传力之间的关系一样，选择指数 I 与综合指标 H 的相关系数也等于选择指数遗传力的平方根，相关系数的平方也等于选择指数的遗传力，即 $r_{IH}=h_H$，$r_{IH}^2=h_H^2$。同时，指数选择对综合指标 H 的遗传进度，就可以用选择指数与综合指标的相关系数或选择指数的遗传力来计算，即公式 11.71。

$$V_H=V(\boldsymbol{A}^{\text{T}}\boldsymbol{w})=\boldsymbol{w}^{\text{T}}\mathbf{Cov}(\boldsymbol{A},\boldsymbol{A})\boldsymbol{w} \tag{11.68}$$

$$r_{IH}=\frac{\text{Cov}(I,H)}{\sqrt{V_IV_H}}=\frac{\text{Cov}(I,H)}{V_I}\sqrt{\frac{V_I}{V_H}}=\sqrt{\frac{V_I}{V_H}} \tag{11.69}$$

$$h_H^2=\frac{V_I}{V_H} \tag{11.70}$$

$$R_H=ir_{IH}\sqrt{V_H}=ih_H\sqrt{V_H} \tag{11.71}$$

例如，根据 §11.4.1 末尾部分权重均为 1 的最优指数，选择出指数最高的 10%个体，即选择强度 i=1.755。从公式 11.61 得到选择指数 I 的方差 V_I=234.74，从公式 11.64 得到综合指标 H 的遗传进度为 26.89。选择指数 I 对 4 个构成性状育种值的协方差分别为 113.11、94.60、−30.01、57.03，从公式 11.67 得到抽穗期、株高、百粒重、穗粒重的遗传进度分别为 12.97、10.84、−3.43、6.53。因此，如果性状之间有比较复杂的相关关系，在利用最优指数进行选择时，正的权重不一定代表在这个性状上就一定会有正的遗传进度。从公式 11.68 得到综合指标 H 的方差等于 273.08。选择指数 I 的方差等于 234.74，因此选择指数的遗传力等于 0.86，选择指数与综合指标的相关系数等于 0.93。

§11.4.3 选择指数的应用及其他类型的指数

前面介绍的最优选择指数主要是 Hazel 和 Lush (1942)，以及 Hazel (1943) 的工作，读者也可进一步参看 Falconer 和 Mackay (1996) 一书第 13 和第 19 章相关内容。最优选择指数自然有其理论上的优越性，但从前面的例子来看，计算最优选择指数的过程还相当繁琐。一方面，最优选择指数依赖于性状的权重，育种家对大多数目标性状的相对重要性一般都会心里有数，但要给出一个具体的权重数值可能还很困难。另外，性状的权重还可能因时间而发生变化。当一个性状经过一段时间的有效改良后，它的重要性可能就会下降，原来不太重要的性状随着时间和环境的变化可能会变得重要起来。

同时，选择既引起单个性状遗传方差和遗传力的改变，又会引起性状之间相关关系的改变。在多基因的情况下，同时选择会降低性状间的相关，并使得原来的正相关逐步变为负相关。构建最优选择指数时，需要利用育种群体的遗传参数。选择指数的优良性质是针对特定群体而言。一个育种群体构建出的最优指数不一定适用于其他群体，不同的育种群体需要构建出不同的指数，以用于选择。

同时还要注意，单个性状的遗传进度不一定与权重的方向完全一致。当构成性状较多、性状间相关关系比较复杂时，构成性状不一定能够在预期的方向上发生改变。尽管具有理论上的优越性，但由于上述的这些原因，最优选择指数只是在少数大型动物的育种过程中得以应用。植物育种群体具有个体多、单个个体经济价值低、世代短、选择强度高等特点，最优指数选择并没有得到普遍的应用。很多时候，育种家采用的选择方法仍以独立水平选择为主，但同时注重家系间和家系内两种水平的选择。

最优选择指数的构建，需要估计遗传协方差矩阵。育种中真正要利用它开展选择并不是一件容易的事。同时，选择后的群体要重建最优选择指数。鉴于此，人们随后又提出了一些计算简便的指数。Williams (1962) 提出一个基础指数 (base index)，它直接用性状的经济权重表示出来，见公式 11.72。其中，w_1，w_2，...，w_m 为 m 个性状的经济权重，由育种家根据目标性状的重要性来确定；P_1，P_2，$\cdots$，P_m 表示表型观测值与群体均值的离差。在基础指数中，一般把最重要性状的权重设为 1。根据相对重要性，其他性状的权重在 0 和 1 之间取值。对 §11.4.1 的大豆油分和蛋白质例子来说，基础选择指数为 $I = P_1 + 0.6P_2$。

$$I = w_1P_1 + w_2P_2 + \cdots + w_mP_m \tag{11.72}$$

最优指数和基础指数都需要知道性状的经济权重，Elston (1963) 提出一个无权重的乘积指数，见公式 11.73。其中，l_i 对应于第 i 个性状的最低可接收的性状值，$X_1, X_2, \cdots, X_m$ 表示表型观测值。

$$I = (X_1 - l_1)(X_2 - l_2)\cdots(X_m - l_m) = \prod(X_i - l_i) \tag{11.73}$$

在正规方程 (公式 11.59) 中，如果忽略不同性状之间的表型协方差和遗传协方差，表型方差协方差就变成一个对角阵，对角线元素为性状的表型方差；遗传方差协方差也变成一个对角阵，对角线元素为性状的加性方差。公式 11.74 给出这种情况下的选择指数，从而避免了协方差的估计和计算逆矩阵。

$$I = w_1 h_1^2 P_1 + w_1 h_2^2 P_2 + \cdots + w_1 h_m^2 P_m \tag{11.74}$$

练习题

11.1 一个随机交配群体中，某性状的遗传力 h^2=0.37，表型方差 V_P=10.7。如根据个体的表型进行截尾选择，计算不同选择比例下的选择强度、选择差和预期遗传进度，并将计算结果填在下面的表格中。

选择比例 p/%	选择强度 i	选择差 S	预期遗传进度 R
1			
5			
25			
50			

11.2 遗传进度或选择响应的估计公式为 $R = ih\sqrt{V_A}$，其中 i 表示选择比例为 p 时的选择强度，h 为遗传力的平方根，V_A 是加性方差。依据此公式，说明育种中提高遗传进度的途径有哪些？

11.3 一个双亲 F_2 群体中，存在控制某性状的三个独立遗传基因座位，加性效应均为 1，显性效应分别为 1、0.5 和 0。假定中亲值等于 10，表型随机误差方差等于 4。现从 1000 个 F_2 个体中，根据表型选择最高的 30 个个体。

(1) 计算 F_2 群体的均值、加性方差、表型方差、狭义遗传力和广义遗传力。

(2) 计算选择差和中选个体的均值。

(3) 计算遗传进度和中选个体随机交配后代的期望均值。

11.4 一个遗传群体中，个体的表型相对于群体均值用 P_1 表示，亲属表型相对于群体均值用 P_2 表示，其中包含的育种值用 A_1 和 A_2 表示。表型和育种值的方差协方差如下。试构建个体育种值 A_1 的最优选择指数。

$$\mathrm{Cov}(P_1, P_1) = \mathrm{Cov}(P_2, P_2) = V_P,\ \mathrm{Cov}(P_1, P_2) = tV_P,$$

$$\mathrm{Cov}(A_1, A_1) = h^2 V_P,\ \mathrm{Cov}(A_2, A_1) = rV_A = rh^2 V_P$$

11.5 下表是一个玉米随机交配群体中，油分含量和蛋白质含量的方差协方差估计值。

性状名称	表型方差协方差矩阵		加性遗传方差协方差矩阵	
	油分含量	蛋白质含量	油分含量	蛋白质含量
油分含量	287.5	477.4	128.7	160.6
蛋白质含量	477.4	935.0	160.6	254.6

(1) 计算两个性状的遗传力。

(2) 计算两个性状的表型相关系数和遗传相关系数。

(3) 如把加性效应之外的遗传效应也归入环境方差，计算两个性状的环境方差协方差矩阵，以及环境相关系数。

(4) 计算蛋白质含量选择比例为 5% 的蛋白质含量遗传进度。

(5) 计算油分选择比例为 5% 的蛋白质含量遗传进度，并与之前的直接进度相比较。

11.6　利用练习 11.5 的数据，构造改良油分含量的最优选择指数，并计算指数选择相对于个体选择的优势。

11.7　利用练习 11.5 的数据，构造改良蛋白质含量的最优选择指数，并计算指数选择相对于个体选择的优势。

11.8　利用练习 11.5 的数据，假定油分和蛋白质的经济权重分别为 1 和 0.6，构造提高总收益的最优选择指数；假定利用此指数开展选择工作，在选择比例为 5% 的条件下，计算总收益的遗传进度，以及油分和蛋白质两个性状的遗传进度。

第 12 章　纯系品种选育与杂种优势利用

纯系品种和杂种品种选育是主要的植物育种目标。本章首先介绍与纯系品种选育有关的、重复自交过程中的一些选择问题，然后介绍近交衰退和杂种优势现象，以及它们的度量方法和遗传基础，之后介绍与杂种优势利用有关的双列杂交设计和配合力分析方法，最后介绍群体改良的轮回选择方法和遗传进度估计，并简单讨论杂交种预测和配合力选择等问题。

§12.1　自交过程中的选择与纯系品种选育

§12.1.1　纯系品种选育的一般过程

纯系品种的育种过程 (包括杂交品种育种过程中的自交系选育)，其实就是优良的纯合重组基因型的选育过程。自交是一种极端形式的近交 (见第 4 章)，本节内容对其他形式的近交也是适用的，只不过纯系的产生速度慢一些而已。因此，这一章提到的纯系，有的地方也称为自交系或近交系。对于目标是选育杂交种的育种过程，优良重组自交系选育只是育种的第一步。在得到优良的自交系后，还要测试这些自交系与其他自交系杂交 F_1 的表现，以选育出表现优异的杂交品种。

纯系品种选育一般从两个或多个优良纯系 (称为亲本，parents 或 parental lines) 间的杂交开始，但有时也从轮回选择群体中产生纯系 (见 §12.4)。可采用的杂交类型有: ①单交 (single cross)，如亲本 $P_1\times$ 亲本 P_2；②有限回交 (limited backcross)，如亲本 P_1 和亲本 P_2 产生的 F_1 与其中的一个亲本回交 1 或 2 次；③顶交，又称三交 (top cross 或 three-way cross)，

如亲本 P_1 和亲本 P_2 产生的 F_1 与第三个亲本 P_3 杂交，即 $(P_1 \times P_2) \times P_3$；④双交 (double cross)，即两个 F_1 再杂交，如 $(P_1 \times P_2) \times (P_3 \times P_4)$ 等。其中，以单交和有限回交在植物育种中的应用最为普遍。

CIMMYT (国际玉米和小麦改良中心，总部在墨西哥) 在 1970 年前后，曾采用顶交和双交的方法来增加育种群体的遗传变异 (van Ginkel et al., 2002)。后来发现，与单交和有限回交相比，顶交和双交的育种效果不是很理想。因此，从 20 世纪 70 年代末开始，育种家已很少配制双交组合，每年配制的三交组合数量也远低于单交。单交或顶交通常选择适应性较好，同时又具有一定遗传差异的材料作为亲本。回交的目的，是将一些供体亲本的少数优良性状基因转移到轮回亲本中。轮回亲本的综合性状较好，但缺少供体亲本中的少数优良基因。在 CIMMYT，对适应性较好的亲本进行一次回交的简单回交育种方法，可聚合多个效应可以累加的抗条锈病基因，育种家后来还发现这种方法还有利于选择出具有更高产量潜力的品种。简单回交能选择到表现更好的后代的原因，是在保留轮回亲本中大部分有利等位基因的同时，还利用了供体亲本的产量有利等位基因。因此，在轮回亲本表现优良的性状上发生超亲分离 (Wang et al.，2009)。

常用的纯系选育方法包括系谱法 (pedigree method)、混合法 (bulk population selection)、一粒传 (single seed descend)，以及修饰系谱和混合方法 (modified pedigree and bulk method) 等 (Allard, 1999; Wang et al.，2003)。为加速分离世代的纯合过程，在分离世代早期，如 F_1、F_2 和 F_3 等，也可采用加倍单倍体技术。除了常规的表型选择外，对于遗传力高且难以鉴定的性状，在不同的育种阶段还可考虑利用分子标记辅助选择 (marker assisted selection) 的方法。图 12.1 给出 CIMMYT 面包小麦选育的流程图，图中包含了修饰系谱 (MODPED) 和选择混合 (SELBLK) 两种育种方法，育种群体在墨西哥的中部城市 Toluca 和北部城市 Cd. Obregon 两个地点交替种植和选择，CIMMYT 称这一选择过程为穿梭育种 (shuttle breeding)。

纯系品种的选育过程一般都包含多个自交世代。图 12.1 给出的育种流程包含了 10 个世代，每个世代中，育种家都要做出这样或那样的抉择。例如，在一个育种计划刚开始时，育种家需要根据所占有的资源决定育种规模，需要确定利用什么样的亲本进行杂交，以及配置多少个杂交组合；对于杂种 F_1 代，需要决定是立即自交，还是先回交然后再自交，或者是与第三个亲本顶交后再自交；对于每个分离世代，需要考虑根据哪些性状对后代群体进行选择，采用多大的选择强度；随着材料的纯合，需要决定在什么样的环境、多少个地点开展产量试验等。此外，育种家还需考虑如何把不同的优良性状结合在一起，如何评价育种材料的广适应性，以及如何采用新的育种技术等，其最终目的都是为了尽快得到满足一定育种目标的基因型。

从流程图 12.1 可以看出，纯系品种的选育就是通过杂交创造遗传分离群体，通过重复自交使基因型不断纯合，纯合过程中通过选择不断地提高有利基因以及基因组合的频率，使育种群体逐渐接近或达到目标基因型。因此，创造适宜的育种群体是品种选育的基础。那么，什么样的群体才是理想的、易于获得目标基因型的育种群体呢？简单地讲，理想的育种群体需要满足以下两个条件：①具有较高的平均数 (假定高值是育种目标) 和较大的遗传方差；②选择可以在育种群体中鉴定出遗传上优良的个体或后代，即选择是有效的。

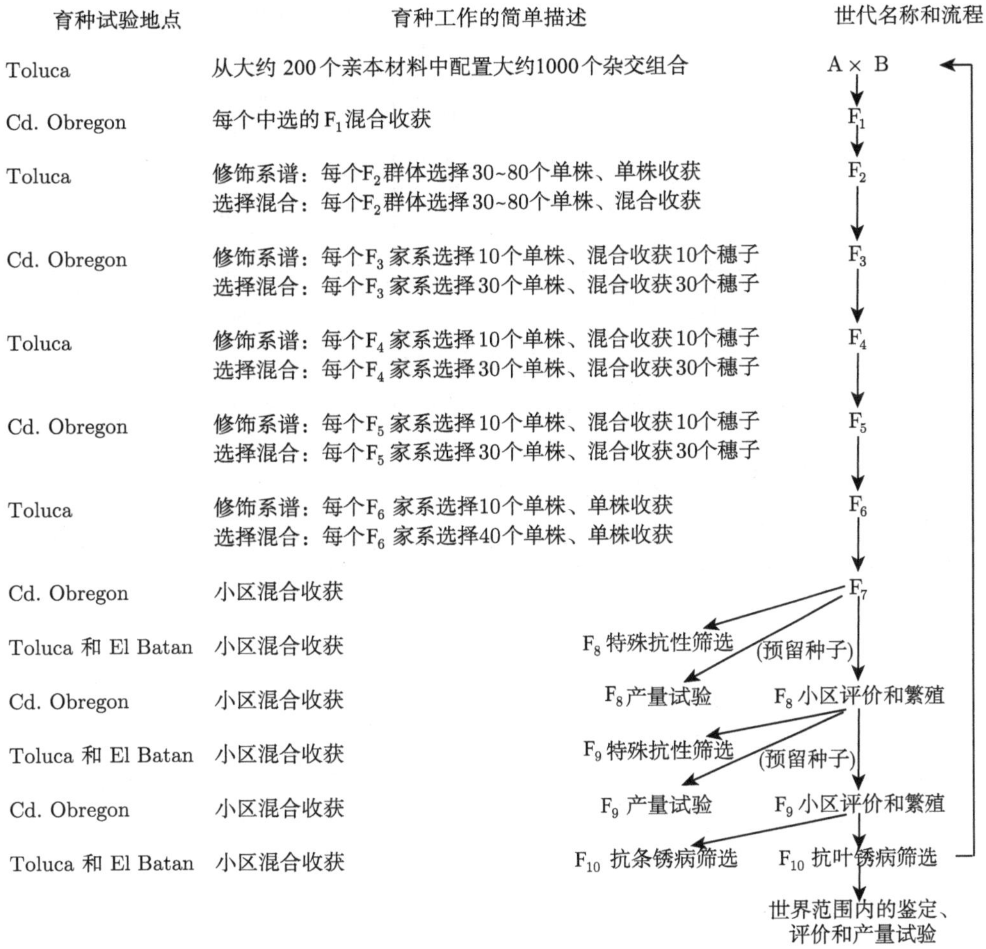

图 12.1 CIMMYT 面包小麦育种流程图，其中包含修饰系谱 (MODPED) 和选择混合 (SELBLK) 两种选择方法

左栏给出的是育种地点，育种材料在 Toluca/El Batan (5～11 月) 和 Cd. Obregon (11 月至次年 4 月) 交替种植。中间一栏给出的是每个家系中选个体的收获方式，也就是世代递进方法。右栏给出的是世代名称

第一个条件其实要求群体尽可能地接近育种目标。显然，在这样的群体中，也就更易于选择到满足育种目标的基因型。为进一步说明这一点，图 12.2 用不同均值和方差的正态分布来表示育种群体。图 12.2A 的三个群体具有不同均值，但具有相同方差。均值为 8 的群体几乎看不到性状值大于 12 的个体，均值为 10 的群体有少量性状值大于 12 的个体，均值为 12 的群体有一半个体的性状值大于 12。因此，如在性状值等于 12 的地方进行截尾、高值方向选择，均值越高的育种群体，选择到的个体也就越多。图 12.2B 的三个群体具有相同均值，但方差不同。很明显，在同样的地方进行截尾选择时，方差越高的育种群体，选择到的个体也就越多。根据纯系理论，不存在遗传方差的群体中，选择是无效的。因此，图 12.2B 强调的是高遗传方差，这也正是理想育种群体要满足的第二个条件。在育种中，选择的有效性是通过后代来衡量的，这里所说的遗传方差其实是加性方差。

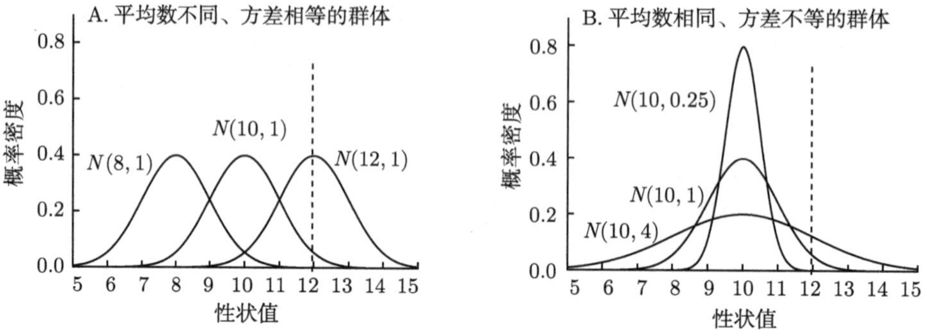

图 12.2　不同均值和方差的育种群体

A. 三个群体具有不同均值、相同方差；B. 三个群体具有相同均值，但方差不同

§12.1.2　重组近交家系的群体均值与亲本选择

大多数纯系品种的选育过程，都与流程图 12.1 类似，涉及亲本选配、后代选择和多环境产量比较试验等过程，有的育种家也形象地称为 “配、选、比”。实际工作中，如何创制理想的育种群体呢？考虑一个座位上的两个等位基因 A_1 和 A_2，频率分别为 p 和 q。在近交系数为 F 的群体中，三种基因型 A_1A_1、A_1A_2 和 A_2A_2 的频率分别为 p^2+pqF、$2pq(1-F)$ 和 q^2+pqF(公式 3.38~公式 3.40)，基因型值分别用 $m+a$、$m+d$ 和 $m-a$ 表示 (公式 8.1)，公式 12.1 给出群体平均数 μ_F 的表达式。从中可以看出，近交系数降低了杂型合子的显性效应 d 对群体平均数的贡献，也就是 §12.2 中即将介绍的近交衰退现象。当然在显性效应 d=0 时，F 对群体平均数不产生影响。在重组近交家系群体中，F=1，群体平均数 μ_{RIL} 用公式 12.2 表示。

$$\mu_F = m + (p-q)a + 2pq(1-F)d \tag{12.1}$$

$$\mu_{\text{RIL}} = m + (p-q)a \tag{12.2}$$

假定亲本 A 的基因型为 A_1A_1，亲本 B 的基因型为 A_2A_2。在亲本 A 中，等位基因 A_1 和 A_2 的频率分别用 p_{A}=1 和 q_{A}=0 表示。在亲本 B 中，两个等位基因的频率分别用 p_{B}=0 和 q_{B}=1 表示。因此，$\mu_{\text{A}}=m+(p_{\text{A}}-q_{\text{A}})a$，$\mu_{\text{B}}=m+(p_{\text{B}}-q_{\text{B}})a$。A×B 的 F_2 群体中，A_1 的频率为$\dfrac{1}{2}(p_{\text{A}}+p_{\text{B}})$，$A_2$ 的频率为 $\dfrac{1}{2}(q_{\text{A}}+q_{\text{B}})$。在不存在选择的情况下，由 F_2 衍生的重组近交家系与 F_2 群体有相同的基因频率。根据公式 12.2，重组近交家系的群体平均数可以用公式 12.3 表示。也就是说，重组近交家系的平均数等于两个亲本的平均。

$$\mu_{\text{RIL(A×B)}} = m + \left[\frac{1}{2}(p_{\text{A}}+p_{\text{B}}) - \frac{1}{2}(q_{\text{A}}+q_{\text{B}})\right]a = \frac{1}{2}\mu_{\text{A}} + \frac{1}{2}\mu_{\text{B}} \tag{12.3}$$

假定 A×B 的 F_1 与亲本 A 回交，回交群体中，A_1 的频率为$\dfrac{3}{4}p_{\text{A}}+\dfrac{1}{4}p_{\text{B}}$，$A_2$ 的频率为 $\dfrac{3}{4}q_{\text{A}}+\dfrac{1}{4}q_{\text{B}}$。在不存在选择的情况下，由回交世代衍生的重组近交家系与回交群体有相同的基因频率，因此重组近交家系的平均数为公式 12.4。

$$\mu_{\text{RIL(A×B)×A}} = m + \left[\left(\frac{3}{4}p_{\text{A}}+\frac{1}{4}p_{\text{B}}\right) - \left(\frac{3}{4}q_{\text{A}}+\frac{1}{4}q_{\text{B}}\right)\right]a = \frac{3}{4}\mu_{\text{A}} + \frac{1}{4}\mu_{\text{B}} \tag{12.4}$$

推广到独立遗传的多基因，公式 12.3 和公式 12.4 也都是成立的。这表明亲本的基因型值越高，其后代的平均数也越高。育种家经常选择两个表现优良的亲本进行杂交 (即优 × 优组合)，其目的就是为了得到高平均数的育种群体。同时，如果杂交组合中的一个亲本表现较差，从公式 12.4 可以看出，与优良亲本的回交可以提高优良亲本在后代群体均值中的权重，进而提高后代均值。

正如图 12.2 所表明的一样，理想育种群体不仅均值要高，而且其中所包含的加性遗传方差还要大。因此，在选择优良亲本进行杂交、保证后代群体具有高均值的同时，还要考虑亲本之间在遗传上的差异和互补性。只有这样，后代中才有可能出现同时优于两个亲本的基因型，即出现超亲分离；然后再通过选择的手段，将具有超亲分离的基因型从众多后代基因型中鉴定出来。从这个意义上讲，育种也就是不断地进行基因间的重组、鉴定并选择综合性状优于双亲的超亲分离后代基因型的过程。

公式 12.4 表明，与优良亲本的回交可以提高重组近交家系的群体平均数，直到优良亲本达到完全恢复时为止，但那时候的后代中已不再具有任何遗传变异，选择也不再有效。因此，有必要确定究竟要回交多少代才算合适。回交育种是转育基因的有效方法。随着育种工作的开展，供体亲本的适应性也在不断提高。除轮回亲本中表现欠佳性状的有利基因外，供体亲本有时也会携带一些影响产量和适应性的有利基因。这时，回交代数越多，供体亲本中有利基因丢失的可能性就越大。

在 CIMMYT 的小麦育种中，简单回交育种策略已被证明是十分有效的，已成功将持久抗锈病基因导入广适应性的受体材料中，并且还能转移效应较小的微效基因，进一步改良了轮回亲本中的优良性状，培育了适应性和产量比轮回亲本更高的品种。模拟育种试验表明 (Wang et al., 2009)，当控制优良供体性状的基因多于三个、供体亲本的适应性很低时，采用两次回交。当控制优良供体性状的基因多于三个、供体亲本也有一定的适应性时，采用一次回交。当控制优良供体性状的基因等于或少于三个，也可采用两次回交。大多数情况下，三次回交和两次回交在改良适应性上无明显差别。但回交次数越多，丢失优良供体性状基因的可能性就越大。模拟结果表明简单回交不仅可以有效改良轮回亲本的少数缺点，而且还可能在表现优良的性状上产生超亲分离，因此在应用中取得了良好的育种成效。

§12.1.3 自交过程中的选择

纯系的选育过程中，不同自交世代的遗传方差可分解为自交家系间方差和家系内方差两部分。家系间选择的有效性依赖于家系间方差中的加性成分，家系内选择的有效性依赖于家系内方差中的加性成分。根据自交过程中世代间协方差的一般表达式 7.88，令$t=m=n$，就得到任意自交世代 F_n 的遗传方差公式 12.5，其中 $F_n=1-\left(\frac{1}{2}\right)^{n-2}$ 为自交世代F_n 的近交系数。考虑家系结构，对于 F_{n-1} 世代个体衍生的家系世代 $\mathrm{F}_{n-1:n}$ 来说，在公式 7.88 中令 $t=n-1$、$m=n$ 就得到家系世代 $\mathrm{F}_{n-1:n}$ 的遗传方差公式 12.6。从公式 11.5 给出的总遗传方差中减去公式 11.6 给出的家系间方差，即得到家系内的遗传方差公式 12.7，推导过程中要用到 $2F_n=2-\left(\frac{1}{2}\right)^{n-1}=1+F_{n-1}$ 这一结果。

$$V_{\mathrm{F}_n}=(1+F_n)V_A+(1+F_n)(1-F_n)V_D \tag{12.5}$$

$$V_{\mathrm{bF}_{n-1:n}} = (1+F_{n-1})\left[V_A + \frac{(1-F_n)^2}{1-F_{n-1}}V_D\right] \tag{12.6}$$

$$V_{\mathrm{wF}_{n-1:n}} = (1-F_n)(V_A+V_D) \tag{12.7}$$

自交过程中，近交系数 F_n 不断增加，最终趋近于 1 (表 12.1)。从公式 12.6 和公式 12.7 可以看出，每一代自交，都会引起家系间加性方差的增加，但家系内的加性方差不断减少；自交既减少家系间的显性方差，又减少家系内的显性方差 (表 12.1)。除非 $V_D > 4V_A$，总的遗传方差会随自交而不断增加。

表 12.1　不同自交世代中的遗传方差

世代	近交系数	自交家系间		自交家系内	总计	
		V_A	V_D	(V_A+V_D)	V_A	V_D
$F_3=S_1$	$\frac{1}{2}$	1	$\frac{1}{4}$	$\frac{1}{2}$	$\frac{3}{2}$	$\frac{3}{4}$
$F_4=S_2$	$\frac{3}{4}$	$\frac{3}{2}$	$\frac{3}{16}$	$\frac{1}{4}$	$\frac{7}{4}$	$\frac{7}{16}$
$F_5=S_3$	$\frac{7}{8}$	$\frac{7}{4}$	$\frac{7}{64}$	$\frac{1}{8}$	$\frac{15}{8}$	$\frac{15}{64}$
$F_6=S_4$	$\frac{15}{16}$	$\frac{15}{8}$	$\frac{15}{256}$	$\frac{1}{16}$	$\frac{31}{16}$	$\frac{31}{236}$
$F_\infty=S_\infty$	1	2	0	0	2	0

选育重组自交系的一粒传和混合选择，没有利用自交过程中家系结构提供的信息。而系谱选择，包括各种修饰系谱方法，既利用了家系间的信息，又利用了家系内的信息。遗传方差的分解表明 (表 12.1)，家系间的加性方差总是大于家系内的加性方差，这意味着家系间的选择一般都要比家系内的选择更有效。选择的有效性是遗传力的函数。为简便起见，假定不同世代的家系间和家系内，除加性方差外均具有相同的非加性和环境方差，用 V_E 表示。公式 12.8 和公式 12.9 分别给出 F_n 世代的家系间和家系内的遗传力，公式 12.10 给出的是基础群体 F_2 的遗传力 h^2，公式 12.11 给出的是家系间选择相对于家系内选择的相对效率。

$$h^2_{\mathrm{bF}_{n-1:n}} = \frac{2F_nV_A}{2F_nV_A+V_E} \tag{12.8}$$

$$h^2_{\mathrm{wF}_{n-1:n}} = \frac{(1-F_n)V_A}{(1-F_n)V_A+V_E} \tag{12.9}$$

$$h^2 = \frac{V_A}{V_A+V_E} \tag{12.10}$$

$$RE = \frac{h^2_{\mathrm{bF}_{n-1:n}}}{h^2_{\mathrm{wF}_{n-1:n}}} \tag{12.11}$$

当非遗传变异 V_E 占较大的比例时，如图 12.3 中的遗传力 =0.2，相对效率也比较大。在 F_3 世代中，家系间选择的优势随着遗传力的增加而减弱。但在以后的世代中，如 F_4 和 F_5 等，不管遗传力如何，家系间选择都保持较大的优势。随着纯合基因型比例的增加，家系间选择的优势也越来越大，RIL 群体中加性方差达到最大。因此，理论上说 RIL 群体中近交系间的选择效率最高，但这并不排除早期选择在育种中的重要作用。

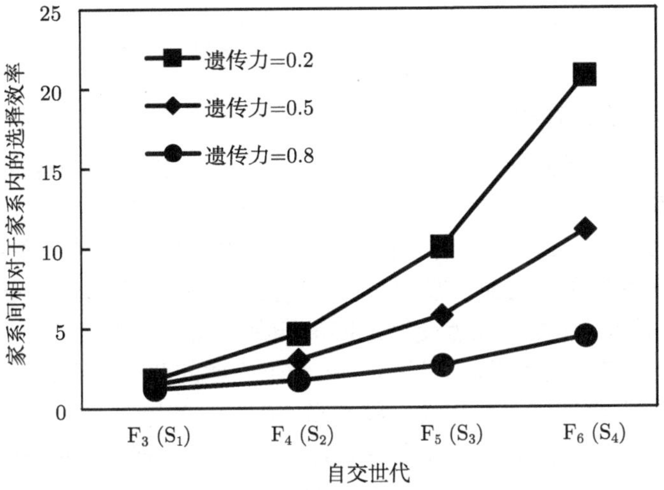

图 12.3 不同自交世代和遗传力下，家系间选择相对于家系内选择的效率。F_2 是图中遗传力的参照群体，根据公式 12.10 计算

早期世代选择 (early generation selection) 在育种中十分重要，它可以让育种家把有限的资源用于那些更有潜力的杂交组合和后代家系。实际中碰到的问题可能是 F_3 家系没有足够的种子去进行产量试验。一个常用的做法是用 F_2 单株衍生的 F_4 甚至 F_5 家系去评价 F_2 单株的表现。在公式 7.88 中，令 $m=n$，得到 F_t 单株衍生的 F_n 家系 (用 $F_{t:n}$ 表示) 的方差公式 12.12，其中 F_t 和 F_n 分别是个体在世代 F_t 和 F_n 中的近交系数。以 F_2 世代为例，$F_{2:3}$ 和 $F_{2:4}$ 的方差中，加性方差 V_A 有相同的系数，V_A 的系数是由共同亲本所在世代的近交系数决定的。这意味着，如果不考虑显性效应，则在家系世代 $F_{2:3}$、$F_{2:4}$、$F_{2:5}$ 甚至 $F_{2:\infty}$ 的选择效果是等同的。因此，如果有足够的种子量，应该尽早开展各种育种性状的选择。

$$V_{\mathrm{F}_{t:n}}=(1+F_t)\left[V_A+\frac{(1-F_n)^2}{(1-F_t)^2}V_D\right] \tag{12.12}$$

就纯系育种过程来说，实际中有三种途径可以提高有利等位基因的固定频率。一是在自交或近交之前实施选择；二是在自交过程中实施选择；三是自交前与优良亲本回交一次或几次。如果两个亲本一样好，可以不进行回交。在 CIMMYT 小麦育种计划中，是否进行回交或顶交取决于 F_2 群体中能够选择到的优良单株的数量。如果从大小为 1000~1500 的一个 F_2 群体中，根据育种目标选择不到 30 个优良单株，要么淘汰这个组合，要么作进一步的回交或顶交。

纯系品种的选育，是要把尽可能多的有利基因结合到一个基因型个体中。如果把最终选择到的纯系也看作一个群体，则有利等位基因在这个群体中的频率为 1。不存在选择时，一个基因被固定的概率等于它在基础育种群体中的频率。假定两个自交系的基因型分别为 $A_1A_1B_2B_2$ 和 $A_2A_2B_1B_1$，A_1 和 B_1 是有利基因，不存在选择时，F_2 衍生的重组近交家系中 A_1 和 B_1 的固定概率均为 0.5；F_1 和 $A_1A_1B_2B_2$ 回交衍生的重组近交家系中，A_1 的固定概率为 0.75，B_1 的固定概率下降为 0.25。有人也许会说，要是所有的有利基因存在于一个亲本，回交就可以增加所有有利基因的固定概率。如果真是这样，也就没必要选育新的纯系了。因此，回交只是提高有利等位基因频率的途径之一，最重要的改变基因频率的因素还是选择。

§12.2　近交衰退与杂种优势

§12.2.1　杂种优势与植物育种

在第 3 和第 4 章中，我们看到近交会不断降低亚群体内的遗传多样性，形成亚群体之间的分化。对以随机交配为主的物种来说，近交往往会引起个体繁殖力和生活力的下降，这一生物学现象称为近交衰退 (inbreeding depression)。生物学家和育种家在观察到近交衰退这一现象的同时，还观察到两个近交系或两个种之间的杂交往往表现出一定的优势，近交引起的繁殖力和生活力下降，往往会在近交系之间的杂种中得到恢复，这就是杂种优势 (hybrid vigor 或 heterosis)。近交衰退和杂种优势其实是一个问题的两个方面：近交衰退程度高的物种，其杂种优势一般也比较高；杂种优势程度高的物种，其近交衰退的程度一般也比较大。由于长期选择的作用，在以自交繁殖方式为主的物种中，近交衰退和杂种优势的程度要远低于随机交配物种。基因型接近纯合的近交系，即使发生进一步的近交，群体结构也不会发生大的变化，因此也就不再能够观察到近交衰退。但两个纯系之间的杂交仍会出现杂种优势。

由于杂种优势的普遍存在，通过自交或近交选育近交系，然后通过配制近交系之间的杂交组合来利用杂种优势，就成为一种重要的育种方法，在玉米、高粱、水稻、油菜、棉花等重要作物的育种中已经取得巨大成就，这些作物的杂交品种已经在农业生产中发挥了巨大作用。杂种优势是杂种超越亲本的一种遗传现象，一个杂种可以是来自两个群体间的杂交，但更普遍地是指两个或多个自交系间的杂交，一个杂交种可以是单交 (single cross)、三交或顶交 (three-way cross)，以及双交 (double cross) 等。

目前对杂种优势的含义有三种不同的看法 (Bernardo, 2010; Hallauer et al., 2010)。①凡是 F_1 基因型值高于亲本中亲值，均应视为杂种优势，这种杂种优势概念与显性效应有类似的含义。②杂种优势和显性是同一生理和遗传现象，只是表现的程度有所不同，只有杂种表现比高值亲本更高，或比低值亲本更低，才是杂种优势。因此杂种优势和超显性有相同的含义。③认为应对 F_1 进行连续自交，F_1 的表现比最高的重组近交系还大，或比最低的重组近交系还小时，才有杂种优势。对任何一种作物来说，如果杂种优势充分大，生产杂交种经济可行，那么就可以考虑选育杂交种作为品种。不同作物有不同的杂种优势，从表 12.2 可以看出，异

表 12.2　不同繁殖类型作物中，产量性状的超中亲杂种优势 (%)

作物	超中亲杂种优势 H		
	平均	最小	最大
异花授粉			
玉米 (美国)	121	92	240
玉米 (欧洲)	129	112	143
黑麦	192	86	329
常异花授粉			
Faba 豆	60	22	95
春油菜	30	20	50
冬油菜	50	20	80
自花授粉			
水稻	46	3	106
大豆	13	7	19
小麦	9	−14	106

注：如单交杂种的平均表现用 F_1 表示，两个亲本的中亲值用 MP 表示，则超中亲杂种优势 H 的百分数定义为 $H = (F_1 - MP)/MP \times 100\%$

花授粉作物的杂种优势最高，可以超过中亲表现的 100%以上，常异花授粉作物的杂种优势为 30%~60%，自花授粉作物的杂种优势相对较低 (Bernardo, 2010)。

§12.2.2 近交对群体均值和遗传方差的影响

近交衰退或杂种优势都是一个相对的概念，需要一个参照物才能对它们进行度量。下一节将看到，杂种优势可以用两个亲本的中亲值作参照。近交衰退的参照群体是一个无限大的随机交配群体，现假定该参照群体通过第 4 章介绍的任意一种近交交配系统 (包括有限大小群体的随机交配)，最终分化成众多亚群体。单个亚群体经历长期的近交后，近交系数趋近于 1，每个座位都会被固定在一个等位基因上。如不考虑选择，则等位基因在所有亚群体中的频率仍然等于原始参照群体的基因频率。这时，近交衰退可以从亚群体相对于参照群体在均值上的差异来表示。

在单座位加显性遗传模型下，p 和 q 分别表示参照群体中等位基因 A_1 和 A_2 的频率，参照群体的均值和遗传方差分别用 μ_0 和 V_0 表示，分别由公式 12.13 和公式 12.14 给出。显然，在不考虑中亲值的情况下公式 12.13 与公式 8.2 等价；公式 12.14 与公式 8.3 或公式 8.20 等价。用 F 表示亚群体的平均近交系数，表 12.3 给出近交群体均值和遗传方差的计算过程，并由公式 12.15 和公式 12.16 给出。

$$\mu_0 = (p-q)a + 2pqd \tag{12.13}$$

$$V_0 = 2pqa^2 + 2pq(1-2pq)d^2 + 4pq(q-p)ad \tag{12.14}$$

$$\mu_F = (p-q)a + 2pqd - 2pqdF \tag{12.15}$$

$$V_F = 2pqa^2(1+F) + 2pq(1-2pq)(1-F)d^2 + 4pq(q-p)ad(1-F) \tag{12.16}$$

表 12.3 近交群体的均值和遗传方差计算

基因型	所有亚群体的平均频率	基因型值	频率 × 基因型值
A_1A_1	p^2+pqF	a	$p^2a+pqaF$
A_1A_2	$2pq(1-F)$	d	$2pqd-2pqdF$
A_2A_2	q^2+pqF	$-a$	$-q^2a-pqaF$
群体均值	$\mu_F=(p-q)a+2pqd-2pqdF$		
遗传方差	$V_F=2pqa^2(1+F)+2pq(1-2pq)(1-F)d^2+4pq(q-p)ad(1-F)$		

如公式 12.17 和公式 12.18 所示，计算近交群体均值和遗传方差相对于参照群体的变化量。推广到多座位和复等位基因，在不存在连锁不平衡的假定下，公式 12.17 和公式 12.18 也是适用的，只不过要对不同座位的贡献求和而已。多基因模型下的近交衰退用公式 12.17 的最后一个等号表示。

$$\begin{aligned}\Delta\mu = \mu_F - \mu_0 &= -2pqdF \ (\text{单基因模型}) \\ &= -2(\Sigma pqd)F \ (\text{多基因模型})\end{aligned} \tag{12.17}$$

$$\Delta V = V_F - V_0 = 2pqa^2F - 2pq(1-2pq)d^2F - 4pq(q-p)adF \tag{12.18}$$

从公式 12.17 可以看出，如不考虑基因频率的变化，近交衰退只与显性效应有关，显性效应越大，近交衰退越严重。也就是说，只要存在显性效应，即杂合基因型的表现不等于两种纯合基因型的平均数，就会出现近交衰退，衰退的方向为隐性纯合基因型的表现。同时还可以看出，近交衰退是近交系数的线性函数。这一线性关系在玉米株高和产量等性状上都可以观察到 (Hallauer and Sears, 1973)，说明了多基因加显性模型在数量遗传研究中的有效性。与均值的变化相比，方差的变化要复杂得多，既与加显性效应有关，同时又与它们的乘积项有关。近交后的方差不一定总是变小。Zhang et al. (2010) 正是利用这种变化，定量研究了奇异分离对数量性状基因定位的影响。

为进一步说明公式 12.15 和公式 12.16，图 12.4 给出单基因模型下，群体均值和群体方差随近交系数的变化曲线。短虚线代表的群体中，等位基因 A_1 和 A_2 的频率分别为 0.1 和 0.9。实线代表的群体中，等位基因 A_1 和 A_2 的频率均为 0.5。长虚线代表的群体中，等位基因 A_1 和 A_2 的频率分别为 0.7 和 0.3。在左边的均值和方差变化图中，由于显性效应为 0，可以看到群体均值不随近交系数的变化而改变，但遗传方差随近交系数的增加而提高。在中间的均值和方差变化图中，显性效应与加性效应相等，即完全显性。这时，群体均值随近交系数增加而下降，等位基因频率相等时，下降的速率 (对应于直线的斜率) 最高。遗传方差随近交系数的改变方向依赖于等位基因频率，当 A_1 频率为 0.1 时，遗传方差随近交系数增加而下降；当 A_1 频率为 0.5 和 0.7 时，遗传方差随近交系数增加而增加。在右边的均值和方差变化图中，显性效应是加性效应的 2 倍，即超显性。当等位基因频率相等时，群体均值随近交系数增加的下降速率最高。遗传方差随近交系数的改变方向依赖于等位基因频率，甚至还会出现先增加后降低的现象。

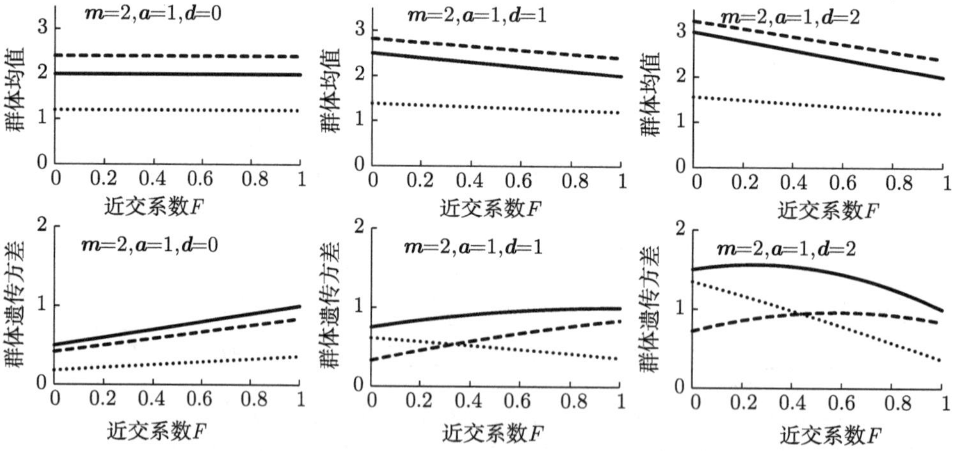

图 12.4 单基因模型下群体均值 (上) 和遗传方差 (下) 随近交系数的变化

短虚线代表的群体中，等位基因 A_1 和 A_2 的频率分别为 0.1 和 0.9。实线代表的群体中，等位基因 A_1 和 A_2 的频率均为 0.5。长虚线代表的群体中，等位基因 A_1 和 A_2 的频率分别为 0.7 和 0.3。中亲值 m、加性效应 a 和显性效应 d 的取值如图所示

公式 12.16 是总遗传方差随近交系数的变化。有时我们更关心群体分化或近交衍生亚群体之间的变异，以及亚群体内的平均变异。杂合基因型频率在近交过程中逐渐降低，显性效应对遗传方差的贡献逐渐减少。为简便起见，下面只考虑加性效应对遗传方差的贡献。如用 p_0 和 q_0 分别表示参照群体中等位基因 A_1 和 A_2 的频率，在不考虑显性效应时，参照群体的遗传方差全部来自加性效应，由公式 12.19 给出。

$$V_G = V_A = 2p_0q_0a^2 \tag{12.19}$$

用 p 和 q 分别表示多个亚群体中等位基因 A_1 和 A_2 的平均频率，假定亚群体内部随机交配，每个亚群体内的遗传方差都可以如公式 12.19 计算，即 $2pqa^2$。不同亚群体有不同的基因频率，也因此有不同的加性方差 $2pqa^2$，这些方差的均值就代表了亚群体内的平均方差。因此，就可以按照公式 12.20 计算家系内的平均方差，其中，$2E(pq)$ 表示两倍的基因频率乘积 $2pq$ 的期望，也就是亚群体间杂合基因型的期望频率。根据第 3 章的公式 3.40，这一期望基因型频率可以用近交系数 F 表示为 $2p_0q_0(1-F)$。也就是说，家系内的平均遗传方差等于参照群体的 $1-F$ 倍。如用 V_E 表示非加性遗传方差，就可以如公式 12.21 计算亚群体内的遗传力，公式中的 h^2 为参照群体的遗传力。根据公式 12.20 和公式 12.21，就可以预测亚群体内选择的遗传进度。

$$V_{wF} = 2E(pq)a^2 = 2p_0q_0(1-F)a^2 = (1-F)V_A \tag{12.20}$$

$$h_{wF}^2 = \frac{(1-F)V_A}{(1-F)V_A + V_E} = \frac{(1-F)V_A}{V_A + V_E - FV_A} = \frac{h^2(1-F)}{1-h^2F} \tag{12.21}$$

在不考虑显性效应时，亚群体的均值等于 $(p-q)a$。因此可以按公式 12.22 计算家系间的遗传方差，其中，关系式 $V(q) = p_0q_0F$ 来自第 3 章的公式 3.39。最终得到，家系间遗传方差等于参照群体的 $2F$ 倍。将公式 12.20 和公式 12.22 左右两端相加，就得到近交群体的总遗传方差等于参照群体的 $1+F$ 倍，即公式 12.23。显然，随着近交系数的增加，总加性方差会不断增加，最终趋近于参照群体加性方差的 2 倍；亚群体之间的方差也会不断增加，最终趋近于总加性方差；亚群体内的方差则不断降低，最终趋近于 0。其实，我们在前面的表 12.1 中已经看到过类似的结果。因此，双亲杂交 F_1 连续自交过程中遗传方差的变化规律，对于一般随机交配群体的任意近交系统也都是成立的。

$$V_{bF} = V[(p-q)a] = a^2V(1-2q) = 4a^2V(q) = 4a^2 \times p_0q_0F = 2FV_A \tag{12.22}$$

$$V_F = (1+F)V_A \tag{12.23}$$

§12.2.3 杂交群体的均值和遗传方差

参照群体经过一段时间的近交分化后，如果打破亚群体之间的隔离，一代随机交配就能使群体重新回到 HW 平衡，即 §3.4.3 的隔离拆除效应。因此，在无选择和无连锁不平衡的情况下，亚群体分化形成的近交家系之间的广泛互交，得到的群体与分化前的参照群体是等价的，群体均值也立即从公式 12.15 的 μ_F 恢复到分化前的均值 μ_0 (公式 12.13)，杂交群体在均值上的增加量，正好弥补了近交群体在均值上的减少量。因此，从遗传学理论上看，近交衰退和杂种优势是一个问题的正反两个方面。

在把近交衰退和杂种优势看作同一个遗传学问题时，杂种优势就可以通过近交家系之间、大量杂交形成的群体均值与近交家系群体均值之间的差异进行度量。在实际应用中，育种家关心的往往是两个特定群体甚至是两个特定近交系之间的杂种优势，这种理论上的度量方法在实际育种应用中有其局限性。下面介绍另外一种基于中亲值的杂种优势度量方法。仍从单座位加显性遗传模型开始，用 p 和 q 分别表示亲本群体 P_1 中等位基因 A_1 和 A_2 的频率，亲本群体 P_2 的等位基因频率用 $p+x$ 和 $q-x$ 表示。假定近交群体内随机交配，公式 12.24 和公式 12.25 给出两个亲本群体均值的表达式，并由此计算出中亲值公式 12.26。

$$\mu_{P_1}=(p-q)a+2pqd \tag{12.24}$$

$$\begin{aligned}\mu_{P_2}&=[(p+x)-(q-x)]a+2(p+x)(q-x)d\\&=\mu_{P_1}+2xa-2(p-q)xd+x^2d\end{aligned} \tag{12.25}$$

$$\mu_{\overline{P}}=\frac{1}{2}\mu_{P_1}+\frac{1}{2}\mu_{P_2}=\mu_{P_1}+xa-(p-q)xd+x^2d \tag{12.26}$$

亲本群体 P_1 产生两种配子 A_1 和 A_2 的频率分别为 p 和 q，亲本群体 P_2 产生两种配子 A_1 和 A_2 的频率分别为 $p+x$ 和 $q-x$。杂交 F_1 群体由群体 P_1 配子和群体 P_2 配子随机结合而来，由此就能计算出杂交 F_1 群体的基因型频率。表 12.4 左半边给出亲本配子型及其频率，右半边给出杂交 F_1 后代的基因型及其频率。根据三种基因型频率和三种基因型值，得到的均值列于表 12.4 最后一行。利用群体 P_1 的均值，还可以把 F_1 群体均值用公式 12.27 表示，由此得到 F_1 相对于中亲的杂种优势公式 12.28，推广到多基因模型，公式 12.28 也是成立的。

$$\mu_{F_1}=\mu_{P_1}+xa-(p-q)xd \tag{12.27}$$

$$\begin{aligned}H_{F_1}&=\mu_{F_1}-\mu_{\overline{P}}=x^2d\ (\text{单基因模型})\\&=\Sigma(x^2d)\ (\text{多基因模型})\end{aligned} \tag{12.28}$$

表 12.4　两个亲本群体的配子基因型频率及杂交群体均值的计算

亲本群体 P_1 的配子		亲本群体 P_2 的配子		杂交 F_1 后代群体	
配子型	频率	配子型	频率	后代基因型	频率
A_1	p	A_1	$p+x$	A_1A_1	p^2+px
A_2	q	A_2	$q-x$	A_1A_2	$2pq-(p-q)x$
				A_2A_2	q^2-qx
杂交 F_1 后代均值				$\mu_{F_1}=[(p-q)+x]a+[2pq-(p-q)x]d$	

显然与近交衰退一样，中亲优势也只依赖于每个座位上基因的显性效应。加性基因 (即显性效应为 0) 不会引起近交衰退，也不会引起杂种优势。中亲优势依赖于两个亲本群体基因频率差异的平方。基因频率无差异的两个群体，杂交也就不会产生杂种优势，基因频率在一个群体中为 0、另一个群体中为 1 时，这时的两个亲本都是自交系，中亲杂种优势达到最高。推广到多基因时，如果不同座位的基因显性效应有不同的方向，这时的中亲优势会相互抵消。因此，看不到中亲优势的杂交 F_1 中，不一定代表无显性效应存在。当所有等位基因频率在两个亲本中只有 0 和 1 两种取值时，中亲优势等于显性效应的代数和。

不考虑选择的影响，杂种后代群体的等位基因频率等于两个亲本群体的平均。因此，杂种 F_1 群体中，等位基因 A_1 和 A_2 的频率分别为$p+\frac{1}{2}x$ 和 $q-\frac{1}{2}x$。很明显，杂种 F_1 并不是一个 HW 平衡群体。如果将杂种 F_1 的随机交配后代称为杂种 F_2 群体，杂种 F_2 则是一个 HW 平衡群体，它的均值及中亲优势分别用公式 12.29 和公式 12.30 计算。如不考虑连锁不平衡，随机交配多次的后代均值与公式 12.29 的均值完全相同。从公式 12.30 可以看到，杂

种 F_2 的中亲优势只有杂种 F_1 的一半。在一个遗传研究群体中，如果没有观察到公式 12.30 的关系，意味着其他遗传因素的存在，如连锁和上位互作等。

$$\mu_{F_2}=\left[\left(p+\frac{1}{2}x\right)-\left(q-\frac{1}{2}x\right)\right]a+2\left(p+\frac{1}{2}x\right)\left(q-\frac{1}{2}x\right)d$$
$$=(p-q)a+2pqd+xa-\left(px-qx-\frac{1}{2}x^2\right)d \tag{12.29}$$

$$H_{F_2}=\mu_{F_2}-\mu_{\overline{P}}=\frac{1}{2}x^2d=\frac{1}{2}H_{F_1} \tag{12.30}$$

为方便起见，在杂种优势的一些理论研究中，多采用公式 12.28 和公式 12.30 定义的中亲优势。而在实际应用中，人们更倾向于采用超中亲的百分数来表示杂种优势，如表 12.2。育种家有时关心的可能还有超高亲优势，或相对于某对照品种的优势。因此，杂种优势有时也常常用超高亲或超对照品种的百分数表示。

公式 12.28 和公式 12.30 均表明，两个亲本之间基因频率的差异越大、差异的座位越多，亲本间的遗传差异越大，杂种优势也就越高。但是，很多研究都表明，这一结论仅在一定范围内成立。超过一定的范围，随着遗传差异的增加，杂种优势还会下降，甚至出现杂种不育的现象。Moll 等 (1965) 从 4 个玉米种植地区、每个地区选取两个品种组成 8 个亲本群体，配制了所有可能的 28 个杂交 F_1 群体。按照亲本品种的地理差异从小到大的顺序，把这些杂交 F_1 群体分成 7 组，表 12.5 给出每组杂交 F_1 和 F_2 的单株平均产量 (单个群体根据至少 100 个单株计算，单位为 lb①)。亲本群体内杂交的遗传差异度最低，作为对照列于表 12.5 表头下方第一行。很显然，随着两个杂交亲本遗传差异的增大，F_1 和 F_2 的产量不断增加，中亲优势和高亲优势也不断增加。但增加到一定程度后，产量和杂种优势反而会下降。最后一种杂交类型，波多黎各和墨西哥两个亲本品种的差异达到最高，但它们的 F_1 产量只有 0.323lb，甚至还低于群体内杂交的产量 0.352lb。

表 12.5 玉米杂交 F_1 的平均单株产量 (lb) 与亲本群体遗传差异的关系

杂交亲本	F_1 产量	F_2 产量	F_1 中亲优势	F_1 高亲优势
群体内随机交配	0.352			
同一个地区的两个自交系	0.392	0.359	0.040	0.023
美国东南 × 中西群体	0.488	0.456	0.076	0.063
美国东南 × 波多黎各群体	0.520	0.454	0.134	0.102
美国中西 × 波多黎各群体	0.520	0.456	0.140	0.114
美国东南 × 墨西哥群体	0.405	0.372	0.081	−0.013
美国中西 × 墨西哥群体	0.380	0.355	0.062	−0.026
波多黎各 × 墨西哥群体	0.323	0.313	0.031	−0.031

如不考虑选择，大量近交家系产生雌雄配子的频率与参照群体完全一样，把大量近交家系间的杂交 F_1 联合起来看的话，其实等同于参照群体。这也是 §10.3.4 中，把双亲 DH 或 RIL 家系之间的互交 F_1 看作双亲 F_2 群体的原因。因此，杂交 F_1 群体的总遗传方差与参照群体完全相等，考虑上位互作的总遗传方差用公式 12.31 表示。

$$V_G=V_A+V_D+V_{AA}+V_{AD}+V_{DD}+\cdots \tag{12.31}$$

①1lb=0.453 592kg

公式 12.23 给出了近交过程中加性遗传方差的变化，公式 12.20 和公式 12.22 分别给出了加性方差在近交家系内和家系间的分配。与近交类似，这里我们想要知道公式 12.31 的总遗传方差，是如何在杂交 F_1 间和杂交 F_1 内分配的。假定所有亲本家系具有相同的近交系数 F，不同家系之间无祖先关联。这时，把每个近交家系看作一个群体，则个体之间的共祖先系数也是 F。两个近交家系的杂交 F_1 作为一个群体的话，个体之间存在祖先关联。图 12.5 给出两个近交系的杂交 F_1 中，两个后代个体 X 和 Y 的系谱，个体 X 的亲本来自近交家系 A 的个体 1 和家系 B 的个体 2，个体 Y 的亲本来自近交家系 A 的个体 3 和家系 B 的个体 4。用 f_{XY} 表示 X 和 Y 之间的共祖先系数，根据前面的假定，共祖先系数的定义及第 8 章的亲属间协方差一般公式 8.37，就有下面的结果。

$$f_{12}=f_{14}=f_{23}=f_{34}=0,\ f_{13}=f_{24}=F$$
$$r=2f_{XY}=\frac{1}{2}(f_{13}+f_{14}+f_{23}+f_{24})=F$$
$$u=f_{13}f_{24}+f_{14}f_{23}=F^2$$

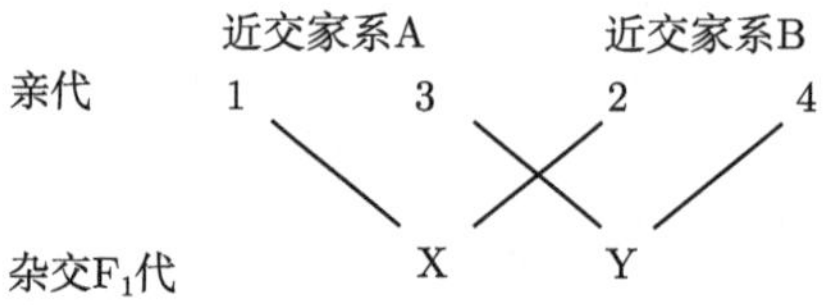

图 12.5 两个近交家系的杂交后代系谱图

系谱图 12.5 中，X 与 Y 之间的协方差代表了杂种 F_1 之间的方差，用 V_{bC} 表示。于是根据公式 8.37 和公式 8.38，就得到杂种 F_1 间遗传方差 V_{bC} 的计算公式 12.32。从公式 12.31 中减去 V_{bC}，就得到杂种 F_1 内的平均方差 V_{wC} 的表达式 12.33。从公式 12.32 可以看到，杂交 F_1 间遗传方差的构成中，只有加性方差是参照群体的 F 倍，其他方差成分的系数都是近交系数的平方或高次方。因此，当近交系数较低时，杂交 F_1 间的差异主要由加性效应所决定，其他遗传效应的贡献较小。当近交系数接近 1 时，杂交 F_1 间的差异由所有遗传效应决定，杂交 F_1 内几乎没有遗传变异。同时还可以看到，当近交系数为 0.5 时，杂交 F_1 间的遗传方差等同于参照群体的全同胞家系。

$$V_{bC}=\mathrm{Cov}(X,Y)=FV_A+F^2V_D+F^2V_{AA}+F^3V_{AD}+F^4V_{DD}+\cdots \tag{12.32}$$

$$V_{wC}=(1-F)V_A+(1-F^2)V_D+ (1-F^2)V_{AA}+(1-F^3)V_{AD}+(1-F^4)V_{DD}+\cdots \tag{12.33}$$

§12.2.4 杂种优势的遗传基础

关于杂种优势的遗传基础，遗传学上有两种截然不同的假说，即显性假说 (dominance hypothesis) 和超显性假说 (overdominance hypothesis)。但两者有一个共同点，均认为杂种优势是不同遗传结构的亲本杂交后，彼此的遗传物质 (基因) 相互作用的结果 (Allard，1999; Bernardo, 2010; Hallauer et al.，2010)。

显性假说认为显性基因的聚合和等位基因间的互作是造成杂种优势的原因，杂种优势是由于杂合子中隐性不利基因被掩盖而引起的，杂种优势是多对基因共同作用的结果。假定三种基因型 A_1A_1、A_1A_2 和 A_2A_2 的遗传值分别为 a、d 和 $-a$，由单个座位引起的杂种优势等于杂合基因型值减去两个纯合基因型的平均数，即中亲杂种优势等于显性效应 d。因此，对单个座位来说，只有在显性效应存在时才会出现杂种优势。显性假说认为 $d \leqslant a$，单个座位上杂合型的表现不会超过最好的亲本。但如果同时考虑多个座位，由于有利基因在亲本中经常呈分散分布，F_1 的表现就会超过最好的亲本。如假定两个自交系的基因型分别为 $A_1A_1B_2B_2$ 和 $A_2A_2B_1B_1$，两个座位上有相同的加性效应 a 和显性效应 d，$d \leqslant a$，不考虑中亲值m的话，两个自交系的基因型值为0，而杂种 F_1的基因型值为 $2d$，超过两个亲本的基因型值 (图 12.6)。

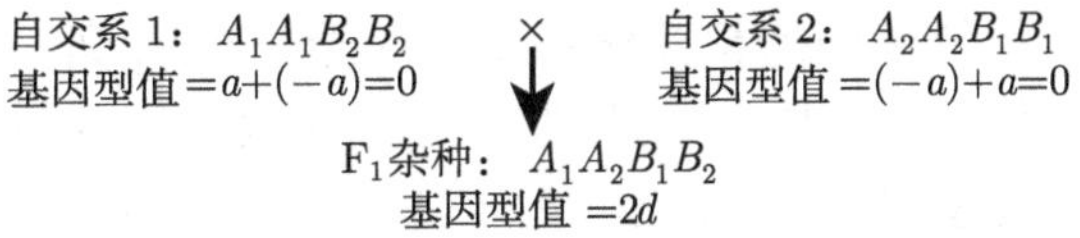

图 12.6　两个座位增效基因分散分布的情况下，显性产生的杂种优势示意图

对于显性假说有两种反对意见。第一，如果显性假说成立，实践中应该能够选育到与杂交种表现同样优良的自交系。在图 12.6 中，如果是完全显性 (即 $d = a$)，基因型 $A_1A_1B_1B_1$ 应该和杂种 F_1：$A_1A_2B_1B_2$ 有同样的表现。但截至目前，至少在玉米上还没有选育到与优良杂交种表现相当的自交系。当然，玉米育种中出现的这种现象还可能与选择的方式有关。杂交育种中，育种家一般只根据测交组合的表现选择产量性状，很少选择自交系自身的产量表现。如果能像测交组合表现那样选择自交系，自交系与杂交种之间的差异也许就没有目前观察到的那么大。通过对自交系自身产量的选择，最终是否会得到与优异杂交种表现相当的优异自交系，有待通过育种实践来检验。第二，在显性效应存在时，F_2 群体的分布应该是偏态的。而实际中，对于具有杂种优势的许多性状来说，它在 F_2 群体中表现为对称的正态分布。但是，如果考虑到控制性状的基因很多，它们之间还存在连锁这一事实，就会对上面的质疑会做出较好的解释。由于存在多基因间的连锁，尤其是有利基因与不利基因处于紧密连锁状态时，很难选择到所有座位上都是优良等位基因的近交重组基因型；多个基因存在时，即使存在显性效应，F_2 群体的分布偏度是很微小的 (见图 6.3 和图 6.4)。

超显性假说认为等位基因内的相互作用是造成杂种优势的原因，杂种优势是由于杂合基因型优于两个纯合亲本基因型而引起的。假定三种基因型 A_1A_1、A_1A_2 和 A_2A_2 的遗传值分别为 a、d 和 $-a$，杂种优势是由于 $d > a$ 引起。对超显性来说，选育到与杂交种一样优良的自交系是不可能的。但基因间的紧密连锁会引起假超显性 (pseudo-overdominance)。假定两个座位 A 和 B 完全连锁，等位基因 A_1 和 B_2 连锁在一起，用 C_1 表示配子基因型 A_1B_2；等位基因 A_2 和 B_1 连锁在一起，用 C_2 表示配子基因型 A_2B_1 (图 12.7)。当两个座位有相同的

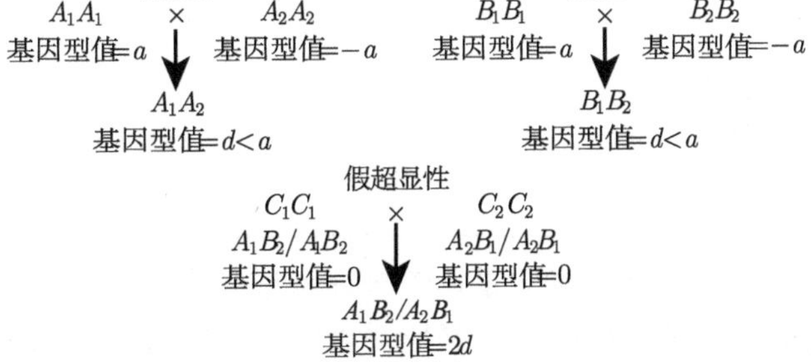

图 12.7　两个紧密连锁座位上由部分显性产生的假超显性示意图

加性效应 a 和显性效应 d 时，C_1C_1 和 C_2C_2 的基因型值均为 0，但杂种 $F_1(C_1C_2)$ 基因型值为 $2d$，超过两个亲本的基因型值。因此，如果我们不知道两个效应相反的基因紧密连锁在一起影响同一个性状的话，就会错误地得出超显性的结论。

图 12.7 的假超显性其实是由显性效应引起，与图 12.6 的显性没有本质区别。基因间的连锁可分为相引连锁 (coupling linkage) 和互斥连锁 (repulsion linkage)，两个有利基因间的连锁或两个不利基因间的连锁称为相引连锁，一个有利基因和一个不利基因间的连锁称为互斥连锁。假超显性一般是由互斥连锁引起。

除同一个座位上不同等位基因的相互作用 (即加显性效应) 外，不同座位之间的上位性效应也会产生杂种优势。考虑包含加性 × 加性上位互作效应的 9 种基因型值 (表 12.6)，对座位 A 来说，A_1A_2 的基因型值等于 A_1A_1 和 A_2A_2 基因型值的平均，说明在座位 A 上不存在显性；对座位 B 同样，B_1B_2 的基因型值等于 B_1B_1 和 B_2B_2 基因型值的平均，说明在座位 B 上也不存在显性。现在假定有自交系 $A_1A_1B_2B_2$ 和 $A_2A_2B_1B_1$，它们的基因型值分别为 1 和 3，但杂种 $F_1(A_1A_2B_1B_2)$ 的基因型值为 4，不难得到杂种 F_2 的平均基因型值也等于 4。因此，在不存在显性只存在上位互作效应时，也能引起杂种优势。但在这一例子中，我们可以找到比杂种表现更好的纯合自交系 $A_1A_1B_1B_1$，在这种情况下，杂交种也许并不是必需的。

表 12.6　均值 m=4、两个座位的加性效应分别等于 1 和 2、它们之间的加性 × 加性上位互作效应等于 2、其他效应均等于 0 时，9 种基因型的平均表现

座位 A	座位 B			行平均
	B_1B_1	B_1B_2	B_2B_2	
A_1A_1	9	5	1	5
A_1A_2	6	4	2	4
A_2A_2	3	3	3	3
列平均	6	4	2	4

也有研究者利用第 10 章介绍的 NC Ⅲ遗传交配设计，估计玉米产量性状的平均显性度 (Robinson et al.，1949; Gardner et al.，1953)，一些结果综合起来列于表 12.7。尽管利用 F_2 群体得到的平均显性度超过 1，但随着随机交配代数的增加，平均显性度有下降的趋势，接近 1 甚至比 1 小。假超显性随着随机交配会逐渐减弱，真的超显性并不会随着随机交配而减弱。因此，表 12.7 的试验结果似乎更支持显性假说，而不是超显性假说。

表 12.7　利用 NC Ⅲ遗传交配设计估计玉米产量性状在不同随机交配世代群体中的平均显性度

世代类型	‘CI21’×‘NC7’ 群体	‘M14’×‘187-2’ 群体
F_2 群体	1.68	1.98
F_2 的随机交配 2 代群体		1.04
F_2 的随机交配 6 代群体	1.24	0.72
F_2 的随机交配 11 代群体	1.09	
F_2 的随机交配 14 代群体		0.62

过去的经验数据大多支持杂种优势是由部分显性或完全显性造成的，上位性和超显性的作用较小。但最近借助分子数据的研究又似乎表明，各种遗传效应都在杂种优势中起作用。Tang 等 (1995) 利用一个水稻回交重组近交家系群体，对株高、穗长、抽穗期、成熟期及

一些产量构成性状的 QTL 作图研究 (见第 13 章) 表明，显性效应是杂种优势的主要遗传基础。Luo 等 (2001) 利用另一个水稻重组近交家系群体，对产量构成性状的 QTL 作图研究却表明，超显性效应是近交衰退和杂种优势的主要成因。Zhou 等 (2012) 利用水稻优良杂交种 'Shanyou 63' 的永久 F_2 群体，结合超高密度连锁图谱和基因型数据，对杂种优势的遗传基础进行了探索。结果表明，杂种优势的程度、不同遗传成分对杂种优势的贡献在性状间有很大差异。产量的杂种优势最强，接下去依次是每穗粒数、粒重和单株分蘖数。对于产量、每穗粒数和粒重的杂种优势，超显性的贡献最大。显性与显性上位对于单株分蘖数和粒重较为重要，对其他两个性状也有作用。该群体中，显性效应对所有性状杂种优势的贡献都相对较小。

对玉米的研究同样表明，不存在一种遗传模型能够解释不同群体、不同性状上表现出的杂种优势。Tang 等 (2010) 利用玉米优良杂交种 '豫玉 22' 的永久 F_2 群体，结合覆盖全基因组 261 个 SSR 标记的基因型数据，研究了玉米产量及产量构成性状杂种优势的遗传基础。在产量、穗长、穗行数和百粒重 4 个性状中，共定位到 13 个与杂种优势有关的座位，上位性检测得到的加加上位互作 QTL 最多。结果表明，显性效应和加加互作是决定 '豫玉 22' 杂种优势的主要因素。Larièpe 等 (2012) 利用多个重组近交家系群体，开展 NC III遗传交配设计，对玉米重要农艺性状进行 QTL 定位研究，检测出的产量 QTL 大多具有明显的超显性。

育种和农业生产中，人们最关心的当然还是产量性状的杂种优势。产量也许是终极的、复杂程度最高的一个数量性状，它的形成涉及众多生理过程和发育阶段，无疑受大量基因的影响。因此，期望用一种遗传模型来解释所有与产量和杂种优势有关的基因座位，是不切合实际的。与任何遗传研究一样，研究结果依赖于采用的遗传材料和群体类型。利用不同物种、不同材料、不同群体，得到的结论不尽一致，也是正常的。要想完全说明杂种优势的遗传基础，需要把单个基因在染色体上的位置和功能，以及不同基因之间的相互关系了解清楚。但是，从育种实践来看，对杂种优势的遗传基础缺乏完整的了解，并没有妨碍杂交种的选育和在生产上的推广利用。

§12.3 配合力与双列杂交设计

§12.3.1 一般配合力和特殊配合力

利用参照群体衍生的大量近交系为亲本，两两随机杂交构成一个新的群体。公式 12.32 和公式 12.33 分别给出了该群体中，杂交 F_1 间与杂交 F_1 内遗传方差的大小。那里关心的只是总遗传方差在杂交组合间和杂交组合内如何分配，而不是单个近交系的效应。育种家在很多时候关心一个特定的近交系与其他近交系杂交，是否能够产生大量的优良杂交组合，两个特定的近交系结合在一起是否能够产生出一个优良的杂交组合。对一个特定的近交系，如果利用其他近交系与其杂交，这些杂交组合的平均表现与所有组合形成群体的均值之间的差异，称为该近交系的一般配合力 (general combining ability，GCA)。如用 X 表示近交系 $P_1\times$ 近交系 P_2 杂交 F_1 的表现，$\overline{X}$ 表示所有组合的群体均值，离差 $X-\overline{X}$ 就可以按照公式 12.34 进行分解。其中，前两项为两个亲本的一般配合力，最后一项称为两个亲本 P_1 和 P_2 的特殊配合力 (specific combining ability，SCA)。

$$X-\overline{X}=\mathrm{GCA}_{\mathrm{P}_1}+\mathrm{GCA}_{\mathrm{P}_2}+\mathrm{SCA} \tag{12.34}$$

从效应分解公式 12.34 就能得到方差分解公式 12.35。如果区分杂交组合的亲本，组合之间的方差就能被分解为父本一般配合力方差 (用 $V_{\mathrm{GCA_M}}$ 表示)、母本一般配合力方差 (用 $V_{\mathrm{GCA_F}}$ 表示) 和特殊配合力方差 (用 V_{SCA} 表示) 三部分。如不区分杂交组合的父母亲本，组合之间的方差被分解为一般配合力方差 (用 V_{GCA} 表示) 和特殊配合力方差两部分。

$$V_X = V_{\mathrm{GCA_M}} + V_{\mathrm{GCA_F}} + V_{\mathrm{SCA}} = V_{\mathrm{GCA}} + V_{\mathrm{SCA}} = V_{\mathrm{bC}}$$
$$\text{其中，} V_{\mathrm{GCA}} = V_{\mathrm{GCA_M}} + V_{\mathrm{GCA_F}}\text{，}V_{\mathrm{bC}}\text{由公式 12.32 给出} \tag{12.35}$$

从定义可以看出，一般配合力方差相当于以一个近交系作为父本、其他近交系作为母本，杂交产生半同胞家系间的协方差。图 12.8 表示近交系 A 与另外两个近交系 B 和 C 的半同胞后代 X 和 Y 的系谱。图 12.8 中亲代个体之间的共祖先系数，以及后代 X 和 Y 之间的共祖先系数计算如下。

$$f_{23} = F,\ f_{12} = f_{13} = f_{14} = f_{24} = f_{34} = 0$$
$$r = 2f_{XY} = \frac{1}{2}(f_{13} + f_{14} + f_{23} + f_{24}) = \frac{1}{2}F$$
$$u = f_{13}f_{24} + f_{14}f_{23} = 0$$

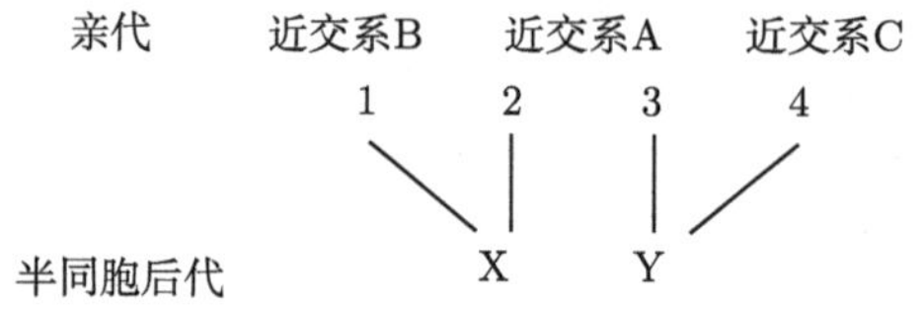

图 12.8 近交系 A 作为亲本，杂交产生两个半同胞后代 X 和 Y 的系谱

于是根据公式 8.38，得到父本一般配合力方差的表达式 12.36。在不存在母本效应和性连锁效应的假定下，雌雄亲本具有相同的一般配合力方差，即公式 12.37。从公式 12.32 给出的组合间方差减去父母本的一般配合力方差，就得到特殊配合力方差公式 12.38。从中可以看出，一般配合力之间的差异，是由加性效应和加加互作效应引起的；特殊配合力之间的差异，是由非加性效应引起的。

$$V_{\mathrm{GCA_M}} = \frac{1}{2}FV_A + \frac{1}{4}F^2V_{AA} + \cdots \tag{12.36}$$

$$V_{\mathrm{GCA_F}} = V_{\mathrm{GCA_M}} = \frac{1}{2}FV_A + \frac{1}{4}F^2V_{AA} + \cdots \tag{12.37}$$

$$V_{\mathrm{SCA}} = F^2V_D + \frac{1}{2}F^2V_{AA} + F^3V_{AD} + F^4V_{DD} + \cdots \tag{12.38}$$

§12.3.2 双列杂交遗传交配设计

开展配合力分析的常用遗传交配设计是双列杂交 (diallel cross design or diallel mating design)。根据交配设计的父母亲本是否相同、是否包含反交、是否包含自交等因素，双列杂交又可以分成很多类型。根据具体的遗传研究问题，配合力效应有时可以被看作固定模型，有时又需要被看作随机模型。不同效应模型的分析方法也不完全相同。因此，双列杂交设计及其分析方法包含着丰富的内容 (Hayman, 1954, 1957; Griffing, 1956)。

在完全双列杂交 (complete diallel design) 中，配制杂交组合的父母亲本是同一组近交系。设有p个亲本近交系，在它们之间进行所有的杂交和自交，共得到 p^2 个组合，其中包含 $\frac{1}{2}p(p-1)$ 个正交组合，$\frac{1}{2}p(p-1)$ 个反交组合和 p 个自交组合。如果可以忽略细胞质效应，或不考虑正反交效应，这时可以只配制 $\frac{1}{2}p(p-1)$ 个正交组合，加上所有的自交组合，共有 $\frac{1}{2}p(p-1)+p=\frac{1}{2}p(p+1)$ 个。如不关心近交系自身的表现，同时细胞质效应又可以忽略不计，这时可以只配制 $\frac{1}{2}p(p-1)$ 个正交组合。如不关心近交系自身的表现，但还想研究正反交之间的差异，这时可以只配制 $\frac{1}{2}p(p-1)$ 个正交组合和 $\frac{1}{2}p(p-1)$ 个反交组合，共 $p(p-1)$ 个。

在有些物种，如玉米的杂交育种中，存在明显的杂种优势群，优异杂交品种往往是不同优势群中两个自交系的杂交组合，而同一个优势群内的杂交组合一般只用于选育新的后代自交系。这时的配合力分析，一般基于两个优势群之间的杂交，而不是同一个优势群内自交系之间的杂交。在开展双列杂交设计时，通常选择一个优势群的 m 个自交系为父本，另一个优势群的 n 个自交系为母本，总的亲本数 $p=m+n$，在两组亲本间配置 $m\times n$ 个组合，这样的设计称为不完全双列杂交设计 (incomplete diallel design)。

不完全双列杂交看上去与第 10 章的 NC II 设计十分类似，都可利用双因素带互作的方差分析模型进行分析。其实，它们之间还是有一定区别的，这里的区别主要考虑的是参照群体和研究目的上的差异。NC II 设计的参照群体通常是一个随机交配群体，父本是参照群体的一组随机样本，母本是参照群体的另一组随机样本，配制杂交组合的亲本基因型一般都是高度杂合的。NC II 设计的研究目的是通过全同胞和半同胞家系的方差分解，对参照群体的遗传方差进行分解，估计参照群体的遗传力。不完全双列杂交的参照群体是产生亲本自交系的祖先群体，父本自交系和母本自交系可以具有相同的祖先群体，也可以具有不同的祖先群体，配制杂交组合的亲本基因型一般都是高度纯合的。有时也把亲本自交系的大量随机杂交组合形成的群体，视为参照群体。当亲本来自不同的参照群体时，它们杂交 F_1 的参照群体其实是两个亲本参照群体互交之后的群体。除对参照群体的遗传方差进行分解、估计参照群体的遗传力外，双列杂交往往还关心一般配合力和特殊配合力的估计，以及杂交种表现的预测等实际育种问题。

为进一步说明不同类型的双列杂交设计，图 12.9 给出 9 个亲本所有可能的 81 个杂交组合，每个组合用一个两位数的数字表示，第一个数字为父本编号，第二个数字为母本编号。对角线上的元素表示自交。如果把对角线上方元素称为正交组合，对角线下方元素则为反交组合。完全双列杂交有相同的父母亲本，对图 12.9 的 9 个亲本来说，最完整的双列杂交需要配置 81 个组合，即图 12.9 的 9×9 方阵，这些组合可以分为三类，即 9 个自交、36 个正交和 36 个反交，分别对应于方阵的对角线元素、对角线上方元素和对角线下方元素。根据研究需要和试验规模的限制，有时可能只配置正交，有时可能只配置正交和自交，有时可能只配置正交和反交。如果把图 12.9 的自交系按照杂种优势群分为两组，自交系 1~4 这一组为父本、自交系 5~9 这一组为母本，对角线上方的长方形阴影表示这 20 个杂交组合。这时，杂交组合的父母亲本是两组不同的自交系，称为不完全双列杂交。根据研究需要，不完全双列杂交设计也可以包含反交，即对角线下方长方形阴影表示的 20 个杂交组合，用来研究细胞质效应。

父本	母本								
	1	2	3	4	5	6	7	8	9
1	11	12	13	14	15	16	17	18	19
2	21	22	23	24	25	26	27	28	29
3	31	32	33	34	35	36	37	38	39
4	41	42	43	44	45	46	47	48	49
5	51	52	53	54	55	56	57	58	59
6	61	62	63	64	65	66	67	68	69
7	71	72	73	74	75	76	77	78	79
8	81	82	83	84	85	86	87	88	89
9	91	92	93	94	95	96	97	98	99

图 12.9　包含 9 个亲本的各种双列杂交设计示意图

每个杂交组合用一个两位数的数字表示，第一个数字为父本编号，第二个数字为母本编号。对角线元素表示自交，对角线上方的元素称为正交组合，对角线下方的元素为反交组合。如仅配置对角线上方长方形阴影表示的 20 个组合，则是一个不完全双列杂交

表 12.8 给出的双列杂交设计中，包含 6 个父本和 6 个母本，均用 A~F 表示。共包含 36 个杂交组合，每个组合有两次重复观测值，重复平均数列于表 12.9。如果 6 个父本和 6 个母本是完全不同的两组自交系，则表 12.8 是一个不完全双列杂交设计。如果 6 个父本和 6 个母本是一组完全相同的自交系，则表 12.8 是一个包含正交、反交和自交的完全双列杂交设计；如果再删去 6 个自交组合，则表 12.8 是一个只包含正交和反交的完全双列杂交设计。如果 6 个父本和 6 个母本是一组完全相同的自交系，同时删去对角线以下的组合，则表 12.8 是一个只包含正交和自交的完全双列杂交设计；如果再删去对角线上的组合，则表 12.8 是一个只包含正交的完全双列杂交设计。下文将利用表 12.8 的同一组数据，选用不同的部分，用于说明不同双列杂交设计的具体分析方法。

表 12.8　包含 6 个亲本、36 个组合、两次重复的完全双列杂交

亲本	重复 I						重复 II					
	A	B	C	D	E	F	A	B	C	D	E	F
A	24.7	32.6	40.4	24.7	21.8	26.8	30.2	27.1	42.9	33.2	26.3	18.6
B	33.7	45.8	29.3	42.0	30.5	23.0	38.2	41.7	34.7	34.8	31.3	21.6
C	41.0	37.8	44.6	35.9	40.5	24.2	42.5	40.9	50.0	36.8	36.8	24.7
D	31.5	37.7	32.2	30.4	31.0	18.4	34.0	33.5	44.6	33.9	33.4	23.4
E	32.7	26.1	26.3	23.4	18.0	10.8	28.9	29.4	21.0	20.5	18.1	10.7
F	20.4	22.1	21.8	22.3	15.0	9.5	17.3	25.6	17.5	13.2	16.4	14.5

表 12.9　包含 36 个组合的两次重复平均数

重复平均数	A	B	C	D	E	F
A	27.45	29.85	41.65	28.95	24.05	22.70
B	35.95	43.75	32.00	38.40	30.90	22.30
C	41.75	39.35	47.30	36.35	38.65	24.45
D	32.75	35.60	38.40	32.15	32.20	20.90
E	30.80	27.75	23.65	21.95	18.05	10.75
F	18.85	23.85	19.65	17.75	15.70	12.00

§12.3.3 不完全双列杂交设计

设有 m 个父本、n 个母本，配制 $m\times n$ 个所有可能的杂交组合，每个组合有 r 个观测值。用 i=1，2，⋯，m 表示父本，j=1，2，⋯，n 表示母本，k=1，2，⋯，r 表示重复，公式 12.39 给出每个观测值 X_{ijk} 的线性分解。把公式 12.39 中各种成分姑且看作估计值。其中，父本配合力用 $\mathrm{GCA}_{\mathrm{M}_i}$ 表示，满足总和为 0 的约束条件；母本配合力用 $\mathrm{GCA}_{\mathrm{F}_i}$ 表示，满足总和为 0 的约束条件；特殊配合力用 SCA_{ij} 表示，满足行和、列和及总和均为 0 的多个约束条件；最后一项为随机误差，对所有的 i 和 j，误差效应之和都等于 0，即 $\sum\limits_k \varepsilon_{ijk}=0$ (i=1，2，⋯，m，j=1，2，⋯，n)。

$$X_{ijk}=\overline{X}+\mathrm{GCA}_{\mathrm{M}_i}+\mathrm{GCA}_{\mathrm{F}_j}+\mathrm{SCA}_{ij}+\varepsilon_{ijk},\ i=1,2,\cdots,m\text{表示父本},\ j=1,2,\cdots,n\text{表示母本},\ k=1,2,\cdots,r\text{表示重复} \tag{12.39}$$

显然，公式 12.39 与第 9 章介绍的基因型和环境互作公式 9.7、第 10 章介绍的 NC Ⅱ方差分析公式 10.4，除效应参数的表示符号有差异外，是完全相同的。读者可参考第 9 和 10 章的有关内容，这里不再给出各种效应的估计方法。在得到亲本一般配合力的估计之后，就可以利用公式 12.40 来预测每个杂交组合的表现。

$$\hat{X}_{ij}=\overline{X}+\mathrm{GCA}_{\mathrm{M}_i}+\mathrm{GCA}_{\mathrm{F}_j},\quad i=1,2,\cdots,m\text{表示父本},\ j=1,2,\cdots,n\text{表示母本} \tag{12.40}$$

方差分析如表 12.10 所示，其中，父本间差异衡量父本的一般配合力，母本间差异衡量母本的一般配合力，交互作用衡量的则是特殊配合力。

表 12.10 不完全双列杂交方差分析表。设有 m 个父本、n 个母本，配置 $m\times n$ 个杂交组合，每个组合有 r 个观察值

变异来源	自由度	均方	固定模型期望均方	随机模型期望均方
父本间	$m-1$	$\mathrm{MS_{GCA_M}}$	$V_\varepsilon+nrV_{\mathrm{GCA_M}}$	$V_\varepsilon+rV_{\mathrm{SCA}}+nrV_{\mathrm{GCA_M}}$
母本间	$n-1$	$\mathrm{MS_{GCA_F}}$	$V_\varepsilon+mrV_{\mathrm{GCA_F}}$	$V_\varepsilon+rV_{\mathrm{SCA}}+mrV_{\mathrm{GCA_F}}$
父本 × 母本	$(m-1)(n-1)$	$\mathrm{MS_{SCA}}$	$V_\varepsilon+rV_{\mathrm{SCA}}$	$V_\varepsilon+rV_{\mathrm{SCA}}$
随机误差	$mn(r-1)$	MS_ε	V_ε	V_ε
总和	$mnr-1$			

要想从方差分析得到各种方差成分的无偏估计，需要知道各种均方的期望值。所有方差分析中，误差均方的期望总等于误差方差。这里我们只是以固定模型为例，形象地说明表 12.10 中其他均方的期望表达式。首先，所有的期望均方中都包含1倍的误差方差 V_ε。父本×母本均方的期望是误差方差 V_ε 和特殊配合力方差 V_{SCA} 的线性函数，其中误差方差 V_ε 的系数为 1。计算父本 × 母本平方和时，共包含了 mnr 个互作效应的平方和。计算父本 × 母本均方时，相当于计算 mn 个互作效应的平均均方。因此，父本 × 母本的期望均方中包含了 r 倍的特殊配合力方差 V_{SCA}。其他期望均方依次类推。亲本的平方和也包含了 mnr 个效应的平方和。计算父本均方时，相当于计算 m 个父本效应的平均均方，因此父本的期望均方中包含了 nr 倍的父本配合力方差 $V_{\mathrm{SCA_M}}$。计算母本均方时，相当于计算 n 个母本效应的平

均均方，因此母本的期望均方中包含了 mr 倍的母本配合力方差 $V_{\mathrm{SCA_M}}$。如使用随机效应模型，交互作用的期望均方与固定模型相同，亲本期望均方中还包含 r 倍的互作方差 V_{SCA}。

以表 12.8 的数据为例，假定 6 个父本和 6 个母本是两组完全不同的自交系，即父本数 m=6、母本数 n=6，配置 $m \times n$=36 个杂交组合，每个组合有 r=2 个观察值。利用重复平均数的双向表 12.9，行平均就是每个父本杂交组合后代的平均表现，与总平均数的差异就是父本一般配合力的估计；列平均就是每个母本杂交组合后代的平均表现，与总平均数的差异就是母本一般配合力的估计。重复平均数与总平均的差异，就是特定组合的总效应，从中减去父本和母本的一般配合力，就得到特殊配合力的估计。配合力的估计值由表 12.11 给出，为了区分，6 个父本仍用字母 A~ F 表示，6 个母本改用数字 1~6 表示。

表 12.11　利用表 12.9 重复平均数得到的父母本 GCA 和 SCA 估计值

SCA	1	2	3	4	5	6	父本 GCA
A	−4.07	−3.77	7.62	−0.57	−2.80	3.59	0.26
B	−0.34	5.36	−6.81	4.11	−0.73	−1.58	5.03
C	1.37	−3.13	4.40	−2.03	2.93	−3.53	9.13
D	−1.66	−0.91	1.47	−0.26	2.46	−1.10	3.15
E	6.23	1.08	−3.43	−0.62	−1.85	−1.41	−6.69
F	−1.53	1.37	−3.24	−0.63	−0.01	4.03	−10.88
母本 GCA	2.41	4.51	4.93	0.41	−2.26	−10.00	

利用表 12.11 的配合力估计，就能计算方差分析线性模型 (公式 12.39) 的各种效应平方和。父本 GCA 的平方和再乘以 12，就是父本效应的平方和；母本 GCA 的平方和再乘以 12，就是母本效应的平方和；SCA 的平方和再乘以 2，就是父本 × 母本互作效应的平方和。GCA 和 SCA 的平方和之所以要乘以适当的系数，是因为所有的平方和都应该有 72 项，即等于组合数乘以重复数。父本 GCA 共有 6 项，乘以 12 正好等于 72，这里的 12 也可以看作母本数 n 乘以重复数 r；母本 GCA 共有 6 项，乘以 12 正好等于 72，这里的 12 也可以看作父本数 m 乘以重复数 r。SCA 有 36 项，乘以 2 正好等于 72，这里的 2 也就是重复数 r。表 12.8 的 72 个原始数据与总平均数的离差平方和，就是总平方和，减去前面的 GCA 平方和与 SCA 平方和之后就是误差平方和。表 12.12 给出了这个不完全双列杂交的方差分析结果。

表 12.12　利用表 12.8 数据的不完全双列杂交方差分析

变异来源	自由度	平方和	均方	F 值 (固定模型)	P 值	固定模型方差估计	随机模型方差估计
父本配合力	5	3381.78	676.36	58.28	<0.0001	55.40	53.94
母本配合力	5	1867.77	373.55	32.19	<0.0001	30.16	28.71
特殊配合力	25	726.32	29.05	2.50	0.0058	8.72	8.72
随机误差	36	417.78	11.60			11.60	11.60
总和	71	6393.64	90.05				

表 12.12 的 F 检验结果表明，一般配合力和特殊配合力均达到极显著概率水平，随机误差方差为 11.60。利用固定模型，得到父本一般配合力的方差为 55.40，母本一般配合力的方差为 30.16，特殊配合力的方差仅有 8.72。一般配合力方差远超过特殊配合力方差，说明利用这些自交系的一般配合力，可以较好地预测杂交后代的表现。图 12.10 给出表 12.9 重复

平均数与公式 12.40 得到预测值之间的散点图，可以看到，由于特殊配合力方差很小，利用一般配合力可以很好地预测出杂交组合的表现，预测值与观察值之间的相关系数接近 0.94。同时还想说明，正是由于配合力的预测功能，双列杂交设计及其配合力分析，在杂种品种的选育中占据举足轻重的地位。

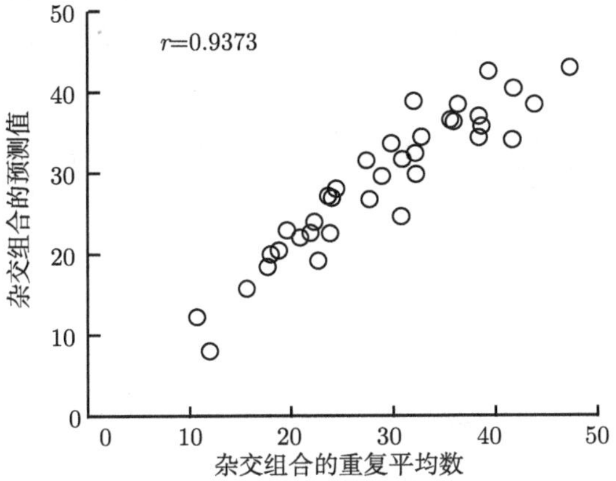

图 12.10 杂交组合的观察值和利用一般配合力的预测值

X 轴为表 12.9 中 36 个组合的重复平均数，Y 轴为利用表 12.11 一般配合力和公式 12.40 得到的 36 个组合的预测值

§12.3.4 包含正反交 (有或无自交) 的完全双列杂交

在包含正反交的完全双列杂交中，如果要区分自交系作为父本和母本的一般配合力，这时的分析方法与 §12.3.3 的不完全双列杂交完全一样。如果不区分父本和母本的一般配合力，也就是说，每个自交系不管作为父本还是母本，只有一个一般配合力。这时的分析方法就不能套用前面的不完全双列杂交。

设有 p 个亲本，在它们之间配制所有可能的杂交 (即有自交)，共 p^2 个组合，每个组合有 r 个观察值。用 i=1，2，$\cdots$，p 表示父本，j=1，2，$\cdots$，p 表示母本，k=1，2，$\cdots$，r 表示重复，每个观测值仍用 X_{ijk} 表示。如无自交，相当于要求 $i \neq j$，每个组合仍有 r 个观察值。有、无自交的两种设计中，亲本 i 的一般配合力用 GCA_i 表示，满足总和为 0 的约束条件。亲本 i 和 j 的特殊配合力用SCA_{ij} 表示 (无自交时要求 $i \neq j$)，对亲本 i，满足第 i 行和第 i 列总和为 0 的约束条件。随机效应用 ε_{ijk} 表示，如有自交，则要求对任意 i 和 j，r 个误差效应之和等于 0，即 $\sum_k \varepsilon_{ijk} = 0$ (i、j=1，2，$\cdots$，p)；如无自交，则要求对任意 $i \neq j$，r 个误差效应之和等于 0。这里特别提醒一下，特殊配合力满足的约束条件与公式 12.39 是有本质区别的。

为便于看出有、无自交的差异，公式 12.41 前半部分给出有自交设计的观测值线性分解，后半部分给出无自交设计的观测值线性分解。下文的效应计算公式与此类似，先给出有自交的情况，然后给出无自交的情况。如两者的 i 或 j 取值范围完全相同，无自交计算公式则略去 i 或 j 的取值范围；如有差异，无自交计算公式后面只给出这种差异。

$$X_{ijk} = \overline{X} + \mathrm{GCA}_i + \mathrm{GCA}_j + \mathrm{SCA}_{ij} + \varepsilon_{ijk}\ (\text{有自交}),\ i、j = 1,2,\cdots,p\text{表示亲本},$$

$$k = 1,2,\cdots,r\text{表示重复；}$$

$$X_{ijk} = \overline{X} + \mathrm{GCA}_i + \mathrm{GCA}_j + \mathrm{SCA}_{ij} + \varepsilon_{ijk}\ (\text{无自交}),\ i \neq j \tag{12.41}$$

根据表型分解公式 12.41，就能计算模型中各种效应的最小二乘估计，但求解过程比较繁琐，下面只是直观地说明各种效应的计算方法，更详细推导参看 Griffing (1956)。首先如公式 12.42 计算多次重复观测值的简单平均数。对所有的重复平均数再求平均，也就是总平均。总平均当然也就等于所有原始观测数据的简单平均 (公式 12.43)。把公式 12.42 给出的重复平均数排列成一个双向表，对每个亲本所在的行求平均数 (公式 12.44)，对每个亲本所在的列求平均数 (公式 12.45)。

$$\overline{X}_{ij\cdot}=\frac{1}{r}\sum_{k}X_{ijk}\ (\text{有自交}),\ i、j=1,2,\cdots,p;$$
$$\overline{X}_{ij\cdot}=\frac{1}{r}\sum_{k}X_{ijk}\ (\text{无自交}),\ i\neq j \tag{12.42}$$

$$\overline{X}=\frac{1}{p^2}\sum_{i,j}\overline{X}_{ij\cdot}=\frac{1}{p^2r}\sum_{i,j,k}X_{ijk}\ (\text{有自交});$$
$$\overline{X}=\frac{1}{p(p-1)}\sum_{i\neq j}\overline{X}_{ij\cdot}=\frac{1}{p(p-1)r}\sum_{i\neq j,k}X_{ijk}\ (\text{无自交}) \tag{12.43}$$

$$\overline{X}_{i\cdot\cdot}=\frac{1}{p}\sum_{j}\overline{X}_{ij\cdot}\ (\text{有自交}),\ i=1,2,\cdots,p;$$
$$\overline{X}_{i\cdot\cdot}=\frac{1}{p-1}\sum_{j\neq i}\overline{X}_{ij\cdot}\ (\text{无自交}) \tag{12.44}$$

$$\overline{X}_{\cdot j\cdot}=\frac{1}{p}\sum_{i}\overline{X}_{ij\cdot}\ (\text{有自交}),\ j=1,2,\cdots,p;$$
$$\overline{X}_{\cdot j\cdot}=\frac{1}{p-1}\sum_{i\neq j}\overline{X}_{ij\cdot}\ (\text{无自交}) \tag{12.45}$$

亲本 i 所在的行与列，都包含着一般配合力的信息。首先根据公式 12.41，把亲本 i 所在的行用公式 12.46 表示出来，所在的列用公式 12.47 表示出来。公式 12.46 和公式 12.47 两端同时对所有的 j 求和，然后相加，同时利用一般配合力和特殊配合力所满足的约束条件，就得到公式 12.48。

$$\overline{X}_{ij\cdot}=\overline{X}+\text{GCA}_i+\text{GCA}_j+\text{SCA}_{ij}\ (\text{有自交}),\ i\ \text{固定},\ j=1,2,\cdots,p;$$
$$\overline{X}_{ij\cdot}=\overline{X}+\text{GCA}_i+\text{GCA}_j+\text{SCA}_{ij}\ (\text{无自交}),j\neq i \tag{12.46}$$

$$\overline{X}_{ji\cdot}=\overline{X}+\text{GCA}_j+\text{GCA}_i+\text{SCA}_{ji}\ (\text{有自交}),i\ \text{固定},j=1,2,\cdots,p;$$
$$\overline{X}_{ji\cdot}=\overline{X}+\text{GCA}_j+\text{GCA}_i+\text{SCA}_{ji}\ (\text{无自交}),i\neq j \tag{12.47}$$

$$p(\overline{X}_{i\cdot\cdot}+\overline{X}_{\cdot i\cdot})=2p\overline{X}+2p\text{GCA}_i\ (\text{有自交}),i=1,2,\cdots,p;$$
$$(p-1)(\overline{X}_{i\cdot\cdot}+\overline{X}_{\cdot i\cdot})=2(p-1)\overline{X}+2(p-2)\text{GCA}_i\ (\text{无自交}) \tag{12.48}$$

根据公式 12.48，就能得到一般配合力估计公式 12.49。顺便提一下，公式 12.49 给出的估计，与通过线性模型公式 12.41 离差平方和求偏导得到的最小二乘估计完全相同。从公式 12.49 可以看到，有无自交的 GCA 计算公式是有差异的。在一般配合力估计的基础上，容易得到特殊配合力估计公式 12.50。为完整起见，公式 12.51 给出了误差效应的估计方法。

$$\text{GCA}_i=\frac{1}{2}(X_{i\cdot\cdot}+X_{\cdot i\cdot})-\overline{X}\ (\text{有自交}),i=1,2,\cdots,p;$$

$$\mathrm{GCA}_i = \frac{p-1}{p-2}\left[\frac{1}{2}(X_{i\cdot\cdot}+X_{\cdot i\cdot})-\overline{X}\right] (\text{无自交}) \tag{12.49}$$

$$\mathrm{SCA}_{ij} = X_{ij\cdot}-\overline{X}-\mathrm{GCA}_i-\mathrm{GCA}_j\ (\text{有自交}), i、j=1,2,\cdots,p;$$

$$\mathrm{SCA}_{ij} = X_{ij\cdot}-\overline{X}-\mathrm{GCA}_i-\mathrm{GCA}_j\ (\text{无自交}), i\neq j \tag{12.50}$$

$$\varepsilon_{ijk} = X_{ijk}-\overline{X}_{ij\cdot}\ (\text{有自交}), i、j=1,2,\cdots,p,\ k=1,2,\cdots,r$$

$$\varepsilon_{ijk} = X_{ijk}-\overline{X}_{ij\cdot}\ (\text{无自交}), i\neq j \tag{12.51}$$

有自交的方差分析如表 12.13 所示。一般配合力共有 p 个，自由度为 $p-1$。共配置 p^2 个杂交组合，组合的自由度为 p^2-1，从中减去一般配合力自由度，就是特殊配合力自由度，即表 12.13 中的 $p(p-1)$。总自由度为 p^2r-1，从中减去组合的自由度 p^2-1，就是误差自由度，即表 12.13 中的 $p^2(r-1)$。亲本一般配合力的平方和乘以 pr、再乘以 2 之后，就是一般配合力平方和。之所以要再乘以 2，是因为每个杂交组合中都包含两个一般配合力。所有 p^2 个特殊配合力的平方和乘以 r 之后，就是特殊配合力平方和。根据公式 12.51 计算误差平方和，最后就得到方差分析表 12.13。

表 12.13　包含正交、反交和自交的完全双列杂交方差分析表。亲本数为 p，配制包括正交、反交和自交所有可能的 p^2 个组合，每个组合有 r 次重复观察值

变异来源	自由度	均方	固定模型期望均方	随机模型期望均方
GCA	$p-1$	$\mathrm{MS_{GCA}}$	$V_\varepsilon+2prV_{\mathrm{GCA}}$	$V_\varepsilon+rV_{\mathrm{SCA}}+2prV_{\mathrm{GCA}}$
SCA	$p(p-1)$	$\mathrm{MS_{SCA}}$	$V_\varepsilon+rV_{\mathrm{SCA}}$	$V_\varepsilon+rV_{\mathrm{SCA}}$
随机误差	$p^2(r-1)$	MS_ε	V_ε	V_ε
总和	p^2r-1			

无自交的方差分析如表 12.14 所示。一般配合力共有 p 个，自由度为 $p-1$。共配置 $p(p-1)$ 个杂交组合，组合的自由度为 $p(p-1)-1$，从中减去一般配合力自由度，就是特殊配合力自由度，即表 12.14 中的 $p(p-2)$。总自由度为 $p(p-1)r-1$，从中减去组合的自由度 $p(p-1)-1$，就是误差自由度，即表 12.14 中的 $p(p-1)(r-1)$。亲本一般配合力的平方和乘以 $(p-1)r$、再乘以 2 之后，就是一般配合力平方和。所有 $p(p-1)$ 个特殊配合力的平方和乘以 r 之后，就是特殊配合力平方和。根据公式 12.51 的误差效应计算误差平方和，最后得到方差分析表 12.14。

表 12.14　包含正反交 (无自交) 的完全双列杂交方差分析表。亲本数为 p，配制包括正交和反交的 $p(p-1)$ 个组合，每个组合有 r 次重复观察值

变异来源	自由度	均方	固定模型期望均方	随机模型期望均方
GCA	$p-1$	$\mathrm{MS_{GCA}}$	$V_\varepsilon+2(p-1)rV_{\mathrm{GCA}}$	$V_\varepsilon+rV_{\mathrm{SCA}}+2(p-1)rV_{\mathrm{GCA}}$
SCA	$p(p-2)$	$\mathrm{MS_{SCA}}$	$V_\varepsilon+rV_{\mathrm{SCA}}$	$V_\varepsilon+rV_{\mathrm{SCA}}$
随机误差	$p(p-1)(r-1)$	MS_ε	V_ε	V_ε
总和	$p(p-1)r-1$			

根据方差分析表 12.13 或表 12.14，就可以对一般配合力和特殊配合力进行差异显著性检验，并利用最后两列的期望均方，估计固定和随机两种效应模型的方差成分，同时对一般配合力预测杂交组合的能力做出判断。在正交线性分解的情况下，所有变异来源的平方和相加，等于利用离差 $X_{ijk}-\overline{X}$ 计算出的总平方和。因此，误差平方和常常从总平方和减去模

型平方和进行计算。在完全双列设计中，只有同时包含正交、反交和自交的设计，效应分解才满足正交性。如交配设计中不包含自交，以及下一节只有正交的双列设计，则效应的分解都不具有正交性。这时，一般配合力与特殊配合力之间存在协方差，所有变异来源平方和相加，并不等于总平方和。这时，误差平方和只能从误差效应本身 (即公式 12.51) 进行计算。

考虑表 12.9 中的所有组合，得到的配合力估计见表 12.15。容易验证，一般配合力之和等于 0。特殊配合力行和、列和这时都不是 0，但第 i 行和 i 列 (即亲本 i 所在的行与列) 之和为 0，这一点请读者验证并注意。与表 12.11 相比，这里的 GCA 其实就是表 12.11 亲本两个 GCA 的平均数。SCA 仅在对角线上与表 12.11 相等，其他地方均不相等。

表 12.15　利用表 12.9 中 36 个组合重复平均数得到的 GCA 和 SCA 估计值

亲本	SCA						GCA
	A	B	C	D	E	F	
A	−4.07	−5.11	4.44	−3.01	−1.66	2.96	1.33
B	0.99	5.36	−8.65	3.00	1.75	−0.88	4.77
C	4.54	−1.30	4.40	−1.31	7.25	−0.98	7.03
D	0.79	0.20	0.74	−0.26	6.04	0.71	1.78
E	5.09	−1.40	−7.75	−4.21	−1.85	−3.18	−4.47
F	−0.89	0.67	−5.78	−2.44	1.77	4.03	−10.44

表 12.15 最后一列 GCA 估计值的平方和乘以 pr=12、再乘以 2 后，就是 GCA 平方和。表中 SCA 估计值的平方和再乘以重复数 r=2 后，就是 SCA 平方和。表 12.16 给出方差分析的结果，F 检验结果表明一般配合力和特殊配合力均达到极显著概率水平，随机误差方差为 11.60。利用固定模型得到一般配合力方差为 40.74，特殊配合力方差为 11.35。与表 12.12 相比，误差平方和与总平方和都没有变化。但由于一般配合力和特殊配合力在估计上的差异，它们的平方和与表 12.12 并不一样。在固定效应模型下，误差方差有相同的估计，特殊配合力的方差估计值为 11.35，略高于表 12.12 中的 8.72。一般配合力的方差估计值为 40.25，近似等于表 12.12 中亲本一般配合力方差的平均数。这也充分说明，对于同样一组表型观测数据，选用不同的线性模型，方差分析的结果是不同的。因此，实际问题中，需要根据具体研究目的，开展适当的设计、选择使用正确的方差分析线性模型，才可能实现预期的研究目标。

表 12.16　利用表 12.9 中 36 个组合、两次重复观测值的方差分析

变异来源	自由度	平方和	均方	F 值	P 值	固定模型方差估计	随机模型方差估计
一般配合力	5	4946.61	989.32	85.25	<0.0001	40.74	39.79
特殊配合力	30	1029.26	34.31	2.96	0.0011	11.35	11.35
随机误差	36	417.78	11.60			11.60	11.60
总和	71	6393.64	90.05				

在表 12.8 中，如不考虑对角线上的元素，这时的双列杂交就不包含 6 个亲本的自交，只剩下 30 个正反交杂交组合，每个组合有两次重复观测值，表 12.9 的重复平均数在对角线上应该为空白。这时，行平均数和列平均数只根据 5 个重复平均数进行计算，总平均数根据 60 个观测值进行计算。配合力的估计值见表 12.17。与表 12.15 一样，这里的一般配合力之和也等于 0，特殊配合力的第 i 行和第 i 列之和为 0，每一行或每一列之和并不为 0。表 12.15 和表 12.17 中的特殊配合力，都不具有对称性，之间的差异可以看作正反交效应。

表 12.17 利用表 12.9 中 15 个正交、15 个反交重复平均数得到的 GCA 和 SCA 估计值

亲本	SCA						GCA
	A	B	C	D	E	F	
A		−5.16	4.14	−4.48	−3.52	2.57	2.67
B	0.94		−6.59	3.89	2.25	1.09	3.75
C	4.24	0.76		−0.65	7.51	0.74	6.24
D	−0.68	1.09	1.40		5.14	1.27	2.16
E	3.23	−0.90	−7.50	−5.11		−3.02	−3.69
F	−1.28	2.64	−4.06	−1.88	1.93		−11.13

表 12.17 中 GCA 估计值的平方和乘以 $(p-1)r=10$、再乘以 2 后，就是 GCA 平方和。SCA 估计值的平方和再乘以重复数 r=2 后，就是 SCA 平方和。表 12.18 给出了方差分析结果，F 检验结果表明，一般配合力和特殊配合力均达到极显著概率水平，随机误差方差为 12.03。利用固定模型得到一般配合力方差为 39.88，特殊配合力方差为 10.27，均接近于表 12.16 包含自交双列设计的方差估计。

表 12.18 利用表 12.9 中 15 个正交、15 个反交两次重复平均数得到的方差分析结果

变异来源	自由度	平方和	均方	F 值	P 值	固定模型方差估计	随机模型方差估计
一般配合力	5	4047.88	809.58	67.27	<0.0001	39.88	38.85
特殊配合力	24	782.01	32.58	2.71	0.0034	10.27	10.27
随机误差	30	361.04	12.03			12.03	12.03
总和	59	5190.92					

方差分析表 12.16 和表 12.18 中，两种类型的配合力都达到极显著水平，一般配合力方差远超过特殊配合力方差，说明可以利用这些自交系的一般配合力，来预测杂交后代的表现。图 12.11 是观测值重复平均数与预测值之间的散点图，可以看到，利用一般配合力可以很好地预测出杂交组合的表现。由于图 12.11A 合并了父母本的一般配合力，预测值与观测值的相关系数低于图 12.10。图 12.11B 不仅合并了父母本的一般配合力，而且减少了组合数，预测精度进一步下降。因此，在包含正反交的双列杂交中，最好还是区分自交系作为父本和母本在一般配合力上的差异，以充分利用表型数据的信息，更准确地预测杂交组合的表现，同时还可研究一个自交系作为父、母本的遗传差异。

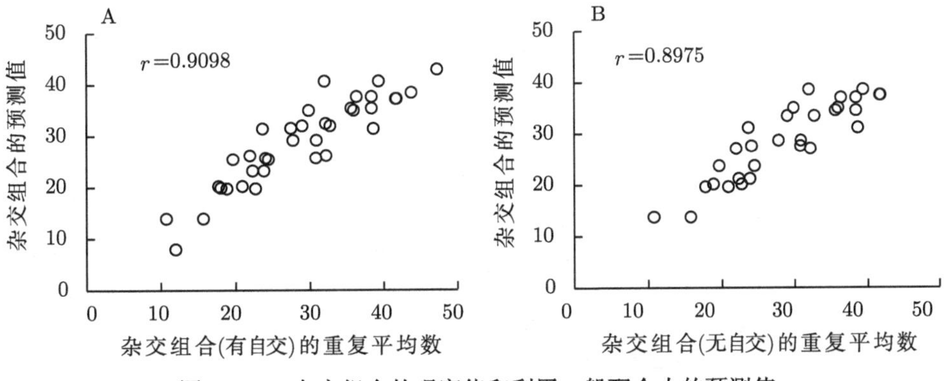

图 12.11 杂交组合的观察值和利用一般配合力的预测值

X 轴为杂交组合观测值的重复平均数，Y 轴为利用亲本一般配合力得到的预测值。A. 包含 6 个亲本的 15 个正交、15 个反交和 6 个自交组合。B. 包含 6 个亲本的 15 个正交和 15 个反交，无自交

§12.3.5 包含正交 (有或无自交) 的完全双列杂交

设有 p 个亲本，在它们之间配制 $\frac{1}{2}p(p-1)$ 个正交和 p 个自交组合，共 $\frac{1}{2}p(p+1)$ 个，每个组合有 r 个观察值。用 i=1，2，…，p 表示父本，$j=i$，i+1，…，p 表示母本，k=1，2，…，r 表示重复。亲本 i 的一般配合力用 GCA_i 表示，i=1，2，…，p，满足总和为 0 的约束条件。亲本 i 和 j 的特殊配合力用 SCA_{ij} 表示，$j=i$，i+1，…，p。第 i 行和第 i 列的特殊配合力满足和为 0 的约束条件，需要注意的是特殊配合力 SCA_{ii} 在行列求和时占了两份。如无自交，相当于 $j=i$+1，…，p，每个组合仍有 r 个观察值。一般配合力 GCA_i 满足总和为 0 的约束条件。第 i 行和第 i 列的特殊配合力满足和为 0 的约束条件。随机效应用 ε_{ijk} 表示，对于任意有意义的 i 和 j，r 个误差效应之和均等于 0，即 $\sum\limits_k \varepsilon_{ijk}=0$。

如前一节的格式，公式 12.52 前半部分给出有自交设计的观测值线性分解，后半部分给出无自交设计的观测值线性分解。下文的效应计算公式，也是先给出有自交的情况，然后给出无自交的情况。如两者的 i 或 j 取值范围完全相同，则无自交计算公式略去 i 或 j 的取值范围；如有差异，无自交计算公式后面只给出这种差异。

$$
\begin{aligned}
&X_{ijk}=\overline{X}+\text{GCA}_i+\text{GCA}_j+\text{SCA}_{ij}+\varepsilon_{ijk}\ (\text{有自交}), i=1,2,\cdots,p\text{和}j=i,i+1,\cdots,\\
&p\text{表示亲本}, k=1,2,\cdots,r\text{表示重复};\\
&X_{ijk}=\overline{X}+\text{GCA}_i+\text{GCA}_j+\text{SCA}_{ij}+\varepsilon_{ijk}\ (\text{无自交}), j=i+1,\cdots,p
\end{aligned}
\tag{12.52}
$$

首先如公式 12.53 计算多次重复观测值的简单平均数。每个亲本的平均数用 $\overline{X}_i$ (i=1，2，…，p) 表示，如公式 12.54 计算。这样，所有亲本平均数的平均正好等于总平均。请注意，两个亲本的一般配合力在每个正交组合 (自交除外) 中各占一份，对角元素代表的自交组合中，具有两份的一般配合力。同时，为使亲本平均数之间的平均与公式 12.55 给出的总平均数保持相等，对有自交的设计，对角元素在亲本平均数的计算中占了两份。也可以认为，在计算亲本 i 所在行和列的元素之和时，第 i 个对角元素被考虑两次。

$$
\begin{aligned}
&\overline{X}_{ij\cdot}=\frac{1}{r}\sum_k X_{ijk}\ (\text{有自交}),\ i=1,2,\cdots,p,\ j=i,i+1,\cdots,p;\\
&\overline{X}_{ij\cdot}=\frac{1}{r}\sum_k X_{ijk}\ (\text{无自交}),\ j=i+1,\cdots,p
\end{aligned}
\tag{12.53}
$$

$$
\begin{aligned}
&\overline{X}_i=\frac{1}{p+1}\left(\sum_{j<i}\overline{X}_{ji\cdot}+2\overline{X}_{ii\cdot}+\sum_{i<j}\overline{X}_{ij\cdot}\right)\ (\text{有自交}),\ i=1,2,\cdots,p;\\
&\overline{X}_i=\frac{1}{p-1}\left(\sum_{j<i}\overline{X}_{ji\cdot}+\sum_{i<j}\overline{X}_{ij\cdot}\right)\ (\text{无自交})
\end{aligned}
\tag{12.54}
$$

$$
\begin{aligned}
&\overline{X}=\frac{1}{p}\sum_i\overline{X}_i=\frac{1}{\frac{1}{2}p(p+1)r}\sum_{i\leqslant j,k}X_{ijk}\ (\text{有自交});\\
&\overline{X}=\frac{1}{p}\sum_i\overline{X}_i=\frac{1}{\frac{1}{2}p(p-1)r}\sum_{i<j,k}X_{ijk}\ (\text{无自交})
\end{aligned}
\tag{12.55}
$$

亲本 i 所在的行与列，都包含一般配合力的信息。根据公式 12.52 及其包含的约束条件，公式 12.54 给出的亲本均值还可以等价地用公式 12.56 表示出来。有自交时，$(p+1)\overline{X}_i$ 中包含了 $p+1$ 倍的总平均、$p+2$ 倍的一般配合力，特殊配合力相互抵消变为 0。无自交时，$(p-1)\overline{X}_i$ 中包含了 $p-1$ 倍的总平均、$p-2$ 倍的一般配合力，特殊配合相互抵消变为 0。在公式 12.56 的基础上，就可以利用公式 12.57 计算亲本的一般配合力，利用公式 12.58 计算两个亲本的特殊配合力，利用公式 12.59 计算误差效应。

$$(p+1)\overline{X}_i=(p+1)\overline{X}+(p+2)\mathrm{GCA}_i\ (\text{有自交}), i=1,2,\cdots,p;$$

$$(p-1)\overline{X}_i=(p-1)\overline{X}+(p-2)\mathrm{GCA}_i\ (\text{无自交}) \tag{12.56}$$

$$\mathrm{GCA}_i=\frac{p+1}{p+2}(\overline{X}_i-\overline{X})\ (\text{有自交}), i=1,2,\cdots,p;$$

$$\mathrm{GCA}_i=\frac{p-1}{p-2}(\overline{X}_i-\overline{X})\ (\text{无自交}) \tag{12.57}$$

$$\mathrm{SCA}_{ij}=\overline{X}_{ij\cdot}-\overline{X}-\mathrm{GCA}_i-\mathrm{GCA}_j,\ i=1,2,\cdots,p,\ j=i,i+1,\cdots,p;$$

$$\mathrm{SCA}_{ij}=\overline{X}_{ij\cdot}-\overline{X}-\mathrm{GCA}_i-\mathrm{GCA}_j,\ j=i+1,\cdots,p \tag{12.58}$$

$$\varepsilon_{ijk}=X_{ijk}-\overline{X}_{ij\cdot}\ (\text{有自交}),\ i=1,2,\cdots,p,\ j=i,i+1,\cdots,p,\ k=1,2,\cdots,r;$$

$$\varepsilon_{ijk}=X_{ijk}-\overline{X}_{ij\cdot}\ (\text{无自交}),\ j=i+1,\cdots,p \tag{12.59}$$

有自交的方差分析如表 12.19 所示。一般配合力有p 个，自由度为 $p-1$。包含自交在内，共有 $\frac{1}{2}p(p+1)$ 个组合，组合的自由度为$\frac{1}{2}p(p+1)-1$，从中减去一般配合力自由度，就是特殊配合力自由度，即表 12.19 中的$\frac{1}{2}p(p-1)$，正好等于正交组合的个数。总自由度为$\frac{1}{2}p(p+1)r-1$，从中减去组合的自由度 $\frac{1}{2}p(p+1)-1$，就是误差自由度，即表 12.19 中的 $\frac{1}{2}p(p+1)(r-1)$。亲本一般配合力的平方和乘以$\frac{1}{2}(p+1)r$、再乘以 2 之后，就是一般配合力平方和。特殊配合力的平方和乘以重复数 r 之后，就是特殊配合力平方和。根据公式 12.59 得到的效应估计值计算误差平方和。

表 12.19 包含正交和自交的完全双列杂交方差分析表。亲本数为 p，配制 $\frac{1}{2}p(p-1)$ 个正交和 p 个自交组合，共 $\frac{1}{2}p(p+1)$ 个，每个组合有 r 个观察值

变异来源	自由度	均方	固定模型期望均方	随机模型期望均方
GCA	$p-1$	$\mathrm{MS_{GCA}}$	$V_\varepsilon+(p+1)rV_{\mathrm{GCA}}$	$V_\varepsilon+rV_{\mathrm{SCA}}+(p+1)rV_{\mathrm{GCA}}$
SCA	$\frac{1}{2}p(p-1)$	$\mathrm{MS_{SCA}}$	$V_\varepsilon+rV_{\mathrm{SCA}}$	$V_\varepsilon+rV_{\mathrm{SCA}}$
随机误差	$\frac{1}{2}p(p+1)(r-1)$	MS_ε	V_ε	V_ε
总和	$\frac{1}{2}p(p+1)r-1$			

无自交的方差分析如表 12.20 所示。一般配合力有 p 个，自由度为 $p-1$。共配置$\frac{1}{2}p(p-1)$ 个杂交组合，组合的自由度为$\frac{1}{2}p(p-1)-1$，从中减去一般配合力自由度，就是特殊配合力

自由度，即表 12.20 中的 $\frac{1}{2}p(p-3)$。总自由度为$\frac{1}{2}p(p-1)r-1$，从中减去组合的自由度$\frac{1}{2}p(p-1)-1$，就是误差自由度，即表 12.20 中的$\frac{1}{2}p(p-1)(r-1)$。亲本一般配合力的平方和乘以$\frac{1}{2}(p-1)r$、再乘以2 之后，就是一般配合力平方和。特殊配合力的平方和乘以 r 之后，就是特殊配合力平方和。根据公式 12.59 得到的效应估计值计算误差平方和。

表 12.20　包含正交 (无自交) 的完全双列杂交方差分析表。亲本数为 p，配制 $\frac{1}{2}p(p-1)$ 个正交组合，每个组合有 r 个观察值

变异来源	自由度	均方	固定模型期望均方	随机模型期望均方
GCA	$p-1$	$\mathrm{MS_{GCA}}$	$V_\varepsilon+(p-1)rV_{\mathrm{GCA}}$	$V_\varepsilon+rV_{\mathrm{SCA}}+(p-1)rV_{\mathrm{GCA}}$
SCA	$\frac{1}{2}p(p-3)$	$\mathrm{MS_{SCA}}$	$V_\varepsilon+rV_{\mathrm{SCA}}$	$V_\varepsilon+rV_{\mathrm{SCA}}$
随机误差	$\frac{1}{2}p(p-1)(r-1)$	MS_ε	V_ε	V_ε
总和	$\frac{1}{2}p(p-1)r-1$			

只考虑表 12.8 中的正交和自交组合，重复平均数和配合力估计见表 12.21。表中的行列平均，即公式 12.54 的亲本平均数。需要注意的是，对角元素在行列平均数中占两份。容易验证，一般配合力之和等于 0。特殊配合力行和、列和都不是 0，但第 i 行和第 i 列 (即亲本 i 所在的行与列) 的和为 0 (这里的对角元素也要占两份)，这一点请读者自行验证。

表 12.21　包含 6 个亲本的 15 个正交和 6 个自交完全双列杂交设计中，组合观测数据重复平均数、一般配合力和特殊配合力估计

亲本	两次重复的平均数						行列平均
	A	B	C	D	E	F	
A	27.45	29.85	41.65	28.95	24.05	22.70	28.87
B		43.75	32.00	38.40	30.90	22.30	34.42
C			47.30	36.35	38.65	24.45	38.24
D				32.15	32.20	20.90	31.59
E					18.05	10.75	24.66
F						12.00	17.87
总平均	29.28						29.28
亲本	SCA						GCA
A	−1.12	−3.57	4.88	−1.99	−0.84	3.76	−0.35
B		5.47	−9.62	2.60	1.16	−1.50	4.50
C			2.33	−2.79	5.56	−2.69	7.85
D				−1.17	4.94	−0.42	2.02
E					−3.16	−4.51	−4.04
F						2.68	−9.98

如只考虑表 12.8 中的正交，而不考虑反交和自交组合，重复平均数和配合力估计见表 12.22。表中的行列平均，即公式 12.54 的亲本平均数。请读者验证，一般配合力之和等于 0，

第 i 行和第 i 列的特殊配合力之和也为 0。

表 12.22 包含 6 个亲本的 15 个正交组合完全双列杂交设计中，组合的重复平均数、一般配合力和特殊配合力估计

亲本	两次重复的平均数						行列平均
	A	B	C	D	E	F	
A		29.85	41.65	28.95	24.05	22.70	29.44
B			32.00	38.40	30.90	22.30	30.69
C				36.35	38.65	24.45	34.62
D					32.20	20.90	31.36
E						10.75	27.31
F							20.22
总平均	28.94						28.94
亲本	SCA						GCA
A		−1.90	4.99	−3.64	−3.48	4.04	0.63
B			−6.23	4.25	1.81	2.07	2.19
C				−2.72	4.65	−0.69	7.10
D					2.27	−0.17	3.03
E						−5.25	−2.04
F							−10.90

得到表 12.21 和表 12.22 的效应估计后，就可以计算各种效应的平方和，计算方法无需再作解释，表 12.23 同时给出有自交和无自交的方差分析结果。表中误差平方和根据公式 12.59 的误差效应计算，总平方和为每个变异来源平方和相加得到，与原始观测数据离差 $X_{ijk} - \overline{X}$ 的平方和并不相等。

表 12.23 利用表 12.8 中 15 个正交及有自交和无自交两次重复观测数据的方差分析

设计类型	变异来源	自由度	平方和	均方	F 值	P 值	方差估计
有自交	GCA	5	2826.65	565.33	54.11	<0.0001	39.63
	SCA	15	608.82	40.59	3.88	0.0023	15.07
	随机误差	21	219.42	10.45			10.45
	总和	41	3654.89	98.99			
无自交	GCA	5	1876.98	375.40	34.61	<0.0001	36.46
	SCA	9	393.43	43.71	4.03	0.0086	16.43
	随机误差	15	162.68	10.85			10.85
	总和	29	2433.09	70.95			

从方差分析表 12.23 可以看到，在有、无自交的两种设计中，两种类型配合力都达到极显著水平，一般配合力方差远超过特殊配合力方差。图 12.12 给出观测值重复平均数与预测值之间的散点图，可以看到，在一般配合力为主要遗传变异的育种群体中，仅利用正交组合得到的一般配合力，仍然可以很好地预测杂交组合的表现，预测值与观测平均数的相关系数略低于图 12.10 中的相关系数。

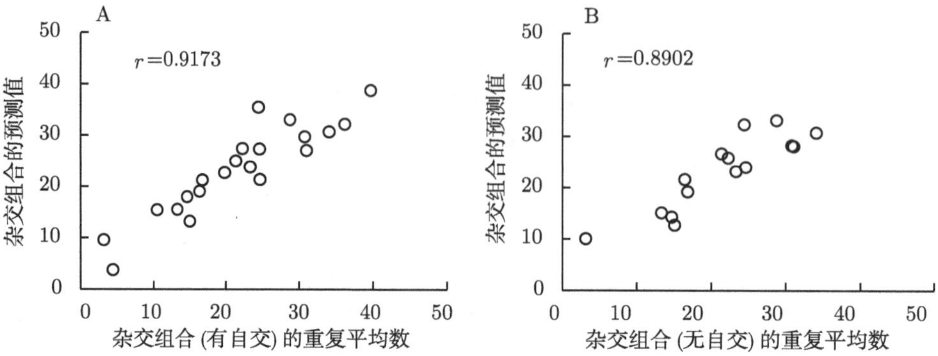

图 12.12　杂交组合的观察值和一般配合力预测值

X 轴为杂交组合的重复平均数，Y 轴为利用亲本一般配合力得到的预测值。A. 包含 6 个亲本的 15 个正交和 6 个自交组合；B. 包含 6 个亲本的 15 个正交，无自交

§12.4　轮回选择与群体改良

§12.4.1　轮回选择育种方法与群体改良

作为动植物育种的一个重要方法，轮回选择 (recurrent selection) 是对育种群体的周期性改良。轮回选择通过表型评价、基因型鉴定等手段，选择群体中的优良个体，在这些优良个体间互交形成下一代的育种群体，并不断重复这个过程。换句话说，轮回选择是不断重复“鉴定、选择、重组”过程的一种群体改良方法。广义地说，图 12.1 表示的自交系选择过程也可被看作轮回选择的一种。但一般意义上，轮回选择指的是一个群体内的改良或两个群体间的交互改良，改良后的群体可以作为开放授粉品种或作为选育新近交系的来源。对图 12.1 的系谱选择来说，由于自交使得基因很快得以纯合固定，连锁基因之间没有充分的时间发生重组。轮回选择从两个方面弥补这一不足：一是通过周期性的选择，不断提高群体中有利基因的频率；二是通过不断重组打破有利基因与不利基因之间的紧密连锁，维持群体的遗传变异，以保证下一轮选择的遗传进度。

国际上最著名的轮回选择，是美国 Illinois 大学 100 多年来关于玉米蛋白质含量和油分含量的选择试验 (Dudley and Lambert，2004)。这项玉米群体改良最早是由 C. G. Hopkins 于 1896 年开始的，原始群体是 “Burr’s White”，Hopkins 在田间挑选 163 个穗子，于实验室内测定其油分和蛋白质含量，原始群体的平均油分含量为 4.7%，平均蛋白质含量为 10.9%。然后按高油目标，选择 24 个穗子形成 “Illinois 高油品系”；按低油目标，选择 12 个穗子形成 “Illinois 低油品系”；按高蛋白目标，选择 24 个穗子形成 “Illinois 高蛋白品系”；按低蛋白目标，选择 12 个穗子形成 “Illinois 低蛋白品系”。以这 4 个群体作为第一个轮回的杂交亲本，随后在 4 个方向上分别进行选择。

经 70 代的轮回选择后，高油群体的油分含量达 16.6%，低油群体的油分含量达 0.4%，分别相当于原始群体的 354.8%和 8.5%；高蛋白群体的蛋白质含量达 26.6%，低蛋白群体的蛋白质含量达 4.4%，分别相当于原始群体的 224.0%和 40.4%。第 48 代时，在上述基础上又增添了逆向选择，至 70 代时高油转低油方向下降了 8.85%，低油转高油方向上升了 2.38%；

高蛋白转低蛋白方向下降了 8.5%，低蛋白转高蛋白方向上升了 9.6%；高油转低油再转高油方向则由约 9%回升到 14.02%。这项试验在进行到第 76 代时，Dudley 对试验结果作了系统分析，结果表明 76 代后仍看不出选择进度有停滞的迹象，选择仍可不断地获得遗传进度。第 100 代的结果验证了这一观点。从已实现的遗传进度推算加性遗传方差，再估计涉及的基因数目和增效基因频率，结果表明高油含量与低油含量材料间的有效因子在 50 个左右，高蛋白含量与低蛋白含量间的有效因子在 120 个左右；高油含量与低油含量间存在相引连锁，在这个群体中，仍是以加性方差为主，显性方差仅为加性方差的 38%～46%。

由于杂交和自交都比较容易实现，轮回选择在玉米育种中得到广泛的研究和应用。玉米轮回选择分群体内和群体间两种类型 (表 12.24)。群体内轮回选择的目的，是通过不断提高群体内有利等位基因频率来提高群体的平均表现，一般基于个体自身表现或其自交后代的平均表现开展选择；改良后的群体可以直接作为品种 (称群体品种) 或作为自交系选育的材料来源。群体间轮回选择以选育杂交种为目的，交互轮回选择的两个群体一般是两个互补的杂种优势群，一般基于个体和自交后代的测交表现开展选择，两个群体互为测验种。然后从改良后的群体中选育自交系，在不同来源的自交系间配置杂交组合、选育优良杂交种。两类轮回选择方法中，表 12.24 给出常见的测交后代类型和重组后代类型 (Hallauer et al., 2010)。

表 12.24 常用的玉米轮回选择方法

轮回选择方法	测交后代类型	重组后代类型
群体内改良		
混合选择，花粉控制	单个植株	单个植株
混合选择，无花粉控制	单个植株	开放授粉种子
半同胞家系选择	半同胞家系	半同胞家系
修饰穗行选择	半同胞家系	开放授粉种子
半同胞家系/S_1 选择	半同胞家系	S_1 家系
全同胞家系选择	全同胞家系	全同胞家系
自交家系选择	S_1 或 S_2 家系	S_1 或 S_2 家系
群体间改良		
交互轮回选择	半同胞家系	S_1 家系
交互全同胞选择	全同胞家系	S_1 家系
测交选择	测交组合	S_1 家系

§12.4.2 群体内轮回选择的遗传进度

群体内轮回选择 (intrapopulation recurrent selection) 的目的是改良单个群体在一个性状或多个性状上的表现，第 11 章介绍的混合选择是最简单、最常用的方法。虽然个体水平上的遗传力低于以家系平均数估算出的遗传力，但混合选择可以通过对大量单株的筛选和重组弥补这方面的不足。公式 12.60 可以用来估计花粉控制混合选择的遗传进度，这一公式其实就是公式 11.13。花粉控制即控制被淘汰个体对后代的贡献。因此，花粉控制对于只有在开花以后才能评价的性状来说是不可能的。如果利用单株收获的开放授粉种子作为性状选择标准，这时对雄性配子没有施加任何选择，或雄性个体的选择强度为 0，总的选择强度等于雌性亲本选择强度的一半 (公式 11.11)，遗传进度只来自对雌性亲本的选择。因此，无花粉控制混合选择遗传进度只有公式 12.60 的一半，即公式 12.61。

$$R(\text{混合选择，花粉控制}) = \frac{iV_A}{\sqrt{V_P}} \tag{12.60}$$

$$R(\text{混合选择，无花粉控制}) = \frac{1}{2}\frac{iV_A}{\sqrt{V_P}} \tag{12.61}$$

与混合选择不同，家系选择 (family selection) 包括产生、评价和重组特定类型的家系，这些家系一般是单株上收获的自由授粉种子。一半种子用于评价家系的优劣，另一半种子在下一季节种植并用于重组，从而产生出下一轮轮回选择群体。对于非自交亲本来说，半同胞家系间的协方差是$\frac{1}{4}V_A$，选择响应如公式 12.62 估计，其中，r 是每个环境内的重复数，e 是环境数，V_ε 是环境内误差方差，用 V_{GE} 表示家系 × 环境互作方差。这里的家系包括半同胞、全同胞、S_1、S_2、测交组合等不同类型。

$$R(\text{半同胞家系选择}) = \frac{1}{4}\frac{iV_A}{\sqrt{\frac{1}{re}V_\varepsilon + \frac{1}{e}V_{GE} + \frac{1}{4}V_A}} \tag{12.62}$$

重组过程中，采用的后代类型 (表 12.24) 也会影响遗传进度，半同胞家系/S_1 选择 (half-sib family/S_1 selection) 中，利用自交 S_1 的种子进行重组，它的遗传进度如公式 12.63 所示。

$$R(\text{半同胞家系}/S_1\text{ 选择}) = \frac{1}{2}\frac{iV_A}{\sqrt{\frac{1}{re}V_\varepsilon + \frac{1}{e}V_{GE} + \frac{1}{4}V_A}} \tag{12.63}$$

全同胞家系选择 (full-sib family selection) 包括产生、评价和重组全同胞家系，全同胞家系间的协方差是 $\frac{1}{2}V_A + \frac{1}{4}V_D$，选择响应由公式 12.64 估计。

$$R(\text{全同胞家系选择}) = \frac{1}{2}\frac{iV_A}{\sqrt{\frac{1}{re}V_\varepsilon + \frac{1}{e}V_{GE} + \frac{1}{2}V_A + \frac{1}{4}V_D}} \tag{12.64}$$

自交会增加加性方差 V_A 前面的系数，自交家系选择 (selfed-family selection) 正是利用了这一点提高遗传进度。自交家系 S_1 选择的遗传进度由公式 12.65 估计。自交 S_2 中，加性方差为 $\frac{3}{2}V_A$，自交家系 S_2 选择的遗传进度由公式 12.66 估计。对自交更多次的家系进行选择，理论上可以利用更多的加性方差，但实际上很少采用。一方面的原因是加性方差的增加速度随自交次数在降低，另一方面的原因是需要更多的代数，因此会延长育种周期，按季节或年份的遗传进度并不一定高。

$$R(S_1\text{家系选择}) = \frac{iV_A}{\sqrt{\frac{1}{re}V_\varepsilon + \frac{1}{e}V_{GE} + \frac{1}{2}V_A + \frac{1}{4}V_D}} \tag{12.65}$$

$$R(S_2\text{家系选择}) = \frac{3}{2}\frac{iV_A}{\sqrt{\frac{1}{re}V_\varepsilon + \frac{1}{e}V_{GE} + \frac{1}{2}V_A + \frac{1}{4}V_D}} \tag{12.66}$$

Hallauer 等 (2010) 利用遗传方差和非遗传方差的经验估计，比较了 Iowa 坚秆综合种 (BSSS, Iowa Stiff Stalk Synthetic) 玉米群体中，不同轮回选择方法在产量和穗长两个性状上的预期遗传进度 (表 12.25)。产量性状的单株遗传力 h^2 取 0.08，穗长的单株遗传力 h^2 取

0.60，产量的全同胞家系平均数的遗传力 h^2 取 0.39，穗长的全同胞家系平均数的遗传力 h^2 取 0.92。如以每年的遗传进度为指标，表 12.25 表明混合选择在穗长上有最大的遗传进度，这一结果验证了如果单株评价的结果很可靠，则混合选择还是十分有效的。对于单株评价的结果不可靠的性状，如产量，自交家系选择有最大的年份遗传进度，而混合选择的效果较差。从表 12.25 还可以看出，不同选择方法的育种周期存在差异，周期遗传进度高的选择方法，年份遗传进度不一定高。因此，评价选择方法时，既要考虑每个育种周期的遗传进度，同时还要考虑单位时间内取得的遗传进度。

表 12.25 常用的轮回选择方法的预期遗传进度

轮回选择方法 (V_A 的系数)	单周期年数	产量		穗长	
		每年	每个育种周期	每年	每个育种周期
混合选择，无花粉控制 $\left(\frac{1}{2}\right)$	1	0.054	0.054	8.9	8.9
混合选择，花粉控制 (1)	1			**17.8**	17.8
修饰穗行选择 $\left(\frac{1}{8}\right)$	1	0.175	0.175	5.6	5.6
半同胞家系选择 $\left(\frac{1}{4}\right)$	2	0.175	0.350	5.6	11.3
半同胞家系/S_1 选择 $\left(\frac{1}{2}\right)$	2	0.350	0.701	11.3	22.5
全同胞家系选择 $\left(\frac{1}{2}\right)$	2	0.225	0.451	7.9	15.8
自交 S_1 家系选择 (1)	2	**0.361**	0.722	11.3	22.7
自交 S_2 家系选择 $\left(\frac{3}{2}\right)$	3	0.328	0.985	5.2	15.7

§12.4.3 群体间轮回选择的遗传进度

群体间轮回选择 (interpopulation recurrent selection) 的目的是同时改良两个群体间杂交组合的表现。用 P_1 和 P_2 分别表示这两个群体，一般由互补的杂种优势群组成。经典的群体间轮回选择是半同胞选择的一种，利用 P_1 作为 P_2 的测交种，P_2 作为 P_1 的测交种，也称交互轮回选择 (reciprocal recurrent selection)。

交互轮回选择的一般过程如下。①在第一个季节里，将 P_1 中的单株自交，并同时与 P_2 的一些随机单株杂交，称为“自交–杂交过程”；对群体 P_2，重复“自交–杂交过程”。②在第二个季节里，种植 P_1 群体的半同胞家系 (与 P_2 测交) 和 P_2 的半同胞家系 (与 P_1 测交)，评价这些家系的表现。③在第三个季节里，种植 P_1 群体中选家系的 S_1 种子，植株间互交形成新一轮的 P_1 群体；同时种植 P_2 群体中选家系的 S_1 种子，植株间互交形成新一轮的 P_2 群体。

交互轮回选择的遗传进度有两部分，一部分来自群体 P_1，另一部分来自群体 P_2，即公式 12.67，其中 $V_{A(\mathrm{P1})}$ 是 P_1 群体以 P_2 为测交种平均测交效应的方差，$V_{A(\mathrm{P2})}$ 是 P_2 群体以 P_1 为测交种平均测交效应的方差，V_ε 是随机误差方差，用 V_{GE} 表示家系 × 环境互作方差。

$$R(\text{交互半同胞轮回选择}) = \frac{1}{2}\frac{i_1 V_{A(\mathrm{P1})}}{\sqrt{\frac{1}{re}V_{\varepsilon(\mathrm{P1})} + \frac{1}{e}V_{GE(\mathrm{P1})} + \frac{1}{2}V_{A(\mathrm{P1})}}}$$

$$+\frac{1}{2}\frac{i_2V_{A(\mathrm{P2})}}{\sqrt{\frac{1}{re}V_{\varepsilon(\mathrm{P2})}+\frac{1}{e}V_{GE(\mathrm{P2})}+\frac{1}{2}V_{A(\mathrm{P2})}}} \tag{12.67}$$

§12.4.4　杂种优势预测与配合力选择

在杂交种选育过程中，一旦确定了一个作物的杂种优势有利用价值之后，育种家关心的其实已不再是杂种优势本身，而是杂交组合的具体表现，即如何从众多的组合中发现优良杂交组合。优良杂交组合可能是表现较好的两个自交系间的杂交，也可能是表现不太好的两个自交系间的杂交，也就是说难以从自交系的自身表现推测杂交种的产量和杂种优势。实践中，由于自交系的数量很大 (达数百或数千)，要在田间测试所有可能的杂交组合是不太可能的，因此杂交种表现的预测一直是杂交育种中的一个重要课题。

利用自交系表现是最早研究的一个预测方法。以玉米为例，杂交种的亲本常常来自不同的杂种优势群，假定杂种优势群 P_1 中有 100 个自交系，杂种优势群 P_2 中有 150 个自交系，如果可用两个自交系的平均产量预测杂交种的产量，那么我们只需调查群体 P_1 中的 100 个自交系和 P_2 中的 150 个自交系的产量，就能得到 P_1 和 P_2 间的 15 000 个杂交种的产量表现。实际上，杂交种的产量和自交系产量间的相关很低甚至没有相关性，其主要原因是非加性效应 (如显性效应和上位性效应等) 的存在，当然性状遗传力较低也是一个原因。近些年，人们还探索了利用分子标记的基因型鉴定数据，来预测杂交种的表现。有兴趣的读者，可参看《基因定位与育种设计》第 10 章的相关内容。

植物育种中，每个双亲杂交群体都很容易产生数百，甚至数千个基因型互不相同的重组近交家系。例如，双亲的差异座位数为 n，纯合基因型的个数则为 2^n。当 n=10 时，2^n=1024；n=15 时，2^n=32 768。就目前来看，准确预测两个自交系的杂交种表现还很困难。从公式 12.36～公式 12.38 我们看到，加性方差存在于一般配合力中，显性方差或非加性方差存在于特殊配合力中。同时，近交程度越高，加性方差前面的系数越大，说明一般配合力的选择效果越好。因此，可以利用一般配合力方差、特殊配合力方差及组合间遗传方差的构成，对于加性方差明显的育种群体，可以通过早期世代的个体表现和测交表现，对一般配合力进行选择，进而及早淘汰一般配合力较低的自交系，提高杂交组合群体的平均表现。特殊配合力是由非加性方差决定的，只有在配制了杂交组合之后才能进行估计。因此，在自交系的纯合过程中，难以对特殊配合力开展早期世代选择。特殊配合力的有效预测与选择，仍然是遗传育种中有待深入研究的一个重要科学问题。

练习题

12.1　纯系品种选育过程中，什么样的 F_1 需要与哪个亲本回交之后，再进行连续自交和选择？如何确定一个适当的回交代数？

12.2　通过 QTL 定位研究，发现一个控制数量性状座位上的三种基因型 AA、Aa、aa 的均值分别为 7、6、3。现将基因型为 AA 和 aa 的两个亲本杂交，不考虑选择，以及其他遗传和非遗传因素。

(1) 计算 F_2 的群体均值和遗传方差。

(2) 计算 F_3 的群体均值和遗传方差，并给出相对于 F_2 的近交衰退程度。

(3) 计算重组近交家系的群体均值和遗传方差，并给出相对于 F_2 的近交衰退程度。

12.3 练习 12.2 中，现将基因型为 AA 和 aa 的两个亲本杂交，通过连续自交产生了一个重组近交家系群体。不考虑选择，以及其他遗传和非遗传因素。这些近交系之间的杂交 F_1 有哪些类型？给出每种类型的频率、中亲值和 F_1 杂种的表现，并计算 F_1 杂种的群体均值和遗传方差。

12.4 下表给出的是一个随机交配群体中，三个座位上的等位基因频率和加显性遗传效应。不考虑其他遗传因素，假定总的中亲值为 10，三个座位间的不平衡度为 0。计算近交系数分别为 0、0.1、0.2、0.5 和 1 的群体均值。

座位	p	q	a	d
A	0.6	0.4	2	1
B	0.3	0.7	3	2
C	0.8	0.2	1	2

12.5 通过 QTL 定位研究，发现了两个控制数量性状的座位。两个座位之间无连锁关系，下表给出 9 种基因型值。不考虑其他遗传因素和误差效应。

基因型	$AABB$	$AABb$	$AAbb$	$AaBB$	$AaBb$	$Aabb$	$aaBB$	$aaBb$	$aabb$
平均表现	2.1	9.8	1.5	4.7	6.8	9.6	3.5	8.1	9.3

(1) 计算两个座位的加显性效应，以及它们之间的各种互作效应。

(2) 利用 4 个重组近交系 $AABB$、$AAbb$、$aaBB$、$aabb$ 作为父母本，配置 16 个 F_1 杂交组合。给出每个组合的中亲值、基因型值、中亲优势和高亲优势。

(3) 在 (2) 的基础上，计算单个亲本、中亲、F_1 表现、中亲优势和高亲优势这 5 个参数之间的相关系数矩阵。

(4) 根据 (3) 计算的相关系数矩阵，说明植物育种中如何更好地预测优良杂交组合。

12.6 在练习 12.5 的基础上，如将 4 种纯合基因型看作 4 个自交系亲本，同时又将它们看作 4 个测交亲本进行杂交，16 个杂种 F_1 的基因型值列成下面的双向表。表中的行平均可以看作自交系亲本的一般配合力 (GCA)。下表后半部分还同时给出了每个测交亲本的均值和标准差、测交表现与自交系亲本 GCA 的相关系数。最后一行的综合指标等于测交亲本的均值与标准差之和。

自交系亲本	测交亲本				GCA
	$AABB$	$AAbb$	$aaBB$	$aabb$	
$AABB$	2.1	9.8	4.7	6.8	5.85
$AAbb$	9.8	1.5	6.8	9.6	6.925
$aaBB$	4.7	6.8	3.5	8.1	5.775
$aabb$	6.8	9.6	8.1	9.3	8.45
均值	5.85	6.925	5.775	8.45	
标准差	2.8236	3.3492	1.7880	1.1057	
与 GCA 的相关系数	0.5568	0.0781	0.9458	0.7258	
综合指标	8.6736	10.2742	7.5630	9.5557	

(1) 根据 GCA 判断最优的自交系亲本。

(2) 根据表中数据说明应该利用什么样的标准来选择最优测交亲本。

12.7　下表是 7 个纯系亲本、49 个杂交组合的两次重复观测数据。考虑两因素带互作、固定效应的方差分析模型。

(1) 给出父本一般配合力、母本一般配合力和特殊配合力的估计值。

(2) 利用亲本的一般配合力，预测这 49 个组合的表现，绘制预测值与观察值重复平均数的散点图，并计算二者之间的相关系数。

(3) 给出父本一般配合力、母本一般配合力和特殊配合力方差的估计值。

亲本	重复 I							重复 II						
	A	B	C	D	E	F	G	A	B	C	D	E	F	G
A	22.8	14.4	27.2	17.2	18.3	16.2	18.6	24.2	16.2	30.8	27.0	20.2	16.8	14.4
B	15.4	17.2	14.8	18.6	15.2	17.0	14.4	16.5	18.8	14.6	18.6	15.3	15.2	14.8
C	31.8	21.0	24.8	24.6	19.2	29.8	12.8	30.4	23.0	21.2	25.4	20.0	28.4	14.2
D	16.2	11.4	16.8	18.4	12.4	16.8	12.6	17.8	13.0	16.3	18.0	14.2	14.8	12.2
E	14.6	12.2	15.2	15.2	15.2	18.0	10.4	18.8	13.6	15.4	13.8	15.2	16.0	12.2
F	20.2	14.2	18.6	22.2	14.3	20.2	9.0	23.4	14.0	14.8	17.0	17.3	22.6	10.2
G	14.0	12.2	13.6	13.8	15.6	15.6	11.4	16.6	9.2	16.2	14.4	15.6	11.0	10.6

12.8　下表是练习 12.7 的重复平均数，最后一列为每个亲本所在行和列的平均，最后一行为总平均。不区分父母本的一般配合力。

(1) 给出 7 个亲本的一般配合力，以及 49 个组合特殊配合力的估计值。

(2) 利用一般配合力，预测这 49 个组合的表现，绘制预测值与观察值重复平均数的散点图，并计算二者的相关系数。

重复平均	A	B	C	D	E	F	G	行列平均
A	23.50	15.30	29.00	22.10	19.25	16.50	16.50	20.25
B	15.95	18.00	14.70	18.60	15.25	16.10	14.60	15.60
C	31.10	22.00	23.00	25.00	19.60	29.10	13.50	20.96
D	17.00	12.20	16.55	18.20	13.30	15.80	12.40	16.97
E	16.70	12.90	15.30	14.50	15.20	17.00	11.30	15.49
F	21.80	14.10	16.70	19.60	15.80	21.40	9.60	17.73
G	15.30	10.70	14.90	14.10	15.60	13.30	11.00	13.13
总平均				17.16				17.16

12.9　下表是练习 12.7 的重复平均数，但不包含自交，最后一列为每个亲本所在行和列的平均，最后一行为总平均。不区分父母本的一般配合力。

(1) 给出 7 个亲本一般配合力及 42 个组合特殊配合力的估计值。

(2) 利用一般配合力，预测这 42 个组合的表现，绘制预测值与观察值重复平均数的散点图，并计算二者的相关系数。

重复平均	A	B	C	D	E	F	G	行列平均
A		15.30	29.00	22.10	19.25	16.50	16.50	19.71
B	15.95		14.70	18.60	15.25	16.10	14.60	15.20
C	31.10	22.00		25.00	19.60	29.10	13.50	20.62
D	17.00	12.20	16.55		13.30	15.80	12.40	16.76
E	16.70	12.90	15.30	14.50		17.00	11.30	15.54
F	21.80	14.10	16.70	19.60	15.80		9.60	17.12
G	15.30	10.70	14.90	14.10	15.60	13.30		13.48
总平均				16.92				16.92

12.10 下表是练习 12.7 的重复平均数，但不包含反交，最后一行为每个亲本所在行和列的平均，最后一行为总平均。不区分父母本的一般配合力。

(1) 给出 7 个亲本一般配合力及 28 个组合特殊配合力的估计值。

(2) 利用一般配合力，预测这 28 个组合的表现，绘制预测值与观察值重复平均数的散点图，并计算二者的相关系数。

重复平均	A	B	C	D	E	F	G	行列平均
A	23.50	15.30	29.00	22.10	19.25	16.50	16.50	20.71
B		18.00	14.70	18.60	15.25	16.10	14.60	16.32
C			23.00	25.00	19.60	29.10	13.50	22.11
D				18.20	13.30	15.80	12.40	17.95
E					15.20	17.00	11.30	15.76
F						21.40	9.60	18.36
G							11.00	12.49
总平均				17.67				17.67

12.11 下表是练习 12.7 的重复平均数，但不包含反交和自交，最后一列为每个亲本所在行和列的平均，最后一行为总平均。不区分父母本的一般配合力。

(1) 给出 7 个亲本一般配合力及 21 个组合特殊配合力的估计值。

(2) 利用一般配合力，预测这 21 个组合的表现，绘制预测值与观察值重复平均数的散点图，并计算二者的相关系数。

重复平均	A	B	C	D	E	F	G	行列平均
A		15.30	29.00	22.10	19.25	16.50	16.50	19.78
B			14.70	18.60	15.25	16.10	14.60	15.76
C				25.00	19.60	29.10	13.50	21.82
D					13.30	15.80	12.40	17.87
E						17.00	11.30	15.95
F							9.60	17.35
G								12.98
总平均				17.36				17.36

第 13 章　数量性状基因定位

前面几章一直把控制数量性状的所有基因，作为一个整体进行研究。利用这些基因共同决定的表型数据，通过遗传方差的分解，研究数量性状在上下代之间的传递规律，不区分单个基因的效应，也不知道这些基因在染色体上的具体位置。随着分子标记技术的发展，目前人们已经可以像研究质量性状基因那样研究数量性状基因，也可以把数量性状基因 (quantitative trait gene or locus，QTL) 定位在染色体上，并估计单个座位上基因的遗传效应。寻找 QTL 在染色体上的位置并估计其遗传效应的过程，称为 QTL 作图或定位 (QTL mapping)。自 Lander 和 Botstein (1989) 提出区间作图方法以来，QTL 定位已经成为数量遗传学的研究重点，也成为动植物数量性状遗传分析的主要方法。根据定位结果对数量性状基因进行精细定位、图位克隆，利用定位到的标记对数量性状进行辅助选择等，都有成功的例子。本章简单介绍 QTL 作图基本原理、简单区间和完备区间两种作图方法，以及连锁图谱构建和基因定位集成软件 QTL IciMapping。更多内容请读者参看《基因定位与育种设计》一书。

§13.1　QTL 作图群体和作图原理

§13.1.1　QTL 作图的遗传群体和数据类型

可以这么说，任何存在遗传变异的群体基本都可用于 QTL 定位研究。QTL 作图群体包括双亲或多亲本杂交产生的各种分离后代，也包括自然群体和具有一定亲缘关系的家系群体。按照基因型是否纯合，可以把它们分为暂时群体和永久群体两类。暂时群体中，个体的基因型是杂合的，自交繁殖后基因型将发生变化。双亲杂交产生的 F_2 和回交都可被看作暂时群体。

永久群体中，每个个体具有纯合的基因型，自交繁殖后基因型不再发生变化。常见的永久群体有重组近交家系 (RIL)、加倍单倍体 (DH) 和染色体片段置换系 (CSSL) 等。RIL 群体是由 F_2 个体连续自交，直至纯合而得到的一组重组近交家系群体，产生 RIL 群体的常用方法是一粒传。DH 群体是由 F_1、F_2 或其他自交世代的配子直接加倍纯合得到的群体，但以 F_1 产生的配子直接加倍居多。CSSL 群体是通过 F_1 多代回交，并对供体亲本 (也可以同时对背景亲本) 的染色体进行选择而得到的。这些群体中，每个家系都可以通过自交繁殖永久地保存下去，家系内不再发生基因型分离，故称永久群体。当然，能够进行无性繁殖的群体，其实也可以被看作永久群体。利用永久群体，可以在不同年份 (季节)、不同地点下，开展有重复的数量性状表型鉴定试验。因此能够比较准确地获得个体或家系的基因型值，比较准确地定位 QTL，并分析 QTL 表达的稳定性及研究 QTL 和环境之间的互作效应。

暂时群体和永久群体多用于可以人工控制杂交的物种。对动物和人类的遗传研究来说，可供利用的只是自然条件下的随机交配群体。利用自然群体中的剩余连锁不平衡开展 QTL 作图研究，又称关联分析 (association mapping)。关联分析的主要问题是连锁不平衡的程度很低 (见 §1.5.2)，需要对全基因组大量标记 (数万甚至数十万个) 进行筛选，才有可能找到与目标基因连锁的标记。因此，关联分析又称全基因组关联研究 (genome-wide association study，GWAS)。关联分析的另一个问题是难以排除群体混合造成的标记与性状假关联现象 (见 §1.5.5)。为了与自然群体的关联分析相区分，基于双亲或多亲杂交群体、动物或人类核心家系的基因定位方法，有时又称为连锁作图 (linkage mapping)。

前面的作图群体分类，基于自交繁殖过程中群体的遗传结构是否发生改变。也有研究把作图群体分为初级群体和次级群体。初级群体 (primary population) 一般是由两个亲本杂种 F_1 代衍生的未经选择的遗传群体，其中的各种基因型期望频率是已知的。次级群体 (secondary population) 经人为选择而产生，如经过多代回交、供体亲本和背景亲本定向选择产生的近等基因系或染色体片段置换系群体，也可以是某一 RIL 或 DH 家系与亲本再杂交后形成的群体。次级群体一般用于 QTL 的精细定位和克隆研究。

开展 QTL 作图，首先需要创建一个或数个作图群体，然后对群体中每个分离个体或分离纯合家系进行分子标记的基因型检测，同时通过多环境试验对所关心的数量性状进行表型鉴定。在获得作图群体的基因型和表型数据之后，就可以利用专业计算机软件开展 QTL 定位研究。如果定位方法需要连锁图谱，则需要首先根据群体的基因型数据估计标记座位之间的重组率，并构建连锁图谱。为方便起见，标记基因型一般用代码表示。以 DH 群体为例，两种亲本的带型分别用 2 和 0 编码，缺失带型用 −1 表示。如是暂时群体，则用 1 表示杂合型。当然，双亲后代中的三种可能基因型和缺失，也可以用 A (或 AA)、B (或 BB)、H (或 AB)、X (或 XX 或 *) 等其他编码方式表示。使用不同的编码方式，不会影响 QTL 作图结果。但要注意，不同 QTL 作图软件允许的编码方式可能存在差异，只有采用软件接收的、正确的编码方式，才能得到预期的分析结果。表型数据一般用数字表示，对于一些分级调查性状，也要将其转换成数字才能进行 QTL 作图。表型数据也允许缺失，不同作图软件对缺失表型的表示方式也会有差异。

纯合亲本 ‘Harrington’ 和 ‘TR306’ 衍生的 145 个大麦 (*Hordeum vulgare* L.) DH 家系构成的群体，是国际上的一个知名 QTL 作图群体。利用该群体 127 个标记的基因型数据，已构建了均匀覆盖大麦 7 条染色体 (用 1H~7H 表示) 的遗传连锁图谱。1992~1993 年，在 17

个地点共 25 个环境条件下，评价了多种数量性状的表现 (Tinker et al., 1996)。这一章里，自始至终利用这个群体的 127 个标记数据和平均粒重作为实例。表 13.1 给出该群体的 10 个 DH 家系在 1H 染色体 14 个标记座位上的基因型数据和平均粒重，2 表示亲本 ‘Harrington’ 的基因型，0 表示亲本 ‘TR306’ 的基因型，−1 表示缺失基因型。

表 13.1　两个纯合亲本衍生的 10 个大麦 DH 家系在 1H 染色体的 14 个标记型和平均粒重。亲本 ‘Harrington’ 用 2 编码，亲本 ‘TR306’ 用 0 编码，−1 表示缺失基因型。表型无缺失

分子标记	位置/cM	DH1	DH2	DH3	DH4	DH5	DH6	DH7	DH8	DH9	DH10
Act8A	0	0	2	−1	2	0	2	2	0	0	2
OP06	10.9	0	2	2	2	0	2	2	0	0	2
aHor2	18.5	0	2	2	2	0	2	2	0	0	2
MWG943	78.2	2	2	2	2	2	2	0	0	0	0
ABG464	91.2	2	−1	2	2	2	2	0	0	0	0
Dor3	111.2	2	0	2	0	2	2	2	0	0	0
iPgd2	114.7	2	0	2	0	2	2	2	0	0	0
cMWG733A	121.7	2	0	2	0	2	2	2	2	2	2
AtpbA	125.2	0	0	2	0	2	2	2	2	2	2
drun8	138.8	0	0	2	0	2	2	0	2	2	2
ABC261	143.7	0	0	2	0	2	2	2	2	2	2
ABG710B	150.7	0	0	2	0	0	0	2	2	2	2
Aga7	154.2	0	0	2	0	0	0	2	2	2	2
MWG912	159.9	0	0	2	−1	0	0	2	2	2	2
粒重/mg		41.0	40.4	40.1	40.3	41.5	45.8	40.2	44.1	42.1	45.7

利用作图群体的标记基因型数据，首先可以估计成对标记之间的重组率，然后对标记进行分群和排序，从而构建出表 13.1 第二列给出的标记位置，表中的 14 个标记已经按照在 1H 染色体上的位置顺序排列。重组率估计和连锁图谱构建方法详见《基因定位与育种设计》第二章，这里不作进一步介绍。这个大麦 DH 群体中，亲本 ‘Harrington’ 的粒重为 38.7mg，亲本 ‘TR306’ 的粒重为 45.0mg，145 个 DH 家系的最低、平均和最高粒重分别为 35.8mg、42.0mg 和 48.1mg。粒重在 DH 家系间呈连续性分布，是一个典型的数量性状，并且在两个方向上均呈现出超亲分离的现象 (图 13.1)。单从图 13.1 的表型分布，无法得知究竟有多少个基因控制粒重。下面即将看到，如果借助表 13.1 的连锁图谱和标记数据，就可以对染色体特定位置上是否存在粒重 QTL 进行检验，并估计这个位置对粒重的遗传贡献。

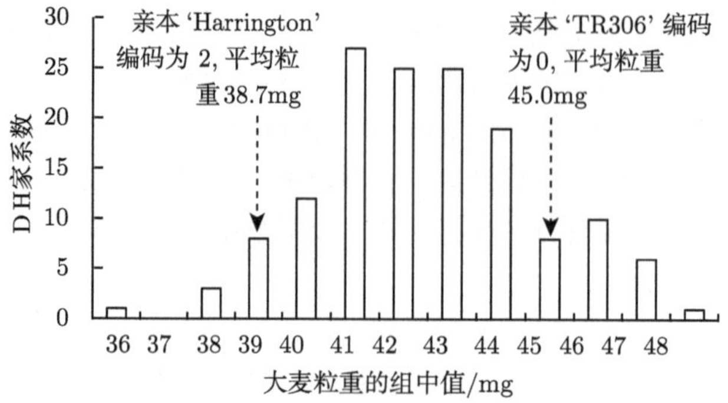

图 13.1　大麦 145 个 DH 家系平均粒重的次数分布

§13.1.2 QTL 作图的基本原理

不论是连锁作图还是关联分析，QTL 作图利用的都是标记与控制性状基因之间的连锁不平衡。正是由于这种不平衡的存在，性状在不同标记基因型间才会存在差异。利用单个遗传标记，开展数量性状与标记间的连锁分析，称为单标记分析。Sax (1923) 最早利用单标记分析，报道了菜豆 (*Phaseolus vulgaris*) 籽粒颜色和粒重之间的连锁关系，这里的籽粒颜色为标记。单标记分析适用于标记比较少、难以构建连锁图谱的情况，目前已很少采用，但这一方法中包含的基本原理对所有作图方法都是适用的。

假定标记 M/m 与控制某一性状的基因 Q/q 存在连锁，两个亲本的基因型是 $MMQQ$ 和 $mmqq$，DH 群体在每个分离座位上只包含两种纯合基因型。由于连锁的存在，MM 标记型中 QQ 的频率就会高于 qq，mm 标记型中 QQ 的频率就会低于 qq。如果基因型 QQ 比 qq 有更高的表型，将群体按照标记型分成两组后，这两组标记型在表型性状上就呈现截然不同的两个分布。标记 MM 的分布具有较高的均值，标记 mm 的分布具有较低的均值 (图 13.2A)。如果标记与控制性状的基因之间没有连锁关系，同样把群体按照标记型分成两组后，QQ 和 qq 的频率在这两组之间没有差异，不同标记型的分布具有相同的均值，表现出两个相似的分布 (图 13.2B)。因此，通过检验不同标记型的性状是否服从相同的分布，就能判断该标记和 QTL 间是否存在连锁关系。

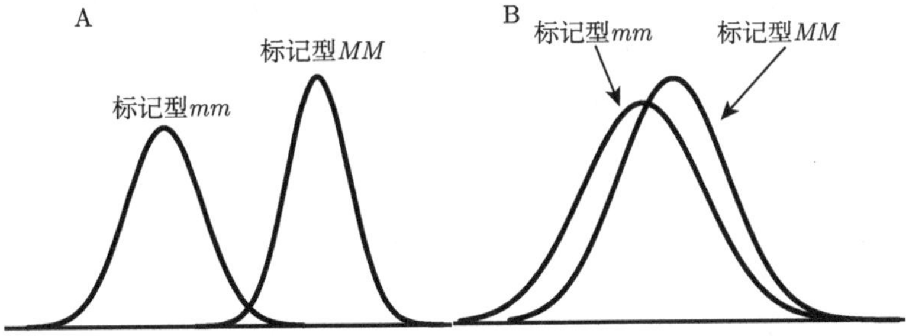

图 13.2 一个标记座位上两种标记型 MM 和 mm 的性状分布

A. 标记与控制性状的基因存在连锁；B. 标记与控制性状的基因不存在连锁

假定两个纯合亲本 P_1 和 P_2 的基因型分别为 $MMQQ$ 和 $mmqq$。DH 群体中，标记基因型有 MM 和 mm 两种，QTL 的基因型有 QQ 和 qq 两种。标记与 QTL 结合起来共有 4 种基因型，即$MMQQ$、$MMqq$、$mmQQ$ 和 $mmqq$。假定标记与 QTL 间的重组率为 r，两个座位上 4 种基因型的频率分别为$\frac{1}{2}(1-r)$、$\frac{1}{2}r$、$\frac{1}{2}r$ 和 $\frac{1}{2}(1-r)$。标记一般是中性 DNA 水平的多态性，标记本身并不会产生任何表型效应。基因型 $MMQQ$ 和 $mmQQ$ 的遗传效应是由 QQ 决定的；基因型 $MMqq$ 和 $mmqq$ 的遗传效应是由 qq 决定的。在加显性模型下，4 种基因型具有两种不同的均值，由公式 13.1 给出。

$$\mu_{MMQQ} = \mu_{mmQQ} = \mu + a, \quad \mu_{MMqq} = \mu_{mmqq} = \mu - a \tag{13.1}$$

两种 QTL 基因型的差异表现为数量上的差异，一般不能直接鉴别 DH 家系的 QTL 基因型。但是，DH 家系的标记型是可以区分的，有 MM 和 mm 两种。如果一个 DH 家系的

标记型为 MM，虽然不能明确确定它的 QTL 基因型究竟是 QQ 还是 qq，但是，如果把所有标记型为 MM 的 DH 家系看作一个群体，这个群体中 QQ 和 qq 的频率是知道的，即分别为 $1-r$ 和 r。因此得到标记型 MM 平均数的公式 13.2。与标记型 MM 类似，标记型 mm 中 QQ 的频率是 r，qq 的频率是 $1-r$，标记型 mm 的平均数由公式 13.3 给出。于是得到两种标记型平均值 μ_{MM} 与 μ_{mm} 之间的差异，由公式 13.4 给出。

$$\begin{aligned}\mu_{MM} &= (1-r)\mu_{MMQQ} + r\mu_{MMqq} \\ &= (1-r)(\mu+a) + r(\mu-a) = \mu + (1-2r)a \end{aligned} \tag{13.2}$$

$$\mu_{mm} = r(\mu+a) + (1-r)(\mu-a) = \mu - (1-2r)a \tag{13.3}$$

$$\mu_{MM} - \mu_{mm} = 2(1-2r)a \tag{13.4}$$

从公式 13.4 可以看到，如果标记与 QTL 之间不存在连锁关系，即重组率 r=0.5，标记型 MM 和 mm 平均数间的差异便不复存在。反过来说，如果两种标记型间存在明显差异，则说明该标记与 QTL 之间存在连锁。利用这一原理，就可以对作图群体按照标记型进行分组，计算两种标记型的平均数 μ_{MM} 与 μ_{mm}，以及它们的方差，然后利用 t 检验，检验两个平均数之间的差异显著性。差异显著则说明标记与 QTL 之间存在连锁关系；否则就说明标记与 QTL 之间不存在连锁关系。

在前面的大麦 DH 群体中，以 1H 染色体上的标记 Act8A 和 5H 染色体上的标记 Act8B 为例，图 13.3 给出粒重在两种标记型分组中的次数分布。按照标记 Act8A 分组后，两个分布看上去有很大程度的重叠 (图 13.3A)，这种差异完全可以由随机误差造成，说明控制粒重的基因与 Act8A 之间没有连锁关系或距离较远。标记 Act8B 分组后的两个分布，存在较大差异 (图 13.3B)，不能完全用随机误差来解释，说明控制粒重的基因与 Act8B 之间存在比较紧密的连锁关系。

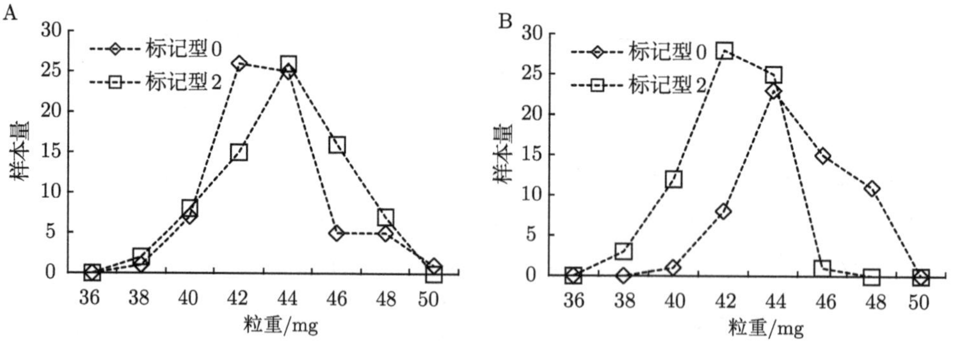

图 13.3　大麦 DH 群体中，标记 Act8A（A）和 Act8B（B）分组的粒重次数分布

Act8A 两种标记型的样本量分别为 70 和 74，缺失一个 DH 家系的标记型；粒重平均数分别为 42.23mg 和 42.79mg (表 13.2)，t 统计量为 1.51，显著概率为 0.13，没有达到 0.05 的显著性水平，说明控制粒重的基因与 Act8A 之间不存在连锁或距离较远。Act8B 的两种标记型的样本量分别为 58 和 69，缺失 18 个 DH 系的标记型。粒重平均数分别为 43.89mg 和 41.25mg (表 13.2)，t 统计量为 8.37，远超过 0.01 的极显著性水平，说明控制粒重的基因与 Act8B 之间存在极显著的遗传连锁关系。

表 13.2　大麦 DH 群体中，两个标记座位上两种标记型粒重的差异显著性检验

参数	标记 Act8A		标记 Act8B	
	标记型 0	标记型 2	标记型 0	标记型 2
样本量	70	74	58	69
自由度	69	73	57	68
均值	42.23	42.79	43.89	41.25
方差	4.45	5.32	3.53	2.79
标准差	2.11	2.31	1.88	1.67
合并方差	4.90		3.13	
t 统计量	1.51 (P=0.1341)		8.37 (P=1.00×10^{-13})	

§13.2　简单区间作图方法

§13.2.1　标记区间中 QTL 基因型的频率

假定两个纯合亲本在两个标记座位上存在多态性，一个座位上的两种标记型分别用 A 和 a 表示，另一个座位上的两种标记型分别用 B 和 b 表示，两个标记之间存在一个 QTL，等位基因用 Q 和 q 表示。左侧标记 A/a 与 QTL 间的重组率用 r_{L} 表示，QTL 与右侧标记 B/b 的重组率用 r_{R} 表示，侧连标记 A/a 与 B/b 之间的重组率用 r 表示。在标记之间没有其他标记的情况下，区间上无交换和双交换产生的配子是不能区分的，因为它们具有相同的亲本标记型。当然，任意多于 2 的偶数次交换产生的配子，都是无法区分的，但它们在有限染色体区间上的存在概率非常低。在估计两个座位间的重组率时，一般都忽略两次或两次以上的交换。当交换独立发生时，即不存在干涉现象，公式 13.5 给出三个重组率之间的关系。

$$r = r_{\mathrm{L}} + r_{\mathrm{R}} - 2r_{\mathrm{L}}r_{\mathrm{R}} \tag{13.5}$$

同时考虑左标记、QTL 和右标记三个连锁座位，图 13.4 是杂种 F_1 配子产生过程的示意图。忽略左侧标记与 QTL 间的两次和两次以上的交换，忽略 QTL 与右侧标记间的两次和两次以上的交换。同时考虑这三个连锁座位时，F_1 将产生 8 种类型的配子。根据两个区间上的交换次数和交换发生的区间，又可把它们分为 4 种类型 (图 13.4)。第一类属于无交换，即左侧标记和 QTL 之间、QTL 和右侧标记之间均无交换，发生频率等于 $(1-r_{\mathrm{L}})(1-r_{\mathrm{R}})$，由此产生的两种配子为 AQB 和 aqb，频率各占 $\frac{1}{2}(1-r_{\mathrm{L}})(1-r_{\mathrm{R}})$。第二类属于一次交换，发生在左侧标记和 QTL 之间，发生的频率等于 $r_{\mathrm{L}}(1-r_{\mathrm{R}})$，产生两种配子 aQB 和 Aqb，频率各占 $\frac{1}{2}r_{\mathrm{L}}(1-r_{\mathrm{R}})$。第三类也属于一次交换，但交换发生在 QTL 和右侧标记之间，发生的频率等于 $(1-r_{\mathrm{L}})r_{\mathrm{R}}$，产生两种配子 AQb 和 aqB，频率各占$\frac{1}{2}(1-r_{\mathrm{L}})r_{\mathrm{R}}$。第四类属于两次交换，一次发生在左侧标记和QTL 之间，一次发生在 QTL 和右侧标记之间，发生的频率等于 $r_{\mathrm{L}}r_{\mathrm{R}}$，产生两种配子 AqB 和 aQb，频率各占 $\frac{1}{2}r_{\mathrm{L}}r_{\mathrm{R}}$。

图 13.4 的 8 种配子经过加倍之后，就得到 DH 群体的各种基因型，基因型频率等于相应配子的频率 (表 13.3)。其他类型的双亲群体，如 F_2 和回交等，各种基因型频率都可从这 8 种配子频率推导出来。

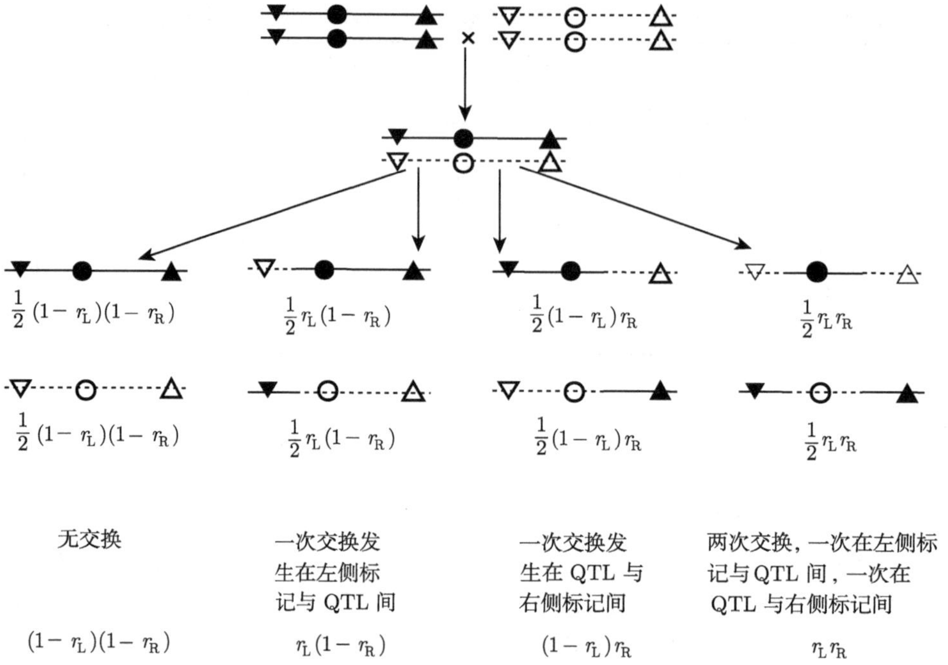

图 13.4　三个连锁座位上杂种 F_1 产生配子的过程示意图

下三角符号代表左侧标记，上三角符号代表右侧标记，圆圈代表两个标记间的 QTL。实心代表亲本 1 等位基因，空心代表亲本 2 等位基因。左侧标记与 QTL 间的重组率用 r_L 表示，QTL 与右侧标记间的重组率用 r_R 表示。两个亲本基因组分别用实线和虚线加以区分

表 13.3　DH 群体中两个相邻标记与它们之间 QTL 共三个连锁座位上的 8 种基因型频率

标记型		频率	QTL 基因型的频率	
左侧标记	右侧标记		QQ	qq
AA	BB	$\frac{1}{2}(1-r)$	$\frac{1}{2}(1-r_L-r_R+r_Lr_R)$	$\frac{1}{2}r_Lr_R$
AA	bb	$\frac{1}{2}r$	$\frac{1}{2}(1-r_L)r_R$	$\frac{1}{2}r_L(1-r_R)$
aa	BB	$\frac{1}{2}r$	$\frac{1}{2}r_L(1-r_R)$	$\frac{1}{2}(1-r_L)r_R$
aa	bb	$\frac{1}{2}(1-r)$	$\frac{1}{2}r_Lr_R$	$\frac{1}{2}(1-r_L-r_R+r_Lr_R)$

§13.2.2　QTL 基因型均值和方差的极大似然估计

区间作图通过染色体上逐点扫描来检测 QTL。当扫描到一个染色体的特定位置时，根据连锁图谱，就知道这个位置的左右两侧标记。于是就可以利用这两个侧连标记，对群体进行分组。DH 群体中，4 组标记型的样本量分别用 $n_1 \sim n_4$ 表示 (表 13.4)，总样本量为 n。表 13.3 中，每行的两种 QTL 基因型频率之和等于标记型的频率。QTL 基因型频率除以相应的标记型频率，就得到表 13.4 每种标记型下 QTL 基因型的条件频率或条件概率，用符号 π 表示，两个数字的下标用于区分 4 种标记类型和两种 QTL 基因型。

表 13.4 DH 群体中两个相邻标记上 4 种标记型的 QTL 基因型条件频率

标记型		样本量	QTL 基因型的条件频率	
左侧标记	右侧标记		QQ	qq
AA	BB	n_1	$\pi_{11}=\dfrac{1-r_{\rm L}-r_{\rm R}+r_{\rm L}r_{\rm R}}{1-r}$	$\pi_{12}=\dfrac{r_{\rm L}r_{\rm R}}{1-r}$
AA	bb	n_2	$\pi_{21}=\dfrac{(1-r_{\rm L})r_{\rm R}}{r}$	$\pi_{22}=\dfrac{r_{\rm L}(1-r_{\rm R})}{r}$
aa	BB	n_3	$\pi_{31}=\dfrac{r_{\rm L}(1-r_{\rm R})}{r}$	$\pi_{32}=\dfrac{(1-r_{\rm L})r_{\rm R}}{r}$
aa	bb	n_4	$\pi_{41}=\dfrac{r_{\rm L}r_{\rm R}}{1-r}$	$\pi_{42}=\dfrac{1-r_{\rm L}-r_{\rm R}+r_{\rm L}r_{\rm R}}{1-r}$

如也能按照 QTL 基因型对 DH 家系进行分类，两种基因型 QQ 和 qq 服从相同的分布，则说明这个座位上的不同基因型不会产生表型差异，也就不是控制性状的基因。反之，如果 QQ 和 qq 服从不同的分布，用公式 13.6 表示它们服从的分布，说明这个座位上的不同基因型产生了有差异的表型，是一个控制性状的座位。用 k=1~4 表示表 13.4 的 4 种标记型，j=1，2，$\cdots$，n_k 表示标记型 k 中的家系。标记型 k 中，DH 家系的性状观测值用 Y_{kj} 表示，可以看作两个 QTL 基因型按照比例 π_{k1} 和 π_{k2} 组成的混合分布，即公式 13.7。

$$QQ\sim N(\mu_1,\sigma^2),\ qq\sim N(\mu_2,\sigma^2) \tag{13.6}$$

$$Y_{kj}\sim \pi_{k1}N(\mu_1,\sigma^2)+\pi_{k2}N(\mu_2,\sigma^2),\ k=1\sim 4,\ j=1,2,\cdots,n_k \tag{13.7}$$

用 $f(Y|\mu,\sigma^2)$ 表示任意正态分布 $N(\mu,\sigma^2)$ 的概率密度函数 (具体表达式见公式 6.32)，公式 13.8 给出了所有 DH 家系表型数据 Y_{kj} 的联合概率密度函数，或称似然函数。

$$L(Y|\mu_1,\mu_2,\sigma^2)=\prod_{k,j}[\pi_{k1}f(Y_{kj}|\mu_1,\sigma^2)+\pi_{k2}f(Y_{kj}|\mu_2,\sigma^2)] \tag{13.8}$$

类似于公式 13.8 的似然函数，都难以直接求解，常常要用到 EM 迭代算法 (Dempster et al., 1977)。EM 算法在 QTL 作图中被普遍使用，在许多其他遗传数据分析中也有广泛的应用，如练习 1.11。利用 EM 算法时，首先要对似然函数 13.8 中的待估参数 μ_1、μ_2 和 σ^2 指定一组初始值。这样就相当于知道了两个 QTL 基因型的分布 $N(\mu_1,\sigma^2)$ 和 $N(\mu_2,\sigma^2)$，然后利用公式 13.9 计算每个 DH 家系基因型属于 QQ 和 qq 的概率，这种概率又称为后验概率 (posterior probability)。

$$w_{kj1}=\frac{\pi_{k1}f(Y_{kj}|\mu_1,\sigma^2)}{\pi_{k1}f(Y_{kj}|\mu_1,\sigma^2)+\pi_{k2}f(Y_{kj}|\mu_2,\sigma^2)},$$
$$w_{kj2}=\frac{\pi_{k2}f(Y_{kj}|\mu_2,\sigma^2)}{\pi_{k1}f(Y_{kj}|\mu_1,\sigma^2)+\pi_{k2}f(Y_{kj}|\mu_2,\sigma^2)} \tag{13.9}$$

从群体的角度来讲，每种标记型下，QTL 基因型的频率完全取决于重组率 (表 13.4)。但从公式 13.9 不难看出，每个 DH 家系的后验 QTL 基因型概率，除与重组率有关外，还与家系自身的性状观测值有关。对于每个 DH 家系，都可以按照公式 13.9 计算它的基因型是 QQ 或是 qq 的后验概率。接下来，把每个 DH 家系按照公式 13.9 计算出的后验概率形象地分成两份，分别对应于两种基因型 QQ 和 qq，这两份样本服从的分布分别对应于 QQ 和 qq 的

分布 (公式 13.6)。在此基础上，公式 13.10 和公式 13.11 给出一个新的似然函数及其对数函数。对对数似然函数公式 13.11 求导数并令导数等于 0，就得到新的均值估计公式 13.12 和方差估计公式 13.13。

$$L(\mu_1,\mu_2,\sigma^2|Y)=\prod_{k,j}[f(Y_{kj}|\mu_1,\sigma^2)]^{w_{kj1}}[f(Y_{kj}|\mu_2,\sigma^2)]^{w_{kj2}} \tag{13.10}$$

$$\ln L=\sum_{k,j}[w_{kj1}\ln f(Y_{kj}|\mu_1,\sigma^2)+w_{kj2}\ln f(Y_{kj}|\mu_2,\sigma^2)] \tag{13.11}$$

$$\mu_1=\frac{\sum\limits_{k,j}w_{kj1}Y_{kj}}{\sum\limits_{k,j}w_{kj1}},\ \mu_2=\frac{\sum\limits_{k,j}w_{kj2}Y_{kj}}{\sum\limits_{k,j}w_{kj2}} \tag{13.12}$$

$$\sigma^2=\frac{1}{n}\sum_{k,j}[w_{kj1}(Y_{kj}-\mu_1)^2+w_{kj2}(Y_{kj}-\mu_2)^2] \tag{13.13}$$

将公式 13.12 和公式 13.13 得到的估计值作为下一轮的起始值，并不断重复这一过程，直到相邻两次迭代间的估计值达到一定的精度为止；也可以用两次迭代间似然函数差异小于一定的精度作为停止迭代的标准。公式 13.9 代表的过程，相当于待估参数已知的情况下，计算每个 DH 家系分属于未知基因型 QQ 和 qq 的期望概率，称为 EM 算法的期望步骤 (expectation step)。公式 13.10～ 公式 13.13 代表的过程，相当于知道每个 DH 家系 QTL 基因型的情况下，通过求解似然函数公式 13.10 或公式 13.11 的最大化，计算两种分布均值和方差的极大似然估计，称为 EM 算法的最大化步骤 (maximization step)。迭代结束时的估计值，就是待估参数 μ_1、μ_2 和 σ^2 的极大似然估计。

§13.2.3　QTL 存在的假设检验与遗传参数估计

如果基因型 QQ 和 qq 的均值 μ_1 和 μ_2 之间存在显著差异，则说明不同 QTL 基因型产生了具有显著差异的表型效应，这时就说这个位置是一个 QTL。反之，则说明不同 QTL 基因型不会产生具有显著差异的表型效应，这时就说这个位置不是一个 QTL。公式 13.14 给出检验 QTL 存在与否的零假设和备择假设。

$$H_0:\mu_1=\mu_2,\ H_A:\mu_1\neq\mu_2 \tag{13.14}$$

前一节已经利用 EM 迭代算法计算了备择假设 H_A 下，待估参数的极大似然估计。将迭代结束时得到的估计值代入似然函数公式 13.8，就得到似然函数的极大值。在假设 H_0 下，所有 DH 的表型服从同一个正态分布，用分布公式 13.15 表示。样本似然函数和对数似然函数分别用公式 13.16 和公式 13.17 表示。对对数似然函数公式 13.17 求导数，并令导数等于 0，就得到公式 13.15 中两个待估参数的极大似然估计公式 13.18。

$$Y_{kj}\sim N(\mu_0,\sigma_0^2),\ k=1\sim 4,\ j=1,2,\cdots,n_k \tag{13.15}$$

$$L(Y|\mu_0,\sigma_0^2)=\prod_{k,j}f(Y_{kj}|\mu_0,\sigma_0^2) \tag{13.16}$$

$$\ln L(Y|\mu_0,\sigma_0^2)=\sum_{k,j}\ln f(Y_{kj}|\mu_0,\sigma_0^2) \tag{13.17}$$

$$\hat{\mu}_0 = \frac{1}{n}\sum_{j,k} Y_{jk},\ \hat{\sigma}_0^2 = \frac{1}{n}\sum_{j,k} (Y_{jk} - \hat{\mu}_0)^2 \tag{13.18}$$

把公式 13.18 的极大似然估计值代入公式 13.16，就得到 H_0 的似然函数极大值，用 $\max L(H_0)$ 表示；备择假设 H_A 的似然函数极大值用 $\max L(H_A)$ 表示。备择假设对待估参数没有施加任何限制条件，零假设需要对待估参数施加一定的约束条件。因此，备择假设的极大似然函数，不会小于零假设的极大似然函数。可以想象，如果备择假设为真，这时带有约束条件零假设的似然函数就会远低于真的备择假设；如果零假设为真，这时即使没有约束条件，似然函数也不会比零假设高得太多。因此，两种假设下极大似然函数的比值，提供了一种对零假设的检验方法，这就是统计上用途很广的似然比检验 (likelihood ratio test，LRT)。检验统计量及其大样本分布由公式 13.19 给出。

$$\text{LRT} = -2\ln\frac{\max L(H_0)}{\max L(H_A)} \sim \chi^2(\text{df}) \tag{13.19}$$

公式 13.19 适合于任何场合的似然比检验。当样本量足够大时，LRT 统计量服从 χ^2 分布，自由度等于两种假设的独立待估参数个数之间的差异。检验公式 13.14 的零假设包含两个待估参数，备择假设包含三个待估参数。因此，区间作图 LRT 的 χ^2 分布自由度 df=1。这样，利用公式 13.19 的统计量，就可以对 QQ 和 qq 的均值差异进行显著性检验。

公式 13.19 的统计量是一个自然对数。实际中，人们更习惯于以 10 为底的常用对数，即公式 13.20 给出的 LOD 统计量。如果 H_A 和 H_0 的极大似然函数比值为 10，则 LOD 值等于 1；如果比值为 100，则 LOD 值等于 2 等。不难看出，LRT 和 LOD 之间相差一个常数比值，公式 13.21 给出两者的换算关系。LOD 统计量并不满足 χ^2 分布。如想知道它的显著性概率，需要利用公式 13.21 把 LOD 转换为 LRT，然后根据分布公式 13.19 计算概率值。

$$\text{LOD} = \log_{10}\left(\frac{\max L(H_A)}{\max L(H_0)}\right) \tag{13.20}$$

$$\text{LOD} = \frac{\text{LRT}}{2\ln 10} \approx 0.217\text{LRT},\ \text{LRT} \approx 4.605\text{LOD} \tag{13.21}$$

如前所述，任意一个扫描位置上，都能通过 EM 迭代算法，得到 QTL 基因型均值 μ_1 和 μ_2 的极大似然估计 $\hat{\mu}_1$ 和 $\hat{\mu}_2$。公式 13.22 给出它们与性状平均数 μ 和 QTL 加性效应 a 之间的关系，由此得到性状平均数 μ 和 QTL 加性效应 a 的估计公式 13.23。

$$\hat{\mu}_1 = \mu + a,\ \hat{\mu}_2 = \mu - a \tag{13.22}$$

$$\hat{\mu} = \frac{1}{2}(\hat{\mu}_1 + \hat{\mu}_2),\ \hat{a} = \frac{1}{2}(\hat{\mu}_1 - \hat{\mu}_2) \tag{13.23}$$

根据增效和减效等位基因在亲本中的分布情况，公式 13.23 得到的加性效应可正可负。加性效应的单位与表型相同。为了便于比较不同性状的 QTL，需要定义 QTL 的表型贡献率，有时也称 QTL 解释表型变异的大小 (phenotypic variance explained, PVE)。一个 QTL 的 PVE 定义为这个座位上的遗传方差占表型方差的百分数，即公式 13.24，其中 V_G 是 QTL 的遗传方差，V_P 是数量性状的表型方差，等于零假设下的方差估计值。如不考虑奇异分离，QTL 在 DH 群体中的遗传方差等于 a^2；公式 13.25 给出两种基因型频率不等时遗传方差的计算方法，基因型 QQ 和 qq 频率的计算要用到 EM 算法迭代结束时公式 13.9 给出的后验概率。

$$\text{PVE} = \frac{V_G}{V_P} \times 100\% \tag{13.24}$$

$$V_G = 4f_{QQ}f_{qq}a^2，\text{其中} f_{QQ} = \frac{1}{n}\sum_{j,k} w_{jk1}，f_{qq} = \frac{1}{n}\sum_{j,k} w_{jk2} \tag{13.25}$$

从 QTL 的遗传方差计算公式 13.25 可以看到，QTL 的贡献率除依赖于它的遗传效应外，还依赖于基因型的频率。在不存在奇异分离的群体中，效应较大的 QTL，也会具有较高的表型贡献率。如果作图群体中存在较严重的奇异分离，效应较大的 QTL，有时也可能具有较低的表型贡献率。这方面的详细研究，以及奇异分离对 QTL 定位的影响，可参考李慧慧等 (2010) 和 Zhang 等 (2010) 的研究。

§13.2.4　大麦 DH 群体中粒重的简单区间作图

利用 145 个大麦 DH 家系的双亲作图群体，图 13.5 给出全基因组粒重一维扫描的 LOD 曲线，扫描步长为 1cM。当 LOD 临界值取 2.5 时，染色体 5H 上有一个显著的峰，7H 上有两个显著的峰，其他染色体上也存在一些峰，但峰值没有超过临界值。超过临界值的三个峰所在的位置，可看作区间作图鉴定出的三个 QTL 的位置。

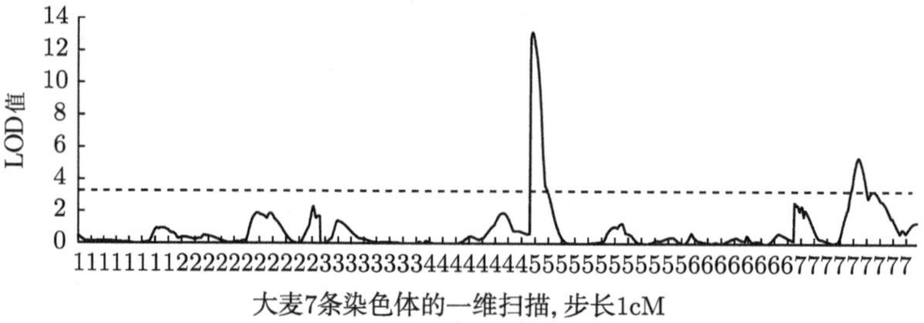

图 13.5　大麦全基因组 7 条染色体粒重一维扫描的 LOD 曲线 (扫描步长为 1cM)

表 13.5 进一步给出这三个粒重 QTL 的位置和遗传效应。前四列描述 QTL 位置的相关信息，后面三列描述 QTL 遗传效应。QTL 连锁最紧密的侧连标记可用于标记辅助选择，即通过对连锁标记的筛选，间接选择控制性状的基因。LOD 值和贡献率不依赖性状的量纲和 QTL 效应的正负号。因此，可用于比较不同性状 QTL 的相对重要性。

表 13.5　大麦 DH 群体中，简单区间作图鉴定出的三个粒重 QTL

染色体	位置/cM	最近左侧标记	最近右侧标记	LOD 值	贡献率/%	加性效应/mg
5	3	ABA306B	Act88	13.15	34.55	−1.31
7	0	dRpg1	iPgd1A	2.55	7.79	−0.62
7	98	VAtp57A	MWG571D	5.36	15.77	−0.89

加性效应既衡量 QTL 对性状的贡献，又能从效应的正负号判断有利等位基因的亲本来源。在双亲遗传群体中，每个鉴定出的 QTL 都携带有两个等位基因。有些性状在育种中要求越高越好，有些性状要求越低越好，有些性状要求最好在一定的范围内，太低或太高都不好。因此，等位基因的有利或不利是根据所关心的性状和特定的育种目标而言。该 DH

群体中，亲本 ‘Harrington’ 和 ‘TR306’ 的平均粒重分别为 38.7mg 和 45.0mg。QTL 作图时，用 2 表示 ‘Harrington’ 的标记型，0 表示 ‘TR306’ 的标记型。育种对粒重的要求一般是越高越好。因此，如果加性效应为正，说明 ‘Harrington’ 携带的等位基因能起到增加粒重的作用，‘TR306’ 携带的等位基因则起到降低粒重的作用。反之，如果某个 QTL 加性效应为负值，则说明 ‘Harrington’ 携带的等位基因起到降低粒重的作用，‘TR306’ 携带的等位基因起到增加粒重的作用。从表 13.5 的结果来看，三个被检测到的控制粒重 QTL 均具有负的加性效应，说明这三个 QTL 上提高粒重的等位基因均来源于编码为 0 的亲本，即粒重较高的亲本 ‘TR306’。

§13.2.5　简单区间作图方法的局限性

Lander 和 Botstein (1989) 提出区间作图方法时，曾假定每条染色体上的 QTL 不超过一个。如果存在两个连锁 QTL，并且 QTL 的遗传效应有相同的方向 (又称为相引连锁)，区间作图会在两个 QTL 的中间出现一个峰，这种现象称为幻影 QTL。如果存在两个遗传效应方向相反的连锁 QTL (又称为互斥连锁)，区间作图在整条染色体上的 LOD 会很低，可能检测不出任何 QTL 的存在。图 13.6 给出一个模拟群体中，简单区间作图产生的 LOD 曲线。模拟过程中共考虑 6 条染色体，第一条存在一个 QTL，加性效应为 1；第二条存在两个 QTL，加性效应均为 1；第三条存在两个 QTL，加性效应为 1 和 −1；其他三条无 QTL。从 LOD 曲线上可以看到，第一条染色体上 QTL 位置附近有一个明显的峰。第二条染色体上有多个峰，难以准确断定 QTL 的个数和位置，如只考虑最高峰，则它恰好位于两个真实 QTL 的中间，即所谓的幻影 QTL。第三条染色体上，两个 QTL 的效应一正一负，看不到显著的峰值。

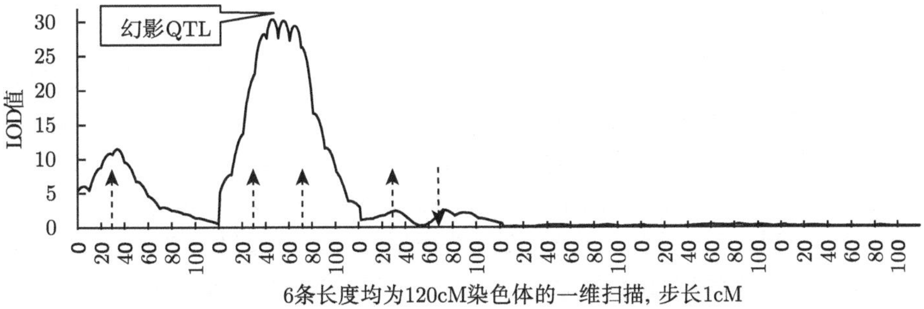

图 13.6　一个模拟 DH 群体中，简单区间作图的 LOD 曲线

共考虑 6 条染色体，第一条存在一个 QTL，加性效应为 1；第二条存在两个 QTL，加性效应均为 1；第三条存在两个 QTL，加性效应为 1 和 −1；其他三条无 QTL。图中箭头对应的 X 轴，为 QTL 的真实位置，方向代表加性效应的正负号

究其原因，简单区间作图在某一标记区间的一个扫描位置上进行参数估计和假设检验时，没有对区间之外的 QTL 进行任何控制。当存在 QTL 连锁时，简单区间作图不能有效定位 QTL，更谈不上准确估计遗传效应了。即使 QTL 位于不同的染色体上，假设检验中的分布也会有较大的方差，对效应相对较小的 QTL 的检验功效较低。同时，QTL 的影响范围很大，在没有 QTL 的区间上也会出现检验统计量超过临界值的情况；每个位置上的检验统计量只利用两个标记的信息，利用的信息量较少。针对简单区间作图的这些问题，人们随后提出了具有背景控制的 QTL 作图方法 (Zeng, 1994; Li et al.，2007; 王建康, 2009)。

§13.3 具有背景控制的 QTL 作图方法

§13.3.1 单个 QTL 的标记回归模型

简单区间作图没有对背景遗传变异施加任何控制，背景遗传变异与随机误差方差一起组成参数估计和假设检验中的样本方差。统计学上，参数估计的精确度和假设检验的功效，一方面受分布参数真实大小的影响，另一方面也受随机样本所服从分布方差的影响。样本方差越大，参数估计的精确度和假设检验的功效越低。这一节仍以最简单的 DH 群体为例，介绍完备区间作图 (inclusive composite interval mapping，ICIM)，以说明如何通过背景控制，使得样本方差仅来自随机误差，进而提高参数估计的精确度和 QTL 检测的功效。读者也可参考 Li 等 (2007) 和王建康 (2009) 的研究。ICIM 在包含杂合基因型群体中的推广，可参考 Zhang 等 (2008) 的研究；ICIM 在上位互作 QTL 分析中的推广，可参考 Li 等 (2008) 和 Zhang 等 (2012) 的研究；ICIM 在 QTL 与环境互作分析中的推广，可参考 Li 等 (2015) 的研究。要想系统了解 QTL 作图方法、不同方法的比较研究及在数量性状遗传研究中的应用，需参看《基因定位与育种设计》一书。

在只有一个 QTL 的加性遗传模型下，Q 和 q 表示该座位上两个等位基因，两种纯合 QTL 基因型 QQ 和 qq 的基因型值 G 统一用公式 13.26 表示。其中，μ 代表两种纯合基因型 QQ 和 qq 的中亲值，a 为加性效应，w 是 QTL 基因型的指示变量，w=1 代表基因型 QQ，$w=-1$ 代表基因型 qq。

$$G=\mu+aw \tag{13.26}$$

QTL 作图前，个体的 QTL 基因型是未知的，遗传参数 a 有待估计，难以利用公式 13.26 进行估计。但是，个体的标记型是已知的。由于标记和 QTL 之间存在连锁，标记型提供了 QTL 基因型的信息。因此，需要寻求 QTL 基因型与标记基因型间的关系。假定两个多态性标记之间存在一个 QTL，两个亲本的基因型分别为 $AAQQBB$ 和 $aaqqbb$。DH 群体中有 4 种不同的标记型，每种标记型下，两种 QTL 基因型的频率可通过 QTL 与两个标记间的重组率来估计 (表 13.4)。类似遗传模型公式 13.26 中 QTL 基因型的指示变量，如表 13.6 定义两个侧连标记的指示变量。在表 13.6 中，每种标记下的 QTL 基因型频率及重组率的含义与表 13.4 完全相同。

表 13.6 DH 群体中两个相邻标记座位上 4 种标记型内 QTL 基因型的期望频率

标记型	标记变量		QTL 基因型的频率		w 的条件期望 $E(w\|x_L, x_R)$
	x_L	x_R	QQ (w=1)	qq ($w=-1$)	
$AABB$	1	1	$\dfrac{1-r_L-r_R+r_Lr_R}{1-r}$	$\dfrac{r_Lr_R}{1-r}$	$1-\dfrac{2r_Lr_R}{1-r}\doteq f_1$
$AAbb$	1	−1	$\dfrac{(1-r_L)r_R}{r}$	$\dfrac{r_L(1-r_R)}{r}$	$\dfrac{r_R-r_L}{r}\doteq f_2$
$aaBB$	−1	1	$\dfrac{r_L(1-r_R)}{r}$	$\dfrac{(1-r_L)r_R}{r}$	$\dfrac{r_L-r_R}{r}=-f_2$
$aabb$	−1	−1	$\dfrac{r_Lr_R}{1-r}$	$\dfrac{1-r_L-r_R+r_Lr_R}{1-r}$	$-1+\dfrac{2r_Lr_R}{1-r}=-f_1$

根据表 13.6 中指示变量 w 的取值和各种标记型下的条件概率，计算各种标记型下 QTL 指示变量 w 的条件期望，列于表 13.6 最后一列。以标记型 $AABB$ 为例，并利用公式 13.5 给出的三个重组率之间的关系，QTL 指示变量 w 期望的计算方法如下。其他标记型中，w 期望的计算方法与此类似。

$$E(w|x_{\mathrm{L}}=1,x_{\mathrm{R}}=1)=\sum w\times \Pr\{w|x_{\mathrm{L}}=1,x_{\mathrm{R}}=1\}=1-\frac{2r_{\mathrm{L}}r_{\mathrm{R}}}{1-r}\hat{=}f_1$$

如用 f_1 和 f_2 分别表示 $AABB$ 和 $AAbb$ 中 w 的期望，那么，$aaBB$ 和 $aabb$ 中，w 期望分别等于 $-f_2$ 和 $-f_1$ (表 13.6)。根据表 13.6 最后一列的 4 个期望，按照公式 13.27 和公式 13.28 定义两个新的参数，稍后给出这两个参数的具体含义。不难验证，QTL 基因型指示变量 w 在 4 种标记型下的期望值，可以通过 λ_{L} 和 λ_{R} 表示为标记指示变量 x_{L} 和 x_{R} 的线性函数，即公式 13.29。

$$\lambda_{\mathrm{L}}=\frac{1}{2}(f_1+f_2)=\frac{r-r_{\mathrm{L}}+r_{\mathrm{R}}-2r_{\mathrm{L}}r_{\mathrm{R}}}{2r(1-r)} \tag{13.27}$$

$$\lambda_{\mathrm{R}}=\frac{1}{2}(f_1-f_2)=\frac{r+r_{\mathrm{L}}-r_{\mathrm{R}}-2r_{\mathrm{L}}r_{\mathrm{R}}}{2r(1-r)} \tag{13.28}$$

$$E(w|x_{\mathrm{L}},x_{\mathrm{R}})=\lambda_{\mathrm{L}}x_{\mathrm{L}}+\lambda_{\mathrm{R}}x_{\mathrm{R}} \tag{13.29}$$

在公式 13.29 的基础上，单基因加性效应模型 (公式 13.26) 中，基因型值 G 对标记型的条件期望就能用公式 13.30 表示出来。将公式 13.30 中标记指示变量的系数视为标记的效应，分别用 A_{L} 和 A_{R} 表示，那么基因型值 G 对标记型的条件期望，就可以用标记效应表示为公式 13.31。同时可以看到，公式 13.27 乘以 QTL 加性效应后，就是左侧标记的加性效应；公式 13.28 乘以 QTL 加性效应后，就是右侧标记的加性效应。

$$E(G|x_{\mathrm{L}},x_{\mathrm{R}})=\mu+aE(w|x_{\mathrm{L}},x_{\mathrm{R}})=\mu+a\lambda_{\mathrm{L}}x_{\mathrm{L}}+a\lambda_{\mathrm{R}}x_{\mathrm{R}} \tag{13.30}$$

$$E(G|x_{\mathrm{L}},x_{\mathrm{R}})=\mu+A_{\mathrm{L}}x_{\mathrm{L}}+A_{\mathrm{R}}x_{\mathrm{R}}，\text{其中}A_{\mathrm{L}}=a\lambda_{\mathrm{L}}，A_{\mathrm{R}}=a\lambda_{\mathrm{R}} \tag{13.31}$$

从上述的推导过程可以看出，线性模型公式 13.31 的系数 A_{L} 和 A_{R}，既包含 QTL 的位置信息，又包含 QTL 加性效应的信息。反过来，如果能够估计公式 13.31 中标记的系数，就能推断 QTL 在标记区间上的相对位置，并估计其加性遗传效应。

§13.3.2 多个加性 QTL 的标记回归模型

为简单起见，假定 m 个 QTL 在两个纯合亲本 P_1 和 P_2 中分离，分布在由 $m+1$ 个标记分隔的 m 个区间内。假定 P_1 的基因型为 $Q_1Q_1Q_2Q_2\cdots Q_mQ_m$，$\mathrm{P}_2$ 的基因型为 $q_1q_1q_2q_2\cdots q_mq_m$。对 DH 群体中的一个家系，$\boldsymbol{X}=(x_1, x_2, \cdots, x_m, x_{m+1})$ 代表标记指示变量，亲本 P_1 标记型用 1 表示，亲本 P_2 标记型用 −1 表示；$\boldsymbol{W}=(w_1, w_2, \cdots, w_m)$ 代表 QTL 指示变量，亲本 P_1 基因型用 1 表示，亲本 P_2 基因型用 −1 表示。QTL 的加性效应用 a_1，a_2，$\cdots$，a_m 表示。假设 QTL 的效应是可加的，DH 家系的基因型值 G 可表示为公式 13.32。

$$G=\mu+\sum_{j=1}^{m}a_jw_j \tag{13.32}$$

指示变量 w_j 的期望与第 j 个 QTL 在染色体上的位置及其所在区间的长度有关 (表 13.6)。为区分不同 QTL 产生的标记效应，将公式 13.29 另记为公式 13.33，其中，$\lambda_{j(\mathrm{L})}$ 和 $\lambda_{j(\mathrm{R})}$ 为第 j 个标记和第 j 个 QTL 之间、第 j 个 QTL 和第 j+1 标记之间、第 j 个和第 j+1 个标记之间重组率的函数，计算方法与公式 13.27 和公式 13.28 完全相同。

$$E(w_j|\boldsymbol{X}) = \lambda_{j(\mathrm{L})}x_j + \lambda_{j(\mathrm{R})}x_{j+1} \tag{13.33}$$

因此，在标记基因型已知的条件下，基因型值 G 的期望就可以表示为标记变量的线性函数 (见公式 13.34)。从公式 13.34 中标记系数的构成来看，第 j 个标记的系数仅受标记区间 (j−1, j) 和 (j, j+1) 上 QTL 加性效应的影响。如果与 (j, j+1) 相邻的左右两个区间上没有 QTL，区间 (j, j+1) 两端标记的回归系数 β_j 和 β_{j+1} 仅包含该区间内 QTL 位置和加性效应的信息。这正是 ICIM 加性作图的理论依据，也是其他回归作图方法的理论依据，如 Haley 和 Knott (1992)。

$$E(G|\boldsymbol{X}) = \mu + \sum_{j=1}^{m} a_j(\lambda_{j(\mathrm{L})}x_j + \lambda_{j(\mathrm{R})}x_{j+1}) \hat{=} \beta_0 + \sum_{j=1}^{m+1} \beta_j x_j, \tag{13.34}$$

其中，$\beta_0 = \mu$，$\beta_1 = \lambda_{1(\mathrm{L})}a_1$，$\beta_j = \lambda_{(j-1)(\mathrm{R})}a_{j-1} + \lambda_{j(\mathrm{L})}a_j \ (j = 2, \cdots, m)$，

$\beta_{m+1} = \lambda_{m(\mathrm{R})}a_m$

假定一个群体中有 n 个 DH 家系，目标性状的表型和 m+1 个已排序标记的基因型都是已知的。基于遗传模型公式 13.34，可以得到用于 QTL 加性作图的线性回归模型公式 13.35，其中，i=1，2，⋯，n，n 为家系数目；Y_i 是 DH 群体中第 i 个家系的表型值；β_0 是线性回归模型的常数项；β_j 是表型对第 j 个标记变量的偏回归系数；x_{ij} 是第 j 个标记在第 i 个家系中的标记指示变量，亲本 P_1 标记型用 1 表示，亲本 P_2 标记型用 −1；ε_i 是残差项，假定服从均值为 0、方差为 σ_ε^2 的正态分布。

$$Y_i = E(G|\boldsymbol{X}) + \varepsilon_i = \beta_0 + \sum_{j=1}^{m+1} \beta_j x_{ij} + \varepsilon_i \tag{13.35}$$

线性模型公式 13.35 是 ICIM 方法实现背景控制的理论基础。从推导过程可以看出，在 QTL 的效应满足可加性的假定下，表型对标记的偏回归系数只依赖于两个相邻标记所标定区间上的 QTL，而不受其他区间上 QTL 的影响。

§13.3.3　完备区间作图的背景控制

ICIM 的基本思想是用全基因组上所有标记信息构建回归模型公式 13.35，利用矫正的表型值进行区间作图，以达到控制背景遗传变异的目的。考虑到 QTL 个数通常远低于标记个数，采用逐步回归策略选择公式 13.35 的重要标记变量，未中选标记的偏回归系数设为 0。公式 13.35 中的参数只估计一次。如扫描的当前标记区间为 (k, k+1)，利用公式 13.36 对观测值进行矫正。其中，$\hat{\beta}_j$ 是公式 13.35 中参数 β_j 的估计值。如果样本量足够大，而且当前区间 (k, k+1) 的相邻区间上不存在 QTL 时，估计值 $\hat{\beta}_k$ 和 $\hat{\beta}_{k+1}$ 仅包含区间 (k, k+1) 上 QTL 位置和加性效应的信息。因此，在随后的区间作图中，表型矫正值 ΔY_i 就不会遗漏当前扫描

区间 $(k, k+1)$ 上 QTL 位置和效应的信息。同时，矫正值 ΔY_i 中扣除了当前区间之外标记的回归系数，相当于控制了其他区间和染色体上 QTL 的效应。因此，随后利用矫正值 ΔY_i 进行区间作图时，也就排除了当前区间之外所有 QTL 的影响。只有当扫描位置移动到下一个区间时，才需要重新计算表型矫正值 ΔY_i。

$$\Delta Y_i = Y_i - \sum_{j\neq k,k+1} \hat{\beta}_j x_{ij},\ i=1,2,\cdots,n,\ n\text{为作图群体大小} \tag{13.36}$$

从前面的介绍可以看出，ICIM 方法包含以下两个步骤。第一步，利用所有标记的信息，通过逐步回归选择重要的标记变量并估计其效应。第二步，利用逐步回归得到的线性模型矫正表型数据，利用矫正后的数据进行区间作图。图 13.7 给出一个模拟群体的完备区间作图 LOD 曲线，所用的遗传模型和群体大小与图 13.6 完全相同。可以看到，不管是第二条染色体上的两个相引连锁，还是第三条染色体上的两个互斥连锁 QTL，ICIM 都在真实位置附近产生很高的峰，远离 QTL 的地方、没有 QTL 的染色体，ICIM 产生的 LOD 值接近于 0。

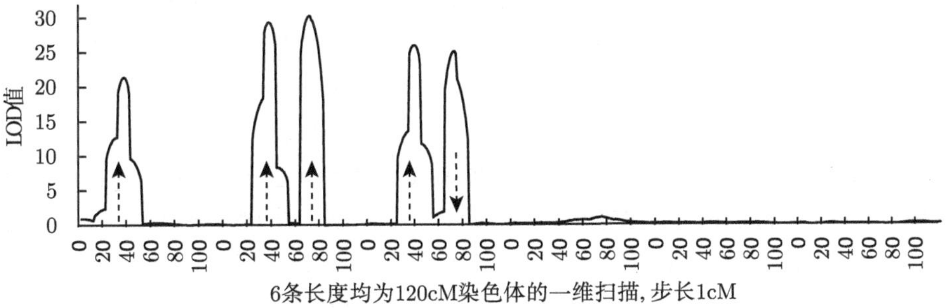

图 13.7 一个模拟的 DH 群体中，完备区间作图 LOD 曲线

遗传模型和群体大小与图 13.6 完全相同。第一条染色体存在一个 QTL，加性效应为 1；第二条存在两个 QTL，加性效应均为 1；第三条存在两个 QTL，加性效应为 1 和 -1；其他三条无 QTL。图中箭头对应的 X 轴，为 QTL 的真实位置，方向代表加性效应的正负号

大量模拟研究和实际数据都表明，ICIM 是一个行之有效的 QTL 定位方法。ICIM 有较低的抽样误差，较高的作图效率。存在 QTL 的区域，ICIM 能够产生出显著高的 LOD 值；没有 QTL 的区域，ICIM 产生出的 LOD 值接近于 0。ICIM 对作图参数有着很好的稳健性，同时也容易被推广到上位性作图，以及多亲本杂交和两个无性系杂交产生的遗传研究群体 (Zhang et al., 2015)。在上位性作图时，不仅可以检测到有加性效应 QTL 间的互作，而且可以检测到没有明显加性效应的 QTL 之间的互作。与简单区间作图相比，ICIM 放弃了单条染色体至多存在一个 QTL 的假定。但这并不是说，不管多么近的连锁 QTL 都可以分辨出来。ICIM 区分连锁 QTL 是有条件的，要求连锁 QTL 之间至少存在一个空白区间，即 “分隔 QTL” (isolated QTL)；同时也要求有足够大的作图群体。

§13.3.4 大麦 DH 群体中粒重的完备区间作图

利用 145 个大麦 DH 家系的双亲作图群体，ICIM 第一步变量选择时，采用的变量进出回归方程的显著水平分别为 PIN=0.001 和 POUT=0.002。然后利用矫正的表型值进行区间作图。图 13.8 给出粒重全基因组扫描的 LOD 曲线。LOD 曲线在染色体 2H、3H、5H 和 7H

上存在明显的峰值，最高的峰位于染色体 5H，次高的峰位于染色体 7H。不同峰值位置上的效应有正有负，基本表现为 LOD 峰值越高，绝对效应越大。不同峰值位置上 QTL 解释表型变异的大小与 LOD 峰值的高低，以及绝对效应大小呈明显的正相关。说明效应大的 QTL 解释较多的表型变异，在 QTL 作图中能够导致较大的 LOD 值，因此易于检测。

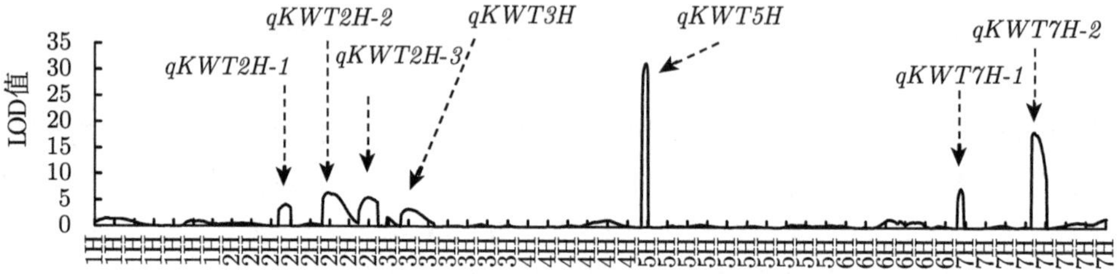

图 13.8　大麦 145 个 DH 家系粒重性状的完备区间作图

逐步回归中变量进入模型的概率水平为 0.001, 变量退出模型的概率水平为 0.002

当 LOD 临界值取 2.5 时，从图 13.8 的 LOD 曲线中，能够发现 7 个超过临界值的峰。染色体 2H 上有 3 个，3H 和 5H 上各有一个，7H 上有两个。这时就认为检测到 7 个控制粒重的 QTL，并且把这些峰所在的位置作为 QTL 位置的估计，峰所在位置的效应作为 QTL 加性效应的估计，峰所在位置的变异解释率作为 QTL 解释表型变异率的估计。习惯上，我们在性状的缩写字母前加上小写字母 *q*，后面加上染色体编号的方式命名 QTL。与其他基因的命名类似，QTL 的名字也用斜体表示。如果一个染色体上检测到多个 QTL，名称后面再用数字进行区分。大麦 DH 群体中，检测到 QTL 的名字见表 13.7 第一列，表中其他各列为染色体上的位置、最邻近的标记、LOD 值、效应等表征 QTL 的相关信息。

表 13.7　大麦 DH 作图群体中粒重性状的加性 QTL 作图结果 (PIN=0.001, POUT=0.002)

QTL 名称	染色体上的位置/cM	左侧最邻近标记	右侧最邻近标记	LOD 值	加性效应/mg	贡献率/%
qKWT2H-1	84	Pox	BCD351B	4.10	0.43	3.63
qKWT2H-2	138	ABC620	MWG882	6.36	−0.56	6.21
qKWT2H-3	190	BCD453B	ABG317	5.45	0.53	5.60
qKWT3H	27	Ugp2	Ugp1	3.23	0.38	2.99
qKWT5H	5	Act8B	MWG502	31.33	−1.47	43.92
qKWT7H-1	4	iPgd1A	BCD129	7.41	−0.59	7.07
qKWT7H-2	96	MWG626	VAtp57A	18.35	−1.01	20.53

位于 5H 染色体 5cM 上的*qKWT5H*和位于 7H 染色体 96cM 上的*qKWT7H*，是加性遗传效应最大的 2 个 QTL，分别解释表型变异的 43.92%和 20.53%(表 13.7)。4 个效应较大 QTL 的加性遗传效应均为负值，说明在这些座位上提高粒重的等位基因来源于编码为 0 的亲本，即粒重较高的亲本 ‘TR306’ (图 13.1)。亲本 ‘Harrington’ 的粒重低于亲本 ‘TR306’，但在 QTL 座位*qKWT2H-1*、*qKWT2H-3*和*qKWT3H*上仍携带有提高粒重的等位基因。增效基因在两个亲本中的分散分布，很好地解释了表型分布图 13.1 中观察到的超亲分离现象。

利用 ICIM，首先要对回归模型公式 13.35 进行估计。前面说过，一般群体中 QTL 的个数都会远低于标记的个数。当标记数目较大，或者标记数远超过群体大小时，公式 13.35 会包含很多变量。尽管我们知道大多数变量的系数都是 0，但要确定公式 13.35 中究竟哪些效应是 0、哪些不是 0，并不是一件容易的事。逐步回归的变量选择过程中有两个重要参数，一个是变量进入模型的显著性概率，用 PIN 表示；另一个是变量离开模型的显著性概率，用 POUT 表示。PIN 决定哪些变量需要进入回归模型，POUT 决定在新变量加入模型后哪些变量需要离开回归模型。不同的 PIN 和 POUT 会选择到不同的标记变量，因此 QTL 作图也会产生不同的结果。如果回归模型未能拟合大部分或全部的遗传变异，ICIM 第二步区间作图时的背景控制就会不完全，从而影响 QTL 的检测功效，就可能检测不出来效应较小的 QTL。另一方面，如果回归模型出现过拟合，ICIM 第二步区间作图时就可能会产生假阳性 QTL。正确使用 ICIM，既要避免表型对标记变量的不完全拟合而产生的假阴性问题，又要避免过拟合而产生的假阳性问题。

实际数据中，通过对比回归模型的决定系数和性状的广义遗传力，可以大致判定模型的拟合程度。回归模型的决定系数定义为回归平方和占总平方和的比例，可以视为回归模型解释表型变异的比例。如果决定系数远高于性状的广义遗传力，则表明可能存在过拟合问题。如果决定系数低于性状的广义遗传力，则表明可能存在拟合不足问题。另外，作图结果中是否存在紧密连锁 QTL，也可以用来判断是否存在过拟合。如果在检测到的 QTL 中存在紧密连锁的现象，甚至在一个有限大小群体中检测到紧密连锁的互斥 QTL，都表明可能有过拟合问题。当存在过拟合现象时，可通过降低标记进入回归模型的概率，逐步改善过拟合问题。如存在拟合不足，同时又具有较高的群体大小，则可适当放宽标记进入回归模型的概率水平，以增加回归模型中标记变量的个数，提高回归模型对表型的拟合程度。

§13.4 集成软件 QTL IciMapping 简介

构建高密度的遗传连锁图谱、定位重要性状的 QTL 是目前动植物遗传研究的重要内容。这些研究工作，需要借助专门的计算机软件才能完成。QTL IciMapping 是中国农业科学院作物科学研究所数量遗传课题组通过 10 年努力研制的一个集成软件，是国际上首例能够同时进行连锁图谱构建和数量性状基因定位的遗传分析工具 (Meng et al.，2015)。软件采用最新的编程技术，把多种功能包装在一个工程中，用户可在工程文件中随时查看已经完成的各项操作，浏览已完成操作产生的各种结果。软件具有友好的用户交互界面，可以满足大多数遗传研究群体的表型数据和基因型数据分析，同时还将根据遗传研究的发展和用户的需要不断地更新完善。

软件 4.1 版于 2016 年 1 月发布，读者可以从网站 http://www.isbreeding.net 登录后自由下载。软件 4.1 版具有以下九大功能：①多环境表型数据方差分析的 AOV 功能；②删除冗余标记的 BIN 功能；③构建连锁图谱的 MAP 功能；④整合连锁图谱的 CMP 功能；⑤定位奇异分离座位的 SDL 功能；⑥双亲衍生群体 QTL 作图的 BIP 功能；⑦多环境表型鉴定数据 QTL 分析的 MET 功能；⑧染色体片段置换系 QTL 作图的 CSL 功能；⑨巢式关联分析群体 QTL 作图的 NAM 功能。另外还提供了两个附加工具：①绘制已构建遗传连锁图谱的 MapShow 工具；②两点重组率估计的 2pointREC 工具。利用 QTL IciMapping 软件集成的各种功能，研究工作者现在可以很方便地开展单环境/多环境表型鉴定数据的方差分析和遗传力估计、分析基因型鉴定数据的冗余性、利用分子标记构建遗传连锁图谱、鉴定奇异分离座位、通过一维扫描定位加性和显性 QTL、通过二维扫描定位上位互作 QTL，以及开展 QTL 与环境互作分析等多方面的遗传研究。

QTL IciMapping 软件除接收按照一定规则整理的纯文本数据文件外，还能读入不同版本的 Excel 文件。用户在使用 Excel 文件导入数据时，只需参照软件中的例子文件，或者干脆使用这些例子作模板，把自己群体的一般性信息如群体类型、群体大小、标记个数、性状个数或环境个数等存放在一个工作表中，把基因型数据、表型数据、标记锚定信息等存放于其他不同的工作表中，软件就可以根据用户选定的功能，读取不同 Excel 工作表中的数据。同时，用户在完成一个功能的分析后，软件会输出大量的分析结果。有些结果以文件的形式存放在用户的工程下，有些结果是各种各样的图形。用户可以在工程下浏览这些文件，将文件保存到其他地方或保存为其他格式。用户也可以在工程下浏览图形输出，对图形进行编辑并保存成具有不同分辨率的图片文件。

为了使用更方便，软件在研制过程中还注重不同功能之间的衔接。用户在使用某些功能时，软件会根据用户可能开展的后续分析，利用一个功能得到的分析结果，自动地创建出后续功能的输入文件。例如，用户在使用删除冗余标记的 BIN 功能后，软件会自动生成连锁图谱构建功能 MAP 的输入文件，这样，用户就可以很方便地利用去除冗余后的标记来构建图谱。用户在使用 MAP 功能后，软件会自动生成奇异分离作图 SDL 功能的输入文件，用户可以立即利用构建出的连锁图谱，来定位奇异分离座位；同时还会自动生成各种 QTL 作图功能的输入文件，用户只需指定性状的个数、添加这些性状的表型数据，然后就能顺利开展各种 QTL 定位分析。

练习题

13.1　三个标记座位 A、B 和 C 在染色体上的排列顺序为 A-B-C，它们之间的重组率用 r_{AB}、r_{BC} 和 r_{AC} 表示。假定染色体区间 A-B-C 上不存在交换干涉，证明三个成对重组率满足关系式 $r_{\mathrm{AC}} = r_{\mathrm{AB}} + r_{\mathrm{BC}} - 2r_{\mathrm{AB}}r_{\mathrm{BC}}$。

13.2　在本章作为实例的大麦 DH 群体中，前 45 个家系在标记 Act8A 上的标记型和粒重数据见下表。利用单标记分析检验标记 Act8A 与粒重 QTL 之间是否存在显著的连锁关系。

1～15	Act8A	0	2	−1	2	0	2	2	0	0	2	2	2	0	2	2
	粒重	41	40	40	40	41	46	40	44	42	46	44	41	43	42	47
16～30	Act8A	0	0	0	2	2	0	0	2	0	0	0	2	0	2	2
	粒重	44	41	41	44	42	44	45	40	41	41	48	47	42	44	43
31～45	Act8A	0	0	2	0	2	0	2	0	0	0	0	2	0	0	2
	粒重	40	39	41	46	42	41	40	47	42	41	43	46	43	44	41

13.3　亲本 P_1 和 P_2 在一个标记座位和一个 QTL 上的基因型分别为 $MMQQ$ 和 $mmqq$，标记与 QTL 间的重组率 r=0.1。基因型 QQ 和 qq 服从正态分布，均值分别为 20 和 10, 方差均为 4。计算 DH 群体中，两种标记型下 QQ 和 qq 的频率；根据两种 QTL 的基因型频率，计算每种标记型的群体平均数，并将结果整理在下面的表格中；绘制标记型 MM 的表型混合分布曲线图。

标记型	QQ	qq	标记型的群体均值
MM			
mm			

13.4 亲本 P_1 和 P_2 在一个标记座位和一个 QTL 上的基因型分别为 $MMQQ$ 和 $mmqq$，标记与 QTL 间的重组率 r=0.1。QTL 的基因型 QQ、Qq 和 qq 服从正态分布，均值分别为 20、18 和 10，方差均为 4。计算 F_2 群体中，三种标记型下 QQ、Qq 和 qq 的频率；根据三种 QTL 的基因型频率，计算每种标记型的群体平均数，并将结果整理在下面的表格中；绘制标记型 mm 的表型混合分布曲线图。

标记型	QQ	Qq	qq	标记型的群体均值
MM				
Mm				
mm				

13.5 假定标记 A/a 和 B/b 决定的区间上存在一个影响数量性状的 QTL，两个等位基因用 Q 和 q 表示，基因型 QQ 和 qq 的平均表现分别为 20 和 15，QTL 与标记 A 的重组率为 0.05、与标记 B 的重组率为 0.03。计算亲本 $AAQQBB$ 与 $aaqqbb$ 衍生的 DH 群体中，各种标记型下 QQ 和 qq 的频率；根据两种 QTL 的基因型频率，计算每种标记型的群体平均数，并将结果整理在下面的表格中。

标记型	QQ	qq	标记型的群体均值
$AABB$			
$AAbb$			
$aaBB$			
$aabb$			

13.6 利用 QTL IciMapping 软件附带的大麦 DH 群体，练习使用连锁图谱构建的 MAP 功能，并绘制大麦的 7 条连锁图谱。

13.7 利用 QTL IciMapping 软件附带的大麦 DH 群体，练习使用数量性状基因定位的 BIP 功能，并绘制简单区间和完备区间作图结果的 LOD 曲线图。

主要参考文献

盖钧镒，章元明，王建康. 2003. 植物数量性状遗传体系. 北京: 科学出版社

李慧慧, 张鲁燕, 王建康. 2010. 数量性状基因定位研究中若干常见问题的分析与解答. 作物学报, 36: 918-931

李仲来, 刘来福, 程书肖. 2007. 生物统计. 2 版. 北京: 北京师范大学出版社

茆诗松, 程依明, 濮晓龙. 2011. 概率论与数理统计教程. 2 版. 北京: 高等教育出版社

汤华, 黄益勤, 严建兵, 等. 2004. 玉米优良杂交种豫玉 22 产量性状的遗传分析. 作物学报, 30: 922-926

王建康. 2009. 数量性状基因的完备区间作图方法. 作物学报, 35: 239-245

王建康, 李慧慧, 张鲁燕. 2014. 基因定位与育种设计. 北京: 科学出版社

王松桂, 史建红, 尹素菊, 等. 2004. 线性模型引论. 北京: 科学出版社

翟虎渠, 王建康. 2007. 应用数量遗传. 2 版. 北京: 中国农业科学技术出版社

Allard RW. 1999. Principles of Plant Breeding. Second edition. New York: John Wiley & Sons

Barlett MS, Haldane JBS. 1935. The theory of inbreeding with forced heterozygosis. J Genet, 31: 327-340

Bernardo R. 2010. Breeding for Quantitative Traits in Plants. Second Edition. Woodbury, Minnesota: Stemma Press

Chen W, Zhang Y, Liu X, et al. 2007. Detection of QTL for six yield-related traits in oilseed rape (*Brassica napus*) using DH and immortalized F_2 populations. Theor Appl Genet, 115: 849-858

Comstock RE, Robinson HF. 1948. The components of genetic variance in populations of biparental progenies and their use in estimating the average degree of dominance. Biometrics, 4: 254-266

Comstock RE, Robinson HF, Harvey PH. 1949. A breeding procedure designed to make maximum use of both general and specific combining ability. Agron J, 41: 360-367

Crossa J, Vencovsky R. 1994. Implications of the variance effective population size on the genetic conservation of monoecious species. Theor Appl Genet, 89: 936-942

Crow JF, Kimura M. 1970. An Introduction to Population Genetic Theory. New York: Harper & Row, Publishers, Inc.

Dempster A, Laird N, Rubin D. 1977. Maximum likelihood from incomplete data via the EM algorithm. J R Stat Soc B, 39: 1-38

Devlin B, Risch N. 1995. A comparison of linkage disequilibrium measures for fine-scale mapping. Genomics, 29: 311-322

Dudley JW, Lambert RJ. 2004. 100 generations of selection for oil and protein in maize. Plant Breed Rev, 24: 79-110

East EM. 1916. Studies on size inheritance in *Nicotiana*. Genetics, 1: 164-176

Eberhart SA, Russell WA. 1966. Stability parameters for comparing varieties. Crop Sci, 6: 36-40

Elston RC. 1963. A weight-free index for the purpose of ranking or selection with respect to several traits at a time. Biometrics, 19: 85-97

Ewens WJ. 1972. The sampling theory of selectively neutral alleles. Theor Pop Biol, 21: 373-378

Falconer DS, Mackay TFC. 1996. Introduction to Quantitative Genetics. Fourth Edition. Essex: Longman

Finlay KW, Wilkinson GN. 1963. The analysis of adaptation in a plant-breeding program. Aust J Agric Res, 14: 742-754

Fisher RA. 1930. The Genetical Theory of Natural Selection. Second Edition. Oxford: Clarendon

Fisher RA. 1935. The logic of inductive inference. J R Stat Soc, 98: 39-54

Fisher RA. 2003 (reprinted). Statistical Methods, Experimental Design and Statistical Inference. Oxford, UK: Oxford University Press

Fu YX, Li WH. 1993. Statistical tests of neutrality of mutations. Genetics, 133: 693-709

Gardner CO, Harvey PH, Comstock RE, et al. 1953. Dominance of genes controlling quantitative traits in maize. Agron J, 45: 186-191

Gauch HGJ, Zobel RW. 1988. Predictive and postdictive success of statistical analyses of yield trials. Theor Appl Genet, 76: 1-10

Griffing B. 1965. Concept of general and specific combining ability in relation to diallel crossing systems. Aust J Biol Sci, 9: 463-493

Guo T, Li H, Tan J, et al. 2013. Performance prediction of F_1 hybrids between recombination inbred lines derived from two elite maize inbred lines. Theor Appl Genet, 126: 189-201

Hallauer AR, Carena MJ, Filho JBM. 2010. Quantitative Genetics in Maize Breeding. Ames: Iowa State University Press

Hallauer AR, Sears JH. 1973. Changes in quantitative traits associated with inbreeding in a synthetic variety of maize. Crop Sci, 13: 327-330

Haley CS, Knott SA. 1992. A simple regression method for mapping quantitative loci in line crosses using flanking markers. Heredity, 69: 315-324

Hartl DL, Jones EW. 2005. Genetics: Analysis of Genes and Genomes. 6th edition. Sudbury, MA: Jones and Bartlett Publishers

Hartl DL, Clark AG. 2007. Principles of Population Genetics. Fourth Edition. Sunderland, MA: Sinauer Associates, Inc. Publishers

Hayman BI. 1954. The theory and analysis of diallel crosses. Genetics, 39: 789-809

Hayman BI. 1957. Interaction, heterosis and diallel crosses. Genetics, 42: 336-355

Hazel LN. 1943. The genetic basis for constructing selection indexes. Genetics, 28: 476-490

Hazel LN, Lush JL. 1942. The efficiency of three methods of selection. J Hered, 33: 393-399

Hua J, Xing Y, Xu C, et al. 2002. Genetic dissection of an elite rice hybrid revealed that heterozygotes are not always advantageous for performance. Genetics, 162: 1885-1895

Hua J, Xing Y, Wu W, et al. 2003. Single-locus heterotic effects and dominance by dominance interactions can adequately explain the genetic basis of heterosis in an elite rice hybrid. Proc Natl Acad Sci USA, 94: 2574-2579

Karlin NL, McGregor JL. 1972. Addendum to a paper of W. Ewens. Theor Pop Biol, 3: 113-116

Kearsey MJ, Jinks JL. 1968. A general method of detecting additive, dominance, and epistasis variation for metrical traits: I Theory. Heredity, 23: 403-409

Kearsey MJ, Pooni HS. 1996. The Genetical Analysis of Quantitative Traits. Cheltenham, UK: Stanley Thornes (Publishers) Ltd.

Kempthrone O. 1969. An Introduction to Genetic Statistics. Ames, Iowa: The Iowa University Press

Kimura M, Crow JF. 1964. The number of alleles that can be maintained in a finite population. Genetics, 49: 725-738

Kimura M. 1968. Genetic variability maintained in a finite population due to mutational production of neutral and nearly neutral isoalleles. Genet Res, 11: 247-269

Lander ES, Botstein D. 1989. Mapping Mendelian factors underlying quantitative traits using RFLP linkage maps. Genetics, 121: 185-199

Larièpe A, Mangin B, Jasson S, et al. 2012. The genetic basis of heterosis: multiparental quantitative trait loci mapping reveals contrasted levels of apparent overdominance among traits of agronomical interest in maize (*Zea mays* L.). Genetics, 190: 795-811

Lee M, Sharopova N, Beavis WD, et al. 2002. Expanding the genetic map of maize with the intermated B73 × Mo17 (IBM) population. Plant Mol Biol, 48: 453-461

Li H, Ye G, Wang J. 2007. A modified algorithm for the improvement of composite interval mapping. Genetics, 175: 361-374

Li H, Ribaut JM, Li Z, et al. 2008. Inclusive composite interval mapping (ICIM) for digenic epistasis of quantitative traits in biparental populations. Theor Appl Genet, 116: 243-260

Li S, Wang J, Zhang L. 2015. Inclusive Composite Interval Mapping (ICIM) of QTL by environment interactions in bi-parental populations. PLoS One DOI:10.1371/journal.pone.0132414

Li Y, An X, Yang R, et al. 2014. Dissecting and enhancing the contributions of high-molecular-weight glutenin subunits to dough functionality and bread quality. Mol Plant, 8: 332-334

Liu R, Wang B, Guo W, et al. 2011. Differential gene expression and associated QTL mapping for cotton yield based on a cDNA-AFLP transcriptome map in an immortalized F_2. Theor Appl Genet, 123: 439-454

Luo LJ, Li ZK, Mei HW, et al. 2001. Overdominant epistatic loci are the primary genetic basis of inbreeding depression and heterosis in rice. II. Grain yield components. Genetics, 158: 1755-1771

Meng L, Li H, Zhang L, et al. 2015. QTL IciMapping: integrated software for genetic linkage map construction and quantitative trait locus mapping in bi-parental populations. Crop J, 3: 269-283

Moll RH, Lonnquist JH, Fortuno JV, et al. 1965. The relationship of heterosis and genetic divergence in maize. Genetics, 52: 139-144

Ouyang Z, Mowers RP, Jensen A, et al. 1995. Cluster analysis for genotype × environment interaction with unbalanced data. Crop Sci, 35: 1300-1305

Robinson HF, Comstock RE, Harvey PH. 1949. Estimates of heritability and degree of dominance in corn. Agron J, 41: 353-359

Sax K. 1923. The association of size differences with seed-coat pattern and pigmentation in *Phaseolus vulgaris*. Genetics, 8: 552-560

Tajima F. 1983. Evolutionary relationship of DNA sequences in finite populations. Genetics, 105: 437-460

Tajima F. 1989. Statistical method for testing the neutral mutation hypothesis by DNA polymorphism. Genetics, 123: 585-595

Tang J, Yan J, Ma X, et al. 2010. Dissection of the genetic basis of heterosis in an elite maize hybrid by QTL mapping in an immortalized F_2 population. Theor Appl Genet, 120: 333-340

Tinker NA, Mather DE, Rossnagel BG, et al. 1996. Regions of the genome that affect agronomic performance in two-row barley. Crop Sci, 36: 1053-1062

van Ginkel M, Trethowan R, Ammar K, et al. 2002. Guide to Bread Wheat Breeding at CIMMYT. Wheat Special Report 5. CIMMYT, D.F., Mexico

Wang J, Bernardo R. 2000. Variance of marker estimates of parental contribution to F_2 and BC_1-derived inbreds. Crop Sci, 40: 659-665

Wang J, van Ginkel M, Podlich D, et al. 2003. Comparison of two breeding strategies by computer simulation. Crop Sci, 43: 1764-1773

Wang J, Crossa J, van Ginkel M, et al. 2004. Statistical genetics and simulation models for genetic resources conservation. Crop Sci, 44: 2246-2253

Wang J, Singh RP, Braun HJ, et al. 2009. Investigating the efficiency of the single backcrossing breeding strategy through computer simulation. Theor Appl Genet, 118: 683-694

Weir BS. 1996. Genetic Data Analysis II. Sunderland, MA: Sinauer Associates, Inc. Publishers

Williams JS. 1962. The evaluation of a selection index. Biometrics, 18: 375-393

Wright S. 1921. Systems of mating. Genetics, 6: 111-178

Wright S. 1931. Evolution in Mendelian populations. Genetics, 16: 97-159

Wright S. 1978. Evolution and the Genetics of Populations. Vol. 4: Variability within and among Natural Populations. Chicago: University of Chicago Press

Xiao J, Li J, Yuan L, et al. 1995. Dominance is the major genetic basis of heterosis in rice as revealed by QTL analysis using molecular markers. Genetics, 140: 745-754

Yates F, Cochran WG. 1938. The analysis of groups of experiments. J Agri Sci, 28: 556-580

Yin C, Li H, Li S, et al. 2015. Genetic dissection on rice grain shape by the two-dimensional image analysis in one *japonica* × *indica* population consisting of recombinant inbred lines. Theor Appl Genet, 128: 1969-1986

Zeng ZB. 1994. Precision mapping of quantitative trait loci. Genetics, 136: 1457-1468

Zhang L, Li H, Li Z, et al. 2008. Interactions between markers can be caused by the dominance effect of QTL. Genetics, 180: 1177-1190

Zhang L, Wang S, Li H, et al. 2010. Effects of missing marker and segregation distortion on QTL mapping in F_2 populations. Theor Appl Genet, 121: 1071-1082

Zhang L, Li H, Wang J. 2012. Statistical power of inclusive composite interval mapping in detecting digenic epistasis showing common F_2 segregation ratios. J Integr Plant Biol, 54: 270-279

Zhang L, Li H, Wang J. 2015. QTL mapping with background control in genetic populations of clonal F_1 and double cross. J Integr Plant Biol, 57: 1046-1062

Zhou G, Chen Y, Yao W, et al. 2012. Genetic composition of yield heterosis in an elite rice hybrid. Proc Natl Acad Sci USA, 109: 15847-15852

Zobel RW, Wright MJ, Gauch HGJ. 1988. Statistical analysis of a yield trial. Agron J, 80: 388-393

中英文名词对照和索引

C

D

E

S

后　记

自去年 4 月底将书稿交给出版社以来，至今已经过去 10 个多月。近日责任编辑王海光女士寄来美编设计的封面，我知道本书的修改、排版、校对、再修改、再排版、再校对等一系列工作终于到了该收场的时候。忽然间觉得浑身轻松了许多，随后惬意地在身后的沙发上也来了个时髦的"葛优躺"。但闭目想想，似乎还有些许的话要说，于是就拼凑成如是的一个后记。

查看了一下图书出版合同，上面日期显示的还是 2014 年 4 月。套用"顾客就是上帝"这句话，对于一本书来说，读者自然就是上帝。在两年的写作过程中，笔者不惜以"洪荒之力"，力求做到科学上准确、逻辑上严谨、语言上简明，遗传理论与育种应用紧密结合，以求呈上一部适合不同专业背景、读后有所收益又值得回味的教科书/参考书。在内容设计上，为了便于教师教学和学生学习，笔者也颇费了一番心思。对于重要的内容和知识点，每章之后都附有练习题。目录之前增加了章目，每章开头又列出了节目，这在中文科技书中并不多见，但在篇幅较大的英文科技书中还是比较普遍的，之所以借鉴这种形式，亦是站在读者的角度，希望能为读者提供更多便利。

在我的邮箱中，过去 10 个月与编辑的邮件往来达 60 次之多，出版社先后排出 5 次校样，我前后对校样做了 3 次全面系统的校对和修改。科学出版社的编辑和相关排版、校对人员为本书出版花费了大量精力，我深有体会并深表感谢。在中国农业科学院研究生院 2016 年秋季学期"数量遗传（植物）"课程的教学中，我曾把书稿分章链接在课程的教学网页上，鼓励学生在学习时挑错误、找毛病，并对发现出来的所有问题（包括标点符号错误），经确认后给予发现人适当奖励。选修这门课的 53 名学生挑出的各种错误达数十处，在此也对认真阅读过该书书稿的同学们表示感谢。课题组李慧慧研究员和张鲁燕副研究员曾在交稿之前对书稿做过一次全面阅读和校对，作物科学研究所刘伟华研究员对 §1.1 的内容进行了审阅和把关，张鲁燕老师还对排版后的索引词条和索引页码做了细致的核对，在此对各位老师的辛勤劳动和无私奉献表示感谢。尽管如此，也不能保证一点问题都没有，如若仍然存在，不管是原稿中纰漏造成的问题，还是排版过程中造成的问题，责任尽归于我一人，还望读者不吝指出。去年 8 月份在第 1 次校样排出来之后，我曾把书稿送南京农业大学盖钧镒院士审阅，并邀为作序，盖先生欣然命笔。在此对盖先生提携后生的殷殷之情表示由衷感谢。

除了说些感谢的话，趁此机会还想对本书中符号和不同字体的使用做些交代。书中用到了很多符号，同一个符号，读者会看到有的地方用正体、有的地方用斜体、有的地方又用粗斜体等。本书符号的使用，首先保证与其背后代表的统计学或遗传学意义相匹配。例如，读者看到 μ 和 σ^2 的时候，就知道他们是正态分布的均值和方差；看到 Aa、A_1A_2、WW 或者 ww 的时候，就知道他们是遗传研究中的基因型。同时，使用的符号尽可能是单个英文单词词首的一个或数个字母，或是英文短语的首字母缩写。例如，单个座位上加性和显性遗传效应用 a 和 d 表示；一个遗传群体的均值和表型方差用 μ 和 V_P 表示；两个基因座位 A 和 B

之间的不平衡度为 D=0.05；两个基因座位 A 和 B 之间的最大不平衡度为 D_{max}=0.26；变量 X 和 Y 之间的协方差为 Cov_{XY}=0.45 等等。作者在写作过程中，曾试图做到全书统一，即一个符号从头到尾表示相同的含义。但考虑到概率论、数理统计、遗传学、群体遗传学、数量遗传学和育种学等不同学科已有的一些习惯或者是约定俗成的符号表示方式，实在做不到全书统一的话，也尽量在一个完整的章节中保持统一。凡是出现不一致的地方，笔者均会在正文中加以说明。

英文字母表示基因或等位基因时统一用斜体，表示座位、基因座位或 QTL 时统一用正体。例如，座位 A 上两个等位基因用 A 和 a 表示，或者座位 A 上三个等位基因用 A_1、A_2 和 A_3 表示等。英文字母表示变量或随机变量时，一律用斜体。例如，因变量 Y 和自变量 X 之间的回归模型为 $Y = a+bX$，a 称为回归截距，b 称为回归系数；离散型随机变量 X=2 的取值概率 P=0.75 等。英文字母表示亲本名称、世代名称、单个个体或单个家系时，一律用正体。例如，两个纯系亲本 $\mathrm{P_1}$ 和 $\mathrm{P_2}$ 杂交产生杂种 $\mathrm{F_1}$ 世代；$\mathrm{F_1}$ 自交产生 $\mathrm{F_2}$ 分离群体；$\mathrm{F_2}$ 群体中单株衍生的 $\mathrm{F_{2:3}}$ 自交家系；$\mathrm{F_3}$ 混合群体中随机抽取三个个体，用 A、B 和 C 表示；当亲本 A 和 B 无祖先关联即共祖先系数 f_{AB}=0 时，他们杂交后代 $\mathrm{F_1}$ 的近交系数 F=0 等等。英文字母表示概率事件时，一律用正体。例如，在基因型为 WW 和 ww 的两个纯系亲本杂交衍生的 $\mathrm{F_2}$ 群体中，随机抽取一个个体，用 A 表示基因型为 WW 的概率事件，B 表示基因型为 Ww 的概率事件，那么事件 A 的发生概率 P(A)=0.25，事件 B 的发生概率 P(B)=0.5，和事件 A+B 表示该个体至少携带一个 W 基因，其发生概率 P(A+B)=0.75。书中的向量统一用小写字母的粗斜体表示，矩阵统一用大写字母的粗斜体表示，矩阵或向量的转置统一用上标 T 表示。例如，回归方程最小二乘估计的正规方程为 $\boldsymbol{X}^T\boldsymbol{X}\boldsymbol{b}=\boldsymbol{X}^T\boldsymbol{y}$，当 $\boldsymbol{X}^T\boldsymbol{X}$ 存在逆矩阵时，回归系数的最小二乘估计公式为 $\hat{\boldsymbol{b}}=(\boldsymbol{X}^T\boldsymbol{X})^{-1}\boldsymbol{X}^T\boldsymbol{y}$。

最后再说说未来的打算，也许有的读者愿意听一听。笔者自 1993 年 9 月考入南京农业大学攻读博士学位以来，一直围绕数量遗传及其育种应用开展研究和教学工作，这期间阅读了与数量遗传学有关的大多数国内外专著，研究过程中又阅读了大量的经典和现代文献。研究成果大多体现在与李慧慧和张鲁燕两位老师合著的《基因定位与育种设计》一书中，这本《数量遗传学》则可以看作多年教学工作成果的具体体现。如今我已过了天命之年，不可能再去开辟任何新的研究领域了，只想对前 20 多年来的研究工作做进一步补充完善，只想为遗传育种研究工作者提供更多实用的性状遗传分析、植物育种模拟、预测和设计等方面的方法和工具，只想在更广泛的范围内开展数量遗传学的推广和培训。

数年前 Springer 出版社就邀约出版《基因定位与育种设计》英文版，但这项工作一直没能启动。今后两年里，希望能先对《基因定位与育种设计》（2014 年版）进行修订再版，增加无性系杂交群体的连锁分析和基因定位方面的内容，扩充多亲本杂交群体遗传分析的内容，这样就可以涵盖自花授粉、异花授粉和无性系繁殖三种常见繁殖方式植物物种中，两个及多个亲本杂交后代群体的遗传分析了。接下去将努力完成《基因定位与育种设计》再版的英文版，估计这项工作没有两年时间是完不成的。此外，《数量遗传学》出版后，若能在国内获得遗传育种科研工作者和研究生的广泛认可，也许会给我信心来撰写《数量遗传学》英文版，也未可知。但有一点是非常肯定的，当这些工作完成得差不多的时候，离退休也不远了。

其实眼皮底下有时就在想如何过退休后的日子。考虑到数量遗传这门学科的专业研究人员和师资队伍还相对薄弱，与开展相关领域研究和研究生教育对这门学科的需求之间还存在较大差距，有时就会异想天开，退休后可仿效孔老夫子周游列国，不亦乐乎！当然了，笔者岂敢自比孔子。孔子当年背上背的、车上拉的是四书五经，传播的是君王治国理政之大方略，而我能带的只是数量遗传学知识，传播的是遗传数据分析挖掘及其在育种中有效利用之小手筋。但是，不管真实的未来是个什么样，有一点恐怕已经不可改变，那就是我这一辈子都要投入到数量遗传学这一学科的研究、发展、教学和传播中去了，并从不断的投入中获取不断的、也许只属于我自己的人生乐趣。

王建康

2017 年 3 月 6 日于北京